凝聚态物理学丛书·典藏版

铁电体物理学

钟 维 烈 著

科 学 出 版 社
北 京

内 容 简 介

本书全面系统地论述铁电体物理学的基本规律和最新进展. 全书以自发极化为核心, 系统地总结了作者多年来的研究成果, 深入讨论了铁电体的尺寸和表面效应理论; 同时吸收了国内外有关铁电体的主要成果和学术思想. 全书共 9 章, 前 4 章主要阐述自发极化机制, 包括铁电体的晶体结构、宏观理论、微观理论; 后 5 章讨论极化状态在外场作用下的变化, 即铁电体的各种功能效应, 包括电畴结构、极化反转、介电响应、压电效应和电致伸缩效应、热电效应、光学效应(电光、非线性、光折变). 此外, 结合每种功能效应, 介绍若干典型铁电材料及其应用. 书末附有 3 个附录和详细的内容索引.

本书可作为凝聚态物理、电介质物理和功能材料等专业的教学用书, 可供有关领域的科技人员参考.

图书在版编目(CIP)数据

铁电体物理学/钟维烈著. —北京: 科学出版社, 1996.6 (2017.1 重印)

(凝聚态物理学丛书 : 典藏版)

ISBN 978-7-03-005033-5

Ⅰ. ①铁… Ⅱ. ①钟… Ⅲ. ①铁电体－物理学 Ⅳ. ①O482

中国版本图书馆 CIP 数据核字(2017)第 002207 号

科 学 出 版 社 出版

北京东黄城根北街 16 号

邮政编码: 100717

http://www.sciencep.com

北京厚诚则铭印刷科技有限公司印刷

科学出版社发行 各地新华书店经销

*

1996 年 6 月第 一 版 开本: 850×1168 1/32

2017 年 1 月印 刷 印张: 21 1/2

字数: 556 000

定价: 168.00 元

(如有印装质量问题, 我社负责调换)

《凝聚态物理学丛书》出版说明

以固体物理学为主干的凝聚态物理学,通过半个世纪以来的迅速发展,已经成为当今物理学中内容最丰富、应用最广泛、集中人力最多的分支学科. 从历史的发展来看,凝聚态物理学无非是固体物理学的向外延拓. 由于近年来固体物理学的基本概念和实验技术在许多非固体材料中的应用也卓有成效,所以人们乐于采用范围更加广泛的"凝聚态物理学"这一名称.

凝聚态物理学是研究凝聚态物质的微观结构、运动状态、物理性质及其相互关系的科学. 诸如晶体学、金属物理学、半导体物理学、磁学、电介质物理学、低温物理学、高压物理学、发光学以及近期发展起来的表面物理学、非晶态物理学、液晶物理学、高分子物理学及低维固体物理学等都是属于它的分支学科,而且新的分支尚在不断迸发. 还有,凝聚态物理学的概念、方法和技术还在向相邻的学科渗透,有力地促进了材料科学、化学物理学、生物物理学和地求物理学等学科的发展.

研究凝聚态物质本身的性质和它在各种外界条件(如力、热、光、气、电、磁、各种微观粒子束的辐照乃至各种极端条件)下发生的变化,常常可以发现多种多样的物理现象和效应,揭示出新的规律,形成新的概念,彼此层出不穷,内容丰富多彩,这些既体现了多粒子体系的复杂性,又反映了物质结构概念上的统一性. 所有这一切不仅对人们的智力提出了强有力的挑战,更重要的是,这些规律往往和生产实践有着密切的联系,在应用、开发上富有潜力,有可能开辟出新的技术领域,为新材料、元件、器件的研制和发展,提供牢固的物理基础. 凝聚态物理学的发展,导致了一系列重要的技术突破和变革,对社会和科学技术的发展将发生深远的影响.

为了适应世界正在兴起的新技术革命的需要,促进凝聚态物理学的发展,并为这一领域的科技人员提供必要的参考书,我们特组织了这套《凝聚态物理学丛书》,希望它的出版将有助于推动我国凝聚态物理学的发展,为我国的四化建设做出贡献.

主　编　葛庭燧
副主编　冯　端

序

铁电体物理学是当代凝聚态物理学的重要分支,发展很快;铁电体作为一类重要的功能材料,在高科技中的应用也日益广泛.近年来,在铁电领域中涌现了大量理论和实际的研究成果,亟待总结.《铁电体物理学》就在这种情况下应运而生.

本书一个鲜明的特色就是抓住铁电现象的物理本质——自发极化,并以此为主线,论述自发极化起因和极化状态在各种条件下的变化,从而展开铁电理论和铁电体的各种功能效应的讨论,使全书丰富的内容浑然一体;本书另一个特点是注意了材料和物理的结合,以典型的铁电材料为例,着重阐述其物理基础;本书第三个特点是,著者在过去铁电专著的基础上,博览大量文献,尽力概括近年来铁电物理和铁电材料的研究成果,力求反映这个领域的全貌和发展动态,把系统性和新颖性很好地结合在一起.

钟维烈教授长期从事铁电物理的研究和教学工作,本书是他在为研究生编写教材的基础上写成的,而且融进了自己的许多研究成果.本书结构完整、物理图象清晰、表达严谨,不仅适合作为相关专业研究生的教材,而且对在铁电物理、铁电材料及其应用领域的研究人员也有重要参考价值.

我欣喜地看到《铁电体物理学》一书的问世,并相信本书的出版将有助于我国铁电体研究和应用的发展.

主要符号一览表

A 亥姆霍兹自由能，面积，十倍时间老化率，自由能展开式中序参量二次方项的系数

a 吸收系数，晶胞边长

B 自由能展开式中序参量三次方项的系数，温度因数

B_{mn} 真空电容率 ε_0 与光频电容率 ε_{mn}（∞）之比

b 晶胞边长

C 居里常量，电容，自由能展开式中序参量四次方项的系数

C_0 静态电容

C_1 动态电容

C_L 负载电容

C_x 样品电容

c 比热，真空中光速，晶胞边长

c^v 体积恒定时的比热

c^D 电位移恒定时的比热

c^E 电场恒定时的比热

c' 单位体积的热容

$\mathbf{c}$ 弹性刚度

c_{mnpq} （m，n，p，q=1—3）弹性刚度分量

c_{ij}（i，j=1—6） 弹性刚度矩阵元

$\mathbf{c}^E$ 短路弹性刚度

$\mathbf{c}^D$ 开路弹性刚度

D 面电荷密度

$\mathbf{D}$ 电位移

D_m（m=1—3） 电位移分量

D^* 比探测率

d 电畴厚度，空间维数

$\mathbf{d}$ 压电应变常量，二阶非线性光学系数

d_{mpq}（m，p，q=1—3） 压电应变常量分量，二阶非线性光学系数分量

d_{mi} ($m=1-3$, $i=1-6$)　压电应变常量矩阵元，二阶非线性光学系数矩阵元

E　能量

E_g　能隙

$\boldsymbol{E}$　电场

$\boldsymbol{E}_b$　偏置电场

$\boldsymbol{E}_c$　矫顽场

$\boldsymbol{E}_d$　退极化场

$\boldsymbol{E}_i$　内偏场

e　电子电荷，约化电场

$\mathbf{e}$　压电应力常量

e_{mpq} (m, p, $q=1-3$)　压电应力常量分量

e_{mi} ($m=1-3$, $i=1-6$)　压电应力常量矩阵元

F_d　探测率优值

F_i　电流响应优值

F_v　电压响应优值

$F(hkl)$　结构因子

$|F(hkl)|$　结构振幅

$\boldsymbol{F}$　赝自旋系统中的分子场

f　频率，原子散射因子

f_a　反谐振频率

f_r　谐振频率

f_m　最大导纳频率

f_n　最小导纳频率

f_s　串联谐振频率

f_p　并联谐振频率

$\mathbf{f}$　线性极化光系数

f_{mnp} (m, n, $p=1-3$)　线性极化光系数分量

G　吉布斯自由能

G_1　弹性吉布斯自由能

G_2　电吉布斯自由能

G_E　电导

G_T　热导

$\mathbf{g}$　压电电压常量，二次极化光系数

g_{mpq}（m，p，$q=1-3$）　压电电压常量分量

g_{mi}（$m=1-3$，$i=1-6$）　压电电压常量矩阵元

g_{mnpq}（m，n，p，$g=1-3$）　二次极化光系数分量

g_{ij}（i，$j=1-6$）　二次极化光系数的矩阵元

H　焓，哈密顿量

H_1　弹性焓

H_2　电焓

h　高度，序参量的共轭场，等静压

$\mathbf{h}$　压电劲度常量

h_{mpq}（m，p，$q=1-3$）　压电劲度常量分量

h_{mi}（$m=1-3$，$i=1-6$）　压电劲度常量矩阵元

$\hbar$　普朗克常量

I　电流强度，衍射强度，光强度

i　虚数 $\sqrt{-1}$，电流强度

J　相互作用常量，电流密度

J_{ij}　赝自旋系统中二体相互作用常量

J_{ijkl}　赝自旋系统中四体相互作用常量

J_s　赝自旋系统中表面相互作用常量

J_{sc}　表面临界相互作用常量

K　自由能展开式中序参量梯度平方项的系数，格拉斯常量

k　玻尔兹曼常量，机电耦合因数

L　退极化因子，电感，长度

L_1　动态电感

L_c　相干长度

M　热容

$\mathbf{M}$　电致伸缩系数

M_{ij}（i，$j=1-6$）　电致伸缩系数矩阵元

m　质量

$\mathbf{m}$　电致伸缩系数

m_{ij}（i，$j=1-6$）　电致伸缩系数矩阵元

N　晶体中原子数，频率常量，群的阶

n　折射率，成核速率，晶胞中原子数

n_o　o 光折射率

n_e　e 光折射率

n_0　无外加电场时的折射率

$\boldsymbol{P}$　极化，正则动量

P_s　自发极化

P_r　剩余极化

$\boldsymbol{p}$　热电系数

$\boldsymbol{P}^{\mathrm{X}}$　总热电系数

$\boldsymbol{p}^{x}$　初级热电系数

$\boldsymbol{p}^{PC}$　部分夹持热电系数

Q　热量，电荷，正则坐标，品质因数

Q_m　机械品质因数

Q_e　电学品质因数

Q_{ph}　光折变品质因数

$\mathbf{Q}$　电致伸缩系数

Q_{ij}（i，j=1—6）　电致伸缩系数矩阵元

q　电荷

$\boldsymbol{q}$　波矢

$\mathbf{q}$　电致伸缩系数

q_{ij}（i，j=1—6）　电致伸缩系数矩阵元

R　电阻，气体常量，相位共轭反射率，残差

R_w　计权残差

R_L　负载电阻

R_i　电流响应率

$\mathbf{R}$　二次电光系数

R_{mnpq}（m，n，p，g=1—3）　二次电光系数分量

R_{ij}（i，j=1—6）　二次电光系数矩阵元

r　半径

$\boldsymbol{r}$　位矢

$\mathbf{r}$　线性电光系数

r_{mnp} (m，n，$p=1-3$)　线性电光系数分量

r_{ip} ($i=1-6$，$p=1-3$)　线性电光系数矩阵元

S　熵，灵敏度

S_n　以折射率改变衡量的光折变灵敏度

S_η　以衍射效率改变衡量的光折变灵敏度

$\mathbf{S}$　赝自旋

S^x，S^y，S^z，　赝自旋的三个分量

$\mathbf{s}$　弹性顺度

s_{mnpq} (m，n，p，$q=1-3$)　弹性顺度分量

s_{ij} (i，$j=1-6$)　弹性顺度矩阵元

$\mathbf{s}^D$　开路弹性顺度

$\mathbf{s}^E$　短路弹性顺度

s　约化时间

T　温度

T_c　居里温度

T_0　居里-外斯温度

T_1　亚稳铁电相最高温度

T_2　电场可诱发铁电相的最高温度

t　时间，约化温度，厚度

U　内能，能量密度

V　体积，电压，速率

V_B　相界面速率

v　速率，位移型系统中二体相互作用常量，晶胞体积

$\mathbf{v}$　速度

W　功，能量

W_d　退极化能

W_{dip}　偶极能

W_E　静电能

W_w　畴壁能

W_x　应变能

w　宽度

$\mathbf{X}$　应力

X_{mn}（m，n=1－3） 应力分量或矩阵元

X_i（i=1－6） 应力矩阵元

$\mathbf{x}$ 应变

x_{mn}（m，n=1－3） 应变分量或矩阵元

x_i（i=1－6） 应变矩阵元

Z 阻抗

α 弹性吉布斯自由能展开式中电位移二次方项的系数，弥散性指数，比热的临界指数，激活能

$\boldsymbol{\alpha}$ 线偏振光生伏打系数，热胀系数

α_{mnp}（m，n，p=1－3） 线偏振光生伏打系数分量

α_{mn}（m，n=1－3） 线胀系数分量或矩阵元

α_i（i=1－6） 线胀系数矩阵元

β 序参量的临界指数，弹性吉布斯自由能展开式中电位移四次方项的系数，玻尔兹曼常量与绝对温度之积的倒易

$\boldsymbol{\beta}$ 光生伏打系数

β_{mnp}（m，n，p=1－3） 光生伏打系数分量

$\boldsymbol{\beta}^0$ 二阶非线性静态电导率

β^0_{mnp}（m，n，p=1－3） 二阶非线性静态电导率分量

Γ 关联函数，对称群

γ 弹性吉布斯自由能展开式中电位移六次方项的系数，敏感率临界指数，非谐振子势能中位移四次方项的系数，阻尼系数

δ 外推长度，介电损耗角

$\boldsymbol{\varepsilon}$ 电容率

ε_{mn}（m，n=1－3） 电容率分量或矩阵元

ε_r 相对电容率

ε_0 真空电容率

$\boldsymbol{\varepsilon}^X$ 自由电容率

$\boldsymbol{\varepsilon}^x$ 夹持电容率

ε （0） 低频（静态）电容率

ε （∞） 光频电容率

η 序参量，衍射效率

$\boldsymbol{\eta}$ 介电刚度

η_{mn} (m, $n=1-3$)　介电刚度分量或矩阵元

θ　温度

θ_D　德拜温度

θ_E　爱因斯坦温度

λ　波长

$\boldsymbol{\lambda}$　介电隔离率

$\boldsymbol{\lambda}^s$　绝热介电隔离率

$\boldsymbol{\lambda}^T$　等温介电隔离率

λ_{mn} (m, $n=1-3$)　介电隔离率分量或矩阵元

μ　迁移率，约化质量

ν　关联长度的临界指数

ξ　关联长度，位移

ρ　密度矩阵，密度

σ　正则分布的方差

$\boldsymbol{\sigma}$　线性电导率

σ_{mn} (m, $n=1-3$)　线性电导率分量或矩阵元

σ_T　热导率

σ^E　泊松比

τ　弛豫时间，介电弛豫时间

τ_T　热弛豫时间

τ_E　电场弛豫时间

τ'_T　热时间常量

τ'_E　电时间常量

τ^*　涨落的寿命

$\boldsymbol{\chi}$　敏感率，(介电)极化率

χ_{mn} (m, $n=1-3$)　线性极化率分量

χ_{mnp} (m, n, $p=1-3$)　二阶非线性极化率分量

χ_{mnpq} (m, n, p, $q=1-3$)　三阶非线性极化率分量

Ω　圆频率，隧道贯穿频率

Ω_0　谐振子固有频率

Ω_s　非谐振子固有频率

ω　圆频率

ω_{TO}　光学横模频率

ω_{LO}　光学纵横频率

ω_0　振模的简谐频率

ω_s　振模的非谐频率

目　　录

第一章 绪 论

§1.1 基本概念

铁电体物理学研究的核心问题是自发极化（spontaneous polarization）. 自发极化是怎样产生的？它与晶体结构和电子结构有什么关系？在各种外界条件作用下极化状态怎样变化？这些问题的研究和解答就构成了铁电体物理学的主要内容.

极化是一种极性矢量，自发极化的出现在晶体中造成了一个特殊方向. 每个晶胞中原子的构型使正负电荷重心沿该方向发生相对位移，形成电偶极矩. 整个晶体在该方向上呈现极性，一端为正，一端为负. 因此，这个方向与晶体的其他任何方向都不是对称等效的，称为特殊极性方向[1]. 换言之，特殊极性方向是在晶体所属点群的任何对称操作下都保持不动的方向. 显然，这对晶体的点群对称性施加了限制. 在 32 个晶体学点群中，只有 10 个具有特殊极性方向，它们是 $1(C_1)$，$2(C_2)$，$m(C_s)$，$mm2(C_{2v})$，$4(C_4)$，$4mm(C_{4v})$，$3(C_3)$，$3m(C_{3v})$，$6(C_6)$，$6mm(C_{6v})$. 只有属于这些点群的晶体，才可能具有自发极化. 这 10 个点群称为极性点群（polar point group）.

因为原子的构型是温度的函数，所以极化状态将随温度的变化而变化，这种性质称为热电性（pyroelectricity）[2]. 热电性是所有呈现自发极化的晶体的共性. 具有热电性的晶体称为热电体（pyroelectrics）. 但对于铁电性来说，存在自发极化并不是充分条件. 铁电体是这样的晶体[3]：其中存在自发极化，且自发极化有两个或多个可能的取向，在电场作用下，其取向可以改变.

压电性（piezoelectricity）[2]对晶体对称性的要求是，没有对称中心. 显然，极性点群都是非中心对称的，反之则不然. 这表明，所有的铁电体都具有压电性，但压电体不一定都是铁电体.

晶体在整体上呈现自发极化，这意味着在其正负端分别有一层正的和负的束缚电荷. 束缚电荷产生的电场在晶体内部与极化反向［称为退极化场（depolarization field）］，使静电能升高. 在受机械约束时，伴随着自发极化的应变还将使应变能增加. 所以均匀极化的状态是不稳定的，晶体将分成若干个小区域，每个小区域内部电偶极子沿同一方向，但各个小区域中电偶极子方向不同. 这些小区域称为电畴或畴(domain). 畴的间界叫畴壁(domain wall). 畴的出现使晶体的静电能和应变能降低，但畴壁的存在引入了畴壁能. 总自由能取极小值的条件决定了电畴的稳定构型.

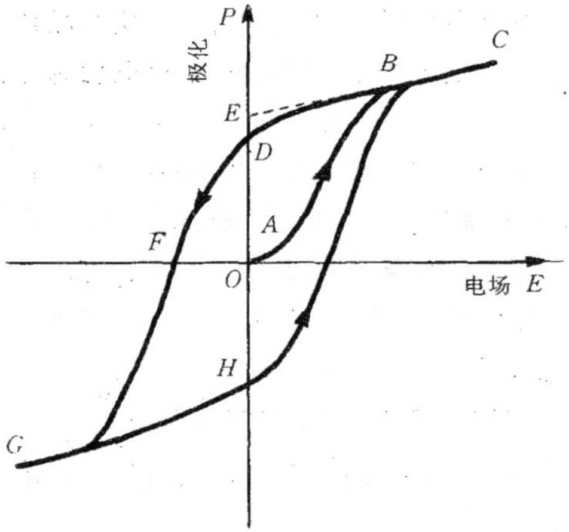

图 1.1 铁电体的电滞回线.

铁电体的极化随电场的变化而变化. 但电场较强时，极化与电场之间呈非线性关系. 在电场作用下，新畴成核长大，畴壁移动，导致极化转向. 在电场很弱时，极化线性地依赖于电场（见图 1.1)，此时可逆的畴壁移动占主导地位. 当电场增强时，新畴成核，畴壁运动成为不可逆的，极化随电场的增加比线性段快. 当电场达到相应于 B 点的值时，晶体成为单畴的，极化趋于饱和. 电场进一步增强时，由于感应极化的增加，总极化仍然有所增大（BC 段）. 如果趋于饱和后电场减小，极化将循 CBD 曲线减小，以致当电场达到零时，晶体仍保留在宏观极化状态. 线段 OD 表示的极化称为剩余极化 P_r（remanent polarization）. 将线段 CB 外推到与极化轴相交于 E，则线段 OE 等于自发极化 P_s. 如果电场反向，极化将随之降低并改变方向. 直到电场等于某一值时，极化又将趋于饱和. 这一过程如曲线 DFG 所示. OF 所代表的电场是使极化等于零的电场，称为矫顽场 E_c（coercive field）. 电场在正负饱和值之间循环一周时，极化与电场的关系如曲线 $CBDFGHC$ 所示，此曲线称为（饱和）电滞回线（hysteresis loop）.

晶体的铁电性通常只存在于一定的温度范围. 当温度超过某一值时，自发极化消失，铁电体变成顺电体（paraelectric）. 铁电相与顺电相之间的转变通常简称为铁电相变，该温度称为居里温度或居里点 T_c.

热力学描写相变的方法[4]主要是选择系统的特征函数（characteristic function），假定特征函数对极化的依赖关系，寻找使特征函数取极小值的极化和相应的温度. 使极化为零的温度即为相变温度. 相变时两相的特征函数相等，如果一级导数不连续，则相变是一级的，如果一级导数连续，但二级导数不连续，则相变是二级的. 因为极化是所选特征函数的一级导数，所以二级相变时极化连续，由零变化到无穷小的非零值或者相反，一级相变时极化不连续，降温和升温过程中分别从零跃变到有限值或反之. 在相变温度 T_c，电容率反常. 当 $T>T_c$ 时，沿铁电相自发极化方向的低频相对电容率与温度的关系为

$$\varepsilon_r(0)=\varepsilon_r(\infty)+\frac{C}{T-T_0}, \tag{1.1}$$

式中 $\varepsilon_r(0)$ 和 $\varepsilon_r(\infty)$ 分别为低频相对电容率和光频相对电容率，C 是居里常量（Curie constant），T_0 称为居里-外斯温度. 对于二级相变铁电体，$T_0=T_c$，对于一级相变铁电体，$T_0<T_c$，$\varepsilon_r(\infty)$ 比 $\varepsilon_r(0)$ 小得多，且与温度基本无关，通常可以忽略，于是

$$\varepsilon_r(0) = \frac{C}{T - T_0}. \tag{1.2}$$

式（1.1）或式（1.2）表示的关系叫居里-外斯定律（Curie-Weiss law）.

虽然大多数铁电体在相变点以上表现出居里-外斯型的介电行为，但这并不是铁电体或铁电相变的必要条件. 铁电相变的实质是出现自发极化. 自发极化是各晶胞中偶极子出现、并平行排列的结果. 不论自发极化起因于何种机制，自发极化的出现反映了系统内部有序化程度的提高. 在相变理论中，引入序参量(order parameter）描写有序化程度. 对于铁电相变，自发极化就是序参量. 序参量是表征相变的基本参量，它在一相中为零，而在另一相中不为零.

序参量的基本特性之一是能够说明相变过程中对称性的变化[5]. 我们知道，铁电相点群必须是10个有特殊极性方向的点群——极性点群之一，顺电相则可属于任一个点群. 根据顺电相点群和自发极化出现的方向，利用对称性叠加原理[1]，就可得出铁电相点群.

但在有些铁电体中，自发极化并不能完全说明对称性的变化，其自发极化的出现是与某个其他参量耦合的结果. 在这种情况下，称自发极化为次级序参量(secondary order parameter)，而把既能表征系统内部有序化程度又能说明相变中对称性变化的物理量称为初级序参量（primary order parameter）. 次级序参量是由于与初级序参量耦合才具有非零值. 自发极化只是次级序参量的铁电体称为非正规或非本征铁电体（improper or extrinsic ferroelectrics)[6].

谈到序参量的耦合，必然立即想到自发极化与应变的耦合. 因为自发极化出现时，原子位置的变化导致应变，而且铁电体都有压电性，所以自发应变是所有铁电体的共性. 但是，自发应变并不一定联系于自发极化. 事实上，存在着一类以自发应变为序参量的晶体，而且其自发应变可在应力作用下转向，这样的晶体称

为铁弹体 (ferroelastics)[7]. 类比着铁电体的情况，引入了铁弹畴(ferroelastic domain)、顺弹体 (paraelastics) 和非正规铁弹体(improper ferroelastics)等一系列概念. 为了在更普遍的基础上研究结构相变，人们提出了铁性相变 (ferroic phase transition) 和铁性体 (ferroics) 的概念[8]. 铁性相变是改变点群的相变[7]. 铁性体是这样的晶体，它具有两个或多个取向态或畴态 (orientation state, domain)，在某种或某些外力驱动下，各个取向态可以相互转换. 标志取向态的张量性质和实现取向态转换的驱动力决定了铁性体的种类. 铁电体、铁弹体和铁磁体是熟知的铁性体. 在这三种铁性体中，标志取向态的张量性质分别为自发极化、自发应变和自发磁化，实现取向态转换的驱动力分别为电场、应力和磁场. 在这些铁性体中，标志取向态的是对驱动力有响应的最低阶张量，故称为初级铁性体 (primary ferroics). 如果标志取向态的张量性质是对驱动力有响应的次低阶张量，即需要驱动力的二次方才能实现取向态转换，这些铁性体就称为次级铁性体 (secondary ferroics). 次级铁性体有铁双电体 (ferrobielectrics) 和铁弹电体 (ferroelastoelectrics) 等[9].

与热力学理论不同，微观理论的任务是从原子或分子机制来说明铁电性. 根据晶体结构测定和理论分析，可将铁电相变分为两种类型，即位移型 (displacive) 和有序无序型 (order-disorder)[10].

由于原子的非谐振动，其平衡位置相对于顺电相发生了偏移，这是产生自发极化的一种机制. 因为这类相变是原子位移的结果，所以称为位移型相变. 呈现这类相变的铁电体称为位移型铁电体，$BaTiO_3$等属于这种类型. 这种铁电体的特征之一是居里常量 C 大，约为 10^5K.

在有些铁电体中，某种原子或原子团有两个或几个平衡位置. 在顺电相，原子或原子团在这些位置的分布是无序的. 在铁电相，它们的分布有序化，即择优地占据其中某个平衡位置. 这是产生自发极化的另一种机制. 因为相变是原子或原子团分布有序化的结果，所以称为有序无序相变．呈现这种相变的铁电体称为有序无序型铁电体，KH_2PO_4 是这种铁电体的实例．这种铁电体的特征之一是居里常量 C 小，约为 10^3K.

必须指出，这种分类只是近似的，许多铁电体兼具有序无序和位移型两者的特征．例如，原来认为 $BaTiO_3$ 可能是典型的位移型铁电体，随着实验手段的提高，现在已有充足的迹象表明，顺电相中 Ti 原子有多个平衡位置，$BaTiO_3$ 的铁电相变有明显的有序无序特征．

微观理论的突破性进展是软模（soft mode）理论[11,12]．该理论认为，铁电相变应该在晶格动力学范围内加以研究，具体来说，自发极化的出现联系于布里渊区中心某个光学横模的软化．这里"软化"是指频率降低以致振动"冻结"，这个模称为软模．软化的原因可作直观地理解为：振动着的离子受到短程力和长程库仑力的作用，对光学横模来说，这两种力具有相反的符号．在温度适当时，它们的数值接近相等，使振动频率趋近于零．软模理论集中注意对相变负责的晶胞中少数离子，用单势阱中的非谐振子描述它们的振动，成功地解释了铁电相变的主要特征．

软模理论最初是用来处理位移型系统的，但后来认识到它也适用于有序无序系统[13]，不过在有序无序系统中，相变时软化的集体激发不是晶格振动模而是赝自旋波(pseudospin wave)[14]．赝自旋波是从铁磁性理论中移植过来的一个概念，它描述了粒子在双势阱中的运动．自旋波理论和方法在铁磁学中早已成熟，这使赝自旋波在描述有序无序型铁电体中迅速取得很大的成功．

微观理论的进一步发展和完善主要沿两条途径进行．一是铁电相变的统一理论[15—17]．铁电相变往往兼具位移型和有序无序型的特征，在同一个理论框架内计及这两种机制的贡献是统一理论的目标．另一条途径是振动-电子（vibronic）理论[18]．软模理论集中注意晶格振动，未计入电子结构变化的贡献．全面解释自发极化应该不但考虑离子实的位移，还要考虑振动与电子间的耦合，于是出现了振动-电子理论．

软模理论的重要意义首先在于，它揭示了铁电相变的共性，而且指出铁电相变只是结构相变的一种特殊情况[19]. 一般地说，由布里渊区中心晶格振动模导致的结构相变称为铁畸变性（ferrodistortive）相变. 铁电相变是铁畸变性相变的一种，它是布里渊区中心光学横模的软化产生自发极化的铁畸变性相变. 由布里渊区中心以外某处模的软化导致的结构相变称为反畸变性（antidistortive）或反铁畸变性（antiferrodistortive）相变，其中最重要的是软模波矢位于布里渊区边界. 在这种情况下，低对称相晶胞尺寸是高对称相晶胞的整数倍，这种反畸变性相变称为晶胞体积倍增（cell-doubling）相变. 显然，光学横模软化导致的晶胞体积倍增相变将会造成反铁电（antiferroelectric）相，其中大小相等的电偶极子反向排列，总的极化为零.

不管软化的振模的波矢在布里渊的位置如何，为了保持相变后晶体的平移对称性，该波矢与边界波矢之比必须为有理数. 因为布里渊区边界波矢决定于相变前（高对称相）的晶格周期，软模波矢则决定了相变后（低对称相）的晶格周期. 平移对称性要求这两个晶格周期成整数比（即有理数），或者说它们是有公度的. 如果软模波矢与边界波矢之比是无理数，即它们是无公度的，则新相的“周期”与原相的晶格周期之间也是无公度的，这样的相称为无公度相（incommensurate phase）[20]. 显然，无公度相不具有三维空间中晶体的平移对称性. 在无公度相中，不但原子位置，而且极化、磁化（如果有的话），电荷密度等都按与原晶格周期无公度的“周期”调制，因而出现一些特殊的现象. 在一些铁电体中发现了无公度相，该相一般位于铁电相的高温侧. 降温过程中，无公度相通过锁定（lock-in）相变进入铁电相. 所以无公度相与铁电相有较密切的关系.

§1.2 历史和现状

一般认为，铁电体的研究始于 1920 年，当年法国人 Valasek

发现了罗息盐（酒石酸钾钠，$NaKC_4H_4O_6 \cdot 4H_2O$）的特异的介电性能，导致了“铁电性”概念的出现．但近来 G. Busch 提出[21]，铁电性的历史应该以罗息盐的问世为开端．这比 Valasek 的发现早 200 多年，因为罗息盐是法国人 Seignette 在 1665 年前后首次试制成功的．

关于铁电研究的历史，近年来《*Ferroelectrics*》和《*Condensed Matter News*》等杂志陆续发表了不少文章[21—26]，其中有的是系统的论述，有的是对某个阶段或某个重大发展的回顾．这些文章读来饶有兴味，颇多启发．有兴趣的读者请阅读原文．Lines 和 Glass[19]以及 Fousek[26]分别对铁电体发展史作了全面的论述．迄今铁电研究可大体分为四个阶段．第一阶段是 1920—1939 年，在这一阶段中发现了两种铁电结构，即罗息盐和 KH_2PO_4 系列．第二阶段是 1940—1958 年，铁电唯象理论开始建立，并趋于成熟．第三阶段是 1959 年到 70 年代，这是铁电软模理论出现和基本完善的时期，称为软模阶段．第四阶段是 80 年代至今，主要研究各种非均匀系统．

50 年代以来，铁电体的总数急剧增加，现在已知的铁电体已达 200 多种（每种化合物或固溶体只算一种，以掺杂或取代改变成分者不算新铁电体）[27]．铁电研究论文数目逐年呈指数上升，目前每年论文数都在 3000 篇以上[27]．国际上定期召开的主要学术会议有国际铁电会议（IMF），欧洲铁电会议（EMF），铁电应用国际讨论会（ISAF），集成铁电体国际讨论会（ISIF）和亚洲铁电会议（AMF）等．专业杂志有《*Ferroelectrics*》，《*Ferroelectrics Letters*》，《*Integrated Ferroelectrics*》，《*IEEE Transactions on Ultrasonics，Ferroelectrics and Frequency Control*》等．

从物理学的角度来看，对铁电研究起了最重要作用的有三种理论，即德文希尔（Devonshire）等的热力学理论，Slater 的模型理论，Cochran 和 Anderson 的软模理论．

Müller[28,29]首先把热力学理论应用于铁电体．基本思想是将自由能写成极化和应变的各次幂之和，在不同的温度求自由能极小值，从而确定相变温度. Ginzburg[30,31]和德文希尔进一步发展了这种处理方法，特别是德文希尔的一系列论文[4,32]使之得以完善. 德文希尔等人的热力学理论是朗道(Landau)相变理论[5,33]在铁电体上的应用和发展，所以也称为朗道-德文希尔理论. 直到今天它仍是处理铁电体问题的一种有效方法.

微观理论方面，在软模理论出现以前，人们针对各种铁电体提出过多种模型理论. 大多数后来已被淡忘，但 Slater 提出的两个模型对后来的发展起了重要的作用. 关于 KH_2PO_4 铁电性的起源，Slater 认为是氢键中质子的有序化[34]. 虽然他不能说明自发极化为什么会与氢键所在的平面相垂直，但他首先提出的质子有序化的观点，后来证明是完全正确的. 关于 $BaTiO_3$ 的铁电性，Slater 认为[35]是起源于长程偶极力. 局域作用力倾向于高对称构型，长程库仑力倾向于低对称构型，后者使 Ti 离子偏离高对称性位置. 这一模型体现了位移型铁电体的基本特征.

软模理论是 Cochran[11,12]和 Anderson[36]几乎同时各自独立地提出来的，Cochran 对这一理论作了充分的发挥[37—40]. 根据软模理论，铁电相变和反铁电相变都应该在普遍的结构相变理论框架内进行研究，人们不再依赖于只适用于个别铁电体的特殊模型. 位移型铁电体中软化的是晶格振动光学横模，有序无序型铁电体中软化的是赝自旋波. 软模理论无疑是铁电微观理论的重大突破，因此在铁电理论中占有最重要的地位.

近年来，铁电体的研究取得不少新的进展，其中最重要的有以下几方面.

(1) 第一性原理的计算. 对真正追求铁电性起因的物理学家来说，现在仍然有许多没有解决的问题. 例如，为什么 $BaTiO_3$和 $PbTiO_3$都有铁电性，而在晶体结构和化学方面看来都与它们相同的 $SrTiO_3$ 却没有铁电性？对固体这样一个由原子核和电子组成的多体系统，如果能从第一性原理出发进行计算，则有可能得到解答. 这种计算难度很大，现代能带结构方法和高速计算机的发展才使之有了可能. 近年来，《*Phys. Rev.*, *B*》等杂志发表了一系列关于铁电体第一性原理计算的论文[37,38]，1990，1992 和 1994 年连续举行了三次《铁电体第一性原理计算》国际讨论会，《*Ferroelectrics*》杂志以专集的形式发表了讨论会的论文（如 1990 年第 111 卷和 1992 年的第 136 卷）．通过第一性原理的计算，对 $BaTiO_3$，$PbTiO_3$，$KNbO_3$和 $LiTaO_3$ 等铁电体，得出了电子密度分布，软模位移和自发极化等重要结果，对阐明铁电性的微观机制有重要的作用．

（2）尺寸效应的研究．随着铁电薄膜和铁电超微粉的发展，铁电尺寸效应成为一个迫切需要研究的实际问题．近年来，人们从实验方面[39—41]、宏观理论[42—45]和微观理论[46,47]方面开展了深入的研究．从理论上预言了自发极化、相变温度和介电极化率等随尺寸变化的规律，并计算了典型铁电体的铁电临界尺寸．这些结果得到了实验的证实，它们不但对集成铁电器件和精细复合材料的设计有指导作用，而且是铁电理论在有限尺寸条件下的发展．

（3）铁电液晶和铁电聚合物的基础和应用研究．在液晶中寻找铁电性的努力长期没有获得成功，因为大多数液晶结构对称性不够低，偶极相互作用小于热能，或者形成了偶极子反平行排列的二聚物使有效偶极矩等于零．1975 年 Meyer 发现[48]，由手性分子组成的倾斜的层状 C 相（SC^* 相）液晶具有铁电性．后来从制备、结构和相变等方面开展了研究，明确了它属于赝正规（pseudo-proper）铁电体，居里点以上电容率符合居里-外斯定律，由光散射观测到软模[49]．在性能方面，铁电液晶在电光显示和非线性光学方面很有吸引力．电光显示基于极化反转，其响应速度比普通丝状相液晶快几个数量级[50]．非线性光学方面，其二次谐波发生效率已不低于常用的无机非线性光学晶体[51]．

聚合物的铁电性也是 70 年代末期才得到确证的[52]．虽然，PVDF 的热电性和压电性早已被发现，但它由晶态和非晶态组成，且具有多种晶形，压电性和热电性都是经直流电场处理后才出现的，人们难以确定其中的极化是电场注入的电荷被陷获造成的亚稳极化，还是由晶体结构的非对称性决定的自发极化．这个问题在70代末期得到解决．现在人们不但确证了PVDF的铁电性，而且发现了一些新的铁电聚合物，如奇数尼龙[53]（尼龙-11，尼龙-7和尼龙-5等）．聚合物组分繁多，结构多样化，预期从中可发掘出更多的铁电体，从而扩展铁电体物理学的研究领域，并开发新的应用．

（4）集成铁电体的研究．铁电薄膜与半导体的集成称为集成铁电体[54]．以铁电存贮器等实际应用为目标，近年来广泛开展了铁电薄膜及其与半导体集成的研究．铁电存贮器的基本形式是铁电随机存取存贮器(FRAM)，其中铁电元件的$\pm P_r$状态分别代表二进制数字系统中的"1"和"0"，所以是基于极化反转的一种应用．早在50年代就以$BaTiO_3$为主要对象进行过研究．当时由于3个原因未能实现．一是块体材料要求反转电压太高；二是电滞回线矩形度不好，使元件发生误写误读；三是疲劳显著，经多次反转后，可反转的极化减小．80年代以来，由于铁电薄膜制造技术的进步和材料的改进，铁电存贮器的研究重新活跃起来，而且在1988年出现了实用的FRAM．与五六十年代比较，目前的材料和技术解决了几个重要问题[55]．一是采用薄膜，极化反转电压易于减小到5V或更低，可以和标准的硅CMOS或GaAs电路集成；二是在提高电滞回线矩形度的同时，在电路设计上采取措施，防止误写误读；三是疲劳特性大有改善，现已制备出反转5×10^{12}次仍不显示任何疲劳的铁电薄膜，用它制成了工作电压低于3V，反转时间仅100ns的256k bit存贮器[56]．

铁电体的本质特征是具有自发极化，且自发极化可在电场作用下转向，因此狭义地说，只有基于极化反转的应用才真正属于铁电性的应用．多年来，实现这种应用的只有透明铁电陶瓷光阀等极个别器件，形成了铁电研究工作者很不愿接受的现实．现在看来，以铁电薄膜存贮器为代表，这方面的重大应用有可能在铁电薄膜上最终实现，这反过来又将对铁电研究给以新的推动和提出新的研究课题．铁电薄膜在存贮器中的应用不限于FRAM，还有铁电场效应晶体管（FFET）和铁电动态随机存取存贮器

(FDRAM). 在 FFET 中，铁电薄膜作为源极和漏极之间的栅极材料，其极化状态（$\pm P_r$）使源极-漏极之间的电流明显变化，故可由源-漏间的电流读出所存贮的信息，而无需使栅极材料的极化反转. 这种非破坏性读出特别适合于可以用电擦除的可编程只读存贮器（EEPROM). DRAM 是基于电荷积累的半导体存贮器. 在 FDRAM 中，采用高电容率的铁电薄膜超小型电容器使存贮容量得以大幅度提高. 除存贮器外，集成铁电体还可用于红外探测与成象器件，超声与声表面波器件以及光电子器件等. 正是在这些实际应用的推动下，集成铁电体的研究成为铁电研究中最重要的热点和前沿. 可将块状铁电材料向铁电薄膜的转移跟半导体分立器件向集成电路的转移相类比，从中可以看出，集成薄膜器件在铁电体中的位置和作用是极为重要的，而且其应用前景也是不可估量的.

在铁电体物理学内，当前的研究方向主要有两个，一是铁电体的低维特性，二是铁电体的调制结构.

铁电体低维特性的研究首先是薄膜铁电元件提出的要求. 铁电体的尺寸效应早已引起人们的注意，但只有在薄膜等低维系统中，尺寸效应才变得不可忽略[58—61]. 深入了解尺寸效应需要研究表面的晶体结构、电子结构和偶极相互作用. 极化在表面处的不均匀分布将产生退极化场，对整个系统的极化状态产生影响. 表面区域内偶极相互作用与体内的不同，将导致居里温度随膜厚而变化. 薄膜中还不可避免地有界面效应，这包括铁电膜与基底间的界面、铁电膜与电极间的界面以及晶粒间界. 薄膜厚度变化时，矫顽场、电容率和自发极化都随之变化，需要探明其变化规律并从微观机制上加以解释，以指导材料和器件的设计. 伴随着极化反转的疲劳的起因和改进方法，更是理论和实用上的重要问题. 目前，铁电薄膜理论的宏观方法主要是在自由能中引入表面能项，仿照对体材料的方法求自由能极小值[62]. 微观方法则主要是在横场 Ising 模型中引入不同于体内的表面层赝自旋相互作用系数和表面层隧道贯穿频率[63]. 该方法本身虽与膜厚无关，但计算表明，它仅对超薄膜才给出有重要意义的结果.

除薄膜外，铁电超微粉（ultrafine particles）也很有吸引力.在这种三维尺寸都有限的系统中，块体材料中那种导致铁电相变的布里渊区中心振模可能无法维持，也许全部声子色散关系都要改变.长程库仑作用显然将随尺寸减小而减弱，当它不能平衡短程力的作用时，铁电有序将不能建立.随着尺寸减小，预期将顺序呈现铁电性、超顺电性（superparaelectricity）和顺电性.目前，关于铁电微粉相变尺寸效应的实验研究[64—66]和理论研究[67,68]都在迅速地取得进展.实验工作中采用了包括X射线衍射、Raman散射、比热、二次谐波发生等多种手段，理论方法主要是在自由能中加入表面项，并计入表面赝自旋配位数和外推长度对尺寸的依赖关系.

铁电体的调制结构包括人工调制结构和相变形成的调制结构.

相变形成的调制结构有“偶极玻璃”（dipole glass）和无公度相.偶极玻璃包括多种材料，其共同特点是，在一个基本上正规的晶格中偶极矩的取向仅有短程有序而无长程有序.$KTaO_3$是一种“先兆性铁电体”（incipient ferroelectric），低温电容率显示类居里-外斯定律的行为，但直到0K仍无铁电性.$LiTaO_3$和$KNbO_3$则是熟知的铁电体.因此，$K_{1-x}LiTaO_3$和$KTa_{1-x}Nb_xO_3$的相变行为令人感兴趣.当取代量在一定的范围时，得到的是局域偶极子无规分布的偶极玻璃[69].铁电体KH_2PO_4和反铁电体$(NH_4)H_2PO_4$的混合晶体也呈现局域偶极子无规分布[70].这些系统的共同特征之一是，在温度T_m呈现电容率极大值而T_m本身随测试频率升高而升高.在T_m并不发生对称破缺.当晶体在电场中冷却时在T_m以下可诱发与温度有关的极化.普遍接受的模型是：在T_m以下“冻结”的相互作用的偶极子形成尺寸为几个纳米的团簇（cluster），它们无规取向.如果在电场中冷却，这些团簇可以整齐排列，但随后并不能由电场重取向.这种图象实际上是自旋玻璃（spin glass）的图象，与真正的铁电性相去甚远.

相似的行为在一些复合离子占相同晶格位置的化合物或固溶体中也观测到了．例如 $BaTi_{1-x}S_{nx}O_3$ 和 $Pb(Nb_{2/3}Mg_{1/3})O_3$．它们也在 T_m 附近出现极性团簇．不过这些化合物或固溶体与前述一些系统不同，即电场可导致长程有序，所以发生的是实际的相变，只是相变的弥散性很高．它们很接近于普通的铁电性，这类材料就是广为研究的弛豫铁电体（relaxor ferroelectrics）[71]．可以说，当偶极子稀少时形成偶极玻璃，偶子浓度增大时呈现弥散性铁电相变[72]．$KTa_{1-x}Nb_xO_3$ 在 $x>0.02$ 时有铁电相变，$x<0.02$ 时则呈现玻璃式的行为[73]．$K_{1-x}Li_xTaO_3$ 在 $0<x\leqslant 0.063$ 范围内的场致二次谐波发生表明，x 小时近于偶极玻璃，x 大时近于铁电体[74]．温度是另一个重要的参量，值得注意的是，在某些系统（例如 PLZT）中，在高于铁电相变温度 T_c 数百度时就开始出现尺寸为几个晶胞常数的局域极性团簇，这可从 T_c 以上折射率的温度依赖性推断出来[73]．研究偶极玻璃和弛豫铁电体的意义在于，一方面它们有一些可实用的性质，另一方面有助于揭示铁电有序的演化过程．

这里应该提及非晶态铁电性的问题．“偶极玻璃”这个名词是与自旋玻璃类比而来的，实际上并不是传统意义上的玻璃，所以即使在其中出现类似铁电性的行为或铁电性，也不是非晶态的铁电性．事实上有人早已指出，最好不要称它们为偶极玻璃[75]．理论分析认为，如果位置无序的偶极子之间有适当的长程相互作用，则非晶态可以有铁电性[76]．但在实验上要确证非晶态的铁电性（即观测到的铁电性的确是来自非晶态）却远非易事[75]．虽然有的实验[77,78]似乎提供了非晶态铁电性的迹象，但暂时还是只把它看成一种可能性较为妥当．

无公度相也是相变形成的调制结构．具有无公度相的铁电体，其自由能中包含序参量空间的各向异性项[79]，这可说明在无公度相的低温侧出现正规或非正规的铁电相．在接近锁定相变时，无公度相的一部分内出现规则的织构，可看成是被“畴壁”分开的极化交替取向的一些铁电层的排列．与普通铁电体不同，这里的畴壁是序参量空间的相孤子（phase soliton）[80]，其能量为负. 现在已知，不少铁电体具有无公度相，例如 $NaNO_2$，SC $(NH_2)_2$ 和 A_2BX_4 系列化合物. 在 A_2BX_4 化合物中已确定了描述类似电畴的无公度织构的参量. Rb_2ZnCl_4 的类似电畴的无公度织构中，极化 P_s 的值与普通非正规铁电体的相近. 很靠近锁定相变温度时，其周期约为 10nm[81].

第二类调制结构是人工的规则织构. 制备这种织构是以应用为背景的. 如果在铁电体中形成周期性畴结构，且周期与介质中光或声过程的特征长度相适应，则在光或声过程中将出现特别有趣并有用的现象[82]，例如在准相位匹配条件下实现激光倍频等. 近年来已在 $LiNbO_3$ 等晶体中实现了周期性畴结构，并对其结构和性能进行了深入的研究[83—85]. 在这些畴结构中，典型的调制周期是微米量级，所以也称为微米超晶格[82]. 调制周期更短（纳米量级）的铁电超晶格也在实验[86—88]和理论[89,90]方面已开展了一些探索性的工作.

另一种人工规则织构的材料是以铁电体为活性组元的复合材料，通常，其中的铁电体是陶瓷（如 PZT），已实用化的该类复合材料中的特征线度是 100μm 以上. 为了在亚微米甚至纳米尺度上实现极化的调制结构，人们正致力于精细复合功能材料的研究[91]. 周期在此范围内的极化调制结构预期将呈现有趣的电光和非线性光学现象.

§1.3 内容安排和说明

铁电体物理学研究的核心问题是自发极化. 本书全部论述围绕这个核心展开，具体可分为两大部分. 第一部分是自发极化的产生机制，即关于铁电相变的理论. 第二部分是极化状态在各种外界条件下的变化，这就是铁电体的各种宏观效应：介电响应、极化反转、压电、热电、电光和非线性光学效应等. 图 1.2 所示的是这两部分内容、并示出了它们与极化的关系.

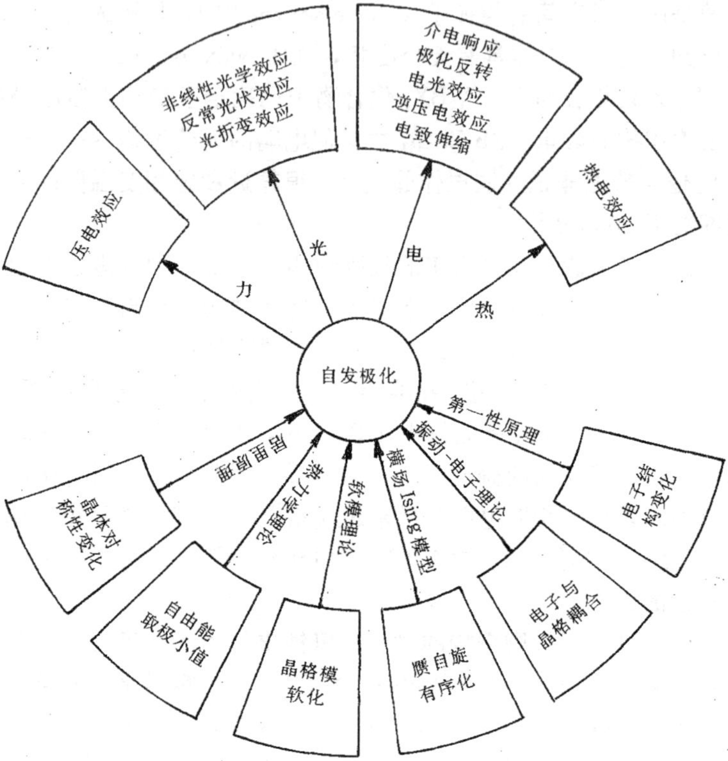

图 1.2　本书主要内容及其相互关系示意图.

铁电性的产生总是伴随着晶体结构的变化，晶体结构知识是建立铁电理论模型和解释物理性能的重要依据. 我们在第二章中首先介绍一些具有代表性铁电体的晶体结构. 对每种类型的铁电体，都从晶体结构方面指出导致自发极化的主要机制. 第三和第四章分别从宏观和微观方面介绍铁电相变理论. 宏观理论主要是热力学理论，即在不同温度下对特征函数取极小值以确定极化状态. 其次也介绍了基于居里原理的对称性方法. 微观理论比较系统的是软晶格模和赝自旋波理论. 从基本概念来说，软模理论适用于各种类型的铁电体，但处理具体问题时，位移型铁电体要用非谐振子模型，有序无序型铁电体要用赝自旋波模型．由于两者都存在局限性，于是出现了位移型和有序无序型统一理论和振动-电子理论．近年来，铁电性的第一性原理计算引人注目．这些都在第四章作了介绍．传统的相变理论都是针对无限大均匀系统的，不包含有限尺寸效应．为了适应铁电体的研究，我们在第三章和第四章分别介绍了有限尺寸铁电体的热力学理论和横场 Ising 模型．

铁电体的极化状态在外界条件作用下的变化表现为各种有趣的性质．这方面，本书选择了有实用价值的、而且其物理机制明确的一些性质．铁电体作为电容器介质材料、压电材料和热电材料早已得到了广泛的应用，确立了不可替代的地位．极化反转特性以及非线性光学效应、电光效应和光折变效应等都已部分得到应用，研究工作正蓬勃展开，大有前途．这些特性是本书后五章的内容．在每一章中，我们都强调所论性质或效应的物理根源，并力图反映最新进展．

全部论述紧密结合铁电材料进行，但我们强调的是物理原理而不是材料本身，所以书中只选用了一些典型的、并有实用价值的铁电体．需要铁电材料全面详细数据的读者可查阅 Landolt-Börnstein 手册[92]或铁电材料专著．铁电领域的研究论文数逐年在指数增加，《*Ferroelectrics*》杂志陆续发表相当全面的铁电文献目录（K. Toyoda 编辑）和热电文献导引（S. B. Lang 编辑），对研究工作者和关心铁电研究进展的人们都很有帮助．

本书采用国际单位制（SI）．不过为了方便，仍保留了电子伏和玻尔半径等几个制外单位．书中有的名词还要予以说明．电容率（permittivity）和介电常量（dielectric constant）在中英文中都是通用的，但 permittivity 是国际纯物理和应用物理联合会符号、单位、术语、原子质量和基本常量委员会（IUPAP-SUNAMCO）推荐的名词，而且电容率比介电常量少一个字，所以本书采用电容率．描写弹性的参量，本书采用弹性顺度和弹性刚度，而不再加“系数”或“常量”．“susceptibility”描写序参量对外场的响应，普遍情况下称为敏感率，在电介质中称为极化率. 弛豫铁电体的相变称为弥散性铁电相变，而不称为扩散相变. 描述相变弥散性程度的指数称为弥散性指数而不称为介电临界指数. 遵照全国自然科学名词审定委员会公布的《物理学名词》(基础物理学部分，1988)，名词“constant”表示无量纲的常量时称为常数，其他情况下称为常量. 因此，本书中许多原先称为常数的名词现改称常量，例如压电常量等.

参 考 文 献

[1] I. S. Zheludev, Solid State Physics, **26**, ed. by H. Ehrenreich, F. Seitz and D. Turnball, Academic Press, New York, 429 (1971).

[2] W. G. Cady, Piezoelectricity, McGraw-Hill Book Co., New York (1946).

[3] L. A. Shuvolov, *J. Phys. Soc. Jpn.*, Supplement24 (2), 38 (1970).

[4] A. F. Devonshire, *Phil. Mag.*, **40**, 1040 (1949); **42**, 1065 (1951).

[5] L. D. Landau, E. M. Lifshitz, Statistical Physics, 3rd ed. Part 1, Pergamon Press, Oxford (1980).

[6] V. Dvorak, *Ferroelectrics*, **7**, 1 (1974).

[7] V. K. Wadhawan, *Phase Transitions*, **3**, 3 (1982); **34**, 3 (1991).

[8] K. Aizu, *Phys. Rev.*, **B2**, 754 (1970).

[9] R. E. Newnham, L. E. Cross, *Mat. Res. Bull.*, **9**, 127, 1021 (1974).

[10] T. Mitsui, I. Tatsuzaki, E. Nakamura, An Introduction to the Physics of Ferroelectrics, Gordon and Breach, New York (1976). 中译本：倪冠军等译，殷之文校，铁电物理学导论，科学出版社 (1983).

[11] W. Cochran, *Phys. Rev. Lett.*, **3**, 412 (1959).

[12] W. Cochran, *Adv. Phys.*, **9**, 367 (1960).

[13] P. G. De Gennes, *Solid State Commun.*, **1**, 132 (1963).

[14] R. K. Brout, A. Muller, H. Thomas, *Solid State Commun.*, **4**, 507 (1966).

[15] N. S. Gills, *Phys. Rev.*, **B11**, 309 (1975).

[16] S. J. Aubry, *J. Chem. Phys.*, **62**, 3216 (1975).

[17] S. Stamenkovic, N. M. Plakide, V. L. Aksienov, T. Siklos, *Ferroelectrics*, **14**, 655 (1976).

[18] J. B. Bersuker, B. G. Vekhter, *Ferroelectrics*, **19**, 137 (1978).

[19] M. E. Lines, A. M. Glass, Principles and Applications of Ferroelectrics and Related Materials, Clarendon Press, Oxford (1977). 中译本：钟维烈译，王华馥校，铁电体及有关材料的原理和应用，科学出版社 (1989).

[20] K. A. Muller, Structural Phase Transitions, I ed. by K. A. Muller and H. Thomas, Springer-Verlag, Berlin, 1 (1981).

[21] G. Busch, *Condensed Matter News*, **1** (2), 20 (1991).

[22] W. Cochran, *Ferroelectrics*, **35**, 3 (1981).

[23] R. Blinc, *Ferroelectrics*, **74**, 301 (1987).

[24] R. Landauer, *Ferroelectrics*, **74**, 27 (1987).
[25] W. Kanzig, *Condensed Matter News*, **1** (3), 21 (1992).
[26] J. Fousek, *Ferroelectrics*, **113**, 3 (1991).
[27] K. Deguchi, Landolt-Bornstein New Series on Crystals and Solid State Physics, Group Ⅲ, **28/a**, ed. by T. Mitsui and E. Nakamura, Springer-Verlag, Berlin (1990).
[28] H. Muller, *Phys. Rev.* **57**, 829 (1940).
[29] H. Muller, *Phys. Rev.* **58**, 565, 805 (1940).
[30] V. L. Ginzburg, *Zh. Eskp. Teor. Fiz.*, **15**, 739 (1945).
[31] V. L. Ginzburg, *Zh. Eskp. Teor. Fiz.*, **19**, 36 (1949).
[32] A. F. Devonshire, *Adv. Phys.*, **3**, 85 (1954).
[33] L. D. Landau, *Zh. Eksp. Teor. Fiz.*, **7**, 19, 627 (1937).
[34] J. C. Slater, *J. Chem. Phys.*, **9**, 16 (1941).
[35] J. C. Slater, *Phys. Rev.*, **78**, 748 (1950).
[36] P. W. Anderson, Fizika Dielektrikov, ed. by G. I. Skanavi, Akad. Nauk. SSSR. Moscow (1960).
[37] R. D. King-Smith, D. Vanderbilt, *Phys. Rev.*, **B 49**, 5828 (1994).
[38] R. Resta, M. Posternak, A. Baldereschi, *Phys. Rev. Lett.*, **70**, 1010 (1993).
[39] K. Uchino, E. Sadanaga, T. Hirose, *J. Am. Ceram. Soc.*, **72**, 1555 (1989).
[40] Weilie Zhong, Peilin Zhang, Yugao Wang, Tianling Ren, *Ferroelectrics*, **160**, 55 (1994).
[41] W. G. Liu, L. B. Kong, L. Y. Zhang, X. Yao, *Solid State Commun.*, **93**, 653 (1995).
[42] J. F. Scott, H. M. Duiker, P. D. Beale, B. Pouligny, K. Dimmler, M. Parries, D. Butler, S. Eaton, *Physica*, **B150**, 160 (1988).
[43] W. L. Zhong, Y. G. Wang, P. L. Zhang, *Phys. Lett.*, **A189**, 121 (1994).
[44] Y. G. Wang, W. L. Zhong, P. L. Zhang, *Solid State Commun.*, **92**, 519 (1994).
[45] W. L. Zhong, B. D. Qu, P. L. Zhang, *Phys. Rev.*, **B50**, 12375 (1994).
[46] C. L. Wang, S. R. P. Smith, D. R. Tilley, *J. Phys.: Condens. Matter*, **6**, 9633 (1994).
[47] B. D. Qu, W. L. Zhong, P. L. Zhang, *Phys. Lett.*, **A189**, 419 (1994).
[48] R. B. Meyer, I. Liebert, L. Sterzelecki, P. Keller, *J. Phys. (Paris) Lett.*, **36**, L69 (1975).
[49] R. Blinc, B. Zeks, M. Copic, A. Levstik, I. Muservic, I. Drevensek, *Ferroelectrics*, **104**, 159 (1990).
[50] J. Funfschilling, *Condensed Matter News*, **1** (1), 12 (1991).
[51] I. Drevensek, R. Blinc, *Condensed Matter News*, **1** (5), 14 (1992).
[52] R. G. Kepler, R. A. Anderson, *Adv. Phys.*, **41**, 1 (1992).
[53] R. A. Newman, J. I. Scheinbeim, J. W. Lee, Y. Takase, *Ferroelectrics*, **127**, 229 (1992).
[54] C. A. Paz de Araujo, G. W. Taylor, *Ferroelectrics*, **116**, 215 (1991).
[55] J. F. Scott, C. A. Paz de Araujo, *Science*, **246**, 1400 (1989).

[56] C. A. Paz de Araujo, *Ferroelectricity News Letter*, **2** (1), 2 (1994).
[57] J. F. Scott, C. A. Paz de Araujo, *Condensed Matter News*, **1** (1), 6 (1991).
[58] K. Binder, *Ferroelectrics*, **35**, 99 (1981).
[59] K. Binder, *Ferroelectrics*, **73**, 43 (1987).
[60] R. Lipowsky, *Ferroelectrics*, **73**, 69 (1987).
[61] J. F. Scott, *Phase Transitions*, **30**, 107 (1991).
[62] D. R. Tilley, B. Zeks, *Solid State Commun.*, **49**, 823 (1984).
[63] C. L. Wang, W. L. Zhong, P. L. Zhang, *J. Phys.: Condens. Matter*, **3**, 4743 (1992).
[64] K. Ishikawa, K. Yoshikawa, N. Okada, *Phys. Rev.*, **B37**, 5852 (1988).
[65] W. L. Zhong, J. Bing, P. L. Zhang, J. M, Ma, H. M. Cheng, Z. H. Yang, L. X. Li, *J. Phys.: Condensed Matter*, **5**, 2619 (1993).
[66] S. Schlag, H. F. Eicke, *Solid State Commun.*, **91**, 883 (1994).
[67] W. L. Zhong, Y. G. Wang, P. L. Zhang, B. D. Qu, *Phys. Rev.*, **B50**, 698 (1994).
[68] Y. G. Wang, W. L. Zhong, P. L. Zhang, *Science in China* (Series A), **38**, 724 (1995).
[69] H. Chou, S. M. Shapiro, K. B. Lyons, J. Kjems, D. Rytz, *Phys. Rev.*, **B41**, 7231 (1990).
[70] E. Courtens, *Ferroelectrics*, **72**, 229 (1987).
[71] L. E. Cross, *Ferroelectrics*, **151**, 305 (1994).
[72] J. Toulouse, *Ferroelectrics*, **151**, 215 (1994).
[73] G. Burns, F. H. Dacol, *Jpn. J. Appl. Phys.*, Supplement **24** (2), 85 (1985).
[74] P. Voigt, S. Kapphan, *J. Phys. Chem. Solids*, **55**, 853 (1994).
[75] W. N. Lawless, A. M. Glass, *Ferroelectrics*, **29**, 205 (1980).
[76] M. E. Lines, *Phys. Rev.*, **B15**, 388 (1977).
[77] Y. Xu, J. D. Mckenzie, *Integrated Ferroelectrics*, **1**, 7 (1992).
[78] T. Mitsuyu, K. Wasa, *Jpn. J. Appl. Phys.*, **20**, L48 (1981).
[79] A. P. Levanyuk, D. G. Sannikov, *Sov. Phys.: Solid State*, **18**, 245 (1976).
[80] R. Blinc, P. Prelovsek, V. Rutar, J. Seliger, S. Zumer, Incommensurate Phases in Dielectrics, I Fundamentals, ed. by R. Blinc and B. P. Levanyuk, North-Holland, Amsterdam, 143 (1986).
[81] H. Restgen, *Solid State Commun.*, **58**, 197 (1986).
[82] 闵乃本，物理学进展，**13**, 26 (1993).
[83] Feng Duan, Ming Naiben, Hong Jingfen, Wang Wenshan, *Ferroelectrics*, **91**, 9 (1989).
[84] J. Chen, Q. Zhou, J. F. Hong, W. S. Wang, N. B. Ming, D. Feng, C. G. Fang, *J. Appl. Phys.*, **66**, 336 (1989).
[85] S. Makio, F. Nitanda, K. Ito, M. Sato, *Appl. Phys. Lett.*, **61**, 3077 (1992).
[86] K. Li jima, T. Terashima, Y. Bando, K. Kamigaki, H. Terauchi, *J. Appl. Phys.*, **72**, 2840 (1992).

[87] Y. Ohya, T. Ito, Y. Takahashi, *Jpn. J. Appl. Phys.*, **33**, 5272 (1994).
[88] T. Tsurumi, T. Suzuki, M. Yamana, M. Daimon, *Jpn. J. Appl. Phys.*, **33**, 5192 (1994).
[89] D. Schwenk, F. Fishman, F. Schwabl, *Ferroelectrics*, **104**, 349 (1990).
[90] B. D. Qu, W. L. Zhong, P. L. Zhang, *Phys, Lett.*, **A189**, 419 (1994).
[91] 姚熹，高技术新材料要览（曾汉民主编），中国科学技术出版社，552 (1993).
[92] Landolt-Börnstein New Series on Crystals and Solid State Physics, Group Ⅲ, Spring- Verlag, Berlin, **3** (1969); **9** (1975); **16/a** (1981), **16/b** (1982); **28/a** (1990); **28/b** (1990).

第二章　铁电体的晶体结构

很少有别的学科像铁电体物理学一样，跟晶体结构有如此紧密的关系．铁电相变是典型的结构相变．自发极化的出现主要是晶体中原子位置变化的结果．晶体结构是认识和阐明铁电体性质的基础．为此，本章前四节介绍一些代表性铁电体的晶体结构，包括传统的无机晶体以及重要性日增的铁电聚合物和铁电液晶．在每种铁电体中，我们强调晶体结构与自发极化的关系．如果氧八面体中离子偏离中心的运动对自发极化作了主要贡献，则不管该晶体呈钙钛矿结构、铌酸锂结构或钨青铜结构，都归入含氧八面体的铁电体中．含氢键的铁电体特指氢键中质子有序化导致自发极化的铁电体，其中有些铁电体的电偶极子是氢键本身形成的，有些是通过氢键与晶格振动模的耦合形成的．TGS 和罗息盐中虽然都含有氢键，但 TGS 的自发极化主要来自甘氨酸 I 集团，罗息盐的自发极化主要来自氢氧根集团，所以不把它们列入含氢键的铁电体，而称它们为含其他离子基团的铁电体．

铁电相的结构一般与高对称性顺电原型相的差别很小，因此结构分析必须有很高的精确度．第五节讨论了铁电体结构分析的特点和一些需要重视的问题．根据晶体结构与对称性的关系，利用晶体结构数据，人们可以在一定范围内预言新铁电体，本章最后一节介绍了这方面的进展．

§2.1　含氧八面体的铁电体

2.1.1　钙钛矿型铁电体

钙钛矿型铁电体是为数最多的一类铁电体，其通式为 ABO_3，AB 的价态可为 $A^{2+}B^{4+}$ 或 $A^{1+}B^{5+}$．除双氧化物以外，有些双氟化

物 ABF_3（例如 $KMgF_3$）也形成钙钛矿结构，但它们不是铁电体，所以不予讨论. 钙钛矿结构可用简立方晶格来描写，每个格点代表图 2.1 所示的一个结构基元，显然它也是一个化学式单元. 顶角为较大的 A 离子占据，体心为较小的 B 离子占据，六个面心则

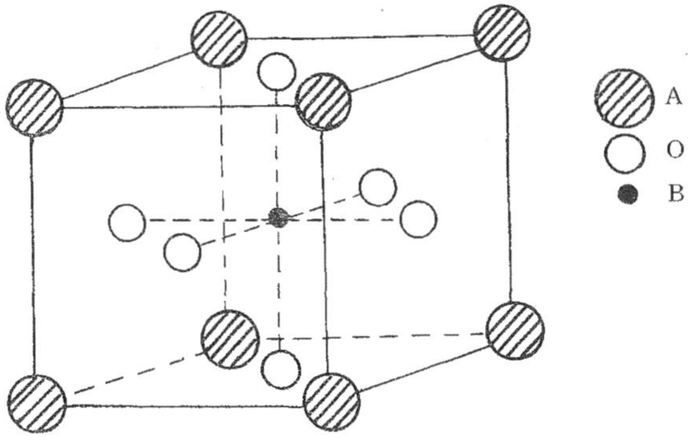

图 2.1 钙钛矿结构的一个结构基元.

为 O离子占据. 这些氧离子形成氧八面体，B 离子处于其中心. 整个晶体可看成由氧八面体共顶点联接而成，各氧八面体之间的空隙则由 A 离子占据. A 和 B 的配位数分别为 12 和 6.

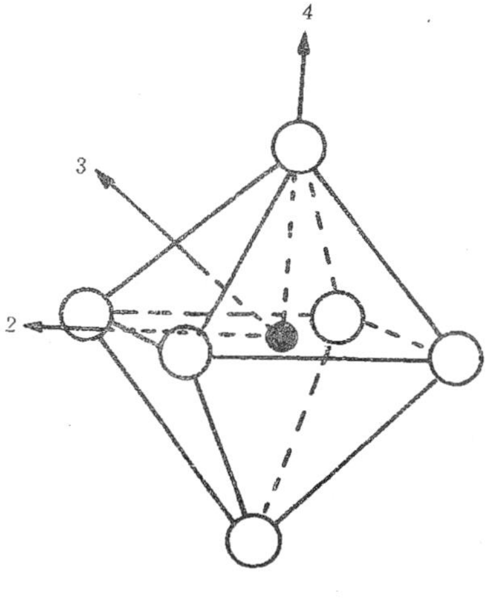

图 2.2 正氧八面体及其二重、三重和四重旋转对称轴.

正氧八面体有 3 个四重轴、4 个三重轴和 6 个二重轴，如图 2.2 所示. 钙钛矿铁电体和其他一些含氧八面体铁电体的自发极化主要来源于 B 离子偏离八面体中心的运动. B 离子偏离中心的位移通常沿这 3

个高对称性方向之一，故自发极化也是沿这 3 个方向之一.

$BaTiO_3$ 是最早发现的一种钙钛矿铁电体. 在 120℃以上为顺电相，空间群 $Pm3m$. 在 120℃发生顺电-铁电相变进入铁电相，空间群为 $P4mm$，自发极化沿四重轴. 在 5℃发生铁电-铁电相变，空间群变为 $Amm2$，自发极化沿二重轴. 在 −90℃发生另一铁电-铁电相变，空间群成为 $R3m$，自发极化沿三重轴. 图 2.3 示出 $BaTiO_3$ 在 3 个铁电相的晶胞和自发极化的方向. 在四方相、正交相和三角相中，自发极化的主要来源分别是 Ti 离子偏离中心沿四重轴、二重轴和三重轴的位移. 在立方相，Ti 离子位于氧八面体中心，整个晶体无自发极化，是顺电相. 各个铁电相都可认为是顺电相演变而来的，故常称顺电相为原型相.

$BaTiO_3$ 在顺电相的晶胞边长约为 0.4nm，每个晶胞含一个化学式单元，各原子的坐标为

Ba：(0，0，0)，

Ti：(1/2，1/2，1/2)，

3O：(1/2，1/2，0)；(1/2，0，1/2)；(0，1/2，1/2).

室温时晶胞参量为 $a=0.3992$nm，$c=0.4036$nm. 因为晶体已进入四方相，3 个氧原子的位置对称性不再相同. 根据位置对称性，氧原子有两种类型. 记 Ti 原子上下的氧原子为 OⅠ，其他氧原子为 OⅡ. 各原子坐标为[1]

Ba：(0，0，0)，

Ti：(1/2，1/2，1/2+0.0135)，

OⅠ：(1/2，1/2，−0.0250)，

2OⅡ：(1/2，0，1/2−0.0150)；(0，1/2，1/2−0.0150).

这表明，相对于顺电相的结构来看，Ti 沿 $+c$ 方向发生了位移，OⅠ和 OⅡ则沿 $-c$ 方向发生了位移，如图2.4 (a) 所示.

$KNbO_3$ 的结构与 $BaTiO_3$ 的相似，而且与 $BaTiO_3$ 一样，降温过程中分别发生 $m3m \rightarrow 4mm$ 的顺电-铁电相变（435℃）和两个铁电-铁电相变：$4mm \rightarrow mm2$（225℃）和 $mm2 \rightarrow 3m$（−10℃）[2].

$PbTiO_3$ 是另一种典型的钙钛矿型铁电体. 在 490℃以上为顺

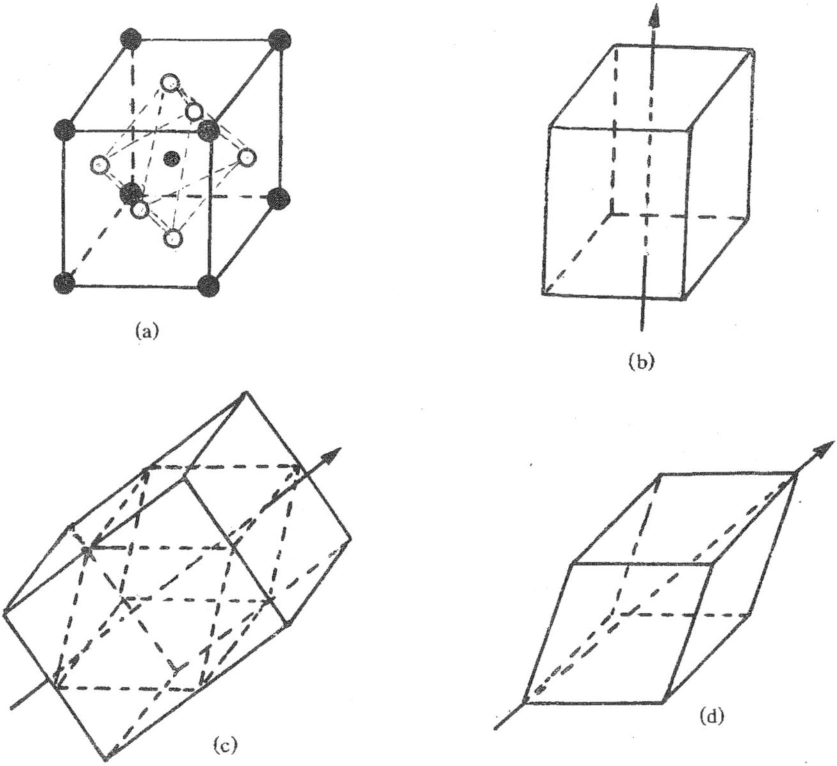

图 2.3　$BaTiO_3$ 在立方(a)，四方(b)，正交(c)和三角(d)相的晶胞和自发极化方向．(c)中虚线给出的是赝单斜晶胞．

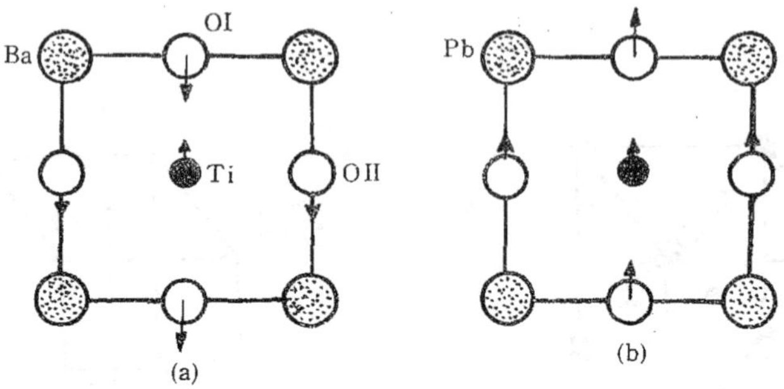

图 2.4 $BaTiO_3$ (a) 和 $PbTiO_3$ (b) 四方晶胞
在 a 面上的投影. 与 Ti 重叠的 OⅡ 未画出.

电相，空间群为 $Pm3m$，晶胞边长约为 0.4nm，原子坐标为

Pb：(0，0，0)，

Ti：(1/2，1/2，1/2)，

3O：(1/2，1/2，0)；(1/2，0，1/2)；(0，1/2，1/2).

490℃以下为铁电相，空间群为 $P4mm$. 室温时晶胞参量为 $a=0.3902$nm，$c=0.4156$nm，原子坐标为

Pb：(0，0，0)，

Ti：(1/2，1/2，1/2+0.0377)，

OⅠ：(1/2，1/2，0.118)，

2OⅡ：(1/2，0，1/2+0.1174)；(0，1/2，1/2+0.1174).

由此可见，Ti，OⅠ和OⅡ都发生了沿 $+c$ 轴的位移，但 Ti 的位移较小，故相对于氧八面体来说，Ti 发生了沿 $-c$ 轴的位移. $PbTiO_3$ 和 $BaTiO_3$ 四方晶胞在 a 面上的投影一并示于图 2.4，图中用箭头显示了各原子沿 c 轴的位移.

固溶体锆钛酸铅 $PbZr_xTi_{1-x}O_3$ ($0<x<1$) 也呈钙钛矿结构. 顺电相点群为 $m3m$，铁电相点群随 x 不同而不同，$x<0.53$ 时为 $4mm$，$x>0.53$ 时为 $3m$[5].

与钙钛矿型铁电体有关的另一类铁电体是铋层与类钙钛矿层交替形成的复合氧化物，其通式为 $A_{n-1}B_{i2}B_nO_{3n+3}$，其中 A=Bi，

Ba，Sr，Ca，Pb，K 或 Na 等，B=Ti，Nb，Ta，Mo，W 或 Fe 等[6]．类钙钛矿层与铋层分别以 $(A_{n-1}B_nO_{3n+1})^{2-}$ 和 $(Bi_2O_2)^{2+}$ 表示，层面与氧八面体的四重轴垂直，每隔 n 个类钙钛矿氧八面体层出现一个铋层．显然，这种层状结构可看成一种天然的铁电超晶格．A=Bi，B=Mo，$n=1$ 给出 Bi_2MoO_6，A=Sr，B=Ta，$n=2$ 给出 $SrBi_2Ta_2O_9$，A=Bi，B=Ti，$n=3$ 给出 $Bi_4Ti_3O_{12}$，若 A=Ba，B=Ti，$n=4$ 则为 $BaBi_4Ti_4O_{15}$．该类铁电体在室温呈单斜或正交对称，但由于其单斜晶胞很接近于正交对称，所以也常用正交晶胞来描写．a 和 b 一般为 0.55nm 左右，c 随 n 的增大而增大，例如 Bi_2MoO_6，$SrBi_2Ta_2O_9$，$Bi_4Ti_3O_{12}$ 和 $BaBi_4Ti_4O_{15}$ 的 c 分别为 1.624，2.502，3.284 和 4.178nm．正交晶胞的（001）面即单斜晶胞的（010）面．该类铁电体一般都有很高的居里点，其中研究最多的是 $Bi_4Ti_3O_{12}$，居里点为 675℃．近年发现，$SrBi_2Ta_2O_9$ 和 $SrBi_2Nb_2O_9$ 铁电薄膜的疲劳特性优异，特别适合于制造基于极化反转的铁电存贮器．

2.1.2 铌酸锂型铁电体

$LiNbO_3$ 是现在已知居里点最高（1210℃）和自发极化最大（室温时约 $0.70C/m^2$）的铁电体．顺电相和铁电相空间群分别为 $R\bar{3}c$ 和 $R3c$[7]．

在这类晶体中，自发极化与氧八面体的三重轴平行．各氧八面体以共面的形式叠置起来形成堆垛．公共面与氧八面体三重轴垂直，亦即与极轴垂直，如图 2.5 所示．许多堆垛再以八面体共棱的形式联接起来形成晶体．顺电相时，每个堆垛中氧八面体按下述顺序交替出现：一个中心有 Nb 的氧八面体，两个在其公共面上有 Li 的氧八面体，如图 2.5 (a) 所示．只在公共面上才有 Li 的两个氧八面体的氧原子，图中未用直线联接．在顺电相，Li 和 Nb 分别位于氧平面内和氧八面体中心，无自发极化．在铁电相，Li 和 Nb 都发生了沿 c 轴的位移，前者离开了氧八面体的公共面，后者离开了氧八面体中心，如图 2.5 (b) 所示．由于 Li 和 Nb 的移动，

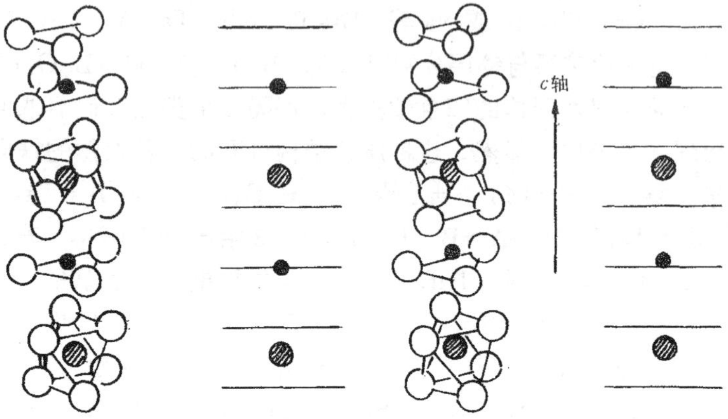

(a)　　　　　　　　　　(b)

图 2.5　$LiNbO_3$ 晶体结构示意.（a）为顺电相结构，Li 在氧平面内，Nb 在两个氧平面中央；（b）为铁电相结构，Li 和 Nb 沿 $+c$ 发生了位移，偶极矩沿 $+c$. 水平线代表氧平面.

造成了沿 c 轴的电偶极矩，即出现了自发极化[7].

该结构也可看成是由与极轴垂直、且相互等距的氧平面组成. 顺电相时，Nb 位于两个氧平面中央，Li 位于第三个氧平面内. 实际上 Li 分布在氧平面内及氧平面上下各 0.037nm 处，平均位置在氧平面内[8]. 铁电相时，Nb 和 Li 都沿 $+c$（或 $-c$）位移. 图 2.5 中示出的水平线代表氧平面.

三角晶系中，晶胞有两种取法：六角晶胞和菱面体晶胞. 前者含 3 个格点，后者含 1 个格点. $LiNbO_3$ 的 1 个格点对应 2 个化学式单元，故六角晶胞含 6 个化学式单元，菱面体晶胞含 2 个化学式单元. 室温时，六角晶胞的参量为 $c=1.3863$nm，a_H（$=a_1=a_2$）$=0.5150$nm，菱面体晶胞的参量为 $a_R=0.5494$nm，$\alpha=55.867°$. 常用的六角晶胞及其在与极轴垂直的平面上的投影如图 2.6 所示，图 2.6（a）中略去了氧原子.

结构分析表明，室温时 Nb 沿 c 轴偏离氧八面体中心约 0.026nm，Li 沿 c 轴偏离氧平面 0.044nm. 它们的位移造成了沿 c

轴的自发极化.

在 75℃附近，$LiNbO_3$ 晶体的一些物理性质呈现较小的反常变化，如沿 c 轴的热膨胀率，透光率和双折射出现峰值[9]，但晶体的对称性并未发生变化，这些反常有时被称为类相变行为.

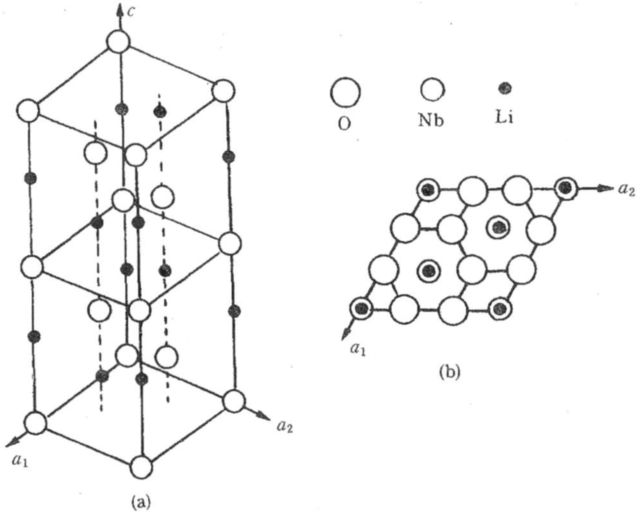

图 2.6 $LiNbO_3$ 的六角晶胞（a）及其在 c 平面的投影（b）. 在（a）中氧未画出.

$LiTaO_3$ 晶体结构与 $LiNbO_3$ 的相同，顺电相和铁电相空间群分别为 $R\bar{3}c$ 和 $R3c$. 室温时，六角晶胞参量为 $c=1.37835$nm，$a_H = 0.51543$nm，菱面体晶胞参量为 $a_R = 0.54740$nm，$\alpha = 56.17°$[7,10]. $LiTaO_3$ 的自发极化是 Ta 沿 c 轴偏离氧八面体中心和 Li 沿 c 轴偏离氧平面造成的. 但这种位移比 $LiNbO_3$ 中的要小，所以自发极化较小（室温时约 0.50C/m²），居里温度也较低（630℃）.

$BiFeO_3$ 也是 $LiNbO_3$ 型的铁电体[11]，其顺电相和铁电相点群分别为 $m3m$ 和 $3m$，居里温度为 850℃.

2.1.3 钨青铜型铁电体

钨青铜型铁电体是仅次于钙钛矿型铁电体的第二大类铁电体. 与钙钛矿型晶体相似，该类晶体也是由共点氧八面体形成的. 氧八面体以共顶点的形式沿其四重轴叠置成堆垛，各堆垛再以共点的形式联接起来. 与钙钛矿结构不同的是，这些堆垛在垂直于四重轴的平面内取向不一致，使不同堆垛的氧八面体之间形成三种不同的空隙，如图 2.7 所示. 每个晶胞含 10 个氧八面体，典型尺寸是 $a=1.25$nm，$c=0.4$nm. 晶胞中有两个 A_1 位置，4 个 A_2 位置和 4 个 C 位置. A_1，A_2 和 C 的配位数分别为 12，15 和 9.

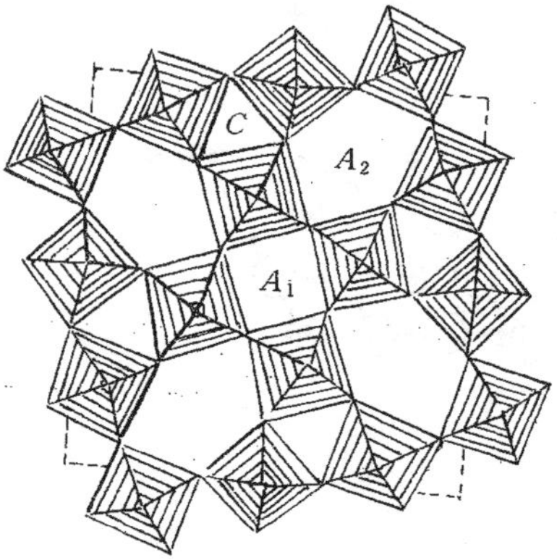

图 2.7　四方钨青铜结构的晶胞在 (001) 面的投影.

代表性晶体为 SBN ($Ba_xSr_{5-x}Nb_{10}O_{30}$，$1.25<x<3.75$)[12]，其铁电相点群为 $4mm$. 当 $x=1.3$ 时，室温晶格常量为 $a=1.2430$nm，$c=0.3913nm$. 顺点相点群为 $4/mmm$. Nb 位于氧八面体内部，Sr 和 Ba 分布在间隙位置 A_1 和 A_2 上. 间隙 C 很小，只有很小的离子才可进入. 因为晶胞中有 6 个 A_1 和 A_2 位置，而 Sr 和 Ba 原子只有 5 个，所以结构是未填满的.

晶胞的高度 (c 边长) 等于一个氧八面体的高度. 顺电相时，过 $z=0$ 和 $z=1/2$ 与 c 轴垂直的平面为镜面，所有的原子都位于这两个镜面上. 铁电相时，Nb 沿 c 轴偏离氧八面体中心，Sr 和 Ba 也沿 c 轴发生同方向的位移，于是镜面丧失，点群成为 4mm，而且出现了沿 c 轴的电偶极矩.

晶胞中的 6 个 A 位置也可被全部填满，$Ba_2NaNb_5O_{15}$ 和 $(K_xNa_{1-x})_2(Sr_yBa_{1-y})_4Nb_{10}O_{30}$ (x=0.5—0.75，y=0.60—0.90，简称 KNSBN)[13]即是实例.

八面体内的原子也可以是 Ta，Ti 和 W 等. $PbTa_2O_6$ 就是属于钨青铜结构的两种简单化合物之一（另一种是 $PbNb_2O_6$）.

该类铁电体有些呈正交对称性，它与四方对称者不同的只是 a，b 轴长稍有差别. 正交 a 轴和 b 轴近似为四方 a 轴的 $\sqrt{2}$ 倍. c 轴近似为四方 a 轴的 2 倍. $Pb_{5-x}Ba_xNb_{10}O_{30}$ 在 $x>1.9$ 时属点群 $4mm$，$x<1.9$ 时属点群 $mm2$[14]. $Ba_{4+x}Na_{2-2x}Nb_{10}O_{30}$ ($x=0.13$) 也是点群为 $mm2$ 的晶体[15].

§2.2 含氢键的铁电体

2.2.1 KDP 系列晶体

KDP (KH_2PO_4) 是熟知的含氢键的铁电体. 该晶体的顺电相空间群为 $I\bar{4}2d$，铁电相空间群为 $Fdd2$. 居里温度为 123K. 室温晶格常量为 a=1.0534nm，c=0.6959nm，116K 时，a=1.044nm，

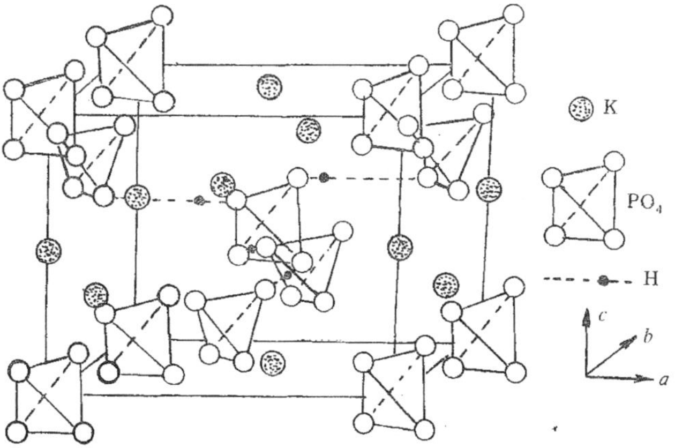

图 2.8 KDP 的 1 个晶胞.

$b=1.053\text{nm}$，$c=0.690\text{nm}$[16,17]，晶胞如图 2.8 所示. P 位于氧四面体内部，顺电相时四面体 PO_4 的四重旋转反演轴与 c 轴平行. 每个晶胞含 4 个化学式单元. 晶胞的顶角和体心各有 1 个 PO_4，2 个 a 面和 2 个 b 面上也各有 1 个 PO_4，K 的排列与 PO_4 的相同，只是较 PO_4 沿 c 轴错开 $c/2$. 图中示出的是体心晶胞，包含 2 个格点，每个格点代表 2 个化学式单元.

四面体的每个顶角氧原子都通过氢键与邻近的四面体相联系. 在图 2.8 中，仅示出了与位于体心的四面体有关的 4 个氢键. 可以看到，该四面体的 2 个“上”氧原子分别与 a 面上 2 个四面体的“下”氧原子相联系，2 个“下”氧原子则分别与 b 面上 2 个四面体的“上”氧原子相联系. 图 2.9 示出晶胞在 c 平面上的投影.

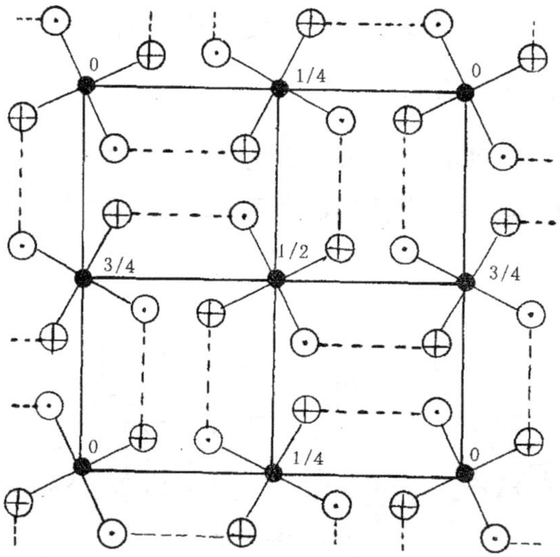

图 2.9 KDP 晶胞在 c 平面上的投影.
K 未画出. 虚线代表氢键.

图中略去了 K，以带点的圆表示“上”氧原子，带叉的圆表示“下”氧原子. P 原子旁边的数字表示其 z 坐标. 虚线代表氢键，每个四面体的“上”氧原子都是与邻近四面体的“下”氧原子相联系，反之亦然. 由于PO_4近似为正四面体，c轴近似等于4个四面体的高度，所以由氢键联系的2个氧原子近似在同一平面上，即氢键与z轴近似垂直.

该类晶体中氢键联接的2个氧原子间距离约为0.25nm，氢键中质子的2个可能位置对称地分布于氢键中心两侧，相距约0.034—0.045nm. 顺电相时，质子在其2个可能位置的概率相等，晶体无自发极化. 铁电相时，质子择优分布于2个可能位置之一[18]. 质子有序化虽然发生在c平面内，但由于静电相互作用，K和P原子将沿c轴发生静态位移，使晶胞中出现沿c轴的电偶极矩[19]. 中子衍射表明，P和K分别沿c轴位移了+0.008nm和−0.004nm. 质子有序化的结果，氢键的两端不再等效，故四重旋转反演轴不复存在，晶体点群由$\bar{4}2m$变为$mm2$.

与KDP结构相同的铁电体有RbH_2PO_4，KH_2AsO_4，CsH_2AsO_4以及它们的氘化物等. 反铁电体$NH_4H_2PO_4$也有相同的结构. 它们统称为KDP系列.

2.2.2 LHP和LDP

LHP（$PbHPO_4$）和LDP（$PbDPO_4$）是较晚发现的氢键型铁电体. 前者相变温度为310K，后者的为452K. 它们的顺电相和铁电相空间群分别为$P2/c$和Pc[20]. 每个晶胞含2个化学式单元，如图2.10所示.

与KDP相似，各氧四面体PO_4之间也是由氢键联系起来. 顺电相时，质子占据其2个可能位置的概率相等. 铁电相时，质子择优地占据2个可能位置之一，而且各P—O键长不再相等，于是沿b轴的二重旋转轴丧失. 质子有序化的结果，在ac平面内靠近氢键方向出现电偶极矩. 图2.11示出晶胞在ac平面的投影，箭头表示电偶极矩的方向. 该晶体的自发极化与氢键近似平行，说明自发极化是质子有序化直接造成的[21]. 这与KDP不同，KDP中自发极化与氢键相互垂直，质子有序化只是自发极化的触发机制，自发极化是重原子沿 c 轴的位移所造成的.

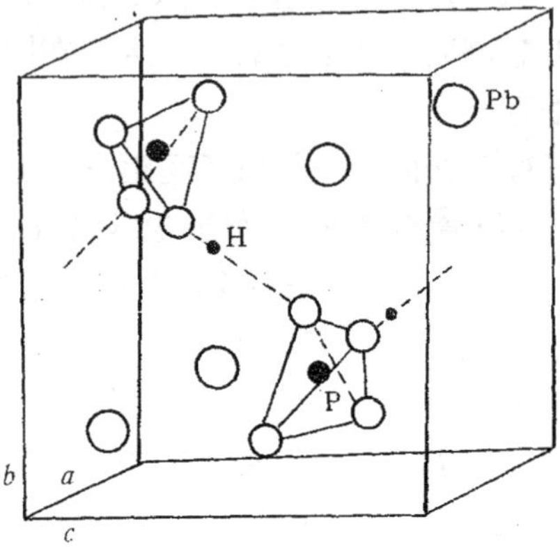

图 2.10　LHP 的 1 个晶胞.

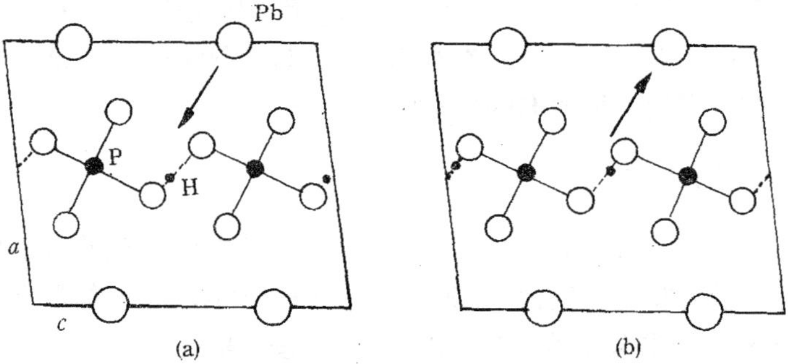

图 2.11　LHP 晶胞在 ac 平面的投影. 箭头代表电偶极矩的方向.

§2.3　含氟八面体的铁电体

氟化物的化学稳定性远不及氧化物的化学稳定性，许多氟化物在高温时容易水解，所以氟化物铁电体比氧化物铁电体少得多. 另外，氟化物铁电体的自发极化一般较小. 1969 年才发现第一组

氟化物铁电体 $BaM^{2+}F_4$，其中 M=Mg，Mn，Fe，Co，Ni 或 Zn.

表 2.1 列出了几种代表性的含氟八面体的铁电体[22]. $BaMnF_4$ 是 $BaM^{2+}F_4$ 的代表，其结构特征是 MnF_6 八面体共点连接形成八面体层，层面与八面体的四重轴垂直. Ba 位于八面体之间较大的间隙中. 自发极化沿八面体的二重轴，铁电点群为 $mm2$. 对自发极化负责的主要原子运动是 Ba 沿二重轴的位移以及八面体绕其四重轴（与二重轴垂直）的转动. 该组铁电体的特点之一是直到熔点仍保持极性，因此无法测得居里温度. 室温自发极化为 0.05—0.10C/m².

表 2.1　几种代表性的含氟八面体的铁电体

晶　体	T_c (K)	顺电点群	铁电点群	结构特征	导致自发极化的原子运动
$BaMnF_4$			$mm2$	八面体层	Ba 在层面内的位移
$SrAlF_5$	695	$4/m$	4	八面体链	Al 偏离八面体中心的位移
$Sr_3Fe_2F_{12}$	700	$4/m$	4	八面体链	Fe 偏离八面体中心的位移
$Pb_5Cr_3F_{19}$	555	$4/mmm$	$4mm$	八面体链	Cr 偏离八面体中心的位移
$K_3Fe_5F_{15}$	490	$4/mmm$	$mm2$	畸变的钨青铜结构	Fe 偏离八面体中心的位移
Na_2MgAlF_7	725	$4/mmm$	$4mm$		

注：1）$BaMnF_4$ 的居里点高于熔点.

2）表中各顺电点群是假定的点群.

$SrAlF_5$ 是 ABF_5 的代表，其中 A 为 Sr 时，B 可为 Al，Cr 或 Ga，A 为 Ba 时，B 可为 Ti，V 或 Fe. 其结构特征是 AlF_6 八面体共点连接形成八面体链，链轴与八面体的四重轴平行. 对自发极化负责的主要原子运动是 Al 偏离八面体中心沿四重轴的位移，铁电点群为 4.

$Sr_3Fe_2F_{12}$的结构特点是，FeF_6 八面体共点连接形成八面体链，链轴与八面体的四重轴平行. 对自发极化负责的主要原子运动是 Fe 偏离八面体中心沿四重轴的位移，铁电点群为 4. 属于这一组的铁电体还有$Pb_3M_2F_{12}$，其中M=Ti，V，Cr，Fe或Ga.

$Pb_5Cr_3F_{19}$是$A_5M_3F_{19}$的代表，其中A=Pb，Ba，Sr，M=Al，Ti，V，Cr，Fe或Ga. 结构特征也是八面体共点连接形成链轴与极轴平行的八面体链，但还有一些孤立的氟八面体. 对自发极化负责的主要原子运动是M偏离八面体中心沿四重轴的位移，铁电点群为$4mm$.

$K_3Fe_5F_{15}$呈畸变的四方钨青铜结构，但只在顺电相属四方晶系（点群$4/mmm$），铁电相属正交晶系（点群$mm2$）. 对自发极化负责的主要原子运动是Fe偏离八面体中心沿二重轴的位移.

§2.4 含其他离子基团的铁电体

2.4.1 $NaNO_2$

$NaNO_2$在166℃以上为顺电体，空间群为$Immm$，在163℃以下为铁电体，空间群为$Im2m$[23]. 室温晶格常量为$a=0.356$nm，$b=0.556$nm，$c=0.538$nm.

图2.12示出铁电相$NaNO_2$的体心晶胞，其中(a)是立体图，(b)是在bc平面的投影. 每个体心晶胞含2个化学式单元. 离子团$(NO_2)^-$是平面型的，它位于bc平面内. O—N—O的角度为115°，b轴是此角的平分线.

顺电相点群mmm表明，a，b和c平面都是镜面. b平面是镜面说明离子团$(NO_2)^-$和离子Na^+在b平面两侧等概率分布，如图2.13所示. 在铁电相中，$(NO_2)^-$和Na^+分布于b平面的一侧，如图2.12所示. 此时b平面不再是镜面，沿b轴只有二重旋转对称性，点群成为$m2m$. $(NO_2)^-$和Na^+的有序分布造成了沿b轴的自发极化[24]，所以$NaNO_2$是有序无序型铁电体.

该晶体一个有趣的特点是，在铁电相上限温度163℃和顺电相下限温度166℃之间，出现原子有序在a方向被正弦调制的无公度相. 我们知道，在铁电相中整个晶体各处的自发极化都沿b轴取向，且大小一致. 但在稍高于163℃时，自发极化的分布在a方

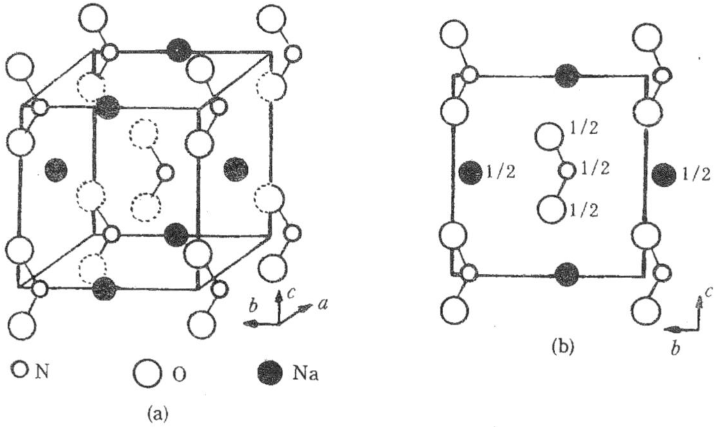

图 2.12 $NaNO_2$ 的晶胞（a）及其在 *bc* 平面的投影（b）原子旁边的 1/2 表示该原子的 x 坐标为 a/2，其他原子的为 0 或 a.

向受到调制，而且调制的周期与晶胞边长 a 的比不能写成整数比（即为无理数），具有这种调制结构的相即为无公度相.

近年来，对各种调制结构的研究很活跃，例如晶体中原子位置的调制、吸附在晶体表面上单层原子的位置调制、电荷密度波以及由此引起的晶格位置调制和磁有序的调制（自旋波）等. 在这些调制结构中，只要调制周期与调制前（原型相）周期之比为无理数，就会出现无公度结构，所以无公度结构的研究成为一个重要的课

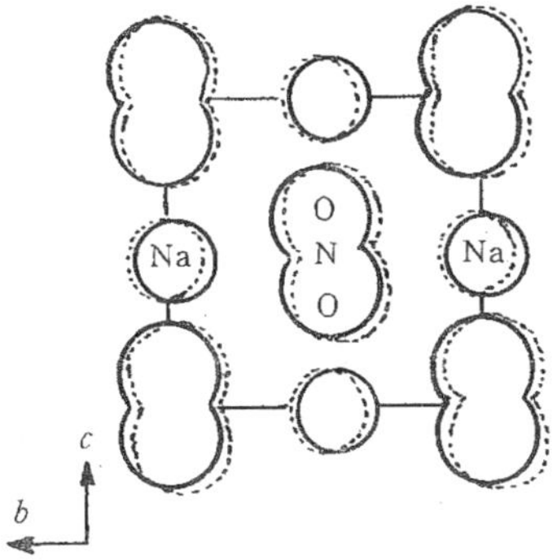

图 2.13 晶胞在 *bc* 平面的投影. 实线和虚线分别相应于正向极化和负向极化. 标有元素符号的原子在 $x=a/2$ 平面上.

题. 铁电体的自发极化是原子有序排列的表现，自发极化的调制反映的是原子位置的调制.

在原子位置的无公度调制结构中，因为调制周期与原晶格周期之比为无理数，所以没有任何两个原子具有相同的（相对于原型相中的位置）位移，该结构丧失了晶格的平移对称性，整个晶体只能看成一个大晶胞. 如果要讨论它的对称性就必须引入新的概念. 以无公度结构的一维原子链为例，为使无公度结构与其自身重合，不能只用单纯的平移操作，但可将原子链平移 na（n 为原子个数，a 为原型相中的晶格周期)，并使调制的位相改变 $q_i na$（q_i 为调制波的波矢）. 这样，该结构的平移对称操作是由三维空间的平移以及改变调制波的位相所组成的. 这表明，为了描写无公度结构的对称性，需要作用于多维空间的对称操作. 对于一个无公度相的三维晶体，这样的对称操作作用于四维空间. 三维相应于晶体的维数，另一维相应于调制波的位相.

虽然无公度结构丧失了通常意义下的平移对称性，但它的衍射图样仍是比较简单的. 对于原型相，布拉格衍射作为倒格子空间的矢量可以写成

$$\tau_0 = h\boldsymbol{a}^* + k\boldsymbol{b}^* + l\boldsymbol{c}^*, \tag{2.1}$$

这里 h，k 和 l 为整数（衍射指标)，矢量 $\boldsymbol{a}^*$，$\boldsymbol{b}^*$ 和 $\boldsymbol{c}^*$ 是倒格子空间的 3 个基矢.

在调制结构中，除了上述“正规的”布拉格衍射外，还在如下的位置出现超晶格衍射（即伴线）

$$\tau = \tau_0 + m\boldsymbol{q}, \tag{2.2}$$

这里 m 为整数，$\boldsymbol{q}$ 为调制波波矢. 用倒格子基矢表示，则有

$$\boldsymbol{q} = x\boldsymbol{a}^* + y\boldsymbol{b}^* + z\boldsymbol{c}^*. \tag{2.3}$$

一般来说，调制波矢与原相的倒格子基矢间不存在简单的有理数关系. 无公度相就是 x，y 和 z 中至少有 1 个是无理数的调制波矢所造成的调制结构.

无公度结构的衍射图样是由原型相的衍射图样(主要衍射)与一系列伴线所组成的. 由伴线的位置即可得出调制波的波矢. 无

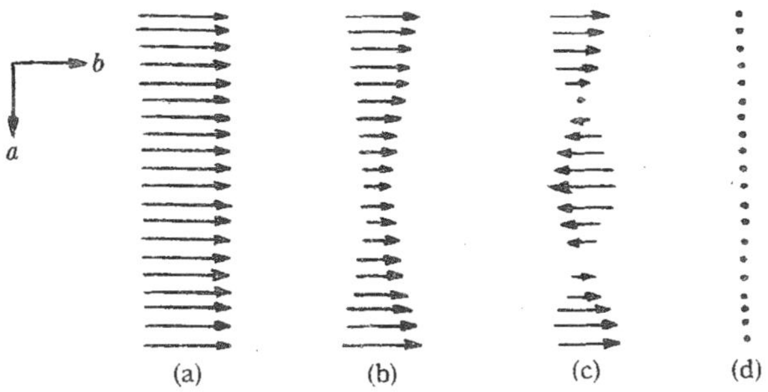

图 2.14 (a) 铁电相；(b) 中间相；(c) 无公度相和 (d) 顺电相.

公度结构的衍射图样相当简单，这为研究无公度结构提供了有利的条件. 事实上，关于无公度相的存在及其特征的许多信息是由其衍射图样得来的.

$NaNO_2$ 在 164—166℃时，在基本衍射 hkl 旁边，$x=1/10$—$1/8$，$y=0$，$z=0$ 处出现伴线[25]，表明原子位置在 a 方向受到调制，调制周期在 $8a$—$10a$. 据此分析得出该温度范围内偶极子分布的图象如图 2.14 (c) 所示. 偶极子的取向正反交替，表明该相是反铁电相.

X 射线衍射还表明，在铁电相和无公度反铁电相之间还存在一个中间相[26]，该相的温度范围只有约 0.2℃ (即从 162.9—163.1℃). 该相中，整个晶体沿 b 方向极化，但极化受到沿 a 方向的长周期调制，如图 2.14 (b) 所示.

最近，人们发现了一些复合亚硝酸盐铁电体 $MCa(NO_2)_3$，其中 $M=NH_4$，K，Rb，Cs 或 Tl. 它们的结构与钙钛矿的相近，相变过程可能主要是 NO_2^- 的有序化过程[27].

2.4.2 TGS

硫酸三甘氨酸 [$(NH_2CH_2COOH)_3 \cdot H_2SO_4$，简称 TGS] 在 49℃以下为铁电体. 居里点上下空间群分别为 $P2_1/m$ 和 $P2_1$. 室

温晶格常量为[28] $a=0.942$nm，$b=1.264$nm，$c=0.573$nm，$\beta=110.38°$. 图 2.15 示出 TGS 晶胞沿 c 轴的投影. 图中为了简单，用四面体代表 H_2SO_4，并略去了 H，因此 NC_2O_2 集团代表了甘氨酸基团. 虽然是简单格子，每个晶胞含 1 个格点，但每个格点代表 2 个化学式单元，即 6 个甘氨酸基团和两个硫酸基团.

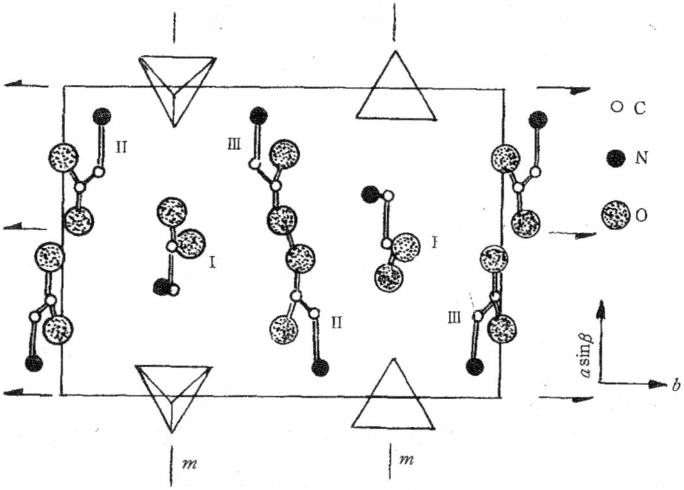

图 2.15 TGS 晶胞沿 c 轴的投影. 每个化学式单元的 3 个甘氨酸基团分别称为甘氨酸基团 Ⅰ，Ⅱ和 Ⅲ.

甘氨酸基团 NH_2CH_2COOH 有两种结构. 一种是 2 个碳和 2 个氧近似在同一平面上，而氮原子显著地偏离该平面；另一种是所有的碳、氧和氮都近似共面. TGS 的 3 个甘氨酸基团中，Ⅰ属于第一种结构，即 C，N，O 不共面，N 离开 C，O 平面约 0.05nm. Ⅱ和 Ⅲ 属于第二种结构，即准平面型. 在晶体中，准平面基团 Ⅱ 和 Ⅲ 近似与 b 轴垂直，而且互为镜像. 基团 Ⅰ 的 O，C 平面与 b 轴成 12.5°的角.

氧原子之间由氢键联系，图中只示出了一个氢键，它联系基团 Ⅱ 和基团 Ⅲ 的各一个氧原子. 中子衍射表明[29]，该氢键中的质子分布在相距约 0.03nm 的双势阱中，而且曾假定它是驱动铁电相变的机制.

在 T_c 以上，垂直于 b 轴有 2 个镜面，平行于 b 轴有 3 个二重螺旋轴，如图 2.15 所示. X 射线衍射证实[30]，此时甘氨酸基团 Ⅰ 在镜面两侧的概率相等，特别是其中的氮在镜面两侧各有一个势能极小值的位置，二者相距约 0.1nm. 图 2.16 (a) 示出了 T_c 以上甘氨酸 Ⅰ 基团的取向. 在 T_c 以下，甘氨酸 Ⅰ 基团在原镜面两侧的概率不等，如图 2.16 (b) 所示. 于是镜面消失，只剩下二重螺旋轴，空间群成为 $P2_1$. 由此看来，沿 b 轴产生的自发极化很可能主要是甘氨酸基团 Ⅰ 的有序化造成的. 当然，氢键（特别是基团 Ⅱ 和基团 Ⅲ 之间的氢键）也可能有所贡献. 但从氘化效应来看，氢键的作用不大. 因为氘化 TGS 的居里点只比未氘化时提高约 3%，与此形成鲜明对照的是，DKDP 的居里点比 KDP 的提高约 80%.

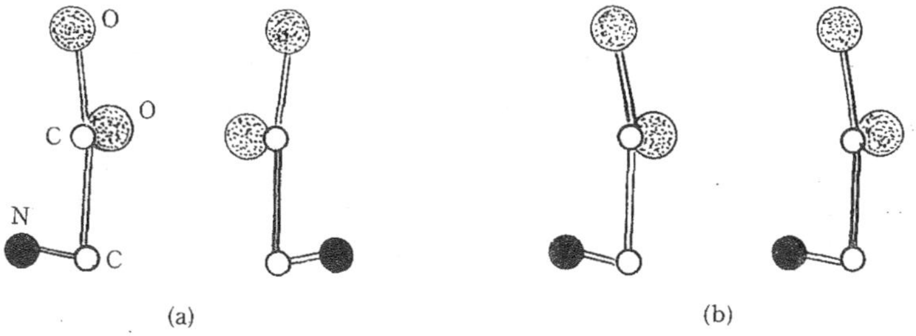

图 2.16 甘氨酸基团 Ⅰ 在居里点以上 (a) 和以下 (b) 的取向示意图. 氢未画出.

与结构有关的另一个问题是内偏场. 实验表明，在生长过程中掺少量 L 丙氨酸或 D 丙氨酸的 TGS 晶体是单畴的[31]. 这一事实可从甘氨酸和丙氨酸的分子结构中得到解释. 图 2.17 是甘氨酸和丙氨酸分子的结构示意图. D 丙氨酸分子是 L 丙氨酸分子的对映体 (enantiomer)，图中未示出. TGS 中，3 个甘氨酸基团（Ⅰ，

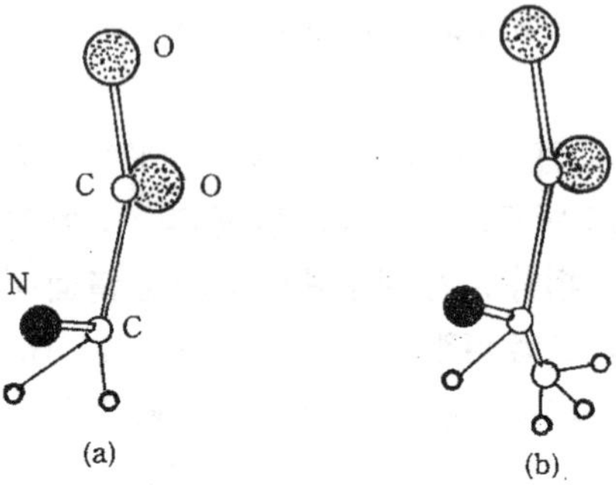

图 2.17　甘氨酸分子（a）和 L 丙氨酸分子（b）的结构示意.
最小的圆代表 α 氢，其他的氢已忽略.

Ⅱ和Ⅲ）都参与了极化反转过程，但如上所述，主要的可转向偶极矩是由甘氨酸基团Ⅰ提供的. 在极化反转过程中，甘氨酸基团通过绕 a 轴的转动变成它的镜像，其中的两个 α 氢（即图中只示出的 2 个）则相互交换位置. 丙氨酸分子在结构上和化学上都与甘氨酸分子相似，至少可以部分地替代甘氨酸分子. 但是与甘氨酸分子中两个 α 氢相对应的是氢和 1 个 CH_3 基团，后者不能通过转动与氢交换位置，所以丙氨酸分子的偶极矩并不反向. 这些偶极子总是指向同一方向，并导致宏观的不可反向的极化. 如果 L 丙氨酸分子使不可反向的极化沿 $+b$ 方向，则 D 丙氨酸分子使之沿 $-b$ 方向. 同时添加这两种丙氨酸分子，则无单畴化效果.

2.4.3　内胺化合物

内胺 $(CH_3)_3NCH_2COO$ 是一种两性分子（zwitter），为表示其两性，即在分子结构的不同位置分别呈现正和负电荷，常将其写成 $(CH_3)_3N^+CH_2COO^-$. 已发现内胺与一些无机物结合形成的化合物有铁电性，例如 $(CH_3)_3NCH_2COO \cdot H_3AsO_4$，$(CH_3)_3NCH_2$-$COO \cdot H_3PO_4$ 和 $(CH_3)_3NCH_2COO \cdot CaCl_2 \cdot 2H_2O$ 等，它们的结构和性质已成为近年来铁电体和结构相变研究的热点之一[32,33]. 不过目前在结构方面还没有取得令人满意的研究成果.

甘氨酸也是一种两性分子，常将其写成$NH_3^+CH_2COO^-$. 它与H_2SO_4形成的TGS，与H_2SeO_4形成的TGSe等都是熟知的性能良好的铁电体. 从结构式看到，内胺可以认为是甘氨酸中3个质子H^+被3个甲基CH_3取代而成的. 因此可以预料，内胺化合物(betaine compounds)中可能出现优良的铁电体，而且由于内胺和甘氨酸的相似性，内胺化合物的结构和自发极化机制也可能与甘氨酸化合物（如TGS）的有相似之处.

2.4.4 罗息盐

罗息盐（酒石酸钾钠，$NaKC_4H_4O_6 \cdot 4H_2O$）是最早发现的铁电体，它的特点之一是有2个居里点，铁电性仅存在于−18−+24℃之间，在−18℃以下和24℃以上空间群均为$P2_12_12$，在铁电相空间群为$P2_1$.

按照晶体学中的规定，单斜晶系中二重轴（或二重螺旋轴）沿b轴或c轴. 罗息盐的铁电相虽属单斜晶系，但仍称二重螺旋轴为a轴，因为顺电相的空间群$P2_12_12$表明，a方向和b方向各有二重螺旋轴，c方向则有二重轴. 进入铁电相后，bc平面发生切变，使α角不再为90°，于是b方向的二重螺旋轴和c方向的二重轴消失，仅保留a方向的二重螺旋轴. 为了与顺电相的取轴相一致，所以称铁电相的二重螺旋轴为a轴. 由此可知，罗息盐的自发极化出现于a方向.

3个温度区间的晶格常量见文献[34]. 在35℃时的数值为$a=1.1878$nm，$b=1.4246$nm，$c=0.6218$nm.

图2.18示出的是中子衍射得出的晶胞在ab平面的投影[35]. 可以看到，每个晶胞含4个化学式单元. 在图中，我们标出了每个化学式单元中的两个氧O_1，O_5和与O_5联系的H_5. X射线衍射给出这2个氧原子沿Z轴的分数坐标为O_5 (0.32)，O_1 (0.37).

从图中可看出，与O_1联系的氢键沿a轴，而a轴正是极轴，因此人们自然会想到，这个氢键是自发极化的起因，这是早期的想法. 但中子衍射表明[35]，该氢键对自发极化没有贡献. 对自发

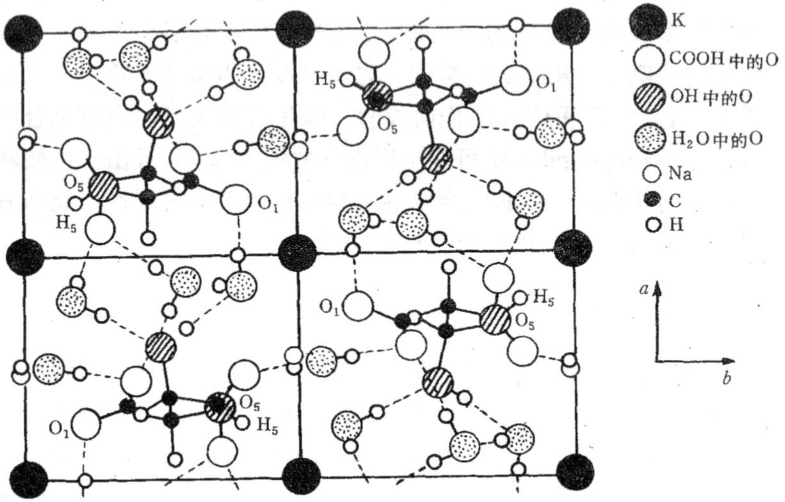

图 2.18　罗息盐晶胞在 ab 平面的投影[36].

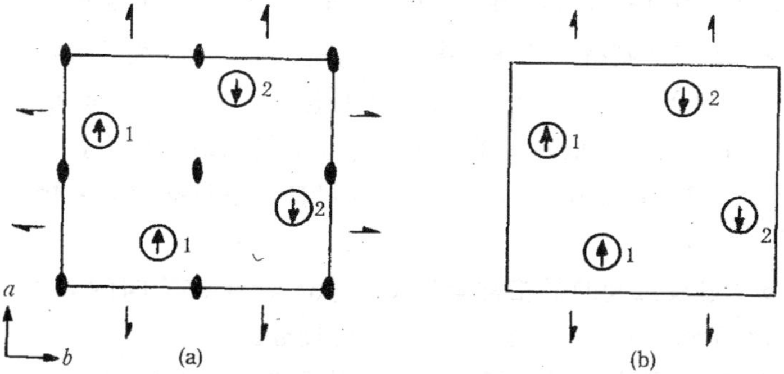

图 2.19　顺电相（a）和铁电相（b）中偶极子排列和对称素的分布.

极化起关键作用的是氢氧根 O_5H_5. H_5 在 O_5 周围沿 a 轴择优分布，结果形成沿 a 轴的电偶极矩．每个晶胞含 4 个化学式单元，故有 4 个这样的电偶极子，其中 2 个沿 $+a$ 方向，2 个沿 $-a$ 方向．在顺电相，它们的大小相等，自发极化为零．在铁电相，沿 $+a$ 的 2

个电偶极矩较大，于是沿$+a$有自发极化. 两种情况下电偶极子及晶胞中对称素的分布如图 2.19 所示.

最近的 X 射线衍射实验发现[36]，铁电相中所有原子都相对于其顺电相位置发生了移动，其中位移最大的是靠近 Na 的氧原子，其位移沿 a 方向. 因此，该氧原子的运动可能对铁电性有重要的贡献.

§2.5 铁电聚合物和铁电液晶

2.5.1 铁电聚合物

聚偏氟乙烯 PVDF 的压电性和热电性虽然早已被人们所发现，但其铁电性则到 70 年代末才得以证实. 因为它由晶态和非晶态两部分组成，而且有各种不同的晶型，很难确定其晶体结构. 另一个原因是压电性和热电性都是在直流电场处理后才得到的，人们怀疑其中的极化是电场注入的电荷被俘获而造成的亚稳极化，即认为 PVDF 只是一种驻极体，并没有由晶体结构的非对称性决定的自发极化. 70 年代末期，通过 X 射线衍射、红外光谱以及电滞回线才被证实，PVDF 中的确存在自发极化，而且自发极化可在电场作用下反转，从而确定了它作为铁电体的地位[37].

PVDF 是由—CH_2—CF_2—形成的链状聚合物 $(CH_2CF_2)_n$，其中 n 通常大于 10000. 结构分析表明，通常其中晶相和非晶相的体积各为 50%左右.

PVDF 的晶型常见的有四种，分别称为 α，β，γ 和 δ 相[37,38]. 其中 α 相无极性，γ 和 δ 相有极性但极性很弱，β 相极性最强，是广泛研究的对象. 从溶体急冷得到的通常是 α 相，将其拉伸至原长的几倍可得到高度取向的 β 相. 链轴与拉伸方向平行，极化方向与拉伸方向垂直.

在理想条件下，β 相的 PVDF 分子呈全反式构象（all-trans conformation），全部 F 位于链的一侧，全部 H 位于链的另一侧. 此时，垂直于链轴和沿链轴所看到的图象分别如图 2.20（a）和

(b) 所示.

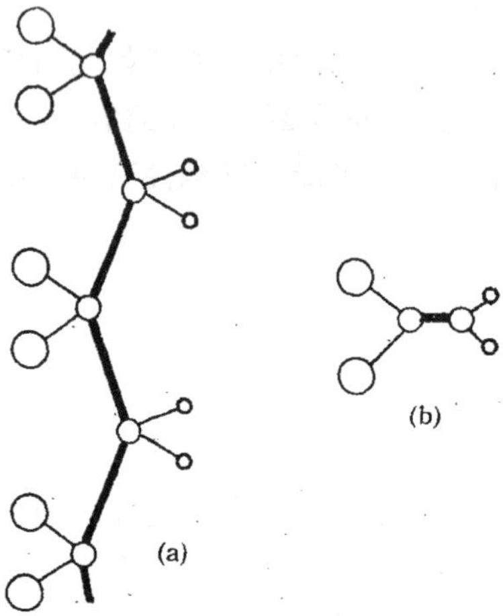

图 2.20 垂直于链轴 (a) 和沿链轴 (b) 看到的全反式构象的 PVDF.

β 相的晶体对称性属点群 $m2m$，室温晶胞参量为 $a=0.858\text{nm}$，$b=0.491\text{nm}$，$c=0.256\text{nm}$. 晶胞在 ab 平面的投影如图 2.21 所示[39]，其中大、中、小圆分别代表 F，C 和 H. 链与 c 轴平行. 每个晶胞含 2 个 —CH_2—CF_2—.

分子呈全反式构象时(如图 2.20 和图 2.21 所示)，电偶极矩最大，且晶胞中 2 个 CH_2CF_2 的电偶极矩取向相同. 在图 2.21 所示情况，电偶极矩沿 b 轴. 每个单体 CH_2CF_2 的电偶极矩是 CH_2 和 CF_2 的贡献之和. 根据 C，F 和 H 的范德瓦耳斯半径，等效电荷和键间夹角，估算 1 个 CH_2CF_2 的电偶极矩为 $7.0\times10^{-30}\text{C}\cdot\text{m}$. 据此以及晶格常量可知，最大可能极化为 0.13C/m^2. 如果总体积中有一半为 β 相，则最大极化为 0.065C/m^2. 通过电滞回线测得最大剩余极化在 0.05—0.06 C/m^2，这与计算值符合较好.

PVDF 结晶时，分子通常形成厚约 10nm 的片状晶体，它们是链状分子以约 20nm 为周期反复折叠形成的. 片状晶体无规则排列，没有极性，这时的晶相为 α 相. 为了得到 β 相，可将 α 相的薄膜拉伸，于是其中的片状晶体与拉力方向垂直，分子轴线则与拉力方向平行，如图 2.22 所示. 该图示出的是一片 PVDF 薄膜，其中包含许多片状晶体. 经拉伸后，它们与拉力方向垂直，也与薄膜表面垂直. 图中示出了一个片状晶体，其中的电偶极子与分子轴线垂直，如箭头所示. 垂直于薄膜平面施加直流电场，可使这

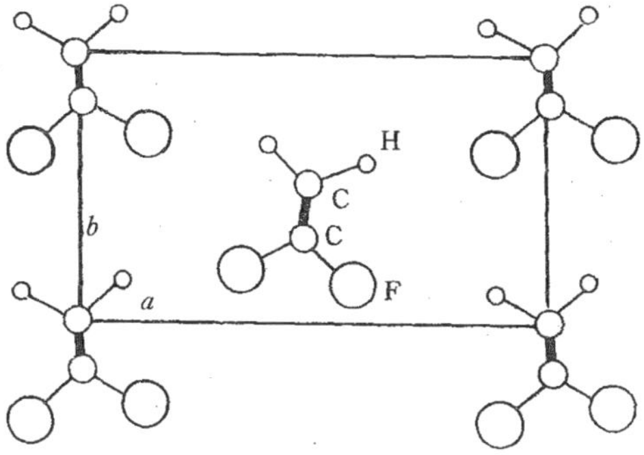

图 2.21 β 相的 PVDF 晶胞在 ab 平面的投影.

些电偶极子平行排列.

奇数尼龙(如尼龙-11,尼龙-9 等)是由 ω 氨基酸与偶数 CH_2 基团形成的聚酰胺. 这是另一类铁电聚合物，其铁电性来源于酰胺基团的电偶极矩. 在全反式构象中，酰胺基团的电偶极矩形成与链轴垂直的净极化. 自熔体淬火并经拉伸后，这些电偶极矩与膜面垂直，这与图 2.22 所示 PVDF 的情况相似. 在奇数尼龙系列中，标号越小则链上的 CH_2 基团越少，而酰胺基团越多，所以极化越大. 实验测得尼龙-11，尼龙-9，尼龙-7 和尼龙-5 的室温剩余极化分别为[40] 0.056，0.068，0.086 和 0.125C/m²，后者较 PVDF的大得多.

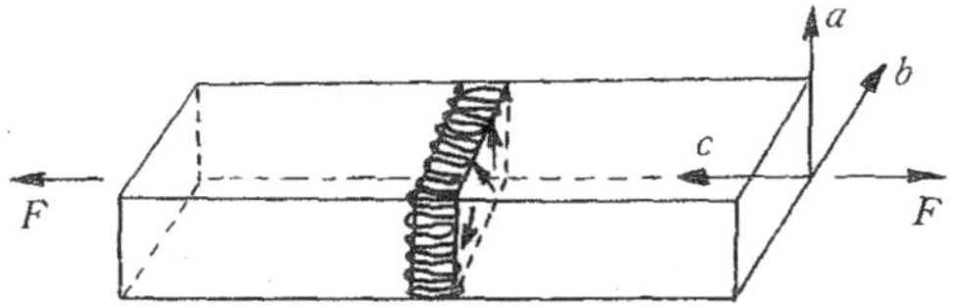

图 2.22 拉伸后的 PVDF 薄膜及其中的片状晶体，
F 代表拉力，箭头代表电偶极子.

2.5.2 铁电液晶

液晶按其结构可分为三类：丝状相（nematic phase），螺旋状相（cholesteric phase）和层状相（smetic phase）.

丝状相的特点是，分子排列虽不像晶体中那样全部沿同一方向，但有长程范围的取向有序，局域地区分子趋向于沿同一方向排列，如图 2.23（a）所示. 图中的直线段代表液晶分子，下同. 螺旋状相的特点是，同一平面内分子排列沿同一方向，不同平面的分子排列方向螺旋式地改变，如图 2.23（b）所示.

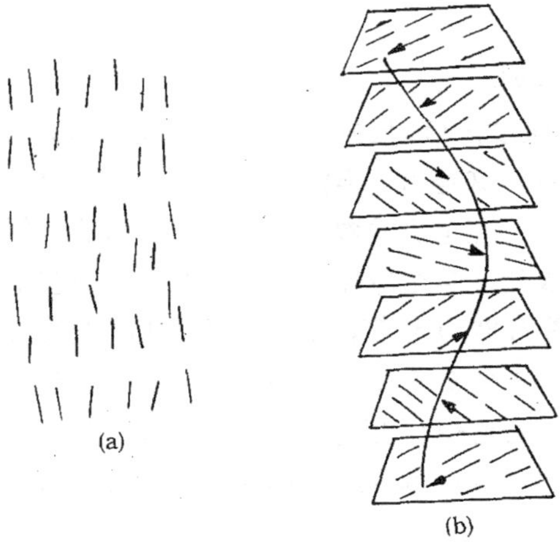

图 2.23 丝状相（a）和螺旋状相（b）的液晶.

在层状相中，分子呈层状结构，每一层内分子排列方向相同，但与层垂直的方向无平移对称性. 它与螺旋状相的差别是，后者只有近似的层状结构，同一平面内分子只是大体上平行. 已知的层状相有多个，分别称为 A，B，C，D，E，F，G，H 和 I 等.

层状 A 相（SA 或 S_mA）中，各层分子与层面垂直. 层状 C 相（SC 或 S_mC）中，各层分子与层面成一非 90°的角度. 图 2.24（a）和（b）分别表示 SA 相和 SC 相. SC 相又称倾斜的层状相，

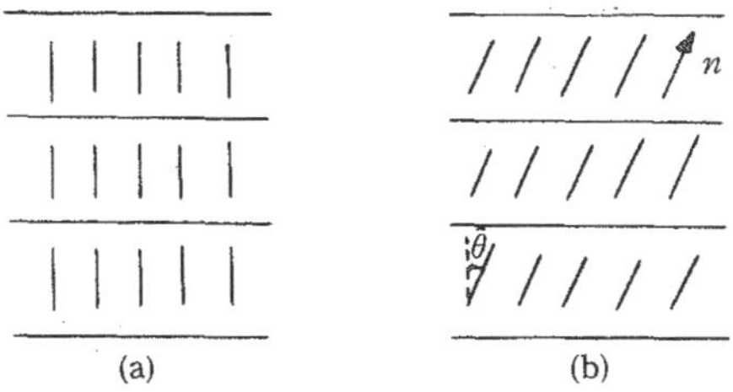

图 2.24　层状 A 相 (a) 和层状 C 相 (b).

其中 θ 为倾斜角，$\boldsymbol{n}$ 为倾斜方向.

层状 C 相中的分子如果是手性 (chirality) 分子，而且具有与长轴垂直的电偶极矩，则它可具有铁电性[41,42]. 研究较充分的铁电液晶是癸氧基苄叉对氨二甲丁基肉桂酸盐（记为 DOBAMBC，分子式为 $C_{10}H_{21}O$ (C_6H_4) CHN (C_6H_4) $CHCHCOOCH_2CHCH_3$-CH_2CH_3). 图 2.25 示出了由非手性分子和手性分子形成的层状 C 相，显然 Y 轴是二重轴. 对于非手性分子组成的 SC 相，zx 面是镜面，所以其点群为 $2/m$. 对于手性分子组成的 SC 相，镜面不存在，点群为 2，二重轴方向 (Y) 为特殊极性方向. 只要分子沿此轴有电偶极矩，则该相可有自发极化. 对于手性分子组成的 SA 相，虽然点群也是 2，但并没有铁电性. 这是因为只有在倾斜的 SC 相中，分子的倾斜使分子绕其长轴的转动受到偏置，也就是对垂直于长轴的电偶极矩有定向排列作用.

由手性分子组成的倾斜的层状相称为 SC^* 或 S_mC^* 相. 它不但有普通 SC 相的特点，即同一层分子取向一致，与层法线成 θ 角，而且由于分子的手性，各层分子取向绕层法线进动，矢量 $\boldsymbol{n}$ 的空间轨迹形成锥面，如图 2.26 所示. L 为层的厚度，P 为进动的螺距，一般 P 约为 10^3L.

在图 2.26 (左) 所示的结构中，虽然局部看来（观察少数几层），点群对称性为 2，二重轴与 Y 轴平行，但总体来看，由于分子绕层法线的螺旋式分布，Y 轴并不是二重轴，所以净极化为零，

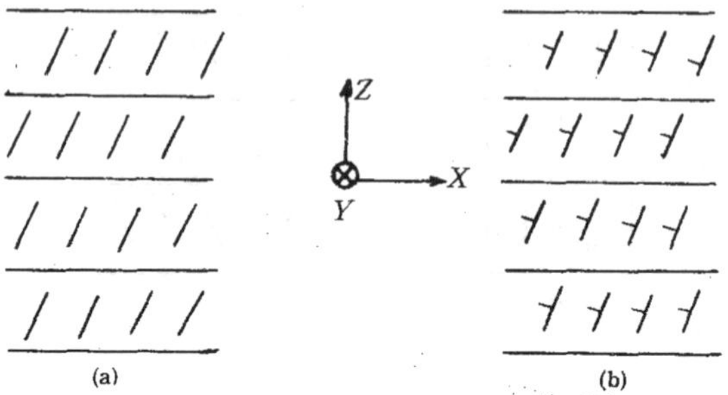

图 2.25　非手性分子组成的 (a) 和手性分子组成的 (b) 层状 C 相. 点群分别为 $2/m$ 和 2.

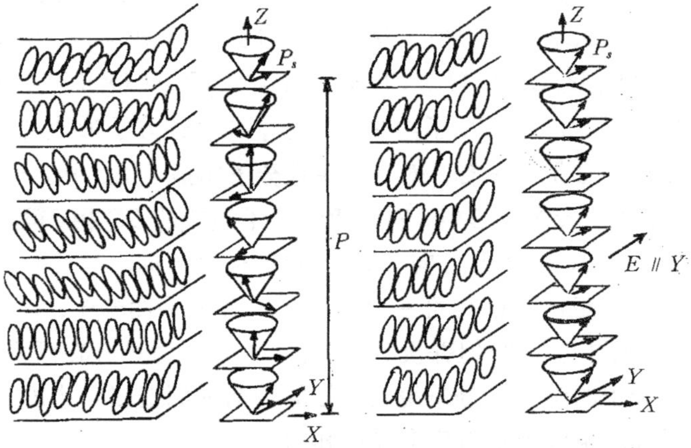

图 2.26　螺旋式调制的 S_mC^* 相 (左) 和"解开"了的 S_mC^* 相 (右). 沿 Y 方向加电场使各层偶极子沿 Y 排列.

没有铁电性. 为使 SC^* 相有铁电性，要将其"解开"，亦即使进动螺距 P 成为无穷大.

"解开" SC^* 相的方法有如下几种. 第一，改变化学成分，使导致正向进动和反向进动的因素相互抵消. 第二，利用表面效应. 当样品厚度小于螺距 P 时，表面效应使极化得以稳定. 第三，施加与层面平行的电场或磁场，如图 2.26（右）所示.

除 S_mC^* 相外，已知有铁电性的还有 S_mI^* 相和 S_mF^* 相等.

§2.6 铁电晶体的结构分析

晶体结构分析的主要方法是X射线衍射法. 原子对X射线的散射能力用原子散射因子 f 表示，晶体对X射线的散射能力决定于结构因子

$$\begin{aligned} F(hkl) &= \sum_{j=1}^{n} f_j \exp[2\pi i(hx_j + ky_j + lz_j)] \\ &= \sum_{j=1}^{n} f_j \cos 2\pi(hx_j + ky_j + lz_j) \\ &\quad + i\sum_{j=1}^{n} f_j \sin 2\pi(hx_j + ky_j + lz_j) \\ &= \sum_{j=1}^{n} A_j + i\sum_{j=1}^{n} B_j, \end{aligned} \tag{2.4}$$

式中 hkl 是衍射指标；x_j，y_j，z_j 和 f_j 分别为第 j 个原子的坐标和散射因子，n 是晶胞中的原子数. 原子散射因子因热振动而降低，这可对散射因子引入温度因子来表示. 如果热振动是各向异性的，要用六个温度因子，如果是各向同性的，则只要一个温度因子 B

$$f_j = f_{jo}\exp\left[-B_j\left(\frac{\sin^2\theta}{\lambda}\right)\right], \tag{2.5}$$

式中 θ 为衍射角，λ 为波长，f_{jo} 为不计热振动时的散射因子.

假定了各原子的坐标和散射因子后，由式（2.4）即可算出结构因子. 结构因子是个复量，其模 $|F(hkl)|$ 称为结构振幅.

实验测得的衍射强度经各种校正后与结构振幅的平方成正比

$$I(hkl) = \text{常量} \times |F(hkl)|^2, \tag{2.6}$$

此式给出的结构振幅是其观测值，记为 $|F_o|$，式（2.4）给出的结构振幅是其计算值，记为 $|F_c|$. 假定的（或试用的）坐标和温度因子是否符合实际，就看 $|F_c|$ 是否与 $|F_o|$ 一致.

计算值与观测值的符合程度通常用残差 R 或计权残差 R_w 来表示

$$R = \left[\frac{\sum\limits_{hkl}(|F_o| - |F_c|)^2}{\sum\limits_{hkl}|F_o|^2}\right]^{\frac{1}{2}}, \tag{2.7a}$$

$$R_w = \left[\frac{\sum\limits_{hkl}w(F_o)(|F_o| - |F_c|)^2}{\sum\limits_{hkl}w(F_o)|F_o|^2}\right]^{1/2}, \tag{2.7b}$$

其中 w (F_o) 为结构振幅测量值的标准偏差.

反复调整原子坐标和温度因子，使 R（或 R_w）尽可能小，这一过程就是结构精化. 较好的结构分析工作一般都可使 R 达到 0.05 以下.

铁电晶体的结构分析通常包括两个阶段. 首先是分析铁电相变温度以上（原型相）的晶体结构. 原型相结构分析的结果有助于我们初步设定铁电相中原子位置. 通过原型相结构和铁电相结构的比较可给出关于相变机制和自发极化的重要信息. 其次是确定铁电相的原子位置和温度因子. 常见的情况是，铁电相原子位置比原型相的只有很小的差别，因此铁电相晶体结构常称为“赝对称”结构. 例如由立方顺电相演变来的铁电相通常很接近于立方对称，有时称为“赝立方”结构. 由于铁电晶体的赝对称特点，结构分析必须非常精确，足以测定非常微小的原子位移，这使铁电晶体结构分析成为一个艰巨的任务. 下面讨论铁电晶体结构分析中几个重要的问题.

2.6.1 参量关联

在结构精化过程中，每个参量（每个原子的坐标和温度因子）的改变都将影响试用模型与观测数据的符合程度，即 R 的大小. 但有时只能达到 R 对两个或几个参量的线性组合取极小值的程度. 进一步分别改变这些参量时，发现它们对 R 的影响相同，因此无法单独确定这些参量的取值. 这些相互关联的参量造成了结构不确定的问题. 铁电体中参量关联首先是用 X 射线衍射分析 $BaTiO_3$ 结构时遇到的[43]. 这里较轻的氧原子的坐标与温度因子有强烈的关联. 其原因是钡的散射因子比氧的大得多，氧对衍射强度的贡献很小，要把氧位置的微小改变和热振动区分开来是极端困难的. 为说明这个问题，我们考虑 $BaTiO_3$ 中原子O Ⅰ 位移的几种可能方式，见图2.27[44]. 图中示出的是晶胞在（100）面的投

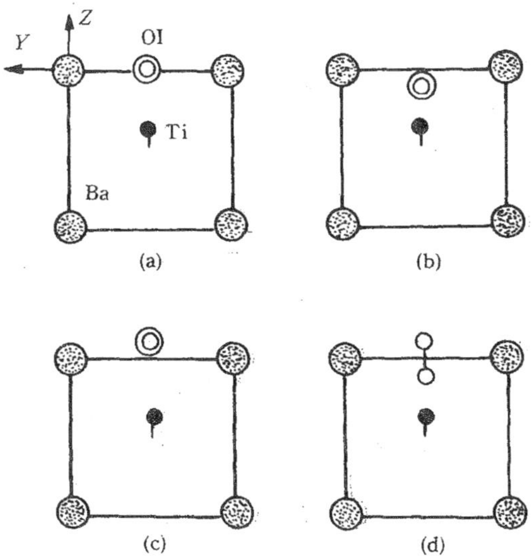

图 2.27 $BaTiO_3$ 中原子O Ⅰ 位移的几种方式[44].

影. Ba 在顶角，Ti 在中心，O Ⅰ 在 Ti 的上方，O Ⅱ 未画出，在四种情况中都假定 Ti 上移，O Ⅰ 则或不动（a)，或下移（b)，或上移（c). 由 X 射线衍射，我们可以把（a）和（b）或（c）区分开来，但很难区分（b）和（c). 这是因为，衍射强度正比于结构振幅的平方，由式（2.4）可知

$$|F(hkl)|^2 = \left(\sum_{j=1}^{n} A_j\right)^2 + \left(\sum_{j=1}^{n} B_j\right)^2$$
$$= [A(\text{Ba}) + A(\text{Ti}) + A(\text{O I})]^2$$

$$+[B(\mathrm{Ti})+B(\mathrm{O\,I})]^2, \tag{2.8}$$

因 Ba 位于坐标原点，故 $B(\mathrm{Ba})=0$. 在模型 (a)，(b) 和 (c) 中，Ti 的坐标相同，即 $A(\mathrm{Ti})$和 $B(\mathrm{Ti})$不变，但 $A(\mathrm{O\,I})$和 $B(\mathrm{O\,I})$则不同. 模型(b)和(c)的 $A(\mathrm{O\,I})$相同，$B(\mathrm{O\,I})$大小相等符号相反(因余弦是偶函数，正弦是奇函数). 注意到O I 的位移很小，即其 z 坐标很小，故 $A(\mathrm{O\,I})$较大，但 $B(\mathrm{O\,I})$ 很小. 所以不难看出，模型 (a) 给出的结构振幅比 (b) 和 (c) 的有较大差别，但模型 (b) 和 (c) 给出的只有很小的差别，很难超出实验的误差范围.

如果采用另一种模型 (d)，即假定O I 的一半上移，另一半下移，则 $B(\mathrm{O\,I})$将等于零，而 $A(\mathrm{O\,I})$ 与 (b) 或 (c) 的相同. 这样一来，模型 (b)，(c) 和 (d) 给出的结构振幅将只有很微小的差别，以致无法区分. 另外，模型 (d) 中的位移很小时，我们也无法区分到底是原子 O I 呈两位置分布还是沿 z 轴进行较大的热振动.

由此可知，使结构难以确定的参量关联是原子位置相对于高对称相时变化很小造成的. 在铁电体这类赝对称结构的晶体中，参量关联最常发生. 在进行结构分析和判断结构资料时，必须十分小心.

提高结构振幅测量的精确度对铁电体的结构测定特别重要. 铁电相与原型相的差别往往只是原子位置的微小变化，如果测量精确度不高，原子位置的微小变化造成的衍射强度变化将被测量误差掩盖. 为提高测量精确度，首先要制备良好的单畴样品，其次必须准确进行吸收校正和消光校正. 在测量时要测量较多的对称等效衍射、并适当延长计数时间以提高统计可靠性. 近年来，由于有了先进的衍射仪，考究的数据处理程序以及高度的实验技巧，铁电体的结构分析已有很大的进步. 例如，结构精化已经确定，$BaTiO_3$和 $PbTiO_3$ 的铁电相变都具有有序无序特征. $BaTiO_3$ 的 Ti 在 T_c 以上时其无序分布于沿 〈111〉 方向的 8 个平衡位置，T_c 时 Ti 择优占据其中 4 个位置，并因而出现沿 [001] 方向的静态位移[45]. 在 T_c 以上时，$PbTiO_3$ 的 Pb 无序分布于沿 〈001〉 的 6 个平衡位置，相变时择优占据其中 1 个位置，这些位置相距不到 0.04nm[46]. 显然，这些细致的结果只有高度精确的结构分析才能得到.

结构分析的另一种重要方法是中子衍射法. 中子衍射的机制与 X 射线衍射不同. 原子对 X 射线的散射是电子起作用，不同原子的散射因子与它们的核外电子数成正比. 原子对中子的散射（不考虑电子层有净磁矩的情况）是原子核起作用，核对中子的散射能力用散射长度来表示，它与核外电子无关. 这一特点在铁电体结构测定中特别有用. 不少铁电体含有氢，而且氢的位置变化往往对铁电相变有驱动作用，测定氢的位置十分必要. 但氢只有 1 个核外电子，对 X 射线衍射强度的贡献非常小，借助 X 射线衍射来测定氢的位置是极端困难的. 借助中子衍射则可解决这一问题. 例如 $PbHPO_4$ 中，因为 Pb 的原子散射因子是氢的 82 倍，不能由 X 射线确定 H 的位置，但氢的散射长度为 -0.374×10^{-12} cm，Pb 的散射长度为 0.94×10^{-12}cm，所以，易于确定 H 的位置. 可以说晶体中氢的位置确定离不开中子衍射，晶体中含有重原子时尤其如此.

即使不是为了测定氢或其他轻原子的位置，中子衍射也具有重要作用. 例如，前面讨论的 $BaTiO_3$ 中 O Ⅰ 的几种可能位移，若用中子衍射就可以区分. 因为原子的散射长度可使式（2.8）中各 B 项与 A 项有相近的值，O Ⅰ 的位置变化可使结构振幅有较大的变化.

2.6.2　单畴化不完善的影响

铁电体的特征之一是有电畴. 未经特殊处理时，铁电晶体一般处于多畴状态. 如果各种取向的电畴所占体积相等，则铁电相的对称性与顺电相的相同. 例如，TGS 的铁电点群为 2，存在沿 b 轴正反向的两种电畴，如果两种畴体积相等，则总体的点群对称性将为 $2/m$，这正是顺电相的对称性. 用这样的样品进行铁电结构分析显然毫无意义. 必须采用单畴样品. 单畴化的方法通常是在适当的温度下对晶体施加强直流电场. 但任何晶体中不可避免地存在着缺陷，它们对单畴化起阻碍作用，所以实际上很难保证获得单畴样品. 此外，单畴化处理时样品上要配置电极，样品尺寸较大，进行结构测定时则要去掉电极，并加工成较小的尺寸和合适的形状. 加工过程有退极化作用，可能使本来已单畴化的样品也出现多畴. 所以实际上在结构分析中，使用的往往是单畴化不完善的样品.

多畴晶体的衍射是各个电畴贡献的总和，这使得每个衍射点包含着多于一组晶面的信息. 由此得出的原子位置是在“平均晶胞”中原子位置的叠加. 叠加的结果使原子位置无法确定.

能否用简单的式子表达电畴结构与衍射强度的关系，怎样对实测的衍射强度加以修正，从而消除非单畴的影响，这显然很有实际意义.

作者的研究结果表明，如果非单畴的样品满足两个条件，则可根据电畴体积比对测量的衍射强度进行修正，得出不劣于单畴样品的结果. 第一个条件铁电体是单轴的，即样品中电畴只有两种取向. 第二个条件是其中一种畴占绝大部分体积.

$\beta-Gd_2(MoO_4)_3$ 的铁电和顺电点群分别为 $mm2$ 和 $\bar{4}2m$，铁电相变中 $\bar{4}$ 轴成为 2 轴. 因为在顺电相时，$\bar{4}$ 轴只有沿自身正反向这两个对称等效方向，故铁电相是单轴的，两种畴分别沿 $+c$ 和 $-c$ 方向. 在分析其结构时曾用 $+c$ 畴占 80% 的样品[47]，用此样品测得的结构振幅平方为 $|F_p|^2$. 因为其中有占体积 20% 的 $-c$ 畴的贡献，所以“正确”的测量值应为

$$|F_o(hkl)|^2 = |F_p|^2 - 0.2|F_c(hkl)|^2, \qquad (2.9)$$

其中计算值 $|F_c(hkl)|^2$ 是按精化后的参量计算的. 文献 [47] 按此式修正结构振幅后，所得的原子位置精确度比不修正时的有明显提高，但仍不及单畴样品的好.

$PbHPO_4$ 的铁电和顺电点群分别为 m 和 $2/m$. 两种畴分别与镜面内特殊极性方向平行和反平行，如图 2.11 所示. 结构分析中，使用了基本上已单畴化、但不完善的样品[48]. 数据修正按如下的

方法进行.

令两种畴为 A 和 B. 考虑各原子相对于顺电相的位移可知，两种畴互为对映体，故一种畴的结构振幅平方 $|F(hkl)|^2$ 将等于另一种畴的结构振幅平方 $|F(\overline{hkl})|^2$. 假设畴 A 的体积百分数为 α，畴 B 的为 $\beta=1-\alpha$，则有

$$|F'(hkl)|^2 = \alpha|F(hkl)|^2 + \beta|F(\overline{hkl})|^2, \qquad (2.10)$$

其中 $|F'|^2$ 为测得的单畴化不完善的晶体的结构振幅平方，$|F|^2$ 为单畴状态下晶体的结构振幅平方. 考虑到晶体中存在着与 b 轴垂直的镜面，故有

$$|F(\overline{hkl})|^2 = |F(\bar{h}k\bar{l})|^2, \qquad (2.11)$$

$$|F'(hkl)|^2 = \alpha|F(hkl)|^2 + \beta|F(\bar{h}k\bar{l})|^2. \qquad (2.12)$$

类似地有

$$\begin{aligned}|F'(\bar{h}kl)|^2 &= \alpha|F(\bar{h}kl)|^2 + \beta|F(hk\bar{l})|^2,\\ |F'(hk\bar{l})|^2 &= \alpha|F(hk\bar{l})|^2 + \beta|F(\bar{h}kl)|^2,\\ |F'(\bar{h}k\bar{l})|^2 &= \alpha|F(\bar{h}k\bar{l})|^2 + \beta|F(hkl)|^2.\end{aligned} \qquad (2.13)$$

显然，应该用 $|F|^2$ 而不是 $|F'|^2$ 代表结构振幅平方的测量值. 只有样品为单畴晶体时，$|F|^2$ 才等于 $|F'|^2$，一般情况下，它们的关系可由式（2.12）和式（2.13）得出，其结果为

$$\begin{aligned}|F(hkl)|^2 &= \alpha'|F(hkl)|^2 - \beta'|F'(\bar{h}k\bar{l})|^2,\\ |F(\bar{h}k\bar{l})|^2 &= \alpha'|F'(\bar{h}k\bar{l})|^2 - \beta'|F'(hkl)|^2,\\ |F(\bar{h}kl)|^2 &= \alpha'|F'(\bar{h}k\bar{l})|^2 - \beta'|F'(hk\bar{l})|^2,\\ |F(hk\bar{l})|^2 &= \alpha'|F'(hk\bar{l})|^2 - \beta'|F'(\bar{h}kl)|^2,\end{aligned} \qquad (2.14)$$

其中

$$\alpha' = \alpha/(\alpha^2 - \beta^2), \quad \beta' = \beta/(\alpha^2 - \beta^2).$$

因为事先并不知道两种电畴的百分比，所以将 α 作为一个可调参量，代入假定的数值后进行结构精化. 精化程度以计权残差 R_w 表示. R_w 与 α 的关系如表 2.2 所示. 由表可知，两种电畴的体积比约为 9∶1.

表 2.2 计权残差与 α 的关系

α	1.00	0.95	0.90	0.85	0.80
R_w	0.055	0.049	0.039	0.046	0.051

2.6.3 铁电体绝对构型的测定

测定铁电体的绝对构型对确定自发极化与原子位移的关系是必须的. 图 2.28 示出了 KDP 中$(H_2PO_4)^-$的两种构型. 计算表明，如果离子的有效电荷不同，则按这两种构型可得出基本相同的自发极化，且与实测值相符. 但在构型（a）中，磷离子位移与自发极化平行，在构型（b）中，二者反平行. 实际上是哪种构型，通常的 X 射线衍射不能确定，因为衍射强度之间有 Friedel 关系.

$$I(hkl) = I(\overline{hkl}),$$

但借助于 X 射线的反常散射，则可以将两种构型区分开来.

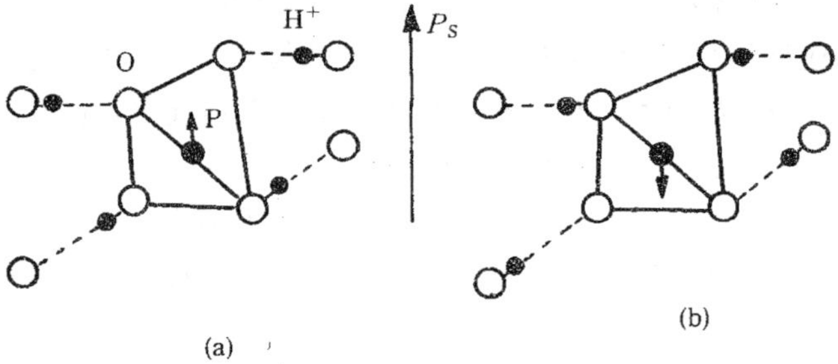

图 2.28 KDP 中 $(H_2PO_4)^-$的两种构型. 磷离子位移与自发极化平行（a）或反平行（b）.

当 X 射线的波长在原子吸收边附近时，X 射线强烈吸收，散射波显示出一种异常的相移. 这时原子散射因子要用复数表示

$$f = f_0 + \Delta f' + i\Delta f'', \tag{2.15}$$

其中 f_0 是无反常散射时的散射因子，$\Delta f'$ 和 $i\Delta f''$分别是反常散射引起的实部和虚部的修正量.

如果晶体中任一原子都没有反常散射，则由式（2.4）可知

$$|F(hkl)|^2 = |F(\overline{hkl})|^2, \tag{2.16}$$

这就是 Friedel 定律.

如果有反常散射，将散射因子写成

$$f_j = f'_j + if''_j, \tag{2.17}$$

则可得出[49]

$$\begin{aligned}|F(hkl)|^2 = &\sum_j\sum_i(f'_jf''_i + f''_jf'_i)\cos 2\pi[h(x_j - x_i)\\ &+ k(y_j - y_i) + l(z_j - z_i)]\\ &+ \sum_j\sum_i(f'_jf''_i - f''_jf'_i)\sin 2\pi[h(x_j - x_i)\\ &+ k(y_j - y_i) + l(z_j - z_i)],\end{aligned} \tag{2.18}$$

$$\begin{aligned}|F(\overline{hkl})|^2 = &\sum_j\sum_i(f'_jf'_i + f''_jf''_i)\cos 2\pi[h(x_j - x_i)\\ &+ k(y_j - y_i) + l(z_j - z_i)]\\ &- \sum_j\sum_i(f'_jf''_i - f''_jf'_i)\sin 2\pi[h(x_j - x_i)\\ &+ k(y_j - y_i) + l(z_j - z_i)],\end{aligned} \tag{2.19}$$

所以

$$\begin{aligned}|F(hkl)|^2 - |F(\overline{hkl})|^2 = &2\sum_j\sum_i(f'_jf''_i - f''_jf'_i)\\ &\sin 2\pi[h(x_j - x_i) + k(y_j - y_i) + l(z_j - z_i)].\end{aligned} \tag{2.20}$$

如果晶体中只有一种原子有反常散射，则

$$\begin{aligned}|F(hkl)|^2 - |F(\overline{hkl})|^2 = &2f''_i\sum_j f_j\sin 2\pi\\ &[h(x_j - x_i) + k(y_j - y_i) + l(z_j - z_i)].\end{aligned} \tag{2.21}$$

此式表明，衍射强度 I（hkl）与 I（$\overline{hkl}$）之差依赖于反常散射体的散射因子虚部、正常散射体的散射因子以及正常散射体围绕反常散射体的分布. 虚部 f''_i 越大，则强度差越大.

测定绝对构型的方法如下：第一，选择 X 射线的波长，使之接近某原子的吸收边，以获得最大的 f''_i. 第二，分别测量衍射强

度，得出$|F(hkl)|^2$和$|F(\overline{hkl})|^2$，其中有的衍射$|F(hkl)|^2>|F(\overline{hkl})|^2$，有的则相反．第三，按照所设想的两种构型，计算强度差别较大的衍射的结构因子$F(hkl)$和$F(\overline{hkl})$．第四，将实测的$|F(hkl)|^2-|F(\overline{hkl})|^2$与根据两种构型计算的$|F(hkl)|^2-|F(\overline{hkl})|^2$对比，看测得的结果与哪种构型相符．

对于如图 2.28 所示的两种构型，反常散射已确定构型 (a) 与实际符合[50]．相对于顺电相位置，K 沿 Z 轴下移了 0.004nm，P 沿 Z 轴上移了 0.008nm，K 和 P 的有效电荷数分别为＋1 和＋5．自发极化指向正 Z，大小为 $0.05\mathrm{C/m^2}$．

反常散射还可用来测定单轴晶体的平均极化[51]．在多畴样品中，平均极化为

$$\bar{P}=\frac{1}{V}\int P(\boldsymbol{r})dV, \tag{2.22}$$

其中 V 为晶体体积，$\boldsymbol{r}$ 为位置矢量．

令 I^+ 为 $P(\boldsymbol{r})=+P_s$ 时的衍射强度，I^- 为 $P(\boldsymbol{r})=-P_s$ 时的衍射强度，如图 2.29 所示．因有反常散射，故 $I^*\neq I^-$．

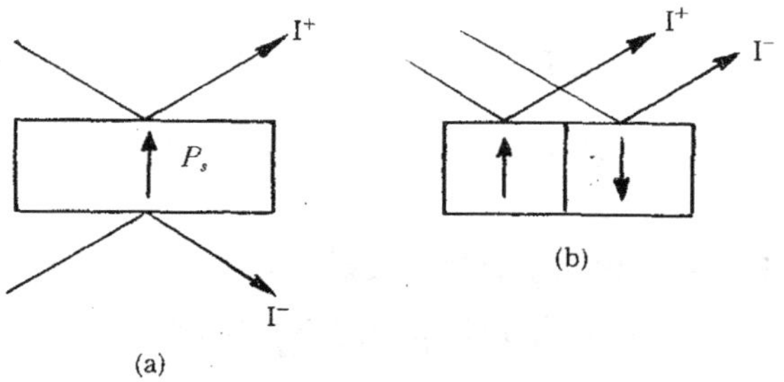

图 2.29　单畴 (a) 和多畴 (b) 样品的衍射强度．

假设各电畴散射的 X 射线不相干，则多畴样品的衍射强度为

$$I(\overline{P},\boldsymbol{r})=\frac{I^++I^-}{2}+\frac{(I^+-I^-)}{2P_s}\overline{P}. \tag{2.23}$$

它与平均极化成线性关系，所以此法可非破坏性地（即不需极化反转）得出样品中的平均极化．

§ 2.7 由结构分析预言新铁电体

2.7.1 AKJ 关系[52]

位移型铁电体的顺电-铁电相变过程中，某些原子发生了偏离高对称位置的位移. 不难想到，位移的大小将是决定自发极化和相变温度的重要因素之一. 设晶胞体积为 V，内含 n 个原子，它们相对于顺电相的位移为 Δz_i，有效电荷为 q_i，则原则上自发极化可由下式计算[53]：

$$\boldsymbol{P}_s = \frac{1}{V}\sum_i q_i \Delta z_i. \tag{2.24}$$

因为自发极化主要是由某一个原子的位移造成的，于是我们着重注意这个原子，并称其为“同极”（homopolar）原子. “同极”是因为该原子（实际是正离子）的位移方向与晶胞中偶极矩方向相同. 定义在 $T \ll T_c$ 时该原子位置相对于 $T > T_c$ 时位置的偏离为 Δz. 表 2.3[52]列出了 12 种化合物中同极原子的 Δz，相变温度 T_c，自发极化及其标准偏差. 关于 Δz 数值的由来以 $LiNbO_3$ 为例说明. 在 T_c 以上，氧原子位于 $z=(2n+1)/12$ 的平面上，其中 n 是整数. 同极原子 Nb 位于 $z=0$ 的平面上，其位置对称性为 $\bar{3}$. 在 $T \ll T_c$ 时，氧骨架在 z 方向并不改变，但根据 X 射线衍射和中子衍射数据，Nb 沿 z 移动了 $0.0194c = 0.269$ Å，这就是 Nb 沿极轴（三重轴）移动的 Δz.

图 2.30 示出了表 2.2 中 10 种化合物的 T_c 与 Δz 的关系. 用最小二乘法拟合得出的经验公式为

$$T_c = (2.00 \pm 0.09) \times 10^4 (\Delta z)^2 (\mathrm{K}), \tag{2.25}$$

式中 Δz 的单位为 Å，图中实线为此式的图象. 上式可用能量表示为

$$kT_c = \frac{1}{2}\Gamma(\Delta z)^2, \tag{2.26}$$

表 2.3 一些位移型铁电体的性质[52]

化合物	T_c (K)	空间群	同极原子位置对称性	原点移动 (Å)	同极原子	Δz (Å)	P_s (10^{-2} C/m²)
1 $NaNbO_3$	73±10	三角→$Pbma$			Nb	[0.060]	11.7±5
2 SbSI	296±2	$Pna2_1$ →$Pnam$	m	0.041	Sb	0.144 ±0.040	25±3
3 $Ba_{1.25}Sr_{3.75}Nb_{10}O_{30}$	348±15	$P4bm$→ $P\bar{4}b2$	222	0.013	Nb	0.106 ±0.022	
4 $Pb_{10}Fe_3Nb_5O_{30}$	388±15	$R3m$→ $R\bar{3}m$	$\bar{3}m$	0.118	Nb	0.091 ±0.100	
5 $BaTiO_3$	399±5	$P4mm$ →$Pm3m$	$m3m$	0.075	Ti	0.132 ±0.009	25±1
6 $Ba_5Ti_3Nb_5O_{30}$	505±15	$P4bm$ →$P\bar{4}b2$	222	0.052	Ti, Nb	0.174 ±0.100	
7 $KNbO_3$	708±5	$Bmm2$ →$Pm3m$	$m3m$	0.160	Nb	0.160 ±0.014	30±3
8 $PbTiO_3$	763±15	$P4mm$ →$Pm3m$	$m3m$	0.465	Ti	0.299 ±0.040	
9 $LiTaO_3$	891±5	$R3c$ →$R\bar{3}c$	$\bar{3}$	0.197	Ta	0.197 ±0.008	50±2
10 $Bi_4Ti_3O_{12}$	949±5	$Fmm2$ →$Fmmm$	mm		Ti	[0.215]	50±10
11 $LiNbO_3$	1468±5	$R3c$ →$R\bar{3}c$	$\bar{3}$	0.269	Nb	0.269 ±0.006	71±2
12 $Ba_{10}Cu_5W_5O_{30}$	1473±15	$P4mm$ →$Pm3m$	$m3m$	0.431	W	0.328 ±0.100	

式中 k 是玻耳兹曼常量. 此式右边是谐振子势能的表达式，Δz 代表偏离平衡位置的位移，Γ 为力系数. 由式 (2.25) 和式 (2.26) 可得

$$\Gamma=(55.2\pm2.5)(\mathrm{N/m}), \tag{2.27}$$

此值接近于晶体中原子间力系数，可把它解释为同极原子与氧骨架之间沿极性方向的力系数. 于是式 (2.26) 可如此理解：$T=T_c$ 时，同极原子热运动振幅等于 Δz，平均位移为零. 在 T_c 以下，热

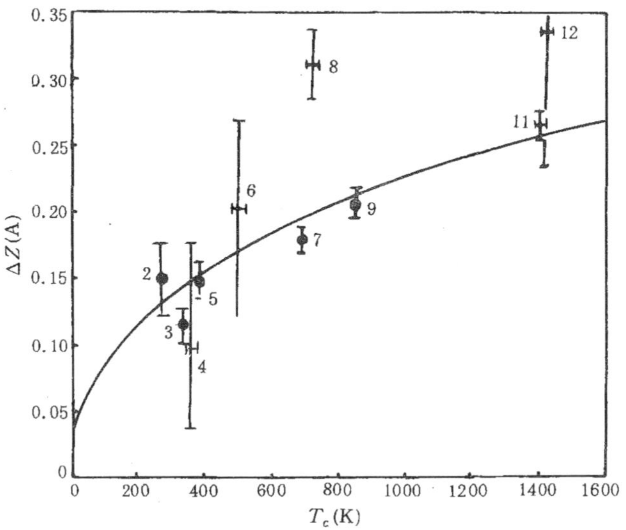

图 2.30 实线是式 (2.25) 的图象. 实验点的编号与表 2.2 中的一致.

运动逐步减弱，平均位移则逐步上升到渐近值 Δz. 到达 Δz 时，平均位移形成的势能等于 $T=T_c$ 时热运动的动能. 由以上两式可得

$$T_c = \frac{\Gamma(\Delta z)^2}{2k} \approx 2.0 \times 10^4 (\Delta z)^2 (\mathrm{K}). \qquad (2.28)$$

根据原作者的姓（Abrahams，Kurtz 和 Jamieson），式（2.25），（2.26）和（2.28）称为 AKJ 关系.

图 2.31 示出了表 2.2 中 5 种化合物的 P_s 与 Δz 的关系. 最小二乘法拟合得出如下的经验公式：

$$P_s = (2.58 \pm 0.09)\Delta z (\mathrm{C/m^2}). \qquad (2.29)$$

2.7.2 Abrahams 条件及其应用实例

Abrahams 在分析大量铁电体的 Δz，T_c 和 P_s 的基础上提出[54]，铁电体必须满足如下条件：第一，任一原子相对于其在高对称原型相位置的位移不大于 1Å，其中最大的超过 0.1Å. 第二，

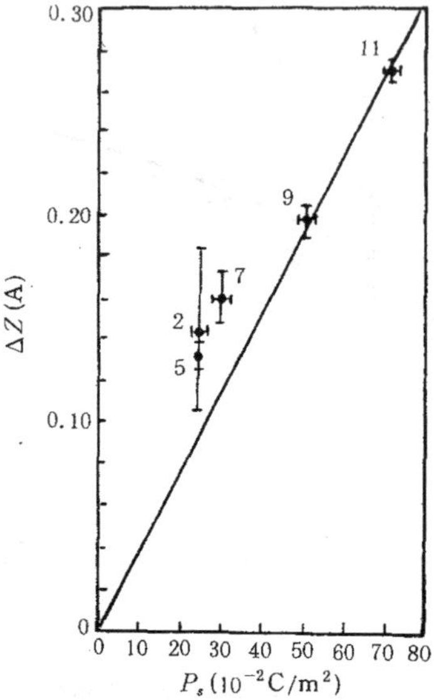

图 2.31　实线是式（2.29）的图象.
实验点的编号与表（2.2）中的一致.

由 AKJ 关系估算的相变温度 T_c 不超过 2000K. 符合这两个条件的就可能是铁电体.

早在 1979 年，Abrahams 就按照这个思路分析了一些铁电体. 第一个例子是 $SrAlF_5$[55]，该晶体中位于 x_i，y_i，z_i 的原子 i 与位于 x_j，y_j，z_j 的原子 j 可由下式联系起来：

$$x_i y_i z_i = x_j y_j \bar{z}_j + \Delta_{ij}, \tag{2.30}$$

其中 $\Delta_{ij}=2\Delta x+2\Delta y+2\Delta z$, $\Delta x=(x_i-x_j)/2$, $\Delta y=(y_i-y_j)/2$, $\Delta z=(z_i-z_j)/2$. 该晶体中极轴 c 的反转等效于自发极化 P_s 的反转. 因为其中所有的 Δz 都小于 0.6Å，所有的 Δx 和 Δy 都小于 0.25Å，故预言其为铁电体.

Al 的最大位移 Δz，用相对于氟八面体中心的极性位移表示为 0.185Å，将其代入 AKJ 关系，得 $T_c=685$K. 热学测量表明在

695K 有一 λ 形比热峰，电容率在 715K 出现峰值，进一步又观测到在电场作用下可运动的电畴. 于是预言被证实.

第二个例子是 $Sr_3(FeF_6)_2$[56]. 该晶体中原子坐标间也有式(2.30)的关系. 极轴 c 的反转伴随着 Fe 的位移 0.04—0.36Å. 该结构中 8 个非对称等效的 Fe 原子的平均位移为 0.147Å，由 AKJ 关系知相应的 T_E=1160K. 差热分析表明，在 700K 以上有相变. 进一步又制备和考查了同型晶体 $Pb_3(MF_6)_2$ 系列[57]，其中 M 为 $3d$ 金属离子. 当 M=Ti, V, Cr, Fe 和 Ga 时，热分析表明，在 550—740K 范围内存在相变. 与热反常温度相差不到 30K 的范围内，观测到电容率反常，而且这些晶体都有二次谐波发生性质.

近年来，有关晶体结构方面的资料越来越多，例如德国的无机晶体结构数据库 (ICSD)[58]在 1988 年已收集了 6532 个关于非中心对称空间群晶体的条目和 2943 个关于极性空间群晶体的条目. 虽然其中有些晶体未给出原子坐标，有些不同条目指的是同一晶体，也有的数据是不可靠的或错误的，但它无疑为应用 Abrahams 条件预言新铁电体提供了有利条件. Abrahams 考查了属于 11 个极性空间群（极性空间群共有 68 个）的晶体，预言了 50 种新铁电体[54]，其中有些已得到证实.

这种预言的可靠性取决于晶体结构数据的准确度以及位移的大小. AKJ 关系中的 Γ 不是普适的力系数，而是依赖于同极原子的性质和配位数以及其他原子的性质，因此其取值可能有较大的范围. 原子位置测定不准将严重影响 Δz 和 T_c 的估计值. 总起来看，当最大位移不超过 0.5Å，而且同极原子位移不超过 0.3Å 时，预言的可靠性最高.

参 考 文 献

[1] H. D. Megaw, *Proc. Roy. Soc.* (London), **189**, 261 (1947).
[2] J. Harada, T. Pedersen, Z. Barnea, *Acta. Cryst.*, **A26**, 336 (1970).
[3] A. W. Hewat, *J. Phys. C: Solid State Phys.*, **6**, 2559 (1973).
[4] R. J. Nelmes, W. F. Kuhs, *Solid State Commun.*, **54**, 721 (1985).
[5] E. Sawaguchi, *J. Phys. Soc. Jpn.*, **8**, 615 (1953).
[6] G. A. Smolenskii (Editor-in-Chief), Ferroelectrics and Related Materials, Gordon

and Breach, New York (1984).
[7] S. C. Abrahams, W. C. Hamilton, J. M. Reddy, *J. Phys. Chem. Solids*, **37**, 1019 (1966); S. C. Abrahams, E. Buehler, W. C. Hamilton, S. J. Laplace, *J. Phys. Chem. Solids*, **34**, 521 (1973).
[8] R. S. Weis, T. K. Gaylord, *Applied Physics*, **A37**, 203 (1985).
[9] Huafu Wang, Xinghua Hu, Wenzhuang Zhou, *Jpn. J. Appl. Phys.*, **24**(2) Supplement, 275 (1985).
[10] S. C. Abrahams, J. L. Bernstein, *J. Phys. Chem. Solids*, **28**, 1685 (1967).
[11] C. Michel, J. M. Moreau, G. D. Achenbach, R. Gerson, W. J. James, *Solid State Commun.*, **7**, 701 (1969).
[12] P. B. Jamieson, S. C. Abrahams, J. L. Bernstein, *J. Phys. Chem. Solids*, **48**, 5048 (1968).
[13] Xu Yuhuan, Chen Huanchu, L. E. Cross, *Ferroelectrics*, **54**, 123 (1984).
[14] E. C. Subbarao, G. Shirane, F. Jona, *Acta. Cryst.*, **13**, 226 (1960).
[15] P. B. Jamieson, S. C. Abrahams, J. L. Bernstein, *J. Chem. Phys.*, **50**, 4352 (1969).
[16] G. E. Bacon, R. S. Pease, *Proc. Roy. Soc.* (London), **A220**, 397 (1953).
[17] G. E. Bacon, R. S. Pease, *Proc. Roy. Soc.* (London), **A230**, 359 (1955).
[18] R. J. Nelmes, V. R. Eiriksson, K. D. Rouse, *Commun. Solid State Phys.*, **11**, 1261 (1972).
[19] W. Cochran, *Adv. Phys.*, **10**, 401 (1961).
[20] T. J. Regran, A. M. Glass, C. S. Brickenkamp, R. D. Rosenstein, R. K. Osterheld, R. Sosott, *Ferroelectrics*, **6**, 178 (1974).
[21] D. J. Lockwood, N. Ohno, R. J. Nelmes, H. Arend, *J. Phys. C: Solid State Phys.*, **18**, L559 (1985).
[22] S. C. Abrahams, J. Ravez, *Ferroelectrics*, **135**, 21 (1992).
[23] S. Sawada, S. Nomura, S. Fujii, I. Yoshida, *Phys. Rev. Lett.*, **1**, 320 (1958).
[24] M. I. Kay, *Ferroelectrics*, **4**, 235 (1972).
[25] Y. Yamada, Y. Fujii, I. Hatta, *J. Phys. Soc. Jpn.*, **18**, 1594 (1963).
[26] S. Yoshino, H. Motegi, *Jpn. J. Appl. Phys.*, **6**, 708 (1967).
[27] K. Planta, H-G. Unruh, *Z. Phys.*, **B92**, 457 (1993).
[28] S. Yoshino, Y. Okaya, R. Pepinsky, *Phys. Rev.*, **115**, 323 (1959).
[29] M. I. Kay, R. Kleinberg, *Ferroelectrics*, **5**, 45 (1973).
[30] K. Itoh, T. Mitsui, *Ferroelectrics*, **5**, 235 (1973).
[31] E. T. Keve, K. L. Bye, P. W. Wipps, A. D. Annis, *Ferroelectrics*, **3**, 39 (1971).
[32] V. Dvorak, *Ferroelectrics*, **104**, 135 (1990).
[33] G. Schaack, *Ferroelectrics*, **104**, 147 (1990).
[34] A. R. Ubbelohde, I. Woodward, *Proc. Roy. Soc.* (London), **A185**, 448 (1946).
[35] B. C. Frazer, M. McKeown, R. Pepinsky, *Phys. Rev.*, **94**, 1435 (1954).
[36] E. Suzuki, A. Amano, R. Nozaki and Y. Shiozaki, *Ferroelectrics*, **152**, 385

(1994).
[37] R. G. Kepler, R. A. Anderson, *Adv. Phys.*, **41**, 1 (1992).
[38] T. Furukawa, *Ferroelectrics*, **104**, 229 (1990).
[39] R. Hasagawa, Y. Takahashi, Y. Chatani, H. Tadokoro, *J. Polym.*, **3**, 6000 (1972).
[40] B. Z. Mei, J. I. Scheinbeim, B. A. Newman, *Ferroelectrics*, **144**, 51 (1993).
[41] R. B. Meyer, L. Liebert, L. Sterzelecki, P. Keller, *J. Phys. (Paris) Lett.*, **36**, L69 (1975).
[42] R. Blinc, *Condensed Matter News*, (**1**), 17 (1991).
[43] H. T. Evans, *Acta. Cryst.*, **14**, 1019 (1961).
[44] F. Jona, G. Shirane, Ferroelectric Crystals, Pergamon Press, Oxford (1962).
[45] K. Itoh, L. Z. Zeng, E. Nakamura, N. Mishima, *Ferroelectrics*, **63**, 29 (1985).
[46] R. J. Nelmes, R. O. Piltz, W. F. Kuhs, Z. Tun, R. Restori, *Ferroelectrics*, **108**, 165 (1990).
[47] E. T. Keve, S. C. Abrahams, J. L. Bernstein, *J. Phys. Chem. Solids*, **54**, 3185 (1971).
[48] 钟维烈，物理学报，**38**，1205 (1989); *Acta Physica Sinica*, **8**, 497 (1989).
[49] M. M. Woolfson, An Introduction to X-ray Crystallography, Cambridge University Press, Cambridge, 291 (1970).
[50] F. Unterleitner, Y. Okada, K. Vedam, R. Pepinsky, Am. Cryst. Assoc. Abstract, Annual Meeting, Ithaca, N. Y. (1959).
[51] F. C. Lissadle, J. C. Peuzin, E. F. Bertaut, C. F. Ceng, Anomalous Scattering, ed. by S. Ramasehan and S. C. Abrahams, International Union of Crystallography, 223 (1975).
[52] S. C. Abrahams, S. K. Kurtz, P. B. Jamieson, *Phys. Rev.*, **172**, 551 (1968).
[53] S. C. Abrahams, E. T. Keve, *Ferroelectrics*, **2**, 129 (1971).
[54] S. C. Abrahams, *Ferroelectrics*, **104**, 37 (1990).
[55] S. C. Abrahams, *J. Appl. Phys.*, **52**, 4740 (1981).
[56] Von der Muhll, *C. R. Acad. Sci. Paris*, **278**, 713 (1974).
[57] S. C. Abrahams, J. Ravez, S. Canouet, J. Granec, G. M. Loiacono, *J. Appl. Phys.*, **55**, 3056 (1984).
[58] F. H. Allen, G. Bergerhoff, R. Sievers (Editors), Crystallographic Database, International Union of Crystallography, Chester (1987).

第三章　铁电相变的宏观理论

铁电体的热力学理论始于 40 年代，最早的工作是 Müller 对罗息盐的研究[1]. 基本思想是将自由能展开为极化的各次幂之和，并建立展开式中各系数与宏观可测量之间的关系. 它的优点是只用少数几个参量即可预言各种宏观可测量以及它们对温度的依赖性，便于进行实验检验. 自 $BaTiO_3$ 出现以后，Ginzburg[2]和德文希尔[3]等开展了一系列的研究工作，完善了铁电体的热力学理论，Kittel 并将其推广到反铁电体[4]. 现在，普遍采用的形式基本上与德文希尔的相同，所以有时简称为德文希尔理论. 在关于铁电体的各种著作中[5-10]，热力学理论都占有相当大的篇幅，特别是 Grindley 的书[11]专门对铁电体的热力学理论作了全面系统的论述.

铁电相变是结构相变的一类. 关于结构相变的理论是朗道理论[12,13]，这个理论本来是针对连续相变的，作适当的推广后也可用来处理一些一级相变的问题. 德文希尔理论实质上就是朗道理论在铁电体中的具体发展. 朗道理论形式简单，有高度的概括性，特别是它指明了对称性与相变的关系，在结构相变以至整个凝聚态物理学中都有重要的影响[14]. 本章首先比较详细地介绍德文希尔理论对一级和二级铁电相变的处理，以便读者对铁电相变的热力学方面有比较具体的认识，然后介绍朗道理论，以便对铁电相变有更概括的了解.

朗道理论将序参量的出现与对称性的降低联系起来，从而可以从原型相的对称群中寻找相变后可能的对称群. 具体的方法可借助于群论，也可借助于居里原理[15]. 后者具有简单和直观的优点. 朗道理论虽然取得了很大的成功，但它忽略了序参量的涨落，在很靠近相变温度的范围，即临界区失效[16]. 在处理铁电相变时，如果不但考虑自发极化，而且考虑其他参量与自发极化的耦合，就可说明非本征铁电相变及有关现象[9]. 铁电相变只是铁性相变的一类，改变点群对称性的相变称为铁性相变，它们都可在朗道理论的框架内加以处理[17]. 本章后面几节分别讨论了这些问题，即居里原理在铁电相变中的应用，朗道理论的适用范围，非本征铁电相变、反铁电相变以及铁性相变. 最后一节讨论了薄膜、小颗粒和细长柱中铁电相变的尺寸效应和表面效应.

§3.1 电介质的特征函数[11,18]

3.1.1 特征函数和相变

按照热力学理论，在独立变量适当选定之后，只要一个热力学函数就可把一个均匀系统的平衡性质完全确定. 这个函数称为特征函数[18].

均匀的弹性电介质的状态可用温度 T，熵 S，应力 $\mathbf{X}$，应变 $\mathbf{x}$，电场 $\boldsymbol{E}$ 和电位移 $\boldsymbol{D}$（或极化 $\boldsymbol{P}$）来表征. 为了构成电介质的特征函数，可以在三对变量（热学量 T 和 S，力学量 $\mathbf{X}$ 和 $\mathbf{x}$，电学量 $\boldsymbol{E}$ 和 $\boldsymbol{D}$ 或 $\boldsymbol{P}$）中各任选一个作为独立变量. 这样的选择共有 8 种，于是可构成 8 个不同的特征函数. 它们的名称和表示式见表 3.1.

表 3.1 电介质的特征函数

名　称	表 示 式	独立变量
内能	U	$\mathbf{x}$, $\boldsymbol{D}$, S
亥姆霍兹自由能	$A=U-TS$	$\mathbf{x}$, $\boldsymbol{D}$, T
焓	$H=U-X_ix_i-E_mD_m$	$\mathbf{X}$, $\boldsymbol{E}$, S
弹性焓	$H_1=U-X_ix_i$	$\mathbf{X}$, $\boldsymbol{D}$, S
电焓	$H_2=U-E_mD_m$	$\mathbf{x}$, $\boldsymbol{E}$, S
吉布斯自由能	$G=U-TS-X_ix_i-E_mD_m$	$\mathbf{X}$, $\boldsymbol{E}$, T
弹性吉布斯自由能	$G_1=U-TS-X_ix_i$	$\mathbf{X}$, $\boldsymbol{D}$, T
电吉布斯自由能	$G_2=U-TS-E_mD_m$	$\mathbf{x}$, $\boldsymbol{E}$, T

在表 3.1 和其他有关热力学量的表达式中，我们采用重复下标求和的约定，即重复出现的下标表示求和．除另有说明外，各下标的取值范围是 $i=1$—6，$m=1$—3.

应力和应变都是二阶张量，在张量记法中必须用双下标．为了用矩阵记法表示应力和应变的关系以及力学量和电学量的关系，需要将双下标简化为单下标．又因应力和应变都是对称二阶张量，各只有 6 个独立分量，于是人们采用了如下的约定（Voigt 记法）：

$$
\begin{aligned}
&X_1 = X_{11}, X_2 = X_{22}, X_3 = X_{33},\\
&X_4 = X_{23} = X_{32}, X_5 = X_{31} = X_{13}, X_6 = X_{12} = X_{21},\\
&x_1 = x_{11}, x_2 = x_{22}, x_3 = x_{33},\\
&x_4 = x_{23} + x_{32} = 2x_{23}, x_5 = x_{31} + x_{13} = 2x_{31}, x_6 = x_{12} + x_{21}\\
&\quad = 2x_{12}.
\end{aligned}
\tag{3.1}
$$

在许多问题中，特征函数的全微分形式更便于应用．按照热力学第一定律，系统内能的变化为

$$dU = dQ + dW,$$

式中 dQ 是系统吸收的热量，dW 是外界对系统作的功．对于弹性电介质，dW 有机械功和静电功两部分

$$dW = X_i dx_i + E_m dD_m. \tag{3.2}$$

在可逆过程中，有

$$dQ = TdS, \tag{3.3}$$

于是内能的全微分形式为

$$dU = TdS + X_i dx_i + E_m dD_m. \tag{3.4}$$

为了得出其他特征函数的全微分形式，只需对它们的表示式（见表 3.1）求微分，并利用式（3.2）和式（3.3）加以简化，其结果为

$$
\begin{aligned}
dA &= -SdT + X_i dx_i + E_m dD_m,\\
dH &= TdS - x_i dX_i - D_m dE_m,\\
dH_1 &= TdS - x_i dX_i + E_m dD_m,
\end{aligned}
$$

$$\begin{aligned} dH_2 &= TdS + X_i dx_i - D_m dE_m, \\ dG &= -SdT - x_i dX_i - D_m dE_m, \\ dG_1 &= -SdT - x_i dX_i + E_m dD_m, \\ dG_2 &= -SdT + X_i dx_i - D_m dE_m. \end{aligned} \qquad (3.5)$$

对这些特征函数求偏微商，就可得出描写系统性质的各种宏观参量．例如，内能的偏微商可给出温度、应力和电场

$$T = \left(\frac{\partial U}{\partial S}\right)_{\mathbf{x},\boldsymbol{D}}, X_i = \left(\frac{\partial U}{\partial x_i}\right)_{S,\boldsymbol{D}}, E_m = \left(\frac{\partial U}{\partial D_m}\right)_{S,\mathbf{x}}.$$

上面 8 个特征函数均可用来描写电介质的宏观性质．具体采用何种特征函数，这要决定于对独立变量的选择．例如，以温度、应力和电位移作为独立变量，系统的状态要用弹性吉布斯自由能来描写．

特征函数表示系统的能量．具体计算的通常是它们的密度，即单位体积或每一摩尔的能量．在固体电介质中，除另有说明外，都按单位体积计算，在 SI 单位制中的单位为 J/m^3.

在物质系统中，具有相同成分及相同物理化学性质的均匀部分称为“相”．由于外界条件的变化导致不同相之间的转变称为相变．在独立变量选定之后，系统处于什么相，这要决定于相应的特征函数．具体来说，系统的热平衡稳定相必须使相应的特征函数取极小值．例如，以温度、应力和电场作为独立变量时，特征函数为吉布斯自由能，系统的热平衡稳定相必须使吉布斯自由能取极小值．

由于特征函数具有这一性质，它们也被称为热力势（thermodynamic potential）．

在相变过程中，特征函数的变化可能有不同的特点，据此可以对相变分“级”（order）．考虑独立变量为温度、应力和电场的情况，特征函数为吉布斯自由能．若相变中 G 的（$n-1$）级以内的微商连续而第 n 级微商不连续，则称其为 n 级相变．

由式（3.5）可知，熵和电位移是 G 的一级微商，比热是 G 的二级微商

$$c = T\left(\frac{\partial S}{\partial T}\right)_{\mathbf{X},\boldsymbol{E}} = -T\left(\frac{\partial^2 G}{\partial T^2}\right)_{\mathbf{X},\boldsymbol{E}}. \tag{3.6}$$

所以在一级（first order）相变中，熵 S、自发极化 $\boldsymbol{P}_s$（电场为零时的电位移）和比热 c 都不连续；在二级（second order）相变中，熵和自发极化连续但比热不连续．

根据相变时序参量和对称性变化的特点，我们将把二级和更高级的相变称为连续相变，于是相变被分为连续的和一级的两大类，见 3.4.1 节．

3.1.2 弹性吉布斯自由能的展开

为研究铁电相变，首先考虑独立变量的选择．在实验过程中，应力和温度便于控制是显然的，因此 $\mathbf{X}$ 和 T 应选为独立变量．由于铁电相变必须用极化来表征，相变的发生取决于极化对特征函数的影响，而极化与电位移的关系为 $\boldsymbol{D}=\varepsilon_0\boldsymbol{E}+\boldsymbol{P}$，所以选 $\boldsymbol{D}$ 为独立变量是适当的．于是相应的特征函数是 G_1

$$dG_1 = -SdT - x_i dX_i + E_m dD_m. \tag{3.7}$$

为了简化问题，我们在等温（$dT=0$）和机械自由（$dX_i=0$）条件下寻找系统的稳定相．显然，这时只要研究 D_m 如何取值，使 G_1 达到极小．假设 G_1 可以写为 $\boldsymbol{D}$ 的各偶次幂之和

$$\begin{aligned} G_1 = G_{10} &+ \frac{1}{2}\chi'(D_x^2 + D_y^2 + D_z^2) \\ &+ \frac{1}{4}\xi'(D_x^4 + D_y^4 + D_z^4) \\ &+ \frac{1}{4}\lambda'(D_x^2D_y^2 + D_y^2D_z^2 + D_z^2D_x^2) \\ &+ \frac{1}{6}\zeta'(D_x^6 + D_y^6 + D_z^6) \\ &+ \frac{1}{6}\eta' D_x^2D_y^2D_z^2 + \cdots, \end{aligned}$$

G_1 的形式决定于顺电相的对称性．上式意味着顺电相中心对称．为进一步简化，假设 $\boldsymbol{D}$ 沿 X，Y，Z 中某一轴，于是矢量 $\boldsymbol{D}$ 可用

标量代替

$$G_1 = G_{10} + \frac{1}{2}\alpha D^2 + \frac{1}{4}\beta D^4 + \frac{1}{6}\gamma D^6, \tag{3.8}$$

式中 γ 为正或零，α 与温度呈线性关系

$$\alpha = \alpha_0(T - T_0), \tag{3.9}$$

这里 α_0 是一个正的常量，T_0 是居里-外斯温度．于是式（3.8）成为

$$G_1 = G_{10} + \frac{1}{2}\alpha_0(T - T_0)D^2 + \frac{1}{4}\beta D^4 + \frac{1}{6}\gamma D^6. \tag{3.10}$$

式(3.9)的假定实际上是表明顺电相电容率的变化符合居里-外斯定律．因为由式（3.5）和式（3.8）可知

$$\frac{\partial G_1}{\partial D} = E = \alpha D + \beta D^3 + \gamma D^5, \tag{3.11}$$

$$\left.\frac{\partial^2 G_1}{\partial D^2}\right|_{D=0} = \left.\frac{\partial E}{\partial D}\right|_{D=0} = \frac{1}{\varepsilon} = \alpha, \tag{3.12}$$

即 α 是顺电相电容率的倒数．由此式及式（3.9）可得

$$\varepsilon = \frac{1}{\alpha_0(T - T_0)},$$

这与实验上观测到的居里-外斯定律相一致，即

$$\varepsilon_r(0) = \varepsilon_r(\infty) + \frac{C}{T - T_0} \simeq \frac{C}{T - T_0}, \tag{3.13}$$

而 α_0 与居里常量 C 的关系为

$$\alpha_0 = \frac{1}{\varepsilon_0 C}.$$

式（3.10）是下面讨论的出发点．G_1 随电位移和温度的变化灵敏地依赖于 β 的符号．下面将会看到，$\beta<0$ 相应于一级相变，$\beta>0$ 相应于二级相变．

在分别讨论一级和二级相变以前，我们先写出自发极化和介电隔离率（dielectric impermeability）的表达式．

由式（3.5）和式（3.10）可得

$$\frac{\partial G_1}{\partial D} = E = \alpha_0(T - T_0)D + \beta D^3 + \gamma D^5, \tag{3.14}$$

令 $E=0$，得自发极化

$$P_s^2=-\frac{\beta}{2r}\{1+[1-4\alpha_0 r\beta^{-2}(T-T_0)]^{1/2}\}, \quad (3.15)$$

$$P_s^2=-\frac{\beta}{2r}\{1-[1-4\alpha_0 r\beta^{-2}(T-T_0)]^{1/2}\}. \quad (3.16)$$

因自发极化不能为虚数，故 $\beta<0$ 时，其解为式（3.15），$\beta>0$ 时，其解为式（3.16）．

介电隔离率矩阵是电容率矩阵的逆矩阵．在一维情况下，二者互为倒数，由式（3.5）和式（3.10）可得

$$\lambda=\frac{\partial E}{\partial D}=\frac{\partial^2 G_1}{\partial D^2}=\alpha_0(T-T_0)+3\beta D^2+5\gamma D^4. \quad (3.17)$$

因为讨论的是电场很弱时的介电性，所以上式右边取 $E=0$ 时的值．在顺电相无自发极化，上式成为式（3.13），即居里-外斯定律．在铁电相，D 等于 P_s. 将式（3.15）或式（3.16）代入上式，得

$$\lambda=-4\alpha_0(T-T_0)+\beta^2 r^{-1}\{1 \pm[1-4\alpha_0 r\beta^{-2}(T-T_0)]^{1/2}\}. \quad (3.18)$$

§3.2 一级铁电相变

3.2.1 特征温度

在 $\gamma>0$，$\beta<0$ 的条件下，式（3.10）所示的 G_1 在不同温度下的图象如图 3.1 所示．由图可见，存在着 4 个特征温度，即 T_2，T_1，T_c 和 T_0. 当 $T>T_2$ 时，G_1 只在 $D=0$ 有极小值，这表示系统处于顺电相，无自发极化．当 $T<T_0$ 时，G_1 有两个极小值，分别相应于 $+D$ 和 $-D$，这表示系统处于铁电相，有两个可能的等值反号的自发极化状态．

温度稍高于 T_0 时，G_1 在 $D=0$ 处出现了第三个极小值．但此值比其他两个极小值要大，说明顺电相可以作为亚稳态存在．当 $T=T_c$ 时，3 个极小值相等，即顺电相和铁电相在能量上同等有

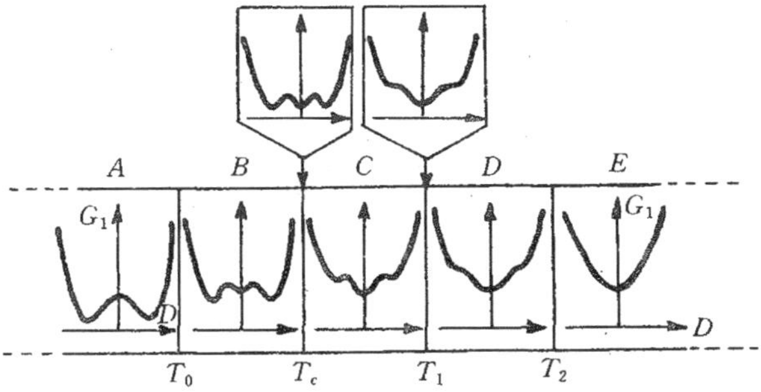

图 3.1　一级相变铁电体在各种温度下 G_1 与零场电位移 D 的关系．

利．T_c 称为居里点或居里温度．当 T 稍高于 T_c 时，$D=0$ 处的极小值低于另外两个极小值，这表明顺电相是稳定的，而铁电相是亚稳的．当 T 稍高于 T_1 时，两旁的极小值消失，但曲线上有两个拐点．两旁的极小值消失表明，铁电相即使作为亚稳态也不能存在．但下面将会看到，存在两个拐点，表示铁电相可在电场作用下诱发出来．当温度进一步上升到 T_2 以上时，拐点消失，电场已不能诱发铁电相．

现在我们来确定各个特征温度．

T_0 称为居里-外斯温度，它由式（3.13）给出．实验上由顺电相 λ（T）直线与 T 轴的交点确定．

当温度处于居里温度时，铁电相与顺电相的 G_1 相等．由式（3.10）可给出

$$\frac{1}{2}\alpha_0(T_c-T_0)P_{sc}^2+\frac{1}{4}\beta P_{sc}^4+\frac{1}{6}rP_{sc}^6=0,$$

式中 P_{sc} 是 $T=T_c$ 时的 P_s．P_{sc} 还必须满足

$$\alpha_0(T_c-T_0)P_{sc}+\beta P_{sc}^3+rP_{sc}^6=0.$$

由以上两式可给出

$$P_{sc}^2=-\frac{3\beta}{4r}, \tag{3.19}$$

$$T_c=T_0+\frac{3\beta^2}{16\alpha_0 r}. \tag{3.20}$$

对于 $BaTiO_3$，$T_c=T_0+7.7$ (K)．

介电隔离率是 G_1 的二级偏微商，在 T_c 附近，介电隔离率也是不连续的．$T\to T_c^-$ 时，λ 由式 (3.18) 给出．将式 (3.20) 代入式 (3.18)，并把 T_c-T 作为一级小量近似，得出

$$\lambda = 8\alpha_0(T_c - T) + \frac{3\beta^2}{4r}. \tag{3.21}$$

$T\to T_c^+$ 时，λ 由式 (3.13) 表示．利用式 (3.20)，可得

$$\lambda = \alpha_0(T - T_c) + \frac{3\beta^2}{16r}. \tag{3.22}$$

对比以上两式可知，在 T_c^- 时，介电隔离率是 T_c^+ 时的四倍，T_c 以上的居里常量是 T_c 以下的八倍．图 3.2 示出 T_c 附近自发极化和介电隔离率的变化情况．

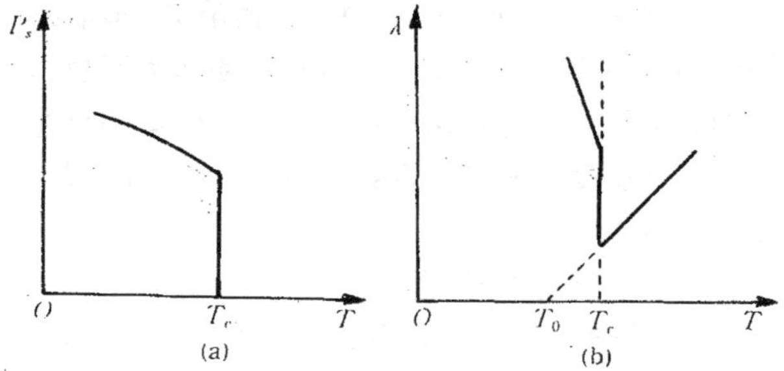

图 3.2 一级相变铁电体在 T_c 附近自发极化．(a) 和介电隔离率；(b) 的变化．

T_1 的特点是，当 $T<T_1$ 时，G_1 (D) 曲线有 3 个极小值和 2 个极大值，即在 5 个点上，$\partial G_1/\partial D=0$；当 $T>T_1$ 时，只有一个极小值，即只在一个点上 $\partial G_1/\partial D=0$. 极值条件

$$\alpha_0(T - T_0)D + \beta D^3 + rD^5 = 0$$

给出

$$D = 0,$$

$$D = \mp\left\{\frac{1}{2r}\left[-\beta \mp (\beta^2 - 4\alpha_0 r(T - T_0))^{1/2}\right]\right\}^{1/2}.$$

当 $\beta^2>4\alpha_0 r\ (T-T_0)$ 时有 5 个解，当 $\beta^2<4\alpha_0 r\ (T-T_0)$ 时只有 1 个解. 使 $\beta^2=4\alpha_0 r\ (T-T_0)$ 的温度即为 T_1

$$T_1 = T_0 + \frac{\beta^2}{4\alpha_0 r}. \tag{3.23}$$

对于 $BaTiO_3$，$T_1=T_0+10$ (K).

T_2 是 G_1 (D) 曲线上两个拐点刚好消失的温度. 拐点相应于二级微商为零，即

$$\frac{\partial^2 G_1}{\partial D^2} = \alpha_0(T-T_0) + 3\beta D^2 + 5rD^4 = 0,$$

于是

$$D = \mp \left\{\frac{1}{10r}\left[-3\beta \mp (9\beta^2 - 20\alpha_0\gamma(T-T_0))^{1/2}\right]\right\}^{1/2}.$$

当 $9\beta^2>20\alpha_0 r\ (T-T_0)$ 时，D 有 2 个解，当 $9\beta^2<20\alpha_0 r\ (T-T_0)$ 时无解. 由此可知

$$T_2 = T_0 + \frac{9\beta^2}{20\alpha_0 r}. \tag{3.24}$$

对于 $BaTiO_3$，$T_2=T_0+18$ (K).

一级相变的特征之一是有热滞 (thermal hysteresis). 在降温通过居里点时，即使在 T_c 以下，晶体仍保持其亚稳的顺电相；而在升温通过居里点时，即使在 T_c 以上，晶体仍保持其亚稳的铁电相. 换言之，降温过程中测得的居里点低于升温过程中测得的居里点. 不管怎样降低变温速率，这种差别也不能消除. 热滞的大小决定于晶体的性质. 上面的讨论指出了热滞的范围为 T_0 至 T_1，因为 T_1 是亚稳铁电相可存在的最高温度，T_0 是亚稳顺电相可存在的最低温度.

3.2.2 系数 α_0，β 和 γ 的测定

热力学理论预言了一些物理量之间的关系，它们是用 G_1 展开式的系数 α_0，β 和 γ 表示的. 为了检验这些关系，必须测定这些系数.

α_0 的测定可借助于 T_0 以上的电容率. 由式 (3.13) 得出居里

常量 C，$\alpha_0=(\varepsilon_0 C)^{-1}$.

β 和 γ 的测定有各种方法．例如测量 $T\to T_c^+$ 的介电隔离率和 $T\to T_c^-$ 的自发极化．式（3.22）表明，$T\to T_c^+$ 时介电隔离率 $\lambda(T_c^+)=3\beta^2/(16r)$. 式(3.19)给出，$T\to T_c^-$ 时，$P_{sc}^2=-3\beta/(4r)$. 由此两式可得 $\beta=-4\lambda(T_c^+)/P_{sc}^2$，$\gamma=3\lambda(T_c^+)/P_{sc}^4$. 也可测量 $T=T_0$ 时的自发极化，并利用 α_0，T_0 和 T_c 的值．由式（3.20）和式（3.15）可知，$3\beta^2/(16\alpha_0\gamma)=T_c-T_0$，$P_{so}^2=-\beta/\gamma$，所以 $\beta=16\alpha_0(T_0-T_c)/(3P_{so}^2)$，$\gamma=16\alpha_0(T_c-T_0)/(3P_{so}^4)$.

3.2.3 潜热及熵的改变

居里点处自发极化的不连续变化导致潜热及熵的跃变．系统的熵为 $S=-(\partial G_1/\partial T)_{X,D}$，相变时熵的改变为

$$\Delta S=S_0-S=-\left(\frac{\partial G_{10}}{\partial T}\right)_{X,D}+\left(\frac{\partial G_1}{\partial T}\right)_{X,D}.$$

由式（3.10），有

$$\Delta S=\frac{1}{2}P_{sc}^2\frac{\partial}{\partial T}[\alpha_0(T-T_0)]+\frac{1}{4}P_{sc}^4\left(\frac{\partial\beta}{\partial T}\right)+\frac{1}{6}P_{sc}^6\left(\frac{\partial\gamma}{\partial T}\right),\tag{3.25}$$

忽略 β 和 γ 随温度的变化，则

$$\Delta S=\frac{1}{2}\alpha_0P_{sc}^2(\mathrm{JK^{-1}m^{-3}})\tag{3.26}$$

居里点处的潜热

$$\Delta Q=T_c\Delta S=\frac{1}{2}\alpha_0T_cP_{sc}^2(\mathrm{Jm^{-3}})\tag{3.27}$$

对于 $BaTiO_3$，测得 $\Delta Q=210\mathrm{J/mol}$，与计算值相符合．

3.2.4 电场对居里温度的影响

为了单纯研究电场的作用，设应力为零且电场只有一个分量 E_m，于是 T_c 时 a，b 两相吉布斯自由能相等的条件为

$$dG=-(S_a-S_b)dT-(D_{ma}-D_{mb})dE_m=0,$$

由此得

$$\frac{\partial T_c}{\partial E_m} = -\frac{D_{ma} - D_{mb}}{S_a - S_b}, \tag{3.28}$$

此式右边的分子即为 P_{sc}，分母由式（3.25）给出．

忽略 β 和 γ 对温度的依赖性，则 ΔS 可用式（3.26）表示．再用式（3.19）表示 P_{sc}，得

$$\frac{\partial T_c}{\partial E} = \frac{2}{\alpha_0 P_{sc}} = \frac{4}{\alpha_0}\left(\frac{-\gamma}{3\beta}\right)^{1/2}. \tag{3.29}$$

对于 $BaTiO_3$，测得 $\partial T_c/\partial E = 1.4\times10^{-5}\mathrm{K\cdot m/V}$，与计算值相近．

下面讨论居里点以上的场致相变（field - induced phase transition）．

在稍高于居里点的温度，足够强的电场可以诱发铁电相，其表现之一是如图 3.3 所示的双电滞回线．

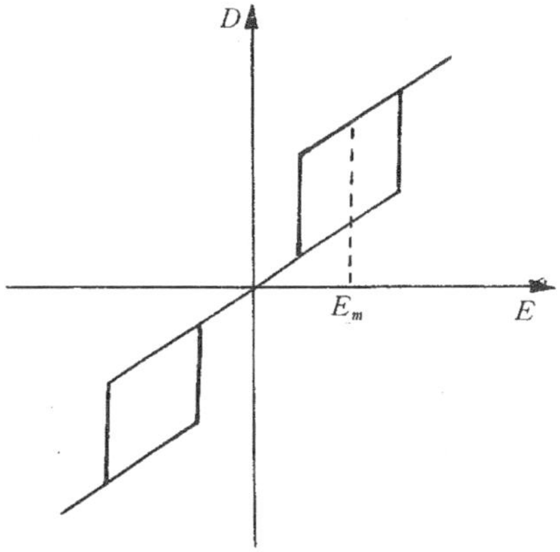

图 3.3　温度稍高于 T_c 时的双电滞回线．

引入约化电位移 d，约化电场 e 和约化温度 t

$$\begin{aligned} d &= -(2r/|\beta|)^{1/2}D, \\ e &= -8(2r^3/|\beta|^5)^{1/2}E, \\ t &= 4\alpha_0\beta^{-2}(T - T_0), \end{aligned} \tag{3.30}$$

于是式（3.14）变成

$$e = 2d^5 - 4d^3 + 2td. \tag{3.31}$$

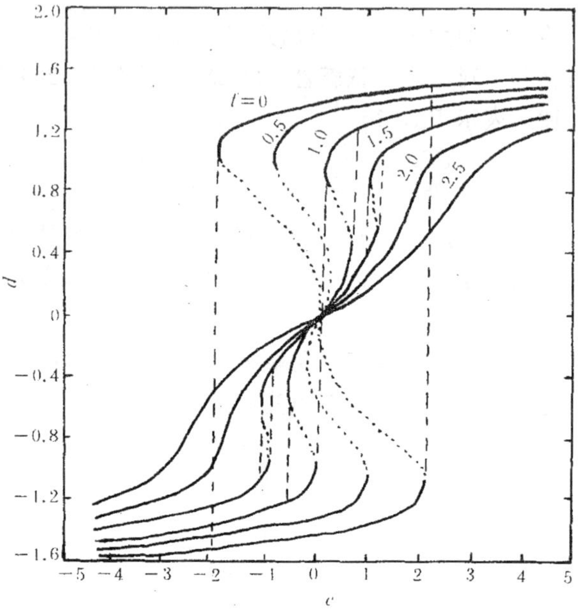

图 3.4　不同的约化温度 t 时，$e=2d^5-4d^3+2td$ 的图象.

此式的图象如图 3.4 所示. 不同的曲线给出不同温度下电位移 d 与电场 e 的关系. 当 $t=0$ 或较小时，$d(e)$曲线有一段或两段的斜率为负，这表示不稳定状态. 这一段或两段应以图中的直线段代替. 实曲线和虚直线段形成的 $d(e)$曲线就是电滞回线. $t=0$ 时只有一个回线，其中心在坐标原点. t 稍大时有两个回线，中心都不在原点，这就是双电滞回线. t 更大时 $d(e)$关系是单值的，不呈现回线.

出现双电滞回线的条件是 $e(d)$曲线上有两个极大值和两个极小值，即 $E(D)$曲线有这样 4 个极值. 但 $E=\partial G_1/\partial D$，所以该条件就是 $G_1(D)$曲线有两个拐点. 前已说明，只有温度低于 T_2 时 $G_1(D)$曲线才有两个拐点. T_2 由式 (3.24) 给出，它是电场可诱发铁电相的最高温度.

§ 3.3 二级铁电相变

3.3.1 极化和介电特性

如果在式 (3.10) 中 β 为正，则弹性吉布斯自由能与电位移的关系如图 3.5 所示 .

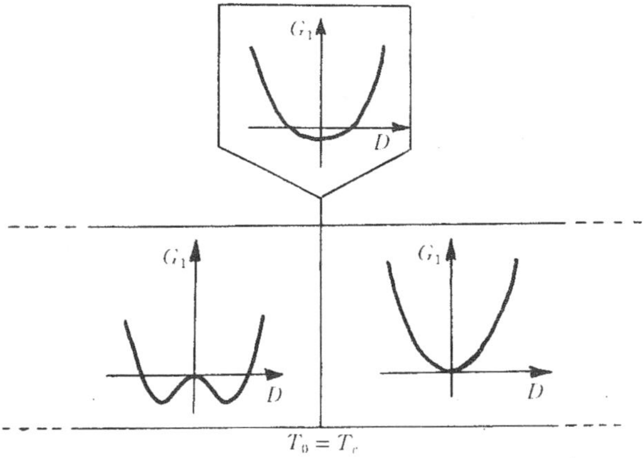

图 3.5 二级相变铁电体在不同温度时 G_1 与 D 的关系 .

当 $T<T_0$ 时，$G_1(D)$ 曲线有两个极小值，分别相应于等值反向的两种自发极化状态，系统处于铁电相 . 当 $T>T_0$ 时，曲线只在 $D=0$ 有一个极小值，这表示顺电相是稳定相 . 因为我们总是把自发极化出现或消失的温度记为 T_c，所以在这里，$T_0=T_c$，居里温度与居里-外斯温度一致 .

研究表明，二级相变的基本特征不因 D^6 项的存在而改变，所以讨论二级相变时，通常（但不是必须）令 $\gamma=0$.

为求自发极化，在式 (3.14) 中令 $E=0$，$\gamma=0$，得知，$T>T_c$ 时，有

$$P_s=0; \tag{3.32}$$

$T<T_c$ 时，有

$$P_s = \left[\frac{\alpha_0(T_c - T)}{\beta}\right]^{1/2}. \tag{3.33}$$

由此可知，随着温度上升到 T_c，自发极化连续地下降到零，而且因为自发极化是连续的，故不会存在相变潜热．这些都是二级相变的特征．

介电隔离率由式（3.17）给出

$$\lambda = \alpha_0(T - T_c) + 3\beta D^2. \tag{3.34}$$

$T > T_c$ 时，有

$$\lambda = \alpha_0(T - T_c); \tag{3.35}$$

$T < T_c$ 时，将式（3.33）代入（3.34），得

$$\lambda = -2\alpha_0(T - T_c). \tag{3.36}$$

可见 $T = T_c$ 时，电容率发散，而且 T_c 以上的居里常量为 T_c 以下的两倍．

图 3.6 示出了二级铁电相变附近自发极化和介电隔离率的变化情况．

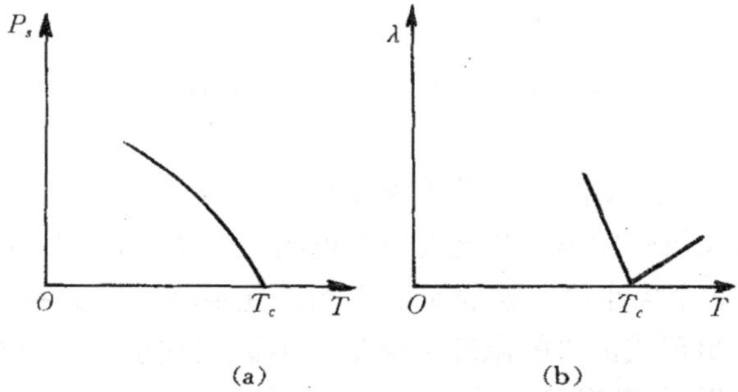

图 3.6　二级相变铁电体在 T_c 附近自发极化．
（a）和介电隔离率；（b）的变化．

3.3.2　系数 α_0，β 和 γ 的测定

α_0 的测定与一级相变中的方法相同，即由电容率和居里-外斯定律求出．

β 和 γ 的测定可借助自发极化与温度的关系．由式(3.33)可知，居里点附近，$P_s^2(T)$是斜率为 α_0/β 的直线，由此斜率和 α_0 即可定出 β. 离居里点较远时，$P_s^2(T)$不是直线而由式（3.16）来描述．作出实验曲线并用式（3.16）拟合，可确定 γ 的数值．

3.3.3 居里点附近的比热

二级相变中自发极化的出现或消失是连续的，故无相变潜热．但比热是 G_1 的二级微商，在相变点不连续．

系统的熵 $S=-(\partial G_1/\partial T)$. 假设 G_1 中的 β 和 γ 与温度无关，则直接由微商得出

$$S = -\frac{1}{2}\alpha_0 D^2 + S_0, \tag{3.37}$$

S_0 是 $D=0$ 时的熵．在 T_c 附近，由自发极化表达式[式(3.32)和式（3.33)]可得

$$\begin{aligned} S &= S_0, \quad T > T_c, \\ S &= S_0 - \frac{\alpha_0^2(T_c - T)}{2\beta}, \quad T < T_c. \end{aligned} \tag{3.38}$$

由此可见，在 $T \to T_c$ 时，S 连续地趋近于 S_0.

比热 $c=T$（$\partial S/\partial T$）由式（3.38）给出

$$\begin{aligned} c &= c_0, \quad T > T_c, \\ c &= c_0 + \frac{\alpha_0^2 T}{2\beta}, \quad T < T_c. \end{aligned} \tag{3.39}$$

所以相变时比热的跃变为

$$\Delta c = \frac{\alpha_0^2 T_c}{2\beta}. \tag{3.40}$$

实验上很难测得在一个温度点的比热跃变，只能测出 T_c 附近一段温度范围内的比热，求出 T_c 附近附加比热峰的面积，它给出相变热

$$\Delta Q = \int_{T_c\text{附近}} \Delta c dT \tag{3.41}$$

以及熵的变化

$$\Delta S = \frac{\Delta Q}{T_c}. \tag{3.42}$$

对于 TGS，测得 $\Delta Q = 6.3\times10^2$J/mol，$\Delta S = 2.0$J/mol·K，与计算值相近．

一级相变铁电体在 $T=T_c$ 时的潜热如式（3.27）所示．实验上，该热量也是按式（3.41）由比热峰面积求得的．因为不论是一级和二级相变铁电体，都在相变温度附近呈现比热峰（只是一级相变铁电体比热峰更尖锐)，而且测量都是在升温或降温的动态过程中进行的．潜热是温度不变（$T=T_c$）时系统吸收或放出的热量．从这个意义上来说，铁电体的潜热从来没有测定过，所以，把按式（3.41）算得的与相变有关的热量一律称为相变热，这样的说法比较恰当．

3.3.4 电场对相变温度的影响

一级相变铁电体可发生场致相变，二级相变铁电体则不会发生这种情况．电场与电位移的关系表现为

$$E = \frac{\partial G_1}{\partial D} = \alpha_0(T - T_c)D + \beta D^3 + \gamma D^5. \tag{3.43}$$

在 $T>T_c$，$T=T_c$ 和 $T<T_c$ 三种情况下，此式的图象如图 3.7 所示．在 $T>T_c$ 和 $T=T_c$ 时，虽然 $D(E)$不是直线，但仍是单值函数．$T<T_c$ 时，$D(E)$ 呈多值关系．曲线的 FOF' 段斜率为负，表示不稳定状态．实际关系应由直线段 FB' 和 $F'B$ 表示，于是在电场变化一个周期时，$D(E)$形成回线，这就是表征铁电性的电滞回线．

出现电滞回线的必要条件是 $E(D)$曲线有一个极大值和一个极小值，即有两个点满足

$$\frac{\partial E}{\partial D} = \alpha_0(T - T_c) + 3\beta D^2 + 5\gamma D^4 = 0.$$

二级相变铁电体的 α_0，β 和 γ 均为正，所以只有 $T<T_c$ 时此式才能成立．$T>T_c$ 时，即使施加电场也不能使上式成立，亦即电场不能诱发铁电相．

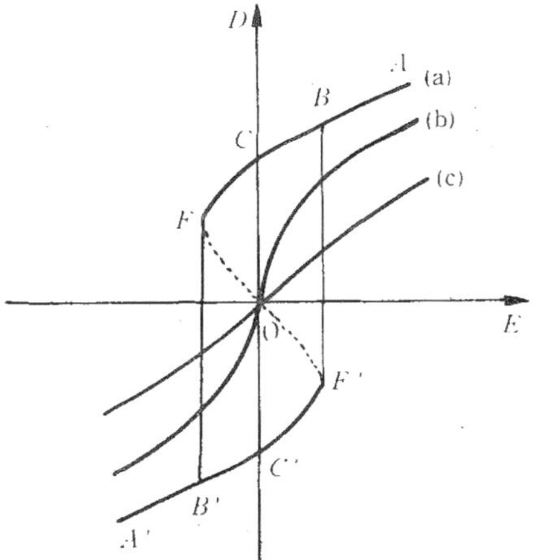

图 3.7　二级相变铁电体在 $T<T_c$(a)，$T=T_c$(b)
和 $T>T_c$(c)时的 $D(E)$曲线．

3.3.5　三临界点[19—21]

上面分别讨论了一级铁电相变和二级铁电相变的热力学理论．呈现一级相变的铁电体有 $BaTiO_3$，$PbTiO_3$，KH_2PO_4 等，呈现二级相变的铁电体有 TGS，$LiTaO_3$ 等．

应该指出，许多材料并不表现出很明确的一级或二级相变特征．晶体中不可避免地存在着缺陷、应变和其他不均匀性，它们倾向于使相变范围变宽，因而可能在一级相变中，自发极化也并不表现出显著的不连续，在二级相变中，电容率也并不成为无穷大．实验上比较容易观测的区别一、二级相变的特征主要是：第一，相变是否有热滞？第二，相变点上下居里常量之比等于多少？如果接近于 8，很可能是一级相变；如果接近于 2，则很可能是二级相变．

G_1 展开式中，$\beta<0$ 相应于一级相变，$\beta>0$ 相应于二级相变，

而 $\beta=0$ 是一个特殊的点，称为三临界点（tricritical point）．

$\beta=0$ 时，有

$$G_1 = G_{10} + \frac{1}{2}\alpha_0(T - T_c)D^2 + \frac{1}{6}\gamma D^6,$$

由 G_1 取极小值的条件求出自发极化为

$$P_s^4 = \frac{\alpha_0}{\gamma}(T_c - T).$$

由 G_1 对 D 的二级偏微商得出介电隔离率

$$\lambda = \alpha_0(T - T_c) + 5\gamma P_s^4,$$

于是有

$$\lambda = \alpha_0(T - T_c), T > T_c, \tag{3.44}$$

$$\lambda = 4\alpha_0(T_c - T), T < T_c. \tag{3.45}$$

这表明，T_c 以下，自发极化正比于 $(T_c-T)^{1/4}$，T_c 上下，居里常量之比为 4. 这些既不同于一级相变，也不同于二级相变．

表 3.2　部分铁电体的相变特性及三临界点[21]

铁电体	$E=0$，$X=1$atm 时相变温度（K）	$E=0$，$X=1$atm 时相变级别	T_{tcp} (K)	X_{tcp} (10^3bar)
KH_2PO_4	123	1	114	2
SbSI	295	1	233	1.4
$BaTiO_3$	393	1	291.4	34
$Ag_3A_3S_3$	28.7	1	55.5	3.2
$NaNH_4SeO_4 \cdot 2H_2O$	180	2	171.5	1.6
NH_4HSO_4	270	2	270	0.6
CaSr $(C_2H_5COO)_6$	100.0	1	238	3.35
CaPb $(C_2H_5COO)_6$	185.0	1	232.5	1.78

在有些铁电固溶体中，相变特性随组分而变化，因而在一定的组分时可观测到三临界点．例如 $PbZr_xTi_{1-x}O_3$ 中，$x=0.283$ 和

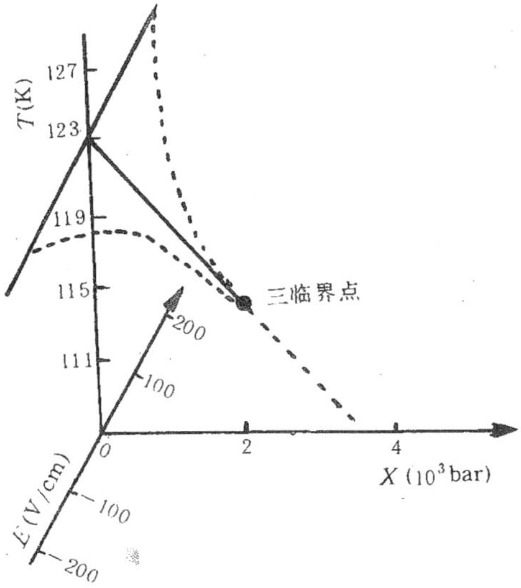

图 3.8　温度-电场-应力空间 KDP 的相图．实线是一级相变线，虚线是二级相变线[20].

$x=0.898$ 是三临界点的组分[22]．在 $K_xNa_{1-x}Sr_{1.22}Ba_{0.78}Nb_5O_{15}$ 中，$x=0.5$，$T=471K$ 相应于三临界点[23]．一般来说，铁电体的三临界点要在施加应力的条件下才能发现．图 3.8 是 KDP 晶体在 $T-X-E$ 空间的相图[20]．其中实线为一级相变线，虚线为二级相变线，三临界点相应于三条二级相变线的交点，其坐标为 $T=114K$，$X=2\times10^3bar$，$E=0$．现在已在不少铁电体中发现了三临界点，表 3.2 列出了部分铁电体的相变特性及其三临界点．

§3.4　朗道相变理论

3.4.1　序参量与对称破缺

相变的共同特征之一是对称性的变化．在一般情况（虽然不是全部）下，低温相的对称性较低，高温相的对称性较高．高温相具有的某些对称元素在低温相不复存在，即失去了某些对称元素，这称为对称破缺（symmetry breaking）[24]. 例如，$BaTiO_3$ 在 120℃以上属立方晶系 $m3m(O_h)$点群，有 48 个对称元素，在 120℃至 5℃之间属四方晶系 $4mm$ （C_{4v}） 点群，只有 8 个对称元素. 在 120℃发生的顺电-铁电相变使晶体丧失了 40 个对称元素.

系统对称性的改变反映了系统内部有序化程度的变化. 有序化程度的提高伴随着对称性的降低. 描述系统内部有序化程度的参量称为序参量. 序参量是表征相变过程的基本参量，它在高对称相中等于零，在低对称相中不等于零. 序参量可以只有一个分量，即标量，也可以有多个分量，如矢量. 在不同的相变中，作为序参量的物理量是不同的. 例如铁电相变中，序参量为自发极化，铁弹相变中，序参量为自发应变. 要确定某一相变的序参量，在有些情况下是一目了然的，但在有些情况下是比较隐秘，需要经过探索和研究才能揭示出来. 确定序参量这件事的本身就是相变研究的任务之一.

晶体对称性的变化和有序化程度的变化都是与原子位置的改变分不开的. 原子相对于其高对称相位置的偏离导致对称破缺，同时提高了有序化程度. $BaTiO_3$ 在 120℃以上时，钛原子处于正氧八面体中心，晶体点群为 $m3m$ （O_h）. 在 120℃发生相变时，钛原子和氧原子沿立方晶胞一个轴（c 轴）发生位移，氧八面体沿该轴伸长，而且钛偏离氧八面体中心，晶体对称性变为 $4mm$ （C_{4v}）点群. 另一方面，钛和氧沿 c 轴的相对位移使晶胞中正负电荷中心不相重合，晶胞中于是出现了沿 c 轴的电偶极矩，整个晶体沿 c 轴出现自发极化. 这个例子说明，对称性的变化和序参量的出现两者都是原子运动造成的，所以它们有确定的关系.

虽然序参量的出现和对称破缺都起因于原子的运动，但它们对温度的依赖性却可能并不相同. 序参量在相变点的变化可以是连续的（由零变化到无穷小量），也可以是突变的（由零变化到某一有限值），但对称破缺只可能是突变的. 因为原子位置的微小改变可能使序参量具有无穷小的非零值，但已使晶体的对称性发生了突然的变化．对称性由对称元素来表征．某个或某些对称元素不是存在就是不存在，而不能似有似无．

序参量连续变化的相变称为连续相变，序参量不连续变化的相变称为一级相变．连续相变是二级和更高级相变的总称．在连续相变中，前后两相的对称性之间有确定的联系；一级相变中，两相的对称性之间可以不存在任何联系．连续相变是状态连续变化的相变，不会出现两相共存，也没有热滞；一级相变时两相共存，并有热滞．

3.4.2 朗道相变理论[12,13]

朗道将对称破缺引入到相变理论，并将它与序参量的变化联系起来．下面，首先介绍朗道针对连续相变推导的对称性条件．

首先考虑在相变温度以上反映晶体中原子分布的密度函数 $\rho_0(\boldsymbol{r})$，$\boldsymbol{r}$ 是位置矢量．$\rho_0(\boldsymbol{r})$和晶体的其他性质一样，必须在晶体所属空间群 Γ_0 的任何对称操作作用下保持不变．假设在降温时晶体的状态发生了微小的连续的变化，使晶体对称性降低，密度函数改变为

$$\rho(\boldsymbol{r}) = \rho_0(\boldsymbol{r}) + \delta\rho(\boldsymbol{r}), \tag{3.46}$$

ρ 的对称群为 Γ，它应和 $\delta\rho$ 所对应的对称群相同，不会包含 Γ_0 中所没有的对称元素，因此 Γ 必须是 Γ_0 的子群．

由群论可知[25]，一个任意函数 ρ 总可表示为以某些函数 φ_1，φ_2，… 为基的线性组合，而且这些函数可以在 ρ 的对称群 Γ 的所有变换下相互变换．这些变换的矩阵构成了以函数 φ_1，φ_2，…为基的群 Γ 的表示．函数 φ_i（$i=1, 2, \cdots$）的选择不是唯一的，但总能以这样的方式来选择：它们可分成若干组，每组包含的数目尽可能少，而且每组函数在群的所有变换下，正好彼此相互变换．每一组这样的函数的变换矩阵就构成了群 Γ 的不可约表示．

现在用函数 $\varphi_i^{(n)}$ 来展开 $\delta\rho$. $\varphi_i^{(n)}$ 是形成群 Γ_0 的 n 个不可约表示的基．

$$\delta\rho = \sum_n \sum_i \eta_i^{(n)} \varphi_i^{(n)}, \tag{3.47}$$

式中第一个求和对 n 个不可约表示进行，第二个求和对同一不可约表示中的不同基函数进行．i 的总数就是这一表示的维数．$\eta_i^{(n)}$ 是标量系数．

和相变相对应的 $\delta\rho$ 的基函数应是式（3.47）中的某一个或某几个不可约表示，但不能是其恒等表示，否则它具有 Γ_0 的对称性，不会导致相变中对称性的变化．和两个不可约表示相对应的变换是相互独立的，并代表不同的相变．因为对应于两个不同的不可约表示的变换恰好发生在同一温度完全是一种偶然的情况，所以可以认为在连续相变中的 $\delta\rho$ 只对应于高对称相空间群 Γ_0 的单一不可约表示，于是式（3.47）中不需要对 n 求和，所以有

$$\delta\rho(\boldsymbol{r}) = \sum_i \eta_i \varphi_i(\boldsymbol{r}). \tag{3.48}$$

这样在连续相变中，确定可能的对称性变化的问题就简化为寻找空间群的不可约表示，并研究其性质．空间群不可约表示的每一个基函数可以写成如下的形式：

$$\varphi_i(\boldsymbol{r}) = u_{i,q}(\boldsymbol{r})\exp(i\boldsymbol{q}\cdot\boldsymbol{r}), \tag{3.49}$$

式中 $u_{i,q}(\boldsymbol{r})$ 具有晶格的周期性．由此式可知，不可约表示是由倒格子空间的矢量 $\boldsymbol{q}$ 来表征的．$\boldsymbol{q}$ 是决定低对称相对称性的矢量，用软模的语言来说，它是在相变时“冻结”的软模的波矢．

系数 η_i 的数值由平衡条件确定．首先看在 $T=T_c$ 时的情况．为使晶体在 T_c 时具有 ρ_0 的对称性，在这一点上各个 η_i 必须为零，即

$$\delta\rho = 0, \rho = \rho_0 \qquad (T = T_c). \tag{3.50}$$

因为考虑的是连续相变，故 $\delta\rho$ 必须以连续的方式趋于零，这意味着在接近相变点时，系数 η_i 必须从无限小的值向零逼近．所以我们可将自由能按 η_i 的幂来展开．因为自由能必须与所选择的坐标系无关，所以展开式中每一幂次的项必定只包含 η_i 相应幂次的标量不变式组合．

对 η_i 作归一化处理，令

$$\eta_i = \eta r_i \tag{3.51}$$

其中

$$\sum_i r_i^2 = 1, \tag{3.52}$$

因此

$$\eta^2 = \sum_i \eta_i^2. \tag{3.53}$$

于是自由能可写为

$$G = G_0 + a\eta f^{(1)} + A\eta^2 f^{(2)} + b\eta^3 f^{(3)} + B\eta^4 f^{(4)} + \cdots, \tag{3.54}$$

式中 $f^{(l)}$ 是系数 r_i 构成的 l 次不等式，系数 a，A，b，B，…一般是温度的函数．ρ_0 的空间群 Γ_0 的各对称操作可以使系数 r_i 相互变换，在这些操作下自由能不变，因此在自由能展开式中出现的 $f^{(l)}$ 必然是在 Γ_0 的所有操作下不变的函数．因为一阶不变式只对于恒等表示才存在，它不产生相变，所以不予考虑，于是上式中，$f^{(1)}=0$. 此外，对任何表示，只存在一个二次不变式，故 $f^{(2)}=1$. 所以式（3.54）成为

$$G = G_0 + A\eta^2 + b\eta^3 f^{(3)} + B\eta^4 f^{(4)} + \cdots. \tag{3.55}$$

可以看出，此式就是自由能对序参量的展开，η 就是相变的序参量．

系统的稳定态取决于 G 取极小值的条件

$$\frac{\partial G}{\partial \eta} = 0, \quad \frac{\partial^2 G}{\partial \eta^2} > 0, \tag{3.56}$$

因此，若 $A>0$，则 $\eta=0$ 的相是稳定的；若 $A<0$，则 $\eta\neq 0$ 的相是稳定的．这表明在 $A=0$ 的点会发生从高对称相 $\eta=0$ 到低对称相 $\eta\neq 0$ 的转变．但是为了使系统在 $A=0$，$\eta=0$ 是稳定的，则无论 η 发生正或负的微小变化，自由能都应增大，这就要求 $bf^{(3)}=0$，于是式（3.55）中的函数 $f^{(3)}=0$，式（3.56）成为

$$G = G_0 + A\eta^2 + B\eta^4 f^{(4)} + \cdots. \tag{3.57}$$

这样我们就得到了发生连续相变的 3 个对称性条件，即

(i) 低对称相的空间群 Γ 是高对称相空间群 Γ_0 的一个子群．

(ii) 相变对应于 Γ_0 的单一不可约表示，但不能是其恒等表示.

(iii) 在自由能对序参量的展开式中不存在三次方项，即和相变相对应的不可约表示中不能构成三次不变式.

这些条件称为连续相变的朗道判据. 值得注意的是，这是发生连续相变的必要条件，但不是充分条件. 换言之，实际发生的连续相变必须满足朗道条件，但满足朗道条件的却不一定是连续相变，仍然可能是一级相变.

Lifshitz 指出[26]，上面的考虑还是不全面的. 他从晶体必须有空间平移对称性这一要求出发，导出了连续相变的第四个对称条件. 按照这一条件，决定不可约表示中基函数 φ_i 的波矢 $\boldsymbol{q}$ 只能取高对称相倒格矢的简单分数，也就是说，相变后出现的低对称相的晶格基矢（它决定于波矢 $\boldsymbol{q}$）只可能是高对称相晶格基矢的简单倍数. 如果这个条件不满足，就可能出现公度-无公度相变. 在这种相变中，波矢 $\boldsymbol{q}$ 与高对称相的倒格矢是无公度的.

按照上面讨论的 3 个对称性条件，借助群论方法可由高对称相出发，求出可能的低对称相的对称群及其中的序参量. 文献 [27] 中对 $BaTiO_3$ 进行了具体分析，得出了 3 个可能的铁电相点群及其中自发极化的取向，这与实验观测是相符合的.

下面，我们推导朗道理论的一些主要结论. 朗道理论得出的自由能如式 (3.57) 所示. 式中四次不变式对不同的相变有不同的形式. 为了得出不依赖于特定相变的普遍结论，我们假定 $f^{(4)}=1$，于是

$$G = G_0 + A\eta^2 + B\eta^4 + \cdots. \tag{3.58}$$

系统的稳定态决定于 G 取极小值的条件

$$\frac{\partial G}{\partial \eta} = \eta(A + 2B\eta^2) = 0, \tag{3.59}$$

$$\frac{\partial^2 G}{\partial \eta^2} = A + 6B\eta^2 > 0. \tag{3.60}$$

由式 (3.59) 得 2 个解，即 $\eta=0$ 和 $\eta^2=-A/(2B)$， 因为 $\eta=0$

相应于高对称相，由式(3.60)可知，高对称相 $A>0$. 另一方面，为了保证低对称相（$\partial^2 G/\partial\eta^2$）$>0$，该相中必须 $A<0$，所以 A 在相变时变号，一个最简单的方案是在相变点附近

$$A = A_0(T - T_c), \tag{3.61}$$

其中 A_0 为正. 于是

$$G = G_0 + A_0(T - T_c)\eta^2 + B\eta^4 + \cdots, \tag{3.62}$$

由此可得如下一些结果.

(i) 序参量. 由 $\partial G/\partial\eta=0$ 得出

$$\eta = \left(\frac{A_0}{2B}\right)^{1/2}(T_c - T)^{1/2}. \tag{3.63}$$

(ii) 熵

$$\begin{aligned} S &= -\left(\frac{\partial G}{\partial T}\right) \\ &= S_0 - A_0\eta^2 - 2A_0(T - T_c)\eta\frac{\partial\eta}{\partial T} - 4B\eta^3\frac{\partial\eta}{\partial T}, \end{aligned} \tag{3.64}$$

因为

$$\frac{\partial G}{\partial\eta} = 2A_0(T - T_c)\eta + 4B\eta^3 = 0, \tag{3.65}$$

所以式（3.64）的最后两项抵消. 又根据式（3.63），η^2 与（T_c-T）成正比，所以式（3.64）表明，相变点附近的熵与温度呈线性关系

$$S = S_0 - \frac{A_0^2}{2B}(T_c - T). \tag{3.66}$$

(iii) 比热

$$c = T\frac{\partial S}{\partial T}. \tag{3.67}$$

由式（3.66）可知

$$\begin{aligned} c &= c_0, \quad T > T_c, \\ c &= c_0 - \frac{T_c A_0^2}{2B}, \quad T < T_c, \end{aligned} \tag{3.68}$$

这表明相变时比热发生突变，突变量为 $T_cA_0^2/(2B)$.

(iv) 状态方程 . 设与序参量共轭的场为 h，它们的最低阶相互作用为二者的乘积 . 如果该场使序参量的值增大，则相互作用项以带负号的形式进入自由能表达式中，即

$$G = G_0 + A_0(T - T_c)\eta^2 + B\eta^4 - \eta h. \tag{3.69}$$

由稳定性条件，得

$$2A_0(T - T_c)\eta + 4B\eta^3 - h = 0, \tag{3.70}$$

当 $T=T_c$ 时，有

$$\eta = \left(\frac{h}{4B}\right)^{1/3}. \tag{3.71}$$

(v) 敏感率 (susceptibility) . 敏感率是序参量对与之共轭的外场的偏微商 . 在铁电体、铁磁体和铁弹体中，分别称为极化率、磁化率和弹性顺度 .

将表示稳定性条件的式 (3.70) 写为

$$4B\eta^3 + 2A_0(T - T_c)\eta = h, \tag{3.72}$$

$T>T_c$ 时，略去 η^3 项，得

$$\chi = \left.\frac{\partial\eta}{\partial h}\right|_{h=0} = \frac{1}{2A_0(T - T_c)}. \tag{3.73}$$

$T<T_c$ 时，由式 (3.82) 可得

$$\left[12B\eta^2 + 2A_0(T - T_c)\right]\frac{\partial\eta}{\partial h} = 1, \tag{3.74}$$

将式 (3.63) 的 η 代入此式，解出

$$\chi = \left.\frac{\partial\eta}{\partial h}\right|_{h=0} = \frac{1}{4A_0(T_c - T)}, \tag{3.75}$$

所以 $T\to T_c^+$ 时的敏感率是 $T\to T_c^-$ 时的两倍 .

上面这些结果与 § 3.3 讨论的二级相变的结果是一致的 .

将本节介绍的朗道理论与 § 3.1—§ 3.3 的讨论相比较，可以看出德文希尔理论是朗道理论在铁电相变中的应用和发展 . 朗道理论的基本关系式是式 (3.62)，德文希尔理论的基本关系式是式 (3.10) . 在德文希尔理论中，为了讨论一级相变，要求自由能展开式中序参量四次方项的系数为负，而且为保持低温相的稳定性，

展开式中必须包含六次方项并假定其系数为正．另外，在式(3.10)中，温度 T_0 称为居里-外斯温度，在二级相变中，$T_0=T_c$，T_c 称为居里温度，在一级相变中，$T_0<T_c$．式（3.62）中只出现 T_c，因为朗道理论本来只是针对连续相变的．经过上述推广后，朗道理论不但可以讨论连续相变，而且可以讨论（弱）一级相变．

§3.5 居里原理在铁电相变中的应用[15,28]

按照朗道理论中相变的对称性条件，借助群论方法，可由原型相的对称群寻找可能的低对称相对称群．但这种分析相当复杂，在铁电或反铁电相变中，另一条途径是借助居里原理，它具有简单直观的优点．

3.5.1 居里原理

居里原理处理的是对称性叠加的问题．考虑两个对称性不同的几何图形．当它们按照一定的相对取向组合成一个新的几何图形时，后者的对称群是这两个几何图形的对称群的最大公共子群．这一原理被居里推广到物理性质的研究，并因此而被称为居里原理．

设想不同对称性的几何图形在空间叠加．它们形成的新的几何图形所具有的对称元素显然必须是各个组成图形共同具有的对称元素，一个简单的例子是点群为 $m3m$ 的立方体与点群为 $4/mmm$ 的四方棱柱的叠加．令它们的中心相重合，而且棱柱的四重轴与立方体的一个四重轴相重合．如果包含该轴的镜面也相互重合，则复合体的对称群将是 $4/mmm$．如果镜面不重合，则复合体的对称群将是 $4/m$．

在顺电-铁电相变中，居里原理主要用来由原型相对称群 Γ_0 推知可能的铁电相对称群 Γ．设序参量（自发极化）的对称群为 Γ'，则群 Γ 等于 Γ_0 和 Γ' 的交截群（intersection group），即

$$\Gamma = \Gamma_0 \frown \Gamma'. \tag{3.76}$$

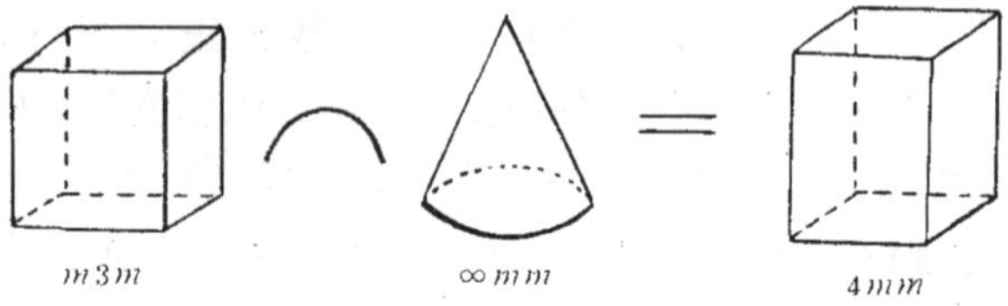

图 3.9 群 $m3m$ 与 ∞m 的交截.

自发极化作为一种极性矢量，其对称群为∞m，以图形表示则是一个圆锥体，圆锥的轴与自发极化轴重合．自发极化沿原型相的某个晶轴出现，就将圆锥安置到使其轴沿该晶轴，由此即可得出铁电相的对称群．图 3.9 形象地示出了 $BaTiO_3$ 在 120℃的顺电-铁电相变中对称群的变化．

3.5.2 顺电-铁电相变

首先不考虑相变前晶体的点群．因为相变后晶体点群必须是相变前点群与自发极化对称群的公共子群，而自发极化的对称性由∞m 表示，所以相变后点群必须是∞m 的一个子群，也就是说，必须是 10 个极性点群之一．这是关于铁电相变的一个一般结论．10 个极性点群是：$1(C_1)$，$2(C_2)$，$m(C_s)$，$mm2(C_{2v})$，$4(C_4)$，$4mm(C_{4v})$，$3(C_3)$，$3m(C_{3v})$，$6(C_6)$，$6mm(C_{6v})$.

要想确定相变后晶体的点群就必须知道相变前的晶体点群以及自发极化的取向．应用居里原理，将沿各方向取向的自发极化与相变前点群相结合，即可确定相变后的点群．

晶体中的方向可分为三种类型，即特殊极性方向、一般极性方向和非极性方向．特殊极性方向是这样的方向，在晶体所属点群的任何对称操作作用下保持不动．这意味着没有任一方向与之对称等效．一般极性方向的特点是，在晶体所属点群的对称操作作用下可以转向，但不能反向．这意味着有若干个方向与之对称等效，但其中没有任何一个与之成 180°角．非极性方向的特点是，在晶体所属点群的对称操作作用下可进行包括反向在内的转动．

这表示它有若干个对称等效方向，而且其中有的与之成 180°角．

特殊极性方向就是点群 1，2，3，4，6，$mm2$，$3m$，$4mm$ 和 $6mm$ 的旋转轴方向和 m 中镜面内任一方向．在这些方向上出现自发极化显然不改变原有的点群，所以不构成铁电相变．

沿一般极性方向出现自发极化将改变原有的点群．但其对称等效方向之间的夹角不等于 180°，即自发极化的可能取向之间不成 180°角．这样形成的铁电体称为可重取向的（reorientable）铁电体．点群 32 中的 3 个二重轴方向（$[11\bar{2}0]$，$[\bar{1}2\bar{1}0]$ 和 $[\bar{1}\bar{1}20]$）就是一般极性方向，它们互成 120°角，在与它们垂直的三重轴作用下可相互重合．某些方硼盐晶体提供了可重取向铁电体的实例[29]．方硼盐的通式为 $M_3B_7O_{13}X$，其中 X 为卤素，M 为 Fe，Co，Zn 等二价金属．$Co_3B_7O_{13}Cl$ 在 623K，538K 和 468K 分别发生 $\bar{4}3m \to mm2 \to m \to 3m$ 的相变．3 个低温相均有铁电性．$3m$ 相的自发极化方向是立方顺电相的三重轴方向．但在 $\bar{4}3m$ 点群中，三重轴（体对角线）方向是一般极性方向，所以自发极化只可以从例如 $[\bar{1}\bar{1}\bar{1}]$ 转到 $[1\bar{1}\bar{1}]$，$[11\bar{1}]$ 或 $[\bar{1}11]$ 方向，而不能反转180°．显然，这类铁电体的电滞回线对电场和电位移轴都是不对称的．

沿非极性方向出现自发极化显然将改变晶体点群，而且这样形成的铁电体是可反向的（reversible）铁电体．因为非极性方向有与之反向的对称等效方向．

有人定义铁电体为具有自发极化、且自发极化可在电场作用下反向的晶体，这样的定义至少是不全面的，它忽视了可重取向、但不可反向的铁电体的存在．

从上面的讨论中可知，如果原型相属中心对称点群，则铁电体都是可反向的．因为中心对称点群中任一方向都与其反方向对称等效，所以不管自发极化出现在什么方向，其反方向都是自发极化的可能方向．

如果原型相属点群 3，则铁电相只可能是可重取向的而不能是可反向的，因为该点群中没有非极性方向．

点群 1 的晶体不可能作为原型相晶体．因为其中任一方向都是特殊极性方向，在其中出现自发极化不构成铁电相变．

顺电-铁电相变中对称性的变化归纳在表 3.3 中．最左边的一列是顺电相点群．从左到右依次列出了在顺电相不同方向出现自发极化后的铁电相点群．铁电相点群后面括号内的数字是对称等效方向的个数．例如，顺电相点群为 $2/m$，它表示在 [010] 方向有二重轴，(010) 面为镜面．如果自发极化沿 [010] 方向发生，则将代表自发极化的圆锥安置到锥轴与二重轴方向重合．于是公共子群为 2，即铁电相点群为 2. 在点群 $2/m$ 中， $[0\bar{1}0]$ 与 [010] 对称等效．这些情况在表 3.3 中用 2 (2) 表示，第一个 2 是点群符号，括号内的 2 是对称等效方向的个数．如果自发极化出现在镜面内某一方向 $[h0l]$，则可得出顺电相点群为 m. 又因 $[\bar{h}0\bar{l}]$ 与 $[h0l]$ 对称等效，所以铁电相记为 $m(2)$.

如果在顺电相中，出现自发极化的方向只是与其反方向对称等效，则该铁电体为单轴铁电体；如果对称等效方向多于两个，则为多轴铁电体．对称等效方向的数目，对于可反向铁电体必为偶数，对于只可重取向的铁电体则可为奇数或偶数．单轴铁电体中只可能出现 180°畴．判断铁电体是单轴的或多轴的不能依据铁电相的点群，而要依据顺电相的点群和自发极化的方向．因此不难理解，同属于 $4mm$ 点群的 $BaTiO_3$ 和 SBN，前者是多轴铁电体，后者是单轴铁电体．

有的铁电相点群符号带有星号，这表示该铁电体是可重取向的铁电体，而不是可反向的铁电体．

由群论可知，群 Γ 的阶是其子群的阶的整数倍，因此，若顺电相点群的阶为 N_p，铁电相点群的阶为 N_f，则

$$N_f = N_p/n, \tag{3.77}$$

式中 n 为整数，等于阶为 N_f 的子群的个数，也就是与出现自发极化的方向对称等效的方向个数．例如，顺电相点群为 $4/mmm$，其阶为 $N_p=16$. 如果自发极化沿 [001]，则铁电相点群为 $4mm$，$N_f=8$. 但在 $4/mmm$点群中，$[00\bar{1}]$ 与 [001] 对称等效，即 $n=2$. 又如，顺电相点群为 $m3m$，自发极化沿 [001]，则铁电相点群为

4*mm*. 在 *m*3*m* 中，与[001]对称等效的方向有 6 个. 而点群 4*mm* 和 *m*3*m* 各有 8 个和 48 个对称元素，$N_p/N_f=6$.

表 3.3 列出的是，如果发生相变对称性将怎样变化，当然并不能断定相变一定发生. 实际发生的顺电-铁电相变都可从表 3.3 中找到. 表 3.4 列出了一些铁电体在顺电-铁电相变时的点群变化和相变温度.

表 3.3 自发极化引起的对称性变化

顺电点群	自发极化方向及铁电相点群						
	[100]	[111]	[110]	[*hk*0]	[*hkk*]	[*hhl*]	[*hkl*]
*m*3*m*	4*mm*(6)	3*m*(8)	*mm*2(12)	*m*(24)	*m*(24)	*m*(24)	1(48)
432	4(6)	3(8)	2(12)	—	—	—	1*(24)
$\bar{4}3m$	*mm*2(6)	3*m**(4)	—	—	—	*m**(12)	1*(24)
*m*3	*mm*2(6)	3(8)	—	*m*(12)	—	—	1(24)
23	2(6)	3*(4)	—	—	—	—	1*(12)
	[001]	[100]	[110]	[*hk*0]	[*h*0*l*]	[*hhl*]	[*hkl*]
4/*mmm*	4*mm*(2)	*mm*2(4)	*mm*2(4)	*m*(8)	*m*(8)	*m*(8)	1(16)
4*mm*	—	—	—	—	*m**(4)	*m**(4)	1*(8)
4/*m*	4(2)	—	—	*m*(4)	—	—	1(8)
422	4(2)	2(4)	2(4)	—	—	—	1*(8)
4	—	—	—	—	—	—	1*(4)
$\bar{4}2m$	*mm*2(2)	2(4)	—	—	—	*m**(4)	1*(8)
$\bar{4}$	2(2)	—	—	—	—	—	1*(4)
	[001]	[010]	[100]	[*hk*0]	[*h*0*l*]	[0*kl*]	[*hkl*]
mmm	*mm*2(2)	*mm*2(2)	*mm*2(2)	*m*(4)	*m*(4)	*m*(4)	1(8)
*mm*2	—	—	—	—	*m**(2)	*m**(2)	1*(4)
222	2(2)	2(2)	2(2)	—	—	—	1*(4)
2/*m*	*m*(2)	2(2)	*m*(2)	1(4)	*m*(2)	1(4)	1(4)
	[001]	[010]	[100]	[*hk*0]	[*h*0*l*]	[0*kl*]	[*hkl*]
m	—	—	—	—	—	—	1*(2)

续表 3.3

顺电点群	自发极化方向及铁电相点群						
2	—	—	—	—	—	—	1* (2)
$\bar{1}$	—	—	—	—	—	—	1(2)
	[0001]	[11$\bar{2}$0]	[10$\bar{1}$0]	[hki0]	[$h\,\bar{h}2hl$]	[$h0\bar{h}l$]	[$hkil$]
6/mmm	6mm(2)	mm2(6)	mm2(6)	m(12)	m(12)	m(12)	1(24)
6mm	—	—	—	—	m* (6)	m* (6)	1* (12)
6/m	6(2)	—	—	m(6)	—	—	1(12)
622	6(2)	2(6)	2(6)	—	—	—	1* (12)
6	—	—	—	—	—	—	1* (6)
$\bar{6}m2$	3m(2)	mm2(3)	—	m* (6)	m* (6)	—	1* (12)
$\bar{6}$	3(2)	—	m* (3)	m* (3)	—	—	1* (6)
$\bar{3}m$	3m(2)	2(6)	—	—	—	m(6)	1(12)
$\bar{3}$	3(2)	—	—	—	—	—	1(6)
3m	—	—	—	—	—	m* (3)	1* (6)
32	3(2)	2* (3)	—	—	—	—	1* (6)
3	—	—	—	—	—	—	1* (3)

表 3.4　一些铁电体在顺电-铁电相变中对称性的变化

序号	化　学　式	顺电相点群	铁电相点群	相变温度(K)
1	$BaTiO_3$	$m3m(O_h)$	$4mm(C_{4v})$	393
2	$PbTiO_3$	$m3m(O_h)$	$4mm(C_{4v})$	763
3	$KNbO_3$	$m3m(O_h)$	$4mm(C_{4v})$	708
4	$BiFeO_3$	$m3m(O_h)$	$3m(C_{3v})$	1123
5	HCl	$m3m(O_h)$	$mm2(C_{2v})$	98
6	$Ba_{0.4}Sr_{0.6}Nb_2O_6$	$4/mmm(D_{4h})$	$4mm(C_{4v})$	348
7	$Ba_2NaNb_5O_{15}$	$4/mmm(D_{4h})$	$4mm(C_{4v})$	833
8	$K_{0.6}Li_{0.4}NbO_3$	$4/mmm(D_{4h})$	$4mm(C_{4v})$	703
9	KH_2PO_4(KDP)	$\bar{4}2m(D_{2d})$	$mm2(C_{2v})$	123
10	$Gd_2(MoO_4)_3$	$\bar{4}2m(D_{2d})$	$mm2(C_{2v})$	432

续表 3.4

序号	化学式	顺电相点群	铁电相点群	相变温度(K)
11	$LiNbO_3$	$\bar{3}m(D_{3d})$	$3m(C_{3v})$	1483
12	$LiTaO_3$	$\bar{3}m(D_{3d})$	$3m(C_{3v})$	938
13	SbSI	$mmm(D_{2h})$	$mm2(C_{2v})$	295
14	$SC(NH_2)_2$	$mmm(D_{2h})$	$mm2(C_{2v})$	202
15	$NaNO_2$	$mmm(D_{2h})$	$mm2(C_{2v})$	438
16	$NaKC_4H_4O_6 \cdot 4H_2O$	$222(D_2)$	$2(C_2)$	297
17	$(NH_2CH_2COOH)_3 \cdot H_2SO_4$	$2/m(C_{2h})$	$2(C_2)$	322
18	NH_4HSO_4	$2/m(C_{2h})$	$m(C_s)$	270
19	$PbHPO_4$	$2/m(C_{2h})$	$m(C_s)$	310
20	$CaB_3O_4(OH)_3 \cdot H_2O$	$2/m(C_{2h})$	$2(C_2)$	248.5
21	$NaH_3(SeO_3)_2$	$2/\mathrm{m}(\mathrm{C}_{2h})$	$1(\mathrm{C}_1)$	194

3.5.3 铁电-铁电相变

有些铁电体有两个或多个铁电相，它们各存在于一定的温度范围．由表 3.3 可知，各个铁电相的对称性决定于顺电相的对称性而不是决定于相邻铁电相的对称性．因此，铁电-铁电相变中对称性的变化问题只能分两个步骤来考虑．第一，由已知铁电相的点群推知顺电相点群，结果见表 3.5. 第二，根据顺电相点群，利用表 3.3 得出该晶体可能的铁电相点群．

表 3.5　由铁电相点群推知顺电相点群

铁电相点群	可能的顺电相点群
$6mm(C_{6v})$	$6/mmm(D_{6h})$
$4mm(C_{4v})$	$m3m(O_h)$, $4/mmm(D_{4h})$
$3m(C_{3v})$	$m3m(O_h)$, $\bar{3}m(D_{3d})$, $\bar{6}m2(D_{3h})$
$mm2(C_{2v})$	$m3m(O_h)$, $\bar{4}3m(T_d)$, $6/mmm(D_{6h})$, $4/mmm(D_{4h})$, $\bar{4}2m(D_{2d})$, $mmm(D_{2h})$
$6(C_6)$	$6/m(C_{6h})$, $622(D_6)$

续表 3.5

铁电相点群	可能的顺电相点群
$4(C_4)$	$432(O)$，$422(D_4)$
$3(C_3)$	$432(O)$，$m3(T_h)$，$\bar{6}(C_{3h})$，$\bar{3}(C_{3i})$，$32(D_3)$
$2(C_2)$	$432(O)$，$622(D_6)$，$\bar{3}m(D_{3d})$，$23(T)$，$422(D_4)$，$\bar{4}2m(D_{2d})$，$\bar{4}(S_4)$，$222(D_2)$，$2/m(D_{2h})$
$m(C_s)$	非极性点群中具有镜面的 12 个点群以及 $\bar{6}(C_{3h})$
$1(C_1)$	非极性点群中除 $\bar{6}(C_{3h})$和 $\bar{6}m2(D_{3h})$外的 20 个点群

3.5.4 铁电相变与空间群

任意铁电相所属点群必为 10 个极性点群之一．与这 10 个点群相应的空间群共有 68 个，它们称为极性空间群．

利用对称性叠加原理，可以讨论顺电-铁电相变中空间群的变化．相变后空间群是相变前空间群与自发极化矢量场空间对称性的叠加．

表 3.6　与立方晶系顺电相空间群相对应的铁电相空间群

顺电相点群和空间群		自发极化方向及铁电相空间群						
		[100]	[111]	[110]	[hk0]	[hkk]	[hhl]	[hkl]
m3m	Ia3d	I4cd	R3c	Fdd	Cc	Pc	Pc	P1
	Im3m	I4mm	R3m	Fmm	Cm	Cm	Cm	P1
	Fd3c	I4cd	R3c	Iba	Pc	Cc	Cc	P1
	Fd3m	I4md	R3m	Ima	Pc	Cm	Cm	P1
	Fm3c	I4cm	R3c	Ima	Cm	Cc	Cc	P1
	Fm3m	I4mm	R3m	Imm	Cm	Cm	Cm	P1
	Pn3m	P4nm	R3m	Abm	Pc	Cm	Cm	P1
	Pm3n	P4mc	R3c	Ama	Pm	Cc	Cc	P1
	Pn3n	P4nc	R3c	Aba	Pc	Cc	Cc	P1
	Pm3m	P4mm	R3m	Pm	Cm	Cm	Cm	P1

顺电相点群和空间群		自发极化方向及铁电相空间群						
		[100]	[111]	[110]	[hk0]	[hkk]	[hhl]	[hkl]
432	$I4_132$	$I4_1$	R3	C2	P1	P1	P1	
	I432	I4	R3	C2	P1	P1	P1	
	$F4_132$	$I4_1$	R3	C2	P1	P1	P1	
	F432	I4	R3	C2	P1	P1	P1	
	$P4_232$	$I4_2$	R3	C2	P1	P1	P1	
	$P4_132$	$P4_1$	R3	C2	P1	P1	P1	
	$P4_332$	$P4_3$	R3	C2	P1	P1	P1	
	P432	P4	R3	C2	P1	P1	P1	
$\bar{4}3m$	I43d	Fdd			Pc	P1		
	I43m	Fmm			Cm	P1		
	F43c	Iba			Cc	P1		
	F43m	Imm			Cm	P1		
	P43n	Ccc			Cc	P1		
	P43m	Cmm			Cm	P1		
m3	Ia3	Iba	R3	Cc	Cc	P1	P1	P1
	Im3	Imm	R3	Cm	Cm	P1	P1	P1
	Fd3	Fdd	R3	Pc	Pc	P1	P1	P1
	Fm3	Fmm	R3	Cm	Cm	P1	P1	P1
	Pa3	Paa	R3	Pc	Pc	P1	P1	P1
	Pn3	Pna	R3	Pc	Pc	P1	P1	P1
	Pm3	Pmm	R3	Pm	Pm	P1	P1	P1
23	$I2_13$	C2		P1	P1			
	I23	C2		P1	P1			
	F23	C2		P1	P1			
	$P2_13$	$P2_1$		P1	P1			
	P23	P2		P1	P1			

自发极化矢量场是晶格的平移对称操作 T 作用于自发极化矢量

的结果，故其空间对称性可用符号（∞m）T 来表示．

考虑自发极化矢量相对于晶格的各种不同取向，将群（∞m）T 与顺电相空间群叠加，即可得出铁电相的空间群．立方晶体中，自发极化沿不同方向出现时，可能的铁电相空间群如表 3.6 所示．其他晶系的从略．

3.5.5 铁电相变的级

朗道理论从对称性方面给出了二级相变的必要条件（见§3.4）．对于对称元素减半的顺电-铁电相变，即铁电相点群的阶是顺电相点群的阶的二分之一的相变，可以证明，朗道的 3 个对称性条件都得到满足[27,30]，因此这些相变很可能是二级的．它们是形成单轴铁电体的相变，包括如下 18 种情况：

$6/mmm(D_{6h})\to 6mm(C_{6v})$，$6/m(C_{6h})\to 6(C_6)$，$622(D_6)\to 6(C_6)$，$\bar{6}m2(D_{3h})\to 3m(D_{3v})$，$\bar{6}(C_{3h})\to 3(C_3)$，$\bar{3}m(D_{3d})\to 3m(C_{3v})$，$\bar{3}(C_{3i})\to 3(C_3)$，$32(D_3)\to 3(C_3)$，$4/mmm(D_{4h})\to 4mm(C_{4v})$，$4/m(C_{4h})\to 4(C_4)$，$422(D_4)\to 4(C_4)$，$\bar{4}2m(D_{2d})\to mm2(C_{2v})$，$\bar{4}(S_4)\to 2(C_2)$，$mmm(D_{2h})\to mm2(C_{2v})$，$222(D_2)\to 2(C_2)$，$2/m(C_{2h})\to 2(C_2)$，$2/m(C_{2h})\to m(C_s)$，$\bar{1}(C_i)\to 1(C_1)$．

实验上的确观测到上述一些相变是二级的，例如 TGS 中的 $2/m(C_{2h})$到 $2(C_2)$的相变，罗息盐中的 $222(D_2)$到 $2(C_2)$的相变，$LiTaO_3$ 中 $\bar{3}m(D_{3d})$到 $3m(D_{3v})$的相变等．

铁电-铁电相变中最熟知的是 $BaTiO_3$ 和 $KNbO_3$ 中从 $4mm(C_{4v})$到 $mm2$（C_{2v}）以及 $mm2$（C_{2v}）到 $3m$（C_{3v}）的相变．这些相变中一个铁电相的对称群并不是另一个铁电相对称群的子群．这表明朗道对称性条件的第一条就不能满足，所以它们不可能是二级相变[31]．最近，在四方钨青铜型铁电体（SBN，KNSBN 和 PBN）中发现了低温时 $4mm$（C_{4v}）到 m（C_s）的铁电-铁电相变[32,33]．低温相点群 m 是高温相点群 $4mm$ 的子群，故可能是二级相变．实验证实这些相变的确是连续的，没有热滞等现象．

3.5.6 反铁电相变

在顺电-铁电相变中，各晶胞中出现了电偶极矩，铁电相晶胞与顺电相晶胞比较，只是发生了微小的畸变. 在顺电-反铁电相变中，顺电相的相邻晶胞出现了方向相反的偶极矩，显然这样的"晶胞"已不能作为反铁电相的结构重复单元. 反铁电相晶胞的体积因而是顺电相晶胞的倍数. 晶胞体积倍增是反铁电相变的特征之一.

反铁电相变可认为是顺电相相邻晶胞出现反向极化的结果，于是反铁电相点群可由顺电相点群与反向极化的叠加而得出.

反向极化可看成是同一直线上取向相反的两个极性矢量的组合，所以反向极化的对称性可用∞/mm表示. 这实际上是一个圆柱的对称性. 它与极性矢量对称性∞m 的差别是，增加了一个与无穷重旋转轴垂直的镜面.

将代表反向极化的圆柱分别安置到顺电相的不同轴向，即可得出反铁电相点群. 因为圆柱的对称性是晶体中任一方向可能具有的最高的对称性，所以将圆柱安置到任一方向都不会改变该方向的对称性. 不难看出，如果反向极化出现的轴没有其他等效的非极性轴，则反铁电相的对称性与顺电相的相同. 例如，中级晶系中反向极化出现于主轴即属于这种情况

$$622 \to 622, \bar{6}m2 \to \bar{6}m2, 4/mmm \to 4/mmm.$$

但如果反向极化沿二重轴出现，则对称性将发生变化

$$622 \to 222, \bar{6}m2 \to 222, 4/mmm \to mmm.$$

表 3.7 列出了顺电相属立方晶系点群时，反向极化造成的对称性变化. 值得注意的是，有的反铁电点群是极性点群，如 $mm2$ 和 2，但反向极化并不与极性方向平行而是垂直.

熟知的反铁电相变的例子有：$PbZrO_3$ 在约 500K 由铁电三角相到反铁电正交相的相变和 $(NH_4)H_2PO_4$ 在 150K 由 $\bar{4}2m$ 到 222 的相变等.

表 3.7 立方晶体中反向极化引起的点群变化

顺电点群	反向极化轴及反铁电相点群						
	[100]	[111]	[110]	[$hk0$]	[hkk]	[hhl]	[hkl]
$m3m$	$4/mmm(3)$	$\bar{3}m(4)$	$mmm(6)$	$2/m(12)$	$2/m(12)$	$2/m(12)$	$\bar{1}(24)$
432	422(3)	32(4)	222(6)	2(12)	2(12)	2(12)	
$\bar{4}3m$	$\bar{4}2m(3)$		$mm2(6)$	2(12)			
$m3$	$mmm(3)$	$\bar{3}(4)$	$2/m(6)$	$2/m(6)$	$\bar{1}(12)$	$\bar{1}(12)$	$\bar{1}(12)$
23	222(3)		2(6)	2(6)			

§3.6 朗道理论的适用范围，临界区[13,35]

对于远离相变点的温度，朗道自由能展开式［即式（3.62）］显然不能成立．另一方面，在很接近相变点时，序参量有显著的涨落，这也将导致朗道理论的失效．充分接近连续相变温度时，系统的行为称为临界现象（critical phenomena），出现临界现象的温度区域称为临界区（critical region）．

考虑到序参量的空间不均匀性，系统的自由能不能再用式（3.62）来表示，而应代之以下式：

$$G(\boldsymbol{r}) = G_0 + A_0(T - T_c)\eta^2(\boldsymbol{r}) + K[\nabla\eta(\boldsymbol{r})]^2 + B\eta^4(\boldsymbol{r}) + \cdots, \tag{3.78}$$

式中$\nabla\eta$（$\boldsymbol{r}$）是序参量η（$\boldsymbol{r}$）的梯度，系数K度量了序参量的空间不均匀性对自由能的贡献．在体积为V的系统内，总自由能的变化以Δg表示

$$\Delta g = \int[G(\boldsymbol{r}) - G_0]dV = \int\{A_0(T - T_c)\eta^2(\boldsymbol{r}) + K[\nabla\eta(r)]^2 + B\eta^4(\boldsymbol{r}) + \cdots\}dV, \tag{3.79}$$

忽略四次方及以上的项时，则变成

$$\Delta g = \int\{A_0(T - T_c)\eta^2(\boldsymbol{r}) + K[\nabla\eta(\boldsymbol{r})]^2\}dV. \quad (3.80)$$

在温度 T 时，发生涨落的概率为

$$w \propto \exp(-\Delta g/kT). \quad (3.81)$$

当 $T=T_c$ 时，序参量的平衡值 $\bar{\eta}=0$，故

$$\Delta\eta = \eta. \quad (3.82)$$

对 $\Delta\eta(\boldsymbol{r})$作傅里叶变换

$$\Delta\eta(\boldsymbol{r}) = \sum_q \Delta\eta_q \exp(i\boldsymbol{q}\cdot\boldsymbol{r}), \text{而 } \Delta\eta_{-q} = \Delta\eta_q^*, \quad (3.83)$$

$$\begin{aligned}\frac{\partial\Delta\eta(\boldsymbol{r})}{\partial\boldsymbol{r}} &= i\frac{\partial}{\partial x}\Delta\eta + j\frac{\partial}{\partial y}\Delta\eta + k\frac{\partial}{\partial z}\Delta\eta \\ &= \sum_q i\boldsymbol{q}\Delta\eta_q\exp(i\boldsymbol{q}\cdot\boldsymbol{r}),\end{aligned} \quad (3.84)$$

$\boldsymbol{q}$ 为波矢.

将式(3.82)—(3.84)代入式(3.80)积分. 结果只有 $\Delta\eta_q\Delta\eta_{-q}=|\Delta\eta_q|^2$ 的项不为零，故得

$$\Delta g = V\sum_q[A_0(T - T_c) + Kq^2]|\Delta\eta_q|^2. \quad (3.85)$$

所以涨落的概率为

$$w \propto \exp\left\{\frac{-V}{kT}\sum_q[A_0(T - T_c) + Kq^2]|\Delta\eta_q|^2\right\}. \quad (3.86)$$

$|\Delta\eta_q|^2$ 的平均值为[13]

$$<|\Delta\eta_q|^2>=\frac{kT}{2V[A_0(T - T_c) + Kq^2]}. \quad (3.87)$$

以上两式表明，涨落概率是温度和波矢的函数. 温度越接近 T_c，涨落越大；波矢 $\boldsymbol{q}$ 越小，涨落越大. 换言之，在相变温度附近将出现显著的长波长的涨落.

引入关联函数 (correlation function) $\Gamma(\boldsymbol{r})$ 描写空间不同点 $\boldsymbol{r}_1$ 和 $\boldsymbol{r}_2$ 处序参量涨落的关联程度

$$\Gamma(\boldsymbol{r}) =<\Delta\eta(\boldsymbol{r}_1)\Delta\eta(\boldsymbol{r}_2)>, \boldsymbol{r} = \boldsymbol{r}_1 - \boldsymbol{r}_2. \quad (3.88)$$

对 $\Delta\eta(\boldsymbol{r}_1)$ 和 $\Delta\eta(\boldsymbol{r}_2)$ 作傅里叶变换

$$\Delta\eta(\boldsymbol{r}_1) = \sum_{\boldsymbol{q}} \Delta\eta_q \exp(i\boldsymbol{q}\cdot\boldsymbol{r}_1), \tag{3.89}$$

$$\Delta\eta(\boldsymbol{r}_2) = \sum_{\boldsymbol{q}} \Delta\eta_q \exp(i\boldsymbol{q}\cdot\boldsymbol{r}_2). \tag{3.90}$$

相乘后求平均值，只有 $\boldsymbol{q}$ 与 $-\boldsymbol{q}$ 相乘项的平均值不为零，所以有

$$\Gamma(\boldsymbol{r}) = \sum_{\boldsymbol{q}} < |\Delta\eta_q|^2 > \exp(i\boldsymbol{q}\cdot\boldsymbol{r}). \tag{3.91}$$

将求和转化为 $\boldsymbol{q}$ 空间的积分

$$\Gamma(\boldsymbol{r}) = \frac{V}{(2\pi)^3}\int < |\Delta\eta_q|^2 > \exp(i\boldsymbol{q}\cdot\boldsymbol{r})d\boldsymbol{q}. \tag{3.92}$$

将式（3.87）代入上式，得

$$\Gamma(\boldsymbol{r}) = \frac{kT}{(2\pi)^3}\int \frac{\exp(i\boldsymbol{q}\cdot\boldsymbol{r})}{[A_0(T-T_c)+Kq^2]}d\boldsymbol{q},$$

利用如下的积分[13]：

$$\int \frac{\exp(i\boldsymbol{q}\cdot\boldsymbol{r})}{(\mu^2+q^2)}\frac{d\boldsymbol{q}}{(2\pi)^3} = \frac{\exp(-\mu r)}{4\pi r},$$

其中

$$\mu = \left[\frac{A_0(T-T_c)}{K}\right]^{1/2},$$

得到

$$\Gamma(\boldsymbol{r}) = \frac{kT}{8\pi Kr}\exp(-r/\xi), \tag{3.93}$$

式中

$$\xi = \left[\frac{K}{A_0(T-T_c)}\right]^{1/2}, \tag{3.94}$$

称为关联长度（correlation length）或关联半径，它是空间关联程度的度量. 在 ξ 以内两点的涨落之间有明显的关联，对 ξ 以外的点则关联很小，由式（3.94）可知，当 $T\to T_c$ 时，$\xi\to\infty$，即相变时关联长度发散.

以上讨论的涨落和关联是朗道理论未计及的. 在温度很接近 T_c 时，涨落和关联很大，朗道理论将不能适用. Ginzburg 提出[36]，朗道理论适用的条件是：在关联长度范围内，序参量的涨落显著小于序参量本身，即 $<(\Delta\eta)^2> \ll \eta^2$，这称为 Ginzburg 判据.

由式（3.63）可知

$$\eta^2 = \frac{A_0}{2B}(T_c - T). \tag{3.95}$$

另一方面，T_c 附近且在关联长度范围内的序参量，其涨落可由式（3.93）取 $r=\xi$ 得出，即

$$<(\Delta\eta)^2> = \frac{kT}{8\pi K e \xi}, \tag{3.96}$$

于是 Ginzburg 判据成为

$$\frac{A_0}{2B}(T_c - T) \gg \frac{kT}{8\pi K e \xi}, \tag{3.97}$$

此式可用更有物理意义的量写出．为此我们注意到，相变时比热的跃变为［见式（3.68）］

$$\Delta c = \frac{T_c A_0^2}{2B}, \tag{3.98}$$

同时，关联长度是温度的函数，以 $\xi(0)$ 表示 $T=0\text{K}$ 时的关联长度，则由式（3.94）可知，任一温度时的关联长度可表示为

$$\xi = \xi(0)\left(\frac{T - T_c}{T_c}\right)^{-1/2}. \tag{3.99}$$

将式（3.98）和式（3.99）代入式（3.97），得

$$\left(\frac{T - T_c}{T_c}\right)^{1/2} \gg \frac{k}{8\pi e \Delta c}\xi(0)^{-3}. \tag{3.100}$$

在很接近相变温度温度时，经常使用如下的约化温度：

$$t = \frac{T - T_c}{T_c}, \tag{3.101}$$

利用约化温度，式（3.100）成为

$$|t|^{1/2} \gg \frac{k}{8\pi e \Delta c}\xi(0)^{-3}, \tag{3.102}$$

只有满足此式时，朗道理论才能适用．此式表明，临界区的大小反比于绝对零度时关联长度的六次方．关联长度是系统中相互作用力作用程的一种量度[37]．上式表明，作用程越长，则临界区越小．因为长程作用可以在一定程度上抑制涨落，所以只有在极端接近相变点时，涨落才大到使朗道理论失效．导致铁电有序的是

长程（库仑）作用力，所以对铁电体来说朗道理论可适用于很靠近相变温度的范围[38,39]．例如，铁电体 TGS 的临界区约为 10^{-2}K[40]，顺电体 $SrTiO_3$ 的临界区则可能宽达 20K[41]．对于在非极性相也有压电性的晶体（如 KDP），其临界区将更窄，因为压电耦合也有抑制涨落的作用[42]．相对于短程力起主要作用的系统（如铁磁系统）来说，朗道理论在铁电相变中受到更大的重视，原因就在于此．

临界区的行为通常用临界指数（critical indexes）来描写．一些重要的临界指数如下[43]：

(i) 指数 β 描写序参量 η 在相变点附近的行为，定义为

$$\eta \sim (-t)^{\beta}, \tag{3.103}$$

式中 t 是式（3.101）所定义的约化温度．

(ii) 指数 γ 和 γ' 描写敏感率 χ 在相变点附近的行为，定义为

$$\begin{aligned} &\chi \sim t^{-\gamma} \qquad (T > T_c), \\ &\chi \sim (-t)^{-\gamma'} \qquad (T < T_c). \end{aligned} \tag{3.104}$$

(iii) 指数 α 和 α' 描写比热 c 在相变点附近的行为，定义为

$$\begin{aligned} &c \sim t^{-\alpha} \qquad (T > T_c), \\ &c \sim (-t)^{-\alpha'} \qquad (T < T_c). \end{aligned} \tag{3.105}$$

(iv) 指数 ν 和 ν' 描写关联长度在相变点附近的行为，定义为

$$\begin{aligned} &\xi \sim t^{-\nu} \qquad (T > T_c), \\ &\xi \sim (-t)^{-\nu'} \qquad (T < T_c). \end{aligned} \tag{3.106}$$

(v) 指数 δ 描写相变点附近序参量随外场 h 的变化，定义为

$$\eta \sim h^{1/\delta}. \tag{3.107}$$

在朗道理论中，上述临界指数的数值分别为

$$\begin{aligned} &\beta = 1/2 \qquad [\text{式}(3.63)], \\ &\gamma = \gamma' = 1 \qquad [\text{式}(3.73)\text{ 和}(3.75)], \\ &\alpha = \alpha' = 0 \qquad [\text{式}(3.68)], \\ &\nu = \nu' = 1/2 \qquad [\text{式}(3.94)], \\ &\delta = 3 \qquad [\text{式}(3.71)], \end{aligned} \tag{3.108}$$

这些数值是在远离三临界点时得出的. 如果靠近三临界点，则式(3.62)中的 $B\to 0$，这时必须计入序参量的六次方项，于是临界指数也不相同. 例如序参量的临界指数 $\beta=1/4—1/2$[35].

但是朗道理论给出的这些临界指数数值遇到了两方面的挑战. 一方面，精密的实验测量（例如液氦的超流转变和铁、镍的铁磁相变）表明，实际的临界指数数值与它们不一致. 另一方面，统计模型求出的（例如二维 Ising 模型的精确解和三维 Ising 模型的近似解）临界指数也与它们不同. 表 3.8 列出了朗道理论以及二维和三维 Ising 模型预言的临界指数.

表 3.8 临界指数

性　质	定义	指数	朗道	二维 Ising	三维 Ising
序参量	$(-t)^{\beta}$	β	1/2	1/8	≈5/16
T_c 以上敏感率	$t^{-\gamma}$	γ	1	≈7/4	≈5/4
T_c 以下敏感率	$(-t)^{-\gamma'}$	γ'	1	≈7/4	≈5/4—21/16
T_c 时序参量与场的关系	$h^{1/\delta}$	δ	3	≈15	≈5
T_c 以上关联长度	$t^{-\nu}$	ν	1/2	1	≈0.64
T_c 以下关联长度	$(-t)^{-\nu'}$	ν'	1/2	1	?
T_c 以上比热	$t^{-\alpha}$	α	0(不连续)	0(对数发散)	≈1/8
T_c 以下比热	$(-t)^{-\alpha'}$	α'	0(不连续)	0(对数发散)	≈1/8—1/16

进一步的分析表明，许多性质迥然不同的体系，临界行为却非常相似，即临界指数几乎完全相同. 而且，临界指数的实验值虽然与朗道理论的不符，但都满足一些关系式，例如

$$\alpha+2\beta+\gamma=2, \tag{3.109}$$

这样的关系式称为“标度律”(scaling law). 特别值得注意的是，虽然朗道理论的临界指数与实验不符，但它们以及统计模型解出的结果都满足这些关系，这从表 3.8 可以看出.

在这样的情况下，Kadanoff[44]提出了普适性假设 (universality hypothesis). 根据这个假设，各种物理体系可分成若干普适类

(universality class). 不论体系中原子，分子和它们相互作用的细节如何，只要体系的维数相同，序参量的分量数相同，则它们的临界特性相同. 因为普适类的划分只决定于系统的维数和序参量的分量数，所以普适类的数目是相当少的[45].

临界区的特点是关联长度趋于无穷大，即系统任一局部的变化都将影响到整个系统的各个部分. 因此，不论系统内相互作用是长程还是短程，是各向同性还是各向异性，从临界特性来看都变得相似了. 根据普适性假设，可以"推导"出标度律. 因此可以说，临界特性相似和标度律都在关联长度发散的基础上得到了解释.

要以更严格的方法来论证标度律和普适性、并且计算临界指数的正确数值就要借助于重正化群 (renormalization group) 方法[46]. 因为在临界区关联长度发散，相变的特性将与小范围（远小于关联长度）的涨落无关，所以可将组成体系的单元扩大，以减少那些与临界行为无关的自由度. 具体作法是，通过适当的变换，由原有的哈密顿量 $H(S)$(S 是自由度)得到新的哈密顿量 $H'(S')$，即

$$\tau H(S) = H'(S'),$$

一系列这样的变换形成一个群，即重正化群. 继续进行这种变换直到在相变点哈密顿量不再发生变化，或者说达到不动点 (fixed point)

$$\tau H^* = H^*,$$

临界特性决定于不动点及相应的哈密顿量 H^*.

重正化群方法的重要结果之一是临界维数 (marginal dimensionality) d^*[47]. 当系统的维数 $d>d^*$ 时，朗道临界指数是正确的，$d<d^*$ 则不正确. 当 $d=d^*$ 时，朗道临界指数勉强可以适用，但要进行一些修正. 这种判据可以认为是 Ginzburg 判据的变形[48]. 对于短程力起主要作用的系统，$d^*=4$. 在 $d=d^*$ 时，重正化群公式是精确的. 为了找出 $d<d^*$ 时的临界行为，需要采用 ε 展开法，将临界指数作为 $\varepsilon=d^*-d$ 的各次幂之和来进行计算.

在铁电体中，临界现象的观测是很困难的．一方面，对铁电有序起支配作用的是长程作用力，所以临界区很窄．另一方面，应变和杂质等不均匀性使相变发生于一个温度范围而不是一个点，因而改变了真实的临界特性．

§3.7　非本征铁电相变和反铁电相变

3.7.1　初级序参量和次级序参量[19]

序参量是反映系统内部有序化程度的参量，它在相变点的出现引起对称破缺．根据序参量和原型相的对称性就可确定相变后的对称性，所以序参量的基本特性之一是能够说明相变中对称性的变化．但是在有些系统中，序参量与其他物理量之间存在耦合，这些物理量的平均值也在相变点产生或消失，它们也在一定程度上反映了系统的有序化程度，但是不能完全说明相变中对称性的变化．这些物理量称为次级序参量，而前者叫初级序参量．

考虑 $BaTiO_3$ 在 120℃发生的由 $Pm3m$（O_h^1）到 $P4mm$（C_{4v}^1）的相变．低温相不但出现了自发极化，而且由于极化与应变的耦合而诱发了自发应变，但是自发应变不能完全说明相变中对称性的变化．因为如果将原型立方相沿某个立方轴作均匀的拉伸或压缩，则低温相将具有 $4/mmm$的对称性．这种自发应变可用一对大小相等、方向相反的矢量来表示，其对称性与圆柱的对称性∞/mm相同．将此圆柱安置在某一立方轴上，按居里原理，即得低温相对称群为 $4/mmm$．若沿原型立方相的某个立方轴出现自发极化，则可说明低温相的对称群为 $4mm$．因为自发极化是极性矢量，它使与之垂直的镜面消失．在这个相变中，自发极化才能说明对称性的变化是初级序参量，而自发应变是次级序参量．

3.7.2　非本征铁电相变

铁电相变是以自发极化为序参量的相变．但在有些情况下，自发极化只是相变的次级序参量，也就是说，自发极化只是由于与初级序参量的耦合才出现的. 这种以自发极化为次级序参量的相变称为非本征（improper 或 extrinsic）铁电相变或非正规铁电相变[49,50]. 呈现这种相变的铁电体称为非本征铁电体或非正规铁电体.

利用朗道理论可以处理非本征铁电相变，方法是构造一个适当的自由能函数，使其展开式中不但包含初级序参量 η 和自发极化 P_s 的幂，而且包含它们的耦合项. 耦合项的一般形式是 η 的幂与 P_s 幂的乘积. 实际上可以容许的幂次决定于这两种变量在原型相空间群变换下的变换性质，具体来说，必须保证自由能展开式中的任一项都不被原型相空间群的变换所改变[51].

首先必须指出，最基本的耦合项是包含自发极化 P_s 一次方的项. 因为所考虑的相变中的对称性变化对应于原型相空间群的一个不可约表示，而低温相必须具有铁电性，所以该不可约表示必定导致 10 个极性点群之一，于是耦合项中至少有一项是 P_s 的线性项. 另一方面可以证明，如果高对称相不容许任何与 P_s 成正比的相互作用项，则由上述不可约表示导致的低对称相不可能是极性相.

其次需要指出，非本征铁电相变的初级序参量至少必须有两个分量[52]. 为此我们假定初级序参量只有一个分量，记为 η. 我们已经知道，基本的耦合项是 P_s 的线性项，令该项为 $\eta^n P_s$. 如果 n 是奇数，则 $\eta^n P_s$ 的对称性质将与 ηP_s 的相同，即 ηP_s 也将出现于朗道展开式中. ηP_s 的存在表明 P_s 与初级序参量的变换特性（即对称性）相同. 既然它们有相同的对称性，这种相变就不是前面所定义的非本征铁电相变. 这种相变将在 3.7.3 节中进行讨论. 这样我们排除了 n 为奇数的情况. 如果 n 为偶数，则意味着 P_s 在原型相空间群的所有操作下不变. 因为当 n 为偶数时，η^n 在这些操作下是不变的. 但如果 P_s 的确在原型相空间群的所有操作下不变，则低温相不可能有铁电性. 因为这种情况下任何取向的 P_s 都相等，也就是 P_s 必须为零. 于是我们得出结论：初级序参量至少必须有多于一个的分量.

耦合项中初级序参量 η 最低的幂次 n 称为“微弱性指标”(faintness index)[53]. n 越大，则相变中产生的自发极化就越小. 最有意义而且最简单的情况是 $n=2$. 设初级序参量以 η_1 和 η_2 两个分量来表示，自发极化为 P_s，则可写出如下的自由能：

$$G = G_0 + A(\eta_1^2 + \eta_2^2) + B(\eta_1^2 + \eta_2^2)^2 + B'(\eta_1\eta_2)^2 + A'P_s^2 - k\,\eta_1\eta_2 P_s, \qquad (3.110)$$

式中右边第一项是原型相的自由能，第二至第四项是与初级序参量相联系的自由能，第五项是与自发极化相联系的自由能，最后一项是基本的耦合项，k 为耦合系数.

与单分量序参量的情况相似，设

$$A = A_0(T - T_0), \qquad (3.111)$$

则

$$G = G_0 + A_0(T - T_0)(\eta_1^2 + \eta_2^2) + B(\eta_1^2 + \eta_2^2)^2 + B'(\eta_1\eta_2)^2 + A'P_s^2 - k\eta_1\eta_2 P_s. \qquad (3.112)$$

根据自由能取极小值的条件，得出序参量平衡值 η_{10} 和 η_{20} 以及自发极化平衡值 P_{s0} 满足的方程

$$\left(\frac{\partial G}{\partial \eta_1}\right)_{\eta_{10},\eta_{20},P_{s0}} = 2A_0(T - T_0)\eta_{10} + 4B\eta_{10}^3 + (4B + 2B')\eta_{10}\eta_{20}^2 - k\eta_{20}P_{s0} = 0, \qquad (3.113a)$$

$$\left(\frac{\partial G}{\partial \eta_2}\right)_{\eta_{10},\eta_{20},P_{s0}} = 2A_0(T - T_0)\eta_{20} + 4B\eta_{20}^3 + (4B + 2B')\eta_{10}^2\eta_{20} - k\eta_{10}P_{s0} = 0, \qquad (3.113b)$$

$$\left(\frac{\partial G}{\partial P_s}\right)_{\eta_{10},\eta_{20},P_{s0}} = 2A'P_{s0} - k\eta_{10}\eta_{20} = 0. \qquad (3.113c)$$

求解这一联立方程组得知，当 $T>T_0$ 时，有

$$\eta_{10} = \eta_{20} = 0, \quad P_{s0} = 0, \qquad (3.114)$$

这相应于顺电相. 当 $T<T_0$ 时，如果 $2B' - k^2(2A')^{-1} < 0$，则下列解是稳定的，即

$$\eta_{20} = \pm \eta_{10}, \tag{3.115a}$$

$$P_{so} = \pm \frac{k}{2A'}\eta_{10}^2, \tag{3.115b}$$

$$\eta_{10}^2 = \frac{2A_0(T_0 - T)}{8B + 2B' - k^2(2A)^{-1}}. \tag{3.115c}$$

如果 $2B' - k^2\ (2A')^{-1} > 0$，则稳定解为

$$\eta_{20} \neq 0, \quad \eta_{10} = 0, \tag{3.116a}$$

$$P_{s0} = 0, \tag{3.116b}$$

这种情况不是铁电相变，所以不予讨论.

由式（3.115）可知，初级序参量和自发极化与温度的关系分别为

$$\eta_{10} \propto (T_0 - T)^{1/2}, \tag{3.117}$$

$$P_{s0} \propto \eta_{10}^2 \propto (T_0 - T). \tag{3.118}$$

可见非本征铁电相变中初级序参量的温度特性与本征铁电相变中自发极化的相同，而自发极化只是次级序参量，具有不同的温度特性.

现在，我们来计算系统的低频极化率. 当存在均匀外场 E 时，式（3.113）变成

$$\frac{\partial G}{\partial \eta_1} = 2A_0(T - T_0)\eta_{10} + 4B\eta_{10}^3 + (4B + 2B')\eta_{10}\eta_{20}^2 - k\eta_{20}P_{s0} = 0, \tag{3.119a}$$

$$\frac{\partial G}{\partial \eta_2} = 2A_0(T - T_0)\eta_{20} + 4B\eta_{20}^3 + (4B + 2B')\eta_{10}^2\eta_{20} - k\eta_{10}P_{s0} = 0, \tag{3.119b}$$

$$\frac{\partial G}{\partial P_s} = 2A'P_{s0} - k\eta_{10}\eta_{20} = E. \tag{3.119c}$$

引入 $\delta\eta_1 = \eta_1 - \eta_{10}$，$\delta\eta_2 = \eta_2 - \eta_{20}$，$\delta P_s = P_s - P_{s0}$，并将上面的方程组转化成对 $\delta\eta_1$，$\delta\eta_2$ 和 δP_s 的线性方程. 对于 $T > T_0$，可得

$$\delta\eta_1 = \delta\eta_2 = 0, \tag{3.120a}$$

$$\delta P_s = \frac{E}{2A'}, \tag{3.120b}$$

于是极化率为

$$\chi = \frac{1}{2\varepsilon_0 A'}\ , \tag{3.121}$$

这表明在 T_0 以上 χ 与温度无关. 与此对照的是，本征铁电相变温度以上，极化率符合居里-外斯定律. 普遍说来，只有对与初级序参量共轭的场的敏感率才呈现居里-外斯行为.

同样的方法可得出，当 $T<T_0$ 时，极化率也与温度无关，但其值不等于 T_0 以上的值. 在 $T=T_0$ 时，χ 有一个有限的不连续的变化.

由上述可知，朗道理论所预言的非本征铁电相变附近自发极化和极化率对温度的依赖性如图 3.10 所示.

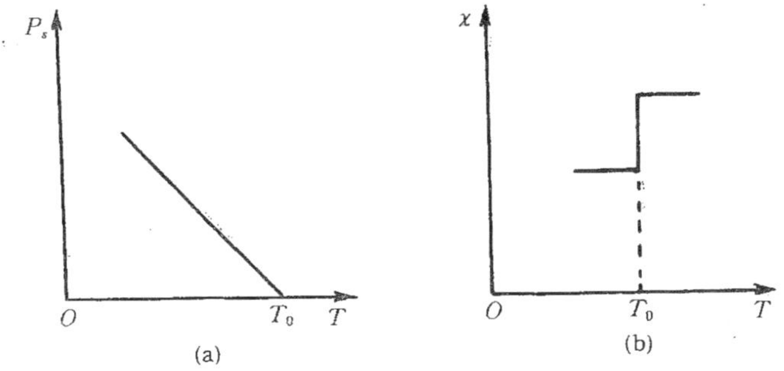

图 3.10　非本征铁电相变附近自发极化 (a) 和极化率 (b) 对温度的依赖性.

图 3.11 示出了两种非本征铁电体 $(NH_4)_2Cd_2(SO_4)_3$ (CAS)[54]和 $Gd_2(MoO_4)_3$ (GMO)[55]的自发极化随温度的变化. 图 3.12 示出了三种非本征铁电体 CAS[54]，GMO[56]和 $Co_3B_7O_{13}I$[57]的相对电容率随温度的变化. 这些结果与图 3.10 所示的预言虽可比较，但差别是相当明显的. 这说明上面的理论虽然大体上可以给出非本征铁电相变的基本特征，但因作了许多简化假设，不足以完全描述实际的非本征铁电体. 特别是，上述只考虑了初级序参量与自发极化的耦合，实际上还存在着初级序参量与应变的耦

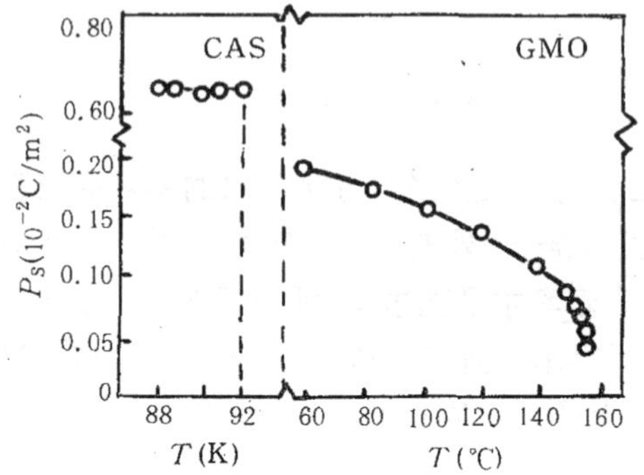

图 3.11　CAS[54]和 GMO[55]的
自发极化与温度的关系.

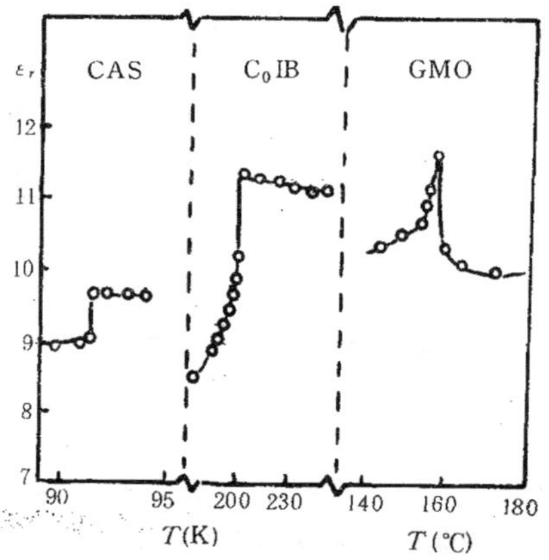

图 3.12　CAS[54]，GMO[56]和 $Co_3B_7O_{13}I$[57]
的 c 轴相对电容率随温度的变化.

合以及自发极化与应变的耦合等. 计入这些因素以后，其结果才会有所改善.

3.7.3　赝本征铁电相变

如果自由能展开式中包含初级序参量与自发极化的双线性项

ηP_s（即微弱性指标 $n=1$），则表明自发极化与初级序参量两者有相同的对称性. 在这种情况下，铁电行为与本征铁电体的行为很相近. 这种相变称为赝本征（pseudo-proper）铁电相变[9]. 呈现这种相变的铁电体称为赝本征铁电体.

针对这种相变，自由能可写为

$$G = G_0 + A_0(T - T_0)\eta^2 + B\eta^4 + A'P_s^2 - k\eta P_s, \tag{3.122}$$

由自由能取极小值的条件得出平衡值 η_0 和 P_{s0}满足的方程

$$\left(\frac{\partial G}{\partial \eta}\right)_{\eta_0, P_{s0}} = 2A_0(T - T_0)\eta_0 + 4B\eta_0^3 - kP_{s0} = 0, \tag{3.123a}$$

$$\left(\frac{\partial G}{\partial P_s}\right)_{\eta_0, P_{s0}} = 2A'P_{s0} - k\eta_0 = 0. \tag{3.123b}$$

由上式立即看到

$$P_{s0} = \frac{k}{2A'}\eta_0, \tag{3.124}$$

即自发极化与初级序参量成正比. 与此对照的是，非本征铁电体的自发极化与初级序参量的平方成正比［见式（3.118）］.

将式（3.124）代入式（3.123a），得

$$2A_0(T - T_c)\eta_0 + 4B\left(\frac{2A'}{k}\right)^3 P_{s0}^3 = 0, \tag{3.125}$$

式中

$$T_c = T_0 + \frac{k^2}{8A_0B^2}, \tag{3.126}$$

于是

$$P_{s0}^2 = \frac{A_0(T_c - T)k^2}{8BA'^2}. \tag{3.127}$$

此式表明，自发极化与温度的平方根成正比，这与本征铁电体的相同.

上面引入的 T_c［式（3.126）］是重正化的相变温度. 它表明，由于初级序参量与自发极化的耦合（$k \neq 0$），使相变温度由 T_0 变

为 T_c，而且有耦合系统的相变温度总是高于无耦合系统的相变温度.

现在，我们再来讨论极化率的温度特性. 设系统受到均匀外场 E 的作用，式（3.123a）和式（3.123b）成为

$$\frac{\partial G}{\partial \eta} = 2A_0(T - T_0)\eta + 4B\eta^3 - kP_s = 0, \quad (3.128\text{a})$$

$$\frac{\partial G}{\partial P_s} = 2A'P_s - k\eta = E. \quad (3.128\text{b})$$

由此得到的极化率为

$$\chi = \frac{2A_0(T - T_0) + 12B\eta_0^2}{2A'[2A_0(T - T_c) + 12B\eta_0^2]\varepsilon_0}. \quad (3.129)$$

于是，当 $T > T_c$ 时，有

$$\chi = \frac{T - T_0}{2A'(T - T_c)\varepsilon_0}; \quad (3.130)$$

当 $T < T_c$ 时，有

$$\chi = \frac{3(T_c - T) - (T_0 - T)}{2A'[2(T_c - T)]\varepsilon_0}. \quad (3.131)$$

此两式表明，在 $T = T_c$ 时极化率发散，而且在 T_c 以上的一定温度范围内符合居里-外斯定律. 这与非本征铁电体的介电行为很不相同，而与本征铁电体的很相一致.

KDP 在 123K 的相变是赝本征铁电相变. 在此相变中，晶体点群由 $\bar{4}2m$ 变为 $mm2$. 初级序参量是质子在氢键中位置分布的有序化程度. 氢键基本上位于与四重旋转反演轴（c 轴）垂直的平面内，质子的有序化与沿 c 轴的离子位移相耦合. P 和 K 离子沿 c 轴的位移形成了沿 c 轴的自发极化. 质子有序化与自发极化有相同的变换性质，所以这个相变是赝本征铁电相变.

由手性分子组成的倾斜层状相（SmC*）液晶是铁电体. 在这种液晶中，各层分子轴向相对于层法线的倾斜角 θ 是初级序参量，位于层面内的自发极化是次级序参量. 尽管自发极化是极性矢量，倾角是轴性矢量，但它们在相应点群操作下按相同的方式变换，所以铁电液晶是赝本征铁电体[58]. 铁电液晶的结构见 § 2.5.

3.7.4 反铁电相变[4]

如果在顺电相的相邻晶胞中出现了大小相等、方向相反的电偶极矩，则称晶体中发生了反铁电相变. 用软模的语言来说（§4.1），反铁电相的出现是原型相中布里渊区边界光学横模冻结的结果. 热力学描写反铁电相变的方法是假设两个亚晶格(sublattice) 分别具有极化 P_a 和 P_b. 为了简单，设反铁电体是单轴的.

先讨论二级相变. 将自由能写为

$$G = f(P_a^2 + P_b^2) + gP_aP_b + h(P_a^4 + P_b^4), \tag{3.132}$$

其中 $h>0$. 无外场时，亚晶格自发极化的平衡值应使 G 取极小值，由此可得

$$2fP_{a0} + gP_{b0} + 4hP_{a0}^3 = 0, \tag{3.133a}$$

$$2fP_{b0} + gP_{a0} + 4hP_{b0}^3 = 0. \tag{3.133b}$$

此二式相加和相减，得出

$$(P_{a0} + P_{b0})[2f + g + 4h(P_{a0}^2 - P_{a0}P_{b0} + P_{b0}^2)] = 0, \tag{3.134a}$$

$$(P_{a0} - P_{b0})[2f - g + 4h(P_{a0}^2 + P_{a0}P_{b0} + P_{b0}^2)] = 0. \tag{3.134b}$$

该方程组的可能解是

(i) $P_{a0}=P_{b0}=0$，顺电解；

(ii) $P_{a0}=P_{b0}\neq 0$，铁电解；

(iii) $P_{a0}=-P_{b0}\neq 0$，反铁电解；

(iv) $P_{a0}\neq P_{b0}\neq 0$，亚铁电 (ferrielectricity) 解.

对于使自由能取极小值的解，下面的极化率矩阵行列式应为正，即

$$\begin{vmatrix} \dfrac{\partial^2 G}{\partial P_a^2} & \dfrac{\partial^2 G}{\partial P_a \partial P_b} \\ \dfrac{\partial^2 G}{\partial P_a \partial P_b} & \dfrac{\partial^2 G}{\partial P_b^2} \end{vmatrix} = \begin{vmatrix} \dfrac{\partial E_a}{\partial P_a} & \dfrac{\partial E_a}{\partial P_b} \\ \dfrac{\partial E_b}{\partial P_a} & \dfrac{\partial E_b}{\partial P_b} \end{vmatrix} = \varepsilon_0^{-1} \begin{vmatrix} \chi_{aa}^{-1} & \chi_{ab}^{-1} \\ \chi_{ab}^{-1} & \chi_{bb}^{-1} \end{vmatrix} > 0. \tag{3.135}$$

现讨论式（3.134）各解的稳定性．如果 $2f-g>0$ 和 $2f+g>0$，则顺电解是稳定的．在稳定极限 $2f-g=0$ 时，系统进入反铁电相．当 $2f+g=0$ 和 $2f-g>0$，系统进入铁电相．这表明高温相的不稳定决定于系数 g 的符号．如果 $g>0$，系统将发生反铁电相变；如果 $g<0$，则发生铁电相变．我们这里只对反铁电相感兴趣，故设 $g>0$，并且在邻近顺电相稳定极限温度 T_0，将 $2f-g$ 对 $T-T_0$ 作泰勒展开，取到一次项，得出

$$f=\frac{1}{2}g+\lambda(T-T_0), \tag{3.136}$$

其中

$$\lambda=\frac{1}{2}\left[\frac{\partial(2f-g)}{\partial T}\right]\bigg|_{T_0}.$$

在这种情况下，亚晶格极化为

$$P_a=-P_b=\left(\frac{g-2f}{2h}\right)^{1/2}\left[\frac{\lambda}{2h}(T_c-T)\right]^{1/2}, \tag{3.137}$$

在 $T_0=T_c$ 以下，此解是稳定的．因为顺电相和反铁电相的稳定极限相重合，相变的确是二级的．

现讨论系统对均匀外场（$E_a=E_b=E$）的响应．此时式（3.133）成为

$$2fP_a+gP_b+4hP_a^3=E, \tag{3.138a}$$

$$2fP_b+gP_a+4hP_b^3=E. \tag{3.138b}$$

设在电场作用下，亚晶格极化成为

$$P_a=P_{a0}+\delta P_a, P_b=P_{b0}+\delta P_b, \tag{3.139}$$

代入式（3.138），将方程对 δP_a 和 δP_b 线性化，得极化率为

$$\chi=\frac{1}{\varepsilon_0}\frac{\partial(P_a+P_b)}{\partial E}=\frac{1}{\varepsilon_0}\left[\frac{1}{g+\lambda(T-T_c)}\right] \qquad T>T_c, \tag{3.140a}$$

$$\chi=\frac{1}{\varepsilon_0}\left|\frac{1}{g-2\lambda(T-T_c)}\right| \qquad T<T_c. \tag{3.140b}$$

现在，我们再来讨论一级相变．将自由能写为

$$G = f(P_a^2 + P_b^2) + gP_aP_b + h(P_a^4 + P_b^4) + j(P_a^6 + P_b^6),$$
(3.141)

式中 $h<0$，$j>0$. 与前面的处理相似

$$f = \frac{1}{2}g + \lambda(T - T_0).$$

通过对自由能取极小值，可得到亚晶格极化的平衡值

$$\frac{\partial G}{\partial P_a} = 2fP_{a0} + gP_{b0} + 4hP_{a0}^3 + bjP_{a0}^5 = 0, \quad (3.142a)$$

$$\frac{\partial G}{\partial P_b} = 2fP_{b0} + gP_{a0} + 4hP_{b0}^3 + bjP_{a0}^5 = 0, \quad (3.142b)$$

其反铁电解 $P_{a0} = -P_{b0}$ 可由如下方程得出：

$$6jP_{a0}^4 + 4hP_{a0}^2 + (2f - g) = 0. \quad (3.143)$$

此方程的一个解对应自由能的极大值，另一个解为

$$P_{a0}^2 = \frac{-h - h[1 - 3j\lambda(T - T_0)/h^2]^{1/2}}{3j}. \quad (3.144)$$

当 $T<T_0^-$ 时，此解为实数，而 T_0 由下式给出：

$$T_0^- = T_0 + \frac{h^2}{3j\lambda}. \quad (3.145)$$

在 $T=T_0^-$ 时，亚晶格极化为

$$P_{a0}^2(T_0^-) = -\frac{h}{3j}. \quad (3.146)$$

在 $T=T_c$ 时，顺电相和反铁电相自由能相等，发生相变. T_c 由下式给出：

$$T_c = T_0 + \frac{h^2}{4j\lambda}, \quad (3.147)$$

显然，$T_0<T_c<T_0^-$. 在 $T=T_c$ 时，亚晶格极化为

$$P_{a0}^2(T_c) = -\frac{h}{2j}. \quad (3.148)$$

现求系统对均匀外场的响应. 此时式 (3.142) 成为

$$2fP_a + gP_b + 4hP_a^3 + 6jP_a^5 = E, \quad (3.149a)$$

$$2fP_b + gP_a + 4hP_b^3 + 6jP_b^5 = E. \quad (3.149b)$$

设亚晶格极化的改变量为 δP_a 和 δP_b，代入上式，线性化后得

$$\chi = \frac{1}{\varepsilon_0}\frac{\partial(P_a + P_b)}{\partial E} = \frac{1}{\varepsilon_0}\left[\frac{1}{g + \lambda(T - T_0)}\right] \qquad T > T_c, \tag{3.150a}$$

$$\chi = \frac{1}{\varepsilon_0}\left[\frac{1}{g - 4\lambda(T - T_0) - 4hP_{a0}^2}\right] \qquad T < T_c. \tag{3.150b}$$

与亚铁磁性类比，可将亚铁电性理解为两个具有相反但不相等的极化的亚晶格所表现的性质．这在概念上是简单的，在处理上是方便的．但这样的两个亚晶格还没有得到确切的实验证实．人们根据有些晶体（例如一水酒石酸锂铵）的偶极结构，定义亚铁电性为相邻偶极子大小相等、既不平行又不反平行的结构表现的性质．显然，在这样的结构中，一个方向是铁电性的，另一方向是反铁电性的．

§3.8 铁性相变

根据 Neumann 原理，晶体物理性质的对称性必然包含晶体点群的对称性．因此在一定的点群中，表征某一物理性质的张量的某些或全部分量可能被点群对称性禁戒，但当晶体经过降低点群对称性的相变后，如果丧失了这些起禁戒作用的对称素，则原先不存在的张量分量可能具有非零值．铁电相变就是这样的相变．例如点群 $2/m$ (C_{2h}) 的晶体不可能有自发极化，但如果镜面丧失，则沿二重轴可出现自发极化．

铁电相变是铁性相变的一种．铁性相变是改变点群对称性的相变[17]．但需要说明的是，这里的点群并不限于晶体学点群，而包括磁对称点群[59]．磁偶极矩是一种轴性矢量，在时间反演（相应于产生该磁矩的环流反向）作用下方向反转．因此在表示磁性晶体对称性时必须计入时间反演．在磁对称点群中，有些对称素符号右上角带撇，它表示按该对称素操作并伴随着时间反演，α-Fe 在 1043K 发生顺磁-铁磁相变，其晶体学点群 $m3m$ 并不改变，但

沿 [100] 方向出现自发磁化，使磁对称点群由 $m3'm$ 变为 $4/mm'm'$. 前者为非磁性点群，后者为磁性点群. 所以铁磁相变也是一种铁性相变. 熟知的铁性相变还有铁弹相变.

呈现铁性相变的晶体称为铁性体. 我们知道，铁电体有两个或多个可能的取向态，在电场作用下，取向态可以转变. 一般来说，铁性体是这样的晶体：具有两个或多个取向态，在某种或某些外力的驱动下各取向态可以相互转换[60]. 标志取向态的张量性质和实现取向态转换的驱动力决定了铁性体的种类. 铁电体中标志取向态的张量是自发极化，驱动力是电场. 铁弹体中标志取向态的张量是自发应变，驱动力是应力. 铁磁体中相应的量分别是自发磁化和磁场.

极化是对电场有响应的最低阶张量，同样，应变是对应力有响应的最低阶张量，磁化是对磁场有响应的最低阶张量. 所以铁电体、铁弹体和铁磁体中标志取向态的是对驱动力有响应的最低阶张量，也就是说，驱动力通过一次方效应实现取向态转换. 这样的铁性体称为初级铁性体 (primary ferroics).

标志取向态的也可以是较高阶的张量. 对电场有响应的次低阶张量是极化率，对应力有响应的次低阶张量是弹性顺度，对磁场有响应的次低阶张量是磁化率. 如果标志取向态的是极化率，即取向态的差别是极化率的不同，显然电场可通过二次方效应导致不同取向态相互转换，这就叫铁双电体 (ferrobielectric). 如果标志取向态的张量是弹性顺度，则应力可通过二次方效应导致取向态转换，这样的铁性体称为铁双弹体. 同样，如果取向态的差别是磁化率不同，而磁场可通过二次方效应使取向态转换，则称为铁双磁体 (ferrobimagnetic). 这些铁性体中，标志取向态的是对驱动力有响应的次低阶张量，驱动力通过二次方效应导致取向态转换，它们被称为次级铁性体 (secondary ferroics).

α 石英是一种铁双弹体. 石英晶体有两种结构. 在 573℃以上是 β 石英，点群 622，在 573℃以下变成 α 石英，点群为 32. 在变成 α 石英时，通常出现 Dauphine 孪晶，它包含两种取向态，其间

的差别是弹性顺度 s_{14}（即 s_{1123}）的符号不同. 假设 α 石英受到应力 X_1（即 X_{11}）的作用，两个取向态将有不同的响应，即分别产生符号相反的应变 $x_4=s_{14}X_1$（即 $x_{23}=x_{1123}X_1$）. 所以应力产生了具有不同应变的两个取向态. 在此基础上，应力的进一步作用如同在铁弹体中那样是使应变不同的取向态转换.

如果标志取向态的是压电常量，那么实现取向态转换的必须是电场和应力两者的联合. 因为电场可使两个这样的取向态产生不同的应变，而同时受到的应力的作用，则使应变不同的取向态转换. 这种铁性体称为铁弹电体（ferroelastoelectric）. 如果取向态的差别是压磁系数不同，驱动力是磁场和应力的联合，则称为铁弹磁体(ferroelastomagnetic). 如果取向态的差别是磁电系数不同，驱动力是磁场和电场的联合，则称为铁磁电体（ferromagnetoelectric）. 这些铁性体的取向态转换是借助两种场的联合作用实现的，也属于二次方效应，所以也是次级铁性体.

综上所述，有三种初级铁性体和六种次级铁性体，如表 3.9 中所列.

表 3.9　铁性体的种类和实例

铁　性　体	标志取向态的性质	驱　动　力	实　　例
初级铁性体			
铁电体	自发极化	电场	$BaTiO_3$
铁弹体	自发应变	应力	NdP_5O_{14}
铁磁体	自发磁化	磁场	CrO_2
次级铁性体			
铁双电体	极化率	电场	$NaNbO_3$
铁双弹体	弹性顺度	应力	$\alpha-SiO_2$
铁双磁体	磁化率	磁场	NiO
铁弹电体	压电常量	电场和应力	NH_4Cl
铁磁电体	磁电系数	电场和磁场	$LiFePO_4$
铁弹磁体	压磁系数	磁场和应力	$FeCO_3$

由上述可知，次级铁性体和同时是两种初级铁性体的晶体是两个不同的概念，不能混同．例如，铁磁铁电体（ferromagnetic - ferroelectric）是兼具铁磁性和铁电性的晶体，铁磁电体则是在电场和磁场联合作用下才可实现磁电系数不同的取向态转换的次级铁性体．

下面根据自由能的差别来对铁性体进行分类．按照朗道相变理论中自由能的展开式，可以直接写出两个取向态之间吉布斯自由能之差[61]，但这里我们用更直观的方法推导出同样的结果．

假定晶体处于某一取向态 R_1 并受到电场 E_i，磁场 H_i 和应力 X_i 的作用，于是吉布斯自由能的全微分形式可写为

$$dG = -SdT - D_m dE_m - B_m dH_m - x_i dX_i, \quad (3.151)$$

式中 D_m 和 B_m 分别为电位移和磁感应强度分量．

电位移是自发极化和各种外场贡献之和

$$D_m = P_{sm} + \varepsilon_{mn}E_n + \alpha_{mn}H_n + d_{mj}X_j + \cdots, \quad (3.152)$$

式中 ε_{mn}，α_{mn}和 d_{mj}分别为电容率、磁电系数和压电常量分量，m，$n=1—3$，$j=1—6$．

同样，磁感应可写为

$$B_m = M_{sm} + \mu_{mn}H_n + \alpha_{mn}E_n + Q_{mj}X_j + \cdots, \quad (3.153)$$

式中 M_s 为自发磁化，μ_{mn}和 Q_{mj}分别为磁导率和压磁系数分量．

最后，应变可写为

$$x_i = x_{si} + s_{ij}X_j + d_{mi}E_m + Q_{im}H_m + \cdots, \quad (3.154)$$

式中 s_{ij}为弹性顺度分量．

将式（3.152）—（3.154）代入式（3.151）后积分，即可得出取向态 R_1 的自由能 $G(1)$．相似地也可得出另一取向态 R_2 的自由能 $G(2)$．两个取向态自由能之差 $\Delta G=G(2)-G(1)$决定了取向态转换的方向．

$$\begin{aligned}\Delta G = {} & \Delta P_{sm}E_m + \Delta M_{sm}H_m + \Delta x_{si}X_i \\ & + \frac{1}{2}\Delta\varepsilon_{mn}E_mE_n + \frac{1}{2}\Delta\mu_{mn}H_mH_n + \frac{1}{2}\Delta s_{ij}X_iX_j \\ & + \Delta\alpha_{mn}E_mH_n + \Delta d_{mj}E_mX_j + \Delta Q_{mj}H_mX_j + \cdots,\end{aligned} \quad (3.155)$$

式中 ΔP_{sm}是取向态 R_1 和 R_2 中自发极化第 m 个分量之差．ΔM_{sm} 和 Δx_{si}等的意义相似．

在一对取向态中，如果 $\boldsymbol{\Delta P}_s$ 至少有一个分量 $\Delta P_{sm}\neq0$，则晶体就是铁电体．如果至少在一对取向态中，$\boldsymbol{\Delta x}_s$ 至少有一个分量 $\Delta x_{si}\neq0$，则晶体是铁弹体．相似地，用自发磁化取代上面的自发极化或自发应变，就可得出铁磁体的定义．

不管是不是初级铁电体［即式（3.155）右边前三项是否为零］，只要至少在一对取向态中，电容率至少有一个分量不等，$\Delta\varepsilon_{mn}\neq0$，则晶体就是铁双电体．同样，用弹性顺度之差取代 $\Delta\varepsilon_{mn}$，即得出铁双弹体的定义，用磁导率之差取代 $\Delta\varepsilon_{mn}$，则得出铁双磁体的定义．

如果至少在一对取向态中，磁电系数 α 至少有一个分量不等，$\Delta\alpha_{ij}\neq0$，而且在电场 E_m 和磁场 H_m 的联合作用下可实现取向态的转换，则晶体是铁磁电体．注意铁磁电体完全可能不是铁磁铁电体．后者相应于式（3.155）中 ΔP_{sm}和 ΔM_{sm}均不为零，而前者只要求 $\Delta\alpha_{mn}E_mH_n$ 不为零．

同样，由至少一个 $\Delta d_{mj}\neq0$ 便可定义铁弹电体，由至少一个 $\Delta Q_{mj}\neq0$ 可定义铁弹磁体．

铁性体这个名词是 Aziu 首先提出来的[62,63]，他对各种铁性体统一进行了分类，推导和列举了各种可能的铁性类（ferroic species）．铁性类的总数为 773 个，其中非磁性的为 212 个．铁性类的符号由三部分组成．例如 $BaTiO_3$ 的顺电-铁电相变产生的铁性类表示为 $m3m$（3）$D4F4mm$，它以高温原型相点群（$m3m$）开始，以低温铁电相点群（$4mm$）结尾，F 表示晶体是铁性的，$D4$ 表示自发极化沿四重轴，（3）表示有 3 个等效的四重轴或 6 个可能的取向态．

铁性类的推导可借助居里原理．自发极化的对称性等同于一圆锥，可表示为∞m．单轴自发应变的对称性等同于一圆柱，可表示为∞/mm．自发磁化的对称性可用∞/mm'表示[59]．在推导铁性类时，式（3.77）所示的定理是很有用的

$$N_f = \frac{N_p}{n}. \tag{3.77}$$

现在，n 应理解为铁性体中可能的取向态的个数，它等于原型相点群的阶除以铁性相点群的阶.

考虑一个铁性类 $mm2F2$，它表示原型相点群为 $mm2$，铁性相点群为 2. 这两个点群的阶分别为 4 和 2，于是铁性相的取向态个数为 $4/2=2$. 令此二取向态为 R_1 和 R_2.

设电场 $\boldsymbol{E}\neq 0$，应力 $\mathbf{X}\neq 0$. 在原型相中设置一直角坐标系，令坐标轴 Z 平行于二重轴，X 和 Y 分别垂直于一个镜面. 因为铁性相点群为 2，自发极化必沿二重轴（Z 轴），即 $\boldsymbol{P}_s$ 为 $(0, 0, P_{s3})$. 令此取向态为 R_1. 为了得到 $\boldsymbol{P}_s$ 在另一取向态 R_2 中的形式，用相变时丧失的对称素进行操作，即对 yz 平面（或 xz 平面）作反映，它不改变 $\boldsymbol{P}_s$ 的形式，即仍为 $(0, 0, P_{s3})$. 因此，在铁性类 $mm2F2$ 中，铁性相的不同取向态中自发极化没有差别，说明它不是铁电体. 当然，因为点群 2 容许自发极化存在，所以它可以是热电体.

现在，我们来考察电容率 $\boldsymbol{\varepsilon}_{mn}$. 在取向态 $\boldsymbol{R}_1$ 中，其形式为

$$\begin{pmatrix} \varepsilon_{11} & \varepsilon_{12} & 0 \\ \varepsilon_{12} & \varepsilon_{22} & 0 \\ 0 & 0 & \varepsilon_{33} \end{pmatrix} \tag{3.156}$$

对 yz 平面作反映，得到在取向态 R_2 中的形式为

$$\begin{pmatrix} \varepsilon_{11} & -\varepsilon_{12} & 0 \\ -\varepsilon_{12} & \varepsilon_{22} & 0 \\ 0 & 0 & \varepsilon_{33} \end{pmatrix} \tag{3.157}$$

由此可知，虽然其他 $\Delta\varepsilon_{mn}$ 皆为零，但 $\Delta\varepsilon_{12}=-2\varepsilon_{12}\neq 0$，所以该晶体就是铁双电体.

现设电场 $\boldsymbol{E}=0$，但应力 $\mathbf{X}\neq 0$. 因为自发应变 $\mathbf{x}_s$ 和电容率 $\boldsymbol{\varepsilon}$ 都是二阶对称极性张量，具有相同的变换性质，所以 $\mathbf{x}_s$ 在 R_1 和 R_2 中的形式与式（3.156）和（3.157）相同，即

$$\begin{pmatrix} x_{s11} & x_{s12} & 0 \\ x_{s12} & x_{s22} & 0 \\ 0 & 0 & x_{s33} \end{pmatrix}$$

和

$$\begin{pmatrix} x_{s11} & -x_{s12} & 0 \\ -x_{s12} & x_{s22} & 0 \\ 0 & 0 & x_{s33} \end{pmatrix}$$

可见两个取向态之间 $\Delta x_{s12}=-2x_{s12}\neq 0$，所以晶体是铁弹体.

这个例子表明，从对称性来看，铁双电性和铁弹性总是共存的. 另外，因为磁导率也是对称二阶极性张量，所以铁弹体或铁双电体也可能是铁双磁体.

§ 3.9 铁电相变中的尺寸效应和表面效应

近年来，铁电薄膜和以铁电体为活性组元的精细复合功能材料的发展，促进了有限尺寸铁电体的研究. 目前，这方面的理论研究主要有两条途径，一是本节介绍的朗道-德文希尔理论，另一个是横场 Ising 模型，在 § 4.9 介绍.

在尺寸有限的不均匀的系统中，能量密度是位置的函数，因此只能从总自由能出发. 取顺电相自由能为零，则总自由能 g_1 可写为

$$g_1=\int\left[\frac{1}{2}\alpha_0(T-T_{0\infty})P^2+\frac{1}{4}\beta P^4+\frac{1}{6}rP^6+\frac{1}{2}K(\nabla P)^2\right]dv+\int\frac{1}{2}K\delta^{-1}P^2ds, \qquad (3.158)$$

式中 P 是极化，$\beta<0$ 和 $\beta>0$ 分别相应于一级和二级相变，$T_{0\infty}$是体材料的居里-外斯温度，对于二级相变即为体材料的居里温度 $T_{c\infty}$. 体积分和面积分分别给出了体内和表面层的总自由能. 与无限大的均匀的系统比较，引入了表面项和极化的梯度项. δ 是外推长度（extrapolation length），反映了表面与内部的差别，它是将表面层的极化外推到零所得出的长度，如图 3.13 所示. 系数 K 量度了极化不均匀对自由能的贡献，对于二级相变铁电体，它与关联长度 ξ 的关系为

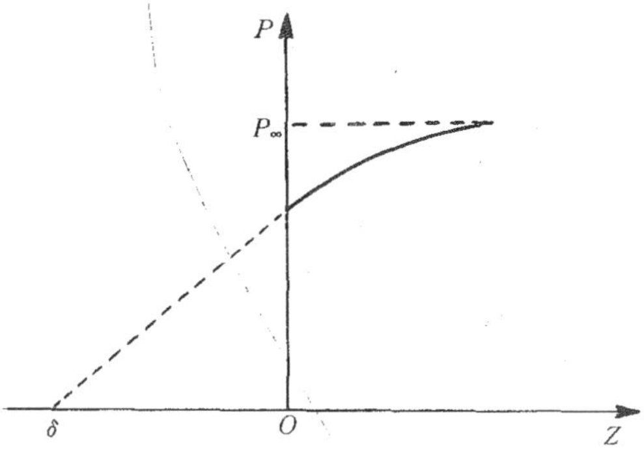

图 3.13 表面层附近极化的变化示意图.
P_∞是体材料的极化.

$$K=\xi^2\left|\alpha_0(T-T_{c\infty})\right|. \tag{3.94}$$

3.9.1 薄膜中的铁电相变

Tilley 和 Zeks[64]首先研究了铁电薄膜中的二级相变. 设薄膜的表面积为 S，厚为 L. 取坐标 Z 轴沿厚度方向，原点在中心，则式（3.158）成为

$$\frac{g_1}{S}=\int_{-L/2}^{L/2}\left[\frac{1}{2}\alpha_0(T-T_{c\infty})P^2+\frac{1}{4}\beta P^4+\frac{1}{2}K\left(\frac{\partial P}{\partial Z}\right)^2\right]dz+\frac{1}{2}K\delta^{-1}(P_-^2+P_+^2), \tag{3.159}$$

式中 P_+和 P_-分别为上下表面处的极化. 相变时序参量的取值应使上面的泛函取极小值. 这是一个变分问题，相应的 Euler－Lagrange 方程为

$$K\frac{d^2P}{dZ^2}-\alpha_0(T-T_{c\infty})P-\beta P^3=0. \tag{3.160}$$

边界条件为

$$\frac{dP}{dz}=\mp\frac{P}{\delta},z=\pm\frac{L}{2}. \tag{3.161}$$

上面二式的解析解难以求得，Tilley 和 Zeks[64]给出了 T_c 附近自

发极化和居里温度的近似表达式．为此将式（3.160）线性化

$$K\frac{d^2P}{dZ^2}-\alpha_0(T-T_{c\infty})P=0. \tag{3.162}$$

如果 $\delta<0$，预期 $T_c>T_{c\infty}$，在 T_c 附近，$\alpha_0(T-T_{c\infty})>0$，故 $\xi^2=K/\alpha_0(T-T_{c\infty})$．上式的解为

$$P=P_0\cosh z/\xi, \tag{3.163a}$$

$$P=P_0\sinh z/\xi, \tag{3.163b}$$

其中 P_0 为任意值．分别代入边界条件［式(3.161)］得

$$\tanh(L/2\xi)=-\xi/\delta, \tag{3.164a}$$

$$\coth(L/2\xi)=-\xi/\delta. \tag{3.164b}$$

式（3.164a）给出的 ξ 较小，即 T_c 较大，所以符合实际的解应为式（3.163a）和式（3.164a）．前者给出了极化的表达式，后者通过 ξ 给出了 T_c 的表达式．

如果 $\delta>0$，则 $T_c<T_{c\infty}$，在 T_c 附近，$\alpha_0(T-T_{c\infty})<0$，故 $\xi^2=-K/\alpha_0(T-T_{c\infty})$．与上面类似，可得出式（3.162）的符合实际的解为

$$P=P_0\cos z/\xi, \tag{3.165}$$

代入边界条件，得

$$\tan(L/2\xi)=\xi/\delta. \tag{3.166}$$

由式（3.164a）和式（3.166）可得出 T_c 与厚度 L 的图示．定义 $\lambda=L/\xi(0)$，$\tau=T_c/T_{c\infty}-1$，于是 $\alpha=\alpha_0T_{c\infty}\tau$，$\xi^2(0)=K/(\alpha_0T_{c\infty})$，式（3.164a）成为

$$\tanh\left(\frac{L\tau^{1/2}}{2\xi(0)}\right)=\frac{\xi(0)}{|\delta|\tau^{1/2}}, \tag{3.167}$$

引入 $d=|\delta|/\xi(0)$，则得此式在两种情况下的近似解为

$$\tau\sim\frac{2}{d\lambda}=\frac{2\xi^2(0)}{L|\delta|}\qquad 当\ L\to\infty, \tag{3.168a}$$

$$\tau\sim\frac{1}{d^2}=\frac{\xi^2(0)}{|\delta|^2}\qquad 当\ L\to 0. \tag{3.168b}$$

如果 $\delta>0$，则式（3.166）成为

$$\tan\left(\frac{L\tau^{1/2}}{2\xi(0)}\right)=\frac{\xi(0)}{\delta\tau^{1/2}}\ . \tag{3.169}$$

相应的近似解为

$$\tau\sim\frac{-2}{d\lambda}=\frac{-2\xi^2(0)}{L\delta}\qquad 当\ L\to 0, \tag{3.170a}$$

$$\tau\sim\frac{-\pi^2}{\lambda^2}=\frac{-\pi^2\xi^2(0)}{L^2}\qquad 当\ L\to\infty. \tag{3.170b}$$

因为 τ 不可能小于 -1，这给式(3.170a)中的 L 设定了一个下限，它相应于 $T_c=0\text{K}$. 由式（3.166）可知，$\tau=-1$ 相应于 $\lambda=2\tan^{-1}(1/d)$，即

$$L_c=2\xi(0)\tan^{-1}(\xi(0)/\delta), \tag{3.171}$$

这就是铁电性可以存在的最小尺寸，称为铁电临界尺寸.

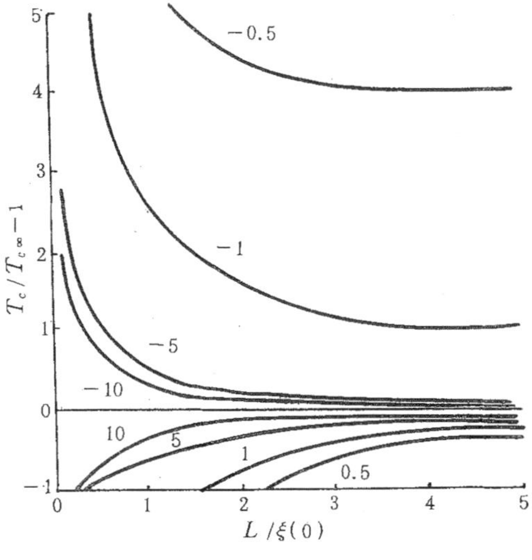

图 3.14　相变温度 T_c 与 $L/\xi(0)$ 的关系，曲线上的参量是 $\delta/\xi(0)$.

图 3.14 示出了 τ 对 $L/\xi(0)$ 的关系曲线，图中曲线上的参量是 $d=\delta/\xi(0)$. 可见，当 $\delta>0$ 时，T_c 随 L 减小而缓慢下降，曲

线与横轴 $\tau=-1$ 的交点给出临界尺寸 L_c. 当 $\delta<0$ 时, T_c 随 L 减小而急剧上升.

文献 [64] 中叙述了用椭圆函数给出居里温度和自发极化的严格解. 数值计算得到绝对零度时自发极化的厚度分布如图 3.15 所示. 图中纵坐标是 P/P_∞, P_∞是体材料在 $T=0$K 时的自发极化, $P_\infty=(\alpha_0 T_{c\infty}/\beta)^{1/2}$,见式(3.33). 横坐标是 $z/\xi_0=z/\xi(0)$. 计算时取 $\delta=5\xi_0$ 和 $L=2\xi_0$, 于是膜的居里温度为 $T_c=0.813T_{c\infty}$. 从上到下各条曲线相应的温度分别为 $T/T_{c\infty}=0.1$, 0.2, 0.4, 0.6, 0.7和 0.8. 可以看到, 随着温度升高, P 减小. 在同一温度, P 沿厚度的分布是中心高, 两边低, 表现了表面层附近铁电相互作用弱的特点. 不过在温度高时, 中心与边沿的差别变小, 这是因为在接近 T_c 时关联长度趋于发散. 外推长度与关联长度同数量级, 外推长度 $\delta=\infty$表示表面与内部无差别.

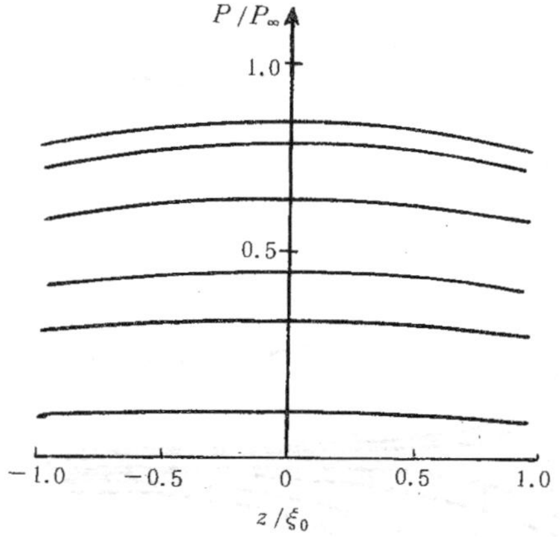

图 3.15 $\delta=5\xi_0$, $L=2\xi_0$ 的膜中自发极化随厚度的分布[64].

$\delta<0$ 时, 极化的分布如图3.16所示. 图中的物理量与图 3.15 的相同, 只是外推长度 $\delta=-5\xi_0$, $T_c=1.21T_{c\infty}$. 从上到下, 各条曲线相应的温度分别为 $T_c/T_{c\infty}=0.1$, 0.4, 0.6, 0.7, 0.8, 0.9, 1.0, 1.1 和 1.2. 与 $\delta>0$ 的情况比较, 不同的是表面层的极化大

于内部极化，膜的居里温度高于体材料居里温度；相同的是，接近居里温度时，表面与内部的差别趋于相等.

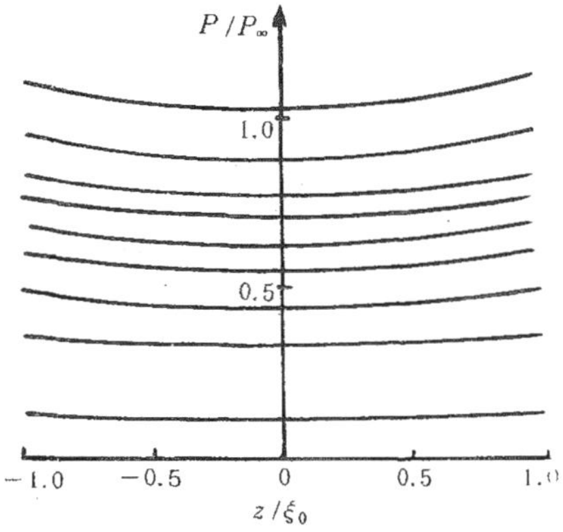

图 3.16　$\delta=-5\xi_0$，$L=2\xi_0$ 的膜中自发极化沿厚度的分布[64].

我们在文献［65］中计算了薄膜的自发极化及其总自由能随温度的变化，发现表面效应可以改变相变的级别，即在 $\delta>0$ 的情况，即使体材料的相变是二级的，薄膜的相变将成为一级的[65].

设自发极化是对称的，即 $P_+=P_-=P_1$，且膜中心（$z=0$）极化为 $P(0)$，$dP/dz=0$. 式(3.160) 的首次积分为

$$\frac{1}{2}K\left(\frac{dP}{dz}\right)^2=\frac{1}{2}\alpha_0(T-T_{c\infty})[P^2-P^2(0)]+\frac{1}{4}\beta[P^4-P^4(0)], \tag{3.172}$$

此式与边界条件（式（3.161）结合给出 P（0）与 P_1 的关系

$$\beta\delta^2P_1^4+[2\delta^2\alpha_0(T-T_{c\infty})-2K]P_1^2-\delta^2P^2(0)\times[\beta P^2(0)+2\alpha_0(T-T_{c\infty})]=0. \tag{3.173}$$

极化沿厚度的分布由下式给出：

$$Z=\pm\int_{P(0)}^{P(z)}\left\{\frac{2K}{2\alpha_0(T-T_{c\infty})[P^2-P^2(0)]+\beta[P^4-P^4(0)]}\right\}^{1/2}dp,$$

(3.174)

式中积分前的符号取决于 δ 的符号，膜的厚度为

$$L=\pm 2\int_{P(0)}^{P1}\left\{\frac{2K}{2\alpha_0(T-T_{c\infty})[P^2-P^2(0)]+\beta[P^4-P^4(0)]}\right\}^{1/2}dp. \tag{3.175}$$

先计算在固定膜厚的条件下不同温度的自发极化，再把自发极化代入到式 (3.159)，即得不同温度下的总自由能. 图 3.17 示出了 $\delta>0$ 时的计算结果.

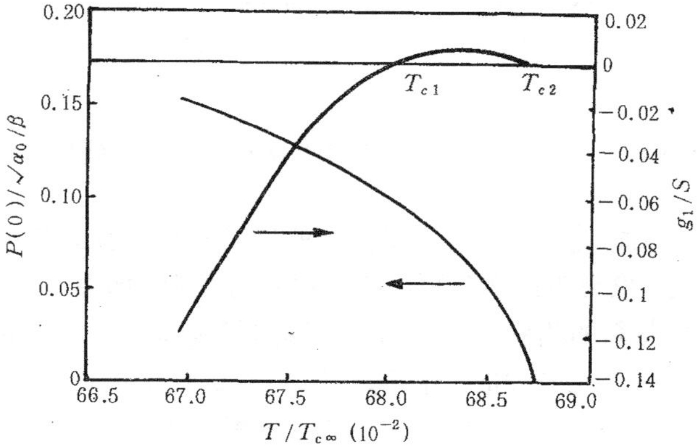

图 3.17　自发极化和自由能与温度的关系. 计算时取 $\alpha_0=10$，$\beta=0.1$，$K=5$，$\delta=0.5$，$L=4.2\xi_0$.

从图中可看出，随着温度的升高，自发极化单调下降，到 T_{c2} 时消失. T_{c2} 是两相自由能相等的温度，但不是唯一的这样的温度. 在温度升高过程中，自由能首先在 T_{c1} 变成零，然后成为正值，到 T_{c2} 再一次变成零. 显然，在 $T_{c1}<T<T_{c2}$ 范围内，自发极化是不稳定的. 实际情况应是在 $T=T_{c1}$ 时自发极化非连续地跃变到零，即在 $T=T_{c1}$ 发生一级相变. 虽然 T_{c1} 的确定相当困难，但计算表明，膜厚越小，T_{c1} 与 T_{c2} 的差别越大. 同时还计算了极化率随温度的变化，结果表明，虽然 $T=T_{c2}$ 时极化率发散，但在 $T=T_{c1}$ 极化率只

呈现有限的极大，而且 T_{c1} 越低，极化率峰值越低. 在 $\delta<0$ 时，自发极化对温度的曲线在 T_c 附近呈现尾巴似的结构. $|\delta|$ 越小，尾巴越长，表明这也是一种表面效应.

电畴对相变行为有显著的影响，对此我们作了较深入的研究和探讨[66,67]. 研究结果表明，畴壁的存在使铁电临界尺寸增大，居里温度降低，自发极化减小.

在计及式 (3.161) 和 (3.173) 的条件下，对式 (3.172) 积分可得出极化随厚度的变化关系. 因为在半无限情况下已得知，只有 $\delta>0$ 时才存在畴壁[66]，故只考虑 $\delta>0$ 的情况便可以了. 对于单畴膜，在 $-L/2<z<0$ 时，极化与厚度的关系为

$$z=-\frac{L}{2}+\int_{P_1}^{P}\frac{dP}{f(P)}, \tag{3.176}$$

式中函数 $f(P)$ 为

$$f(P)=\left[\frac{P_1^2}{\delta^2}+\frac{\alpha_0(T-T_{c\infty})(P^2-P_1^2)}{K}+\frac{\beta(P^4-P_1^2)}{2K}\right]^{1/2}. \tag{3.177}$$

在有畴壁的情况下，表面极化与膜中心极化的符号相反，我们取表面极化为负，中心极化为正，于是有

$$z=-\frac{L}{2}+\int_{-P_1}^{P}\frac{dP}{f(P)}. \tag{3.178}$$

在式 (3.176) 和式 (3.178) 中，当 z 趋于零时，积分上限趋于 $P(0)$. 量度极化为零的点与膜表面距度的反转长度是[66]

$$L_R=\int_0^{P_1}\frac{dP}{f(P)}. \tag{3.179}$$

在式 (3.178) 中，L 是有畴壁的膜的厚度，我们将膜分为二部分：厚度为 L_S 的单畴部分和厚度为 L_D 的畴层部分. 于是由式 (3.176) 和式 (3.178) 可得

$$\frac{L}{2}=\int_{-P_1}^{P_1}\frac{dP}{f(P)}+\int_{P_1}^{P(0)}\frac{dP}{f(P)}=L_D+\frac{L_S}{2}, \tag{3.180}$$

式中

$$L_D = \int_{-P_1}^{P_1} \frac{dP}{f(P)} = 2L_R, \tag{3.181}$$

$$\frac{L_S}{2} = \int_{P1}^{P(0)} \frac{dP}{f(P)}. \tag{3.182}$$

在居里点附近，P_1 和 $P(0)$都很小，将式(3.181)和式(3.182)线性化可得 T_c 的近似表达式

$$\frac{T_c}{T_{c\infty}} = 1 - \frac{Kx^2}{\alpha_0 T_{c\infty}} \tag{3.183}$$

对于单畴膜，由式（3.182）知，x 满足下式：

$$x\tan\left(\frac{xL_S}{2}\right) = \frac{1}{\delta}. \tag{3.184}$$

对于畴层部分，由式（3.181）可得

$$x\cot\left(\frac{xL_D}{2}\right) = \frac{1}{\delta}. \tag{3.185}$$

对式（3.176）和式（3.178）进行数值积分，得出膜的极化与厚度的关系如图 3.18 所示. 表面效应（$\delta>0$）使极化减小，畴壁的存在使减小的程度更大. 有无畴壁两种情况下，表面极化和居里点与厚度的关系示于图 3.19. 可以看到，有畴壁时居里点和自发极化都较无畴壁时小，但此差别随厚度增大而减小，当膜厚趋于无穷大时二者趋于相等. 同时还可看到，有畴壁的情况下，铁电临界尺寸（即铁电性消失的尺寸）增大. 该图还显示一个单畴厚度范围. 厚度大于无畴壁铁电临界尺寸但小于有畴壁铁电临界尺寸时，膜显然处于单畴状态.

以上的讨论都是针对二级相变的. Scott 等[68]将上述方法推广到一级相变，此时式（3.159）成为

$$\frac{g_1}{S} = \int_{-L/2}^{L/2} \left[\frac{1}{2}\alpha_0 (T - T_{0\infty}) P^2 + \frac{1}{4}\beta P^4 + \frac{1}{6}\gamma P^6 + \frac{1}{2}K\left(\frac{\partial P}{\partial z}\right)^2 \right] dz + \frac{1}{2}K\delta^{-1}(P_-^2 + P_+^2). \tag{3.186}$$

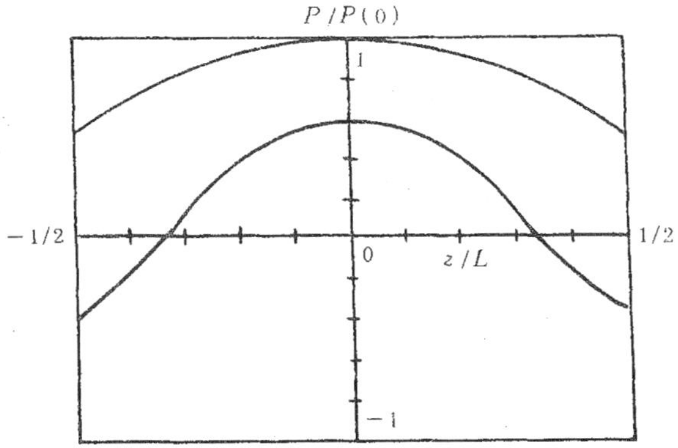

图 3.18　无畴壁（上）和有畴壁（下）的膜中极化随厚度的分布.

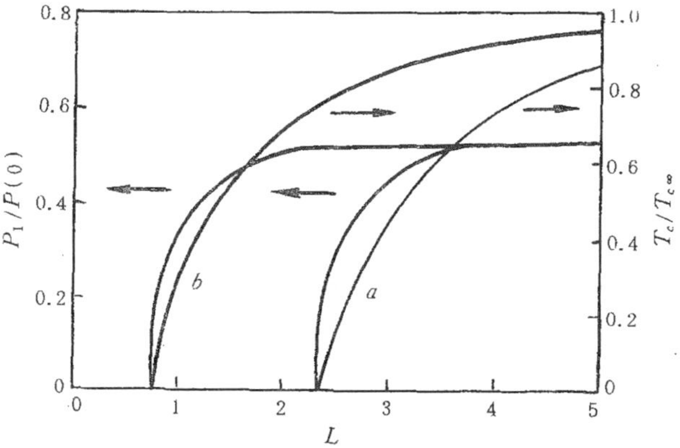

图 3.19　有畴壁 a 和无畴壁 b 两种情况下，
表面极化和居里点与厚度的关系.

相应的 Euler－Lagrange 方程为

$$K\frac{d^2P}{dz^2}-\alpha_0(T-T_{0\infty})P-\beta P^3-\gamma P^5=0, \quad (3.187)$$

边条件与式（3.161）的相同.

Scott 等不但计算了相变温度以及极化沿厚度的分布，而且计算了不同温度时的平均极化，他们所得到的主要结果与二级相变的相似. 在 $\delta>0$ 时，表面层极化小于体内极化，相变温度随厚度减小而降低；$\delta<0$ 时则相反. 不过在 $\delta<0$、且 $L\gg|\delta|\lesssim\xi$ 时，将发生表面相变. 在此情况下，当 $T\approx T_{0\infty}[3/4+(\xi/\delta)^2]$时表面层首先出现自发极化，而体内仍为顺电相，如图 3.20 所示. 由于表面相变，平均极化与温度的关系曲线上出现两个台阶，见图 3.21. 高温时自发极化的跃变是表面相变的标志，较低温度时的跃变是整体进入铁电相的标志.

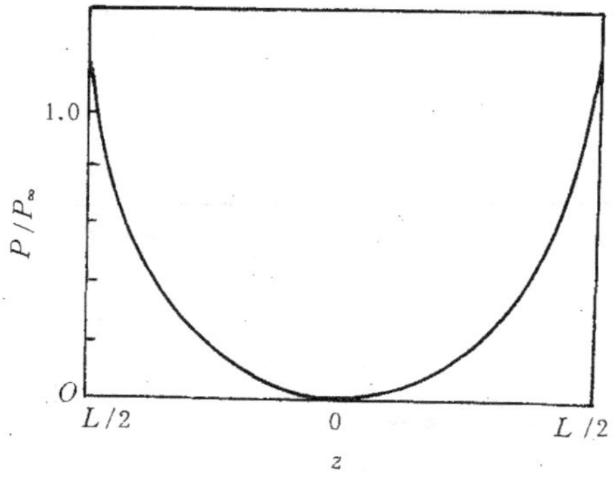

图 3.20 表面相变温度时自发极化沿厚度的分布，
$\delta=-\xi$，$L=10\xi$[68].

退极化场的影响是一个很重要的问题，不少学者从不同的角度对以进行了研究. Batra 等[69,70]分析了夹在半导体电极间的铁电膜. 因为电极不是理想导体，膜的极化不能被充分屏蔽. 他们计入了电极的自由能，表明退极化效应可以使相变由二级变成一级的. Binder 等[71,72]研究了夹在金属电极间的绝缘铁电膜. 在这种情况下，薄膜表面处极化不连续造成的退极化场完全被金属电

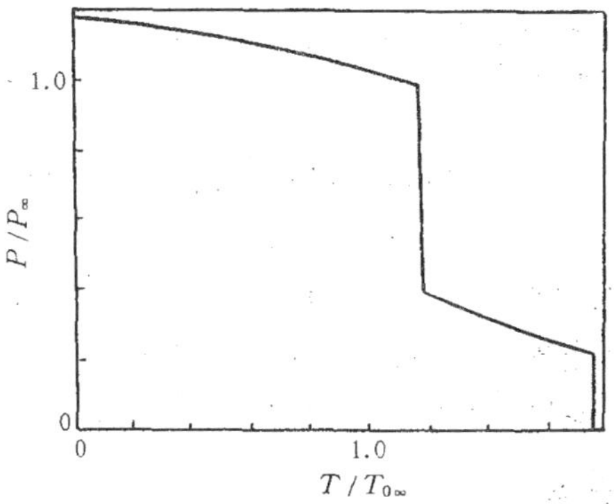

图 3.21 $\delta=-\xi$，$L=10\xi$ 时平均自发极化与温度的关系[68].

极屏蔽，但膜内极化梯度造成的退极化场必须考虑，因为膜是绝缘的，没有可移动载流子来平衡束缚电荷的分布. 不过，Binder 等主要只讨论了这类铁电薄膜中的临界指数问题. Tilley 和 Zeks[73] 研究了电导率有限的金属电极间的铁电膜，但他们只考虑了薄膜外推长度 δ 为无穷大的情况，这意味着忽略了表面效应. 这时的退极化效应来源于电极的自由能，后者与电极金属的 Thomas - Fermi 屏蔽长度有关. 假设屏蔽长度为 0.5—1.0Å（理想导体为零），估计铁电临界尺寸（铁电性消失的尺寸）约为 100nm.

作者认为电极的影响是外在因素，实际情况中薄膜通常都是处在金属电极之间，可以认为电极是理想导体，薄膜表面极化不连续造成的退极化场可以忽略. 另一方面，薄膜内部极化梯度不为零以及 δ 有限必然在膜内造成退极化场，其效应必须考虑. 因此，作者等在自由能中加入退极化能 $-E_d(z)P(z)/2$，其中 $E_d(z)$ 是退极化场，于是[74]

$$\frac{g_1}{S}=\int_{-L/2}^{L/2}\left[\frac{1}{2}\alpha_0(T-T_{0\infty})P^2+\frac{1}{4}\beta P^4+\frac{1}{6}\gamma P^6+\frac{1}{2}K\left(\frac{dP}{dz}\right)^2+\frac{1}{2\varepsilon_0}P^2\right]dz$$

$$-\frac{1}{2q_0L}\left(\int_{-L/2}^{L/2}Pdz\right)^2+\frac{1}{2}K\delta^{-1}(P_-^2+P_+^2).$$

(3.188)

按照这种形式，我们对二级和一级相变薄膜分别计算了自发极化和相变温度与厚度的关系. 计算的结果表明，退极化效应使自发极化减小，相变温度降低，但随着厚度减小，退极化的影响减弱. 当 $\delta>0$ 时，膜中将出现尺寸驱动的铁电-顺电相变. 发生该相变的厚度称为铁电临界厚度，其数值因退极化效应而增大，但不显著.

3.9.2 颗粒中的铁电相变

近年来各种超微粉制备技术的发展提供了均匀的尺寸可控的铁电颗粒，而且铁电颗粒是精细复合功能材料中一种重要的活性组元，所以关于铁电颗粒的实验研究逐步增多. 例如文献 [75] 和 [76] 分别介绍了用 Raman 散射和比热法测定 $PbTiO_3$ 居里点与尺寸的关系，得出铁电临界尺寸为 13.8nm[75]或 9.1nm[76]，文献 [77] 介绍了 X 射线衍射测量室温时 $BaTiO_3$ 微粉的晶轴比 c/a 与粒径的关系，得出粒径≲110nm 时，$c/a=1$. 理论方面基本上都是针对比较容易处理的薄膜，因此作者等首先开展了铁电颗粒相变的理论研究[78—80]

总自由能如式 (3.158) 所示. Euler－Lagrange 方程为

$$K\nabla^2P-\alpha_0(T-T_{0\infty})P-\beta P^3-\gamma P^5=0. \tag{3.189}$$

边界条件为

$$\frac{\partial P}{\partial n}=-\frac{P}{\delta}\quad（在表面）, \tag{3.190}$$

式中 n 是表面法线方向的单位长度.

如果颗粒的形状是任意的，则上述方程很难求解. 为了简化问题，我们设颗粒为球形，自发极化沿同一方向，但其大小只依赖于它与球心的距离. 于是以上二式可在球坐标中写成

$$K\left(\frac{d^2p}{dr^2}+\frac{2}{r}\frac{dP}{dr}\right)-\alpha_0(T-T_{0\infty})P-\beta P^3-\gamma P^5=0,$$

(3.191)

$$\frac{dP}{dr} = -\frac{P}{\delta} \qquad \left(r = \frac{d}{2}\right), \tag{3.192}$$

其中 r 为离球心的距离，d 为颗粒的直径.

作者等分析了外推长度的物理意义，发现颗粒的一个重要特点是外推长度与尺寸有关[79]. Tilley 等[81]根据简立方赝自旋阵列模型. 得出表面为平面时的外推长度

$$\frac{1}{\delta} = \frac{5J - 4J_s}{a_0 J}, \tag{3.193}$$

式中 J_s 是两个赝自旋均在表面时的相互作用系数，J 是其他情况下的相互作用系数，a_0 是点阵常量. 对于球形颗粒，表面层配位数随粒径减小而减少. 设 $d \gg a_0$，可得表面层平均配位数为[79]

$$n_{av} = 4\left(1 - \frac{a_0}{d}\right), \tag{3.194}$$

于是

$$\frac{1}{\delta} = \frac{5}{d} + \frac{1}{\delta_\infty}\left(1 - \frac{a_0}{d}\right), \tag{3.195}$$

式中 δ_∞是直径无穷大（即表面为平面）时的外推长度. 此式表明，即使 $\delta_\infty < 0$，但当直径

$$d < 5|\delta_\infty| + a_0 \tag{3.196}$$

时，δ 也将为正值.

对于二级相变，可得 T_c 附近的近似公式. 将式 (3.191) 线性化

$$K\left(\frac{d^2P}{dr^2} + \frac{2}{r}\frac{dP}{dr}\right) - \alpha_0(T - T_{0\infty})P = 0 \tag{3.197}$$

当 $\delta > 0$ 时，此式的解为

$$P = P_0 \frac{J_{1/2}(r/\xi)}{(r/\xi)^{1/2}}, \tag{3.198}$$

式中 $J_{1/2}$为 1/2 阶贝塞尔函数.

利用$(J_m(x)/x^m)' = -J_{m+1}(x)$和边界条件，可得 T_c 满足的方程 [T_c 与 ξ 的关系见式 (3.94)]

$$\frac{J_{3/2}(d/2\xi)}{J_{1/2}(d/2\xi)} = \frac{\xi}{\delta}, \tag{3.199}$$

这里 $J_{3/2}$为 3/2 阶贝塞尔函数.

若 $\delta<0$，则相应的近似式为

$$P = P_0 \frac{I_{1/2}(r/\xi)}{(r/\xi)^{1/2}}, \tag{3.200}$$

$$\frac{I_{3/2}(d/2\xi)}{I_{1/2}(d/2\xi)} = -\frac{\xi}{\delta}, \tag{3.201}$$

式中 $I_{1/2}$和 $I_{3/2}$分别为 1/2 阶和 3/2 阶虚宗量贝塞尔函数.

与薄膜对比可知，这里的 $J_{1/2}(x)$和 $J_{3/2}(x)$分别相应于薄膜中的 $\cos x$ 和 $\sin x$，$I_{1/2}(x)$ 和 $I_{3/2}(x)$ 分别相应于薄膜中的 $\cosh x$ 和 $\sinh x$.

普遍情况下只能求数值解．作者等用有限差法分别对一级和二级相变求式（3.191）和（3.192）的数值解，得出自发极化在球内的分布．外推长度为正时，颗粒表面自发极化比体内的为小，外推长度为负时，表面自发极化比体内的为大．在后面的情况，自发极化可维持到显著高于 $T_{c\infty}$的温度．这些都与薄膜的情况相似.

作者等进一步计算了 $T=0$K 时自发极化与颗粒尺寸的关系．对一级相变铁电体，图 3.22 示出了在 $\delta_\infty>0$ 时球心、表面层及平均自发极化随直径的变化．计算时所用的参量是根据文献中对 $BaTiO_3$ 的取值．图 3.23 示出的一级相变铁电体在 $\delta_\infty<0$ 时自发极化与直径的关系．在 $\delta_\infty>0$ 时，表面的自发极化总是低于体内的值，在 $\delta_\infty<0$ 时，表面的自发极化在 d 大时高于体内的值，而在 d 小时低于体内的值．转变点相应于 $d=5|\delta_\infty|+a_0$，此时 $\delta=0$．这与薄膜（或半无限铁电体）时的情形不同，后者 δ 与尺寸无关，$\delta<0$ 时，表面的自发极化总是大于体内的值.

图 3.23 的另一个特点是，当 d 较大时平均自发极化随 d 减小略有升高，d 较小时则随 d 减小急剧降低．其起因是表面层以及外推长度反号的贡献．当 d 较大而减小时，δ 基本不变，但表面层的体积相对增大，表面层自发极化较高，故平均自发极化有所升高．当 d 较小时，δ 变为正，自发极化的变化与 $\delta_\infty>0$ 的相同.

由上述可见，不管 δ_∞为正或负，当 d 足够小时，自发极化均

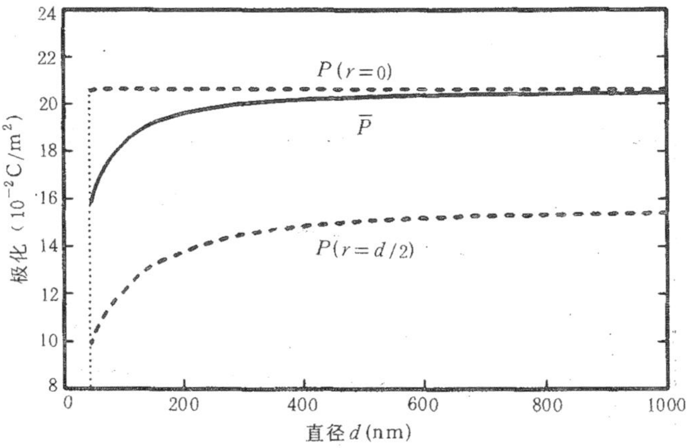

图 3.22　一级相变铁电体自发极化与尺寸的关系.
P（$r=0$），P（$r=d/2$）和 $\overline{P}$ 分别为球心、表面和平均极化.
计算时所用参量针对 $BaTiO_3$ 取值，$\delta_\infty=43$nm.

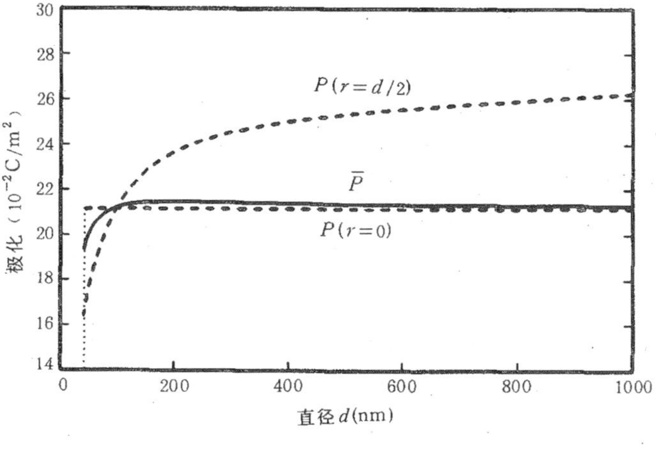

图 3.23　与图 3.22 相同，但 $\delta_\infty=-43$nm.

将消失，即发生尺寸驱动的铁电-顺电相变. 这与薄膜时的情形不同，薄膜只有在 $\delta_\infty>0$ 时才发生这种相变．图 3.22 示出 $BaTiO_3$ 的铁电临界尺寸，维持铁电性的最小尺寸为 44nm．

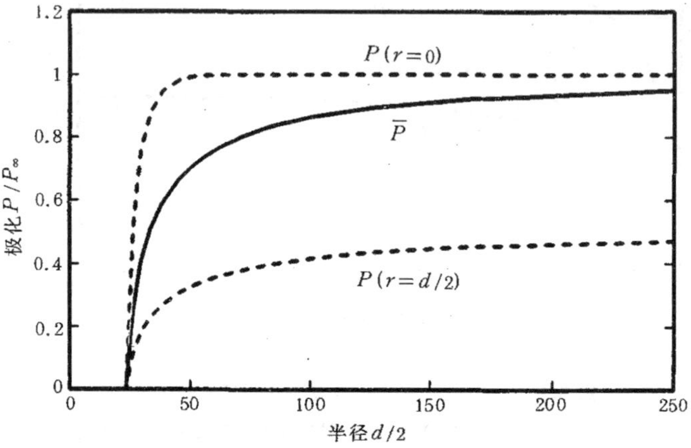

图 3.24　二级相变铁电体自发极化与尺寸的关系．$P(r=0)$，$P(r=d/2)$和 $\overline{P}$ 分别为球心、表面和平均自发极化．$\delta_\infty=10$．

对于二级相变铁电体，$\delta_\infty>0$ 和 $\delta_\infty<0$ 时其自发极化与尺寸的关系如图 3.24 和图 3.25 所示．与前述相同，无论 δ_∞ 为正或为负，都将发生尺寸驱动的相变．值得注意的是，在图 3.22 和图3.23 中，自发极化发生突变，而图 3.24 和图 3.25 中自发极化连续地消失（或产生）．前者为一级相变的特征，后者为二级相变的特征．这表明尺寸驱动的相变的级与温度驱动的相变的级是相同的．

有了自发极化在颗粒内的分布，即可由式 (3.158) 计算出总自由能．令铁电相和顺电相的自由能相等，即可得出居里温度 T_c．使 $T_c=0K$ 的尺寸显然就是铁电临界尺寸．这是计算临界尺寸的另一种方法．

对于 $PbTiO_3$ 和 $BaTiO_3$，计算的居里温度对尺寸的关系及与实验的比较见图 3.26 和图 3.27．图中实线是理论计算结果．在图 3.26 中，空心圆和长划虚线是 Raman 散射数据和外推曲线[75]，实

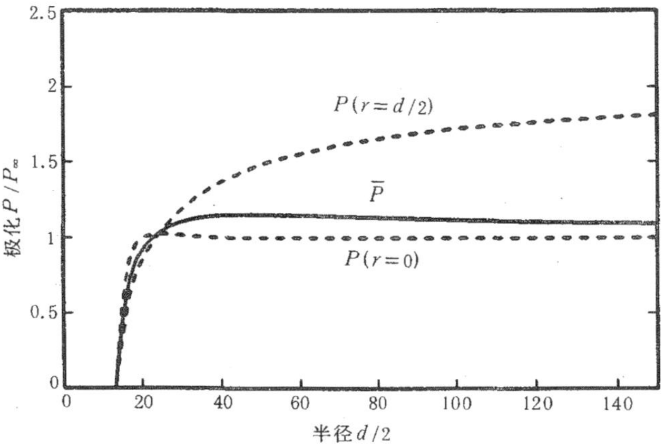

图 3.25　与图 3.24 相同，但 $\delta_\infty=-10$.

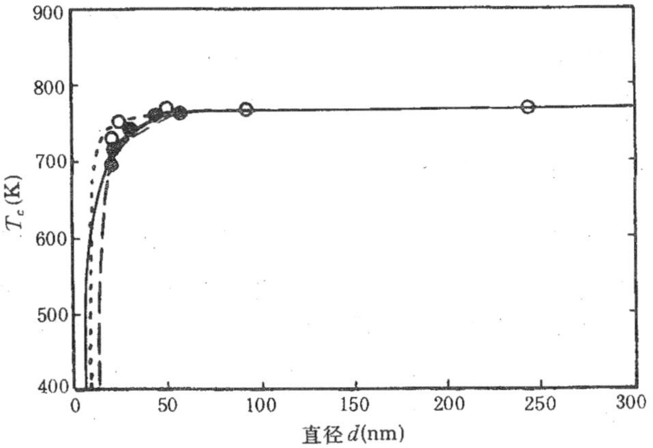

图 3.26　$PbTiO_3$ 颗粒的相变温度与直径的关系.

心圆和短划虚线是比热测量结果和外推曲线[76]. 在图 3.27 中，圆点和虚线是晶轴比 c/a 测量结果和外推曲线[77]. 可以看出，晶轴比测量结果外推给出铁电临界尺寸约为 110nm，理论计算的铁电临界尺寸则为 44nm. 这一结果发表以后不久，Schlag 等在文献

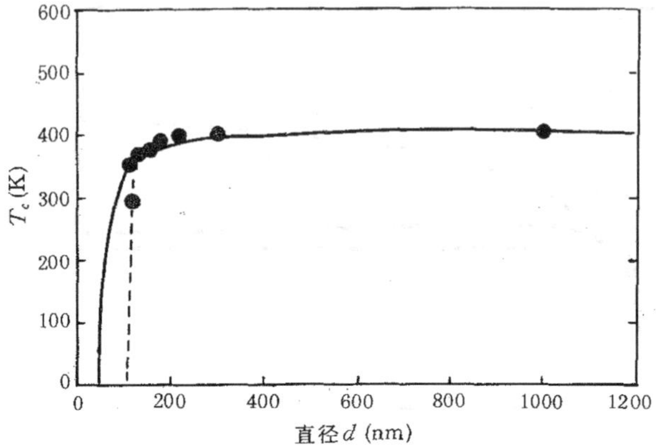

图 3.27 $BaTiO_3$ 颗粒相变温度与直径的关系.

[82] 中介绍用 Raman 散射和二次谐波发生等手段所测得铁电临界尺寸为 49nm，这与作者等的理论结果相符合. 实际颗粒中，表面层的晶体结构偏离正规的晶体结构，所以实测的临界尺寸比计算的略小.

3.9.3 长柱体中的铁电相变

长柱状铁电体是二维有限的铁电体，它可充当 1—3 型复合材料中的活性组元，也是一个方向线度显著大于其他方向线度的铁电体的近似. 我们用与上面相似的方法讨论了它的相变特性[83]. 设自发极化沿柱轴方向，且其大小只依赖于径向位置. 对于二级相变且采用柱坐标系，由式 (3.158) 可得 Euler - Lagrange 方程为

$$K\left(\frac{d^2P}{dr^2}+\frac{1}{r}\frac{dP}{dr}\right)-\alpha_0(T-T_{c\infty})P-\beta P^3=0, \tag{3.202}$$

边界条件为

$$\frac{dP}{dr}=-\frac{P}{\delta},\quad r=\frac{d}{2}, \tag{3.203}$$

d 为直径.

在相变点附近，P 很小，式 (3.202) 可线性化

$$K\left(\frac{d^2P}{dr^2}+\frac{1}{r}\frac{dP}{dr}\right)-\alpha_0(T-T_{c\infty})P=0. \qquad (3.204)$$

如果 $\delta>0$，则 $T_c<T_{c\infty}$，上式的解为

$$P=P_0J_0(r/\xi), \qquad (3.205)$$

J_0 为零阶贝塞尔函数. 利用 $J'_0(x)=-J_1(x)$和边界条件 [式 (3.203)]，可得 T_c 满足的方程为

$$\frac{J_1(d/2\xi)}{J_0(d/2\xi)}=\frac{\xi}{\delta}. \qquad (3.206)$$

如果 $\delta<0$，则 $T_c>T_{c\infty}$，式 (3.204) 的解为

$$P=P_0I_0(r/\xi), \qquad (3.207)$$

I_0 为零阶虚宗量贝塞尔函数. 结合边界条件可得

$$\frac{I_1(d/2\xi)}{I_0(d/2\xi)}=-\frac{\xi}{\delta}.$$

与薄膜时的情形相比可知，这里的 $J_0(x)$和 $J_1(x)$分别相应于薄膜中的 $\cos x$ 和 $\sin x$，而 $I_0(x)$和 $I_1(x)$分别相应于薄膜中的 $\cosh x$ 和 $\sinh x$,.

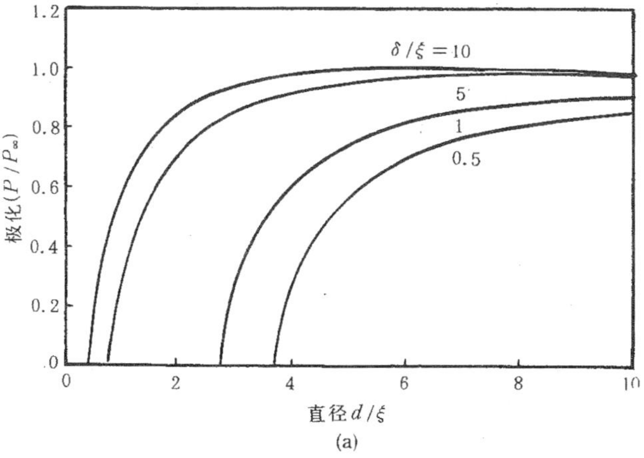

图 3.28 (a)　$\delta>0$ 时，长柱铁电体自发极化与直径的关系.

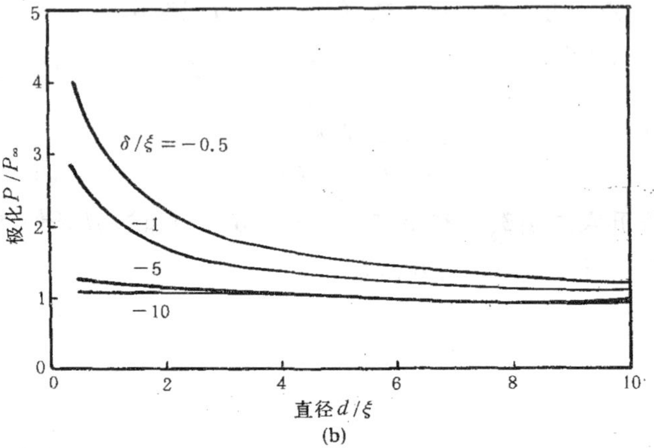

(b)

图 3.28 (b) $\delta<0$ 时，长柱铁电体自发极化与直径的关系.

与前面所述相似，用数值计算法可求得自发极化和居里点随直径的变化规律. 图 3.28(a)和图 3.28(b)分别示出了 $\delta>0$ 和 $\delta<0$ 时平均自发极化与直径的关系[83]. 从图中可看出，当 $\delta>0$ 时，圆柱中发生尺寸驱动的相变，δ 越小，铁电临界尺寸越大. 当 $\delta<0$ 时，自发极化随尺寸减小而增大，$|\delta|$ 越小，自发极化增大越明显. 不过，这是在不考虑 δ 的尺寸依赖性时得到的结果. 实际上，圆柱表面上的配位数也将随直径减小而减少，在赝自旋相互作用系数不变的条件下，这将使外推长度由负变正，与球形颗粒中的情况相似.

最后需要指出，迄今在处理有限尺寸铁电体的一级相变问题时，人们都采用 Scott 等在文献［68］中的自由能表达式［式(3.168)］. 最近，我们深入研究了这个问题，并进行了修正[84]. Scott 等在将二级相变自由能表达式推广到一级相变时，仅在体积分中加上极化的六次方项而保持表面项不变. 这种推广缺乏理论依据. 我们注意到，用赝自旋模型处理一级铁电相变时必须计入赝自旋的四次方项，因此我们从包含四体相互作用的横场 Ising 模型哈密顿量出发，推导出有限尺寸铁电体的自由能表达式. 结果表明，一级相变铁电体的自由能表达式中，表面项必须含极化的四次方项. 利用新的自由能表达式，我们成功地解释了一些原先无法解释的现象，例如 $BaTiO_3$ 陶瓷的表面层自发应变较小但相变温度较高[85]，$PbTiO_3$ 薄膜表面层晶轴比 c/a 较大而居里点较低[86]等.

参 考 文 献

[1] H. Muller, *Phys. Rev.*, **57**, 829 (1940); **58**, 565, 805 (1940).

[2] V. L. Ginzburg, *Zh. Eksp. Teor. Fiz.*, **15**, 739 (1945); **19**, 36 (1949).

[3] A. F. Devonshire, *Phil. Mag.*, **40**, 1040 (1949); **42**, 1065 (1951); *Adv. Phys.*, **3**, 85 (1954).

[4] C. Kittel, *Phys. Rev.*, **82**, 729 (1951).

[5] F. Jona, G. Shirane, Ferroelectric Crystals, Pergamon Press, Oxford (1962).

[6] E. Fatuzzo, W. J. Merz, Ferroelectricity, North-Holland, Amsterdam (1967).

[7] J. C. Burfoot, Ferroelectrics, An Introduction to the Physical Principles, Van Nostrand, London (1967).

[8] T. Mitsui, I. Tatsuzaki, E. Nakamura, An Introduction to the Physics of Ferroelectrics, Gordon and Breach, New York (1976). 中译本：倪冠军等译，殷之文校，铁电物理学导论，科学出版社 (1983).

[9] M. E. Lines, A. M. Glass, Principles and Applications of Ferroelectrics and Related Materials, Clarendon Press, Oxford (1977). 中译本：钟维烈译，王华馥校，铁电体及有关材料的原理和应用，科学出版社 (1989).

[10] G. A. Smolenskii, V. A. Bokov, V. A. Isupov, N. N. Krainik, R. E. Pasynkov A. I. Sokolov, Ferroelectrics and Related Materials, Gordon and Breach, New York (1984).

[11] J. Grindlay, An Introduction to the Phenomenological Theory of Ferroelectricity, Pergamon Press, Oxford (1970).

[12] Yu. A. Izyumov, V. N. Syromyatnikov, Phase Transitions and Crystal Symmetry, Kluwer Publishers, Dordrecht (1990).

[13] L. D. Landau, E. M. Lifshitz, Statistical Physics, 3rd Edition, Pergamon Press, Oxford (1980).

[14] 冯端等著，金属物理学，第二卷，相变，科学出版社 (1990).

[15] I. S. Zheludev, Solid State Physics, **26**, ed. by H. Ehrenreich, F. Seitz and D. Turnbull, Academic Press, New York, 429 (1971).

[16] V. L. Ginzburg, *Sov. Phys. Solid State*, **2**, 1824 (1960).

[17] V. K. Wadhawan, *Phase Transitions*, **3**, 3 (1982).

[18] 王竹溪，热力学，高等教育出版社，(1955).

[19] A. D. Bruce, R. A. Cowley, Structural Phase Transitions, Taylor and Francis, London (1981).

[20] V. H. Schmidt, A. B. Western, A. G. Baker, *Phys. Rev. Lett.*, **37**, 859.

(1976).
[21] E. I. Gerzanich, V. M. Fridkin, *Ferroelectrics*, **31**, 127 (1981).
[22] M. J. Haun, E. Furman, H. A. McKinstry, L. E. Cross, *Ferroelectrics*, **99** 27 (1989).
[23] W. L. Zhong, P. L. Zhang, H. C. Chen, F. S. Chen, Y. Y. Song, *Jpn. J. Appl. Phys.*, Supplement, **24** (2), 233 (1985).
[24] P. W. Anderson, Basic Notions of Condensed Matter Physics, Benjamin/Cummings, London (1984).
[25] 谢希德、蒋平、陆奋，群论及其在物理学中的应用，科学出版社 (1986).
[26] E. M. Lifshitz, *Zh. Eksp. Teor. Fiz.*, **11**, 255 (1941).
[27] C. Haas, *Phys. Rev.*, **140**, A863 (1965).
[28] E. Ascher, *J. Phys. C: Solid State. Phys.*, **10**, 1365 (1977).
[29] H. Schmid, *J. Phys. Soc. Jpn.*, **28** Supplement, 354 (1970).
[30] L. A. Shuvalov, *J. Phys. Soc. Jpn.*, **28** Supplement, 38 (1970).
[31] G. Burns, Solid State Physics, Academic Press, Orlando (1985).
[32] 张沛霖、钟维烈、赵焕绥、李翠平、宋永远、陈焕矗，科学通报，**11**，814 (1990).
[33] 钟维烈、张沛霖、赵焕绥、李翠平、陈焕矗、宋永远，硅酸盐学报，**18**，512 (1990).
[34] R. Blinc, B. Zeks, Soft Modes in Ferroelectrics and Antiferroelectrics, North-Holland, Amsterdam (1974). 中译本：刘长乐等译，殷之文校，铁电体和反铁电体中的软模，科学出版社 (1981).
[35] V. L. Ginzburg, A. P. Levanyuk, A. A. Sobyanin, *Ferroelectrics*, **73**, 171 (1987).
[36] V. L. Ginzburg, *Fiz. Tverd. Tela.*, **2**, 2031 (1960).
[37] D. J. Amit, D. J. Bergman, Y. Imry, *J. Phys. C: Solid State Phys.*, **6**, 2685 (1973).
[38] M. Tokunaga, T. Mitsui, *Ferroelectrics*, **11**, 451 (1974).
[39] T. Mitsui, E. Nakamura, M. Tokunaga, *Ferroelectrics*, **5**, 185 (1973).
[40] K. Deguchi, E. Nakamura, *Phys. Rev.*, **B5**, 1072 (1972).
[41] K. A. Muller, W. Berlinger, *Phys. Rev. Lett*, **26**, 13 (1971).
[42] R. A. Cowley, *Phys. Rev. Lett.*, **36**, 744 (1976).
[43] H. E. Stanley, Introduction to Phase Transitions and Critical Phenomena, Clarendon Press, Oxford (1971).
[44] L. P. Kadanoff, W. Gotze, D. Hamblen, R. Hecht, E. A. S. Lewis, V. V. Palciauskas, M. Rayl, J. Swift, D. Aspnes, J. Kane, *Rev. Mod. Phys.*, **39**, 395 (1967).
[45] R. B. Criffths, *Phys. Rev. Lett.*, **24**, 1479 (1970).
[46] K. G. Wilson, J. Kogut, *Phys. Rep.*, **12C**, 75 (1974).
[47] A. Aharony, B. I. Halperin, *Phys. Rev. Lett.*, **35**, 1308 (1975).
[48] I. A. Nielsen, R. J. Birgeneau, *Amer. J. Phys.*, **45**, 554 (1977).
[49] A. P. Levanyuk, D. G. Sannikov, *Zh. Eksp. Teor. Fiz.*, **55**, 256 (1968).
[50] V. Dvorak, *Ferroelectrics*, **7**, 1 (1974).
[51] M. Hosoya, *J. Phys. Soc. Jpn.*, **42**, 399 (1977).

[52] W. Cochran, *Adv. Phys.*, **18**, 157 (1971).
[53] K. Aizu, *J. Phys. Soc. Jpn*,, **33**, 629 (1972).
[54] M. Glogarova, F. Fousek, *Phys. Stat. Sol.*, (a) **15**, 579 (1973).
[55] S. E. Cummins, *Ferroelectrics*, **1**, 11 (1970).
[56] J. Fousek, C. Konak, *Czech. J. Phys.*, **B22**, 995 (1972).
[57] F. Smutny, J. Fousek, *Phys. Stat. Sol.*, **40**, K13. (1970).
[58] R. Blinc, *Condensed Matter News*, **1** (1), 17 (1991).
[59] Y. I. Sirotin, M. P. Shaskolskaya, Fundamentals of Crystal Physics, Mir Publishers, Moscow, 456 (1982).
[60] R. E. Newnham, *Amer. Mineraligist*, **57**, 906 (1974).
[61] K. Aziu, *J. Phys. Soc. Jpn.*, **34**, 121 (1973).
[62] K. Aziu, *Phys. Rev.*, **B2**, 754 (1970).
[63] R. E. Newnham, L. E. Cross, Preparation and Characterization of Materials, Ed. by T. M. Honig and C. N. R. Rao, Academic Press, New York (1981).
[64] D. R. Tilley, B. Zeks, *Solid State Commun.*, **49**, 823 (1984).
[65] Baodong Qu, Weilie Zhong and Peilin Zhang, *J. Phys.: Condensed Matter*, **6**, 1207 (1994).
[66] C. L. Wang, *Solid State Commun.*, **82**, 743 (1992).
[67] 王春雷、钟维烈、张沛霖，物理学报，**42**，1703 (1993).
[68] J. F. Scott, H. M. Duiker, P. D. Beale, B. Pouligny, K. Dimmler, M. Parris, D. Butler, S. Eaton, *Physica*, **B150**, 160 (1988).
[69] I. P. Batra, P. Wuefel, B. D. Silverman, *Phys. Rev. Lett.*, **30**, 384 (1973).
[70] P. Wuefel, I. P. Batra, *Phys. Rev.*, **B8**, 5126 (1973).
[71] R. Kretschmer and K. Binder, *Phys. Rev.*, **B20**, 1065 (1979).
[72] K. Binder, *Ferroelectrics*, **35**, 99 (1981).
[73] D. R. Tilley, B. Zeks, *Ferroelectrics*, **134**, 313 (1992).
[74] W. L. Zhong, Y. G. Wang, P. L. Zhang, *Phys, Lett.*, **A189**, 121 (1994).
[75] K. Ishikawa, K. Yoshikawa, N. Okada, *Phys. Rev.*, **B37**, 5852 (1988).
[76] W. L. Zhong, B. Jiang, P. L. Zhang, J. M. Ma, H. M. Cheng, Z. H. Yang, L. X. Li, *J. Phys,: Condensed Matter*, **5**, 2619 (1993).
[77] K. Uchino, E. Sadanaga, T. Hirose, *J. Am. Ceram. Soc.*, **72**, 1555 (1989).
[78] Y. G. Wang, W. L. Zhong, P. L. Zhang, *Solid State Commun.*, **90**, 329 (1994).
[79] W. L. Zhong, Y. G. Wang, P. L. Zhang, B. D. Qu, *Phys. Rev.*, **B50**, 698 (1994).
[80] Y. G. Wang, W. L. Zhong, P. L. Zhang, *Solid State Commun.*, **92**, 519 (1994).
[81] M. G. Cottam, D. R. Tilley, B. Zeks, *J. Phys. C: Solid State Phys.*, **17**, 1793 (1984).
[82] S. Schlag, F. E. Eicke, *Solid State Commun.*, **91**, 883 (1994).

[83] Y. G. Wang, P. L. Zhang, C. L. Wang, W. L. Zhong, N. Napp, D. R. Tilley, *Chin. Phys. Lett*, **12**, 110 (1995).
[84] Y. G. Wang. W. L. Zhong, P. L. Zhang, *Phys. Rev.* **B53**, 11439(1996).
[85] M. Anliker, H. R. Brugger, W. Kanig, *Helv. Phys. Acta.*, **27**, 99 (1954).
[86] W. G. Liu, L. B. Kong, L. Y. Zhang, X. Yao, *Solid State Commun.* **93**, 653 (1995).

第四章　铁电相变的微观理论

基于朗道理论的铁电相变热力学理论，经过 Müller，Ginzburg 和德文希尔等人的工作，在 50 年代即已基本成熟．但是，从原子水平上阐明铁电性的微观理论，直到 60 年代初才有了突破性的进展．微观理论发展较晚的原因，一方面是铁电性的起因比较复杂，它与晶体结构、电子结构、长程和短程相互作用等都有关系；另一方面，大多数铁电体（特别是早期发现的罗息盐和磷酸二氢钾）的结构相当复杂，给精确的结构测定和其他微观研究造成了困难．从 Jona 和 Shirane 的著作[1]中可以看出，60 年代以前，微观理论只有一些针对特定晶体的模型理论，它们往往需要一些物理意义不够明确的假设，而且即使对同一晶体也只能说明一部分现象．这些理论后来大多已被淡忘．不过，Slater 关于 $BaTiO_3$ 的理论[2]和关于 KH_2PO_4 的理论[3]还是对后来的发展起了重要的作用．前者强调了氧八面体中 Ti 离子运动对极化的贡献，后者指出了氢键中质子有序化是 KH_2PO_4 自发极化的起因．

进入 60 年代，微观理论有了突破．Cochran 和 Anderson 另辟蹊径，他们提出，铁电相变理论应该在晶格动力学的范围内加以研究，而且只需注意相变时频率降低的光学横模（“软模”）．软模本征矢的“冻结”造成了原子的静态位移，后者使晶体中出现自发极化．这种思想在文献［4，5］中提出，在文献［6—8］中得到了系统的阐述和发挥．软模理论揭示了铁电相变的共性，指出铁电（和反铁电）相变都只是结构相变的特殊情况．这个理论很快得到实验的支持，促进了铁电体物理学的发展．

软模理论最初只是用来处理位移型系统的，后来人们认识到[9,10]，其基本观点也适用于有序无序系统．不过在有序无序系统中，相变时软化的集体激发不是晶格振动模而是赝自旋波，后者描述了粒子在双势阱中的分布和运动. 赝自旋波理论中的主要模型是横场 Ising 模型.

进一步的研究表明，铁电相变往往既有位移型的特征，又有有序无序特征，因而理论应该同时计入两种机制的作用，于是人们从不同的角度提出了关于铁电相变的统一理论[11—13].

软模理论集中注意晶格振动，但晶格振动与电子结构之间有耦合，要全面解释自发极化时，不但要考虑离子实的位移，而且还要计入电子的贡献，在这样的基础上，出现了铁电性的振动-电子理论[14].

近年来，横场 Ising 模型本身有不少新的发展. 例如，引入四体相互作用后可以处理一级相变，对表面和界面引入不同于体内的横场和赝自旋相互作用参量，可以处理薄膜和铁电超晶格.

由于电子密度函数理论的发展和高速电子计算机的应用，现在人们已可以从第一性原理出发来计算铁电体的电子结构[15]. 这是近年来铁电微观理论方面的最重要进展之一.

本章主要论述位移型铁电体的软光学模，有序无序型铁电体的赝自旋波，薄膜和铁电超晶格的横场 Ising 模型，位移型和有序无序型铁电体的统一理论，振动-电子理论以及铁电体的第一性原理计算等.

§4.1 铁电软模的基本概念和实例

4.1.1 布里渊区中心光学横模的软化与铁电相变

我们在§2.1中介绍了 $BaTiO_3$ 的晶体结构. 在 T_c 以上，$BaTiO_3$ 属空间群 $Pm3m$ (O_h^1)，在 T_c 以下，空间群为 $P4mm$ (C_{4v}^1). 晶胞中原子的位置数值如表 4.1 所列出. 可以看到，铁电相变中 Ti 原子和 O 原子分别发生了沿 $+Z$ 和 $-Z$ 轴的静态位移.

设想在某个晶格振动模中，Ti 原子和 O 原子作相向振动，而且振动的本征矢沿 c 轴，其在某一瞬间的图象如图 4.1 所示. 当降温到某个温度时，该振动“冻结”，原子偏离平衡位置的振幅成为静态位移．原子既已进入新的平衡位置，晶体的对称性也就发生了变化．伴随着正负离子的相对静态位移，形成了沿位移轴的电偶极矩．这就是铁电相变的一种简单描述．

表 4.1　$BaTiO_3$ 在 T_c（=120℃）以上和以下的原子位置[16]

原子	T=150℃			T=25℃		
	x	y	z	x	y	z
Ba	0	0	0	0	0	0
Ti	0.5	0.5	0.5	0.5	0.5	0.5+0.0135
O Ⅰ	0.5	0.5	0	0.5	0.5	−0.0250
O Ⅱ	0.5	0	0.5	0.5	0	0.5−0.0150
O Ⅲ	0	0.5	0.5	0	0.5	0.5−0.0150

铁电软模理论的基本概念是：铁电性的产生联系于布里渊区中心某个光学横模的软化．

“软化”在这里表示频率降低．简谐振子的圆频率可以写为 $\omega \propto (k/m)^{1/2}$，其中 k 是力系数，m 为质量．力系数小意味着“软”，它与频率降低是一致的．软化到频率为零时，原子不能回复到原来的平衡位置，称为冻结或凝结．

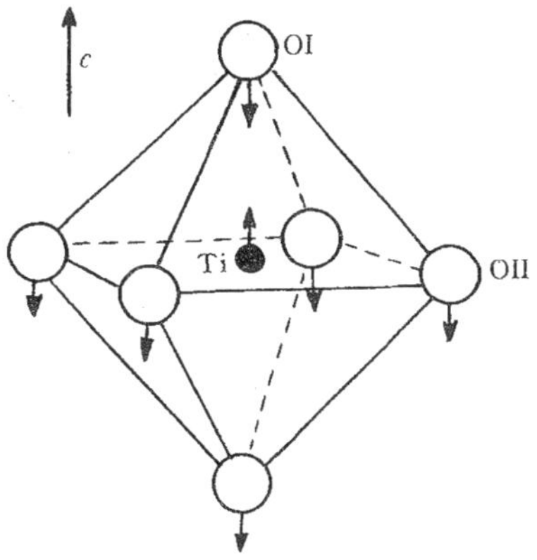

图 4.1　某个光学模中，Ti 原子和 O 原子的瞬时位移图象．

光学模表明正负离子相向运动．布里渊区中心的模即波矢 $\boldsymbol{q}$ 为零（波长无穷大）的模．在布里渊区中心的光学模中，每个晶胞中对应的离子在同一时刻有相同的位相．如果这种模冻结，每个晶胞中正负离子将保持同样的相对位移，于是整个晶体呈现均匀的自发极化，如图 4.2 (a) 所示，如果冻结的是布里渊区边界的光学模，则顺电相的相邻晶胞具有大小相等方向相反的电偶极矩. 这就是反铁电结构，如图 4.2 (b) 所示. 显然，在反铁电相中，晶胞边长比顺电相时加倍. 与布里渊区边界模冻结相联系的相变因有晶胞体积倍增的特点，被称为晶胞体积倍增相变. 当然，并不是所有的晶胞体积倍增相变都是反铁电相变，只有布里渊区边界极性模冻结才可造成反铁电有序.

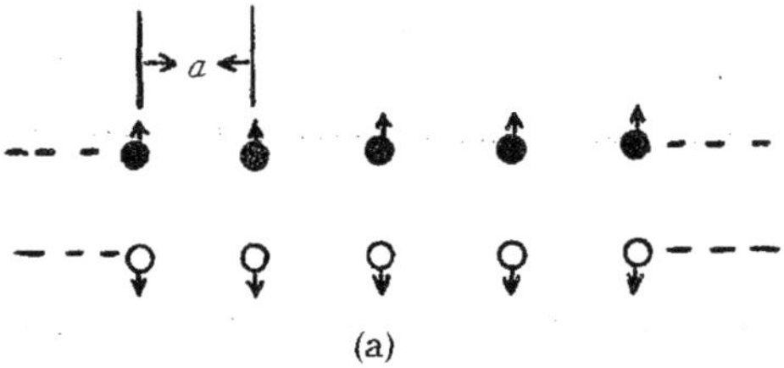

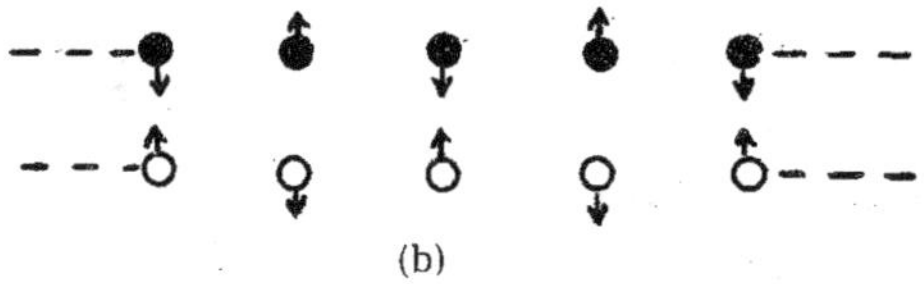

图 4.2　(a) $q=0$ ($\lambda=\infty$) 的光学横模示意图，a 为晶格常数；(b) $q=\pi/a$ ($\lambda=2a$) 的光学横模示意图.

声学模描写的是相邻原子的同向运动，并不伴随着极性的变化，所以声学模的冻结不可能导致自发极化. 但布里渊区中心声学模的冻结可导致自发应变，即发生铁弹相变.

上面从原子的位移中看到，波矢为零的光学横模的冻结可说明自发极化的出现，另一方面，光学横模频率的降低还可说明铁电相变时静态电容率的发散，而后者是本征铁电相变的标志性特征之一.

忽略阻尼时，离子晶体的电容率与晶格振动频率之间的 LST

关系（见§6.2）为[17]

$$\frac{\varepsilon(0)}{\varepsilon(\infty)} = \frac{\prod\limits_i \omega_{\mathrm{LOi}}^2}{\prod\limits_i \omega_{\mathrm{TOi}}^2},$$

式中 ε (0) 和 ε (∞) 分别为静态电容率和光频电容率，$\omega_{\mathrm{LO}i}$和 $\omega_{\mathrm{TO}i}$ 分别为第 i 个光学纵模和光学横模的频率. 因为 ε (∞) 和各 $\omega_{\mathrm{LO}i}$ 基本上与温度无关，所以只要某一个光学横模的频率 $\omega_{\mathrm{TO}i}$趋近于零，就会导致 ε (0) 发散.

按照朗道理论，相变点附近弹性吉布斯自由能由式（3.10）表示

$$G_1 = G_{10} + \frac{1}{2}\alpha_0(T - T_0)D^2 + \frac{1}{4}\beta D^4 + \frac{1}{6}\gamma D^6,$$

对于二级相变，$T_0 = T_c$. 另一方面，若用一维准谐振子来描写我们的系统，则自由能可写为

$$\Phi = \Phi_0 + \frac{1}{2}\omega^2\langle Q\rangle^2 + \text{高次项},$$

式中 ω 为振子频率，$\langle Q\rangle$ 为正则坐标平均值. 比较此二式可知，$\langle Q\rangle$ 代表序参量，而有关的振模频率为

$$\omega^2 = \alpha_0(T - T_c), \tag{4.1}$$

温度趋近 T_c 时该模软化. 此式建立了软模频率与自由能展开式系数的关系.

4.1.2 软模相变的几个实例

由布里渊区中心晶格振动模导致的结构相变称为铁畸变性（ferrodistortive）相变. 本征铁电相变都是铁畸变性相变，它是布里渊区中心极性模凝结，从而产生自发极化的铁畸变性相变. 如果导致相变的软模波矢不在布里渊区中心，则称为反铁畸变性（antiferrodistortive）相变. 其中最有兴趣的是，软模波矢位于布里渊区边界，因为它可导致反铁电相变.

铁电相变软模理论提出以后，人们用中子散射、Raman 散射

等方法对软模进行了广泛的实验，形成了结构相变研究工作的一个热潮. Scott 对光散射研究工作[18]，Shirane 对中子散射研究工作[19]分别进行了全面的综述.

钙钛矿型晶体的化学式通常以 ABO_3 代表，但其中的负离子也可以是 F，Cl 等. 钙钛矿型晶体在其高温原型相为简立方结构，空间群为 $Pm3m(O_h^1)$. 简立方晶体的第一布里渊区如图 4.3 所示，图中用通行的符号标记了几个特殊的点. 该结构中每个原胞有 5 个原子，故有 15 个晶格振动支，其中 3 个为声学支，12 个为光学支. 在布里渊区中心 Γ 点 (0，0，0)，12 个光学模按点群 O_h 的 $3T_{1u}+T_{2u}$的不可约表示变换. $T_{1u}(\Gamma_{15})$和 $T_{2u}(\Gamma_{25})$模都是三重简并的，位移沿 3 个立方边的任一个时，振动具有相同的能量. 长程的 $(\boldsymbol{q}\approx 0)$静电相互作用降低了 $T_{1u}(\Gamma_{15})$的简并度，使每个 T_{1u}模成为二重简并的光学横模 (TO) 和一个非简并的光学纵模 (LO). 其中一个 TO 模就是铁电软模. 这个模的本征矢如图 4.4 (a) 所示. 经过相变进入四方晶系 (空间群 $(P4mm, C_{4v}^1)$ 后，T_{1u}和 T_{2u}模分别按点群 C_{4v}的不可约表示 A_1+E 和 B_1+E 变换. 这些模被标记为 A_1(1TO)，A_1(2TO)，A_1(3TO)，E(1TO)，E(2TO)，E(3TO) 等，其中 E(1TO)模是软模[20].

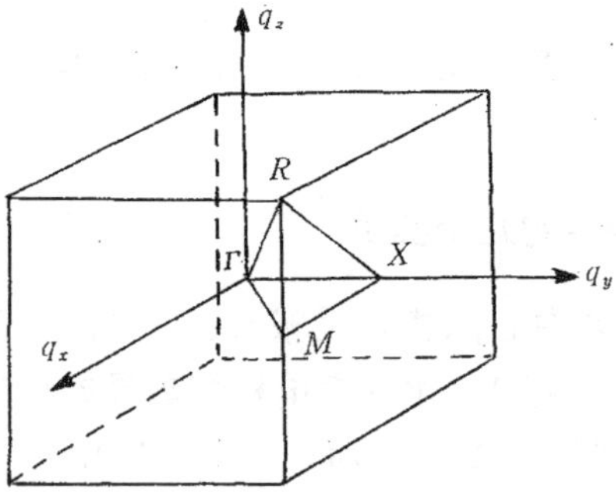

图 4.3 简立方晶格的第一布里渊区.

在布里渊区顶角 R 点 (1/2，1/2，1/2) π/a，有软模 Γ_{25}，其

本征矢如图 4.4 (b) 所示. 它表示邻层氧八面体绕立方轴反向回摆. 在布里渊区边界 M 点 (1/2, 1/2, 0) π/a, 有振模 M_3, 其本征矢如图 4.4 (c) 所示. 它表示相邻氧八面体绕立方轴同向回摆.

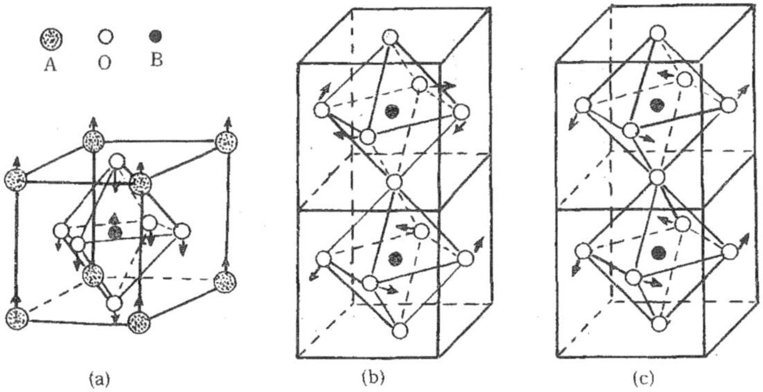

图 4.4　ABO_3 立方晶体中, Γ 点光学软模 T_{1u}(a), R 点光学软模 Γ_{25}(b)和 M 点光学软模 M_3(c)中原子振动示意图.

显然, 图 4.4 (a) 所示振动的凝结将在晶体中形成铁电相, 因而预期钙钛矿型铁电体的顺电-铁电相变可用该软模加以说明.

$BaTiO_3$ 的顺电-铁电相变因有一定的有序无序特征且软模是过阻尼的, 软模的观测相当困难, 例如 Raman 谱有一以零频率为中心的宽峰, 软模峰被淹没于其中难以确定. 不过, 中子散射还是得到了 Γ 点 T_{1u}模的频率软化情况. 在 T_c=120℃以上, 软模频率平方 $\omega_s^2=\alpha_0\ (T-T_0)$, T_0 是居里-外斯温度.

$KNbO_3$ 在 T_c=435℃时的相变与 $BaTiO_3$ 的相似, 铁电软模是过阻尼的. 由中子散射可得知, Γ 点 T_{1u}模的频率符合 $\omega_s^2\propto(T-T_0)$, 由 ω_s^2 的外推得到 T_0=370℃.

$PbTiO_3$ 的顺电-铁电相变伴随着一个欠阻尼的软模, 由 $\omega_s^2\propto(T-T_0)$ 得出, T_0=440℃. 图 4.5 示出了 $PbTiO_3$ 中 Γ 点光学软模 [T_c 以上是一个 T_{1u}光学横模, T_c 以下是 E (1TO) 模] 频率与温度的关系. T_c 以上[21]和以下[20]的结果分别是用中子散射和

Raman 散射得到的.

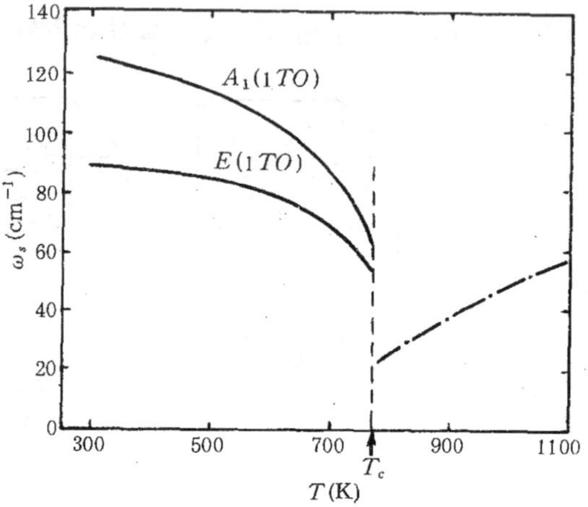

图 4.5 $PbTiO_3$ 铁电软模的频率与温度的关系[20,21].

$KTaO_3$和 $SrTiO_3$是所谓的"先兆性铁电体". $KTaO_3$ 在约 10K 以上电容率呈现居里-外斯行为,但直至绝对零度仍保持为立方顺电相. 在约 4K 以上观测到 Γ 点 T_{1u}模的软化, $T=4$K 时, 此模频率达 $21\mathrm{cm}^{-1}$. $SrTiO_3$ 在约 40K 以上电容率呈现居里-外斯行为, 预示着低温铁电相的出现,但直至零度仍保持为四方($I4/mcm$)顺电相. 在约 100K 以上观测到 Γ 点一个光学横模的软化, 100K 时其频率 ω_s 为 $43\mathrm{cm}^{-1}$, 将 ω_s^2 对 T 的直线外推得交点 $T\approx 40$K.

与图 4.4 (a) 所示的铁电模相反, 图 4.4 (b) 和图 4.4 (c) 所示的模是非极性的,它们的凝结不会导致铁电或反铁电有序,也不伴随着介电反常.

$SrTiO_3$在 105K 发生由高温立方相 ($Pm3m$) 到低温四方相 ($I4/mcm$) 的相变. 中子散射表明, 该相变相应于 R 点 Γ_{25}模的凝结. 图 4.6 示出了该模的温度依赖性. 在 105K 以上, $\omega^2\propto(T-T_c)$. 因为这是一种非极性模, 相变附近无介电反常, 与预期的一致.

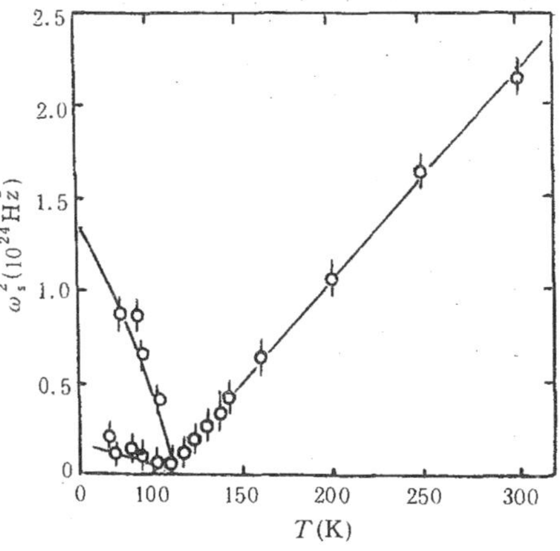

图 4.6　$SrTiO_3$ 中 R 点软模频率与温度的关系[22].

$KMnF_3$和 $CsPbCl_3$ 分别在 186K 和 320K 发生由立方相到四方相的转变，前者相应于 R 点 Γ_{25}模的凝结，后者相应于 M 点 M_3 模的凝结.

软模相变是晶格振动模的凝结导致的相变. 模的凝结形成了原子的静态位移，从而形成了新相，所以可用原子的静态位移作为相变的序参量. 高温相序参量 $\eta=0$，低温相 η 才有不为零的值. 振模的本征矢描述了原子位移的图样，故振模本征矢在相变点附近的静态分量就是序参量. 在图 4.4 (a) 所示的软模导致的铁电相变中，序参量是原子沿四重轴的静态位移 δ_z. 在图 4.4 (b) 所示的 Γ_{25}模导致的晶胞体积倍增相变中，序参量是八面体绕四重轴的转角 φ.

由图 4.5 和图 4.6 可看到，$SrTiO_3$ 的 Γ_{25}模在 105K 附近冻结，但 $PbTiO_3$ 的铁电软模在相变温度仍不为零. 这是因为 $SrTiO_3$ 的晶胞体积倍增相变是二级的，而 $PbTiO_3$ 的相变是一级的. 一级相变时序参量从零跃变到有限值，即原子静态位移突然出现，所以软模频率显示突变. 另外，一级相变时电容率并不发散，结合 LST 关系可知，这与软模频率不等于零也是一致的.

前面我们是从降温过程中引入软模概念的．实际上如图 4.5 和 4.6 所示，低温相也有软模．高温相的软模在降温到相变温度时不稳定，进入低温相后，该模分裂成两个或多个模，其中一个是软模．不过低温相软模的本征矢可能与高温相的不同[23].

§ 4.2　软模的机制

4.2.1　短程力与库仑力的平衡

通常，处理晶格振动问题是从晶格势能出发．在简谐近似下，认为晶格势能只依赖于原子位移的二次方项

$$\Phi = \frac{1}{2}\sum_{l_1k_1\alpha}\sum_{l_2k_2\beta}\phi_{\alpha\beta}(l_1k_1,l_2k_2)u_\alpha(l_1k_1)u_\beta(l_2k_2), \qquad (4.2)$$

式中 l 和 k 分别是晶胞和晶胞中原子的编号，α，$\beta=1$，2，3 代表直角坐标轴，u_α (l_1k_1) 是原子 (l_1k_1) 偏离其平衡位置位移的 α 分量．原子的瞬时位置坐标分量为

$$r_\alpha(l_1k_1) = R_\alpha(l_1k_1) + u_\alpha(l_1k_1), \qquad (4.3)$$

其中 R_α 表示平衡位置．矩阵 $\phi_{\alpha\beta}$称为力系数矩阵

$$\phi_{\alpha\beta}(l_1k_1,l_2k_2) = \left.\frac{\partial^2\Phi}{\partial r_\alpha(l_1k_1)\partial r_\beta(l_2k_2)}\right|_0, \qquad (4.4)$$

其中 0 表示取偏微商值时令 $r_\alpha=R_\alpha$.

运动方程为

$$m_k\left[\frac{\partial^2 u_\alpha(l_1k_1)}{\partial t^2}\right] = -\sum_{l_2k_2\beta}\phi_{\alpha\beta}(l_1k_1,l_2k_2)u_\beta(l_2k_2), \qquad (4.5)$$

式中 m_k 是原子 k 的质量．解运动方程可得出晶格振动模．原子偏离平衡位置的位移可表示为各正则模坐标的线性叠加

$$u_\alpha(lk) = (Nm_k)^{-1/2}\sum_{qj}e_\alpha(k,\boldsymbol{q}j)\,|Q(\boldsymbol{q}j)|$$
$$\exp[i(\boldsymbol{q}\cdot\boldsymbol{R}(lk) - \omega_j(\boldsymbol{q})t)], \qquad (4.6)$$

式中$|Q$ $(\boldsymbol{q}j)$ $|$正比于正则模位移的振幅,$\boldsymbol{q}$ 是该模的波矢，j 表明该正则模属色散曲线的哪一支，N 是晶体中原胞的总数，e_α 是正则模本征矢的 α 分量，$\boldsymbol{R}(lk)$是该原子的平衡位置.

上式右边有一因子 $N^{-1/2}$，可能使人认为任一原子的位移都极端微小. 实际上，频率很低的振模（软模）产生的位移可能相当大. 因为 $|Q(qj)|$ 与频率的关系为

$$\omega_j^2(\boldsymbol{q})|Q(\boldsymbol{q}j)|^2 = E_j(\boldsymbol{q}),$$

$E_j(\boldsymbol{q})$为该模的能量. 由玻耳兹曼统计可知

$$E_j(\boldsymbol{q}) = \hbar\,\omega_j(\boldsymbol{q})\left\{\frac{1}{2} + \left[\exp\left(\frac{\hbar\,\omega_j(\boldsymbol{q})}{kT}\right) - 1\right]\right..$$

对于接近于零的 $\omega_j(\boldsymbol{q})$，上式给出 $E_j(\boldsymbol{q}) = kT$，所以 $|Q(\boldsymbol{q}j)|$ 可任意大，由该模所造成的原子位移 $u_\alpha(lk)$ 可能相当大. 通常，位移型铁电体铁电相原子相对于顺电相的静态位移约为晶格常数的 10^{-2} 量级. 软模冻结造成如此大小的静态位移是完全可能的.

实际晶体中原子相互作用很复杂，难以写出力系数的具体形式. 不过为了显示铁电软模的主要特征，可以只讨论简化的情况. Cochran[4,6,7]考虑一个由两种原子组成的立方晶体，而且只考虑两个沿立方晶胞边的光学振动. 设波矢沿［100］方向，位移沿［001］（横模）或［100］（纵模）方向. 采用壳层模型，认为离子由离子实及与其耦合的电子层所组成. 相互作用力有两部分，一是离子间的短程力，来源于电子层重叠时泡利不相容原理导致的排斥；另一部分是库仑作用力. 因为考虑的是光学模，正负离子的相向振动在晶体中形成了随时间改变的极化 $\boldsymbol{P}$，亦即形成了内电场. 因立方对称，内场可表示为 $\boldsymbol{P}/(3\varepsilon_0)$. 离子受到的库仑力为 $Ze\boldsymbol{P}/(3\varepsilon_0)$，$Ze$ 是该离子的电荷. 在这样的条件下，运动方程简单易解，Cochran 得到，$\boldsymbol{q}=0$ 的光学横模的频率由下式表示[6,7]：

$$\mu\omega_{TO}^2 = R'_0 - \frac{[\varepsilon(\infty) + 2\varepsilon_0](Z'e)^2}{9v\varepsilon_0}, \tag{4.7}$$

式中 μ 是离子的约化质量，$Z'e$ 是其有效电荷，v 是晶胞体积，$\varepsilon(\infty)$ 和 ε_0 分别是晶体的光频电容率和真空电容率，R'_0 为有效短程力系数.

对于光学纵模，离子振动形式的有效电场除开与极化同向

的$\boldsymbol{P}/(3\varepsilon_0)$外，还有与极化反向的退极化场. Cochran将退极化场写成$-\boldsymbol{P}/\varepsilon_0$，于是作用于离子上的总电场为

$$\boldsymbol{P}/(3\varepsilon_0)-\boldsymbol{P}/\varepsilon_0.$$

解运动方程给出 $\boldsymbol{q}=0$ 的光学纵模频率为

$$\mu\omega_{LO}^2=R'_0+\frac{2[\varepsilon(\infty)+2\varepsilon_0](Z'e)^2}{9v\varepsilon(\infty)}. \tag{4.8}$$

此二式表明，振模频率决定于两部分的贡献，一为短程排斥力，一为长程库仑力. 对于 TO 模来说，这两部分是相消的. 如果这两部分力大小相等，则促使原子回到平衡位置的力等于零，原子偏离平衡位置的位移将被冻结，即原子进入新的平衡位置，晶体由一种结构变为另一种结构. 对 LO 模来说，这两部分作用力是相长的，总的作用力不会为零，所以 LO 模不可能是对铁电相变负责的机制.

式 (4.7) 给出 ω_{TO}^2为零的条件是

$$R'_0=\frac{[\varepsilon(\infty)+2\varepsilon_0](Z'e)^2}{9\varepsilon_0 v}. \tag{4.9}$$

对于碱卤晶体(如 NaCl)，上式中左右两边虽然数量级相同，但 R'_0 约为右边的两倍，所以这类晶体中不会出现铁电性.

4.2.2 非谐相互作用[24,25]

计入晶格振动的非谐性，晶格势能中应包含与原子位移三次方及更高次方有关的项. 非谐晶格势能可由正则模坐标 Q 表示为

$$\begin{aligned}\Phi=&[\omega_0(\lambda)^2Q(\lambda)Q(-\lambda)]+\frac{1}{3!}\sum_{\lambda_1,\lambda_2,\lambda_3}V^{(3)}_{\lambda_1\lambda_2\lambda_3}Q(\lambda_1)Q(\lambda_2)Q(\lambda_3)\\&+\frac{1}{4!}\sum_{\lambda_1,\lambda_2,\lambda_3,\lambda_4}V^{(4)}_{\lambda_1\lambda_2\lambda_3\lambda_4}Q(\lambda_1)Q(\lambda_2)Q(\lambda_3)Q(\lambda_4)+\cdots,\end{aligned} \tag{4.10}$$

式中 λ_i 是正则模的标记，$\pm\lambda_i=\pm\boldsymbol{q}_i j_i$. 非谐项系数 $V^{(n)}_{\lambda_1\cdots\lambda_n}$是非谐力系数 $\phi_{\alpha\beta\gamma}$和振动方向以及位置矢量的函数. 非谐晶格动力学比简谐晶格动力学要复杂得多，这里只简单介绍 Cowley 用格林函数方法处理弱非谐晶体的结果[24].

在非谐晶体中，各正则模之间有相互作用，这使它们的频率发生变化．正则模 $\boldsymbol{q}j$ 的重正化频率可以写为

$$\omega_T^2(\boldsymbol{q}j) = \omega_0^2(\boldsymbol{q}j) + 2\omega_0(\boldsymbol{q}j)D(\boldsymbol{q}jj',\Omega), \tag{4.11}$$

这里 ω_0 $(\boldsymbol{q}j)$ 是简谐频率，D $(\boldsymbol{q}jj',\ \Omega)$ 是非谐振动对模的自能 (self-energy) 的贡献，Ω 是外加信号场的频率．自能 D 是一个复量

$$D(\boldsymbol{q}jj',\Omega) = \Delta(\boldsymbol{q}jj',\Omega) - i\Gamma(\boldsymbol{q}jj',\Omega), \tag{4.12}$$

实部 Δ 反映了非谐相互作用引起的正则模频移，虚部 Γ 是声子弛豫时间的倒数．实部可写为

$$\Delta(\boldsymbol{q}jj',\Omega) = \Delta^E + \Delta_3 + \Delta_4 + \cdots = \Delta^E + \Delta^A, \tag{4.13}$$

其中 Δ^E 起源于纯体积效应，是热膨胀引起的频移，可用热应变表示为

$$\Delta^E = \frac{2}{\hbar}\sum_{\alpha\beta} V_{\alpha\beta}(\lambda^- \lambda')x_{\alpha\beta}^T, \tag{4.14}$$

Δ^A 是一种纯温度效应（与体积无关）．在微扰展开中，三次方非谐性的贡献 Δ_3 和四次方非谐性的贡献 Δ_4 有相同的量级．Δ_3 中的主要项为

$$\Delta_3 = -\frac{18}{\hbar^2}\sum_{\lambda_1}\sum_{\lambda_2}|V(\lambda\lambda_1\lambda_2)|^2\left[\frac{n_1+n_2+1}{\Omega+\omega_1+\omega_2} - \frac{n_1+n_2+1}{\Omega-\omega_1-\omega_2}\right.$$
$$\left. + \frac{n_2-n_1}{\Omega+\omega_1-\omega_2} - \frac{n_2-n_1}{\Omega-\omega_1+\omega_2}\right], \tag{4.15}$$

Δ_4 中的主要项为

$$\Delta_4 = \frac{12}{\hbar}\sum_{\lambda_1} V(\lambda^- \lambda' \lambda_1 \lambda_1^-)[2n_1+1], \tag{4.16}$$

这里 λ_1^- 与 λ_1 的关系是 j 相同，$\boldsymbol{q}$ 反号．以上二式中，ω_i 是振模频率，$n_i = n(\boldsymbol{q}_i j_i) = [\exp(h\omega_i/kT) - 1]^{-1}$，是玻色-爱因斯坦统计中声子的占有数．

式 (4.12) 中的虚部为

$$\Gamma(\boldsymbol{q}jj',\Omega) = \frac{18\pi}{\hbar^2}\sum_{\lambda_1}\sum_{\lambda_2}|V(\lambda\lambda_1\lambda_2)|^2\{(n_1+n_2+1)$$
$$[\delta(\Omega-\omega_1-\omega_2) - \delta(\Omega+\omega_1+\omega_2)]$$

$$+ (n_2 - n_1)[\delta(\Omega - \omega_1 + \omega_2) \\ - \delta(\Omega + \omega_1 - \omega_2)]\}. \tag{4.17}$$

由式（4.16）可知，Δ_4 与频率无关．其值可正可负，取决于四次方势的符号．另一方面，式（4.15）表明，Δ_3 与频率 Ω 有关，虽然三次方势以平方形式出现，但 Δ_3 仍可因 Ω 不同而有不同的符号．Cowley 的计算表明[24]，对于 $SrTiO_3$ 中布里渊区中心的光学横模，当 $\Omega \leqslant 14\times10^{12}$Hz 时，$\Delta_3$ 为负，若 Ω 更高，则 Δ_3 为正．

在足够高的温度，$kT \gg \hbar\omega_i$，$n_i \approx kT/(\hbar\omega_i)$，可以认为声子占有数及热应变都随温度线性变化，从而有

$$2\omega_0(\boldsymbol{q}_j)D(\boldsymbol{q}jj', \Omega) = aT, \tag{4.18}$$

式中 a 是正的常量．于是式（4.11）可写为

$$\omega_T^2(\boldsymbol{q}j) = \omega_0^2(\boldsymbol{q}j) + aT. \tag{4.19}$$

上式对于弱非谐晶体（如碱卤晶体[24]）和呈现微弱的软模行为的晶体（如 TiO_2[26]）较好地成立．在这些晶体中，Δ 只是对 ω_0 的一个小的修正．但如果晶体中出现导致相变的软模，则修正量增大，以致于 Δ 对 ω_T 有决定性的贡献．如果没有 Δ，软模的简谐频率将为虚数．正是 Δ 才使振模变得稳定．Cochran 在其关于铁电软模相变的早期论文[4,6,7]中就指出，非谐相互作用使软模频率 ω_s 保持为实数．对于软模系统，我们将式（4.19）写成

$$\omega_s^2 = \omega_0^2 + aT, \tag{4.20}$$

为了方便，式中省去了振模的标记 $\boldsymbol{q}j$．对于许多呈现位移型结构相变的系统，振模频率 ω_s 对温度的依赖性如式（4.1）所示，即

$$\omega_s^2 = b(T - T_c), \tag{4.21}$$

其中 b 是与居里常量成反比的正的常量，T_c 是居里温度．设 $a=b$，由以上二式可得

$$\omega_0^2 = - bT_c. \tag{4.22}$$

由此看到，只要 T_c 不等于绝对零度，简谐频率就是虚数．经非谐修正后，ω_s 才为实数．

由以上二式可知，如果测出不同温度下的 ω_s^2，将 $\omega_s^2(T)$ 直线

外推到 $T=0$，即可估算出 ω_0.

按照软模图象，如果晶体在高于绝对零度的 T_c 发生相变，则在相变时 $\omega_0^2<0$，$\omega_s^2=0$. 如果晶体呈现软模行为，但直到绝对零度仍不发生相变（就像“先兆性铁电体”$KTaO_3$ 和 $SrTiO_3$ 那样），则在 $T=0K$ 时，ω_0^2 有一正或负的很小的值. 如果此时 $\omega_0^2<0$，则使振模仍然稳定的因素只能是零点振动的非谐性. 将此非谐性记为 Δ_0^A，则在 $T=0K$ 时

$$\omega_s^2 = \omega_0^2 + m\Delta_0^A, \tag{4.23}$$

式中 m 为常量.

总之，非谐相互作用理论就是从非谐性对振模频率的影响来解释软模机制. 在简谐近似中的 ω_0^2 在相变时应为负值，非谐性通过 Δ^A 使频率重正化为 ω_s，后者为实数，于是晶体得以稳定. 温度降低时，非谐性减弱，它对振模频率的重正化作用减小，当 $T\to T_c$ 时，$\omega_s\to 0$，晶体对软模不再稳定，于是发生相变.

§4.3 平均场近似下的软模理论

4.3.1 非谐振子系统及其基本性质

研究相变的主要任务是：找出相变的序参量，计算序参量及其随温度和其他条件的变化. 任何微观的计算都必须从系统的哈密顿量出发. 但实际的固体极为复杂，为了写出其哈密顿量，必须进行简化假设.

一般，固体的哈密顿量可写为

$$H = H(I) + H(e) + H(Ie), \tag{4.24}$$

式中 $H(I)$表示离子实的总能量，它们的相互作用势只依赖于离子中心的位置 $\boldsymbol{R}_i,\boldsymbol{R}_j,\cdots$，$H(e)$表示电子的总能量，$H(Ie)$表示电子与离子实之间的作用势. 根据绝热原理，认为电子可以足够快地跟随离子实的运动，因而它们的状态只是离子坐标的函数. 于是$H(Ie)$可看成是对离子哈密顿量贡献了一个势能 $E(\boldsymbol{R}_i,\boldsymbol{R}_j,\cdots)$，有效离子运动哈密顿量可写为

$$H_{\mathrm{eff}}(I) = \sum_i \frac{P_i^2}{2m_i} + U(\boldsymbol{R}_i, \boldsymbol{R}_j, \cdots) + E(\boldsymbol{R}_i, \boldsymbol{R}_j, \cdots), \tag{4.25}$$

式中右边第一和第二项分别表示离子实本身的动能和势能，P_i 和 m_i 分别为第 i 个离子的动量和质量.

再假定电子构型不会影响 $E(\boldsymbol{R}_i, \boldsymbol{R}_j, \cdots)$(这种影响是振动-电子理论的出发点，见 § 4.12，于是可把势能 U 和 E 合并成一个总的有效离子势 $V(\boldsymbol{R}_i, \boldsymbol{R}_j, \cdots)$. 有效离子运动哈密顿量于是成为

$$H_{\mathrm{eff}}(I) = \sum_i \frac{P_i^2}{2m_i} + V(\boldsymbol{R}_i, \boldsymbol{R}_j, \cdots). \tag{4.26}$$

晶体的铁电相变主要涉及某些特殊类型的坐标，例如，钙钛矿型铁电体的相变主要涉及氧八面体中心离子的位移，氢键型铁电体的相变主要涉及氢的有序化以及质子与晶格的耦合运动. 根据这个特点，每个原胞的运动可以简单地只用一个局域正则坐标及与之共轭的动量来描写. 以 l 代表原胞的编号，以 Q_l 和 P_l 分别代表局域正则坐标和动量，可将有效离子运动哈密顿量写成

$$H = \sum_l \frac{P_l^2}{2M} + V(Q_1, Q_2, \cdots, Q_N), \tag{4.27}$$

式中 N 是原胞总数，M 是有效质量. 势函数 V 可分为两部分. 一是来自单个原胞的，它只是 Q_l 的函数，可记为 $V(Q_l)$. 另一部分来自晶胞间的相互作用. 作为一级近似，晶胞间相互作用势可写为双线性的两体相互作用势 $v_{ll'}Q_lQ_{l'}$ 之和. 这是相互作用的最简单最基本的形式. 于是上式成为

$$H = \sum_l \left[\frac{P_l^2}{2M} + V(Q_l)\right] - \frac{1}{2}\sum_l \sum_{l'} v_{ll'}Q_lQ_{l'}. \tag{4.28}$$

如果计入外加场的作用，则哈密顿量中还应加上一项与外场有关的势能

$$H = \sum_l \left[\frac{P_l^2}{2M} + V(Q_l)\right] - \frac{1}{2}\sum_l \sum_{l'} v_{ll'}Q_lQ_{l'} - \sum_l E_lQ_l\exp(-i\omega t), \tag{4.29}$$

式中 E_l 是作用于第 l 个原胞的外场的幅值，ω 是其角频率.

显然，单粒子哈密顿量为

$$H_l = \frac{P_l^2}{2M} + V(Q_l) - \sum_{l'} v_{ll'} Q_l Q_{l'} - E_l Q_l \exp(-i\omega t), \tag{4.30}$$

局域势函数 $V(Q_l)$ 可具有任意形式. 软模理论认为原子处于非谐振动之中，即 $V(Q_l)$ 应为单阱非谐势. 反映非谐性的最简单方案是取

$$V(Q_l) = \frac{1}{2} M \Omega_0^2 Q_l^2 + \frac{1}{4} \gamma Q_l^4, \tag{4.31}$$

式中 Ω_0 为简谐运动固有频率. 显然，当 $\gamma = 0$ 时，上式即是简谐振子势函数.

Q_l 是与相变直接有关的正则坐标. 软模的凝结意味着 Q_l 的静态分量不等于零，所以 Q_l 的平均值 $\langle Q_l \rangle$ 就是相变的序参量.

式(4.28)和式(4.29)虽然只是反映系统最基本特性的模型哈密顿量，但也是难于求解的. 处理统计问题的最简单方法是平均场近似(mean-field approximation). 该方法是把相互作用项 $v_{ll'} Q_l Q_{l'}$ 中 $Q_{l'}$ 对 Q_l 的作用用平均值 $\langle Q_{l'} \rangle$ 对 Q_l 的作用来代替，从而把问题简化为平均场作用下单粒子的运动. 由式(4.30)可知，无外场时平均场单粒子哈密顿量为

$$\overline{H}_l = \frac{P_l^2}{2M} + V(Q_l) - \sum_{l'} v_{ll'} \langle Q_{l'} \rangle Q_l. \tag{4.32}$$

首先回忆相空间振子概率密度的描写方法. 概率密度 $\rho_l(P_l, Q_l)$ 可表示为动量空间概率密度与坐标空间概率密度之积

$$\rho_l(P_l, Q_l) = \rho_l(P_l) \rho_l(Q_l). \tag{4.33}$$

振子动量空间的概率密度符合正则分布(即高斯分布)，且方差为 $MkT = M/\beta$

$$\rho_l(P_l) = \left(\frac{\beta}{2\pi M} \right)^{1/2} \exp\left(-\frac{\beta P_l^2}{2M} \right). \tag{4.34}$$

坐标空间概率密度决定于单粒子哈密顿量中与 Q_l 有关的部分

$$\rho_l(Q_l) = (Z_l)^{-1}\exp\{-\beta[V(Q_l) - \langle F_l\rangle Q_l]\}, \quad (4.35)$$

式中

$$\langle F_l\rangle = \sum_{l'} v_{ll'}Q_{l'}, \quad (4.36)$$

$$Z_l = \int_{-\infty}^{\infty}\exp\{-\beta[V(Q_l) - \langle F_l\rangle Q_l]\}dQ_l. \quad (4.37)$$

原则上,根据概率密度 $\rho_l(P_l,Q_l)$以及单粒子哈密顿量 $\overline{H}_l$,可以求得亥姆霍兹自由能

$$A(\rho_l) = U(\rho_l) - TS(\rho_l), \quad (4.38)$$

其中内能和熵分别为

$$U(\rho_l) = \int\rho_l\overline{H}_l dQ_l, \quad (4.39)$$

$$S(\rho_l) = -k\langle\ln\rho_l\rangle, \quad (4.40)$$

再利用 $\delta A(\rho_l)=0$,便可求得系统的静态性质.

但实际上,由于 $\overline{H}_l$ 中的 $V(Q_l)$ 包含 Q_l 的高次项[式(4.31)],故若以式(4.32)表示的非谐振子哈密顿量以及上面的概率密度代入式(4.38)—(4.40),仍不能求得解析解.为此我们不用式(4.35)所表示的坐标空间概率密度,而采用谐振子的坐标空间概率密度.

谐振子概率密度可表示为如下的正则分布形式:

$$\rho_l(Q_l) = (2\pi\sigma_l)^{-1/2}\exp\left\{-\frac{[Q_l - \langle Q_l\rangle]^2}{2\sigma_l}\right\}, \quad (4.41)$$

其中 σ_l 为方差

$$\sigma_l = \langle\Delta Q_l^2\rangle = \langle[Q_l - \langle Q_l\rangle]^2\rangle. \quad (4.42)$$

根据式(4.41)所示的 $\rho_l(Q_l)$,式(4.34)所示的 $\rho_l(P_l)$以及式(4.32)所示的 $\overline{H}_l$,便可求得系统的亥姆霍兹自由能

$$A(\rho) = \sum_l A(\rho_l) = \sum_l[U(\rho_l) - TS(\rho_l)], \quad (4.43)$$

其中

$$U(\rho_l)=\frac{\langle P_l\rangle^2}{2M}+\frac{1}{2}M\Omega_0^2\langle Q_l^2\rangle+\frac{\gamma}{4}\langle Q_l^4\rangle-\langle F_l\rangle\langle Q_l\rangle$$

$$=\frac{1}{2}kT+\frac{1}{2}(M\Omega_0^2+3\gamma\sigma_l)\langle Q_l\rangle^2$$

$$+\frac{\gamma}{4}\langle Q_l\rangle^4+\frac{1}{2}M\Omega_0^2\sigma_l+\frac{3}{4}\gamma\sigma_l^2-\langle F_l\rangle\langle Q_l\rangle,\tag{4.44a}$$

$$S(\rho_l)=\frac{1}{2}k\ln\sigma_l+\text{与}\langle Q_l\rangle\text{及}\ \sigma_l\ \text{无关的项}.\tag{4.44b}$$

在上面的计算中利用了如下的关系式：

$$\langle Q_l^2\rangle=\langle Q_l\rangle^2+\sigma_l,\tag{4.45}$$

$$\langle Q_l^4\rangle=\langle Q_l\rangle^4+6\sigma_l\langle Q_l\rangle^2+3\sigma_l^2,\tag{4.46}$$

根据 $A(\rho)$对$\langle Q_l\rangle$及 σ_l 的变化取极小值的条件

$$\frac{\partial A(\rho)}{\partial\langle Q_l\rangle}=0,\tag{4.47a}$$

$$\frac{\partial A(\rho)}{\partial\sigma_l}=0,\tag{4.47b}$$

得如下的联立方程：

$$[M\Omega_0^2+3\gamma\sigma_l+\gamma\langle Q_l\rangle^2]\langle Q_l\rangle=\sum_{l'}v_{ll'}\langle Q_{l'}\rangle=\langle F_l\rangle,\tag{4.48a}$$

$$\sigma_l=\frac{kT}{M\Omega_0^2+3\gamma(\sigma_l+\langle Q_l\rangle^2)}=\frac{kT}{M\Omega_s^2}.\tag{4.48b}$$

由此方程组解出 $\langle Q_l\rangle$ 及 σ_l，即得出系统的静态性质.

式（4.48b）中的 Ω_s 是计入非谐效应后重正化的有效“单粒子”固有频率，式（4.31）给出的 Ω_0 是简谐振子固有频率. 由式(4.48b)可见，Ω_s 与 Ω_0 的差别起因于势函数中位移四次方项的系数. 若 $\gamma=0$，则 $\Omega_s=\Omega_0$.

现由哈密顿正则运动方程

$$M\frac{d^2Q_l}{dt^2}=-\frac{\partial H_l}{\partial Q_l}\tag{4.49}$$

来研究系统的动力学性质. 此时哈密顿量由式（4.30）所示，正

则运动方程为

$$M\frac{d^2Q_l}{dt^2}=-\frac{\partial V(Q_l)}{\partial Q_l}+\sum_{l'}v_{ll'}Q_{l'}+E_l\exp(-i\omega t).\quad(4.50)$$

利用式（4.31）所示的势函数，上式成为

$$M\frac{d^2Q_l}{dt^2}=-M\Omega_0^2Q_l-\gamma Q_l^3+\sum_{l'}v_{ll'}Q_l'+E_l\exp(-i\omega t).$$

(4.51)

假设系统的密度矩阵等于各单粒子密度矩阵之积

$$\rho(Q,t)=\prod_l\rho_l(Q_l,t).\quad(4.52)$$

由于 ρ_l 与时间有关，故平均值与时间有关，记为 $\langle Q_t\rangle_t$. 跟无外场时一样，近似地以谐振子的 ρ_l 代替非谐振子的 ρ_l

$$\rho_l(Q_l,t)=(2\pi\sigma_2)^{-1/2}\exp\left\{-\frac{[Q_l-\langle Q_l\rangle_t]^2}{2\sigma_l}\right\}.\quad(4.53)$$

取式（4.41）的平均值，可得

$$M\frac{d^2}{dt^2}\langle Q_l\rangle_t=-M\Omega_0^2\langle Q_l\rangle_t-\gamma\langle Q_l^3\rangle_t$$

$$+\sum_{l'}v_{ll'}\langle Q_{l'}\rangle_t+E_l\exp(-i\omega t).\quad(4.54)$$

因为

$$\langle Q_l^3\rangle=\langle Q_l\rangle^3+3\sigma_l\langle Q_l\rangle,\quad(4.55)$$

所以

$$M\frac{d^2}{dt^2}\langle Q_l\rangle_t=-M\Omega_0^2\langle Q_l\rangle_t-\gamma\langle Q_l\rangle_t^3-3\gamma\sigma_l\langle Q_l\rangle_t$$

$$+\sum_{l'}v_{ll'}\langle Q_{l'}\rangle_t+E_l\exp(-i\omega t).\quad(4.56)$$

假设系统对外界的响应是线性的，即

$$\langle Q_l\rangle_t=\langle Q_l\rangle+\delta Q_l\exp(-i\omega t),$$

将此代入式（4.56），可得

$$-M\omega^2\delta Q_l=-[M\Omega_0^2+3\gamma(\sigma_l+\langle Q_l\rangle^2)]\delta Q_l$$

$$+\sum_{l'}v_{ll'}\delta Q_{l'}+E_l,\quad(4.57)$$

对 δQ_l 和 E_l 作傅里叶变换

$$\delta Q_l = (N)^{-1/2} \sum_{q} \delta Q_q \exp(i\boldsymbol{q} \cdot \boldsymbol{R}_l), \tag{4.58}$$

$$E_l = (N)^{-1/2} \sum_{q} E_q \exp(i\boldsymbol{q} \cdot \boldsymbol{R}_l), \tag{4.59}$$

并且令

$$v_q = \sum_{l'} v_{ll'} \exp[-i\boldsymbol{q} \cdot (\boldsymbol{R}_l - R_{l'})], \tag{4.60}$$

则得到

$$-M\omega^2 \delta Q_q = -[M\Omega_0^2 + 3\gamma(\sigma_l + \langle Q_l \rangle^2) - v_q]\delta Q_q + \delta E_q. \tag{4.61}$$

由此得出标志系统集体响应的动态极化率为

$$\chi(\omega, \boldsymbol{q}) = \frac{\delta Q_q}{\varepsilon_0 \delta E_q} = \frac{1}{\varepsilon_0 M[\Omega^2(\boldsymbol{q}) - \omega^2]}, \tag{4.62}$$

其中

$$\begin{aligned} M\Omega^2(\boldsymbol{q}) &= M\Omega_0^2 + 3\gamma(\sigma_l + \langle Q_l \rangle^2) - v_q \\ &= M\Omega_s^2 - v_q. \end{aligned} \tag{4.63}$$

动态极化率［式 (4.62)］的形式表明，系统对外场的响应有如一个简谐振子. 式中 ω 为外场频率，$\Omega(\boldsymbol{q})$反映系统本身的性质，是重正化的有效简正模频率.

由式 (4.63) 可看出3个频率 Ω_0，Ω_s，和 $\Omega(\boldsymbol{q})$之间的关系. Ω_0 是单个简谐振子频率［式 (4.31)］. Ω_s 是单个非谐振子频率［式 (4.48b)］. $\Omega(\boldsymbol{q})$是集体振动有效简正模频率，它是在 Ω_s 的基础上计入相互作用项 $\boldsymbol{v}_q$ 后得出的，是波矢 $\boldsymbol{q}$ 的函数. 如果某个波矢（记为 $\boldsymbol{q}_0$）使 Ω ($\boldsymbol{q}_0$) 在某一温度趋于零，则称其为软模.

4.3.2 相变温度、软模频率和序参量

式 (4.48a) 有两个解，即

$$\langle Q_l \rangle = 0, \tag{4.64}$$

$$\gamma \langle Q_l \rangle^2 = -M\Omega_0^2 - 3\gamma\sigma_l + v_0, \tag{4.65}$$

其中

$$v_0 = \sum_{l'} v_{ll'}. \tag{4.66}$$

显然，由式（4.60）可知

$$v_0 = v_{q=0}.$$

第一个解 $\langle Q_l \rangle = 0$对应顺电相，第二个解对应铁电相.

对于顺电相，由式（4.63）可知

$$M\Omega^2(\boldsymbol{q}) = M\Omega_0^2 + 3\gamma\sigma_l - v_{\boldsymbol{q}}. \tag{4.67a}$$

由式（4.48b），可得出

$$\sigma_l = \frac{kT}{M\Omega_0^2 + 3\gamma\sigma_l}. \tag{4.67b}$$

对于铁电相，相应的表达式为

$$M\Omega^2(\boldsymbol{q}) = M\Omega_0^2 + 3\gamma(\sigma_l + \langle Q_l \rangle^2) - v_{\boldsymbol{q}}, \tag{4.68a}$$

$$\sigma_l = \frac{kT}{M\Omega_0^2 + 3\gamma(\sigma_l + \langle Q_l \rangle^2)}. \tag{4.68b}$$

由式（4.67）可得顺电相的重正化集体振动频率，由式（4.68）可得铁电相的重正化集体振动频率. 某一相稳定的条件是相应的频率 $\Omega^2(\boldsymbol{q}) > 0$,而稳定极限是 $\Omega^2(\boldsymbol{q}) = 0$. 稳定化的因素使 $\Omega^2(\boldsymbol{q})$升高,不稳定的因素使 $\Omega^2(\boldsymbol{q})$降低.

令 T_P 和 T_F 分别为顺电相和铁电相的稳定极限温度，σ_{l+}和 σ_{l-}分别表示在 T_P 和 T_F 时的统计涨落.

由式（4.67）可看出顺电相不稳定的根据. 显然，原胞间相互作用使频率降低. 降温到 T_P 时，相应于软模波矢 $\boldsymbol{q}_0$的相互作用 $v_{\boldsymbol{q}_0}$必须使下式成立：

$$M\Omega_P^2(\boldsymbol{q}_0) = M\Omega_0^2 + 3\gamma\sigma_{l+} - v_{\boldsymbol{q}_0} \leqslant 0, \tag{4.69}$$

即

$$v_{\boldsymbol{q}_0} \geqslant M\Omega_0^2 + 3\gamma\sigma_{l+}, \tag{4.70}$$

式中 Ω_P 是顺电相 Ω 之值.

另一方面，涨落 σ_l 使频率升高，即使晶体对波矢为 $\boldsymbol{q}_0$的模稳定，而这个稳定作用是以四次方非谐性的存在（$\gamma \neq 0$）为前提的.

所以 $T \to T_P$ 时发生的顺电-铁电相变是原胞间相互作用和振动的非谐性两种因素竞争的结果. 原胞间相互作用使模软化，非谐性使模硬化. 当温度降低到 T_P 时，相互作用超过了非谐性，顺电相变成铁电相. 关于非谐性使模硬化的效应，我们在4.2.2节中已讨论过.

在 $T=T_P$ 时，Ω_P^2 ($\boldsymbol{q}_0$) $=0$，$\sigma_l=\sigma_{l+}$，故式（4.69）和式（4.67b）给出

$$M\Omega_0^2+3\gamma\sigma_{l+}-v_{\boldsymbol{q}_0}=0, \tag{4.71a}$$

$$\sigma_{l+}=\frac{kT_P}{M\Omega_0^2+3\gamma\sigma_{l+}}. \tag{4.71b}$$

由此得顺电相稳定极限

$$kT_P=\frac{v_{\boldsymbol{q}_0}(v_{\boldsymbol{q}_0}-M\Omega_0^2)}{3\gamma}. \tag{4.72}$$

为求出 Ω_P^2 ($\boldsymbol{q}$) 的表达式，将式（4.71）代入式（4.67），得出

$$M\Omega_P^2(\boldsymbol{q})=3\gamma(\sigma_l-\sigma_{l+})+(v_{\boldsymbol{q}_0}-v_{\boldsymbol{q}}), \tag{4.73a}$$

$$\sigma_{l+}=\frac{kT_P}{M\Omega_0^2+3\gamma\sigma_{l+}}=\frac{kT_P}{v_{\boldsymbol{q}_0}}\qquad (T=T_P), \tag{4.73b}$$

$$\sigma_l=\frac{kT}{M\Omega_0^2+3\gamma\sigma_l}\qquad (T>T_P). \tag{4.73c}$$

对于铁电相，可按与上相似的方法讨论. 由式（4.65）和式（4.68a）可得出

$$\begin{aligned}M\Omega_F^2(\boldsymbol{q})&=-2M\Omega_0^2-6\gamma\sigma_l+3v_0-v_{\boldsymbol{q}}\\&=2\gamma\langle Q_l\rangle^2+v_0-v_{\boldsymbol{q}},\end{aligned} \tag{4.74a}$$

$$\sigma_l=\frac{kT}{-2M\Omega_0^2-6\gamma\sigma_l+3v_0}=\frac{kT}{v_0+2\gamma\langle Q_l\rangle^2}. \tag{4.74b}$$

对铁电相变负责的软模位于布里渊区中心，故 $v_{\boldsymbol{q}}=v_0$，由式（4.74a）可知，软模频率正比于 $\langle Q_l\rangle$. 对于二级相变，$T\to T_F$ 时，$\langle Q_l\rangle=0$，所以软模频率为零. 对于一级相变，$T\to T_F$ 时，序参量 $\langle Q_l\rangle$ 有一突变，故软模频率仍保持有限值.

式（4.74a）表明，铁电相稳定的条件是 $3v_0>v_{\boldsymbol{q}}+6\gamma\sigma_l+2M\Omega_0^2$. 铁电相中，原胞间相互作用使模硬化，非谐性使模软化，这跟顺

电相时相反．升温到 $T \to T_F$ 时发生的铁电-顺电相变是非谐性对模的软化作用超过了原胞间相互作用对模的硬化的结果．

总起来看，非谐性有利于顺电相稳定，原胞间相互作用有利于铁电相稳定．温度越高，非谐性越强，而原胞间相互作用越弱．升温到 T_F 时，非谐性占主导地位，铁电相变成顺电相；降温到 T_P 时，原胞间相互作用占主导地位，顺电相变成铁电相．

对于二级相变，$T = T_F$ 时 $\Omega_F^2(\boldsymbol{q}_0) = 0$，$\sigma_l = \sigma_{l-}$，故式（4.65）和式（4.68）给出

$$M\Omega^2(\boldsymbol{q}_0) = -2M\Omega_0^2 - 6\gamma\sigma_{l-} + 3v_{\boldsymbol{q}_0}, \tag{4.75a}$$

$$\sigma_{l-} = \frac{kT_F}{-2M\Omega_0^2 - 6\gamma\sigma_{l-} + 3v_{\boldsymbol{q}_0}} \quad (T = T_F), \tag{4.75b}$$

$$\langle Q_l \rangle_{\boldsymbol{q}_0}^2 = 0. \tag{4.75c}$$

据此可得到铁电相的稳定极限

$$kT_F = \frac{v_{\boldsymbol{q}_0}(v_{\boldsymbol{q}_0} - M\Omega_0^2)}{3\gamma}, \tag{4.76}$$

这与式（4.72）相同，即 $T_P = T_F$．如果软模频率在 T_F 时不等于零，则得不到式（4.76），因而 $T_P \neq T_F$，这是一级相变的特点．

将二级相变的稳定极限统一记为

$$T_P = T_F = T_c. \tag{4.77}$$

由式（4.74）和（4.75）得到 $M\Omega_F^2(\boldsymbol{q})$ 的表达式

$$M\Omega_F^2(\boldsymbol{q}) = 6\gamma(\sigma_{l-} - \sigma_l) + (v_{\boldsymbol{q}_0=0} - v_{\boldsymbol{q}}), \tag{4.78a}$$

$$\sigma_{l-} = \frac{kT_c}{-2M\Omega_0^2 - 6\gamma\sigma_{l-} + 3v_{\boldsymbol{q}_0=0}} = \frac{kT_c}{v_{\boldsymbol{q}_0=0}} \quad (T = T_c), \tag{4.78b}$$

$$\sigma_l = \frac{kT}{-2M\Omega_0^2 - 6\gamma\sigma_l + 3v_{\boldsymbol{q}_0=0}} \quad (T < T_c), \tag{4.78c}$$

于是我们得到了软模频率在居里点上下的表达式，即式（4.73）和式（4.78）．

为了更清楚地看出 T_c 附近软模的行为，再作一简化近似：忽

略势函数中的四次方项. 于是由式 (4.73) 得出

$$\sigma_{l+} = \frac{kT_c}{M\Omega_0^2}, \tag{4.79a}$$

$$\sigma_l = \frac{kT}{M\Omega_0^2} \qquad (T > T_c), \tag{4.79b}$$

由式 (4.78) 得到

$$\sigma_{l-} = \frac{kT_c}{-2M\Omega_0^2 + 3v_{q_0=0}}, \tag{4.80a}$$

$$\sigma_l = \frac{kT}{-2M\Omega_0^2 + 3v_{q_0=0}} \qquad (T < T_c), \tag{4.80b}$$

将它们分别代入式 (4.73a) 和式 (4.78a), 得到 T_c 上下重正化有效简正模频率的表达式

$$M\Omega_P^2(\boldsymbol{q}) = \frac{3\gamma k}{M\Omega_0^2}(T - T_c) + (v_{q_0} - v_q) \qquad (T > T_c), \tag{4.81a}$$

$$M\Omega_F^2(\boldsymbol{q}) = \frac{6\gamma k}{-2M\Omega_0^2 + 3v_0}(T - T_c) + (v_0 - v_q) \ (T < T_c), \tag{4.81b}$$

于是顺电相软模频率 $\Omega(\boldsymbol{q}_0)$ 和铁电相软模频率 $\Omega(0)$ 分别为

$$M\Omega^2(\boldsymbol{q}_0) = \frac{3\gamma k}{M\Omega_0^2}(T - T_c), \tag{4.82}$$

$$M\Omega^2(0) = \frac{6\gamma k}{-2M\Omega_0^2 + 3v_0}(T - T_c). \tag{4.83}$$

当 $T=T_c$ 时

$$\Omega^2(\boldsymbol{q}_0) = 0, \tag{4.84}$$

$$\Omega^2(0) = 0. \tag{4.85}$$

作为相变序参量的 $\langle Q_l \rangle$ 只有在铁电相时才不为零, 其值由式 (4.68a) 决定

$$\langle Q_l \rangle^2 = \frac{M\Omega_0^2 - 3\gamma\sigma_l + v_0}{3\gamma}. \tag{4.86}$$

当 $T=T_c$ 时, $\langle Q_l \rangle^2 = 0$.

平均场近似下，二级相变铁电体中软模频率［式（4.82）和式（4.83）］和序参量［式（4.86）］对温度的依赖性如图4.7所示.

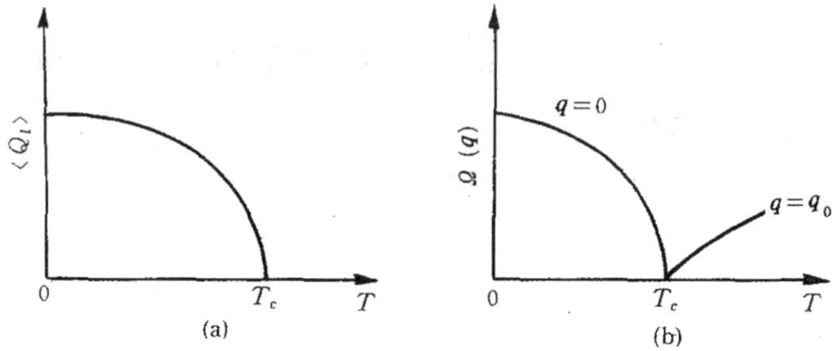

图4.7　位移型二级相变铁电体序参量（a）和软模频率（b）与温度的关系.

§4.4　赝自旋系统的模型哈密顿量及其静态性质[28,29]

在位移型铁电体中，导致铁电相变的离子运动是单势阱中的非谐振动，与此相反，在有序无序型铁电体中，导致铁电相变的离子运动是双势阱间的运动.因为两种情况下势函数差别很大，描写这两种运动需要有不同的方法．本节至§4.10介绍处理有序无序型铁电相变的方法.

4.4.1　横场 Ising 模型

含氢键的铁电体（如 KH_2PO_4和 $PbHPO_4$）可作为有序无序型铁电体的代表．在这些晶体中，顺电相时氢在氢键中两个可能位置上等概率分布，呈无序状态，铁电相时氢择优地占据这两个可能位置之一，呈有序状态[30].

在§2.2中介绍了 KH_2PO_4的晶体结构．该晶体在 $T_c=123$K 上下时分别属于$\bar{4}2m$（D_{2d}）和 $mm2$（C_{2v}）点群．它可看成是两个

相互套构的由 PO_4四面体组成的体心格子以及两个相互套构的由 K 原子组成的体心格子所形成. P 和 K 沿 c 轴距离为 $c/2$. 四面体 PO_4的每个顶角氧通过氢键与相邻四面体的顶角氧联系起来. 氢键近似地位于 ab 平面内.

氢的有序化是该类晶体铁电相变的触发机制，而且氢的有序化程度是相变的序参量[31]. 不过，氢键所在平面与自发极化方向(沿 c 轴) 垂直，为了说明自发极化，还要借助氢有序化与重原子

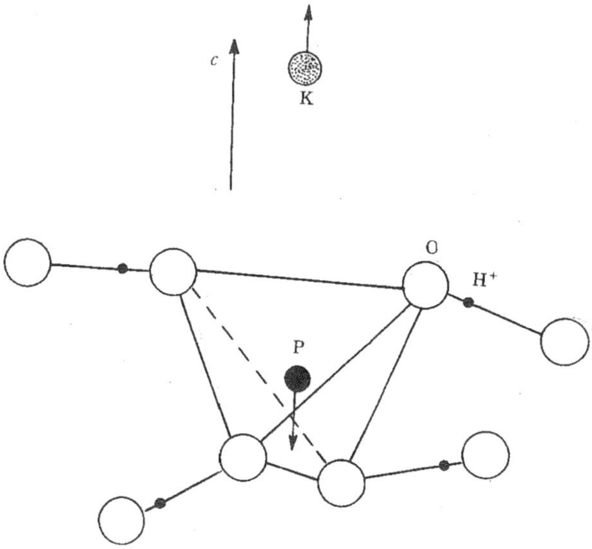

图4.8　KH_2PO_4中质子运动和 K，P 位移的示意图.

(K 和 P) 运动的耦合. 图4.8示出描写 KH_2PO_4晶体中氢有序化和自发极化的图象[7]. 四面体 PO_4的两个“上”质子靠近它时，“下”部两个氢键中的质子就将离开它，同时 P 离子沿 c 轴向“下”移动，K 离子沿 c 轴向“上”移动，于是产生了沿 c 轴（向“下”）的电偶极矩.

在 $PbHPO_4$等另一些氢键型铁电体中，自发极化与氢键的方向接近一致[32]，可以更直接地用氢有序化来解释自发极化. 不管

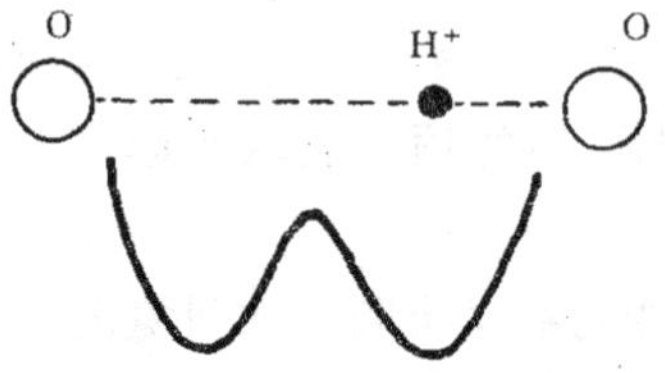

图4.9 氢键及其中质子的势能曲线.

重原子运动的详尽图样怎样，完全可以确定的是，氢的有序化在这类晶体的铁电相变中起了关键的作用. 因此，这类晶体的自发极化理论着重于氢的有序化及其与温度的关系. 基本的研究对象是粒子在两位置的分布. 图4.9示出了一个 O—H…O 键及其中质子的势能曲线. 质子处在两个势阱之中，在一定的条件下可以贯穿势垒，由一个阱进入到另一个阱. 为了借用铁磁理论中成熟的自旋波理论，人们设想每一个这样的单元用一个赝自旋（pseudo-spin）代表. 质子位于左右两个势阱相应于赝自旋的上下两种取向，整个晶体中质子的分布和运动则用系统的赝自旋波来描写.

为了集中研究单粒子在双势阱中分布的主要特征，我们在计入贯穿势垒的隧道效应的前提下，忽略高能级的状态以及粒子在阱内的运动，于是所讨论的是一个二能级系统. 这两个能级为 E_+ 和 E_-，相应的本征函数分别为 φ^+ 和 φ^-，它们分别是左、右平衡位置上局域波函数 φ_L 和 φ_R 的对称和反对称线性组合（见图4.10）

$$\begin{aligned}\varphi^+ &= \frac{1}{\sqrt{2}}(\varphi_L + \varphi_R),\\ \varphi^- &= \frac{1}{\sqrt{2}}(\varphi_L - \varphi_R).\end{aligned} \tag{4.87}$$

系统的哈密顿量显然应该包括单粒子部分 $H_1(i)$ 和相互作用部分 $H_2(i, j)$

$$H = \sum_i H_1(i) + \frac{1}{2}\sum_{ij} H_2(i,j). \tag{4.88}$$

采用占据数表象，并将 H_1 对角化后，我们有

$$H_1(i) = \sum_\alpha E_\alpha a_\alpha^{i+} a_\alpha^i\ , \tag{4.89}$$

$$H_2(i,j) = \sum_{\alpha,\beta,\gamma,\delta} v^{ij}_{\alpha,\beta,\gamma,\delta} a^{i+}_{\alpha} a^{i}_{\beta} a^{j+}_{\gamma} a^{j}_{\delta}, \tag{4.90}$$

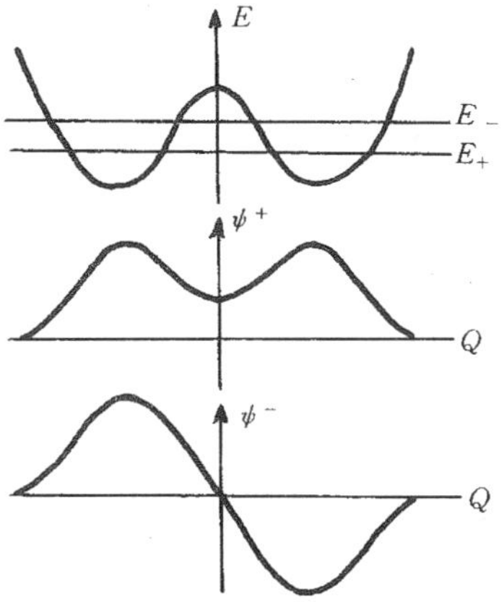

图4.10 双势阱中单粒子的两个最低能级和本征函数.

式中 α, β, γ 和 δ 是单粒子量子态的记号，它实际上只有两个可能的值，即＋和－. 前者为对称态，后者为反对称态，相应的能量 E_α 为 E_+ 和 E_-（见图4.10）. a^{i+}_{α} 为在氢键 i 上产生量子态为 α 的粒子的产生算符，a^{i}_{α} 为相应的湮灭算符，所以 $a^{i+}_{\alpha}a^{i}_{\alpha}$ 就是氢键 i 上量子态为 α 的粒子数算符. 式(4.88)右边第一个求和表示各单粒子能量之和. 矩阵元 v^{ij} 表示氢键 i 和 j 间的相互作用，它不但与 i 和 j 之间的距离有关，而且与它们的量子态有关.

在任一氢键 i 上，有一个、且仅有一个质子的条件由下式表示：

$$a^{i+}_{+}a^{i}_{+} + a^{i+}_{-}a^{i}_{-} = 1. \tag{4.91}$$

我们知道，对于二能级系统，所有的算符都是2×2矩阵. 系统的运动可以用3个自旋1/2泡利算符 S^x, S^y, S^z 和单位矩阵来描写. 它们是

$$S^x = \frac{1}{2}\begin{pmatrix} 0 & 1 \\ 1 & 0 \end{pmatrix}, \quad S^y = \frac{1}{2}\begin{pmatrix} 0 & -i \\ i & 0 \end{pmatrix},$$
$$S^z = \frac{1}{2}\begin{pmatrix} 1 & 0 \\ 0 & 1 \end{pmatrix}, \quad 1 = \begin{pmatrix} 1 & 0 \\ 0 & 1 \end{pmatrix}. \tag{4.92}$$

利用上述各关系式，可把氢键上质子产生和湮灭算符的积用自旋1/2算符表示出来，即

$$S^x_i = \frac{1}{2}(a^{i+}_{+}a^{i}_{+} - a^{i+}_{-}a^{i}_{-}),$$

$$S_i^y = \frac{1}{2i}(a_+^{i+} a_-^i - a_-^{i+} a_+^i), \tag{4.93}$$

$$S_i^z = \frac{1}{2}(a_+^{i+} a_-^i + a_-^{i+} a_+^i).$$

产生或湮灭一个量子态 $\alpha=+$ 的粒子的算符可表示为在氢键左（L）或右（R）平衡位置上产生或湮灭一个粒子的相应算符的对称线性组合

$$a_+^{i+} = \frac{1}{\sqrt{2}}(a_L^{i+} + a_R^{i+}), \quad a_+^i = \frac{1}{\sqrt{2}}(a_L^i + a_R^i). \tag{4.94a}$$

产生或湮灭一个量子态 $\alpha=-$ 的粒子的算符则可表示为在左（L）或右（R）平衡位置产生或湮灭一个粒子的算符的反对称线性组合

$$a_-^{i+} = \frac{1}{\sqrt{2}}(a_L^{i+} - a_R^{i+}), \quad a_-^i = \frac{1}{\sqrt{2}}(a_L^i - a_R^i). \tag{4.94b}$$

将式（4.94）代入式（4.93），得出

$$S_i^x = \frac{1}{2}(a_L^{i+} a_R^i + a_R^{i+} a_L^i),$$

$$S_i^y = \frac{1}{2i}(a_L^{i+} a_R^i - a_R^{i+} a_L^i), \tag{4.95}$$

$$S_i^z = \frac{1}{2}(a_L^{i+} a_L^i - a_R^{i+} a_R^i).$$

上式表明，S_i^z 量度了左、右平衡位置上粒子占据数之差，亦即量度了有序化的程度，故称 S_i^z 为坐标占据算符或偶极矩算符. S^z 的平均值 $\langle S^z \rangle$ 就是赝自旋系统中铁电相变的序参量. 式（4.93）表明，S_i^x 量度了对称和反对称能态的占据数之差，故称 S_i^x 为隧穿算符. 此外，S_i^y 称为局域粒子流算符.

利用式（4.93）和式（4.91）等，可将赝自旋系统模型哈密顿量式（4.88）写成

$$H = -\Omega \sum_i S_i^x - \frac{1}{2} \sum_{i,j} J_{ij} S_i^z S_j^z, \tag{4.96}$$

其中 $\Omega = E_- - E_+ + \sum_j (v_{----}^{ij} - v_{++++}^{ij}) \simeq E_- - E_+$，即反对称态和对称态能级之差，称为隧穿频率（tunnelling frequency）或隧

穿积分. $J_{ij}=-4v^{ij}_{+-+-}$是相互作用系数,相当于铁磁系统中的交换积分. 在推导上式时,忽略了 $-(1/2)\sum_{ij}(2v^{ij}_{++--}-v^{ij}_{++++}-v^{ij}_{----})S_i^zS_j^z$,因为它比 ΩS_i^x 小得多. 另外,$S_i^xS_j^z$ 那样的项为零,因为当 S_i^z 反号时哈密顿量必须保持不变.

式 (4.96) 表明，如果把 Ω 看作横向场，则赝自旋模型哈密顿量与处在横向场中的 Ising 模型的哈密顿量相同. 这种模型称为横场 Ising 模型 (transverse field Ising model). 在氢键型铁电体中，Ω 就是质子的隧穿频率.

关于自旋算符的两个关系式，必须附带指出两点：第一，由式 (4.93) 可知，自旋分量算符满足如下的对易关系：

$$\begin{aligned}
[S_i^x,S_j^y]&=i\delta_{ij}S_i^z,\\
[S_i^y,S_j^z]&=i\delta_{ij}S_i^x,\\
[S_i^z,S_j^x]&=i\delta_{ij}S_i^y;
\end{aligned}\tag{4.97}$$

第二，在包含有自旋算符的表达式中，自旋算符的3个分量作为矢量的分量来处理，因此有

$$\begin{aligned}
\boldsymbol{S}_i\cdot\boldsymbol{S}_j&=S_i^xS_j^x+S_i^yS_j^y+S_i^zS_j^z,\\
\boldsymbol{S}_i\cdot\boldsymbol{S}_i&=(S_i^x)^2+(S_i^y)^2+(S_i^z)^2,\\
S&=1/2.
\end{aligned}\tag{4.98}$$

4.4.2 静态性质

如上节对非谐振子系统所作的假定一样，可认为系统的密度矩阵等于单粒子密度矩阵之积

$$\rho=\prod_i\rho_i.\tag{4.99}$$

因为讨论的是二能级系统，故 ρ_i是2×2矩阵，它可表示为

$$\rho_i=(Z_i)^{-1}\exp(\beta\boldsymbol{F}_i\cdot\boldsymbol{S}_i),\tag{4.100}$$

其中

$$\beta=(kT)^{-1}.$$

$\boldsymbol{S}_i$ 的3个分量是3个自旋1/2的泡利矩阵，$\boldsymbol{F}_i$ 是作用在 $\boldsymbol{S}_i$ 上的有效

场. 单粒子配分函数为

$$\begin{aligned}Z_i &= \mathrm{Tr}\exp(\beta \boldsymbol{F}_i \cdot \boldsymbol{S}_i) \\ &= \exp\left(\frac{1}{2}\beta F_i\right) + \exp\left(-\frac{1}{2}\beta F_i\right) \\ &= 2\coth\left(\frac{1}{2}\beta F_i\right),\end{aligned} \tag{4.101}$$

$\boldsymbol{F}_i$ 的形式可由系统的亥姆霍兹自由能 A 取极小值的条件来决定.

$$A = U - TS = \mathrm{Tr}(\rho H + kT\rho\ln\rho). \tag{4.102}$$

由式（4.99）—（4.102）以及 $\delta A=0$，得出

$$\boldsymbol{F}_i = -\frac{\partial\langle H\rangle}{\partial\langle \boldsymbol{S}_i\rangle}, \tag{4.103}$$

式中 $\langle H\rangle$ 和 $\langle \boldsymbol{S}_i\rangle$ 分别为系统的哈密顿量及自旋的平均值. 由此式可得单粒子有效哈密顿量为

$$\overline{H}_i = -\boldsymbol{F}_i \cdot \boldsymbol{S}_i = \frac{\partial\langle H\rangle}{\partial\langle \boldsymbol{S}_i\rangle} \cdot \boldsymbol{S}_i, \tag{4.104}$$

$\boldsymbol{F}_i$ 是与赝自旋变量相互作用的矢量，$\boldsymbol{F}_i=(F_x, F_y, F_z)$. 在哈密顿量为式（4.96）的系统中

$$\boldsymbol{F}_i = (\Omega, 0, \sum_j J_{ij}\langle S_j^z\rangle), \tag{4.105}$$

可见它是赝自旋相互作用的平均场. 因为它来源于系统内部，是一种内场，通常与铁磁性唯象理论中的分子场相类比，也称这种内场为分子场. 在顺电相，因为单粒子在两个势阱中的概率相等，即赝自旋两种取向的概率相等，故 $\langle S_j^z\rangle=0$，$\boldsymbol{F}_i$ 只有 x 分量. 在铁电相，粒子进入了有序态，$\langle S_j^z\rangle\neq 0$，$\boldsymbol{F}_i$ 有 x 分量和 z 分量.

由平均场近似下的有效哈密顿量 $\overline{H}_i$，可以计算赝自旋的平均值

$$\langle \boldsymbol{S}_i\rangle = \frac{\mathrm{Tr}\,\boldsymbol{S}_i\exp(-\beta\overline{H}_i)}{\mathrm{Tr}\exp(-\beta\overline{H}_i)} = \frac{d\ln Z_i}{d(\beta\boldsymbol{F}_i)} \tag{4.106}$$

注意到式（4.101），Z_i 为

$$Z_i = 2\coth\left(\frac{1}{2}\beta F_i^{-1}\boldsymbol{F}_i\cdot\boldsymbol{F}_i\right),$$

而

$$F_i = \left[\Omega^2 + \left(\sum_j J_{ij}\langle S_j^z\rangle\right)^2\right]^{1/2}, \tag{4.107}$$

所以

$$\begin{aligned}\langle \boldsymbol{S}_i\rangle &= \langle Z_i\rangle^{-1} \frac{d}{d(\beta F_i)}\left[2\coth\left(\frac{1}{2}\beta F_i^{-1}\boldsymbol{F}_i\cdot\boldsymbol{F}_i\right)\right] \\ &= \frac{1}{2}F_i^{-1}\boldsymbol{F}_i\tanh\left(\frac{1}{2}\beta F_i\right) 。\end{aligned} \tag{4.108}$$

由以上二式得到

$$\langle S_i^x\rangle = \frac{1}{2}F_i^{-1}\Omega\tanh\left(\frac{1}{2}\beta F_i\right), \tag{4.109a}$$

$$\langle S_i^y\rangle = 0, \tag{4.109b}$$

$$\langle S_i^z\rangle = \frac{1}{2}F_i^{-1}\sum_j J_{ij}\langle S_j^z\rangle\tanh\left(\frac{1}{2}\beta F_i\right). \tag{4.109c}$$

上式是关于赝自旋分量平均值的$3N$个方程（N是系统中赝自旋总数）. 其一个解为

$$\langle S_i^z\rangle = \langle S_i^y\rangle = 0, \tag{4.110a}$$

$$\langle S_i^x\rangle = \frac{1}{2}\tanh\left(\frac{1}{2}\beta\Omega\right), \tag{4.110b}$$

它代表顺电态，赝自旋在Z方向平均值为零，只有沿X方向的隧道贯穿运动.

在铁电相，$\langle S_i^z\rangle\neq 0$. 赝自旋波的软模波矢$\boldsymbol{q}\to 0$，任一自旋的$z$分量平均值相等，作用于任一自旋的平均场也相等

$$\langle S^z\rangle = \langle S_i^z\rangle = \langle S_j^z\rangle, \tag{4.111a}$$

$$F = F_i = F_j. \tag{4.111b}$$

于是自发极化为

$$P_s = 2N\mu\langle S^z\rangle, \tag{4.112}$$

其中μ是单个偶极子的偶极矩大小. 定义$J_0 = \sum_j J_{ij}$，则式(4.109)可写为

$$\langle S_i^x\rangle = \frac{1}{2}F^{-1}\Omega\tanh\left(\frac{1}{2}\beta F\right), \tag{4.113a}$$

$$\langle S_i^y \rangle = 0, \tag{4.113b}$$

$$2F = J_0 \tanh\left(\frac{1}{2}\beta F\right), \tag{4.113c}$$

这是铁电相满足的关系式. 在 $T<T_c$ 时，它们使自由能取极小值. T_c为顺电-铁电相变温度. $T=T_c$时，$\langle S^z \rangle = 0$, 故 $F=\Omega$, 于是由式(4.113c)得

$$\frac{2\Omega}{J_0} = \tanh\left(\frac{1}{2}\beta_c\Omega\right) = \tanh\left(\frac{\Omega}{2kT_c}\right), \tag{4.114}$$

Ω 代表横向隧穿场的大小，J_0代表纵向相互作用场的强弱. 有序无序转变温度取决于这两种作用竞争的结果. 如果 $J_0>2\Omega$，即促使赝自旋平行排列的作用超过扰乱有序化的隧穿作用，则式 (4.114) 给出 $T_c>0$，表明铁电相可以在一定的温度以下存在. 如果 $J_0<2\Omega$, 则 T_c 为虚数. 这表明不会出现有序化，即在任何温度系统都处于顺电相. 图4.11示出式 (4.114) 的图象，其中实线和虚线分别相应于 $\Omega\neq0$和 $\Omega=0$.

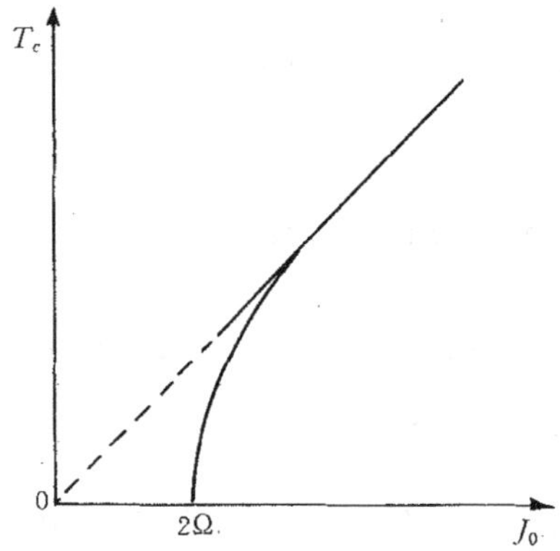

图4.11　相变温度 T_c 与耦合系数 J_0的关系.

式 (4.114) 可用来说明 T_c 的同位素效应[33]. 隧穿运动的强弱显然将依赖于进行隧穿运动的粒子的质量. 用较重的同位素取代较轻的同位素，将使 Ω 减小，从而使 T_c 升高. 这种实验结果早已发现，例如 KH_2PO_4的 $T_c=123K$，KD_2PO_4的则为213K，但这种实验结果很晚才得到解释.

§4.5 赝自旋系统的动力学

4.5.1 赝自旋的自由旋进

设赝自旋受到一与时间及空间有关的电场的作用，则系统的哈密顿量可写成

$$H = -\Omega\sum_i S_i^x - \frac{1}{2}\sum_{i,j} J_{ij} S_i^z S_j^z - 2\mu\sum_i E_i(t) S_i^z, \tag{4.115}$$

式中 $E_i(t)$是时刻 t 作用于自旋 i 的电场.

因为 H 与时间有关，自旋变量的平均值也会与时间有关. 对于算符与时间有关的情况，通常采用海森堡运动方程而不是薛定谔方程. 取 $\hbar=1$，则自旋算符平均值的海森堡方程为

$$\frac{d}{dt}\langle \boldsymbol{S}_i\rangle_t = -i\langle[\boldsymbol{S}_i, H]\rangle. \tag{4.116}$$

假设

$$\langle S_i^\alpha S_j^\beta\rangle_t = \langle S_i^\alpha\rangle_t \langle S_j^\alpha\rangle_t, \tag{4.117}$$

其中

$$i \neq j, \quad \alpha, \beta = x, y, z.$$

利用式（4.104）和对易关系式（4.97），运动方程可写为

$$\begin{aligned}\frac{d}{dt}\langle \boldsymbol{S}_i\rangle_t &= -i\langle[\boldsymbol{S}_i, -\boldsymbol{F}_i\cdot \boldsymbol{S}_i]\rangle_t \\ &= \langle \boldsymbol{S}_i\rangle_t \times \boldsymbol{F}_i(t),\end{aligned} \tag{4.118}$$

其中与时间有关的场 $\boldsymbol{F}_i(t)$由下式给出：

$$\boldsymbol{F}_i(t) = -\frac{\partial\langle H\rangle_t}{\partial\langle \boldsymbol{S}_i\rangle_t}. \tag{4.119}$$

式（4.118）的形式表明，它描写的是赝自旋矢量围绕分子场的经典的自由旋进，如图4.12所示. 这跟重力场中陀螺的旋进相似.

现求解运动方程. 设电场为

$$E_i(t) = E_i \exp(i\omega t), \tag{4.120}$$

而且电场较弱，系统对它的响应是线性的，于是自旋算符平均值

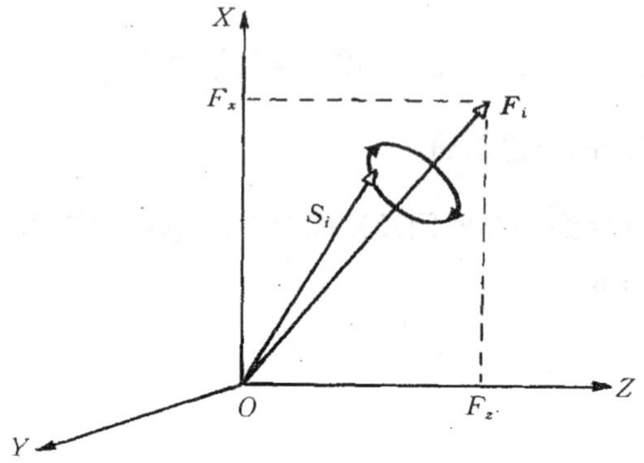

图4.12 赝自旋绕分子场的自由旋进.

可写为

$$\langle \boldsymbol{S}_i \rangle_t = \langle \boldsymbol{S}_i \rangle + \delta \langle \boldsymbol{S}_i \rangle \exp(i\omega t), \tag{4.121a}$$

式中与时间无关的常量部分是无外场时的平均值. 右边第二项只是对无外场时平均值的较小的修正. 同理，与时间有关的分子场可写为

$$\boldsymbol{F}_i(t) = \boldsymbol{F}_i + \delta \boldsymbol{F}_i \exp(i\omega t). \tag{4.121b}$$

当赝自旋平均值与分子场平行时，有

$$\langle \boldsymbol{S}_i \rangle \times \boldsymbol{F}_i = 0,$$

而且在有序相和无序相都有 $\langle S_i^y \rangle = 0$.

利用式 (4.121)，将运动方程线性化

$$i\omega\delta \langle \boldsymbol{S}_i \rangle = \delta \langle \boldsymbol{S}_i \rangle \times \boldsymbol{F}_i + \langle \boldsymbol{S}_i \rangle \times \delta \boldsymbol{F}_i. \tag{4.122}$$

根据哈密顿量式 (4.115) 以及式 (4.119)，可得与时间有关的分子场为

$$\boldsymbol{F}_i(t) = (\Omega, 0, \sum_i J_{ij} \langle S_j^z \rangle_t + 2\mu E_i(t)), \tag{4.123}$$

所以

$$\delta \boldsymbol{F}_i = (0, 0, \sum_j J_{ij} \delta \langle S_j^z \rangle + 2\mu E_i), \tag{4.124}$$

于是运动方程为

$$i\omega\delta\langle S_i^x\rangle - \sum_j J_{ij}\langle S_j^z\rangle\delta\langle S_i^y\rangle = 0, \tag{4.125a}$$

$$\sum_i J_{ij}\langle S_j^z\rangle\delta\langle S_j^x\rangle + i\omega\delta\langle S_i^y\rangle - \Omega\delta\langle S_i^z\rangle + \sum_j J_{ij}\langle S_i^x\rangle\delta\langle S_j^x\rangle = -2\mu E_i\langle S_i^x\rangle, \tag{4.125b}$$

$$\Omega\delta\langle S_i^y\rangle + i\omega\delta\langle S_i^z\rangle = 0, \tag{4.125c}$$

这是$3N$个线性方程组成的方程组，它给出赝自旋涨落的幅度和与时间有关的外电场幅度之间的关系.

为了便于讨论，将上式变换到波矢空间. 傅里叶变换为

$$\delta\langle \boldsymbol{S}_q\rangle = \sum_i \delta\langle \boldsymbol{S}_i\rangle\exp(-i\boldsymbol{q}\cdot\boldsymbol{R}_i), \tag{4.126a}$$

$$E_q = \sum_i E_i\exp(-i\boldsymbol{q}\cdot\boldsymbol{R}_i), \tag{4.126b}$$

并令

$$J_q = \sum_j J_{ij}\exp[-\boldsymbol{q}\cdot(\boldsymbol{R}_i - \boldsymbol{R}_j)], \tag{4.127}$$

式中$\boldsymbol{R}_i$和$\boldsymbol{R}_j$分别为第i和第j个自旋的位置矢量. 于是式(4.125)成为

$$i\omega\delta\langle S_q^x\rangle - J_0\langle S^z\rangle\delta\langle S_q^y\rangle = 0, \tag{4.128a}$$

$$J_0\langle S^z\rangle\delta\langle S_q^x\rangle + i\omega\delta\langle S_q^y\rangle - [\Omega - J_q\langle S^x\rangle]\delta\langle S_q^z\rangle = -2\mu\langle S^x\rangle E_q, \tag{4.128b}$$

$$i\omega\delta\langle S_q^z\rangle + \Omega\delta\langle S_q^y\rangle = 0, \tag{4.128c}$$

首先讨论顺电相的情况. 在顺电相中，$\langle S^z\rangle=0$，上式简化为

$$i\omega\delta\langle S_q^x\rangle = 0, \tag{4.129a}$$

$$i\omega\delta\langle S_q^y\rangle - [\Omega - J_q\langle S^x\rangle]\delta\langle S_q^z\rangle = -2\mu\langle S^x\rangle E_q \tag{4.129b}$$

$$i\omega\delta\langle S_q^z\rangle + \Omega\delta\langle S_q^y\rangle = 0. \tag{4.129c}$$

令$E_q=0$，得到齐次方程组，其有解条件为下面的系数行列式等于零，即

$$\begin{vmatrix} i\omega & 0 & 0 \\ 0 & i\omega & -\Omega + J_q\langle S^x\rangle \\ 0 & \Omega & i\omega \end{vmatrix} = 0. \tag{4.130}$$

此式的解为

$$\omega_1(\boldsymbol{q}) = 0, \tag{4.131}$$

$$\begin{aligned} \omega_{2,3}^2(\boldsymbol{q}) &= \Omega(\Omega - J_q\langle S^x\rangle) \\ &= \Omega\left[\Omega - \frac{1}{2}J_q\tanh\left(\frac{1}{2}\beta\Omega\right)\right]. \end{aligned} \tag{4.132}$$

上式第二个等号是利用了式（4.110b）. $\omega_{2,3}$（$\boldsymbol{q}$）表示横向激发并描写了赝自旋的旋进.

由上式知，在甚高温度（$T\to\infty$），赝自旋的行为有如自由粒子，且其旋进频率等于隧穿频率

$$\omega_{2,3}^2(\boldsymbol{q}) = \Omega^2. \tag{4.133}$$

温度较低时，赝自旋之间的相互作用使旋进频率降低. 当温度降低到满足下式时：

$$\Omega = \frac{1}{2}J_q\tanh\left(\frac{1}{2}\beta\Omega\right], \tag{4.134}$$

$\omega_{2,3}^2(\boldsymbol{q})=0$，即发生相变. 赝自旋系统的相变相应于赝自旋波的软化和冻结. 与位移型铁电体中的软光学横模相似，令顺电相中软赝自旋波的波矢为 $\boldsymbol{q}_0$，因为 $T=T_c$ 时，$\omega_{2,3}^2(\boldsymbol{q}_0)=0$，故可在 T_c 以上靠近 T_c 的温度将其按 $T-T_c$ 的幂展开并只取到一次项

$$\begin{aligned} \omega_{2,3}^2(\boldsymbol{q}_0) &= \left(\frac{\partial\omega_{2,3}^2(\boldsymbol{q}_0)}{\partial T}\right)_{T=T_c}(T-T_c) \\ &= L(\boldsymbol{q}_0)\frac{T-T_c}{T_c}, \end{aligned} \tag{4.135}$$

其中

$$\begin{aligned} L(\boldsymbol{q}_0) &= \frac{\Omega^2 J(\boldsymbol{q}_0)}{4kT_c^2\cosh^2(\beta_c\Omega/2)}, \\ \beta_c &= (kT_c)^{-1}, \end{aligned} \tag{4.136}$$

这跟位移型铁电体相似，顺电相中软模频率平方与温度呈线性关

系[见式(4.82)和式(4.1)].

与位移型铁电(或反铁电)相变一样,低温相的结构决定于高温相结构和相变时冻结的软模位移.软模波矢($\boldsymbol{q}_0$)是在降温时首先使 $\omega_{2,3}^2(\boldsymbol{q})$ 降为零的那个波矢,由式(4.132)可知,这就是使 J_q 极大的波矢.由式(4.127)可知,J_q 的值依赖于相互作用系数 J_{ij}.

(1)$J_{ij}>0$.由式(4.127)可知,此时 $\boldsymbol{q}=0$,使 J_q 极大,即

$$\boldsymbol{q}_0 = 0, \quad J_{q,\max} = J_0. \tag{4.137}$$

在 T_c 以上靠近 T_c 时,软模频率为

$$\omega_{2,3}^2(0) = L(0)\frac{T-T_c}{T_c}, \tag{4.138}$$

$\boldsymbol{q}_0=0$的软模冻结表示整个晶体中出现均匀极化,低温相为铁电相.

(2)$J_{ij}<0$,这意味着相邻赝自旋反平行使系统能量最低.在这种情况下,使 J_q 取极大值的波矢位于布里渊区边界,即

$$J_{q,\max} = J_{q,\text{边界}}. \tag{4.139}$$

这时冻结的软模位移在高温相的相邻晶胞中方向相反,即其周期为高温相晶格周期的二倍,所以发生的是晶胞体积倍增的反铁电相变.

由上述可看到,赝自旋系统中相互作用系数 J_{ij}决定系统处于铁电相或反铁电相,这与铁磁系统中交换积分的正负决定系统处于铁磁相或反铁磁相是一致的.

(3)若不但有最近邻相互作用,而且有其他相互作用,则可能出现第三种低温相结构.此时使 J_q 取极大值的波矢 $\boldsymbol{q}_0$既不在布里渊区中心也不在其边界,而是在其他点上,特别是,如果软模波矢与布里渊区边界波矢之比是无理数,则低温相将是无公度相.

下面,我们来讨论铁电相的情况.

铁电相中,$\langle S^z\rangle$和$\langle S^x\rangle$不为零.令 $E_q=0$,则式(4.128)成为关于自旋偏差算符平均值的齐次方程,其有解条件为系数行列式等于零,即

$$\begin{vmatrix} i\omega & -J_0\langle S^z\rangle & 0 \\ J_0\langle S^z\rangle & -i\omega & -\Omega+J_q\langle S^x\rangle \\ 0 & \Omega & i\omega \end{vmatrix}=0. \tag{4.140}$$

它的三个解为

$$\omega_1(\boldsymbol{q})=0, \tag{4.141a}$$

$$\omega_{2,3}^2(\boldsymbol{q})=(J_0\langle S^z\rangle)^2+\Omega^2(1-J_q/J_0), \tag{4.141b}$$

这里利用了 $T<T_c$ 时 $\langle S^x\rangle=\Omega/J_0$ 为常数的条件.

由式 (4.141b) 可知，在铁电相只有 $\boldsymbol{q}=0$ 的赝自旋波才可变软，而且对于该波矢，软模频率正比于序参量 $\langle \boldsymbol{S}^z\rangle$

$$\omega_{2,3}(0)=J_0\langle S^z\rangle, \tag{4.142}$$

这与顺电相时的情况不同. 顺电相中，软赝自旋波的波矢可位于布里渊区从中心到边界的任一点.

图4.13示出赝自旋系统软模频率和序参量与温度之间的关系. 此图与表示位移型铁电体中相应关系的图4.7完全相似. 只是在位移型铁电体中，序参量是晶格振动正则坐标的平均值 $\langle \boldsymbol{Q}_l\rangle$，在赝自旋系统中，序参量是赝自旋矢量 z 分量的平均值 $\langle \boldsymbol{S}^z\rangle$.

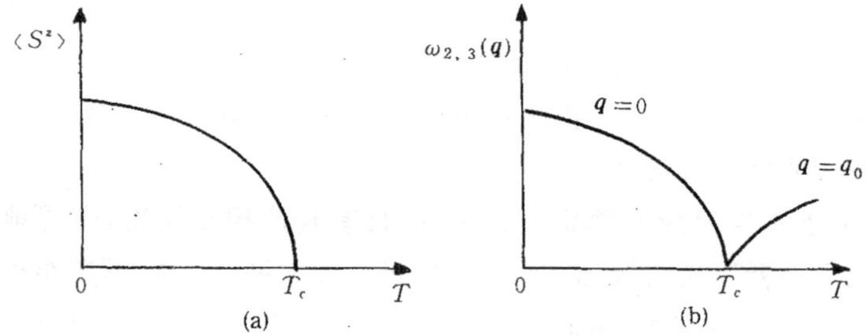

图4.13 赝自旋系统的序参量 (a) 和软模频率 (b) 与温度之间的关系.

4.5.2 赝自旋运动的弛豫

由于存在阻尼，赝自旋绕分子场的旋进具有弛豫的性质，而且分子场本身到达热平衡值也需要一定的时间，所以赝自旋实际上是向由分子场的瞬时值决定的准平衡态弛豫，而不是向热平衡态弛豫[34].

在磁共振中，描写磁矩在磁场中运动的方程称为布洛赫方程．它在描写磁矩绕磁场方向旋进的同时，计入了磁矩的纵向（平行于磁场方向）弛豫和横向（垂直于磁场方向）弛豫[35]．简单地说，纵向弛豫是磁矩在磁场方向的分量逐步增大，以致与磁场平行的过程，横向弛豫是磁矩在与磁场垂直的平面内的分量逐步减小、以致达到零的过程．各个旋进着的磁矩在相位方面适当错开（例如3个磁矩旋进相位依次差120°）即可完成横向弛豫，故两个弛豫过程相对独立．对于赝自旋系统，也可进行类似的讨论．

以 $\langle \boldsymbol{S}_i \rangle_{t/\!/}$ 表示自旋平均值平行于分子场方向的分量，$\langle \boldsymbol{S}_i \rangle_{t\perp}$，表示其垂直于分子场方向的分量．令 t_1 和 t_2 分别代表纵向和横向弛豫时间．写出布洛赫运动方程如下：

$$\frac{d}{dt}\langle \boldsymbol{S}_i \rangle_t = \langle \boldsymbol{S}_i \rangle \times \boldsymbol{F}_i(t) - \frac{1}{t_1}[\langle \boldsymbol{S}_i \rangle_{t/\!/} - \langle \overline{\boldsymbol{S}}_i \rangle_{t/\!/}]$$

$$- \frac{1}{t_2}[\langle \boldsymbol{S}_i \rangle_{t\perp} - \langle \overline{\boldsymbol{S}}_i \rangle_{t\perp}], \qquad (4.143)$$

式中 $\langle \overline{\boldsymbol{S}}_i \rangle_t$ 是准平衡态的平均值，由下式给出：

$$\langle \overline{\boldsymbol{S}}_i \rangle_t = \frac{1}{2}F_i(t)^{-1}\boldsymbol{F}_i(t)\tanh\left[\frac{1}{2}\beta F_i(t)\right], \qquad (4.144)$$

这与式（4.108）相似，不同的是，式（4.108）描写的是静态性质．

式（4.143）描写了赝自旋围绕分子场瞬时值的旋进，并向着准平衡态的弛豫．假设分子场可写成一静态分量与一随时间正弦变化的分量之和

$$\boldsymbol{F}_i(t) = \boldsymbol{F}_i + \delta \boldsymbol{F}_i \exp(i\omega t). \qquad (4.145)$$

赝自旋平均值也可相应地写为

$$\langle \boldsymbol{S}_i \rangle_t = \langle \boldsymbol{S}_i \rangle + \delta \langle \overline{\boldsymbol{S}}_i \rangle \exp(i\omega t). \qquad (4.146)$$

其中静态分量是热平衡值．将以上二式代入运动方程式（4.143），

只保留涨落的线性项，得到线性化的布洛赫方程

$$i\omega\delta\langle \boldsymbol{S}_i\rangle = \delta\langle \boldsymbol{S}_i\rangle \times \boldsymbol{F}_i + \langle \boldsymbol{S}_i\rangle \times \delta\boldsymbol{F}_i - \frac{1}{t_1}[\delta\langle \boldsymbol{S}_i\rangle_{/\!/} - \delta\langle \overline{\boldsymbol{S}}_i\rangle_{/\!/}]$$

$$-\frac{1}{t_2}[\delta\langle \boldsymbol{S}_i\rangle_{\perp} - \delta\langle \overline{\boldsymbol{S}}_i\rangle_{\perp}]. \tag{4.147}$$

下面分顺电相和铁电相两种情况讨论此式的性质.

在顺电相中，分子场有沿 X 方向的恒定分量（即隧穿场）Ω 和沿 Z 方向的涨落分量

$$\delta\boldsymbol{F}_i = (0, 0, \sum_j J_{ij}\delta\langle S_j^z\rangle + 2\mu E_i), \tag{4.148}$$

自旋瞬时值与其平衡态平均值之差则仅有 z 分量

$$\delta\langle S_i^z\rangle = \frac{1}{2\Omega}\tanh\left(\frac{1}{2}\beta\Omega\right)\delta\boldsymbol{F}_i^z. \tag{4.149}$$

利用式（4.148）和式（4.149），式（4.147）得以简化. 再按照式（4.126）和式（4.127）那样进行傅里叶变换，就得到关于波矢为 $\boldsymbol{q}$ 频率为 ω 的自旋偏差幅值的3个方程

$$\left(i\omega + \frac{1}{t_1}\right)\delta\langle S_q^x\rangle = 0, \tag{4.150a}$$

$$\left(i\omega + \frac{1}{t_2}\right)\delta\langle S_q^x\rangle - (\Omega - J_q\langle S^x\rangle)\delta\langle S_q^z\rangle = -\langle S^x\rangle 2\mu E_q, \tag{4.150b}$$

$$\Omega\delta\langle S_q^y\rangle + \left(i\omega + \frac{1}{t_2} - \frac{J_q}{t_2\Omega}\langle S^x\rangle\delta\langle S_q^z\rangle = -\frac{1}{t_2\Omega}\langle S^x\rangle 2\mu E_q, \tag{4.150c}$$

第一个方程描写沿 X 方向的弛豫. 前面讨论自由旋进时此运动不存在，解得的频率恒为零. 现此频率为一虚数，$\omega_1 = -i/t_1$，它由纵向弛豫时向 t_1决定. 可以预料，弛豫时间将随温度升高而缩短，但不会显示临界的温度特性. 此运动沿 X 方向，与铁电轴（Z）垂直，不会影响极化和铁电轴方向的极化率.

第二和第三个方程描写围绕分子场的阻尼旋进和极化涨落. 系统在外场 E_q 作用下产生的极化为$2N\mu\delta\langle S_q^z\rangle$

$$\delta P_q = 2N\mu\delta\langle S_q^z\rangle = \varepsilon_0\chi(\omega, \boldsymbol{q})E_q.$$

动态极化率由式（4.150b）和（4.150c）得出

$$\chi(\omega,\boldsymbol{q})=\chi(0,\boldsymbol{q})\omega^2(\boldsymbol{q})\frac{1+i\omega t_2/(1+\Omega^2t_2^2)}{\overline{\omega}^2(\boldsymbol{q})-\omega^2+2i\gamma(\boldsymbol{q})\omega},\tag{4.151}$$

而静态极化率为

$$\chi(0,\boldsymbol{q})=\frac{4N\mu^2}{\varepsilon_0}\frac{\tanh\left(\frac{1}{2}\beta\Omega\right)}{2\Omega-J_{\boldsymbol{q}}\tanh\left(\frac{1}{2}\beta\Omega\right)}.\tag{4.152}$$

上面的频率和阻尼因子分别为

$$\overline{\omega}^2(\boldsymbol{q})=\omega_B^2(\boldsymbol{q})\frac{1+\Omega^2t_2^2}{\Omega^2t_2^2},\tag{4.153}$$

$$\gamma(\boldsymbol{q})=\frac{1}{2t_2}\left[1+\frac{\omega_B^2(\boldsymbol{q})}{\Omega^2}\right],\tag{4.154}$$

其中 $\omega_B^2(\boldsymbol{q})=\omega_{2,3}^2(\boldsymbol{q})$是前面讨论自由旋进时得到的软模频率平方.

由式（4.151）可见，系统对外场的响应有如一阻尼谐振子，由 $\chi(\omega,\boldsymbol{q})$的发散即可得出系统的本征频率. 式（4.153）表明，$\overline{\omega}(\boldsymbol{q})$是旋进频率的修正值. 可以认为横向弛豫时间 t_2随温度变化不大，所以 $\overline{\omega}(\boldsymbol{q})$ 对温度的依赖性由 $\omega_B(\boldsymbol{q})$ 决定.

阻尼因子γ的出现是引入弛豫时间 t_2的另一个结果. 因为在离 T_c 不远的范围内，自由旋进的软模频率 $\omega_B(\boldsymbol{q})$远低于隧穿频率 Ω，式（4.154）右边第二项可忽略，而且 t_2与温度关系不大，所以 $\gamma(\boldsymbol{q})$近似地不随波矢和温度变化，故引入弛豫时间 t_2相当于产生一个恒定的阻尼. 在相变温度，其值为

$$\gamma(0)=\frac{1}{2t_2}.\tag{4.155}$$

系统在铁电相的响应特性可用相同的方法讨论. 系统有3个本征频率，ω_1对应着沿分子场方向的弛豫运动，$\omega_{2,3}$对应着绕分子场的阻尼旋进和横向弛豫. 与顺电相比较，一个重要的差别是，这3个模（而不仅是 $\omega_{2,3}$）都对极化涨落有贡献. 铁电相中分子场与极化轴（Z）不再相互垂直，而在 xz 平面内的某一方向.

因为3个模都对极化涨落有贡献，故在远低于 T_c 的温度，极化涨落的频谱包含两个峰. 一个是位于 $\omega=0$ 的中心类德拜模，它是由平行于分子场的运动引起的. 另一个是频率较高的软模，它是由频率为 $\omega_{2,3}$ 的横向（垂直于分子场）运动引起的. 由于 ω_2，ω_3 复数共轭，它们引起的响应峰对称分布于 $\omega=0$ 的两侧. $\omega_{2,3}$ 与序参量 $\langle S^z\rangle$ 成正比. 在自由旋进时，它们由式（4.142）给出. 随着温度升高到 T_c，它下降到零. 从极化涨落的频谱来看，随着温度升高，两个峰逐步向中心靠近. 接近 T_c 时，两个峰合并成一个宽的过阻尼的响应峰，如图4.14所示[29]. 在KDP中的确观测到了这样的响应特性. 但为了拟合实验曲线，除必须有横向模 $\omega_{2,3}$ 的软化外，还必须假设横向弛豫时间 t_2 也随温度降低而延长. 图4.14示出由布洛赫方程对一个赝自旋系统计算的 T_c 以下的软模频谱. 该系统的 $T_c=125\text{K}$，阻尼因子 $2\gamma=140\text{cm}^{-1}$，纵向弛豫频率（$1/t_1$）$=10\text{cm}^{-1}$. 曲线1，2，3，4分别是 $T=80\text{K}$，100K，110K 和120K 时的频谱. 在这4个温度，横向弛豫频率 $1/t_2$ 分别为 $5.1cm^{-1}$，$12.2cm^{-1}$，$28.8cm^{-1}$ 和 $53.7cm^{-1}$.

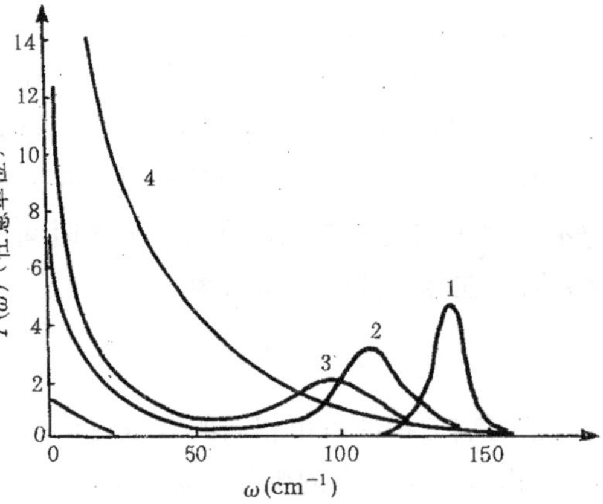

图4.14　由布洛赫方程对一个赝自旋系统计算的 T_c 以下的软模频谱[29]. 计算用的参量见正文.

注意到氘化对极化涨落频谱的影响是有意义的．氘化使隧穿频率严重降低，以致分子场只有沿极化方向的分量．横向弛豫就是垂直于极化方向的弛豫，因而不会对极化涨落有贡献．这时极化涨落只决定于纵向弛豫，于是只在 $\omega=0$ 有一个类德拜峰，如图 4.15所示[29]．该图示出了 KDP 和 DKDP 在 T_c 以上和以下的极化涨落频谱．在 T_c 以下，KDP 的频谱中有两个峰．DKDP 的只有一个峰．

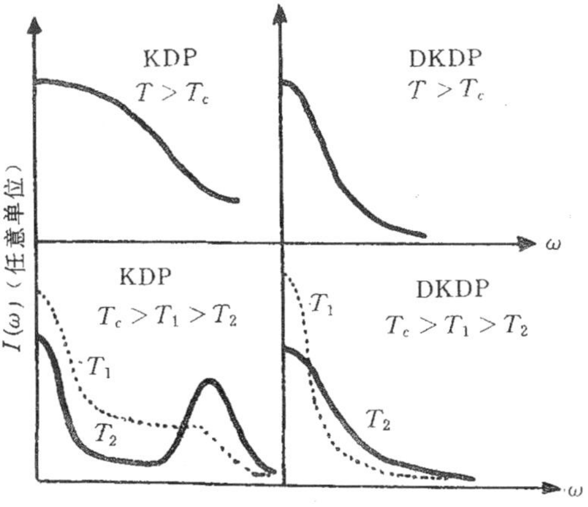

图4.15　KDP 和 DKDP 中极化涨落频谱的示意图[29]．

由上述可知，在一般情况下，极化涨落谱的强度可写为

$$I(\omega)=I_1(\omega)+I_{2,3}(\omega), \tag{4.156}$$

其中 $I_1(\omega)$ 是中心类德拜峰的强度，它正比于自发极化的平方，即

$$I_1(\omega)\propto\left(\frac{J_0\langle S^z\rangle}{F_i}\right)^2, \tag{4.157}$$

$I_{2,3}(\omega)$是高频峰的强度，它正比于隧穿频率的平方

$$I_{2,3}(\omega)\propto\left(\frac{\Omega}{F_i}\right)^2. \tag{4.158}$$

§ 4.6 隧穿运动可忽略的赝自旋系统

在普遍情况下，赝自旋系统的模型哈密顿量由式（4.115）表示，其中含隧道贯穿频率 Ω. 进行隧穿运动的粒子质量越大，Ω 就越低. 在氘化的氢键型铁电体以及 $NaNO_2$ 和 TGS 晶体中，隧道效应很弱，可近似认为 $\Omega \to 0$. 在这种情况下，我们得到的是动态 Ising 模型，其哈密顿量为

$$H = -\frac{1}{2}\sum_{i,j} J_{ij} S_i^z S_j^z - 2\mu \sum_i E_i(t) S_i^z. \tag{4.159}$$

在这种系统中，分子场无 X 方向分量，其恒定分量和随外场变化的分量都在 Z 方向

$$\boldsymbol{F}_i = (0, 0, J_0 \langle S^z \rangle), \tag{4.160}$$

$$\delta \boldsymbol{F}_i = (0, 0, \sum_j J_{ij} \delta \langle S_j^z \rangle + 2\mu E_i). \tag{4.161}$$

自旋 z 分量的平均值可由式（4.113c）确定

$$2\langle S^z \rangle = \tanh \frac{1}{2} \beta J_0 \langle S^z \rangle. \tag{4.162}$$

相变温度可由式（4.114）对 Ω 求微商后，令 $\Omega = 0$ 得出

$$T_c = \frac{J_0}{4k}. \tag{4.163}$$

仍然用布洛赫方程式（4.143）描述系统的运动. 不过现在只留下 z 分量的方程. 按照与上节相同的方法，将 $\langle S^z \rangle_t$ 及分子场写为一恒定分量与一随时间正弦变化的分量之和，于是得出线性化布洛赫方程如下：

$$i\omega \delta \langle S_i^z \rangle = \frac{1}{t_1}\Big[\delta \langle S_i^z \rangle - \frac{1}{4}\beta (1 - 4\langle S^z \rangle^2) \times \Big(\sum_j J_{ij} \delta \langle S_j^z \rangle + 2\mu E_i \Big)\Big], \tag{4.164}$$

与上节一样，这里 t_1 是沿分子场方向运动的弛豫时间.

按照式（4.126）和式（4.127）进行傅里叶变换，得到关于波矢为 $\boldsymbol{q}$ 的极化涨落的方程

$$\left\{i\omega + \frac{1}{t_1}\left[1 - \frac{J_q}{4kT}(1 - 4\langle S^z\rangle^2)\right]\right\}\delta\langle S_q^z\rangle$$

$$= \frac{1}{4t_1kT}\cdot 2\mu E_q(1 - 4\langle S^z\rangle^2). \tag{4.165}$$

在外场 E_q 的作用下，系统的极化为$2N\mu\delta\langle S_q^z\rangle$，故动态极化率为

$$\chi(\omega,\boldsymbol{q}) = \frac{2N\mu\delta\langle S_q^z\rangle}{\varepsilon_0 E_q}.$$

由式（4.165）得出

$$\chi(\omega,\boldsymbol{q}) = \frac{4N\mu^2(1 - 4\langle S^z\rangle^2)}{4\varepsilon_0 t_1 kT\{i\omega + t_1^{-1}[1 - J_q(1 - 4\langle S^z\rangle^2)(4kT)^{-1}]\}}, \tag{4.166}$$

而静态极化率为

$$\chi(0,\boldsymbol{q}) = \frac{4N\mu^2(1 - 4\langle S^z\rangle^2)}{\varepsilon_0[4kT - J_q(1 - 4\langle S^z\rangle^2)]}, \tag{4.167}$$

所以

$$\chi(\omega,\boldsymbol{q}) = \frac{\chi(0,\boldsymbol{q}) - 1}{1 + i\omega\tau_q}, \tag{4.168}$$

式中 τ_q 是波矢为 $\boldsymbol{q}$ 的序参量涨落的弛豫时间，即

$$\tau_q = \frac{t_1 T}{T - T_{c,q}(1 - 4\langle S^z\rangle^2)}. \tag{4.169}$$

相变温度是波矢的函数

$$T_{c,q} = \frac{J\boldsymbol{q}}{4k}. \tag{4.170}$$

由式（4.168）可看出，无隧穿运动的赝自旋系统的响应特性是纯弛豫型的. 弛豫时间 τ_q 是温度的函数，当温度趋近于相变温度时，弛豫时间急剧增大，即介电响应临界慢化（critical slowing down）.

上面的 t_1是单个自旋的纵向弛豫时间，τ_q 是反映系统集体特性的序参量涨落弛豫时间. 考虑铁电相变情况. 软模波矢 $\boldsymbol{q}_0=0$，记相变温度 $T_{c,q}$为 T_c，相应的弛豫时间为 τ_0，则从高温侧趋近 T_c 时有

$$\tau_0 = \frac{t_1 T}{T - T_c}, \tag{4.171}$$

而从低温侧趋近 T_c 时有

$$\tau_0 = \frac{t_1 T}{T - T_c(1 - 4\langle S^z \rangle^2)}. \tag{4.172}$$

忽略隧穿运动时，赝自旋在两种取向之间的转变可简单地认为是热致“跳跃”造成的. 据此可推导出同样的动力学性质[36,37]. 令 W_i（S_i^z）代表在瞬态分子场作用下第 i 个自旋反转的概率，P（S_1^z, …, S_N^z, t）代表在时刻 t 自旋构型为（S_1^z, …, S_N^z）的概率. 假设自旋构型向平衡态弛豫的过程按下式进行：

$$\begin{aligned} &\frac{d}{dt} P(S_1^z, \cdots, S_N^z, t) \\ &\quad = -\sum_i W_i(S_i^z) P(S_1^z, \cdots, S_N^z, t) \\ &\quad + \sum_i W_i(-S_i^z) P(S_1^z, \cdots, -S_i^z, \cdots, S_N^z, t), \end{aligned} \tag{4.173}$$

此式右边第一项表示自旋由“上”到“下”反向，使概率 $P(S_1^z, \cdots, S_N^z, t)$的减小，第二项表示自旋由“下”到“上”反向，使概率 P（S_1^z, …, S_N^z, t）的增加. 在平衡状态下，自旋构型向两个方向变化的概率应该相等，即

$$W_i(S_i^z) P_0(S_1^z, \cdots, S_N^z) = W_i(-S_i^z) P_0(S_1^z, \cdots, -S_i^z, \cdots, S_N^z), \tag{4.174}$$

式中下标“0”代表平衡状态. 由上式得出

$$\frac{W_i(S_i^z)}{W_i(-S_i^z)} = \frac{1 - 2S_i^z \tanh\left(\frac{1}{2}\beta F_i\right)}{1 + 2S_i^z \tanh\left(\frac{1}{2}\beta F_i\right)}, \tag{4.175}$$

这里利用了 S_i^z 只可取±1/2两个值的事实. 根据上式可将转变概率写成

$$W_i(S_i^z) = \frac{1}{2t_1}\left[1 - 2S_i^z \tanh\left(\frac{1}{2}\beta F_i\right)\right], \tag{4.176}$$

式中 t_1正比于单个自旋弛豫时间.

第 i 个自旋的平均值等于在所有可能的自旋构型中 S_i^z 的计权和

$$\langle S_i^z \rangle = \sum{}' S_i^z P(S_1^z, \cdots, S_N^z, t), \qquad (4.177)$$

这里求和号上的撇代表对所有可能的自旋构型求和. 由式(4.173) 和式 (4.176) 可得自旋平均值的时间变化率为

$$\begin{aligned}\frac{d}{dt}\langle S_i^z \rangle &= -2\sum{}' S_i^z W(S_i^z) P(S_1^z, \cdots, S_N^z, t) \\ &= -2\langle S_i^z (W_i) \rangle \\ &= \frac{-1}{t_1}\left[\langle S_i^z \rangle - \frac{1}{2}\langle \tanh\left(\frac{1}{2}\beta F_i\right)\rangle\right]. \qquad (4.178)\end{aligned}$$

没有外加交变场时，分子场的平均值即为式 (4.160) 给出的 $J_0 \langle S^z \rangle$,所以上式为

$$t_1 \frac{d}{dt}\langle S_i^z \rangle = -\langle S_i^z \rangle + \frac{1}{2}\tanh\left(\frac{1}{2}\beta J_0 \langle S^z \rangle\right). \qquad (4.179)$$

关于系统对交变场的响应，与以前一样设分子场及自旋平均值可写为

$$F_i(t) = F_i + \delta F_i \exp(i\omega t), \qquad (4.180a)$$

$$\langle S_i^z \rangle_t = \langle S_i \rangle + \delta \langle S_i \rangle \exp(i\omega t), \qquad (4.180b)$$

这与式 (4.145) 和式 (4.146) 相似，只是现在分子场和自旋平均值都只有 Z 方向分量，所以省去了矢量记号.

将式 (4.180) 代入式 (4.178)，取小量 $\delta\langle S_i \rangle$ 和 δF_i 的一次项得

$$\langle S^z \rangle = \frac{1}{2}\tanh\left(\frac{1}{2}\beta J_0 \langle S^z \rangle\right), \qquad (4.181)$$

$$\begin{aligned}\delta\langle S_i^z \rangle (1 - i\omega t_1) &= \frac{1}{2}(1 - 4\langle S^z \rangle^2) \\ &\quad \times \left[\frac{1}{2}\beta(\delta F_i + \sum_j J_{ij}\delta\langle S_j^z \rangle)\right]. \qquad (4.182)\end{aligned}$$

再通过傅里叶变换，将上二式变换到波矢空间，即可得式 (4.168) 所示的动态极化率.

式 (4.171) 和式 (4.172) 所预示的系统对外场响应的临界

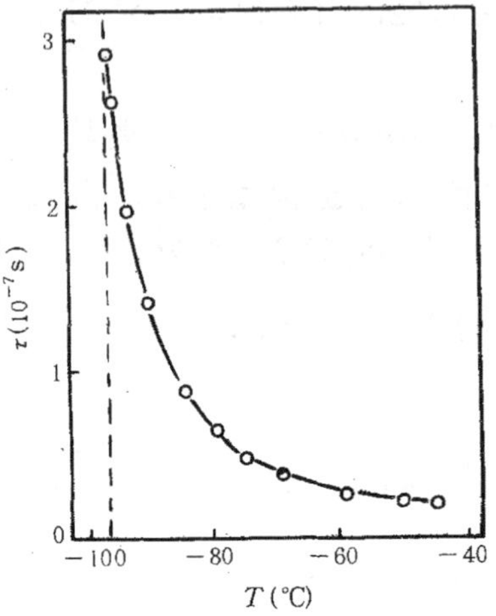

图4.16 MASD 中序参量弛豫时间与温度的关系[41]，$T_c=-96$℃.

慢化现象在不少的有序无序型铁电体中已观测到了. 例如，对 TGS，测得其电容率实部和虚部与频率的关系与纯弛豫型的很好地吻合，弛豫时间在温度趋于居里点时急剧增大，当 $T-T_c=22$K，5K 和1K 时，弛豫频率分别为20GHz，3GHz 和 0.6GHz[38—40]. 又如 MASD [$CH_3NH_3Al(SO_4)_2\cdot 12H_2O$，硫酸铝甲铵]，测得的弛豫时间 τ 随温度的变化如图 4.16 所示[41]. 可以看到，温度接近 $T_c=-96$℃时，弛豫时间急剧延长. 另一个例子是 $NaNO_2$，图 4.17示出了其 T_c（=163℃）以上介电弛豫频率 $f_\tau=(2\pi\tau)^{-1}$与温度的关系[42].

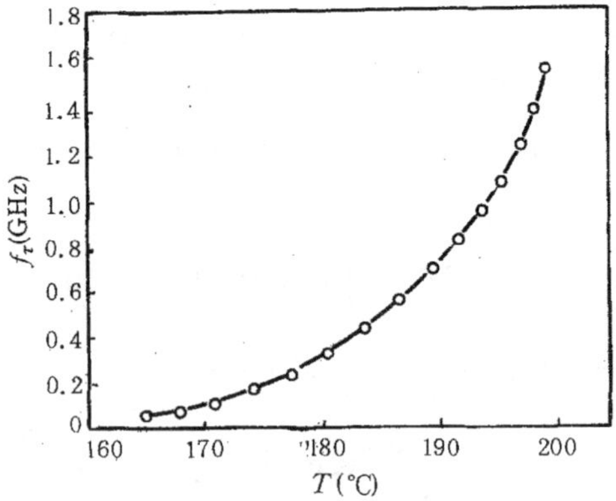

图4.17 $NaNO_2$介电弛豫频率与温度的关系[42]，$T_c=163$℃.

§ 4.7 双势阱不对称的赝自旋系统

在上述所讨论的有序无序型铁电体中，单粒子势都是对称双阱. 另外有一些有序无序型铁电体，如罗息盐，$NaH_3(SeO_3)_2$，NH_4HSO_4等，其中的单粒子势是不对称的双阱. 本节介绍处理这种系统的赝自旋方法.

罗息盐（$NaKC_4H_4O_6\cdot 4H_2O$）在-18—24℃范围内具有铁电性，铁电相空间群为$P2_1$（C_2^2），每个晶胞含4个化学式单元. 在§2.4中已经说明，导致铁电性的原子运动主要是其中一种氢氧基团O_5H_5的取向变化[43,44]. 该基团近似在ab平面内，它有两种可能的取向，分别与a轴平行和反平行，如图4.18所示. 在这两种取向中，质子的势能不同，平行取向时势阱较深，反平行时势阱较浅. 我们用Δ表示两势阱的深度差. 每个晶胞有4个这样的氢氧基团，用4个箭头表示它们形成的电偶极子. 设晶胞中电偶极子的分布如图4.19所示，即整个晶体中两种取向的偶极子形成两个相互套构的亚晶格（sub-lattice）[45].

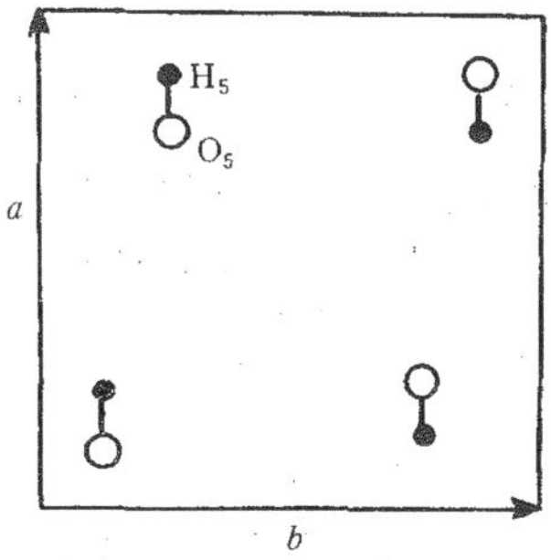

图4.18　氢氧基团O_5H_5的两种可能取向.

这个系统的模型哈密顿量可用赝自旋1/2算符写出[46]

$$
\begin{aligned}
H = & -\Omega\sum_j(S_{j1}^x+S_{j2}^x)-\frac{1}{2}\sum_{i,j}[K_{ij}(S_{i1}^zS_{j1}^z+S_{i2}^zS_{j2}^z) \\
& +L_{ij}S_{i1}^zS_{j2}^z]-\Delta\sum_j(S_{j1}^z-S_{j2}^z) \\
& -2\mu\sum_j[E_{j1}(t)S_{j1}^z+E_{j2}(t)S_{j2}^z],
\end{aligned}
\tag{4.183}
$$

式中K_{ij}和L_{ij}分别为同一亚晶格和不同亚晶格的赝自旋相互作用

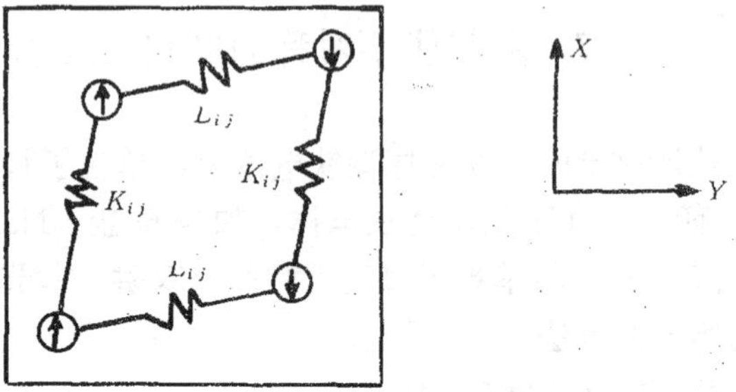

图4.19　两种取向的偶极子形成的两个亚晶格.

系数，$E_{j1}(t)$和$E_{j2}(t)$分别为作用在亚晶格1和2中第j个自旋的外加场，μ表示电偶极矩的大小.

极化P是两个亚晶格极化之和，即

$$P = P_1 + P_2 = \frac{2\mu}{v}\sum_i (S_{i1}^z + S_{i2}^z), \tag{4.184}$$

v是晶胞体积.

作用于两个亚晶格的分子场分别为

$$\boldsymbol{F}_1 = -\frac{\partial\langle H\rangle}{\partial\langle \boldsymbol{S}_{i1}\rangle} = (\Omega, 0, K\langle S_1^z\rangle + \frac{1}{2}L\langle S_2^z\rangle + \Delta + 2\mu E), \tag{4.185}$$

$$\boldsymbol{F}_2 = -\frac{\partial\langle H\rangle}{\partial\langle \boldsymbol{S}_{i2}\rangle} = (\Omega, 0, K\langle S_2^z\rangle + \frac{1}{2}L\langle S_1^z\rangle - \Delta + 2\mu E), \tag{4.186}$$

式中$K = \sum_j K_{ij}, L = \sum_j L_{ij}$.

根据哈密顿量，可以计算两个亚晶格的赝自旋沿Z方向的平均值$\langle S_1^z\rangle$和$\langle S_2^z\rangle$. 与式（4.108）相似，这两个平均值分别为

$$\langle S_1^z\rangle = \frac{F_1}{2F_{1z}}\tanh\left(\frac{1}{2}\beta F_1\right), \tag{4.187}$$

$$\langle S_2^z\rangle = \frac{F_2}{2F_{2z}}\tanh\left(\frac{1}{2}\beta F_2\right), \tag{4.188}$$

式中F_1和F_2分别为$\boldsymbol{F}_1$和$\boldsymbol{F}_2$的绝对值，F_{1z}和F_{2z}分别为它们的z分

量. 解此联立方程，可得出亚晶格极化与温度的关系.

无外场时，系统有如下的解：

$$\langle S_1^z \rangle = - \langle S_2^z \rangle, \tag{4.189}$$

此时总极化为零. 这个解对所有温度都成立但不是对所有温度都稳定. Zeks 等[46]通过计算自由能得出结论，在一定的温度范围内，只有$\langle S_1^z \rangle \neq - \langle S_2^z \rangle$才能使自由能取极小值，该范围就是出现净自发极化的范围. 图4.20示出了他们计算的自发极化和赝自旋平均值与温度的关系（实线），圆圈是自发极化的实验值，可见二者相符合.

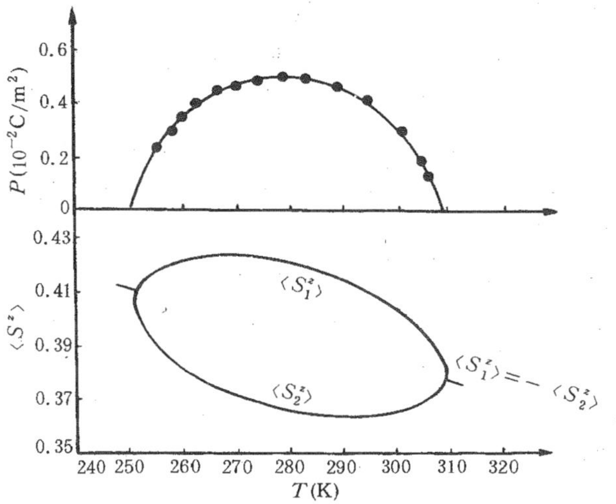

图4.20 赝自旋平均值（下）和自发极化（上），圆圈为实验值[46].

静态介电极化率为

$$\chi = \frac{1}{\varepsilon_0} \frac{dP}{dE} \bigg|_{E=0} = \frac{4N\mu^2}{\varepsilon_0 [1 - \alpha(K + 0.5L)]}, \tag{4.190}$$

式中

$$\alpha=\frac{\Omega^2}{2F_1^3}\tanh\left(\frac{1}{2}\beta F_1\right)+\frac{\beta F_{1z}^2}{4F_1^2\cosh^2\left(\frac{1}{2}\beta F_1\right)}. \tag{4.191}$$

为了确定顺电相的稳定极限，令式（4.190）的分母为零

$$1-\alpha(K+0.5L)=0. \tag{4.192}$$

对于选定的一组参量 K，L，Δ 和 Ω，该方程有两个解 T_{c1}和 T_{c2}. 当 $T<T_{c1}$或 $T>T_{c2}$时，$\langle S_1^z\rangle=-\langle S_2^z\rangle$是稳定的，两个亚晶格的极化彼此抵消. 但当 $T_{c1}<T<T_{c2}$时，$\langle S_1^z\rangle\neq-\langle S_2^z\rangle$是稳定的，系统呈现自发极化.

由上述可知，罗息盐中的自发极化可认为是两个亚晶格中方向相反大小不等的极化合成的结果. 显然，这与磁性现象中的亚铁磁性类似，因此有人也称其为亚铁电性. 但迄今为止，所假定的这两个亚晶格还没有直接的实验证据.

在 T_{c1}以下和 T_{c2}以上，虽然 $\langle S_1^z\rangle=-\langle S_2^z\rangle$，但并不是反铁电相，因为两个亚晶格中赝自旋的势阱深度不同，赝自旋反转180°前后，系统的能量并不相等.

自旋平均值 $\langle S_1^z\rangle$ 或 $\langle S_2^z\rangle$ 的最大可能值为1/2. 在图4.20所示的任一温度下自旋都不是完全有序的. 特点在于，温度稍高于 T_{c1}时 $\langle S_1^z\rangle$ 随温度降低而减小，温度稍低于 T_{c2}时，$\langle S_2^z\rangle$ 随温度升高而增大.

在与时间有关的分子场作用下，描写赝自旋自由旋进的方程为

$$\frac{d}{dt}\langle \boldsymbol{S}_{i,\alpha}\rangle_t=\langle \boldsymbol{S}_{i,\alpha}\rangle_t\times \boldsymbol{F}_{i,\alpha}(t), \tag{4.193}$$

此式与式（4.118）相同，只是现在引入了下标 $\alpha=1$，2以区分两个亚晶格. 假设分子场和自旋平均值均可写为恒定分量和一随时间正弦变化的分量之和，将上式线性化为

$$i\omega\delta\langle \boldsymbol{S}_{i,\alpha}\rangle_t=\delta\langle \boldsymbol{S}_{i,\alpha}\rangle_t\times \boldsymbol{F}_\alpha+\langle \boldsymbol{S}_{i,\alpha}\rangle\times\delta \boldsymbol{F}_{i,\alpha}(t), \tag{4.194}$$

式中 $\boldsymbol{F}_\alpha$ 和 $\langle \boldsymbol{S}_{i,\alpha}\rangle$ 为恒定分量. 像§4.5那样进行傅里叶变换，将运动方程式（4.194）变换到波矢空间. 在顺电相中，对 $\boldsymbol{q}=0$求解

运动方程，得到6个本征频率，它们在 T_{c1} 和 T_{c2} 都不变为零，这意味着上式不能正确描写哈密顿量为式（4.183）的系统的动力学性质. 因为式（4.194）仅仅允许自旋在垂直于分子场平面内的运动，但是导致自旋排列的作用却不在这个平面内. 为了允许沿分子场方向的运动，在式（4.194）中加上唯象的布洛赫弛豫项，于是得到

$$\frac{d}{dt}\langle \boldsymbol{S}_{i,\alpha}\rangle_t = \delta\langle \boldsymbol{S}_{i,\alpha}\rangle \times \boldsymbol{F}_\alpha + \langle \boldsymbol{S}_{i,\alpha}\rangle \times \delta \boldsymbol{F}_{i,\alpha}(t) - \frac{1}{t_1}\left[\delta\langle \boldsymbol{S}_{i,\alpha}\rangle_{t/\!/} - \delta\langle \overline{\boldsymbol{S}_{i,\alpha}}\rangle_{t/\!/}\right] - \frac{1}{t_2}\left[\delta\langle \boldsymbol{S}_{i,\alpha}\rangle_{t\perp} - \delta\langle \overline{\boldsymbol{S}_{i,\alpha}}\rangle_{t\perp}\right], \tag{4.195}$$

式中假定 $\delta\langle \boldsymbol{S}_{i,\alpha}\rangle$ 向着 $\delta\langle \overline{\boldsymbol{S}_{i,\alpha}}\rangle$ 弛豫，后者是准平衡态的平均值，它由瞬态分子场决定.

变换到波矢空间后，令 $\Omega=0$，求解此式. 结果表明，对每个波矢 $\boldsymbol{q}$，系统都呈现双模弛豫特性. 这两个模分别相应于亚晶格1和2的赝自旋阻尼旋进.

§4.8 赝自旋的四体相互作用

前面讨论赝自旋系统时只计入了二体相互作用. 这种模型反映了有序无序型铁电体的基本特征，但有局限性：第一、只能说明二级相变，不能说明有些铁电体中实际发生的一级相变. 第二、即使对于二级相变，计算的 $\langle S^z\rangle$ 与 T 的关系有时也与实验有较大的差别. 近年来，赝自旋理论的进展之一是在模型哈密顿量中引入四体相互作用，从而能统一说明二级相变和一级相变，并使计算结果与实验符合得更好[47—52].

在式（4.96）的基础上引入四体相互作用，哈密顿量成为

$$H = -\Omega\sum_i S_i^x - \frac{1}{2}\sum_{ij} J_{ij} S_i^z S_j^z - \frac{1}{4}\sum_{ijkl} J'_{ijkl} S_i^z S_j^z S_k^z S_l^z, \tag{4.196}$$

式中 J'_{ijkl}为四体相互作用系数.

我们用格林函数求解系统的性质[47,48]. 构造一个双时格林函数$\langle\langle S_i^m(t):S_j^n(t')\rangle\rangle$,其中 $m=(z,+,-)$,$n=(z,x)$. 双时格林函数的傅里叶分量满足的运动方程为

$$\omega\langle\langle S^m:S^n\rangle\rangle=\frac{1}{2\pi}\langle[S^m,S^n]\rangle+\langle\langle[S^m,H]:S^n\rangle\rangle, \tag{4.197}$$

符号 $\langle\cdots\rangle$ 表示算符的热平均值, H 即式 (4.196) 给出的哈密顿量. 因为哈密顿量中有非线性项, 故式 (4.197) 中出现高阶格林函数. 对于二体相互作用导致的高阶格林函数, 通常采用 Tyablikov 截断近似[53], 即

$$\langle\langle AB:C\rangle\rangle=\langle B\rangle\langle\langle A:C\rangle\rangle. \tag{4.198}$$

对于四体相互作用导致的高阶格林函数, 采用非对称截断近似[50], 即

$$\langle\langle ABDE:C\rangle\rangle=\langle B\rangle\langle D\rangle\langle E\rangle\langle\langle A:C\rangle\rangle. \tag{4.199}$$

考虑到赝自旋 y 分量平均值 $\langle S^y\rangle=0$, 即可得到格林函数的线性化运动方程

$$\begin{vmatrix} \omega & \Omega/2 & -\Omega/2 & 0 & 0 & 0 \\ \Omega & \omega-B & 0 & 0 & 0 & 0 \\ -\Omega & 0 & \omega+B & 0 & 0 & 0 \\ 0 & 0 & 0 & \omega & \Omega/2 & -\Omega/2 \\ 0 & 0 & 0 & \Omega & \omega-B & 0 \\ 0 & 0 & 0 & -\Omega & 0 & \omega+B \end{vmatrix}\begin{vmatrix} G^{zz} \\ G^{+z} \\ G^{-z} \\ G^{zx} \\ G^{+x} \\ G^{-x} \end{vmatrix}$$

$$=\frac{1}{2\pi}\begin{vmatrix} 0 \\ -\langle S^+\rangle \\ \langle S^-\rangle \\ 0 \\ \langle S^z\rangle \\ -\langle S^z\rangle \end{vmatrix} \tag{4.200}$$

其中

$$G^{mn} = \langle\langle S^m ; S^n \rangle\rangle, B = J\langle S^z \rangle + J'\langle S^z \rangle^3,$$
$$J = \sum_j J_{ij}, J' = \sum_{jkl} J'_{ijkl}, \langle S_i^z \rangle = \langle S_j^z \rangle = \langle S^z \rangle. \tag{4.201}$$

由式（4.200）解出系统的格林函数[51]，并利用待定常数法[52]，可得出

$$[\langle S^x \rangle (J + J'\langle S^z \rangle^2) - \Omega] \langle S^z \rangle = 0, \tag{4.202a}$$
$$\frac{\langle S^x \rangle}{2[\langle S^x \rangle^2 + \langle S^z \rangle^2]} = \frac{\Omega}{\omega_0} \coth \frac{\omega_0}{2kT}, \tag{4.202b}$$

其中

$$\omega_0 = [\Omega^2 + (J + J'\langle S^z \rangle^2)^2 \langle S^z \rangle^2]^{1/2}.$$

式（4.202a）有一个解是 $\langle S^z \rangle = 0$，这相应于顺电相. 我们更感兴趣的是铁电相，即 $\langle S^z \rangle \neq 0$. 由式（4.202）有

$$\langle S^x \rangle = \frac{\Omega}{J + J'\langle S^z \rangle^2}, \tag{4.203}$$
$$\omega_0 = \frac{J + J'\langle S^z \rangle^2}{2} \tanh \frac{\omega_0}{2kT}, \tag{4.204}$$

此式给出了序参量 $\langle S^z \rangle$ 与温度 T 的关系. 下面分 $\Omega = 0$ 和 $\Omega \neq 0$ 两种情况讨论系统的相变性质.

$\Omega = 0$ 时，式（4.204）简化为

$$\langle S^z \rangle = \frac{1}{2} \tanh \frac{J\langle S^z \rangle + J'\langle S^z \rangle^3}{2kT}. \tag{4.205}$$

在不同的比值 J/J' 时，赝自旋平均值 $\langle S^z \rangle$ 随温度的变化如图4.21所示[47]. 这里的标度是 $T = 0$ 时，$\langle S^z \rangle = 1$，温度以 $T_0 = J/(4k)$ 为单位. 从下至上三条曲线分别相应于 $J' = J/3$，$4J/3$ 和 $7J/3$. 先看 J' 较小的情况（曲线 a 和 b）. 当 $T \geqslant T_0$ 时，只有 $\langle S^z \rangle = 0$，这相应于顺电相. 当 $T < T_0$ 时，$\langle S^z \rangle = 0$ 和 $\langle S^z \rangle \neq 0$ 都是可能的. 从对自由能的分析中可知，$\langle S^z \rangle = 0$ 不稳定，$\langle S^z \rangle \neq 0$ 才是稳定解. 这表明当温度由高温降至 T_0 时，系统连续地由顺电相（$\langle S^z \rangle = 0$）进入铁电相（$\langle S^z \rangle \neq 0$），也就是说系统呈二级相变，$T_0$ 是相变温度.

再看 $J'/J>4/3$（曲线 c）的情况．当 $T\geqslant T_1$ 时，只有 $\langle S^z\rangle=0$，这相应于顺电相，当 $T_0<T<T_1$ 时，有3个解：$\langle S^z\rangle=0$ 和两个 $\langle S^z\rangle\neq0$，后两个解分别用实线和虚线表示．当 $T<T_0$ 时，只有两个解，即 $\langle S^z\rangle=0$ 和 $\langle S^z\rangle\neq0$．由此可见，序参量在相变时不连续变化，即系统呈一级相变．自由能的计算表明[47]，T_1 和 T_0 分别是铁电相和顺电相稳定的极限，$T_0<T<T_1$ 是两相共存区，居里温度 T_c 就位于此范围内．显然，$J'/J=4/3$ 时出现一级相变和二级相变的过渡，它相应于三临界点．

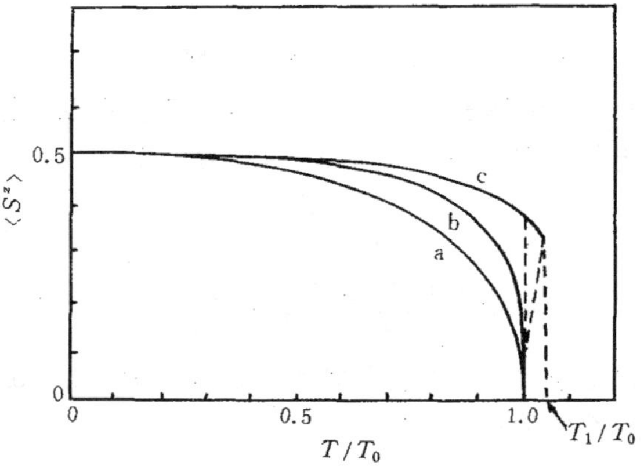

图4.21　$J'=J/3$（a），$J'=4J/3$（b）和 $J'=7J/3$（c）时 $\langle S^z\rangle$ 与温度的关系，$T_0=J/(4k)$[47]．

利用温度 T 对 $\langle S^z\rangle$ 取极值的条件可以证明，系统的相变性质可由下列极值条件确定[51]：

$$\frac{\partial^2 T}{\partial\langle S^z\rangle^2}=\begin{cases}\text{负} & \text{二级相变，}\\ 0 & \text{三临界点，}\\ \text{正} & \text{一级相变．}\end{cases}\qquad(4.206)$$

$\Omega\neq0$ 时，式（4.204）可改写为

$$kT=\omega_0/\ln\left[\frac{2\omega_0+(J+J'\langle S^z\rangle^2)}{-2\omega_0+(J+J'\langle S^z\rangle^2)}\right].\qquad(4.207)$$

将上式代入式（4.206）的第二式，即可得出三临界点满足的关系式，即

$$\frac{J'}{J}=2\left(\frac{J}{2\Omega}\right)^2-\left(\frac{J}{2\Omega}\right)^3\left[1-\left(\frac{2\Omega}{J}\right)^2\right]\ln\frac{J+2\Omega}{J-2\Omega},\qquad(4.208)$$

按此式作 Ω/J 对 J'/J 的曲线如图4.22所示．这就是赝自旋系统的相图．该图分为两个区域．二级相变区域位于 J'/J 较小的一侧，这表明在隧穿频率较大、且四体相互作用较小的有序无序型铁电体中，倾向于发生二级相变．对于这些晶体，理论计算中不计入四体相互作用也能得到较好的结果．一级相变区域位于 J'/J 较大的一侧，这表明四体相互作用强时一般会发生一级相变．所以可以认为一级相变是四体相互作用造成的．对于这些晶体，只有计入四体相互作用才能得到与实验符合的结果．

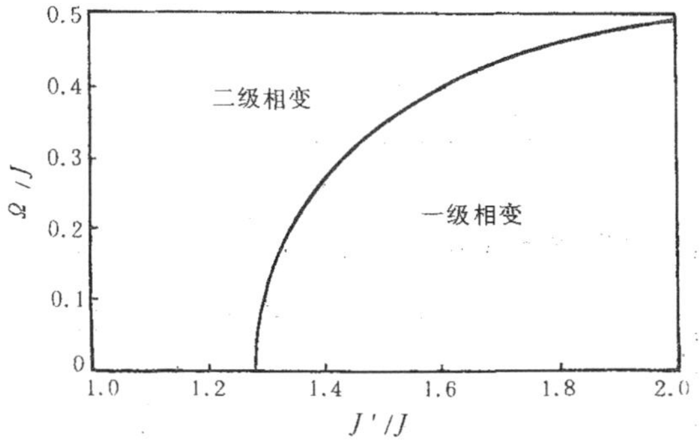

图4.22 赝自旋系统的相变特性随 Ω/J 和 J'/J 的变化[51]．

下面以两个实例对理论与实验进行比较．$PbHPO_4$和 $PbDPO_4$为二级相变铁电体，前者的 $T_c=310K$，后者的 $T_c=452K$．它们的顺电相和铁电相空间群分别为 $P2/c$ 和 Pc．它们的自发极化主要来自氢键的贡献．自发极化随温度变化的实验结果如图4.23[54]和图4.24[32]所示．$H_2C_4O_4$是一级相变反铁电体，$T_c=372K$，顺电相和反铁电相空间群分别为 $P2_1/m$ 和 $I4/m$，亚晶格极化与温度关系的实验结果示于图4.25[55]中．

为了探讨这三种氢键型晶体的极化与温度的关系，我们利用

式 (4.112)

$$P_s = 2N\mu\langle S^z \rangle,$$

其中 N 为单位体积质子数，μ 是有效偶极矩. 选择适当的参量 Ω，J 和 J'，借助式 (4.204) 可计算出 $\langle S^z \rangle$. 对这三种晶体，选用的参量值列于表4.2，计算结果分别示于图4.23[50]、图4.24[50]和图4.25[51]中.

表4.2 计算用参量值和有关的物理量[51]

晶 体	$\Omega(cm^{-1})$	$J(cm^{-1})$	$J'(cm^{-1})$	$v(10^{-24}cm^3)$	$\mu(10^{-18}$ esu)	T_c(K)
$PbHPO_4$	2.168	862.08	448	89.172	0.6	310
$PbDPO_4$	0.273	1256.56	1049.36	90.014	0.6	452
$H_2C_4O_4$	0	1029.42	1692.44			372

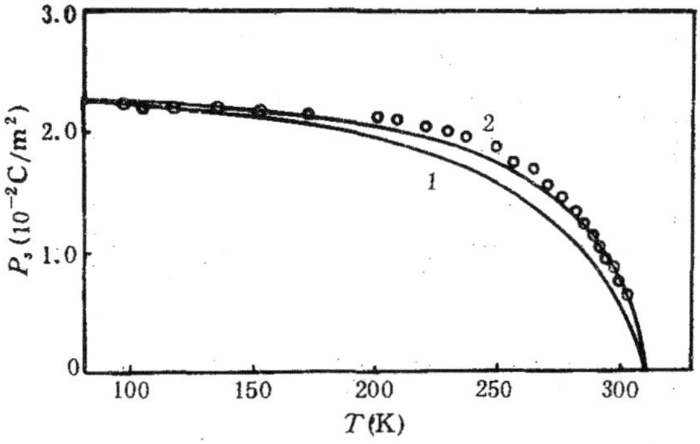

图4.23 $PbHPO_4$的自发极化与温度的关系. 实验数据取自文献[54]，曲线取自文献[50]，曲线1和2分别为忽略和计入四体相互作用的结果.

从上述的结果中可以看出，在二级相变铁电体 $PbHPO_4$和 $PbDPO_4$中，计入四体相互作用的计算结果与实验符合得较好. 在一级相变反铁电体 $H_2C_4O_4$中，不计四体相互作用时只能得到二级相变，计入四体相互作用后才出现一级相变，与实验一致.

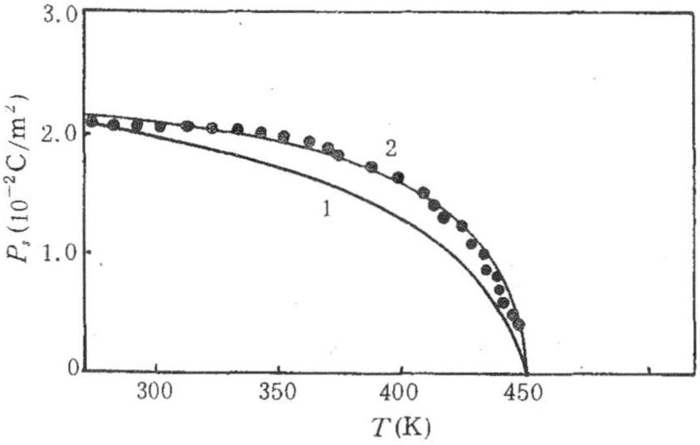

图4.24 $PbDPO_4$的自发极化与温度的关系.实验数据取自文献[32]，曲线取自文献[50]，曲线1和2分别为忽略和计入四体相互作用的结果.

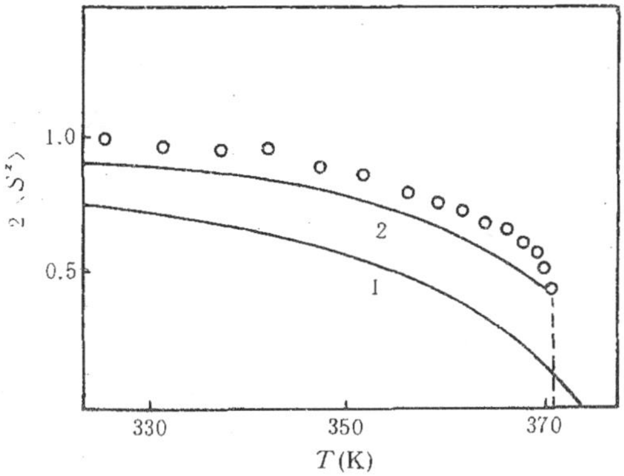

图4.25 $H_2C_4O_4$亚晶格极化与温度的关系.实验数据取自文献[55]，曲线取自文献[51]，曲线1和2分别为忽略和计入四体相互作用的结果.

§4.9 超薄铁电膜的横场 Ising 模型

横场 Ising 模型和热力学理论是处理铁电相变尺寸效应的两条途径.我们首次用横场 Ising 模型讨论了超薄铁电膜的相变问

题[56]. 假设表面层赝自旋相互作用系数 J_{ij} 与体内的不同，这相应于 § 3.9中的外推长度不是无穷大. 我们采用的横场 Ising 模型哈密顿量如式(4.196)所示

$$H = -\Omega \sum_i S_i^x - \frac{1}{2} \sum_{i,j} J_{ij} S_i^z S_j^z.$$

平均场近似下，无限大晶体的相变温度由下式给出：

$$\frac{2\Omega}{J_0} = \tanh\left(\frac{\Omega}{2kT_{c\infty}}\right),$$

此式与式(4.114)相同，只是这里用 $T_{c\infty}$ 表示居里温度，以强调它是块体材料的居里温度.

我们假设的薄膜结构模型如图4.26所示[56]. 只考虑最近邻相互作用，并用 J_s 表示表面层赝自旋相互作用系数，即如果两个赝自旋均处于表面层，则 $J_{ij}=J_s$，其他情况下均为 $J_{ij}=J$. 我们并假定赝自旋形成简立方阵列，坐标轴与立方边平行.

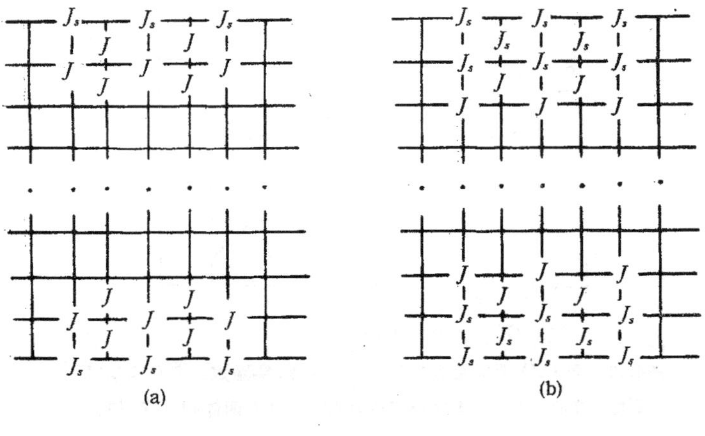

图4.26　薄膜的模型，J_s 代表二自旋均在表面层的相互作用系数，J 代表其他情况下的作用系数. (a)单一表面层；(b)双表面层[56].

平均场近似下自旋平均值 $\boldsymbol{R}_i = \langle \boldsymbol{S}_i \rangle$ 已由式(4.108)给出. 为简化计算，取 $S=1$，故有

$$\boldsymbol{R}_i = \frac{\boldsymbol{F}_i}{F_i}\tanh\left(\frac{F_i}{2kT}\right),$$

式中 $\boldsymbol{F}_i=(\Omega,0,\sum_j J_{ij}R_j^z)$为作用于 S_i 的分子场. 用 m 代表从最表面算起的层号. 对于单一表面层的薄膜,第一层的自旋平均值为

$$R_1 = \frac{4J_sR_1 + JR_2}{2\tau_1}\tanh\left(\frac{\tau_1}{2kT}\right). \qquad (4.209)$$

第 m 层的自旋平均值为

$$R_m = \frac{J(4R_m + R_{m+1} + R_{m-1})}{2\tau_m}\tanh\left(\frac{\tau_m}{2kT}\right). \qquad (4.210)$$

设膜由 N 层赝自旋组成,则上述方程有 N 个. 其中

$$\tau_1 = [\Omega^2 + (4J_sR_1 + JR_2)^2]^{1/2},$$

$$\tau_m = [\Omega^2 + J^2(4R_m + R_{m+1} + R_{m-1})^2]^{1/2}.$$

当温度稍低于居里温度时,R_m 很小,上面各方程可线性化. 在表面层,有

$$\left(\frac{4J_s}{J} - x\right)R_1 + R_2 = 0.$$

在非表面层,有

$$(4 - x)R_m + J(R_{m+1} + R_{m-1}) = 0,$$

其中

$$x = \frac{2\Omega}{J}\coth\left(\frac{\Omega}{2kT_c}\right).$$

因为膜的对称性,$R_m=R_{N-(m-1)}$,所以如果膜的总层数为偶数,则上面 N 个方程减少到 $N/2$个;如果为奇数,则减少到$(N/2)+1$个. 由系数行列式等于零即可确定居里温度. 当 $N=1$—4时,居里温度有显式解,N 更大时,居里温度只能由数值计算得出.

对于单一表面层的总层数为 N 的薄膜,其居里温度表达式如下:

$N=1 \qquad x=4J_s/J,$

$N=2 \qquad x=1+4J_s/J,$

$N=3 \qquad x=2(1+J_s/J)+[2+4(1-J_s/J)^2]^{1/2},$

$N=4 \qquad x=(5+4J_s/J)/2+[4+(5-4J_s/J)^2/2]^{1/2}$,

$N=5 \qquad (4J_s/J-x)(4-x)^2-(4-x)-2(4J_s/J-x)=0$,

$N=6 \qquad (4J_s/J-x)(4-x)(5-x)+(2x-5-4J_s/J)=0$,

$N=7 \qquad (4J_s/J-x)[(4-x)^2-3]-[(4-x)^2-2]=0$,

$$N=8 \qquad (4J_s/J-x)[(4-x)^2(5-x)-(9-2x)] -(4-x)(5-x)+1=0,$$

$$N=9 \qquad [(4J_s/J-x)(4-x)-1](4-x)[(4-x)^2-3] -(4J_s/J-x)[(4-x)^2-2]=0,$$

$$N=10 \qquad [(4J_s/J-x)(4-x)-1][(4-x)^2(5-x)-(9-2x)] -(4J_s/J-x)[(4-x)(5-x)-1]=0.$$

对于表面层数多于1的薄膜，也可得出相似的式子.

单一表面层薄膜的居里温度 $T_c(N)/T_{c\infty}$ 随 J_s/J 的变化情况如图4.27所示. 从图中可看出：第一，无隧穿运动（$\Omega=0$）的情况下[图4.27(a)]，只要表面层相互作用不为零，则任意厚度的膜都存在铁电相变[$T_c(N)\geqslant 0$]. 有隧穿运动时[图4.27(b)]，对于 $N=1$或2的膜，只有表面相互作用较大时才可发生铁电相变. 第二，存在一个临界表面层相互作用系数 $J_{sc}=1.25J$. 当 $J_s<J_{sc}$时，膜的 $T_c(N)$小于块体材料的 $T_{c\infty}$；当 $J_s>J_{sc}$时，除 $N=1$以外，$T_c(N)$大于 $T_{c\infty}$. 这个 J_{sc}值与 Cottam 等对半无限晶体表面效应计算的结果相一致[57]. 第三，在 $J_s<J_{sc}$时，膜的层数 N 越多，其 $T_c(N)$越接近 $T_{c\infty}$. 在 $J_s>J_{sc}$时，$T_c(1)<T_c(N)<T_c(2)$，随着 N 增大，$T_c(N)$降低，并逐步接近 $T_c(1)$. 这与对超薄铁磁膜的计算结果[58]是相一致.

对双表面层和多表面层的薄膜，我们也进行了计算，它们的临界表面层相互作用系数 $J_{sc}=1.078J$. 当 $J_s<J_{sc}$时，$T_c(N)<T_{c\infty}$；而且表面层越多，$T_c(N)$ 越低；当 $J_s>J_{sc}$时，$T_c(N)>T_{c\infty}$，表面层越多，$T_c(N)$越高.

对比本节的结果与§3.9中所论述的宏观理论的结果是有意义的. 在宏观理论中，外推长度 δ 衡量了表面与体内相互作用的

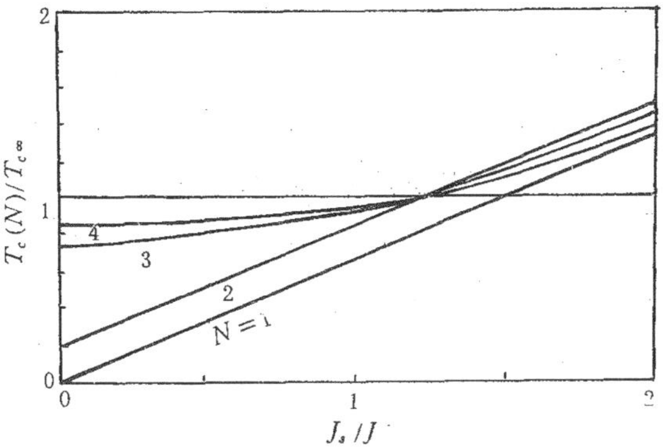

(a)

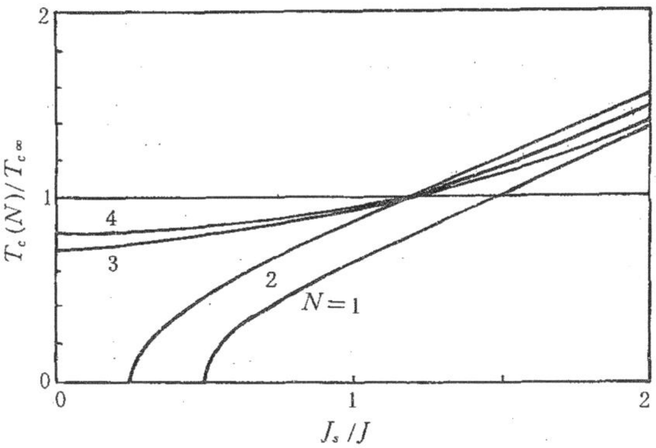

(b)

图4.27　单一表面层膜的居里温度随 J_s/J 的变化，

$N=1$—10，(a) $\Omega=0$，(b) $\Omega/J=1$.

差异，在本节中，J_s 衡量了表面相互作用的强弱. 由图4.26所示的模型可知，表面和体内的每个赝自旋与其最近邻相互作用分别为 $4J_s+J$ 和 $6J$. 设点阵常数为 a_0，则有

$$\frac{1}{\delta}=\frac{5J-4J_s}{a_0J},\tag{4.211}$$

δ 不但依赖于 J_s 与 J 之差，而且依赖于表面和体内的配位数之差. 在上述模型中，$J_s=1.25J$ 相应于 $\delta=\infty$，而这正是单表面层

薄膜的临界表面相互作用系数 J_{sc}.

薄膜的基态极化可在自旋平均值的表达式中令 $T=0$ 得到[59]. 对于单一表面层薄膜. 在式 (4.209) 和式 (4.210) 中令 $T=0$, 得表面层和其他层的自旋平均值分别满足

$$R_2=\frac{2\Omega}{J}\frac{R_1}{(1-4R_1^2)^{1/2}}-\frac{4J_s}{J}R_1 \tag{4.212}$$

和

$$R_{m+1}=\frac{2\Omega}{J}\frac{R_m}{(1-4R_m^2)^{1/2}}-4R_m-R_{m-1}. \tag{4.213}$$

对多表面层膜也可有相似的式子.

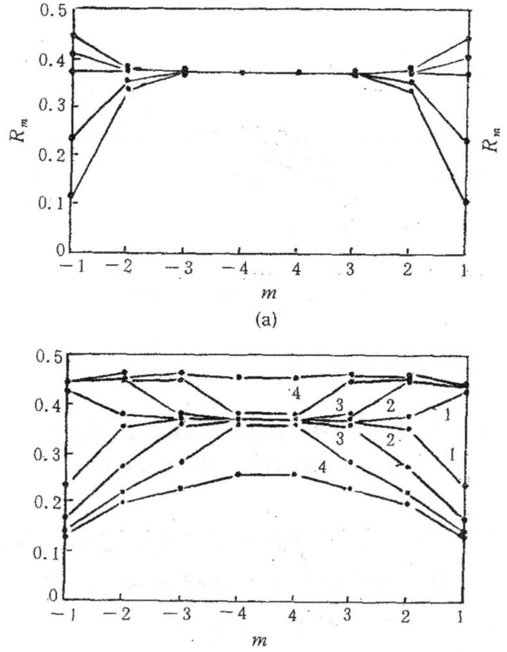

图4.28 总层数 $N=8$ 的薄膜的基态自发极化, (a) 单一表面层, J_s 不同; (b) 表面层数1—4, $J_s<J_{sc}$ (上) 和 $J_s>J_{sc}$ (下).

图4.28示出了 $N=8$ 的薄膜基态自发极化随厚度的分布，(a)和 (b) 分别示出单表面层膜和多表面层膜的结果. (a) 中五条线从下到上分别相应于 $J_s/J=0.25$，0.75，1.25，1.5和2. 由图中可看到，表面相互作用系数 $J_s=1.25\ J=J_{sc}$ 时，极化分布为一条直线，表面极化与体内极化相等. 当 $J_s<J_{sc}$ 时，表面附近极化减小；当 $J_s>J_{sc}$ 时，表面附近极化增大. 该图还显示，只有最外两层的自旋平均值显著偏离体内值，这是因为表面层数为1.

图4.28 (b) 所示曲线旁的数字代表表面层的数目. 上部的曲线相应于 $J_s/J=1.75$，下部的相应于 $J_s/J=0.75$. 可以看到，当 $J_s<J_{sc}$ 时，表面层越多，极化越低，反之亦然. 不过，在 $J_s>J_{sc}$ 时，若是单表面层，最大极化出现在最外层，若是双表面层，则最大极化出现在次外层. 这是因为该层与最外层比较，配位数多，与其他层比较，相互作用系数大.

普遍情况下表面层不但有不同于体内的相互作用系数，而且有不同的隧穿频率，系统的行为可用 $(J_s/J,\ \Omega/J)$ 平面内的相图来表示[60]. 相图分3个区域：表面极化增强的 E 区 $(T_c>T_{c\infty})$，表面极化降低的 R 区 $(T_c<T_{c\infty})$ 以及顺电区. 在表面作用足够强时，即使体材料无铁电性，薄膜中仍可发生表面铁电相变.

§4.10 铁电超晶格的横场 Ising 模型

在铁电多层结构方面，除开针对激光倍频和超高频压电器件等的微米超晶格[61]以外，近来对周期更短的铁电超晶格也从理论[62,63]和实验[64,65]方面开始了研究. 理论工作主要是在朗道-德文希尔自由能展开的框架内进行的[62,63]. 这里介绍最近我们用横场 Ising 模型对这个问题的处理[64].

假设铁电超晶格由组元 A 和 B 组成，其一个周期如图4.29所示. 任一组元的赝自旋层数为 N_α $(\alpha=A,\ B)$，同一组元内赝自旋相互作用系数 $J_{ij}=J_\alpha$ $(\alpha=A,\ B)$，界面上赝自旋相互作用系数 $J_{ij}=J_{AB}$.

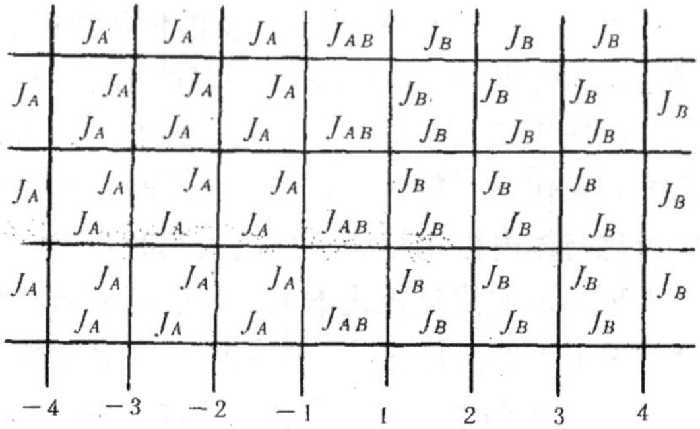

图4.29 铁电超晶格的一个周期.

令赝自旋的大小 $S=1$，则其平均值由式 (4.209) 给出. 对于界面层

$$R_1 = \frac{1}{2}\frac{4J_BR_1 + J_BR_2 + J_{AB}R_{-1}}{\tau_1}\tanh\left(\frac{\tau_1}{2kT}\right), \quad (4.214)$$

$$R_{-1} = \frac{1}{2}\frac{4J_AR_{-1} + J_AR_2 + J_{AB}R_1}{\tau_{-1}}\tanh\left(\frac{\tau_{-1}}{2kT}\right). \quad (4.215)$$

对于其他层

$$R_m = \frac{1}{2}\frac{4J_BR_m + J_B(R_{m-1} + R_{m+1})}{\tau_m}\tanh\left(\frac{\tau_m}{2kT}\right), \quad (4.216)$$

$$R_{-m} = \frac{1}{2}\frac{4J_AR_{-m} + J_A(R_{m-1} + R_{m+1})}{\tau_{-m}}\tanh\left(\frac{\tau_{-m}}{2kT}\right). \quad (4.217)$$

其中

$$\tau_1 = [\Omega^2 + (4J_BR_1 + J_BR_2 + J_{AB}R_{-1})^2]^{1/2},$$

$$\tau_{-1} = [\Omega^2 + (4J_AR_{-1} + J_AR_{-2} + J_{AB}R_1)^2]^{1/2},$$

$$\tau_m = [\Omega^2 + J_B^2(4R_m + R_{m-1} + R_{m+1})^2]^{1/2},$$

$$\tau_{-m} = [\Omega^2 + J_A^2(4R_m + R_{-m-1} + R_{-m+1})^2]^{1/2}.$$

在稍低于 T_c 的温度，R_m 很小，上述方程组可线性化. 对于界

面层，有

$$J_{AB}R_{-1} + (4J_B - x)R_1 + J_B R_2 = 0, \qquad (4.218)$$

$$J_{AB}R_1 + (4J_A - x)R_{-1} + J_A R_{-2} = 0. \qquad (4.219)$$

对于其他层，有

$$J_B R_{m-1} + (4J_B - x)R_m + J_B R_{m+1} = 0, \qquad (4.220)$$

$$J_A R_{m+1} + (4J_A - x)R_{-m} + J_A R_{-m-1} = 0, \qquad (4.221)$$

其中

$$x = 2\Omega \coth\left(\frac{\Omega}{2kT}\right). \qquad (4.222)$$

考虑到对称性，若 N_α 为偶数，则每一组元给出 $N_\alpha/2$个方程；若 N_α 为奇数，则给出 $(N_\alpha/2)+1$个方程. 通过求解久期方程可得出 x，从而由式（4.222）求出 T_c.

设 $J_B>J_A$. 当 $N_\alpha\leqslant 2$时，可得超晶格 T_c 的显式表达式.

$N_A=1$，$N_B=1$

$$x = 2(J_A + J_B) + 2[(J_B - J_A)^2 + J_{AB}^2]^{1/2}. \qquad (4.223)$$

$N_A=1$，$N_B=2$

$$x = \left(\frac{5}{2}J_B + 2J_A\right) + \left[\left(\frac{5}{2}J_B - 2J_A\right)^2 + 2J_{AB}^2\right]^{1/2}. \qquad (4.224)$$

$N_A=2$，$N_B=2$

$$x = \frac{5}{2}(J_A + J_B) + \left[\frac{25}{4}(J_B - J_A)^2 + J_{AB}^2\right]^{1/2}. \qquad (4.225)$$

当 $N_\alpha>2$时，T_c 无显式解，只能由数值计算求得. 图4.30示出 T_c/T_{CB}与 J_{AB}/J_B 的关系，T_{CB}为组元 B 的体材居里温度.

由图可见，第一，总的趋势是 T_c 随 J_{AB}的增大而升高. 第二，固定 N_B，T_c 随 N_A 的增大而降低，但 $N_A>3$以后，T_c 变化不明显. 第三，当 $J_{AB}\to 0$时，N_A 对 T_c 无影响，此时 T_c 只决定于 T_{CB}. 第四、在固定 N_A 的条件下，存在一临界作用系数 $J_c=1.65J_B$. 当 $J_{AB}<J_c$ 时，T_c 随 N_B 的增大而上升；当 $J_{AB}>J_c$ 时，T_c 随 N_B 增大而降低.

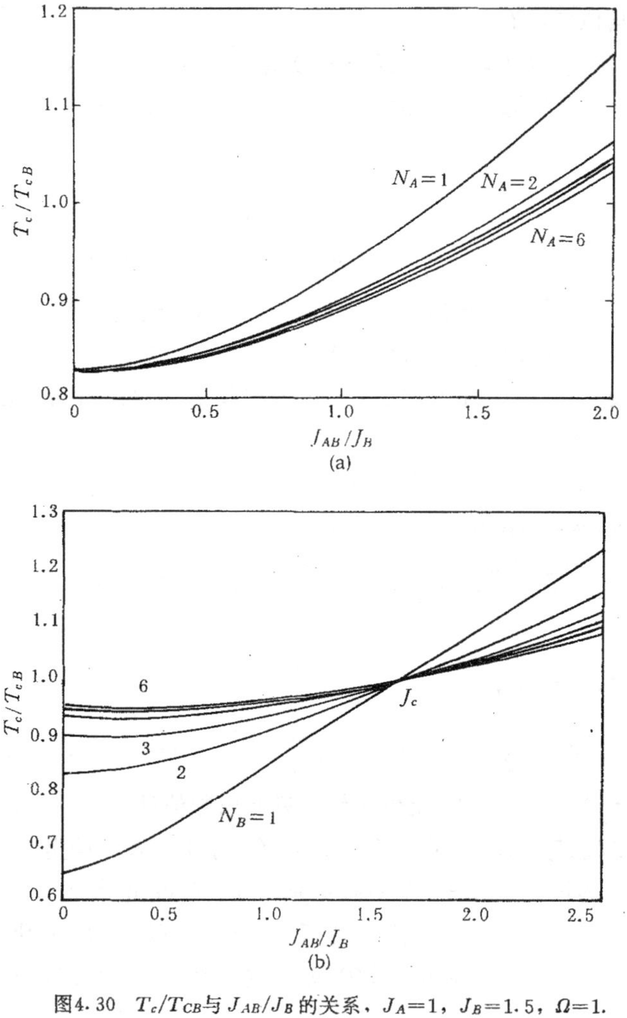

图4.30 T_c/T_{CB}与J_{AB}/J_B的关系，$J_A=1$，$J_B=1.5$，$\Omega=1$.

(a) $N_B=2$，$N_A=1—6$；(b) $N_A=2$，$N_B=1—6$.

自旋平均值 $R_{\pm m}$ 可由式（4.214）—（4.217）的数值解得出，图4.31示出了一个结果. 由图可见，组元 B 的 R_m 随温度变化是正常的，组元 A 的 R_{-m} 曲线在 T_c 附近形成尾巴. 因为假设 $J_B > J_A$，即 $T_{CB} > T_{CA}$，故 R_{-m} 急剧下降的温度相应于 T_{CA}，但 B 对 A 的作用使 R_{-m} 直到 T_c 时才最终消失.

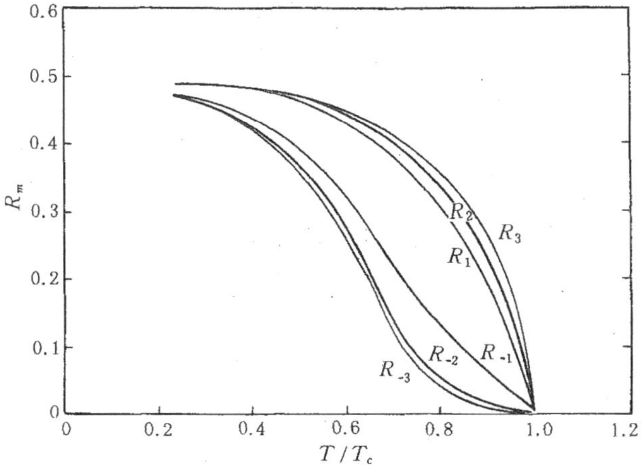

图4.31　自旋平均值随温度的变化，

$N_A=N_B=5$，$J_A=1$，$J_B=1.5$，$J_{AB}=1.2$，$\Omega=1$.

以上计算中为了简单，设 A，B 组元中的 Ω 相等. 计算表明，如果去掉这个假定，T_c 和自旋平均值随温度变化的基本特征并不改变.

§4.11　赝自旋与晶格振动的耦合

§4.4—§4.10论述了各种情况下赝自旋的运动. 为了说明实际晶体中的自发极化，有时还要借助于赝自旋与晶格振动的耦合. 例如，在 KH_2PO_4 中，虽然氢键近似在 ab 平面内，但随着氢键中质子的有序化，K，P 和 O 离子发生沿 c 轴的位移，于是出现了沿

c 轴的自发极化. 根据中子衍射得出的 K^+，P^{5+}沿 c 轴的静态位移[66]，可以满意地解释自发极化的数值[1]. Cochran 首先从模式耦合的观点形象地描述了质子有序化与自发极化的关系[7]，见图 4.8. Kobayashi 深入分析了这个问题[67]，他认为质子隧道模和 $[K—PO_4]$ 点阵沿 c 轴振动的光学模相互耦合，且当温度趋于相变点时，有一个耦合模的频率趋于零. 在相变点，此模凝结，造成离子沿 c 轴的静态位移，因而出现自发极化.

质子-晶格振动耦合系统的哈密顿量为

$$H = H_P + H_L + H_{PL}, \tag{4.226}$$

其中 H_P 和 H_L 分别为不考虑耦合时质子系统和晶格振动的哈密顿量，H_{PL}为耦合作用所贡献的哈密顿量.

质子系统的哈密顿量用赝自旋算符表示

$$H_P = -\Omega' \sum_i S_i^x - \frac{1}{2}\sum_{ij} J'_{ij} S_i^z S_j^z, \tag{4.227}$$

带撇的量表示未考虑耦合. 在简谐近似下，晶格振动哈密顿量为

$$H_L = \frac{1}{2}\sum_{lk\alpha} m_k \dot{u}_\alpha^2(lk) + \frac{1}{2}\sum_{l_1k_1\alpha}\sum_{l_2k_2\beta} \phi_{\alpha\beta}(l_1k_1, l_2k_2) u_\alpha(l_1k_1) u_\beta(l_2k_2), \tag{4.228}$$

式中 u_α 是第 l 个原胞中质量为 m_k 的第 k 个原子偏离其平衡位置的位移 $\boldsymbol{u}$ 的 α 分量，$\phi_{\alpha\beta}(l_1k_1, l_2k_2)$ 为有效力系数，等于两原子间相互作用 势的二阶导数. 位移 $\boldsymbol{u}$ 已由式 (4.6) 给出，它等于各正则模坐标 $\boldsymbol{Q}(\boldsymbol{q}, j)$ 的线性叠加

$$u_\alpha(lk) = (Nm_k)^{-1/2} \sum_{\boldsymbol{q},j} e_\alpha(k, \boldsymbol{q}, j) Q(\boldsymbol{q}, j) \exp[i\boldsymbol{q}\cdot\boldsymbol{R}(l,k)], \tag{4.6}$$

所以 H_L 可写为

$$H_L = \frac{1}{2}\sum_{q,j}(P_{q,j}\ P_{-q,j} + \omega_{q,j}^2 Q_{q,j} Q_{-q,j}), \tag{4.229}$$

式中 Q，P 和 ω 分别为正则坐标、动量和频率.

假定质子-晶格耦合正比于赝自旋和正则坐标的双线性项，则哈密顿量 H_{PL}为

$$H_{PL}=-\sum_{q,j}S^z_{-q},f_{i,q},Q_{q,j},\tag{4.230}$$

其中 f 是耦合系数.

如果赝自旋各分量以及正则坐标和动量的各分量都随时间正弦变化，而且赝自旋只与某一个模（一给定的 j）耦合，则可得线性化的海森伯运动方程为

$$\begin{aligned}i\omega\delta\langle S^x_q\rangle&=[J'_0\langle S^z\rangle+f_0\langle Q_0\rangle]\delta\langle S^y_q\rangle,\\ i\omega\delta\langle S^y_q\rangle&=-[J'_0\langle S^z\rangle+f_0\langle Q_0\rangle]\delta\langle S^x_q\rangle+[\Omega'-J'_q\langle S^x\rangle]\\&\quad\times\delta\langle S^z_q\rangle-N\langle S^x\rangle f_{q,}\delta\langle Q_q\rangle,\end{aligned}\tag{4.231}$$

$$\begin{aligned}i\omega\delta\langle S^z_q\rangle&=\Omega'\delta\langle S^y_q\rangle,\\ i\omega\delta\langle Q_q\rangle&=\delta\langle P_q\rangle,\\ i\omega\delta\langle P_q\rangle&=-\omega_q^2\delta\langle Q_q\rangle+f_{-q,}\delta\langle S^z_q\rangle,\end{aligned}\tag{4.232}$$

式中

$$J'_q=\sum_j J'_{ij}\exp[-\boldsymbol{q}\cdot(\boldsymbol{R}_i-\boldsymbol{R}_j)],$$

这组方程描写了质子-晶格振动耦合模的运动. 令方程组的系数行列式等于零即可确定耦合模的频率. Kobayashi 得出[67]，在顺电相中耦合模的频率为

$$\begin{aligned}2\omega^2_\pm(\boldsymbol{q})&=\omega_q^2+\omega_B^2(\boldsymbol{q})\\&\quad\pm\left\{(\omega_q^2-\omega_B^2(\boldsymbol{q})]^2+2N\Omega' f_q^2\tanh\left(\frac{1}{2}\beta\Omega'\right)\right\}^{1/2},\end{aligned}\tag{4.233}$$

式中 $\omega_B=\omega_{2,3}$为不计耦合时质子系统的软模频率，$\beta=(kT)^{-1}$，ω_+是赝自旋系统与晶格同相运动的频率，ω_-是两个系统反相运动的频率.

顺电相稳定极限决定于 $\omega_-(\boldsymbol{q})$变为零的温度，即

$$\begin{aligned}2\Omega'&=[J'(\boldsymbol{q})+Nf_q^2\omega_q^{-2}]\tanh\left(\frac{1}{2}\beta_c\Omega'\right)\\&=\mathcal{J}\tanh\left(\frac{1}{2}\beta_c\Omega'\right),\end{aligned}\tag{4.234}$$

式中 $\beta_c=(kT_c)^{-1}$，$\mathcal{J}$ 是有效相互作用系数. 临界波矢由 $\mathcal{J}$ 取极大

值来确定. 与式 (4.114) 比较可知，如果用 $\tilde{J}$ 取代 J_0，则二式相同. 这表明，这种取代使耦合模的行为与纯质子隧道模的相似. 质子-晶格耦合有如增强了质子-质子间相互作用. Blinc 等指出[29]，用 $\tilde{J}$ 取代 J_0后，不但决定相变温度的式子对耦合模和质子隧道模相同，而且对质子隧道模得出的其他平均场结果也适用于耦合模. 因此，耦合模可认为是质子隧道模的修正和扩展.

如果在晶格振动哈密顿量中计入非谐贡献，即取

$$H_L = \frac{1}{2}\sum_l (P_l^2 + AQ_l^2 + BQ_l^4) - \frac{1}{2}\sum_{ll'} C(l,l')Q_l Q_{l'}. \tag{4.235}$$

而质子系统的哈密顿量仍由式 (4.227) 给出，耦合作用仍为双线性形式

$$H_{PL} = -\sum_{i,l} f(l,i) Q_l S_i^z, \tag{4.236}$$

则形成另一种耦合模型，显然这种模型更符合实际的运动情况.

§4.12 位移型和有序无序型的统一理论

前面分别论述了两种类型的铁电相变:位移型和有序无序型. 前者起因于晶体相对于某个晶格振动模的不稳定性，可用晶格软模来描述；后者起因于原子或原子团在两个平衡位置分布的有序化，可用横场 Ising 模型来描述. 实际观测到的铁电相变有不少兼具两种类型的特征. 例如，$BaTiO_3$的铁电相变曾经被认为是纯位移型的，但后来的研究逐步揭示了它的有序无序特性[68]. 结构精化表明[69,70]，在 T_c 以上 Ti 离子无序分布在沿 ⟨111⟩ 的8个平衡位置，相变时一方面择优分布于其中的4个位置，一方面沿 [001] 产生由软模本征矢表征的静态位移. 透射电镜对电畴的观测也得出了这样的结论[71]. $PbTiO_3$的铁电相变一直被认为是位移型的典型代表，但最近的结构研究显示，这个相变也具有有序无序特征[72]. T_c 以上，Pb 离子无序分布于沿 ⟨100⟩ 的6个平衡位置，

相变时才择优占据这些位置之一，并因而发生了沿［001］的静态位移．光散射和介电测量也提供了这种信息[73]．

因此，完善的理论应该同时考虑位移型和有序无序型这两种机制的作用，用统一的模型来描述铁电相变．这就是铁电相变统一理论所要解决的问题．

Gills 和 Koehler[11,74,75]研究了一种非谐声子系统，其模型哈密顿量为

$$H=\sum_{l}\left(-\frac{1}{2}\lambda^{2}\frac{d^{2}}{dQ_{l}^{2}}+4AQ_{l}^{2}+4Q_{l}^{4}\right)-\frac{1}{2}\sum_{ll'}C(l,l')Q_{l}Q_{l'},\tag{4.237}$$

式中 Q_l 是晶胞 l 中的质点位移，$C(l,l')$ 是晶胞间耦合系数，$\lambda^2\propto\hbar^2/(2m)$，$A=\pm1$．$A=+1$相应于单阱势和位移型，$A=-1$相应于双阱势和有序无序型．当然，如果$kT$足够大，超过两势阱间的势垒，则系统将具有位移型特征，质点不再局域在某一势阱中．Gills 等用自洽声子近似处理了这样的非谐声子系统，不但确定了相变的类型与 A 值的关系，而且发现对于一定的 λ 和 C 值，相变的级随晶胞间耦合的大小而变化．

Aubry 的理论[12]也是针对非谐声子系统的．他假设晶体包含两个亚晶格 A 和 B，低温有序相是通过亚晶格 A 和 B 的相对位移而实现的，而且位移中有两个位置使能量取极小值．设亚晶格 A 是刚性的，亚晶格 B 中只有最近邻相互作用，于是系统的哈密顿量为

$$H=\sum_{i}\frac{P_{i}^{2}}{2m}+\sum_{i}V(u_{i})+\sum_{i}\frac{C}{2}(u_{i}-u_{i+1})^{2},\tag{4.238a}$$

式中 u_i 是亚晶格 B 中原子 i 的位移，P_i 是其共轭动量，势能 V 取为

$$V(u_{i})=\frac{E_{0}}{a^{4}}(u^{2}-a^{2})^{2}.\tag{4.238b}$$

显然，这是一双阱势，E_0是势垒高度，$2a$ 是两阱间的距离，与 Gills

等的模型哈密顿量相比较可看出，二者是很相似的，只是 Aubry 的单粒子势恒为双阱势. Aubry 模型的行为决定于两个独立的参量：Ca^2/E_0和 kT/E_0. 前者量度了粒子间相互作用能与势垒的相对大小，后者量度了热运动能与势垒的相对大小，相变的类型决定于 Ca^2/E_0. 当 $Ca^2 \ll E_0$时，相变属有序无序型，反之则为位移型. 因为在相互作用能甚大于势垒高度时，势阱基本上不起作用，强的相互作用使系统呈现位移型的行为. Aubry 仔细研究了各参量取值不同时，系统在不同温度下的行为. 结果表明，对于有序无序型系统，存在两个特征温度，一个对应于有序无序系统中观测到的 Ising 转变，另一个对应于粒子从一个势阱到另一个势阱的光频振动. 对于位移型系统，两个特征温度合而为一. 低于此温度，单粒子分布在$\pm a$ 的两个位置；高于此温度，这两个位置向原点移动，表现了位移型相变的图象.

Stamenkovic 等[13]提出了另一种形式的铁电相变统一理论. 他们认为，铁电相变是晶格振动不稳定性以及进行隧穿运动的粒子在各平衡位置有序分布的结果. 他们引入了两个序参量来描写系统的状态. 一个是粒子在两个平衡的位置之一的平均占据数 $\sigma_\alpha(T)$，$\alpha=\pm1$，这与赝自旋模型中的相同. 另一个是原子相对于其平衡位置的平均位移 $\eta_\alpha(T)$，其值由自洽声子理论确定. 若相变是有序无序型的，则高温时有

$$\sigma_+(T) = \sigma_-(T). \tag{4.239a}$$

若相变是位移型的，则高温时有

$$\eta_+(T) = \eta_-(T) = 0. \tag{4.239b}$$

当然，相变可兼具两种特征.

为了同时指明原子的统计无序分布和热涨落，将原子的位置写为

$$\boldsymbol{R}_i = \boldsymbol{l}_i + \sigma_i^+ \boldsymbol{u}_i^+ + \sigma_i^- \boldsymbol{u}_i^-, \tag{4.240}$$

其中 $\boldsymbol{l}_i$ 为第 i 个晶胞原点的位矢，因为只考虑每个晶胞中对相变负责的那一个原子，所以晶胞的编号与原子的编号 (i) 一致，而且 $\boldsymbol{l}_i$ 也就代表了原子 i 的平衡位置. $\sigma_i^+=1$或0，$\sigma_i^-=0$或1，取决

于原子占据“左”(+)或“右”(−)平衡位置. $\boldsymbol{u}_i^\alpha$ 是原子的位移，它可写成静态位移 $\boldsymbol{b}_i^\alpha$ 与涨落位移 $\boldsymbol{v}_i^\alpha$ 之和，即

$$\begin{aligned} \boldsymbol{u}_i^\alpha &= \boldsymbol{b}_i^\alpha + \boldsymbol{v}_i^\alpha, \\ \boldsymbol{b}_i^\alpha &= \langle \boldsymbol{u}_i^\alpha \rangle. \end{aligned} \tag{4.241}$$

将势能作泰勒展开取前二项，可将这种系统的哈密顿量写为

$$\begin{aligned} H = &\sum_{i,\alpha} \sigma_i^\alpha \left[\frac{1}{2m} (\boldsymbol{P}_i^\alpha)^2 - \frac{A}{2} (\boldsymbol{u}_i^\alpha)^2 + \frac{B}{4} (\boldsymbol{u}_i^\alpha)^4 \right] \\ &+ \frac{1}{2} \sum_{i,j} \sigma_i^\alpha \sigma_j^\beta \varphi''_{ij} \frac{1}{2} (\boldsymbol{u}_i^\alpha - \boldsymbol{u}_j^\beta)^2, \end{aligned} \tag{4.242}$$

式中 φ''是力系数矩阵，A 和 B 给出了势垒高度 $A^2/(4B)$ 和两个极小值间的距离$2(A/B)^{1/2}$. 由上式看到，若只考虑赝自旋变量 σ_i (把其他的量作为系数)，则它就是 Ising 哈密顿量；若只考虑位移变量 u_i 和 P_i，则它构成了非谐声子系统的哈密顿量.

Stamenkovic 等用格林函数方法处理非谐振子系统，用 Bogolybov 变分法处理赝自旋系统，最后用数值方法求解了位移序参量 $\eta_\pm$和自旋序参量 σ. 结果表明，相变的类型决定于约化的耦合系数 f_0.

$$f_0 = \frac{1}{A} \sum_i \varphi''_{ij}. \tag{4.243}$$

f_0较小时，相变为有序无序型；f_0较大时，相变为位移型. 对于中间的 f_0值，相变为混合型. 图4.32示出了 f_0取值不同时，σ 和 $\eta_\pm$ 随温度的变化情形. 可以看到，$f_0=0.1$时，系统属有序无序型，σ 充当了序参量的角色. $f_0=0.2$时，σ 保持恒定，且因为只有一个平衡位置 (η_+) 是稳定的，所以发生位移型相变. $f_0=0.17$属于中间情况，相变有混合的特征，随着温度上升，σ 和 η_+ 两者同时趋于零，如图4.32 (b) 所示. 计算结果还表明，相变的级也与 f_0有关. f_0较大时的位移型相变是一级的，如图4.32(c)所示.

§4.13 中心峰

在观测软模时，人们发现了软模理论未曾预言的一种现象，而

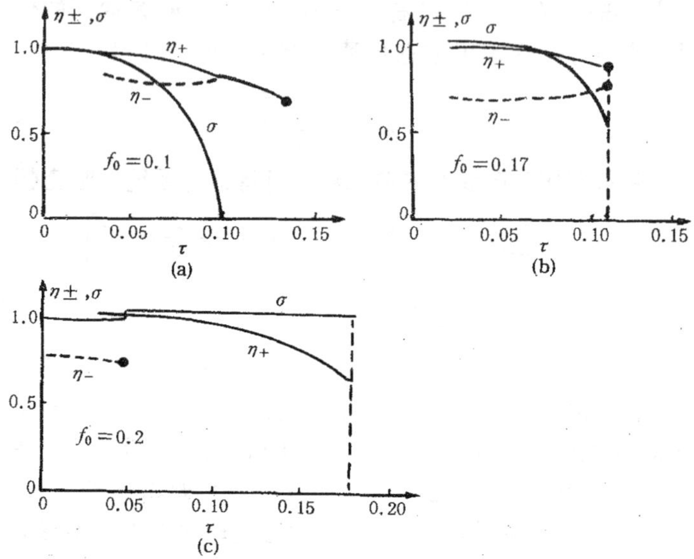

图4.32 $f_0=0.1$(a),0.17(b)和0.2(c)时，序参量 $\eta_\pm$ 和 σ 随约化温度 τ 的变化情形[13].

且这种现象相当普遍，这就是中心峰．例如，在 $SrTiO_3$ 的中子散射实验中，除开观测到 R 点 $\left(\frac{1}{2},\frac{1}{2},\frac{1}{2}\right)$ 的 Γ_{25} 软模（见图4.3和图4.4）峰以外，还从 T_c+70（K）（$T_c=105$K）开始出现一个低频散射峰，其频率在零附近，很接近于弹性散射．因其位于散射谱的中心位置，故称为中心峰．中心峰的宽度很小，强度在 T_c 时发散．图4.33示出了 $SrTiO_3$ 和 $KMnF_3$ 中 $T>T_c$ 时的中心峰．虚线代表软模的散射，实线为中心峰，点划线代表本底[76]．

自从 $SrTiO_3$ 的中子散射实验发现了中心峰以后，在其他一些晶体上也陆续发现了中心峰．人们采用的实验方法包括中子散射、光散射、电子顺磁共振、穆斯堡尔谱和核磁共振等．发现有中心峰的晶体不下数十种．与此同时，理论上也进行了大量的工作．主要的综述性论文有文献［77—80］等．

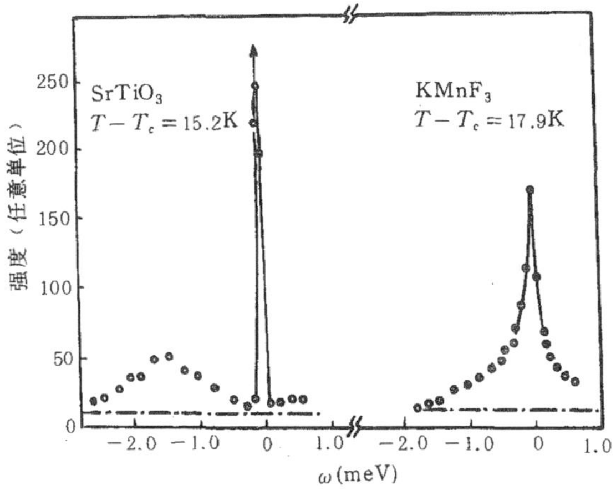

图4.33 $SrTiO_3$和$KMnF_3$中的

Γ_{25}软模峰（虚线）和中心峰（实线）[76].

4.13.1 中心峰的唯象处理

中心峰的基本特征可用唯象理论来描述[76,81]. 在软模的平均场近似中，我们用式（4.62）表示系统对外场的响应，这在形式上是自由谐振子的响应. 如果计入软模的阻尼，则可将极化率写为

$$\chi(\omega) \propto (\Omega^2 - \omega^2 + i\omega\Gamma)^{-1}, \tag{4.244}$$

这里 Γ 是阻尼系数，Ω 是阻尼振子的固有频率.

假定阻尼振子与晶体中某个内自由度之间存在耦合. 不考虑内自由度的微观本质，假定其特性可用一弛豫时间 τ_0来表征，而且它与软模间的耦合强度用 δ 表示. 计入该耦合后系统的响应为

$$\chi^{-1}(\omega) \propto \Omega^2 - \omega^2 + i\omega\Gamma - \frac{i\omega\tau_0\delta^2}{1 - i\omega\tau_0}$$

或

$$\chi^{-1}(\omega) \propto \Omega_\infty^2 - \omega^2 + i\omega\Gamma - \frac{\delta^2}{1 - i\omega\tau_0}, \tag{4.245}$$

其中

$$\Omega_\infty^2 = \Omega^2 + \delta^2. \tag{4.246}$$

根据涨落-耗散定理，在阻尼较小时，决定散射强度 I 的谱密度函数正比于 χ 的虚部

$$S(\omega) \propto \frac{kT}{\omega}\chi'',$$

故

$$I \propto \frac{\Gamma}{(\Omega_\infty^2 - \omega^2) + \omega^2\Gamma^2} + \frac{\delta\omega_Q}{\Omega_\infty^2\Omega^2(\omega_Q^2 + \omega^2)}, \tag{4.247}$$

其中

$$\omega_Q = \frac{\Omega^2}{\tau_0\Omega_\infty^2}. \tag{4.248}$$

由式（4.247）可知，在 $\omega=\pm\Omega_\infty$ 处有两个峰，这就是计及阻尼后的软模散射峰. 由此式还可看出，软模频率即使在 $T=T_c$ 时仍不会等于零. 该式最有意义的特点是，除开 $\pm\Omega_\infty$ 处的软模散射峰以外，在 $\omega=0$ 还有另一个峰，这就是中心峰. 中心峰的宽度决定于 ω_Q 而强度决定于 δ^2. 只要中心峰与两侧的软模散射峰可明确分开，则中心峰强度 I_c 与其两侧软模散射峰强度 I_{sb} 之比为

$$\frac{I_c}{I_{sb}} = \frac{\delta^2}{\Omega^2}. \tag{4.249}$$

4.13.2 原子簇或微畴理论

中心峰的出现提供了软模相变的重要信息，对中心峰的深入研究使人们可用下述直观的图象来描述软模相变. 晶体中各原子相对于其高温相平衡位置的静态位移不是同时发生的. 在相变温度 T_c 以上的某个温度 T_i，晶体中形成了一些原子簇（cluster）或微畴(microdomain)，其中各原子相对于高温相平衡位置已发生了静态位移，即这些簇或微畴已具有低温相的特征. 这时原子的平衡位置称为准平衡位置. 在微畴内部，原子在其准平衡位置附近作热振动，这对应于软模. 另一方面，随着温度降低，晶体中原子的关联长度越来越大，于是簇或微畴的尺寸增大，这是畴壁位

移过程．相对于晶格振动来说，这是一个很慢的过程，它导致频率接近于零的中心峰．当温度降到 T_c 时，晶体中各部分的原子都发生了静态位移，于是晶体进入了新相．

这种直观的物理图象从两方面得到了论证．一方面是 Schneider 和 Stoll 的分子动力学计算[82]，一方面是 Bruce 等用重正化群等方法的解析处理[78,83,84]．

Schneider 等采用的模型哈密顿量为

$$H = \sum_l \left[\frac{1}{2}m_l u_l^2 + V_s(u_l)\right] + \frac{C}{2}\sum_{ll'}(u_l - u_{l'})^2, \tag{4.250a}$$

其中单粒子势为

$$V_s(u_l) = \frac{A}{2}u_l^2 + \frac{B}{4}u_l^4 \qquad A < 0, \tag{4.250b}$$

C 是最近邻原子间简谐力系数．$A<0$保证了单粒子势为双阱势．显然，在绝对零度时，全部原子位于同一阱底（左或右），此时序参量为

$$u_l\big|_{T=0} \equiv Q_0 = \pm\left(\frac{A}{B}\right)^{1/2}, \tag{4.251}$$

势阱深度为

$$V_s^0 = V_s(Q_0) = \frac{A^2}{4B}. \tag{4.252}$$

这个模型哈密顿量与式(4.238a)相似，可呈现位移型或有序无序型相变特征，这决定于势阱深度与相变时热运动能量之比，即

$$g = \frac{V_s^0}{kT_c}. \tag{4.253}$$

在一维情况下，该系统位移 u 随坐标 x 的分布有一个特点，即在 $x-vt<0$的范围，$u=-u_0$，在 $x-vt>0$的范围，$u=+u_0$．换言之，整个空间分成两个位移反相的"畴"，两畴间的过渡区称为畴壁，它以速度 v 传播，如图4.34所示．所以系统中存在着两种形式的运动，一是在势能极小值位置$\pm u_0$附近的小振幅振动，另一种是畴壁的移动．这两种运动有不同的时间尺度，前者相应于软模振动，

后者相应于中心峰.

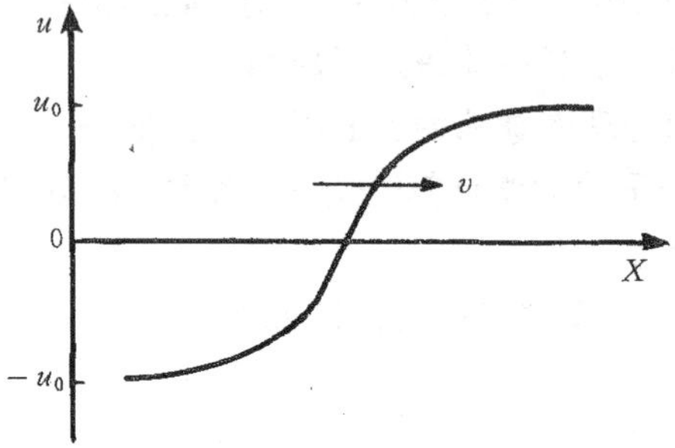

图4.34 反相位移区及其间的畴壁示意图.

在二维情况下，分子动力学计算[82]得到 $g=0.19$时各种温度下的谱密度函数如图4.35所示. 图中 $t=(T-T_c)/T_c$ 为约化温度. 从图中可看出，当 t 较大时，谱密度函数中只有软模，当 t 较小（$t\leqslant 0.22$）时出现中心峰. 图4.35（b）示出该系统中软模频率平方的温度依赖性. t 较大时，软模频率平方随温度线性下降，但在 $t=0$时仍不为零.

此外，分子动力学计算还得出了二维位移型系统中原子簇或微畴随温度演变的图景[82]. 温度较高时，微畴数目很少. 随着温度趋近 T_c，微畴数目增多，而且由于畴壁移动，同相位移的区域变大. 到达 T_c 时，所有原子都发生了同相位移，系统进入新相.

Bruce 等对微畴模型进行了仔细分析，使之建立在严格的理论基础上[78]. 他并指出，当温度 $T>T_i$ 时系统的性质是位移型的，原子主要在其高温相平衡位置附近振动，并表现出软模行为. $T=T_i$ 时临界现象开始出现，微畴形成. 微畴内原子在其准平衡位置附近的振动对应于软模，畴壁移动对应于中心峰. $T_i<T<T_c$ 时，系统的性质是有序无序的. 因为软模相变中局域有序化的原子簇或微畴的出现有普遍性，所以位移型系统在接近相变温度时将普遍呈现有序无序特征. 温度 T_i 相应于局域粒子位移概率分布函数

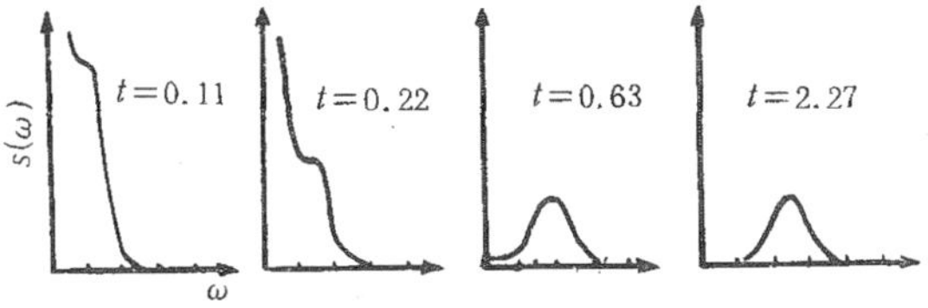

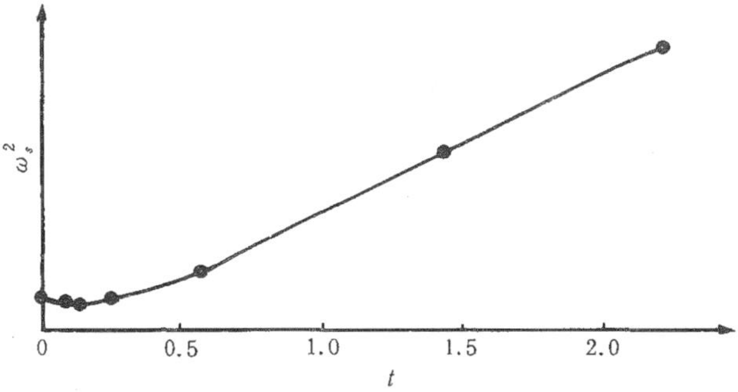

图4.35 二维情况下，式（4.250）所示系统（$g=0.19$）在不同温度时的谱密度函数（a）和软模频率平方的温度依赖性（b）[82].

开始显示双峰的温度[12,85]，也相应于比热显示极大值的温度[12]. 概率分布函数出现双峰和比热呈现极大分别从微观和宏观方面暗示微畴的出现引起了局域有序化. 原子簇或微畴的尺寸决定于关联长度. 温度 T_i 时关联长度刚刚可以维持微畴的存在，此时的微畴是最小的.

4.13.3 晶体缺陷理论

原子簇或微畴理论给出了软模相变过程清晰的物理图象，但在定量解释中心峰方面有困难，例如不能说明中心峰为什么很窄. 另一方面，实验发现中心峰的强度和宽度都与晶体缺陷有关. 例如在 $KH_3(SeO_3)_2$ 的光散射实验中，连续两次通过相变点时中心峰的强度明显不同，第二次的强度显著低于第一次[86]. KH_2PO_4 的光散射中心峰在样品经 T_c 以下退火24h 后几乎消失[87]. 中子散射中观测到中心峰强度随缺陷浓度增加而变大[88]．这些现象表明缺陷是导致中心峰的机制之一．这方面的理论工作主要是研究了稀点缺陷与软模的耦合．

Halperin 等[89]研究了呈位移型相变的晶体中的缺陷．他们认为，缺陷形成了破坏晶体原有对称性的局域晶格畸变，从而形成了缺陷附近的双阱势．缺陷可以在此双阱中来回跳跃，这种运动产生中心峰．

设导致结构相变的原子位移为 u_l，l 是晶胞编号．含缺陷的系统的哈密顿量可写为

$$H = \sum_l \left(\frac{P_l^2}{2} + \frac{1}{2} a_l u_l^2 + \frac{1}{4} b u_l^4 - h_l u_l \right) - \frac{1}{2} \sum_{ll'} J_{ll'} u_l u_{l'}, \tag{4.254}$$

式中 h_l 是作用于晶胞 l 的外场．为反映晶体中有两种不同的质点——基质原子和缺陷，设系数 a_l 有如下两种可能值：

$$\begin{aligned} &\text{对基体原子} \qquad a_l = a_n > 0, \\ &\text{对缺陷} \qquad a_l = a_d < 0. \end{aligned} \tag{4.255}$$

为简单，设系数 b 和 $J_{ll'}$ 都与质点类型（基体原子或缺陷）无关．在这些条件下，基体原子处于单阱势中，而缺陷处在双阱势中，并且以如下的频率在双阱间来回跳跃

$$\omega_l = \nu_0 \exp(-\Delta/kT) \exp(-H_l u_l/kT), \tag{4.256}$$

式中 Δ 是势垒高度

$$\Delta = \frac{a_d^2}{4b}, \tag{4.257}$$

H_l 为局域场

$$H_l = h_l + \sum_{l'} J_{ll'} u_{l'}, \tag{4.258}$$

这种跳跃是低频率的，它导致中心峰的产生，这与前述畴壁移动导致中心峰相似．文献［87］介绍了在平均场近似下这个问题的求解，并得到宽度很窄的中心峰．

由于存在缺陷，系统的能量与理想晶体的不同．在 $\boldsymbol{r}$ 处的缺陷

引起的系统能量变化 ΔH 可以写成[77]

$$\Delta H = \Delta H_0 + \sum_{l} V_1(l,r)\eta_l \tau_r + \sum_{l,l'} V_2(l,l',r)\eta_l \eta_{l'} + \cdots, \tag{4.259}$$

式中 η_l 为序参量，τ_r 表示缺陷的不同的对称破缺取向．从对称性来看，缺陷可分两类（见图4.36），即破坏晶体原有对称性的缺陷（如填隙原子）和保持晶体原有对称性的缺陷（如适当的替位式原子）．它们在晶体中产生不同的局域畸变，因而有不同的有序区，产生中心峰的机制也可能有差别．

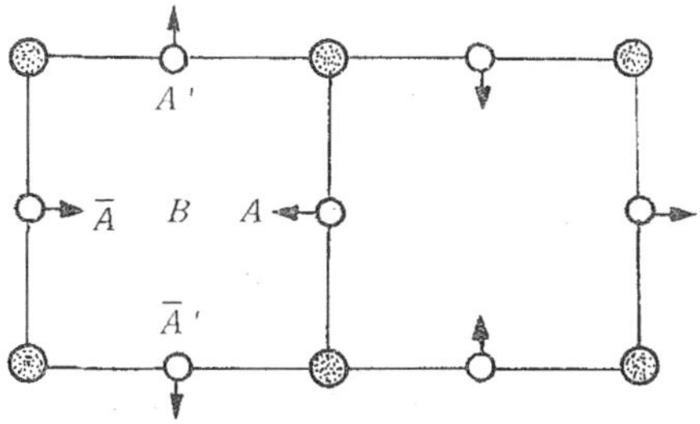

图4.36　A 为破坏原有对称性的位置，B 为保持原有对称性的位置．

（1）缺陷在破坏对称性的位置上．这时的 ΔH 将与 η_l 的方向有关，即 V_1不为零．在这种情况下，如果缺陷的对称破缺取向 τ_r 能足够快地跟随序参量的运动，则在忽略高次项以后 ΔH 仅与序参量二次方有关，于是系统的行为有如缺陷位于保持对称性的位置．如果缺陷的对称破缺，取向不能跟随序参量的运动，则缺陷直接决定了中心峰的宽度．略去二次以上的项，只保 V_1．可以看出，V_1相当于一种力，在其作用下，缺陷位置附近将有局部畸变（有序）．如果缺陷很稀，可认为彼此独立，则这些畸变区将成为散射中心，产生弹性散射，在散射谱中形成形如 δ 函数的尖峰．图4.36中所示出的 A 和 $\overline{A}$ 表示缺陷的两种对称破缺取向，它们之间的转变（跳跃）是一个弛豫过程，该过程决定中心峰的宽度．

（2）缺陷在保持对称性的位置上．因晶体对称性不变，故式（4.259）中，$V_1=0$，$V_2\neq 0$．如果缺陷使能量降低（称为软缺陷），$V_2<0$，则缺陷周围区域有序化的温度 T_c^l 将高于相变温度 T_c，$T_c^l>T_c$[78,90]．在 T_c^l 以上，缺陷周围的原子处于单阱势中，温度降到 T_c^l 时，由于软模位移的涨落增大，改变了单阱势，而在缺陷周围出现了双阱势区，于是出现局域有序．在 $T<T_c^l$ 时，双势阱加深．显然，原子除在一个阱内振动以外，还会在二阱间跳跃，于是出现与前述相似的情况，即阱内振动对应软模，阱间跳跃对应中心峰．

如果缺陷使能量升高（称为硬缺陷），$V_2>0$，则缺陷周围局域有序化温度 T_c^l 将低于相变温度 T_c，它对中心峰的影响比较轻微．

现在一般认为，微畴和缺陷都是产生中心峰的原因，而且缺陷产生的中心峰很窄，畴壁移动产生的中心峰较宽．

§4.14　振动-电子理论

软模理论集中考虑刚性离子的振动，忽略了电子运动对铁电相变的影响．实际上，在电子带隙不很宽的情况下，电子可被热激发，电子运动与晶格振动之间有强烈的相互作用．晶格和电子两个子系统的耦合运动需要用振动-电子（vibrational-electronic，简称 vibronic）模式来描写．振动-电子相互作用可能改变原子核的构型，从而导致晶体的结构相变[14]．

在研究分子结构时，人们发现了著名的 Jahn-Teller 效应[91]：任何处于简并电子态的非线性分子将发生畸变，以消除简并并降低能量．在固体中，相应的效应称为合作 Jahn-Teller 效应[92]：如果消除简并引起的电子能量降低超过晶格畸变导致的晶格能量增加，则晶格将发生畸变，以消除电子简并．晶格的畸变改变晶体的对称性，故可导致结构相变．

铁电相变振动-电子理论的基本点是：为了降低系统的总能

量，原子发生静态位移，使电子基态与最低激发态混合．如果这种位移是偶极型的，则晶体进入铁电相．所以铁电相变可认为是振动-电子相互作用驱动的一种结构相变．

固体的哈密顿量可写为原子核部分、电子部分和它们相互作用部分之和．一般情况下，相互作用能依赖于原子核和电子两者的坐标．将它对原子核坐标展开，得出

$$V(\boldsymbol{r},\boldsymbol{Q}) = V(\boldsymbol{r},0) + \sum_{\alpha}\left(\frac{\partial V}{\partial Q_{\alpha}}\right)_0 Q_{\alpha} + \cdots, \qquad (4.260)$$

这里偏微商是对最高对称构型（原型相）取值的．系统的哈密顿量为

$$H = H(\boldsymbol{r}) + H(\boldsymbol{Q}) + V(\boldsymbol{r},\boldsymbol{Q}), \qquad (4.261)$$

式中右边第一，二项分别为电子和原子核的哈密顿量．

设想一个二能带系统[93]．首先对 $H(\boldsymbol{r})+V(\boldsymbol{r},0)$ 求解薛定谔方程．设能量为 E_1和 E_2，波函数为 ψ_1和 ψ_2．然后，将式(4.260)右边第二项作为微扰再求解．为此必须计算微扰矩阵元

$$a_{ij} = \langle\psi_i\left|\left(\frac{\partial V}{\partial Q}\right)_0\right|\psi_j\rangle,$$

其中 i，j=1—2．这里我们已假设 $\boldsymbol{Q}$ 只有一个分量．因为限于考虑铁电相变，并假定两个电子带具有相反的宇称，故实际上只有下列矩阵元不为零：

$$a_{12} = \langle\psi_1\left|\left(\frac{\partial V}{\partial Q}\right)_0\right|\psi_2\rangle. \qquad (4.262)$$

将其记为 a，于是可得久期方程为

$$\begin{vmatrix} \Delta - \varepsilon & aQ \\ aQ & -\Delta - \varepsilon \end{vmatrix} = 0, \qquad (4.263)$$

这里 $\Delta=(E_2-E_1)/2$．此式的解为

$$\varepsilon_{\pm}(Q) = \pm(\Delta^2 + a^2Q^2)^{1/2}. \qquad (4.264)$$

它给出了振动-电子相互作用对电子能量的贡献，其中 a 是相互作用强弱的量度．系统的总势能等于原子核简谐作用能与电子能量之和，即

$$W_{\pm}(Q)=\frac{1}{2}KQ^2\pm(\Delta^2+a^2Q^2)^{1/2}. \tag{4.265}$$

式中 K 为简谐力系数. 系统的亥姆霍兹自由能 A 可求出为

$$A(T,Q)=\frac{1}{2}\rho\omega^2Q^2-kT\ln\left\{2\left[1+\cosh\frac{(\Delta^2+a^2Q^2)^{1/2}}{kT}\right]\right\}, \tag{4.266}$$

式中 $\rho\omega^2=K$，ω 是晶格振动频率，ρ 为质量密度.

系统的平衡构型决定于 A 取极小值的条件. 对上式求微商得超越方程

$$Q^2=\frac{a^2}{\rho^2\omega^4}\tanh\frac{(\Delta^2+a^2Q^2)^{1/2}}{kT}-\frac{\Delta^2}{a^2}. \tag{4.267}$$

在高温极限时，$(\Delta/kT)\to0$，有 $Q^2\to(-\Delta^2\rho/a^2)$，这表明不会发生晶格畸变. 在低温极限，有

$$Q=\frac{a^2}{\rho^2\omega^4}-\frac{\Delta^2}{a^2}. \tag{4.268}$$

此式为正的条件是

$$a^2>\rho\omega^4\Delta, \tag{4.269}$$

在此条件下晶格将发生畸变. 如果 Q 是偶极性的，则系统进入铁电相，相变温度由式（4.266）可求. 在该式中，令 $Q\to0$，得出

$$kT_c=\frac{\Delta}{2}\left[\operatorname{arc\,tanh}\left(\frac{a^2}{\rho\omega^2\Delta}\right)\right]^{-1}. \tag{4.270}$$

式（4.269）指出了振动-电子相互作用导致铁电相变的条件：振动-电子作用系数 a 要大，晶格要“软”（ω 小），能隙 Δ 要小. 因为通常 $kT_c\simeq10^{-2}$eV，故由式（4.270）可知，振动-电子机制只适用于窄带隙（$\Delta\leqslant10^{-1}$eV）的晶体. 铁电半导体属于这种情况.

图4.37示出了一个孤立的 TiO_6 八面体，它是钙钛矿型铁电体 $BaTiO_3$，$PbTiO_3$ 的基本结构单元. 按照原子轨道线性组合(LCAO)近似，$[TiO_6]^{8-}$ 的基态是由键合轨道 e_g 和 t_{2g} 和非键合轨道 t_{1u} 形成的 $^1A_{1g}$ 态，这3个轨道是由 Ti^{4+} 的 $3d$ 轨道与 O^{2-} 的 $2s$ 和 $2p$ 轨道构成的. 最低的激发态是 $^1T_{1u}$，它与基态的差别是有一个电子从 t_{1u} 轨道跃迁到 t_{2g}^* 轨道，见图4.38. 根据 Jahn-Teller 原理，

原子簇将发生 T_{1u}位移使状态$^1A_{1g}$与$^1T_{1u}$混合，即系统对 T_{1u}不稳定.

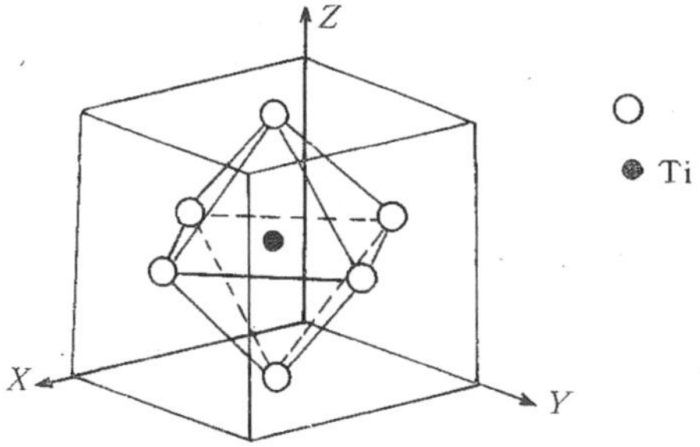

图4.37　$[TiO_6]^{8-}$的结构示意图.

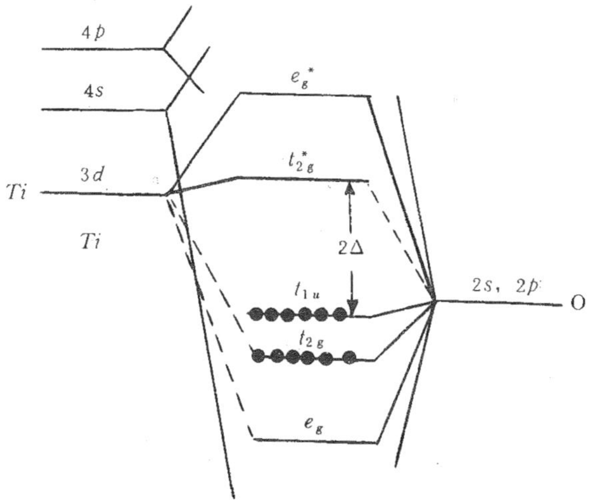

图4.38　$[TiO_6]^{8-}$的 LCAO 能级图[94].

比较细致的处理需要计入基态与各种最近激发态的混合，它们是由9个 t_{2g}^*，t_{2g}和 t_{1u}轨道形成的. 因为分子轨道是未知的，我们取氧的$2p_\pi$原子函数和钛的$3d_\pi$原子函数的六种组合作为计算的基础. 以Q_x，Q_y和Q_z表示T_{1u}振动的3个分量，我们需要研究原子簇的势能怎样随这些位移发生变化. 假定振动-电子相互作用能V与位移Q成线性关系，则可证明只有一个振动-电子作用系数不为零

$$a = \langle \psi_{2p_z} \left| \left(\frac{\partial V}{\partial Q_x} \right)_0 \right| \psi_{3d_{yz}} \rangle. \tag{4.271}$$

将振动-电子相互作用作为微扰，并取上述9个原子状态的组合，由微扰方程得出久期方程，后者的根给出电子能量如下：

$$\begin{aligned} \varepsilon_1^{\pm} &= \pm [\Delta^2 + a^2(Q_x^2 + Q_y^2)]^{1/2}, \\ \varepsilon_2^{\pm} &= \pm [\Delta^2 + a^2(Q_x^2 + Q_z^2)]^{1/2}, \\ \varepsilon_3^{\pm} &= \pm [\Delta^2 + a^2(Q_y^2 + Q_z^2)]^{1/2}, \\ \varepsilon_{4,5,6} &= \Delta, \end{aligned} \tag{4.272}$$

其中

$$2\Delta = E(2p_\pi) - E(3d_\pi). \tag{4.273}$$

在基态中，9个单电子态中的6个低能态（t_{1u}和t_{2g}）被12个电子占据，见图4.38.

系统的势能为原子核间简谐作用能与式（4.272）所给电子能量之和

$$\begin{aligned} W(Q_x,Q_y,Q_z) = \frac{1}{2}K(Q_x^2 + Q_y^2 + Q_z^2) & \\ - 2\{[\Delta^2 + a^2(Q_x^2 + Q_y^2)]^{1/2} & \\ + [\Delta^2 + a^2(Q_x^2 + Q_z^2)]^{1/2} & \\ + [\Delta^2 + a^2(Q_y^2 + Q_z^2)]^{1/2}\} & \\ - 6\Delta. & \end{aligned} \tag{4.274}$$

由此式可知，计入振动-电子 相互作用后，系统势能决定于三个参量：Δ，a和K. 不管它们的具体数值，振动-电子相互作用总是使势能降低，亦即使系统“软化”. 假定Q较小，可将上式对Q展开得

$$W(Q_x,Q_y,Q_z) = \frac{1}{2}[K - (4a^2/\Delta)](Q_x^2 + Q_y^2 + Q_z^2) - 6\Delta$$

$$+\frac{1}{2}\frac{a^4}{\Delta^3}(Q_x^4+Q_y^4+Q_z^4+Q_x^2Q_y^2+Q_x^2Q_z^2$$

$$+Q_y^2Q_z^2)+\cdots, \tag{4.275}$$

此式表明，振动-电子相互作用使力系数减小了$4a^2/\Delta$. 如果$4a^2/\Delta<K$，则$Q_x=Q_y=Q_z=0$是一个使势能取极小值的平衡位置，这与无微扰的系统相同. 我们把这种情况下的耦合称为弱耦合. 即使在这种情况下，原子簇也受到了振动-电子相互作用的影响，一是降低了T_{1u}振动的频率，二是使W中出现了新的非谐项.

下面的情况称为强耦合

$$\frac{4a^2}{\Delta}>K, \tag{4.276}$$

此时式（4.275）中的有效力系数为负，原子簇对T_{1u}振动丧失了稳定性. 但当T_{1u}的位移Q变大后，式（4.275）中的非谐项将使W在具有偶极矩的新的构型中取极小值. 在满足式（4.276）的条件下，使式（4.275）取极值的构型有以下几种.

(i) 在$Q_x=Q_y=Q_z=0$时取极大值. 这表示T_i原子停留在氧八面体中心是不稳定的.

(ii) 在$|Q_x|=|Q_y|=|Q_z|=Q_0^{(1)}=[(8a^2/K^2)-(\Delta^2/2a^2)]^{1/2}$时有八个相等的极小值，能量为$E^{(1)}=3[(4a^2/K)+(\Delta^2K/4a^2)-2\Delta]$. 因为在这些点位移沿三坐标轴的分量相等，由此可知这些位置表示 Ti 沿八面体三重轴发生了静态位移.

(iii) 在$|Q_p|=|Q_q|\neq 0, Q_r=0(p,q,r=x,y,z)$，有12个鞍点. 在这些点上能量对位移$Q_p$和$Q_q$为极小值，对$Q_r$为极大值. 这些位置表示 Ti 沿八面体的二重轴发生了静态位移.

(iv) 在$Q_p=Q_q=0, Q_r=Q_0^{(2)}=[16a^2/K^2-(\Delta^2/a^2)]^{1/2}$有6个鞍点，能量为$E^{(2)}=2E^{(1)}/3$. 这些位置是 Ti 沿八面体四重轴位移的结果.

以上分析是从分子轨道观点对原子簇得出的结论，所用的方法是先确定电子能量与原子核坐标的函数关系，再由势能极小的条件求出稳定的原子核构型. 在晶体中，因为原子核坐标太多，一般来说这种方法是不可行的. 不过，如果电子能量只是有限个正则坐标的函数，则仍可仿照原子簇的方法加以处理. 铁电相变正是这样一种有利情况. 在铁电相变中，只有波矢为零的光学横模的位移与相变直接有关，所以计算得以简化.

引入正则坐标,并假定振动-电子相互作用能只与正则坐标的一次方有关，用微扰法处理，即可得出电子带能量与正则坐标的函数关系. 对系统的总势能求极小值，即可确定稳定的原子核构型. 在 $BaTiO_3$这样的钙钛矿型铁电体中，价带和导带主要是由钛的5个$3d$ 函数和氧的9个$2p$ 函数构成的. 用微扰论处理振动-电子相互作用能，对于每个电子波矢，求解久期方程，得知基态势能的极值分布和相应的原子核位移有下述四种情况：

(i) 静态位移为零，顺电相；

(ii) 沿八面体三重轴发生静态位移，三角铁电相；

(iii) 沿八面体二重轴发生静态位移，正交铁电相；

(iv) 沿八面体四重轴发生静态位移，四方铁电相.

因为有多种原子核构型使系统总势能极小，而且这些极小值不相等，所以当温度够高时，原子核位移可使系统总势能从一个极小值转变到另一个极小值，即发生顺电-铁电相变或铁电-铁电相变. 利用哈密顿运动方程可得

$$\frac{\partial W}{\partial S_\alpha} = 0, \quad u_\alpha \frac{\partial W}{\partial u_\alpha} = kT, \tag{4.277}$$

其中 S_α 是使 W 取极小值的平衡位置，$Q_\alpha = S_\alpha + u_\alpha q(t)$，$q(t)$ 是描写原子核在平衡位置附近振动的函数，u_α 是振幅.

为求解式 (4.277)，我们用模型势能 $\widetilde{W}$ 代替精确的势能 W，只要求它们在同样的位置呈现极值. 对 $BaTiO_3$这样的具有多个极小值的情况，可取 $\widetilde{W}$ 为

$$\widetilde{W} = \frac{1}{4}A(Q_x^4 + Q_y^4 + Q_z^4) + \frac{1}{4}B(Q_x^2Q_y^2 + Q_x^2Q_z^2 + Q_y^2Q_z^2) + \frac{1}{2}C(Q_x^2 + Q_y^2 + Q_z^2) + D. \tag{4.278}$$

令 W 和 $\widetilde{W}$ 的极值位置相同，且能量相等，可确定常数 A，B，C

和 D，结果为

$$\begin{aligned} D &= -6\Delta, \\ C &= \rho\omega^2(y-4)(y+4)^{-1}, \\ A &= 2B = 2\rho^2\omega^4\Delta^{-1}y(y+2)^{-2}, \\ y &= \rho\omega^2\Delta a^{-2}. \end{aligned} \tag{4.279}$$

将式（4.278）代入式（4.277），得出4个解如下：

(i) $S_x=S_y=S_z=0$，顺电相；

(ii) 只有一个 $S_\alpha\neq 0$，四方铁电相；

(iii) 两个 $S_\alpha\neq 0$且相等，正交铁电相；

(iv) $S_x=S_y=S_z\neq 0$，三角铁电相.

随着温度的升高，以上4个相将按（iv）—（i）的顺序出现，而且居里温度与下面的量成正比：

$$\frac{C^2}{A} \sim \frac{\rho\omega^2\Delta}{a^2}\left(\frac{4a^2}{\rho\omega^2\Delta}-1\right)^2. \tag{4.280}$$

由此可知，居里温度基本上决定于$4a^2(\rho\omega^2\Delta)^{-1}-1$. 耦合越强，即$4a^2(\rho\omega^2)^{-1}\gg\Delta$时，居里温度越高. Δ是发生混合的电子态之间的能隙. 当 Ti 的 d_π 轨道与 O 的 p_π 轨道重叠加强时（即 Ti—O 键的共价程度提高时），Δ和$\rho\omega^2$都将增大，故居里温度降低. 比较一下金属离子 T_i，Zr 和 Hf 是有意义的. 它们进入钙钛矿结构中的氧八面体以后，参与 d_π—p_π 重叠的分别为$3d$，$4d$ 和$5d$ 电子. 随着量子数的增大，波函数变得弥散，重叠加强，因此居里温度降低. 此外，d_π—p_π 重叠的程度强烈依赖于金属离子 M 与氧离子 O 的距离，M—O 越短，重叠越多. 在 $CaTiO_3$，$SrTiO_3$和 $BaTiO_3$中，T_i—O 距离按此顺序增大，d_π—p_π 重叠按此顺序减弱. 但在前两种晶体中重叠都太强烈，只有后一种晶体才有铁电性.

最近，Bersuker 等[95]计算了 $BaTiO_3$等钙钛矿结构铁电体的能带结构和振动-电子耦合系数，证实这些晶体对布里渊区中心Γ_{15}光学模的不稳定来源于振动-电子耦合，伴随着Γ_{15}振动形成了新的共价键.

总起来看，振动-电子理论强调了振动-电子耦合对铁电相变的影响，这种影响在窄带隙晶体（铁电半导体）中是重要的．该理论可以较好地解释铁电半导体的一些性质，如光铁电性[95,96]．不过，铁电体的能带结构相当复杂，计算中要引入很多参量，所以难与实验作定量的比较．众所周知，磁场只影响到晶体中的电子而不会影响晶格，因此如果磁场对铁电相变有影响就可认为铁电性中有电子的贡献．这是对铁电相变振动-电子理论的最好验证．实验上的确观测到软模频率与磁场有关，但定量的比较差别很大[97]．

§4.15　第一性原理的计算

应用量子力学理论，只借助基本常量和某些合理的近似进行的计算称为第一性原理（first principle）的计算[98]．这种计算如实地把固体作为电子和原子核组成的多粒子系统，求出系统的总能量，根据总能量与电子结构和原子核构型的关系，确定系统的状态．显然，只有这样的计算才使人们有可能从电子和原子水平认识铁电性．软模理论专注于离子的运动，借助绝热原理实际上忽略了电子的影响．电子作为离子相互作用的中介，是第一性原理计算的主要对象．

第一性原理的计算利用电子密度泛函理论描写电子的基态．该理论认为[99]，多粒子系统的基态本征值是泛函 $E[n]$ 的极小值，使 $E[n]$ 取极小值的密度 $n_0(\boldsymbol{r})$ 是处于基态的系统的粒子密度．在局域密度近似（LDA）下，$E[n]$ 可写为

$$E[n] = T_s[n] + \iint \frac{n(\boldsymbol{r})n(\boldsymbol{r}')}{|\boldsymbol{r} - \boldsymbol{r}'|} d^3r d^3r' + \int \varepsilon^{XC}[n(\boldsymbol{r})]n(\boldsymbol{r}) d^3r + \int V^N(\boldsymbol{r})n(\boldsymbol{r}) d^3r + W^{NN}, \tag{4.281}$$

式中 $T_s[n]$ 是动能，第二项是库仑能，$\varepsilon^{XC}(n)$ 是密度为 n 的均匀电子气的交换关联能密度，V^N 是离子产生的静电势，W^{NN} 是离子相互作用能．求 $E[n]$ 极小值需解下列 Euler-Lagrange 方程：

$$\left\{-\nabla^2 - 2\int \frac{n(\boldsymbol{r}')}{|(\boldsymbol{r}-\boldsymbol{r}')|}d^3r' + \nu^{XC}[n,\boldsymbol{r}] + V^N(\boldsymbol{r})\right\}\psi^j(\boldsymbol{r}) = \varepsilon^j\psi^j(\boldsymbol{r}), \tag{4.282}$$

其中

$$\nu^{XC} = n\frac{d\varepsilon^{XC}}{dn} + \varepsilon^{XC}.$$

显然，波函数必须满足条件

$$n(\boldsymbol{r}) = \sum_j |\psi^j(\boldsymbol{r})|^2. \tag{4.283}$$

求解LDA方程的常用方法有两类，即赝势法和全电子法. 赝势法以一种较弱且变化较平缓的势代表实际的电子势，从而减轻了离子对电子的作用. 对于价电子态，则常用平面波展开来表示. 在全电子法中采用完全的LDA势，常用的是丸盒(muffin-tin)势. 将空间分为二部分：原子及其附近的球状区（“丸盒”）；原子间的其他区域. 在球状区，基函数、电荷密度和势均用径向函数展开. 在其他区域，这些量可用平面波展开，这就是线性缀加平面波（LAPW）法. 也可表示成球对称的轨道的叠加，这就是线性丸盒轨道（LMTO）法.

在铁电体中，第一性原理的计算是近几年才开始的[98]. 下面介绍一些主要的进展.

4.15.1 电子结构以及总能量与晶格结构的关系

Weyrich 等[99,100]用LMTO法计算了$BaTiO_3$的电子结构. 令式（4.282）的解为ε^{qj}和ψ^{qj}，其中q为波矢. 能量本征值ε^{qj}可由光电子谱（如UPS）实验推得，本征函数$\psi^{qj}(\boldsymbol{r})$则通过式（4.283）直接联系于电子密度.

能带计算给出了布里渊区各点的各个能量本征值ε^{qj}. 与ε^{qj}相对应的电子密度为$|\psi^{qj}(\boldsymbol{r})|^2$. 图4.39示出了布里渊区$X$点和$R$点几个不同能量的价电子态对应的电子密度图. 由等电子密度线可以看出，价带下部的电子态有显著的交叠特征，电子云的交叠发

生于氧的 p 电子和钛的 d 电子之间. 价带上部的电子态则是由非交叠的氧 p 电子组成.

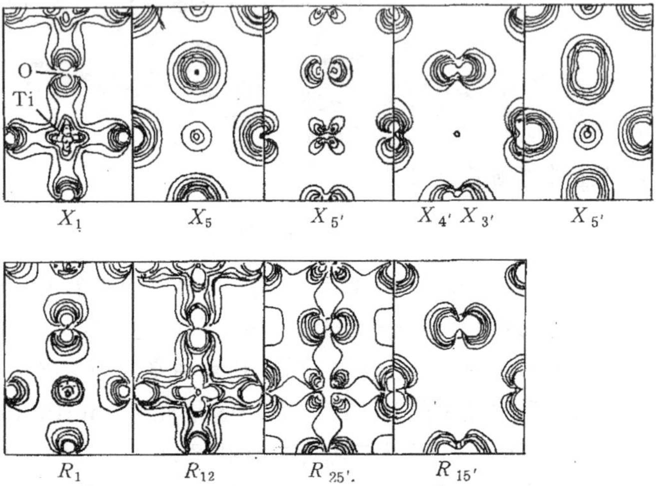

图4.39 X 点和 R 点几个价电子态对应的钛氧平面内的电子密度，等电子密度线之间的差为0.01电子/a_B^3，a_B 为玻尔半径.

晶格结构发生变化时电子状态随之变化. 计算表明，任何降低对称性的晶格畸变都将使非交叠的电子状态向交叠的状态转变. 图4.40示出了立方相（a）和三角相（b）中 Γ 点的最高三重

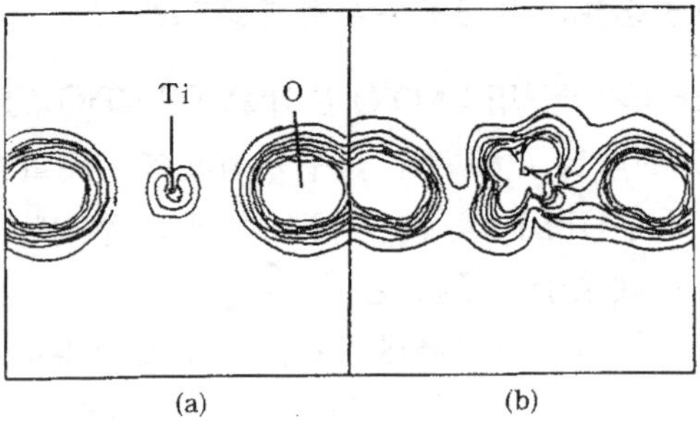

图4.40 立方相（a）和三角相（b）中 Γ 点 Γ_{15}态对应的电子密度图，等密度线间之差为0.01电子/a_B^3.

简并态 Γ_{15}对应的电子密度，所示的平面是包含氧钛和三重轴的(011)平面．可以看到，三角畸变使电子由氧向钛转移．

电子结构的这种变化表明，总的价电子密度可分为交叠部分和非交叠部分

$$n^{交} = \sum_{qj}^{交} |\psi^{qj}|^2,$$

$$n^{非交} = \sum_{qj}^{非交} |\psi^{qj}|^2.$$

晶格畸变时，离子 l 受到电子作用力的 α 分量为

$$F_\alpha^l = \int n(\boldsymbol{r}) \frac{\partial}{\partial R_\alpha^l} V^N(\boldsymbol{r}) d^3 r, \tag{4.284}$$

其中 R_α^l 为离子位矢的 α 分量．因为该力与电子密度成线性关系，电子密度可分为二部分意味着作用力可分为二部分

$$\boldsymbol{F} = \boldsymbol{F}^{交} + \boldsymbol{F}^{非交}. \tag{4.285}$$

高对称结构中不交叠的状态在低对称结构中交叠的事实表明，非交叠力是使高对称态不稳定的因素．另一方面，高对称结构中交叠的状态因对称性降低而丧失共价性，因而是使高对称相稳定的因素．作用于离子上的总力是两部分力精细平衡的结果．

另一个有兴趣的事是，将 $SrTiO_3$和 $BaTiO_3$作一比较．在立方 $BaTiO_3$中，氧与钛之间的距离大于它们间的平衡距离，因此钛原子有减小它与氧距离的倾向，这就使得氧八面体发生畸变，最终导致基态为三角相．在 $SrTiO_3$中，虽然锶离子较小，但晶格常量也较小，所以氧八面体很稳定．$SrTiO_3$仅在105K 附近发生氧八面体的微小转动，这是一种反铁畸变性相变，不会导致铁电性．

由此看来，$BaTiO_3$和 $SrTiO_3$的不同行为是一种体积效应．能量计算证实了这个论断．Weyrich 等计算了三角相能量与立方相能量之差 $\Delta E = E^{三角} - E^{立方}$与晶格常量的关系．在 $BaTiO_3$中，晶体压缩时 ΔE 绝对值减小，外推到 $SrTiO_3$的晶格常量时，得到的 ΔE 与 $SrTiO_3$的计算值几乎完全一致．

Cohen 用 LAPW 法计算了 $BaTiO_3$和 $PbTiO_3$价带的电子态

密度[101]，表明钛的$3d$电子和氧的$2p$电子波函数有显著的交叠，而且交叠因铁电畸变而加强. 这与 Weyrich 等的结果一致. Cohen 进一步得出结论，认为在ABO_3钙钛矿型铁电体中，B 离子与 O 离子的电子轨道杂化是铁电性的必要条件，通过这种杂化才可抵消离子间短程排斥力，以建立铁电畸变.

Cohen 和 Krakauer[102,103]用 LAPW 法计算了$BaTiO_3$的能量与晶格结构及应变的关系. 按照软模图象，$BaTiO_3$在120℃的顺电-铁电相变相应于本征矢沿[001]的一个布里渊区中心光学横模的凝结，类似地，在5℃和－80℃的相变分别相应于本征矢沿[110]和[111]的布里渊区中心光学横模的凝结. 因此，有重要意义的是基态能量与这些位移的关系. 首先，Cohen 等计算了晶

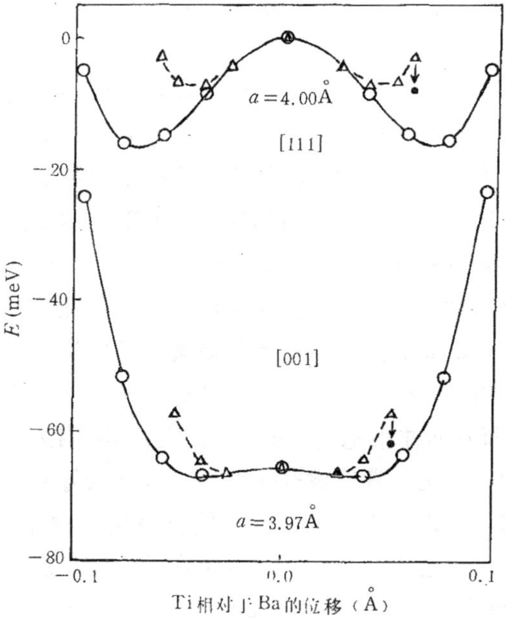

图4.41 晶胞体积不同时能量对软模位移的关系. 虚线和实线分别表示沿[001]的四方畸变和沿[111]的三角畸变引起的能量变化. 箭头和黑圆表示在计入四方应变后能量降低及其极小值位置.

胞体积不同时基态能量随软模位移的变化．图4.41示出了晶胞边长 $a=4.00\,Å$ 和 $3.97\,Å$ 两种情况下，沿［001］方向的四方畸变（虚线）和沿［111］的三角畸变（实线）引起的能量变化情况，横坐标是 Ti 相对于 Ba 的位移．首先注意到，［111］方向的势阱比［001］方向的低．其次，势能面对体积很敏感，势阱随体积减小而变浅．当 $a=3.97\,Å$ 时势阱已经很浅，预计在受到压缩时势阱将消失，这与实验观测到的 $BaTiO_3$ 的 T_c 随压强较快下降（见6.4.4节）相一致．

实验得知，$BaTiO_3$ 的四方应变（室温时）$1-c/a$ 约为1%，而在三角相（$-80℃$以下）时三晶轴夹角为89.87°．为了显示软模与晶格应变耦合的作用，Cohen 等计算了四方应变和三角应变引起的能量变化．两种晶胞尺寸时的计算结果示于图4.42．计算时假定四方应变不改变晶胞体积，三角应变不改变晶胞边长．能量是相对于该尺寸的立方晶胞的能量给出的．从图中可看出，三角应变对总能量几乎没有影响，相反，四方应变对总能量影响很大，适当的四方应变使总能量显著降低．图4.41中示出的箭头就是表示这种应变使总能量下降的情况．晶胞体积恒定时，c/a 越大，则 c 方向 Ti—O 距离越大，所以四方应变是稳定铁电相的重要因素．

Cohen 等对 $PbTiO_3$ 也进行了同样的计算[104]．结果表明，$PbTiO_3$ 的大的四方应变（室温时 $1-c/a$ 约6%）足以使四方相成为稳定的基态，以致在低温时也不会发生正交或三角畸变．

4.15.2 软模位移、应变、总能量和铁电性

King-Smith 和 Vanderbilt[105]对八种 ABO_3 钙钛矿晶体进行了系统的研究，他们用超软赝势法（ultra-soft-pseudopotential method）[106]计算了系统总能量与布里渊区中心软模位移的关系，位移取到四次方项，并计入了软模与应变的耦合．由总能量取极小值的条件得到了晶格常量、绝对零度时的晶体结构、软模本征矢、软模振幅和能带结构．

ABO_3 钙钛矿型晶体每个原胞有5个原子．取直角坐标使立方

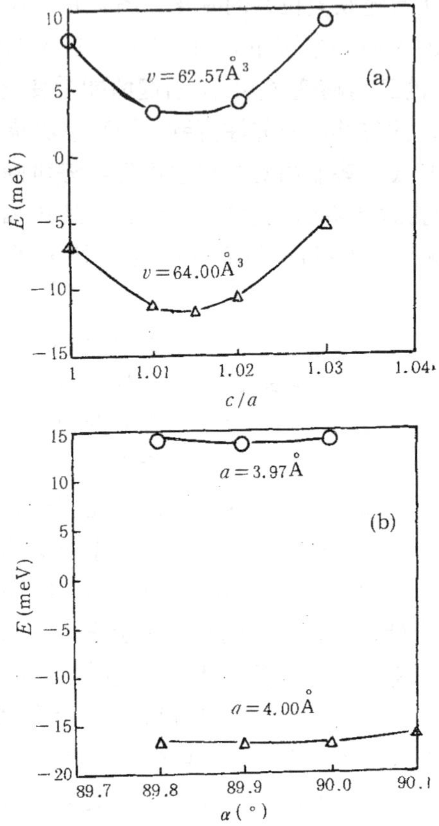

图4.42 $BaTiO_3$四方应变（a）和三角应变（b）对能量的影响. 取立方晶胞时的能量为参考点.

钙钛矿结构中各原子位置为 A 位于（0, 0, 0），B 位于（1/2, 1/2, 1/2），O_1位于（0, 1/2, 1/2），O_2位于（1/2, 0, 1/2），O_3位于（1/2, 1/2, 0）. 因有5个原子，故能量应为15个位移分量 v_α^k（k 是原子编号，α 为直角坐标分量）和6个应变分量 x_i（i=1—6）的函数，而且可分为三部分

$$E = E^0 + E^{\text{disp}}(\{v_\alpha^k\}) + E^{\text{elas}}(\{x_i\}) + E^{\text{int}}(\{x_i\},\{v_\alpha^k\}), \tag{4.286}$$

式中 E^0 是理想钙钛矿结构的能量，E^{disp}，E^{elas} 和 E^{int} 分别为来自位移、应变和它们相互作用的能量.

在立方结构中，应变取到二次方项时，应变能可表示为

$$E^{\mathrm{elas}}(\{x_i\}) = \frac{1}{2}B_{11}(x_1^2 + x_2^2 + x_3^2) + B_{12}(x_1x_2 + x_2x_3 + x_3x_1) + \frac{1}{2}B_{44}(x_4^2 + x_5^2 + x_6^2), \tag{4.287}$$

其中 B_{11}，B_{12} 和 B_{44} 为与弹性刚度成正比的系数.

位移能的最低次项是位移的二次方项. 该项的系数是式 (4.4) 给出的简谐力系数矩阵. 该矩阵的对称性已有详细的讨论[103]，经对角化后，对于铁电软模，即布里渊区中心 Γ 点的最低频的 Γ_{15} 模，令该矩阵的本征值为 κ，位移振幅的 α 分量为 u_α，则在保持其他模的振幅恒定为零的条件下，位移能的最低次项为 κu^2，而 $u^2 = \sum_\alpha u_\alpha^2$.

因为在理想钙钛矿结构中，任意均匀应变作用下任一原子位置均有中心对称，所以位移能中无三次方项. 四次方项中有同一分量的四次方项和交叉项，相应地有两个独立的系数. 于是位移能为

$$E^{\mathrm{disp}}(\{u_\alpha\}) = \kappa u^2 + \frac{1}{24}B_{xxxx}\sum_\alpha u_\alpha^4 + \frac{1}{4}B_{xxyy}(u_x^2u_y^2 + u_y^2u_z^2 + u_z^2u_x^2), \tag{4.288}$$

式中

$$B_{xxxx} = \left.\frac{\partial^4 E}{\partial u_x^4}\right|_0,$$

$$B_{xxyy} = \left.\frac{\partial^4 E}{\partial u_x^2 \partial u_y^2}\right|_0.$$

令

$$a = \frac{1}{24}B_{xxxx},$$

$$b = \frac{1}{12}(3B_{xxyy} - B_{xxxx}),$$

则

$$E^{\text{disp}}(\{u_\alpha\}) = \kappa u^2 + a u^4 + b(u_x^2 u_y^2 + u_y^2 u_z^2 + u_z^2 u_x^2). \tag{4.289}$$

软模与应变的耦合将改变系统的能量，最重要的耦合项为

$$\frac{1}{2}\sum_{i\alpha\beta} B_{i\alpha\beta} x_i u_\alpha u_\beta,$$

其中非零耦合系数有 B_{1xx}，B_{1yy}和 B_{4yz}. 计入耦合以后总能量重正化为

$$\begin{aligned}\widetilde{E}(\{u_\alpha\}) = E^0 + \kappa u^2 + a' u^4 \\ + b'(u_x^2 u_y^2 + u_y^2 u_z^2 + u_z^2 u_x^2),\end{aligned} \tag{4.290}$$

其中

$$a' = a - \frac{1}{24}\left(\frac{C^2}{B^2} + \frac{4\nu_t^2}{\mu_t}\right),$$

$$b' = b + \frac{1}{2}\left(\frac{\nu_t^2}{\mu_t} - \frac{\nu_r^2}{\mu_r}\right),$$

$$B = B_{11} + 2B_{12},$$

$$\mu_t = \frac{1}{2}(B_{11} - B_{12}), \quad \mu_r = B_{44},$$

$$C = B_{1xx} + 2B_{1yy},$$

$$\nu_t = \frac{1}{2}(B_{1xx} - B_{1yy}), \quad \nu_r = B_{4yz},$$

下标 t 和 r 分别代表四方相和三角相.

上式表明，总能量可表示为软模位移（取到位移四次方项）的函数，并可由9个独立的相互作用参量来确定，它们是κ，B_{11}，B_{12}，B_{44}，B_{1xx}，B_{1yy}，B_{4yz}，B_{xxxx}，B_{xxyy}.

κ 作为能量表达式中位移平方项的系数，正比于软模频率的平方，$\kappa<0$表示晶体对软模不稳定，降温时将发生相变进入稳定的基态. 如果 $b'<0$，三角相将具有最低的能量；如果 $b'>0$，四方相将是基态结构.

King-Smith 等用超软赝势法算得了八种钙钛矿型晶体的有关参量，预言了它们的基态结构. 表4.3列出了他们的结果，并列

出了实验观测到的基态结构．表中 κ 和 b' 以原子单位给出，1au＝219483．9cm^{-1}．

表4．3 八种钙钛矿型晶体的相互作用参量和基态结构

晶 体	κ	b'	基 态（理）	基 态（实，单）	基 态（实，复）
$BaTiO_3$	−0．0175	−0．124	铁电三角	铁电三角	
$SrTiO_3$	−0．0009	−0．010	铁电三角		反铁畸变四方
$CaTiO_3$	−0．0115	0．061	铁电四方		正交
$KNbO_3$	−0．0154	−0．111	铁电三角	铁电三角	
$NaNbO_3$	−0．0124	−0．041	铁电三角		铁电单斜
$PbTiO_3$	−0．0129	0．025	铁电四方	铁电四方	
$PbZrO_3$	−0．0156	−0．003	铁电三角		反铁电正交
$BaZrO_3$	0．0078	0．054	立方	立方	

表中第四列是理论预言的基态结构，第五和第六列是实验观测到的基态结构，其中“单”表示该基态结构来自不改变原胞中原子个数的相变，“复”表示该基态结构来自晶胞体积倍增（原子个数也倍增）的相变．由表可见，八种晶体中只有 $BaZrO_3$ 的 $\kappa>0$，实验上的确观测到该晶体直至最低温仍为立方结构．$BaTiO_3$，$KNbO_3$ 和 $PbTiO_3$ 的 κ 为负，前两者的 b' 也为负，在这些铁电体中，前两种的基态结构为铁电三角相，后者为铁电四方相，与实验相符．其他四种晶体的 κ 也为负，但它们的软模不在布里渊区中心，发生的相变是晶胞体积倍增的相变．当然不排除这样的可能性，即晶体的确对 Γ 点振模不稳定，但实验观测到的相变发生于 Γ 点振模凝结之前．例如，$SrTiO_3$ 是一种“先兆性铁电体”，将其高温电容率温度关系外推，预言40K 以下应为铁电相，但它在105K 已发生了反铁畸变性相变进入四方相．总之，若限于考虑布里渊区中心软模凝结导致的基态结构，理论的预言全是正确的．

表4．4列出了三种铁电体的软模矢量和振幅，其中振幅的单位

为玻尔半径，矢量已归一化并均沿 Z 方向．由表可见，理论计算的软模振幅小于实验值，主要原因是所用的晶格常量是计算值，较实验值为小．从 $BaTiO_3$，$KNbO_3$到 $PbTiO_3$，软模振幅的实验值递增，而理论值与实验值之差也递增．这表明对自发极化大（软模振幅大）的晶体，能量表达式中可能需要计入高于位移四次方的项．

表4.4 三种铁电体软模矢量和振幅的理论值和实验值

晶　体		$\zeta(A,z)$	$\zeta(B,z)$	$\zeta(O_1,z)$	$\zeta(O_2,z)$	$\zeta(O_3,z)$	振幅
$BaTiO_3$	理	0.20	0.76	−0.21	−0.21	−0.53	0.25
	实[107]	0.22	0.76	−0.23	−0.23	−0.52	0.31
$KNbO_3$	理	0.18	0.80	−0.31	−0.31	−0.37	0.22
	实[108]	0.32	0.73	−0.33	−0.33	−0.38	0.37
$PbTiO_3$	理	0.57	0.51	−0.41	−0.41	−0.27	0.54
	实[109]	0.72	0.33	−0.35	−0.35	−0.35	0.82

4.15.3 自发极化的计算

上面介绍的第一性原理计算虽可给出电子结构，并预言能否出现自发极化，但没有计算出自发极化的大小．King-Smith 和 Vanderbilt[110]提出了由价带波函数计算自发极化的方法．他们取电子势函数为 Kohn-Sham 势，即总交换能对总电子数的微商，$V_{KS}=dE_x/dN_e$．假定在保持晶体平移对称性的条件下，势函数绝热地发生了由初态（$\lambda=0$）值到末态（$\lambda=1$）值的变化．对于 λ 从0到1的任一状态，可写出自发极化 α 分量的变化率为

$$\frac{\partial P_\alpha}{\partial\lambda}=-\frac{ifQ_e\hbar}{Nvm_e}\sum_q\sum_{n=1}^{M}\sum_{m=M+1}^{\infty}\frac{\langle\psi_{q,n}^{(\lambda)}|p_\alpha|\psi_{q,m}^{(\lambda)}\rangle\langle\psi_{q,m}^{(\lambda)}|\partial V_{KS}^{(\lambda)}/\partial\lambda|\psi_{q,n}^{(\lambda)}\rangle}{\left(\varepsilon_{q,n}^{(\lambda)}-\varepsilon_{q,m}^{(\lambda)}\right)^2}+\cdots,\tag{4.291}$$

式中 m_e 和 Q_e 分别为电子的质量和电荷，v 为晶胞体积，f 是价带中状态占有数（在自旋简并系统中，$f=2$），M 及其以下代表价带，

$M+1$及其以上代表导带，p_a 为动量分量. 自发极化的变化由下式给出：

$$\Delta \boldsymbol{P} = \int_0^1 \left(\frac{\partial \boldsymbol{P}}{\partial \lambda} \right) d\lambda. \tag{4.292}$$

式（4.291）可加以改写，使之仅对价带求和. 引入一组晶胞周期性函数 $u_{q,n}^{(\lambda)}$，将式（4.291）的矩阵元写为

$$\langle \psi_{q,n}^{(\lambda)} | p_a | \psi_{q,m}^{(\lambda)} \rangle = \frac{m_e}{\hbar} \langle u_{q,n}^{(\lambda)} | [\partial/\partial q_a, H_q^{(\lambda)}] | u_{q,m}^{(\lambda)} \rangle \tag{4.293a}$$

和

$$\langle \psi_{q,n}^{(\lambda)} \rangle | \partial V_{KS}^{(\lambda)}/\partial\lambda | \psi_{q,m}^{(\lambda)} \rangle = \langle u_{q,n}^{(\lambda)} | [\partial/\partial\lambda, H_q^{(\lambda)}] | u_{q,m}^{(\lambda)} \rangle, \tag{4.293b}$$

其中 $H_q^{(\lambda)}$为晶胞周期性哈密顿量

$$H_q^{(\lambda)} = \frac{1}{2_{me}} (-ih\nabla + \hbar \boldsymbol{q})^2 + V_{KS}^{(\lambda)}(\boldsymbol{r}) \tag{4.293c}$$

将式（4.293a）和式（4.293b）代入式（4.291），得出

$$\Delta P_a = -\left(\frac{ifQ_e}{8\pi^3} \right) \sum_{n=1}^{M} \int_{Bz} d\boldsymbol{q} \int_0^1 d\lambda [\langle \partial u_{q,n}^{(\lambda)}/\partial q_a \\ | \partial u_{q,n}^{(\lambda)}/\partial\lambda \rangle - \langle \partial u_{q,n}^{(\lambda)}/\partial\lambda | \partial u_{q,n}^{(\lambda)}/\partial q_a \rangle], \tag{4.294}$$

式中对 $\boldsymbol{q}$ 的积分遍及整个布里渊区（BZ）.

显然，波函数在倒易空间是周期性的，即对任一倒格矢 $\boldsymbol{G}$，有

$$\psi_{q,n}^{(\lambda)}(\boldsymbol{r}) = \psi_{q+G,n}^{(\lambda)}(\boldsymbol{r}).$$

用晶胞周期性函数表示则为

$$u_{q,n}^{(\lambda)}(\boldsymbol{r}) = u_{q+G,n}^{(\lambda)}(\boldsymbol{r}) \exp(i\boldsymbol{G} \cdot \boldsymbol{r}), \tag{4.295}$$

代入式（4.294），可知

$$\Delta P_a = \frac{ifQ_e}{8\pi^3} \sum_{n=1}^{M} \int_{BZ} d\boldsymbol{q} \{ [\langle u_{q,n}^{(\lambda)} | \partial/\partial q_a | u_{q,n}^{(\lambda)} \rangle] |_0^1 \\ - \int_0^1 d\lambda \frac{\partial}{\partial q_a} \langle u_{q,n}^{(\lambda)} | \partial/\partial\lambda | u_{q,n}^{(\lambda)} \rangle \}, \tag{4.296}$$

这里 $\langle u_{q,n}^{(\lambda)} | \partial/\partial\lambda | u_{q,n}^{(\lambda)} \rangle$ 对 $\boldsymbol{q}$ 是周期性的，其梯度对整个布里渊区积分为零，所以上式第二项对自发极化无贡献. 于是上式简化为

$$\Delta \boldsymbol{P} = \boldsymbol{P}^{(1)} - \boldsymbol{P}^{(0)}, \tag{4.297a}$$

其中

$$P_{\alpha}^{(\lambda)}=\frac{ifQ_e}{8\pi^3}\sum_{n=1}^{M}\int_{BZ}d\boldsymbol{q}\langle u_{\boldsymbol{q},n}^{(\lambda)}|\partial/\partial q_{\alpha}|u_{\boldsymbol{q},n}^{(\lambda)}\rangle. \tag{4.297b}$$

对上式进行数值计算相当麻烦，因为实际上总只能计算布里渊区中有限个点的波函数，而且各本征矢量间一般并无特定的相位关系. 为此可借助下述的办法进行计算.

首先选定一平行于短倒格矢的方向 $\boldsymbol{G}_{/\!/}$，为 $\boldsymbol{q}$ 空间积分选择柱轴沿 $\boldsymbol{G}_{/\!/}$ 的棱柱作为原胞. $\Delta\boldsymbol{P}$ 沿 $\boldsymbol{G}_{/\!/}$ 的分量可写为

$$\Delta P_{/\!/}=P_{/\!/}^{(1)}-P_{/\!/}^{(0)}, \tag{4.298a}$$

其中

$$P_{/\!/}^{(\lambda)}=\frac{ifQ_e}{8\pi^3}\int d\boldsymbol{q}_{\perp}\sum_{n=1}^{M}\int_0^{|\boldsymbol{G}_{/\!/}|}d\boldsymbol{q}_{/\!/}\langle u_{\boldsymbol{q},n}^{(\lambda)}|\partial/\partial q_{/\!/}|u_{\boldsymbol{q},n}^{(\lambda)}\rangle. \tag{4.298b}$$

在与 $\boldsymbol{G}_{/\!/}$ 垂直的平面上的积分对一个二维的网格进行，形成该网格的 $\boldsymbol{q}$ 点可用例如 Monkhorst-Pack 法产生[111]. 再分别固定该网格上任一点对平行方向 $q_{/\!/}$ 积分. 为此，将 $\boldsymbol{G}_{/\!/}$ 分成 J 段，即在 $q_{/\!/}$ 方向产生 J 个点，$\boldsymbol{q}_j=\boldsymbol{q}_{\perp}+j\boldsymbol{G}/J$，其中 j 从0到（$J-1$）. 计算这些点上波函数的晶胞周期性部分 $u_{\boldsymbol{q}_{j,m}}^{(\lambda)}$，并进而计算下面的变量

$$\phi_J^{(\lambda)}(\boldsymbol{q}_{\perp})=\operatorname{Im}\{\ln\prod_{j=0}^{J-1}\det(\langle u_{\boldsymbol{q}_{j,m}}^{(\lambda)}|u_{\boldsymbol{q}_{j+1,m}}^{(\lambda)}\rangle)\}, \tag{4.299}$$

其中

$$u_{\boldsymbol{q}_{j,n}}^{(\lambda)}=u_{\boldsymbol{q}_{0,n}}^{(\lambda)}\exp(-i\boldsymbol{G}_{/\!/}\cdot\boldsymbol{r}).$$

上式中的行列式是 $M\times M$ 矩阵的行列式，该矩阵是由 n 和 m 分别取全部价带数 M 形成的.

由晶胞周期性函数的性质可以证明

$$\phi^{(\lambda)}(\boldsymbol{q}_{\perp})\equiv\lim_{J\to\infty}\phi_J^{(\lambda)}(\boldsymbol{q}_{\perp})=-i\sum_{n=1}^{M}\int_0^{|\boldsymbol{G}_{/\!/}|}dq_{/\!/}\langle u_{\boldsymbol{q},n}^{(\lambda)}|\partial/\partial q_{/\!/}|u_{\boldsymbol{q},n}^{(\lambda)}\rangle, \tag{4.300a}$$

所以

$$P_{/\!/}^{(\lambda)}=-\left(\frac{fQ_e}{8\pi^3}\right)\int d\boldsymbol{q}_{\perp}\,\phi^{(\lambda)}(\boldsymbol{q}_{\perp}). \tag{4.300b}$$

利用式（4.298）—（4.300），即可用价带波函数计算自发极化的变化.

Resta 提出了相似的方法[112]，并且将自发极化分为离子位移和价电子两部分的贡献，计算了 $KNbO_3$ 的自发极化[113]. $KNbO_3$ 在418℃以上为立方顺电相，在418—225℃为四方铁电相. 270℃时，$c=4.063$ Å，$a=3.997$ Å. 如果只考虑这种宏观应变，不考虑晶胞中原子位移造成的内应变，则该四方结构称为“理想”结构. 原子沿四重轴的位移使晶体进入极性相. 取极性相中 Nb 原子位移为零，其他原子位移分别为（以 c 为单位）[114]：-0.023（K），-0.040（OⅠ），-0.042（OⅡ和OⅢ），可见氧八面体基本未畸变，但 Nb 和 K 相对于氧八面体有不同的位移. 令极性结构为 $\lambda=1$，理想结构为 $\lambda=0$，而且内应变随 $0\leqslant\lambda\leqslant1$ 线性变化. 因为理想结构自发极化为零，故极性结构与理想结构自发极化之差 $\Delta\boldsymbol{P}$ 即为所要求的自发极化 $\boldsymbol{P}$.

自发极化可分为电子和离子两部分，即

$$\Delta P = \Delta P_{el} - \frac{e}{v}\sum_i Z_i u_i, \tag{4.301}$$

式中 ΔP_{el} 是价电子的贡献，第二项是离子位移的贡献，v 是晶胞体积，$-eZ_i$ 是离子实的电荷.

由式（4.298）和式（4.299）可知

$$\Delta P_{el} = -\frac{2e}{8\pi^3}\int dq_x dq_y \int dq_z \frac{\partial}{\partial q_z'}\left[\phi^{(1)}(\boldsymbol{q},\boldsymbol{q}') - \phi^{(0)}(\boldsymbol{q},\boldsymbol{q}')\right]\Big|_{q=q'}, \tag{4.302}$$

这里 Z 为极轴.

$$\phi^{(\lambda)}(\boldsymbol{q},\boldsymbol{q}') = \mathrm{Im}\{\ln \det S^{(\lambda)}(\boldsymbol{q},\boldsymbol{q}')\}, \tag{4.303}$$

$S^{(\lambda)}$ 为波函数的重叠矩阵，其矩阵元为

$$S_{mn}^{(\lambda)}(\boldsymbol{q},\boldsymbol{q}') = \langle u_{q,m}^{(\lambda)} | u_{q',n}^{(\lambda)}\rangle. \tag{4.304}$$

Resta 等用 LAPW 法计算了价带结构，再用数值法计算了式（4.302）中的梯度和积分，最后得出 $KNbO_3$ 的自发极化为 $P=0.35\,C/m^2$，这与较近的实验结果[115] $0.37\,C/m^2$ 相吻合. 显然，这

种方法对其他位移型铁电体也是适用的.

Bakker 等[116]假定自发极化正比于正则模坐标平均值，计算了 $LiTaO_3$的自发极化与温度的关系. $LiTaO_3$的顺电-铁电相变已有许多实验研究. 尽管最近的超 Raman 散射[117]支持有序无序模型，但总起来看，还是应该认为该相变兼具位移型和有序无序特征. 根据结构分析的结果，T_c 以上 Li^+分布于3个位置：两个氧八面体间的氧平面上以及沿 Z轴偏离该位置 ±0.37Å处，Bakker 等用一个三阱势描写一个晶胞内离子的振动，并通过局域电场来反映与周围晶胞的相互作用. 根据 T_c 以上 Li^+的可能位置以及300K时的自发极化和吸收光谱，Bakker 等写出了三阱势作为正则模位移函数的形式 $V(r)$.

需求解的薛定谔方程为

$$\left(-\frac{\hbar^2}{2}\frac{\partial^2}{\partial r^2}+V(r)\right)\psi_{\text{vib}}(r)=E\psi_{\text{vib}}(r), \qquad (4.305)$$

$\psi_{\text{vib}}(r)$为振动波函数. 先设定某一 r 值，用数值法求解此方程，得出最低的50个振动能级及相应的平均值

$$\langle r\rangle=\langle\psi_{\text{vib}}|r|\psi_{\text{vib}}\rangle.$$

利用玻耳兹曼统计对各能级求和，得出新的平均值 $\langle r\rangle$. 以此平均值为初值重新计算 $V(r)$和求解式（4.305），直到结果收敛为止.

晶胞中所有的离子都参与了正则模振动，但因 Li^+质量最小，位移最大，故可认为正则模振动主要是 Li^+沿极轴的振动，而且 $\langle r\rangle$ 代表 Li^+的位移.

温度较低时，振动局域在最低的势阱中，随着温度升高，越来越多的高能级被占据，它们相应于分布于三势阱中的运动，所以平均值 $\langle r\rangle$ 减小. 同时随着 $\langle r\rangle$ 减小，三势阱的深度差别也减小，故即使低能级的振动也不再局限于一个阱内，这使 $\langle r\rangle$ 进一步减小. 到达 T_c 时，$\langle r\rangle$ 变为零. 根据计算的 $\langle r\rangle$ 与温度的关系，得 $T_c=858$K，与实验测得的[118]890K 相吻合.

图4.43示出了 $T=300$K 和858K 时最低频 A_1模的19个最低能级的波函数和势能曲线. 低温时，Li^+主要分布于一个深势阱

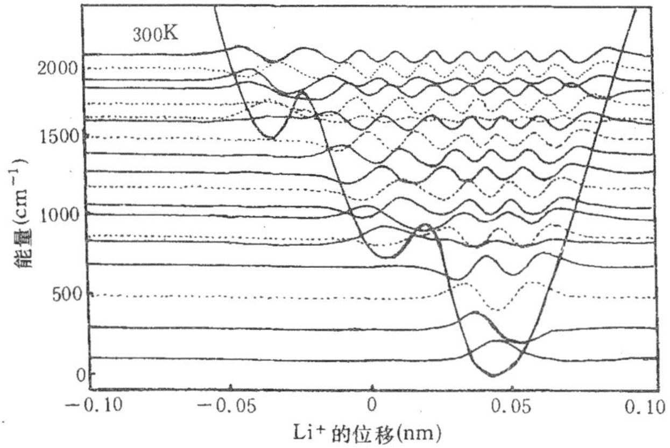

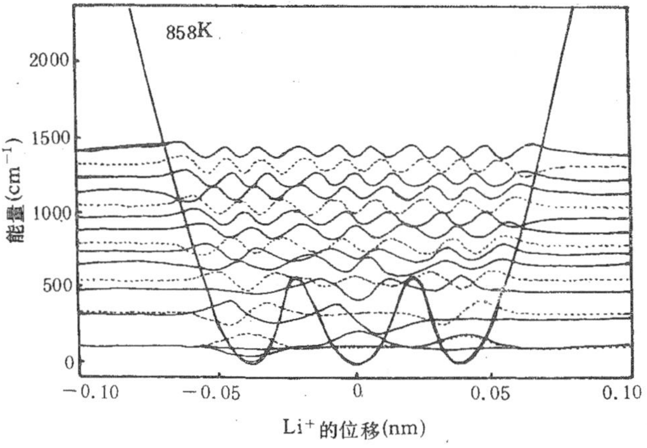

图4.43　最低频 A_1模的19个最低能级波函数和它们的能级.
横坐标是 Li^+偏离其高温相平衡位置的位移[116].

中，$T=T_c$ 时，Li^+在三阱中的概率相等，且阱深相同，$\langle r\rangle=0$. 计算的 Li^+平均位移 $\langle r\rangle$ 与温度的关系如图4.44的实线所示. 因为正则模的平均位移正比于自发极化，所以该曲线应与自发极化的温度依赖性相对比. 图中的圆点是实验测得的自发极化数据[119]转

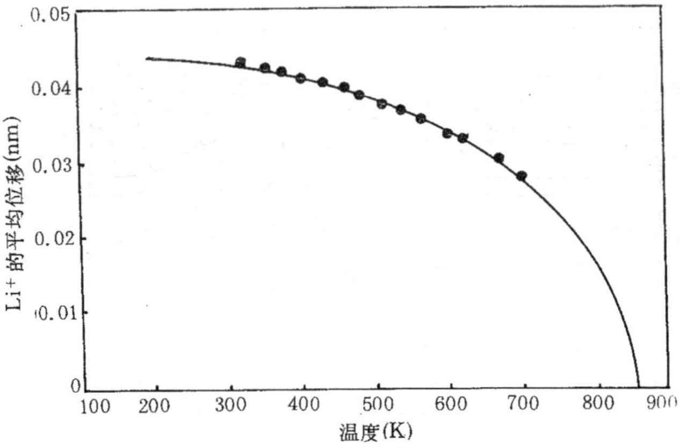

图4.44 Li⁺平均位移（实线）和自发极化（点）与温度的关系[116].

换而来的. 可见二者符合得很好.

参 考 文 献

[1] F. Jona, G. Shirane, Ferroelectric Crystals, Pergamon Press, Oxford (1962).

[2] J. C. Slater, *Phys. Rev.*, **78**, 748 (1950).

[3] J. C. Slater, *J. Chem. Phys.* **9**, 16 (1941).

[4] W. Cochran, *Phys. Rev. Lett.*, **3**, 142 (1959).

[5] P. W. Anderson, Fizika Dielektrikov, ed. by G. I. Skanovi, Akad. Nauk. SSSR, Moscow, 290 (1960).

[6] W. Cochran, *Adv. Phys.*, **9**, 387 (1960).

[7] W. Cochran, *Adv. Phys.*, **10**, 401 (1961).

[8] W. Cochran, *Rep. Prog. Phys.*, **26**, 1 (1963).

[9] P. G. De Gennes, *Solid State Commun.*, **1**, 132 (1963).

[10] R. Brout, K. A. Muller, H. Thomas, *Solid State Commun.*, **4**, 507 (1966).

[11] N. S. Gills, T. R. Koehller, *Phys. Rev.*, **B7**, 4980 (1973).

[12] S. Aubry, *J. Chem. Phys.*, **62**, 3216 (1975).

[13] S. Stamenkovic, H. M. Plakide, V. L. Aksienov, T. Siklos, *Ferroelectrics*, **14**, 635 (1976).

[14] J. B. Bersuker, B. G. Vekhter, *Ferroelectrics*, **19**, 137 (1978).

[15] L. L. Boyer, R. E. Cohen, H. Krakauer, W. A. Smith, *Ferroelectrics*, **111**, 1 (1990).

[16] J. Harada, T. Pedersen, Z. Barnea, *Acta. Cryst.*, **A26**, 336 (1970).

[17] W. Cochran, R. A. Cowley, *J. Phys. Chem. Solids*, **23**, 447 (1962).

[18] J. F. Scott, *Rev. Mod. Phys.*, **46**, 83 (1974).
[19] G. Shirane, *Rev. Mod. Phys.*, **46**, 437 (1974).
[20] G. Burns, B. A. Scott, *Phys. Rev.*, **B7**, 3088 (1973).
[21] G. Shirane, J. D. Axe, J. Harada, J. P. Remeika, *Phys. Rev.*, **B2**, 155 (1970).
[22] R. A. Cowley, W. J. Buyers, G. Dolling, *Solid State Commun.*, **7**, 181 (1969).
[23] T. Nakamura, *J. Phys. Soc. Jpn.*, **21**, 491 (1966).
[24] R. A. Cowley, *Adv. Phys.*, **12**, 421 (1963).
[25] G. A. Samara, P. S. Peercy, Solid State Physics, **36**, ed. by H. Ehe Ehrenreich, F. Seitz and D. Turnbull, Academic Press, New York, 1 (1981).
[26] G. A. Samara, P. S. Peercy, *Phys. Rev.*, **B7**, 1131 (1973).
[27] M. E. Lines, A. M. Glass, Principles and Applicationc of Ferroelectrics and Related Materials, Clarendon Press, Oxford (1977). 中译本：钟维烈译，王华馥校，铁电体及有关材料的原理和应用，科学出版社，北京 (1989).
[28] R. Blinc and B. Zeks, Soft Modes in Ferroelectrics and Antiferroelectrics, North-Holland, Amsterdam, (1974). 中译本：刘长乐等译，殷之文校，铁电体和反铁电体中的软模，科学出版社，北京 (1981).
[29] R. Blinc, B. Zeks, *Adv. Phys.*, **91**, 693 (1972).
[30] R. J. Nelmes, V. R. Eiriksson, K. D. Rouse, *Solid State Commun.*, **11**, 1261 (1972).
[31] R. J. Nelmes, *Ferroelectrics*, **C71**, 87 (1987).
[32] T. J. Regran, A. M. Glass, C. S. Brickenkamp, K. D. Rosenstein, R. K. Osterheld, R. Suscott, *Ferroelectrics*, **6**, 179 (1974).
[33] R. Blinc, *J. Phys. Chem. Solids*, **13**, 204 (1960).
[34] B. D. Silverman, *Phys, Rev. Lett.*, **25**, 107 (1970).
[35] C. Kittel, Introduction to Solid State Physics, 5th Edition, Wiley and Sons, New York, 499 (1976).
[36] R. J. Glamber, *J. Math. Phys.*, **4**, 294 (1963).
[37] M. Suzuki, R. Kudo, *J. Phys. Soc. Jpn.*, **24**, 51 (1968).
[38] R. M. Hill, S. K. Ichiki, *Phys. Rev.*, **132**, 1963 (1963).
[39] A. S. Barker, R. Loudon, *Phys. Rev.*, **158**, 433 (1967).
[40] H. G. Unruh, H. J. Wahl, *Phys. Stat. Sol.*, **9** (a), 119 (1972).
[41] Y. Makita, I. Seo, M. Sumita, *J. Phys. Soc. Jpn.*, Supplement, **28**, 268 (1970).
[42] I. Hatta, *J. Phys. Soc. Jpn.*, **24**, 1043 (1968).
[43] B. C. Fraser, M. Mckeows, R. Pepinsky, *Phys. Rev.*, **94**, 1435 (1954).
[44] B. C. Fraser, *J. Phys. Soc. Jpn.*, **17** Supplement B, 379 (1962).
[45] W. P. Mason, Piezoelectric Crystals and Their Applications in Ultrasonics, Van Northland, New York. (1950).
[46] B. Zeks, G. C. Shuka, R. Blinc, *Phys. Rev.*, **B3**, 2306 (1971).
[47] C. L. Wang, Z. K. Qin, D. L. Lin, *Phys. Rev.*, **B40**, 680 (1989).
[48] Qin Zikai, Zhang Jinbo, Wang Chunlei, *Ferroelectrics*, **101**, 159 (1990).
[49] J. M. Wesselinowa, *Phys. Rev.*, **B49**, 3098 (1994).

[50] C. L. Wang, Z. K. Qin, J. B. Zhang, *Ferroelectrics*, **77**, 21 (1987).
[51] 王春雷、张晶波、秦自楷、林多梁，物理学报，**38**，1740 (1989)；**39**，544 (1990).
[52] J. B. Zhang, Z. K. Qin, *Phys. Rev.*, **B36**, 915 (1987).
[53] N. N. Bogulybov, S. V. Tyblikov, *Doklady Akad. Nauk SSSR*, **126**, 53 (1950).
[54] F. Smutny, J. Fousek, *Ferroelectrics*, **21**, 385 (1978).
[55] G. Fisler, J. Petersson, D. Michel, *Z. Phys.*, **B67**, 387 (1987).
[56] C. L. Wang, W. L. Zhong, P. L. Zhang, *J. Phys: Condensed Matter*, **3**, 4743 (1992).
[57] M. G. Cottam, D. R. Tilley, B. Zeks, *J. Phys. C: Solid State Phys.*, **17**, 1793 (1984).
[58] F. Aguilera-Granja, J. L. Moran-Lopez, *Solid State Commun.*, **74**, 155 (1990).
[59] C. L. Wang, P. L. Zhang, Y. G. Wang, B. D. Qu, W. L. Zhong, *Ferroelectrics*, **152**, 213 (1994).
[60] H. K. Sy, *J. Phys.: Condensed Matter*, **5**, 1213 (1993); C. L. Wang, S. P. Smith, D. R. Tilley, J. Phys, *Condens. Matter*, **6**, 9633 (1994).
[61] 闵乃本，物理学进展，**13**，26 (1993).
[62] D. Schwenk, F. Fishman, F. Schwabl., *J. Phys.: Condensed Matter*, **2**, 5409 (1990).
[63] B. D. Qu, W. L. Zhong, P. L. Zhang, *Phys. Lett.*, **A189**, 419 (1994).
[64] K. Lijima, T. Terashima, Y. Bando, K. Kamigaki, H. Terauchi, *J. Appl. Phys.*, **72**, 2840 (1992).
[65] Y. Ohya, T. Ito, Y. Takahashi, *Jpn. J. Appl. Phys.*, **33**, 5272 (1994).
[66] G. E. Bacon, R. S. Pease, *Proc. Roy. Soc.*, **A220**, 397 (1953); **A230**, 359 (1955).
[67] K. K. Kobayashi, *J. Phys. Soc. Jpn.*, **24**, 497 (1968).
[68] R. Comes, M. Lambert, A. Guinier, *Solid State Commun.*, **6**, 715 (1968).
[69] H. Ehses, H. Bock, K. Fischer, *Ferroelectrics*, **37**, 507 (1981).
[70] K. Itoh, L. Z. Zeng, E. Nakamura, N. Mishima, *Ferroelectrics*, **63**, 29 (1985).
[71] Chen Jun, Fan Chango, Li Qi, Feng Duan, *J. Phys. C: Solid State Phys.*, **21**, 2255 (1988).
[72] R. J. Nelmes, R. O. Piltz, W. F. Kuhs, Z. Tun, R. Restori, *Ferroelectrics*, **108**, 165 (1990); N. Sicron, B. Ravel, Y. Yacoby, E. A. Stern, F. Dogan, J. J. Rehr, *Phys. Rev.* **B50**, 13168 (1994).
[73] M. D. Fontana, H. Idriss, G. E. Kugel, K. Wojcik, *J. Phys.: Condensed Matter*, **3**, 8695 (1991).
[74] N. S. Gills, T. R. Koehler, *Phys. Rev.*, **B9**, 3806 (1974).
[75] N. S. Gills, *Phys. Rev.*, **B11**, 309 (1975).
[76] S. M. Shapiro, J. D. Axe, G. Shirane, T. Riste, *Phys. Rev.*, **B6**, 4332 (1972).
[77] R. Blinc, *Ferroelectrics*, **20**, 121 (1978).

[78] A. D. Bruce, R. A. Cowley, Structural Phase Transitions, Taylor and Francis, London (1981).
[79] P. A. Fleury, K. B. Lyons, Light Scattering Near Phase Transitions ed, by H. Z. Cummins and A. P. Levanyuk, North Holland, Amsterdam, 449 (1983).
[80] V. L. Ginzberg, A. P. Levanyuk, A. A. Sovyanin, *Phys. Reports*, **57**, 153 (1980).
[81] F. Schwabl, *Phys. Rev. Lett.*, **28**, 500 (1972).
[82] T. Schheider, E. Stoll, *Phys. Rev.*, **B13**, 1216 (1976).
[83] A. D. Bruce, T. Schneider, E. Stoll, *Phys. Rev. Lett.*, **43**, 1285 (1979).
[84] A. D. Bruce, *J. Phys. C: Solid State Phys.*, **14**, 3667 (1981).
[85] A. D. Bruce, F. Schneider, *Phys. Rev.*, **B16**, 3991 (1977).
[86] T. Yagi, H. Tanaka, I. Tatsuzaki, *Phys. Rev. Lett.*, **38**, 609 (1977).
[87] E. Courtens, *Phys. Rev. Lett.*, **41**, 1171 (1978).
[88] J. B. Hastings, S. M. Shapiro, B. C. Frazer, *Phys. Rev. Lett.*, **40**, 237 (1978).
[89] B. I. Halperin, C. M. Varma, *Phys. Rev.*, **B14**, 4030 (1976).
[90] K. H. Hock, H. Thomas, *Z. Phys.*, **B27**, 267 (1977).
[91] H. A. Jahn, E. Teller, *Proc. Roy. Soc.*, **A161**, 220 (1937).
[92] R. J. Eliott, R. T. Harley, W. Hayes, S. R. P. Smith, *Proc. Roy. Soc.*, **A328**, 217 (1972).
[93] N. N. Kristoffel, P. I. Konsin, *Phys. Stat. Sol.*, **21**, K39 (1967).
[94] I. B. Bersuker, *Phys. Lett.*, **20**, 589 (1966).
[95] I. B. Bersuker, N. N. Gorinchoi and T. A. Fedorco, *Ferroelectrics*, **153**, 1 (1994).
[96] V. M. Fridkin, Photoferroelectrics, Springer-Verlag, Berlin (1979).
中译本：肖定全译，王以铭校，光铁电体，科学出版社，北京 (1987).
[97] N. N. Lawless, *Jpn. J. Appl. Phys.*, Supplement, **24** (2), 94 (1985).
[98] L. L. Boyer, R. E. Cohen, H. Krahauer, W. A. Smith, *Ferroelectrics*, **111**, 1 (1990).
[99] K. H. Weyrich, *Ferroelectrics*, **104**, 183 (1990).
[100] K. H. Weyrich, P. Madenach, *Ferroelectrics*, **111**, 9 (1990).
[101] R. H. Cohen, *Nature*, **358**, 136 (1992)..
[102] R. E. Cohen, H. Krakauer, *Ferroelectrics*, **111**, 57 (1990).
[103] R. E. Cohen, H. Krakauer, *Phys. Rev.*, **B42**, 6416 (1990).
[104] R. E. Cohen, H. Krakauer, *Ferroelectrics*, **136**, 65 (1992).
[105] R. D. King-Smith, D. Vanderbilt, *Phys. Rev.*, **B49**, 5828 (1994).
[106] D. Vanderbilt, *Phys. Rev.*, **B41**, 7892 (1990).
[107] A. W. Hewat, *Ferroelectrics*, **6**, 215 (1974).
[108] A. W. Hewat, *J. Phys. C: Solid State Phys.*, **6**, 2559 (1973).
[109] G. Shirane, R. Pepinsky, B. C. Frazer, *Acta. Cryst.*, **9**, 131 (1955).
[110] R. D. King-Smith, D. Vanderbilt, *Phys. Rev.*, **B47**, 1651 (1993).
[111] H. J. Monkhorst, J. D. Pack, *Phys. Rev.*, **B13**, 5188 (1976).
[112] R. Resta, *Ferroelectrics*, **151**, 49 (1994).

[113] R. Resta, M. Posternak, A. Baldereschi, *Phys. Rev. Lett.*, **70**, 1010 (1993).
[114] A. W. Hewat, *J. Phys. C: Solid State Phys.*, **6**, 1074 (1973).
[115] M. D. Fontana, G. Metrat, J. L. Servoin, F. Gervais, *J. Phys. C: Solid State Phys.*, **17**, 483 (1984).
[116] H. J. Bakker, S. Hunsche, H. Kurz. *Phys. Rev.*, **B48**, 9331 (1993).
[117] Y. Tezuka, S. Shin, M. Ishigame, *Phys. Rev.*, **B49**, 9312 (1994).
[118] T. Yamada, N. Niizeki, H. Toyoda, *Jpn. J. Appl. Phys.*, **7**, 292 (1968).
[119] H. Iwasaki, N. Uchida, Y. Yamada, *Jpn. J. Appl. Phys.*, **6**, 1336 (1967).

第五章　电畴结构和极化反转

表面、不均匀性和机械约束使铁电体呈现电畴结构．电畴的知识是了解铁电体许多性质（特别是极化反转）的基础．铁电体的本质特征是具有自发极化，且自发极化有两个或多个可能的取向，在电场作用下，取向可以改变．因此可以说，极化反转是铁电体性能最基本的体现．铁电体的极化反转是个双稳态转换过程，因此早在50年代，人们就认真研究极化反转，企图发展铁电存贮元件．但由于电滞回线矩形度不好，反转电压高和疲劳显著，使这种企图没有实现．80年代以来，由于材料性能的改进和铁电薄膜制备技术的发展，使对铁电体极化反转的研究重新成为热点，并取得重要的进展．

本章首先讨论电畴结构，重点是决定畴结构的主要因素，并介绍几种重要的畴结构．然后分别讨论极化反转的基本过程、唯象理论和疲劳问题．除极化反转外，电畴对其他物理性质也有重要影响．关于电畴与介电性及压电性的关系，将分别在第六章和第七章讨论．

§5.1　电畴结构及其观测

5.1.1　电畴与晶体对称性

按照软模理论，铁电有序是软模（光学横模或赝自旋波）冻结的结果．该软模的波矢为零，故整个晶体呈现均匀极化，全部偶极子沿同一方向（特殊极性方向）排列．这种单畴晶体的对称性即为铁电相的对称性．但我们知道（§3.5），在顺电相中，有若干个方向与自发极化出现的方向对称性等效．因为这些方向在晶体学上和物理性质方面都是等同的，可以预料，晶体各部分的自发极化沿这些方向取向的概率是相等的．这表明铁电体将分成电畴，而且从整体上看，理想情况下，多畴晶体的对称性等于顺电相的对称性[1].

铁电体由单畴变成多畴可认为是“孪生对称素”的作用．孪生对称素是在顺电-铁电相变时丧失的对称素，它们可以使单畴态铁电相的对称性恢复到顺电相的对称性．以罗息盐为例．其顺电相和铁电相点群分别为 222 和 2，自发极化沿 a 轴出现，单畴晶体点群为 2，如图 5.1(a)所示．但顺电相 a 轴的正反两个方向是对称等效的，因此将出现 180°畴。相变时丧失的对称素为沿 b 轴和 c 轴的二重轴．在这两个二重轴作用下，晶体呈现如图 5.1(b)所示的多畴结构，其点群又成为 222.

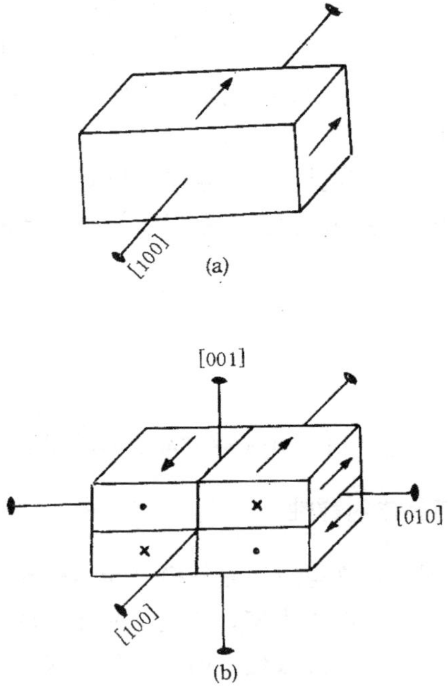

图 5.1　罗息盐的电畴．(a) 单畴晶体，对称性属点群 2；
(b) 多畴晶体，对称性属点群 222，畴壁沿 (010) 和 (001) 面.

对称性不但决定了电畴的构型，而且决定了畴壁的取向．图 5.1（b）表明，点群为 222 的多畴晶体中，畴壁平面只可能是（010）或（001）面.

罗息盐是单轴铁电体，其多畴状态起源于 180°畴的孪生．在多轴铁电体中，多畴状态不但起源于 180°畴的孪生，而且起源于其他畴的孪生．$BaTiO_3$ 在立方相（$m3m$）有 6 个对称等效的〈100〉方向，进入四方相（$4mm$）时，自发极化沿这 6 个方向中任一个出现的概率相等，因此有 180°畴和 90°畴．进入正交相（$mm2$）时，自发极化沿〈110〉方向出现，对称等效方向有 12 个，畴间夹角为 60°，90°，120°或 180°．进入三角相（$3m$）时，自发极化沿〈111〉方向出现，对称等效方向有 8 个，畴间夹角为 71°，109°和 180°．理想条件下，任一相中沿任一对称等效方向（顺电相的）的电畴个数相等．各种畴的孪生也是相变时丧失的对称素作用的结果.

任何铁电晶体中，畴间夹角等于顺电相对称等效方向间的夹角．总的电畴结构决定于顺电相的对称性以及自发极化的方向.

5.1.2 电畴的形成

电畴的形成是系统自由能取极小值的结果．现以一级相变铁电体为例来说明这一过程[2]．许多多轴铁电体和一些单轴铁电体呈现一级相变．多轴铁电体的电畴结构具有普遍性，不但有 180°畴，而且有非 180°畴.

晶体由顺电相进入铁电相时，伴随着自发极化将出现退极化场 $\boldsymbol{E}_d$，应变 x 以及相变热 ΔQ．设相变时自发极化的突变为 $\Delta \boldsymbol{P}_s$，则退极化场为

$$\boldsymbol{E}_d = -\frac{L\Delta P_s}{\varepsilon_0}, \tag{5.1}$$

式中 L 是退极化因子，$0<L<1$，它取决于样品的形状和极化的取向．因为 $\boldsymbol{E}_d$ 与 $\Delta \boldsymbol{P}_s$ 反向，它使极化不稳定，相应的退极化能密度为

$$w_d = \frac{1}{2}\boldsymbol{D} \cdot \boldsymbol{E}_d = \frac{\varepsilon L^2 \Delta P_s^2}{2\varepsilon_0^2}. \tag{5.2}$$

应变包括电致伸缩应变和压电应变两部分，由第七章式（7.29a）和（7.84）可知

$$x_i = g_{im}\Delta P_{sm} + Q_{imn}\Delta P_{sm}\Delta P_{sn}, \tag{5.3}$$

相应的应变能密度为

$$w_x = \frac{1}{2}\mathbf{X} \cdot \mathbf{x} = \frac{1}{2}c_{ij}x_i x_j, \tag{5.4}$$

c_{ij}是弹性刚度分量.

相变热为

$$\Delta Q = T_c \Delta S,$$

ΔS 为熵的变化. 由式(3.27) 可知单位体积的相变热为

$$\Delta Q = \frac{1}{2}T_c \alpha_0 \Delta P_s^2 = \frac{T_c \Delta P_s^2}{2\varepsilon_0 C}, \tag{5.5}$$

C 是居里-外斯常量.

一级相变的特征之一是两相共存. 新相（铁电相）的成长过程就是相界（phase boundary）移动的过程. 令相界移动速率为 V_B. 新相中电畴的图象与 V_B 以及电导率和热导率等有关.

降低退极化能有两个途径. 一是形成 180°畴，二是载流子定向移动以屏蔽自发极化. 考虑图 5.2 所示的畴结构模型. 设样品的厚度为 t，体积为 V 电畴宽度为 d. 在厚度 $t \gg d$ 的条件下，可得退极化能为[3]

$$W_d = \frac{2.71 P^2 d V}{\varepsilon_0 t[1 + (\varepsilon_x \varepsilon_z)^{1/2}]}, \tag{5.6}$$

式中 ε_x 和 ε_z 分别为 x 方向和 z 方向的相对电容率. 此式表明，退极化能与畴宽度 d 成正比，形成 180°畴有利于降低退极化能.

如果晶体中存在自由载流子或处在可提供载流子的环境中，则载流子将在退极化场作用下定向移动，形成规则排列的空间电荷. 后者产生一与退极化场反向的电场，从而屏蔽自发极化. 在这种情况下，自由铁电体可处于单畴状态.

铁电相变时出现单畴或形成 180°畴取决于几个因素，主要是

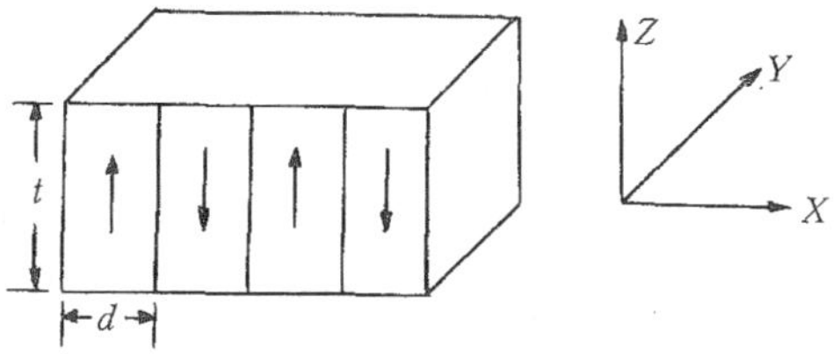

图 5.2 周期性 180°畴结构模型.

晶体中自由载流子浓度 N 以及相界速率 V_B. 设相界上极化电荷为 Q_P,为了补偿 Q_P 以出现单畴,载流子浓度必须大于某一值 N_0. 在 $N>N_0$ 的前提下,载流子对极化电荷场的响应还必须足够快(即弛豫时间短). 令此速率为 V_C,则在 $V_C>V_B$ 时,晶体中将形成单畴. $PbTiO_3$ 和 $KTa_xNb_{1-x}O_3$ 在居里点时有相当大的 N,而且 V_C 较大. 对 $PbTiO_3$ 实测和估算的 V_C 为 1×10^{-6}—5×10^{-5}m/s. 当 $V_B<V_C$ 时,这两种晶体的确呈单畴状态. 但当 $V_B>V_C$ 时,自由载流子来不及抵偿极化电荷,仍将产生 180°畴. $BaTiO_3$ 居里点较低,相变时仍有较好的绝缘性,N 较 N_0 约小 4—6 个数量级,所以 $BaTiO_3$ 单晶中较难出现单畴状态.

降低应变能的途径是形成 90°畴(或其他为对称性允许的非 180°畴)[4]. 根据应变相容性判据,畴壁的取向应使其两边的畴沿畴壁平面的应变相等[5]. 图 5.3 所示的 90°畴满足这一要求.

因为畴壁本身有一定的能量,故可预期,如果晶体中自发应变很小,形成畴壁将无助于降低应变能,这时晶体可呈现单畴状态. 应变较大的情况下,90°畴可有两种类型. 按照机械孪生的普遍理论[6],对任一晶体有两个弹性极限 x^{I} 和 x^{II}. 当应变 $x^{\mathrm{I}}<x<x^{\mathrm{II}}$ 时,90°畴是瞬时的,相界移开以后它随之消失. 当 $x>x^{\mathrm{II}}$ 时,90°畴是永久的. 实验上,在 $BaTiO_3$ 和 $PbTiO_3$ 中观察到正规的 90°畴,但在 $KTa_xNb_{1-x}O_3$ 晶体中未观

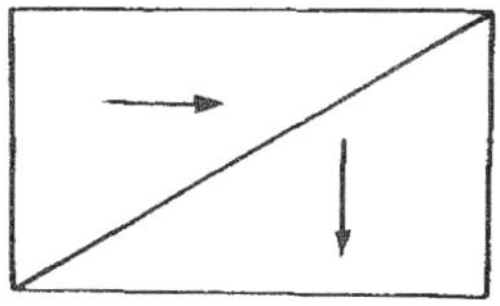

图 5.3 90°畴的二维图示.

察到 90°畴，可能是因为后者在相变时的应变较小[7].

相变热对电畴的形成也有影响，这在相变热较大、且载流子浓度较高的晶体中比较显著[8,9]. 在准绝热条件下，$PbTiO_3$ 晶体中出现正负交错的周期性畴结构，这可用相界速率的周期性变化来说明. 相界的速率依赖于热量的产生和散逸. 由顺电相进入铁电相是一个放热过程，故相变时产生的热量将阻碍相变，亦即使 V_B 减小. 当 V_B 小于晶体的热弛豫速率 V_0 时，热量被及时地散逸，相变可顺利进行，于是 V_B 增大，但随之大量产生的热量又阻碍了相变，使 V_B 减小，所以相界速率随时间呈周期性变化. 当 $V_B<V_0$ 时，晶体中不出现反向畴，$V_B>V_0$ 时，则出现反向畴. 类似的现象在 $BaTiO_3$ 和 $KTa_xNb_{1-x}O_3$ 中并未观察到，这可能是因为 $PbTiO_3$ 相变热较大. $PbTiO_3$ 的相变热 $\Delta Q=1750J/mol$[10]，$BaTiO_3$ 的 $\Delta Q=210J/mol$[11].

5.1.3 畴结构参量的估算

本小节在忽略自由载流子的前提下，估算图 5.2 所示畴结构的参量和极化分布. 为此必须在自由能中计入表面（因晶体有限）和畴壁（极化不均匀）的贡献. 前者表现为表面附近极化电荷导致的退极化能 W_d，后者统称为畴壁能 W_w. 于是在体积为 V 的晶体中，总自由能可写为

$$g_1 = g_{10} + \int_V \left(\frac{1}{2}\alpha P^2 + \frac{1}{4}\beta P^4 \right) dV + W_d + W_w, \quad (5.7)$$

式中的 W_d 已由式（5.6）给出，现改写成为

$$W_d = \frac{\varepsilon^* d P^2 V}{t}, \quad (5.8)$$

这里 $\varepsilon^*=2.71\varepsilon_0^{-1}\,[1+(\varepsilon_x\varepsilon_z)^{1/2}]^{-1}$.

畴壁的出现使晶体中各部分极化不均匀，特别是畴壁两边的极化取向显著不同. 这种不均匀性对自由能的贡献称为偶极能，它正比于极化梯度的平方，如式（3.168）所示

$$W_{\text{dip}} = \int_V \frac{K}{2} (\nabla P)^2 dV. \quad (5.9)$$

在图 5.2 所示畴结构中，极化仅是坐标 x 的函数，故上式为

$$W_{\text{dip}} = \int_V \frac{K}{2}\left(\frac{dP}{dx}\right)^2 dV. \tag{5.10}$$

畴壁的出现也改变了晶体的应变能，应变能由下式表示：

$$W_x = \int_V \frac{1}{2}\mathbf{X}\cdot\mathbf{x}dV = \int_V \frac{1}{2}c_{ij}x_i x_j dV, \tag{5.11}$$

其中应变包括电致伸缩和压电应变，见式（5.3）.

如果畴壁处极化的散度不为零，则这些电荷将导致附加的退极化能. 平衡状态下畴壁处满足 $\text{div}\boldsymbol{P}=0$ 的条件，所以不予考虑，于是畴壁能只包含 W_{dip} 和 W_x 两部分.

将式（5.10）和式（5.11）代入式（5.7），得出的总自由能为

$$g_1 = g_{10} + \int_V \left[\frac{1}{2}\alpha P^2 + \frac{1}{4}\beta P^4 + \frac{K}{2}\left(\frac{dP}{dx}\right)^2\right]dV + \int_V \frac{1}{2}c_{ij}x_i x_j dV + W_d. \tag{5.12}$$

由应变和应变能的表达式可知，应变能可表示为 P^2 项和 P^4 项之和，因此上式中应变能可归并到第一个被积函数的第一项和第二项之中，只要将系数 α 和 β 作相应的改变（重正化）即可[12]. 于是上式成为

$$g_1 = g_{10} + \int_V \left[\frac{1}{2}aP^2 + \frac{1}{4}bP^4 + \frac{K}{2}\left(\frac{dP}{dx}\right)^2\right]dV + W_d. \tag{5.13}$$

在铁电相，$a<0$.

在畴壁及其附近，退极化场很弱，$W_d=0$，P 的分布由下式取极小值的条件确定

$$g_1 = g_{10} + \int_V \left[\frac{1}{2}aP^2 + \frac{1}{4}bP^4 + \frac{K}{2}\left(\frac{dP}{dx}\right)^2\right]dV, \tag{5.14}$$

由此得出的 Euler - Lagrange 方程为

$$K\frac{d^2P}{dx^2} - aP - bP^3 = 0, \tag{5.15}$$

由此式可求出

$$P = P_0 \tanh\left(\frac{x}{\xi}\right), \qquad (5.16)$$

其图象如图 5.4 所示．式中

$$\xi = \left(\frac{-K}{a}\right)^{1/2} \qquad (5.17)$$

为重正化的关联长度(比较式(3.94))，在目前情况下，由图 5.4 可知，它可恰当地解释为畴壁的厚度．式（5.16）中的 P_0 为

$$P_0 = \left(-\frac{a}{b}\right)^{1/2} \qquad (5.18)$$

是畴中心处的极化，此式相当于式（3.33）．

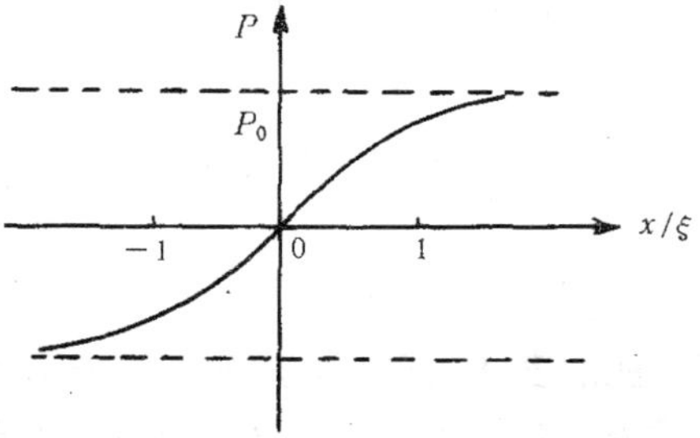

图 5.4　式（5.16）的图象．$x/\xi=\pm 1$ 时，$P=\pm 0.76P_0$．

为了求畴壁能，可将式（5.16）代入式（5.12），并对 x 积分．总的畴壁能为

$$W_w = \frac{\sigma}{d}V,$$

σ 为畴壁单位面积的能量

$$\sigma = \frac{4\sqrt{2}}{3}\xi a P_0^2. \qquad (5.19)$$

利用式（5.19）可将式（5.13）写成针对单位体积的形式

$$G_1 = G_{10} + \frac{\sigma}{d} + \frac{1}{2}aP_0^2 + \frac{1}{4}bP_0^4 + w_d. \qquad (5.20)$$

当 w_d 较大时，P_0 的值由上式对 P_0 取极小值而确定．将 $w_d=\varepsilon^* dP_0^2/t$［见式（5.8)］代入上式，并将 σ 写为 $\sigma=-k\xi aP_0^2$ (k=1.5—

2.0)，则由 $\partial G_1/\partial P_0=0$，得

$$P_0^2=-\frac{1}{b}\left(a-2k\frac{\xi a}{d}+2\varepsilon^*\frac{d}{t}\right),\tag{5.21}$$

代入式（5.20)，并令 G_1 对 d 取极小值，得到畴宽度的平衡值为

$$d=\left(-\frac{k\xi at}{\varepsilon^*}\right)^{1/2}.\tag{5.22}$$

由式(5.17)和(5.19)及其他关系式，可得 $BaTiO_3$ 中 180°畴及其他的畴壁厚度和能量密度，如表5.1所示[12]. 这些结果与实验基本符合.

表 5.1 $BaTiO_3$ 和罗息盐的畴壁厚度和壁能密度[12]

晶体和畴壁类型	壁厚（nm）	壁能密度（J/m^2）
$BaTiO_3$，180°	0.5—2	1.0×10^{-2}
$BaTiO_3$，90°	5—10	$2—4\times10^{-3}$
RS，180°，0℃	1.2	6×10^{-5}
RS，180°，20℃	22	1.2×10^{-5}

5.1.4 电畴的观测

电子显微术看来是目前用来观测电畴的主要方法[13—17]，其优点是分辨率高，而且可观测电场作用下畴的变化. SEM 可直接观测样品表面（通常在真空中解理后接着观测). 用 TEM 则在样品制备方面需付出较大努力. TEM 用的样品通常是薄箔，也可用表面复型（修饰法). 制造薄箔时，有的已采用了离子束减薄等新技术. 表面复型方面，除选用 AgCl 等无机材料以外，近来的聚合物修饰法[18]以其高分辨率引人注目. 例如在 TGS 晶体的（010）解理面上蒸镀聚偏氟乙烯（PVDF）和聚乙烯（PE)，即可得到一定向生长的薄膜，其择优取向随电畴的正负而不同. 将 TGS 溶化后，用 TEM 观测薄膜，得到畴结构的图样.

近年来出现的扫描力显微镜是研究电畴的一种有力手段，其

优点是适用于各种材料，不需要真空，而且可观测到 nm 级的精细结构[19].

液晶法是近年来使用较多的方法之一，其主要优点是比较容易实时观测畴在电场作用下的运动. 将一薄层丝状（向列）液晶（见§2.5.2）置于铁电晶体表面上，该表面与自发极化方向垂直，随电畴极性的正负不同，液晶有不同的取向. 在上下各安置一透明电极并加电场，通过偏光显微镜即可观察电畴的变化. 电畴使丝状相液晶取向的机理目前尚不清楚，但已知有两种不同的取向，一种是由于畴壁上丝状液晶分子的电流体动力学效应显示畴壁运动[20]，另一种是丝状液晶分子在畴表面上的各向异性锚定（anchoring）效应，它使不同取向的畴形成反衬[21]. 不少晶体［如 $NaNO_2$[22]和 $(CH_3NH_3)_5Bi_2Br_{11}$[23]］的电畴运动过程已用液晶法进行了出色的研究.

化学腐蚀法可能是观测电畴的最简单方法，其原理是腐蚀剂对电畴正负端的腐蚀速率不同，从而在晶体表面形成凹凸，在显微镜下即可进行观测. 对于不同的晶体，需选择适当的腐蚀剂. 盐酸和氢氟酸是适用面较广的腐蚀剂. 对多种铁电晶体，选择腐蚀剂种类、浓度、腐蚀时间和温度，都显示了良好的畴图样. 这种方法的缺点是：它是一种破坏性方法，而且腐蚀过程较慢.

粉末沉淀法是将带电颗粒的胶态悬浮体置于晶体表面. 这些颗粒的沉积对电畴有选择性，倾向于沉积在正端或负端，于是粉末的分布显示出电畴图样.

X 射线形貌术研究电畴是基于不同的电畴在形貌图上形成衬度[24]. 为使衬度增大，要利用反常色散，即选择 X 射线的波长使之接近于晶体中某种原子的吸收边. 如果电畴结构较复杂，最好利用同步辐射 X 射线源[25].

光的双折射用于电畴观测是比较简单的. 任一铁电晶体都是双折射晶体. 电畴的双折射随其中自发极化的取向而异，使不同取向的畴可在正交偏振器之间显示出来. 例如在 $BaTiO_3$ 等晶体上观测到明（或暗）的 a 畴，暗（或明）的 c 畴. 不过，因为反平行的电畴双折射无差别，所以此法不能用来观测 180°畴.

利用旋光性也可以观测电畴. 假设沿电畴正向传播的偏振光偏振面旋转角为 ϕ，则沿反向传播时旋转角为 $-\phi$. 因此用偏振光观察垂直极轴切割的晶片时，可调节检偏器使一组电畴处于消光位置，反向电畴处于明亮状态[26]. 表面上极性不同的电畴也可使反射的偏振光偏振面有不同的旋转，故可用偏光显微镜观测表面上的电畴[27]. 因为利用的是反射，所以此法适用于不透明的晶体. 这种偏转与铁磁畴通过 *Kerr* 磁光效应对偏振面的旋转相似.

此外，还有二次谐波发生法[28]和热电法[29]等. 各种方法的适用范围和有效性与被观测材料的种类、形貌和电畴类型有关，要根据具体条件和要求选用.

§5.2 几种重要的电畴结构

5.2.1 人工周期性片状畴

近年来，一种人工调制畴结构，即周期性片状畴引起人们的高度重视. 该结构如图 5.5 所示，其周期为 $a+b$. 从一个畴过渡到另一个畴时，自发极化反向，这等价于坐标系绕 X 方向旋转了 180°. 经过这样的坐标变换以后，单轴铁电体的二阶非线性光学系数和压电常量将改变符号. 如果畴结构周期与光波或超声波波长可相比拟，则称这类具有周期性调制结构的材料为光学超晶格或微米超晶格[30]. 这种结构在激光倍频（见 9.1.3 节）和超高频压电谐振器（见 7.7.4 节）等方面有重要应用.

现在已有多种方法在 $LiNbO_3$ 等单轴铁电体中获得这种畴结构，如扩散法[31,32]，脉冲电场处理法[33]，质子交换法，电子束扫描法[35]以及特殊的提拉法[36]等. 提拉法的关键是在晶体生长过程中产生明显的生长条纹，即沿着生长方向产生周期性的溶质浓度起伏. 为此，在熔体中掺入浓度约为 0.1—0.5%的镱、铜或铬. 形成生长条纹的方法可以是控制晶体生长时旋转轴，或在晶体生长时在固液界面上通过调制电流. 这样长成的晶体在温度下降到居

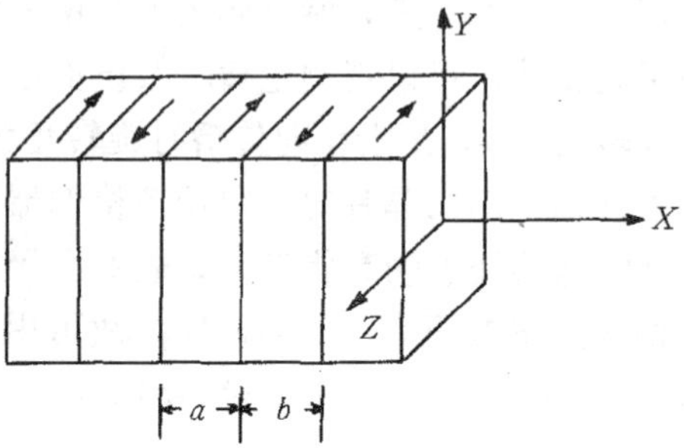

图 5.5 周期性片状畴示意图.

里点时，通过生长条纹的诱导，周期性片状畴将会自动形成，而且自发极化的取向决定于生长条纹内溶质浓度梯度的正负. 溶质浓度为负处，电畴取向为正，浓度梯度为正处，电畴取向为负，如图 5.6 所示.

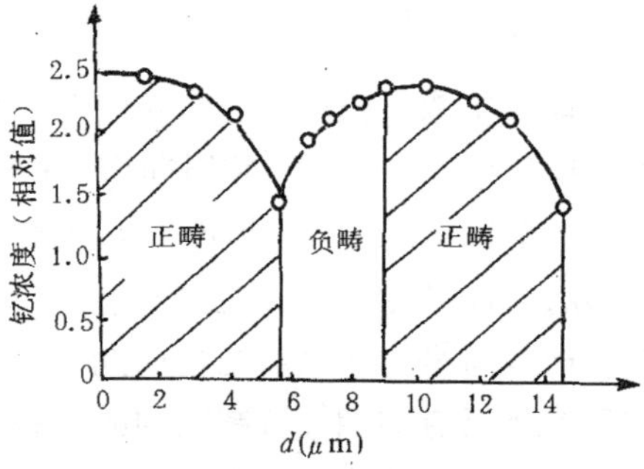

图 5.6 $LiNbO_3$ 中镱浓度和电畴取向的关系，
X 与畴壁法线一致.

这一实验事实可用溶质产生的空间电荷场来说明[37]. 假设以 Y 取代 $LiNbO_3$ 或 $LiTaO_3$ 中的 Nb 或 Ta. 由于溶质原子（Y^{3+}）与基质原子（Nb^{5+}或 Ta^{5+}）的电价不同，晶体中将出现电荷失配. 晶体中可移动的点缺陷可屏蔽这种电荷失配，但由于点缺陷的迁

移率和扩散系数与溶质原子的不同，溶质的浓度分布将在晶体中产生一空间电荷场

$$\boldsymbol{E}_{sp}(\boldsymbol{r}) = \left[\frac{D_d - D_s}{c_s(\mu_d + \mu_s)}\right]\nabla c_s(\boldsymbol{r}), \tag{5.23}$$

其中 c_s 为溶质浓度，D_s 和 D_d 分别为溶质原子和点缺陷的扩散系数，μ_s 和 μ_d 分别为它们的迁移率. 此式表明，溶质浓度梯度的正负决定了空间电荷场的方向. 在这种系统中，自由能中包含有电场能 $\boldsymbol{E}_{sp}\cdot\boldsymbol{P}_s$. 忽略退极化能，并因极化沿 Z 轴，故式（5.13）成为

$$g_1 = g_{10} + \int_V\left[\frac{1}{2}aP^2 + \frac{1}{4}bP^4 + \frac{K}{2}\left(\frac{dP}{dz}\right)^2 - \boldsymbol{E}_{sp}\cdot\boldsymbol{P}_s\right]dV, \tag{5.24}$$

相应的 Euler－Lagrange 方程为

$$K\frac{\partial^2 P}{\partial z^2} - aP - bP^3 + E_{spz} = 0, \tag{5.25}$$

E_{spz}为空间电荷场沿 Z 轴的分量. 无空间电荷场时，式（5.25）与式（5.15）相同，$\boldsymbol{P}$ 的分布见图 5.4. 空间电荷场较强时，极化与之同方向才使自由能最低. 所以溶质浓度梯度调制了电畴的正负.

图 5.6 中所示浓度最大值位置并不与畴壁位置一致，因为该处浓度梯度为零，极化无法反转，只有梯度足够大时才能反转. 生长时提拉方向为$+X$ 方向，所以畴壁出现的位置如图所示滞后于浓度最大值的位置.

5.2.2 陶瓷中的电畴

与前面讨论的自由晶体不同，陶瓷中任一晶粒受到周围晶粒的约束不能自由形变，伴随着自发极化的出现，晶粒内出现大的应变能. 即使有足够多的可移动电荷可以屏蔽自发极化造成的退极化场，晶粒仍不会是单畴的. 降低应变能是陶瓷晶粒中出现电畴的主要原因. 下面在忽略退极化场的前提下，讨论四方相 $BaTiO_3$ 陶瓷晶粒的电畴[38—41].

实验观测到小晶粒样品中出现层状畴，大晶粒样品中出现带状畴结构，如图 5.7 所示.

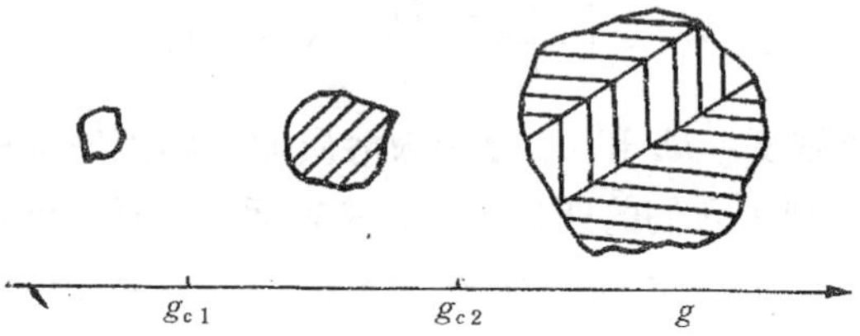

图 5.7　畴结构与晶粒尺寸 g 的关系.

考虑一立方形晶粒，晶轴 a 和 c 在前表面内，但相对于晶粒的立方边转动了 45°. 如果晶粒中自发极化是均匀的，ac 平面将发生如图 5.8 (a) 所示的切变，但在 b 方向上将缩短. 由于周围晶粒的作用，应变不能自由发生，于是晶粒中出现应变能. 利用相变前后的晶格常量以及适当的弹性常量，Arlt 算得切应变能量密度和压缩应变能量密度分别为

$$w_{sh}' = 1.56 \times 10^6 N_{sh} (\mathrm{J/m^3}), \tag{5.26}$$

$$w_2 = 0.52 \times 10^6 N_2 (\mathrm{J/m^3}), \tag{5.27}$$

其中，N_{sh}和 N_2 均为小于 1 的常量，它反映周围的约束对晶粒应变的影响.

为了降低应变能 w_{sh}，晶粒中将形成 90°畴，如图 5.8 (b) 所示. 图中畴壁平面为 $(\bar{1}01)$ 平面，自发极化与畴壁平面成 45°角，以保证畴壁处 $\nabla \cdot \boldsymbol{P} = 0$. 90°畴使切应变减小，但出现了畴壁能，并在晶粒两侧面锯齿形区域形成应变能. 图 5.9 示出了侧面附近一个畴的应变. 畴的中心线上应变为零，上半部被压缩，下半部被伸长. 若假设有关的弹性刚度为 c，晶粒周围介质各向同性，其弹性刚度也为 $\boldsymbol{c}$，则此应变能密度近似为

$$w_{sh} = 2kc\beta_1^2 d/g, \tag{5.28}$$

式中 $\boldsymbol{d}$ 是电畴宽度，$\boldsymbol{g}$ 是晶粒边长，$\boldsymbol{\beta}_1$ 是电畴的切变角，k 是比例系数.

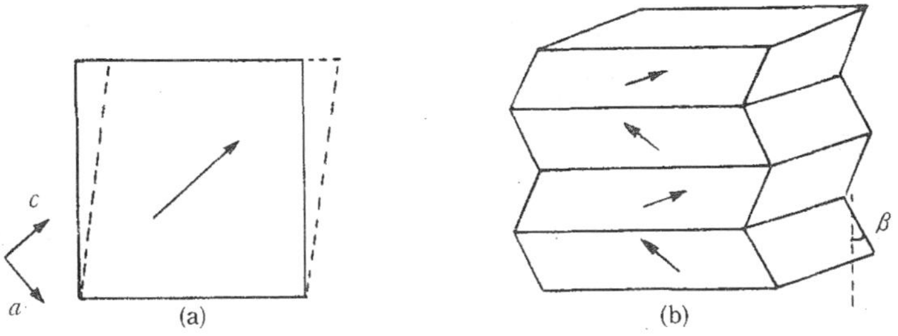

图 5.8 (a) 自发极化造成的切应变示意图；
(b) 90°畴降低应变能，但使晶粒侧面形成锯齿形凹凸.

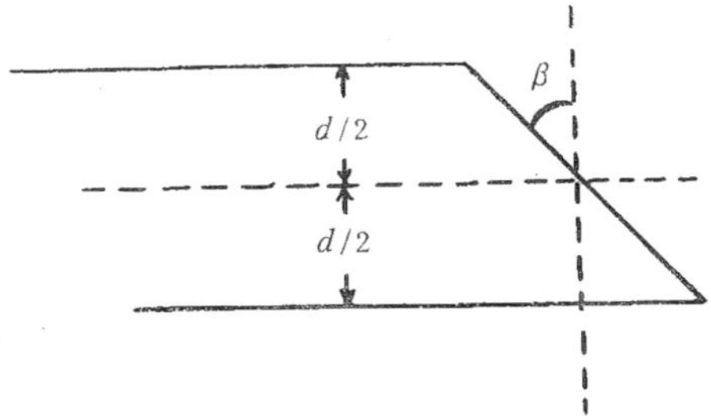

图 5.9 晶粒表面附近一个畴的应变示意图.

晶粒中单位体积的畴壁能为

$$w_{90} = \sigma_{90}/d, \tag{5.29}$$

式中 σ_{90}是畴壁能的面密度.

总能量密度为式 (5.27) 至式 (5.29) 之和. 由总能量极小的条件可求出电畴宽度（注意 w_2 与 d 无关）为

$$d = \left(\frac{\sigma_{90} g}{2kc\beta_1^2}\right)^{1/2}. \tag{5.30}$$

相应的能量密度为

$$w_{\min} = w_2 + \left(\frac{8kc\sigma_{90}\beta_1^2}{g}\right)^{1/2}. \tag{5.31}$$

式（5.30）表明，90°畴宽度与晶粒大小平方根成正比，这与小晶粒（10μm 以下）$BaTiO_3$ 陶瓷的实验结果相一致[40]．由该式的推导过程中可知，只要 90°畴的形成是取决于畴壁能和应变能的极小，则此关系成立．附带指出，利用式（5.30）可估计 σ_{90}．$BaTiO_3$ 的 $g=10\mu m$ 时，$d=0.65\mu m$[40]，$\beta_1 \approx (c/a)-1 \approx 1.1\times10^{-2}$，$kc$ 可估计为 $0.5\times10^9 Nm^{-2}$，于是 $\sigma_{90}=5.1\times10^{-3} Jm^{-2}$，这与表 5.1 给出的数据基本符合．

当晶粒尺寸减小时，自发极化造成的应变减小，形成 90°畴将无助于降低应变能，于是可出现单畴晶粒．显然，这个临界晶粒尺寸等于畴宽度的平衡值，由式（5.30）可得出

$$g_{c1}=\frac{\sigma_{90}}{2kc\beta_1^2}. \tag{5.32}$$

对于 $BaTiO_3$，将上述 σ_{90}，β_1 和 kc 的数值代入得，$g_{c1}=40nm$．另外有人报道，$BaTiO_3$ 在尺寸小于约110nm时，室温晶体结构已进入立方相[42]．若二者成立，则$BaTiO_3$ 陶瓷中不存在单畴晶粒．实际上，晶粒很小时，β_1 因 c/a 减小而减小，故 g_{c1} 比这里估计的要大，而且铁电临界尺寸小于 110nm．

上面讨论的电畴构型只是调整了 ac 平面内的切应变，并不改变 b 方向缩短的状态，故不能降低应变能 w_2．在大晶粒陶瓷中观测到带状的畴结构，其特点是出现一种新的界面，它使两种应变能均得以降低．

图 5.10 示出了一个立方形大晶粒中的电畴结构．晶粒的 3 个立方边分别与四方晶胞的 3 个边平行．在四方结构晶体中，任一在立方相时与（110）面对称等效的晶面均可成为 90°畴壁平面，因此，在如图所示晶粒中，任一 90°畴壁与立方体表面的交线与立方边或平行或垂直成 45°角．另一方面，180°畴壁可不与任何晶面重合，它与立方晶粒表面的交线可有任意取向，但不一定是直线．在图5.10中，除开标有 I 的界面以外，其他直线都是 90°畴壁与表面的交线．它们两边自发极化的取向也表明了这一点．I 是一种特殊的界面，它由 90°畴壁和 180°畴壁交替组成．两个界面 I 之间的畴

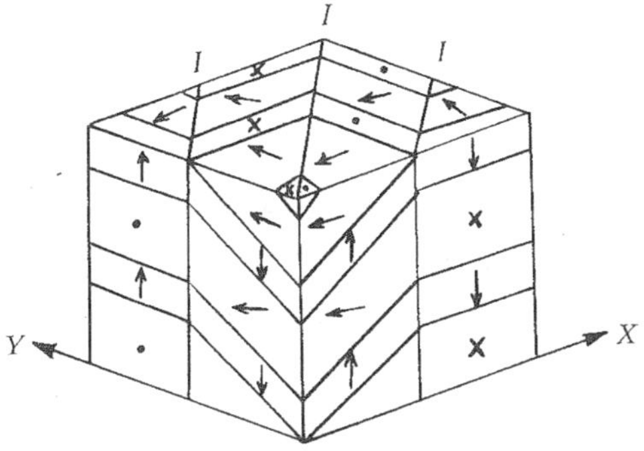

图 5.10 立方形大晶粒中电畴结构示意图.
与 XY平面垂直的界面(共 3 个)为界面 I.

形成一个带. 正是由于有了界面 I,才使晶粒可在三维范围内调整应变，以降低应变能. Arlt 证明[40]，如果 I 两边 90°畴的宽度等于180°畴的宽度的两倍，则应变最小，应变能最低.

晶粒中总能量由三部分组成：界面能，90°畴壁能，晶粒表面应变能.

界面 I 由 90°畴壁和 180°畴壁组成,故有能量 σ_{90}和 σ_{180}. 另外,更重要的是界面两侧的应变造成的应变能. 与前面讨论小晶粒表面区域应变能相似，近似可得界面单位面积的应变能为

$$\sigma_I = \frac{8\sqrt{2}}{27}k_1c_1\beta_1^2 d. \tag{5.33}$$

因为界面应变的几何结构和有关的弹性系数都与前面的不同，所以 k_1c_1 的数值不等于 kc. 相对于 σ_I 来说，σ_{90}和 σ_{180}的贡献可以忽略，所以界面能密度近似等于 σ_I.

因为各个畴的应变不同,晶粒表面仍凹凸不平,与图5.8 (b)所示左右二表面相似. 与此应变相联系的能量密度为

$$w_{sh} = \frac{2kc\beta_1^2 g_I}{9g}, \tag{5.34}$$

式中 g_I 为两个界面 I 之间的距离，或称带的宽度.

90°畴壁能的体积密度可表示为

$$w_{90}=\frac{4\sigma_{90}}{3d}. \tag{5.35}$$

在边长为 g_I 的晶粒内，单位体积界面能为 σ_I/g_I. g_I 的大小由与 g_I 有关的总能量，即 w_{sh}与 σ_I/g_I 之和取极小值来决定. 同时，晶粒中总能量［式（5.33）至式（5.35）之和］应对电畴宽度 d 取极小值. 由此得出平衡值 d（g），g_I（g）及相应的总能量为

$$d=\left(\frac{27\sigma_{90}^2 g}{\sqrt{2}\,\beta_1^4 k_1 c_1 kc}\right)^{1/3}, \tag{5.36}$$

$$g_I=\left(\frac{8\sqrt{2}\,k_1 c_1 \sigma_{90} g^2}{(kc)^2\beta_1^2}\right)^{1/3}, \tag{5.37}$$

$$w_{tot}=\frac{4}{3}\left(\frac{\sqrt{2}\,k_1 c_1 kc\beta_1^2\sigma_{90}}{g}\right)^{1/3}. \tag{5.38}$$

当晶粒尺寸小于 g_I 时，晶粒中不会出现界面 I，而只形成前面讨论的 90°畴. 令此临界晶粒尺寸为 g_{c2}，在式（5.37）中，令 $g_I=g=g_{c2}$，得出

$$g_{c2}=\frac{8\sqrt{2}\,k_1 c_1 \sigma_{90}}{(kc)^2\beta_1^2}. \tag{5.39}$$

相应的总能量为

$$w_{tot}=\frac{2}{3}kc\beta_1^2. \tag{5.40}$$

式（5.39）中包含多个参量，故 g_{c2}不可能精确得知. 经验表明，$BaTiO_3$ 的 g_{c2}约在 5—20μm 之间. 由式（5.39）可知，自发极化大者，g_{c2}较小（因 β_1 较大），故可预期，$PbTiO_3$ 陶瓷的 g_{c2}比 $BaTiO_3$ 的要大.

5.2.3 薄膜中的电畴[44]

我们在文献［43］中论述了电畴结构对薄膜相变特性的影响，但在该文中假设极化平行于膜面，电畴是平行于膜面的层状畴. 实用的铁电薄膜，如铁电存贮器、压电换能器和热电探测器等，都是极化与膜面垂直，因此我们进一步讨论了垂直于膜面的电畴结

构[44].

陶瓷中的晶粒处于机械受夹的环境中，所以上面讨论陶瓷中的电畴时，合理假设应变能是导致多畴的主要因素[38-41]. 薄膜的情况与此不同，晶粒只在膜面内受夹，另一方向是自由的，应力的影响相对减小，但极化与膜面垂直，退极化因子是所有情况中最大的 ($E_d=-P/\varepsilon_0$)，所以退极化能是导致多畴的主要因素.

薄膜中的电畴如图 5.11 所示. 膜面与 Z 轴垂直，厚度为 t，畴壁与 X 轴垂直，畴宽为 w. 设薄膜平面无穷大，且极化与 Y 轴无关. 考虑到薄膜的对称性，只要计算出矩形 $OMNL$ 中电势和极化的分布，即可得出薄膜中电势和极化的分布.

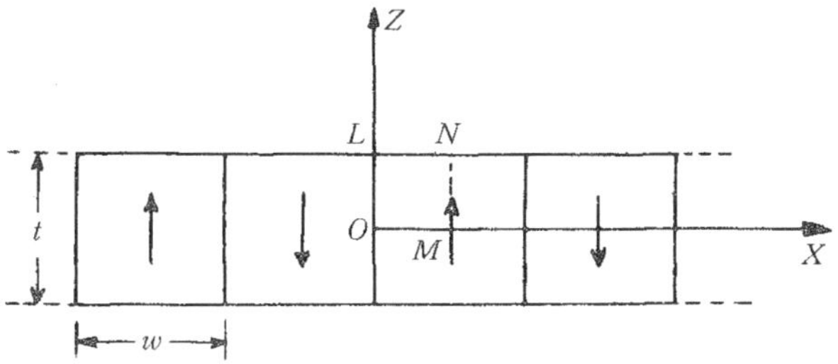

图 5.11　薄膜中电畴结构示意图.

在 § 5.1 中讨论过如图 5.2 所示的周期性 180°畴结构，并估算其结构参量. 在忽略退极化场的条件下求出了畴壁及其附近极化的分布 [式 (5.16)]，在忽略极化随 z 变化的条件下计算了畴壁能密度 [式 (5.19)]. 薄膜中畴结构与此不同，由于厚度很薄，退极化场不可忽略，退极化场使表面附近极化减小，因此极化不但是 x 的函数 (因有畴壁)，而且是 z 的函数.

忽略应变能时，二级相变铁电薄膜的总自由能可写为

$$g_1 = g_{10} + \int\Big[\frac{1}{2}\alpha_0(T - T_{c\infty})P^2 + \frac{1}{4}\beta P^4 + \frac{1}{2}K(\nabla P)^2 - \frac{1}{2}E_d P\Big]dV, \qquad (5.41)$$

这里我们假定外推长度无穷大，因而不出现表面项. 对于一级相变铁电薄膜，应令式中 $\beta<0$，并加入 P^6 项.

薄膜的总自由能正比于矩形 $OMNL$ 区域的自由能，所以自由能取极小值的条件导致如下的 Euler - Lagrange 方程：

$$K\nabla^2 P=\alpha_0(T-T_{c\infty})P+\beta P^3-\frac{1}{2}E_d, \tag{5.42}$$

边界条件为

$$\begin{aligned}&\frac{\partial P}{\partial z}=0\quad 当\ z=0\ 或\ z=t/2,\\&P=0\quad 当\ x=0,\\&\frac{\partial P}{\partial x}=0\quad 当\ x=w/2.\end{aligned} \tag{5.43}$$

因为 $E_d=-\nabla\phi$，为得出电畴中极化的分布，必须计算电畴中的电势. 电势所满足的方程为

$$\nabla^2\phi=0\qquad（在空气中）\tag{5.44}$$

和

$$\varepsilon_1\frac{\partial^2\phi}{\partial x^2}+\varepsilon_3\frac{\partial^2\phi}{\partial z^2}-\frac{\partial P}{\partial z}=0（在\ OMNL\ 中）, \tag{5.45}$$

边界条件为

$$\begin{aligned}&\phi|_{z=0}=0,\\&\phi|_{x=0}=0,\\&\frac{\partial\phi}{\partial x}\Big|_{x=w/2}=0,\\&P-\varepsilon_3\frac{\partial\phi}{\partial z}\Big|_{z=t/2-0}=\varepsilon_0\frac{\partial\phi}{\partial z}\Big|_{z=t/2+0},\\&\frac{\partial\phi}{\partial x}\Big|_{z=t/2-0}=\frac{\partial\phi}{\partial x}\Big|_{z=t/2+0},\end{aligned} \tag{5.46}$$

这里 ε_1 和 ε_3 分别为沿 X 轴和 Z 轴的电容率. 上面我们忽略了电导率，故只能得出静态畴结构，为要考查电畴随时间的演化，式 (5.45) 和式 (5.46) 应代之以包含电导率的方程[3].

我们将矩形区域 $OMNL$ 分为 200×200 个单元，用有限差法求解式 (5.42) 至式 (5.46). 得出自发极化和电势的分布以后，

即可计算不同膜厚 d，不同畴宽 w 和温度 T 时的自由能，并得出畴宽 w 对膜厚的依赖关系.

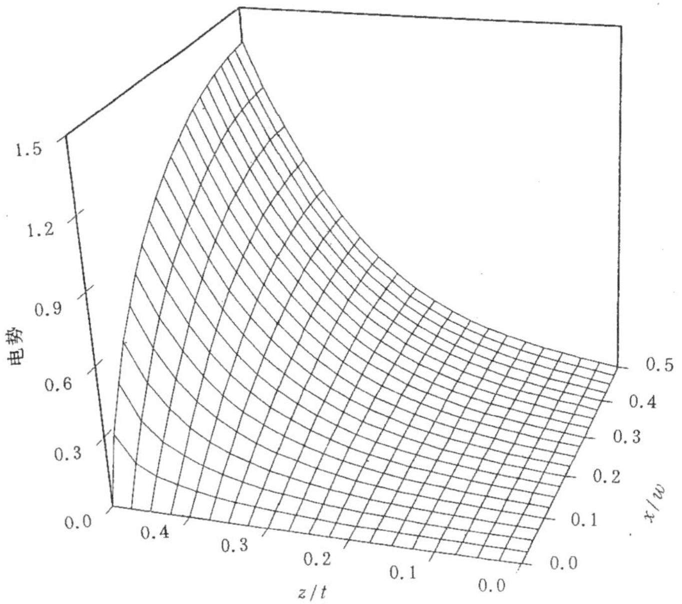

图 5.12 $0\leqslant x\leqslant 0.5w$，$0\leqslant z\leqslant 0.5t$ 范围内的电势分布. $t=100$，$w=23$，$\xi(0)=1$.

图 5.12 示出了 $OMNL$ 中在绝对零度时的电势分布，图 5.13 示出了相应的自发极化分布. 可以看出，极化随 x 和 z 两者发生变化. 在畴壁 OL $(x=0)$ 附近，极化随 x 的变化与理论公式[12] $P(x)=P_0\tanh(x/\xi)$ 一致. 该式是在忽略退极化效应的条件下得出的. 畴壁附近极化本身很小，所以该式成立. 在表面 LN $(z=t/2)$ 附近，自发极化减小，与外推长度 $\sigma>0$ 但薄膜为单畴的情况相似. 膜厚越小，则极化下降区域相对越大. 这里的计算是在假设 δ 无穷大的条件下进行的，所以表面自发极化的降低起因于退极化效应. 图 5.12 表明，表面附近电势梯度大，退极化场作为电势梯度的负值在表面附近很强，所以表面附近极化必然减小，以

降低总自由能.

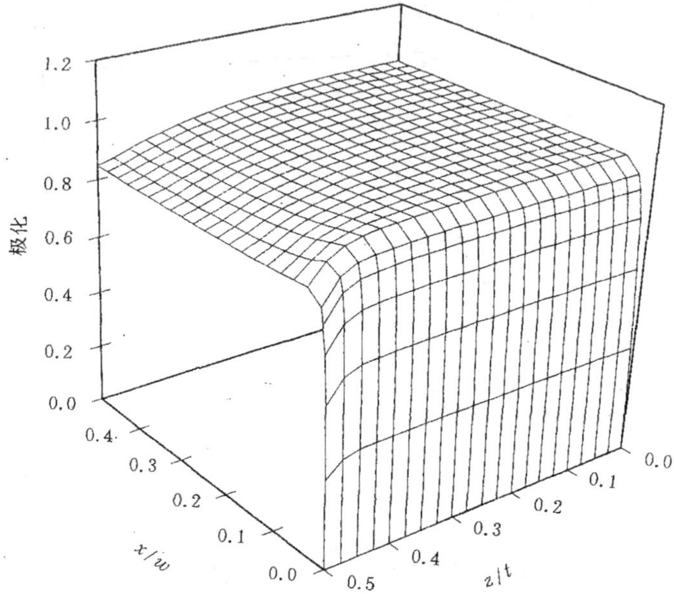

图 5.13　$0\leqslant x\leqslant 0.5w$，$0\leqslant z\leqslant 0.5t$ 范围内的极化分布．$t=100$，$w=23$，$\xi(0)=1$．

对于厚度一定的薄膜，自由能是电畴宽度 w 的函数，图 5.14 表明，自由能对 w 的曲线上有一极小值，该点相应于稳定的电畴宽度．对于不同厚度的薄膜，稳定的电畴宽度及相应的自由能如图 5.15 所示．注意到 w 和 d 都是以对数坐标示出的，所以图中的直线表明它们符合关系式 $w=kt^{1/2}$（k 为常量)，与文献［3］中所给出的一致．自由能随膜厚的减小而单调增加，到临界厚度时达到零（即铁电相和顺电相自由能相等)，此时发生尺寸驱动的铁电-顺电相变[45]．

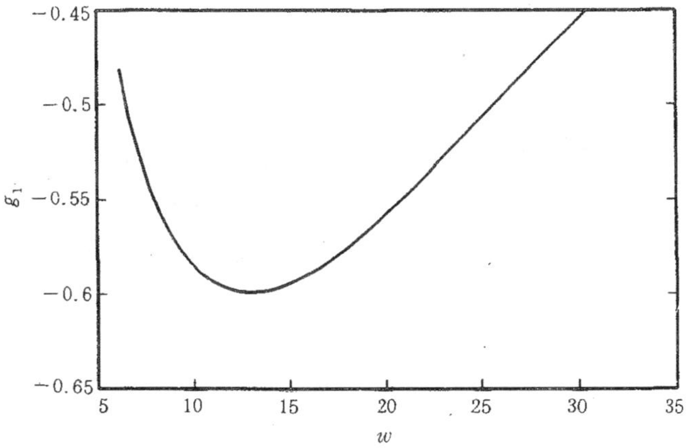

图 5.14　自由能随畴宽 w 的变化.

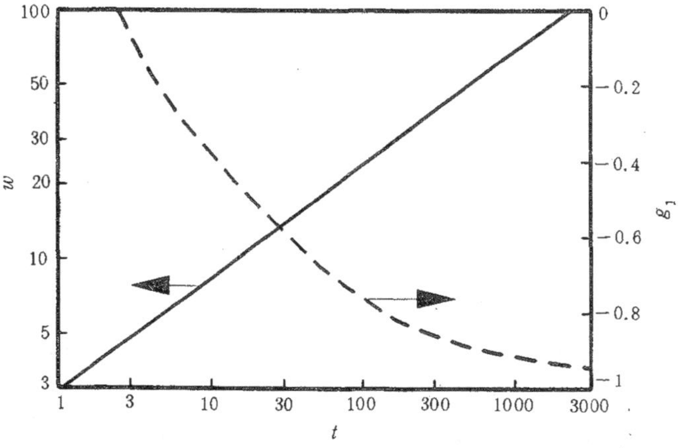

图 5.15　电畴宽度和自由能随膜厚的变化. 计算中
取 $\alpha_0=4$，$\beta=4$，$K=4$，$T_{c\infty}=1$，$\xi(0)=1$.

§5.3 极化反转的基本过程

5.3.1 实验方法

研究极化反转的基本电路如图 5.16 所示. 其中 FE 是所研究的铁电体，S 是信号源，提供方脉冲或三角形脉冲. 极化 P 反转时，流过电阻 R 的电流为 i. i 作为时间的函数可用示波器显示

$$i=\frac{dP}{dt}, \tag{5.47}$$

设样品的电容为 C. 为了正确显示电流，电路的时间常数 RC 要远小于极化反转所需要的时间 t_s. 极化反转造成的电流 i 称为反转电流，i 随时间的变化称为反转脉冲.

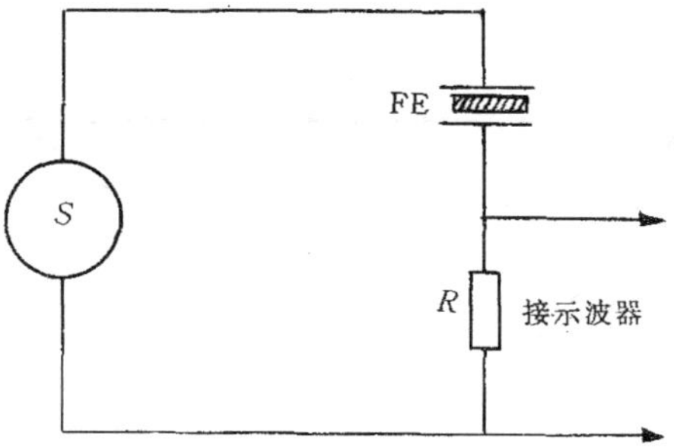

图 5.16 研究极化反转的基本电路.

图 5.17 示出了一个典型的反转脉冲，它是早期在 $BaTiO_3$ 上得到的[46]. 曲线 A 和 B 分别是电场与极化反向和同向时测得的. 起始时的电流峰是信号对样品的充电电流，与极化反转无关. 重要的测得量是反转时间 t_s，最大反转电流 i_{max}，达到 i_{max} 的时间 t_{max}，以及反转脉冲的形状，但其中 t_s 与 i_{max} 不是相互独立的.

令开始施加电场的时间为 $t=0$，则式（5.47）的积分给出

$$2P_s=\int_0^\infty i dt=i_{max}t_s f, \tag{5.48}$$

其中

$$f=\int_0^{\infty}\left(\frac{i}{i_{\max}}\right)d\left(\frac{t}{t_s}\right)$$

是一个无量纲的量，它依赖于反转脉冲的形状，称为形状因子. 反转脉冲呈指数衰减时，$f=0.43$，是矩形波时，$f=1$.

式（5.48）表明，只要形状因子保持恒定，则测量最大反转电流 $i_{\max}$与反转时间 t_s 是等效的.

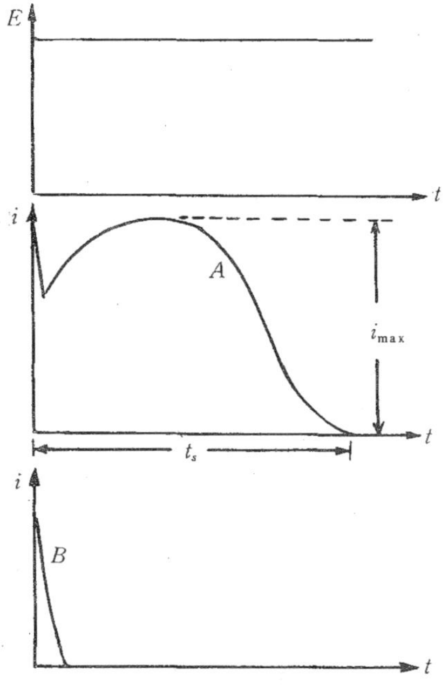

图 5.17　电场 E 和反转电流 i 随时间的变化. 曲线 A 是电场与极化反向时测得的，曲线 B 是二者同向时测得的.

图 5.17 所示曲线 A 下的面积减去曲线 B 下的面积等于极化反转所提供的电荷，其值为 $2AP_s$，A 是与极化垂直的电极面积. 由此可得出自发极化的大小.

这种方法要求样品的电导率很小，否则传导电流将掩盖位移电流，使测量无法进行. 当电导率较大时，可用例如热电方法[47]测量施加电场后的剩余极化来研究极化反转.

测量电滞回线也是研究极化反转的方法之一. 由电滞回线可直接得出自发极化、剩余极化和矫顽场等参量.

5.3.2 极化反转的基本过程

在大量实验的基础上，明确了极化反转过程由下列几个主要阶段组成：

(i) 新畴成核；

(ii) 畴的纵向长大；

(iii) 畴的横向扩张；

(iv) 畴的合并.

图 5.18 示出了反向畴的成核及其纵向长大和横向扩张的情况.

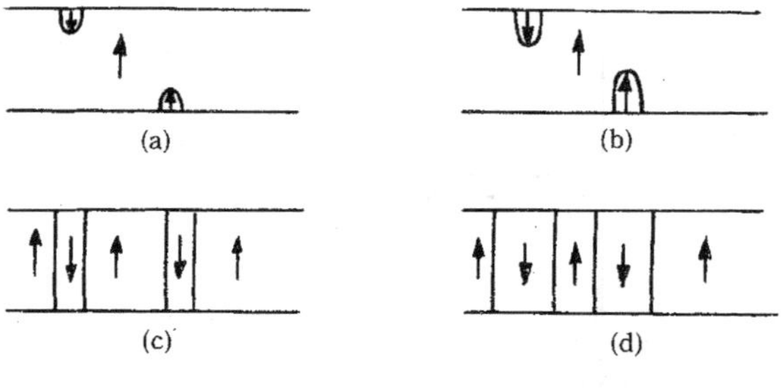

图 5.18 反向畴成核 (a)，纵向长大 (b) 和 (c) 以及横向扩张 (d) 的示意图.

新畴成核在电场 E 很低时即可发生. 一般认为，至少在低场(例如 1kV/cm 以下)范围，成核率符合指数关系[48]

$$n \propto \exp(-\alpha/E), \tag{5.49}$$

n 是单位时间单位面积成核数，α 是激活场. 这一规律在 KDP 等晶体上得到了证实. 在较高电场时，成核率表现为幂律[49]. 例如 $BaTiO_3$ 在 $E=5$—250kV/cm 时

$$n \propto E^{1.4}. \quad (5.50)$$

畴的纵向长大决定于许多因素. 根据 $BaTiO_3$ 的实验结果，得知长大速率符合经验公式[50]

$$v = (5500\text{cm/s})\exp\left(\frac{-1.8\text{kV/cm}}{E}\right), \quad (5.51)$$

可见速率 v 随电场 E 指数升高.

横向扩张速率 u 与电场的关系依电场强弱而不同. 对于 $BaTiO_3$，当 E=0.1—1kV/cm 时，u 与 E 有指数关系[51,52]

$$u = u_\infty \exp(-\delta/E), \quad (5.52)$$

式中 δ 为激活场，δ 随 E 升高而增大，随温度升高而减小. u_∞ 为 E 无穷大时的畴壁速率，$u_\infty \backsimeq 10^2$cm/s. 在高电场时，u 与 E 有幂律关系[53]

$$u \propto E^{1.4}. \quad (5.53)$$

电畴横向扩张的机制是很令人感兴趣的. 与直观想象的不同，扩张并不是整个畴壁平行于本身作整体的移动，而是在紧贴畴壁的区域成核和核的长大所造成的[54,55]. 图 5.14 示出了说明横向扩张的模型.

首先注意到，紧贴畴壁成核的概率要大于在周围都是反向极化的环境中成核的概率，因为前者畴壁面积较小，总畴壁能较低. 在图 5.19 所示的模型中，设施加的电场与左边的极化平行，则在紧贴畴壁的右侧出现 1 个三角阶梯形畴核. 形成这样 1 个核引起的能量增加为

$$\Delta W = -2EP_sV + \sigma_w A + U_d, \quad (5.54)$$

式中 V 和 A 分别为核的体积和表面积，σ_w 为畴壁能密度，第一项为静电能，第二项为畴壁能，第三项为退极化能.

$$U_d = \frac{8P_s^2c^2a^2}{\varepsilon_a l}\ln\left(\frac{2a}{eb}\right), \quad (5.55)$$

式中 l，c 和 $2a$ 分别是畴核的高度、厚度和最大宽度，b 是晶格常量. 先考虑最薄的畴核，故 $c=b$. e 是电子电荷，ε_a 是 a 方向电容率.

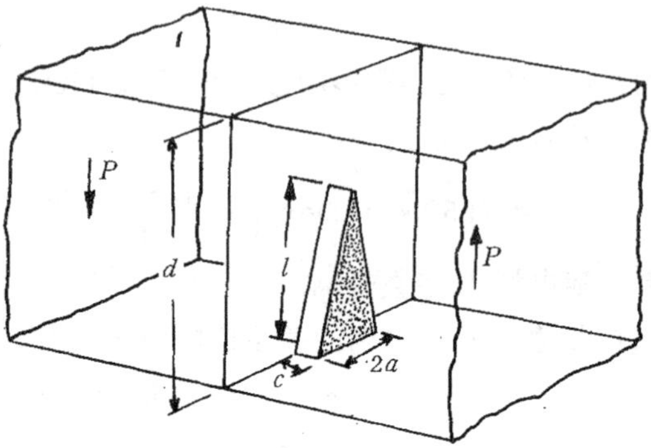

图 5.19　电场与左边极化平行时，紧贴畴壁出现三角形阶梯式反向畴核.

核的临界尺寸 a^* 和 l^* 以及激活能 ΔW^* 由下式确定：

$$\frac{\partial \Delta W}{\partial a}=0, \frac{\partial \Delta W}{\partial l}=0. \tag{5.56}$$

由此得出

$$a^*=\frac{\sigma_w(\sigma_w+2\sigma_p)}{P_s E(\sigma_w+3\sigma_p)}, \tag{5.57a}$$

$$l^*=\frac{\sigma_w{}^{1/2}(\sigma_w+2\sigma_p)}{P_s E(\sigma_w+3\sigma_p)^{1/2}}, \tag{5.57b}$$

其中

$$\sigma_p=\frac{4P_s^2 b}{\varepsilon_a}\ln\left(\frac{2a^*}{eb}\right).$$

由式(5.54)，(5.55) 和 (5.57) 可得

$$\Delta W^*=\frac{1}{E}\left[\frac{4b\sigma_p(\sigma_w+2\sigma_p)}{P_s}\left(\frac{\sigma_w}{\sigma_w+3\sigma_p}\right)^{3/2}\right], \tag{5.58}$$

按此模型，畴的横向扩张速率正比于畴壁处的成核速率，故可预期

$$u=u_\infty \exp\left(-\frac{\Delta W^*}{kT}\right)=u_\infty \exp\left(-\frac{\delta^*}{E}\right), \tag{5.59}$$

式中 u_∞ 为一常量，δ^* 是式 (5.58) 中方括号内的量与 kT 之比. σ_p

对电场只有微弱的依赖关系，因为它正比于 $\ln(2a^*/eb)$，而 a^* 与 E 成反比 [见式 (5.57a)].

上面我们假定了三角阶梯核的厚度为一个晶格常量. 在电场较强时，厚度为两个或多个晶格常数的核也可能出现. 假设最大厚度为 N_0 个晶格常量，则畴的横向扩张速率可表示为

$$u = 常量 \times \sum_{N=1}^{N_0} N\exp\left(-\frac{N^{3/2}\delta}{kTE}\right), \tag{5.60}$$

式中的 δ 为式 (5.58) 中方括号内的量. 由此式可知，如果引入 δ^*，只要 δ^* 随电场增大而增大，则 u 仍可表示为

$$u = u_\infty\exp\left(-\frac{\delta^*}{E}\right). \tag{5.61}$$

实验上的确观测到激活场随外加电场增大而增大[49]，这表明厚度为两个和多个晶格常量的三角形阶梯核实际上是可以形成的.

当 $N_0 \to \infty$ 时，式 (5.54) 的求和给出

$$u = 常量 \times E^{4/3}, \tag{5.62}$$

这与实验观测到的 $BaTiO_3$ 在高场下的畴壁横向扩张速率 [式 (5.53)]很接近.

§5.4 极化反转的唯象理论

5.4.1 无限晶粒的极化反转理论

在许多文献的论述中包括多种关于极化反转的理论[56—62]，其中 Ishibashi 和 Takagi 的理论[59]常被引用，本节先对此作一介绍.

极化反转过程可用 4 个参量来描写：单位时间单位体积内畴的成核概率 R，核的初始半径 r_c，畴壁运动速率 v，畴壁运动的空间维数 d. 另外，晶体可分成两种类型：类型 Ⅰ 的晶体中没有潜在核（指加电场以前已有的核），成核概率 R 为常数；类型 Ⅱ 的晶体中有潜在核，施加电场后无新核形成.

畴壁运动的空间维数有 $d=1$，2，3 三种情况，如图 5.20 所示. (a) 为一维情况，电畴为片状，畴壁沿单轴运动. (b) 为二

维情况，畴为柱状，畴壁在与柱轴垂直的平面内扩张.（c）为三维情况，畴为球状，畴壁沿球面扩张．在任一情况，我们假定畴壁速率为 v，而且在恒定电场下，v 近似不变.

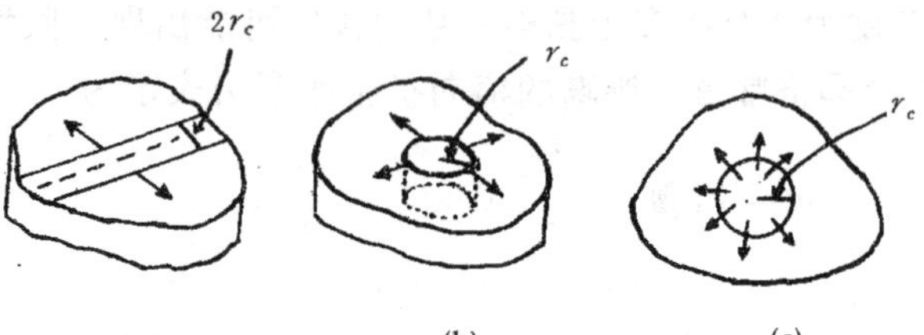

图 5.20　畴壁运动的一维（a），二维（b）和三维（c）情况，r_c 代表"半径".

设时刻 τ 形成一个"半径"为 r_c 的核，则在时刻 t 由此核长大的畴的体积为

$$V(t,\tau) = C_d[r_c + v(t-\tau)]^d, \tag{5.63}$$

式中 d 是畴壁运动的空间维数，C_d 是常数，当 $d=1$，2，3 时，C_d 分别为 2，π 和 $4\pi/3$.

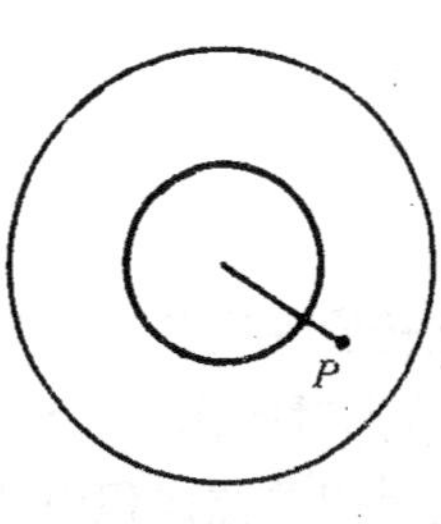

图 5.21　时刻 τ 在点 O 成核，大球的体积由式（5.57）给出，时刻 t 点 P 被包含于反转体积内.

为了研究极化反转的体积百分数，我们先计算给定点 P 在时刻 t 不位于反转体积内的概率 $q(t)$. 如果在时刻 τ，由式(5.63)所决定的体积（点 P 包含在此体积内，如图 5.21 所示）内生成了一个核（假定在点 O），则 P 将位于反转体积内. 在 τ 到 $(\tau+\Delta\tau)$ 时间间隔内，在此体积 V 内不成核的概率为 $1-R(\tau)V\Delta\tau$，此处 $R(\tau)$ 为时刻 τ 附近单位时间单位体积内成核概率. 将 t 分成若干个短的时间间隔 $\Delta\tau$，$2\Delta\tau$，…，$i\Delta\tau$，…. 因为反转体积与成核时间 $\tau=i\Delta\tau$ 也有关，故可把 $t=j\Delta\tau$ 时反转区域的体积写为 $V(j\Delta\tau, i\Delta\tau)$，于是在 $t=j\Delta\tau$ 时，点 P 不被包含于反转体积内的概率为

$$q(t) = \prod_{i=0}^{j}[1 - R(i\Delta\tau)V(j\Delta\tau, i\Delta\tau)\Delta\tau], \qquad (5.64)$$

于是

$$\begin{aligned}\ln q(t) &= -\sum_{i=0}^{j} R(i\Delta\tau)V(j\Delta\tau, i\Delta\tau)\Delta\tau \\ &= -\int_0^t R(\tau)V(t,\tau)d\tau = -B,\end{aligned} \qquad (5.65)$$

$$q(t) = \exp[-\int_0^t R(\tau)V(t,\tau)d\tau] = \exp(-B). \qquad (5.66)$$

反转体积与总体积之比为

$$\begin{aligned}Q(t) &= 1 - q(t) \\ &= 1 - \exp(-\mathrm{B}),\end{aligned} \qquad (5.67)$$

于是问题转化成计算 B.

类型 I 在整个反转过程中，成核概率为常数，$R\ (i\Delta\tau)\ = R$. 由式（5.63）和（5.65）得出

$$\begin{aligned}\ln[1 - Q(t)] = \ln q(t) &= \frac{-C_d R}{v(d+1)}[(r_c + vt)^{d+1} - r_c^{d+1}] \\ &= -K[(t_0 + t)^{d+1} - t_0^{d+1}],\end{aligned} \qquad (5.68)$$

式中

$$K = \frac{C_d R v^d}{d+1}, t_0 = \frac{r_c}{v}.$$

反转电流作为时间的函数 $i(t)$ 为

$$\begin{aligned}i(t) &= 2P_s \frac{d[1 - q(t)]}{dt} \\ &= 2P_s \frac{dQ(t)}{dt}.\end{aligned} \qquad (5.69)$$

令反转电流极大值为 $i_{\max}$，达到电流极大值的时间为 $t_{\max}$. 它们由下式得出：

$$\frac{di(t)}{dt} = 0, \qquad (5.70)$$

$$i_{\max} = 2P_s \frac{dQ(t)}{dt}\bigg|_{t=t_{\max}}, \qquad (5.71)$$

结果为

$$i_{\max} = 2P_s\left[\left(\frac{d}{e}\right)^d(d+1)K\right]^{1/(d+1)}\exp(Kt_0^{d+1}) \quad (5.72)$$

$$\times\ (t_0 + t_{\max})^{d+1} = \frac{d}{K(d+1)}. \quad (5.73)$$

以 $s=t/t_{\max}$作为自变量，则反转电流为

$$i(s) = \left(\frac{u+s}{u+1}\right)^d\exp\left\{\frac{d}{d+1}\left[1-\left(\frac{u+s}{u+1}\right)^{d+1}\right]\right\}, \quad (5.74)$$

其中 $u=t_0/t_{\max}$.

$i_{\max}t_{\max}/P_s$ 是描写反转过程的综合性参量，由式(5.72) 和(5.73)可知

$$\frac{i_{\max}t_{\max}}{P_s} = \frac{2d}{1+u}\exp\left\{\frac{\mathrm{d}}{\mathrm{d}+1}\left[\left(\frac{\mathrm{u}}{1+\mathrm{u}}\right)^{\mathrm{d}+1}-1\right]\right\}. \quad (5.75)$$

类型Ⅱ只有潜在核而不形成新核，即

$$\begin{aligned} R(0)\Delta\tau &= R\Delta\tau \qquad (R \neq 0), \\ R(t)\Delta\tau &= 0 \qquad (t \neq 0). \end{aligned} \quad (5.76)$$

由式 (5.57) 和 (5.59) 可知

$$\begin{aligned} \ln[1-Q(t)] &= \ln q(t) \\ &= -C_dR(r_c+vt)^d\Delta\tau \\ &= -K'(t_0+t)^d, \end{aligned} \quad (5.77)$$

式中 $K'=C_dR\Delta\tau v^d$.

由式 (5.63) 至式 (5.65) 可得到

$$i_{\max} = 2P_s\left[\left(\frac{d-1}{e}\right)^{d-1}dK'\right]^{1/d}, \quad (5.78)$$

$$(t_0+t_{\max})^d = \frac{d-1}{dK'}. \quad (5.79)$$

以 $s=t/t_{\max}$作为自变量时，反转电流为

$$i(s) = \left(\frac{u+s}{u+1}\right)^{d-1}\exp\left\{\frac{d-1}{d}\left[1-\left(\frac{u+s}{u+1}\right)^d\right]\right\}. \quad (5.80)$$

又由式 (5.78) 和式 (5.79) 可得出

$$\frac{i_{\max}t_{\max}}{P_s} = \frac{2(d-1)}{1+u}\exp\left(-\frac{d-1}{d}\right). \quad (5.81)$$

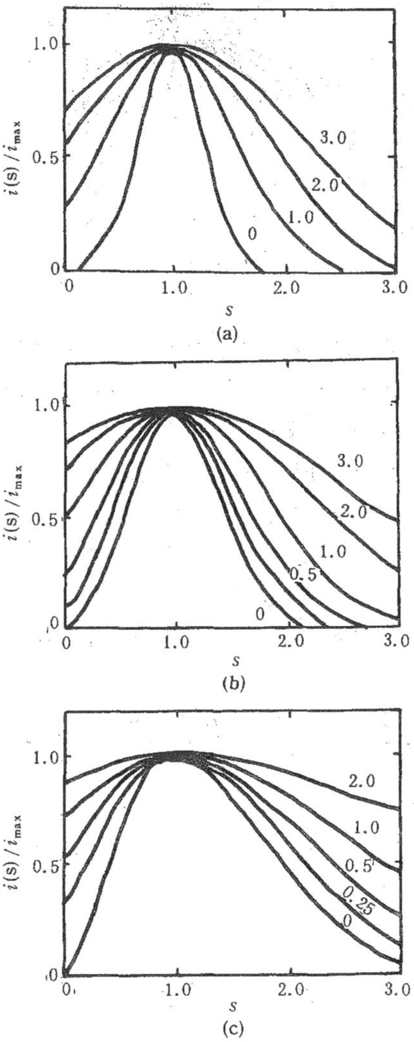

图 5.22　畴核的初始尺寸不同时，反转电流随时间的变化.（a）相应于类型 I 的三维情况；（b）类型 I 的二维情况和类型 II 的三维情况；（c）类型 I 的一维情况和类型 II 的二维情况. 曲线旁的数字是 u 的值[59].

比较式（5.80）和式（5.74）可知，如果类型Ⅱ中以$(d+1)$代替d，则其反转电流与类型Ⅰ的相同. 这表示仅从反转电流不能区分例如类型Ⅰ的一维情况和类型Ⅱ的二维情况. 因此，直接观察反转过程是十分重要的.

图5.22示出了反转电流$i(s)/i_{max}$的图象. 图中曲线上的参量是u. 由图可见，如果核的初始尺寸不为零（$r_c\neq0$），即$u\neq0$，则初始反转电流$i(0)\neq0$. 还可看到，空间维数越低，则反转电流曲线越不对称.

表5.2（a）和表5.2（b）分别列出了类型Ⅰ和类型Ⅱ的晶体在不同的d值和u值时的$i_{max}t_{max}/P_s$. 由表可知，只有当$u=0$时，在类型Ⅱ的二维情况下，该值才与类型Ⅰ的一维情况下该值相等. d是空间维数，应为整数，但考虑到可能有类型Ⅰ和类型Ⅱ的混合情况，所以也计算了非整数时的值[56].

将上面的计算结果与实验数据比较，即可断定实际晶体中极化反转的参量. 例如，实验测得$BaTiO_3$的$i_{max}t_{max}/P_s=2.0$，由此可知这是类型Ⅱ的二维情况，而且初始核半径为零. $NaNO_2$的

表5.2（a）类型Ⅰ的$i_{max}t_{max}/P_s$

u \ d	1.0	1.5	2.0	2.5	3.0
0	1.213	1.646	2.054	2.448	2.834
0.25	0.990	1.331	1.652	1.963	2.270
0.50	0.855	1.141	1.403	1.657	1.907
0.75	0.760	1.011	1.237	1.451	1.661
1.00	0.687	0.915	1.116	1.304	1.485
1.50	0.581	0.779	0.949	1.103	1.249
2.00	0.505	0.682	0.834	0.970	1.096
2.50	0.447	0.609	0.748	0.871	0.984
3.00	0.402	0.551	0.680	0.794	0.898

表 5.2 (b) 类型Ⅱ的 $i_{max}t_{max}/P_s$

u \ d	1.0	1.5	2.0	2.5	3.0
0	0.000	0.717	1.213	1.646	2.054
0.25	0.000	0.573	0.970	1.317	1.643
0.50	0.000	0.478	0.809	1.098	1.369
0.75	0.000	0.409	0.693	0.940	1.174
1.00	0.000	0.358	0.607	0.823	1.027
1.50	0.000	0.287	0.485	0.658	0.821
2.00	0.000	0.239	0.404	0.549	0.685
2.50	0.000	0.205	0.347	0.470	0.587
3.00	0.000	0.179	0.303	0.412	0.513

$i_{max}t_{max}/P_s$ 很小，说明它可能属于类型Ⅱ的一维情况. Pb ($Zr_{0.54}Ti_{0.46}$)O_3 薄膜(厚 0.15—0.5μm)的该值为 1.65±0.23[62]，表明它属于类型Ⅱ的 2.5 维情况. 表 5.3 列出了 KNO_3 薄膜极化反转的有关数据[63]. 由表可知，第一，有效空间维数随膜的厚度而异，

表 5.3 KNO_3 薄膜的极化反转数据. 驱动电压 6.2V[63]

T(℃)	d	t_0(ns)	P_s (μC/cm^2)	t_{max}(ns)	$i_{max}t_{max}/P_s$	u	膜厚(nm)
25	1.54	417	10.4	211	0.84	1.97	300
55	1.60	461	10.5	250	0.62	1.85	300
64	1.60	412	10.4	223	0.59	1.85	300
72	1.71	293	9.8	175	0.70	1.67	300
81	1.61	319	9.8	174	0.64	1.83	300
89	1.57	225	6.6	118	0.64	1.91	300
97	1.71	182	7.1	109	0.75	1.67	300
25	3.1	36.3	1.4	32	1.7±0.2	1.13	75

厚度较小时有效空间的维数较高．第二，同一温度和电压下，较薄的膜反转速度较厚者快．这是因为较薄的膜中电场较强．式（5.53）给出畴壁速率正比于电场的 1.4 次方．75nm 厚的膜中电场与 300nm 厚的膜中电场之比为 4，反转速度之比为 7．这与表中所列 t_{max} 之比为 1/11、t_0 之比为 1/7 相当一致．第三，若不计 25℃ 时的值，t_{max} 和 t_0 均随温度升高而线性减小．

5.4.2 有限晶粒的极化反转理论

上述的理论有一个缺点，没有计入晶粒尺寸有限的影响，可称为无限晶粒的极化反转理论．实际情况中，特别是在目前形成研究热点的铁电薄膜中，都包含许多细小的晶粒．在极化反转过程中，畴壁不可避免地受到晶粒间界的阻挡，这将使反转过程呈现新的特点．在文献［64］的论述中提出了晶粒尺寸有限的材料的极化反转理论．

该理论只研究了类型 I，即成核概率恒定的情况．假设晶粒为超立方体（hypercube），其尺寸为 $V=L^d$，L 和 d 分别为边长和空间维数．晶粒内形成的畴核在电场作用下长大但不能跨越晶粒间界．另外为了简化，利用了周期性边界条件，即忽略了表面的影响．

结果表明，存在着一个特征时间

$$t_c = \frac{L}{v}\left[\left(\frac{1}{C_d}\right)^{1/d} - \frac{r_c}{L}\right], \tag{5.82}$$

式中各参量的意义同前．当 $t<t_c$ 时，有

$$q(t) = \exp\left\{-\left[\frac{C_d R}{v(d+1)}\right]\left[(r_c + vt)^{d+1} - r_c^{d+1}\right]\right\}, \tag{5.83}$$

这与式（5.68）相同．当 $t>t_c$ 时，有

$$q(t) = q(t_c)\exp[-RV(t-t_c)]. \tag{5.84}$$

由以上两式可知，$t<t_c$ 时反转电流作为时间的函数（由式(5.69) 计算）与无限晶粒的相同，它由两项的乘积所组成，即

$$i(t)\propto t^d\exp(\beta t^{d+1}).$$

当 $t>t_c$ 时，反转电流单纯地随时间指数衰减

$$i(t)\propto\exp(\beta' t),$$

而且与畴壁运动的空间维数无关.

由式(5.82) 可知，时间 t_c 是晶粒尺寸相对于畴壁速率的度量. 将 t_c 与无限晶粒中反转电流到达极大值的时间 t_{max} 比较是有意义的.

$$t_{max}=\frac{1}{v}\left\{\left[\frac{dv}{C_dR}\right]^{1/(d+1)}-r_c\right\},\tag{5.85}$$

我们并以 V_{max} 表示 $t=0$ 时形成的核无阻碍地长大到 $t=t_{max}$ 时的体积

$$V_{max}=C_d\left[\frac{dv}{C_dR}\right]^{d/(d+1)}.\tag{5.86}$$

如果 $t_c\gg t_{max}$，则在一个畴尚未长到一个晶粒大小时，整个晶体的极化已被反转. 这相应于畴壁速率很低而成核速率很高，这时晶界效应可以忽略. 在 $t=t_{max}$ 时最大电畴还小于晶粒，$V_{max}<L^d$，晶粒极化反转是由于大量成核的结果，这相当于晶粒无限大，所以忽略晶粒间界的理论是成立的. 如果 $t_c\ll t_{max}$，即畴壁速率很高，成核速率很低，这时的极化反转基本上是单个电畴通过畴壁移动占领整个晶粒的结果. 这时晶粒间界对畴壁的阻碍作用不可忽略，无限晶粒理论预言的畴壁运动空间维数将偏低. 利用二维 Ising 模型进行的 Monte Carlo 模拟表明，无限晶粒理论只能适用于大晶粒材料，描写小晶粒材料的极化反转特性必须借助有限晶粒模型.

§5.5 矫顽场及其厚度依赖性

矫顽场 E_c 相应于 $\partial E/\partial P=0$ 的电场，故由式 (3.14) 或式(3.31)可以估算. 令式中的系数取适当数值，算得 $BaTiO_3$ 的 E_c 约

为 2×10^7V/m[65]．实验测得的值约为 10^5V/m 的量级[65,66]．差别如此大的主要原因是，朗道-德文希尔理论考虑的是单畴晶体，极化反转在整个晶体中同时发生，而实际晶体极化反转是成核成长过程.

结晶各向异性越强，或者说极化反转要求的离子位移越大，矫顽场越高．例如室温时 $BaTiO_3$ 的晶轴比 $c/a\simeq1.02$，$E_c\simeq10^5$ V/m，$PbTiO_3$ 的 $c/a\simeq1.06$，$E_c\simeq10^6$V/m．同样自然的是，矫顽场随温度的升高而降低．电滞回线消失（矫顽场变为零）是居里点的标志之一.

极化反转需要一定的时间，因此矫顽场也与电场频率有关．低频时，极化反转在较低电场下即可完成．高频时，极化反转没有足够的时间，表现为矫顽场增大.

矫顽场还与样品的厚度有关，这对极化反转器件的设计有实际意义．早期对 $BaTiO_3$ 的研究表明，矫顽场（室温，60Hz）可表示为[46,47]

$$E_c = E_{c\infty} + \frac{A}{t}, \tag{5.87}$$

式中 t 为样品厚度，A 为常量．这种与厚度的依赖关系可用 $BaTiO_3$ 晶体的表面层来说明．假设表面层电容率比体内的低，于是外加电压有相当大一部分分配在表面层．样品厚度越小，表面层相对厚度越大，所以矫顽场增大.

Kay 和 Dunn[68]研究了 TGS 矫顽场与厚度的关系，得到图 5.23 所示的实验结果．显然矫顽场可表示为

$$E_c \sim t^{-2/3}, \tag{5.88}$$

他们并从自由能的观点推导出这个关系.

设反向畴从一个电极面生成，形如截去一半的旋转椭球，长度为 l，在电极面上半径为 r．该畴引起的能量增加为

$$\Delta W = -aEr^2l + brl + cr^4/l, \tag{5.89}$$

式中 E 是电场，a，b，c 是与几何形状、自发极化 P、畴壁能密度 σ、沿极轴电容率 ε_r^P 和垂直极轴电容率 ε_r^a 有关的常量.

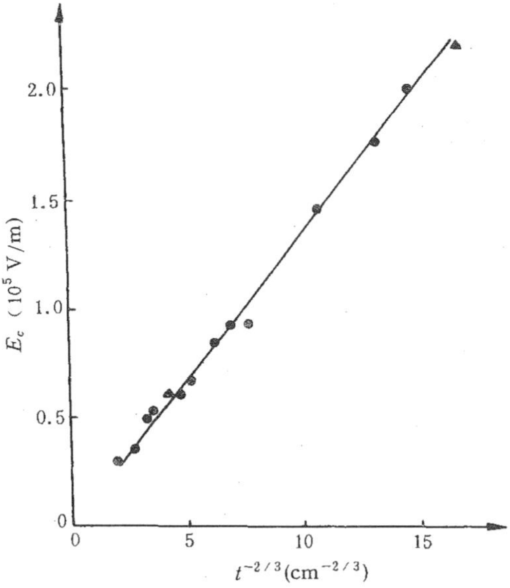

图 5.23　TGS 矫顽场 E_c 与样品厚度 t 的关系[68].

这种反向畴沿极轴长大，到达另一电极后即成为柱状畴，此时式（5.89）仍然成立，但相应的常量有改变，记为 a'，b' 和 c'. 因为电极面上自由电荷屏蔽了极化电荷，故退极化场消失，与退极化能有关的常量 $c'=0$.

表 5.4 列出了两种情况下的常量 a，b，c 和 a'，b'，c'.

ΔW 的几何图象是以 r 和 l 为独立变量的一个曲面. 对任一电场 E，曲面有一鞍点，其坐标为 r_s^*，l_s^* 和 ΔW_s^*. 该点不但满足式（5.89），而且满足

$$\left(\frac{\partial \Delta W}{\partial r}\right)_l = \left(\frac{\partial \Delta W}{\partial l}\right)_r = 0. \tag{5.90}$$

求解以上两式的联立方程即可求出该点坐标.

在柱状畴中，l 等于晶片厚度 t. 存在一临界半径 r_c^*，相应的 ΔW 为 ΔW_c^*. r_c^* 由

$$\left.\frac{\partial \Delta W}{\partial r}\right|_{l=t}=0$$

确定.

鞍点坐标及临界半径列于表 5.4.

表 5.4 电畴尺寸及有关参量

半截旋转椭球畴	柱 状 畴
$r_s^*=0.834b/(aE)$	$r_c^*=0.5b'/(a'E)=0.42b/(aE)$
$l_s^*=1.87bc^{1/2}/(aE)^{3/2}$	$l_c^*=t$
$\Delta W_s^*=0.518b^3c^{1/2}/(aE)^{5/2}$	$\Delta W_c^*=0.25b'^2t/(a'E)=0.27b^2t/(aE)$
$a=4\pi P/3$	$a'=2\pi P=1.5a$
$b=\pi^2\sigma/2$	$b'=2\pi\sigma=1.27b$
$c=\frac{16\pi^2P^2}{3\varepsilon_r^a}\ln\left[\frac{2l}{r}\left(\frac{\varepsilon_r^a}{\varepsilon_r^c}-1\right)^{1/2}\right]$	$c'=0$

极化反转过程中，一个代表点（r_s，l_s，ΔW_s）从原点沿能量谷运动. 它可能直接到达另一电极，也可能到达鞍点（r_s^*，l_s^*，ΔW_s^*），并越过鞍点沿能量谷进一步到达较大的尺寸 l_s^* 和 r_s^*. 运动情况取决于 r_s^* 相对于 r_c^* 的大小. 对于 $l_s^*<t$，但截面半径为 $r_s^*>r_c^*$，畴将长大，并与另一电极面接触，以降低退极化能. 这种畴是稳定的，因为截面半径 r_s 大于临界半径 r_c^*. 事实上，当 $r_s^*=2r_c^*$ 时，$\Delta W=0$.

利用 $l_s^*<t$ 的条件，由表 5.3 可得所需的电场为

$$E>\frac{1.5(cb^2/a^3)^{1/3}}{t^{2/3}}. \tag{5.91}$$

如果 $l_s^*=t$（但 $r_s^*<r_c^*$），显然所需的电场较小. 此时，有

$$E<\frac{0.43(cb^2/a^3)^{1/3}}{t^{2/3}}, \tag{5.92}$$

所以矫顽场可写为

$$E \sim \frac{k(cb^2/a^3)^{1/3}}{t^{2/3}} \qquad 0.43 < k < 1.5, \tag{5.93}$$

此式与图 5.23 所示的结果一致.

后来的实验表明，上述关系对其他一些材料也成立. 这个模型忽略了与极轴垂直平面内的各向异性. 计入这种各向异性后，以上三式只有数值上的变化，$E \sim t^{-2/3}$的关系仍成立.

为发展铁电薄膜存贮器，近年来对薄膜极化反转特性开展了一系列的研究工作[69—74]. 铁电薄膜作为存贮元件的优值为 $P/(\varepsilon E_c)$，P 为可反转极化，ε 和 E_c 分别为电容率和矫顽场. 与片状材料不同，薄膜厚度减小时，矫顽场与厚度的关系变为[69,71]

$$E_c \sim t^{-4/3}, \tag{5.94}$$

E_c 从正比于 $t^{-2/3}$ 到正比于 $t^{-4/3}$ 的变化大约发生于膜厚 100—200nm 的范围.

矫顽场与厚度的乘积给出反转电压 V_s. 由式 (5.93) 和式 (5.94) 可知，在厚度较大和较小时，V_s 与厚度的关系分别为 $V_s \sim t^{1/3}$ 和 $V_s \sim t^{-1/3}$，于是 V_s 将在某一厚度呈现极小值. 对于 PZT 薄膜，该厚度约为 200nm，相应的 V_s 约为 1V. 由 V_s 与 t 的关系可知，当 150nm$<t<$1.5μm 时，V_s 均小于 5V. CMOS 硅集成电路和 GaAs 集成电路分别要求工作电压小于 5V 和 3V，所以 150nm—1.5μm 是与 CMOS 相容的铁电存贮器的厚度范围.

铁电薄膜矫顽场与厚度的关系目前尚无理论说明. 有趣的是，铁磁薄膜中存在着相似的关系. 随着膜厚减小，磁畴壁由 Bloch 壁(壁内自发磁化平行于畴壁平面)变为 Neel 壁(壁内自发磁化平行于薄膜表面)，在此厚度以下，矫顽场与厚度的关系也正比于 $t^{-4/3}$. 在尝试任何的理论说明之前，当然最重要的是查明实验规律. 最近，Larsen 等[75]报道，被有 Pt 电极的 PZT 膜的矫顽电压 V_c 与厚度的关系为

$$V_c = V_0 + E_c d,$$

$V_0 = 0.2$V，起源于薄膜与电极间的界面阻挡层. 矫顽场 $E_c = 2.4$ V/μm 与厚度无关. 若不考虑阻挡层的影响，则得表观矫顽场

$E'_c=V_c/d$随膜厚减小而增大. 因而他们认为，以前报道的矫顽场随厚度的变化可能是因为用表观矫顽场代替矫顽场的结果. 他们实验的膜厚范围是120—690nm.

§5.6 极化反转和疲劳

疲劳(fatigue)是指多次极化反转后，可反转的极化逐渐减小. 根据已有的实验结果，目前已知疲劳的起因主要有三类.

(1) *内应力*[76—78] 电畴的非180°转动在晶体内部形成局部应力. 极化反转中，应力来不及释放可造成微裂纹，后者破坏了电场的连续性，使晶体中越来越多的自发极化不能被电场反转. 这种机制容易解释多轴铁电体（如$BaTiO_3$）中疲劳效应较严重，而单畴铁电体（如TGS）疲劳效应较轻微.

(2) *空间电荷*[79,80] 铁电体（特别是铁电陶瓷）中存在空间电荷，而且极化反转时可由电极注入载流子形成空间电荷. 人们早就发现，在$BaTiO_3$中有许多电畴不能延伸到晶片表面而中止在晶片内部[78]，这是空间电荷的证据之一. 空间电荷在极化电荷（即定向排列的束缚电荷）场的作用下将定向排列，对极化起“屏蔽”作用，对电畴造成钉扎效应，使这些极化很难参与反转过程. 这种机制容易解释如下的一些实验事实. 同一材料用固态电极时有明显的疲劳效应，用液态电极时则几乎不显示疲劳. 这是因为液态电极是离子导体，既不能注入空穴，也不能注入电子. 在单晶材料中，只有当两个极性相反的电场脉冲之间有时间间隔时才有明显的疲劳，时间间隔越长疲劳越明显，而用连续的方波或正弦波使极化反转时，疲劳效应变得轻微. 这是因为空间电荷的运动是一个弛豫过程，脉冲之间的时间间隔给空间电荷的排列提供了必要的时间，使之能对极化起“屏蔽”作用.

在文献［81］的论述中，该文著者基于缺陷在电场作用下的运动提出了疲劳模型. 空位或杂质离子所经受的电场是外场与铁电体-电极界面处束缚电荷产生的电场之和，即

$$E_l = E_e + E_i.$$

在正向直流电场作用下，缺陷流密度为

$$j = v_d \rho \exp(\Delta S/k)\exp(-Q/kT)\exp[Zqb(E_e - E_i)/2kT], \tag{5.95}$$

式中 v_d 是缺陷迁移速率，ρ 是缺陷浓度，ΔS 是缺陷运动的熵，Q 是缺陷运动的激活能，Z 是化学价，q 是电子电荷，b 是跳跃距离（原子间距）.

在交流电场作用下，缺陷将作正负向运动. 在第 n 个反转中，正反向缺陷流密度分别为

$$j_+ = \lambda \exp(-Q/kT)\exp(aE_e)\exp(-aE_+), \tag{5.96}$$

$$j_- = \lambda \exp(-Q/kT)\exp(aE_e)\exp(-aE_-), \tag{5.97}$$

式中 $\lambda = v_d \rho \exp(\Delta S/k)$，$a = Zqb/(2kT)$. 当缺陷到达晶粒间界，畴壁或铁电体-电极界面时，因为势能降低，缺陷将被俘获. 俘获的缺陷造成界面结构损伤，从而使极化减小.

正向电场与随后的负向电场所得的极化大小是不同的，因此净缺陷流密度决定于内电场 E_i 之差. 取 $\exp(-aE_i) \approx 1 - aE_i$，则有

$$\Delta j = \lambda a \exp(-Q/kT)\exp(aE_e)\Delta E_i, \tag{5.98}$$

式中 $\Delta E_i = E_- - E_+$.

由于极化减小，E_i 降低，故 E_l 增大，这使缺陷运动的振幅越来越大，如图 5.24 所示. 从图中可看出，反转次数增多时，缺陷离界面越来越近. 假设施加宽度为 Δt 的脉冲电场，则在第 n 次反转中到达界面单位面积的缺陷数为 $\Delta j \Delta t$，它等效于 dN/dn，N 是被界面俘获的缺陷总数

$$\frac{dN}{dn} = \lambda \Delta t a \exp(-Q/kT)\exp(aE_a)\Delta E_i. \tag{5.99}$$

极化反转是通过畴壁运动实现的. 畴壁速率的变化 Δv 可由畴壁迁移率 μ 表示为

$$\Delta v = \mu \Delta E_i. \tag{5.100}$$

随着极化反转次数增多，越来越多的缺陷被界面俘获，内场

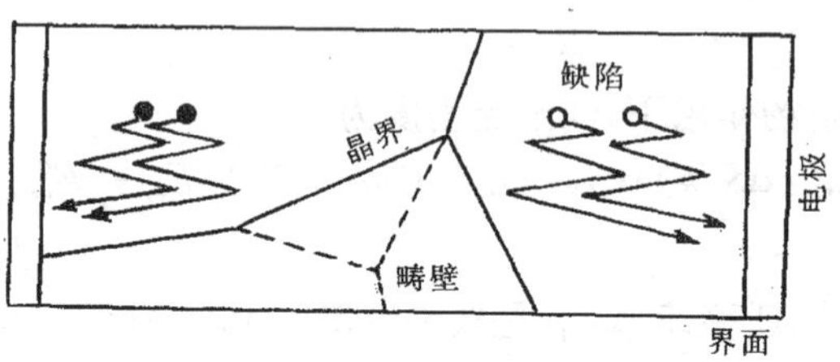

图 5.24 电场作用下缺陷运动示意图.

之差变小，Δv 也变小. 假设 dv/dN 正比于在第 n 次反转中到达界面的净缺陷数 $\Delta j\Delta t$

$$\frac{dv}{dN} = -\nu\Delta j\Delta t, \tag{5.101}$$

其中 ν 是一常量. 于是内场差 ΔE_i 的减小可由式 (5.100) 和式 (5.101) 得出

$$\frac{d\Delta E_i}{dN} = -\frac{\nu}{\mu}\Delta j\Delta t = -\xi\Delta E_i, \tag{5.102}$$

式中

$$\begin{aligned}\xi &= \frac{\nu}{\mu}\lambda\Delta ta\exp(-Q/kT)\exp(aE_e), \\ &= \frac{\nu}{\mu_0}\lambda\Delta ta\exp[(Q_W - Q)/kT]\exp(aE_e),\end{aligned} \tag{5.103}$$

这里 Q_w 是畴壁运动的激活能，μ_0 是一常量.

在这个模型中，极化的减小是由于缺陷被俘获于界面造成的，极化越大越易俘获缺陷，故可认为极化的减小率正比于极化本身

$$\frac{dP}{dN} = -\delta P. \tag{5.104}$$

由式 (5.99)、(5.102) 和 (5.104) 可得出

$$P = P_0\left(\frac{\xi^2\mu}{\nu}\Delta E_{i0}n + 1\right)^{-\delta/\xi} = P_0(An + 1)^{-m}, \tag{5.105}$$

式中 P_0 是初始时的极化，ΔE_{i0}是初始时的内场差，m 是衰减常数. 取适当的参量值以后，由此式计算了 $Pb(Zr_{0.5}Ti_{0.5})O_3$ 薄膜的疲

劳特性[70]，并与实验结果符合得较好.

(3) 电化学反应[79,82,85]　电场作用下电化学反应使样品的电导增大，导致可反转电荷量随反转次数增加而成对数减小. 用光学显微镜可看到，多次反转后的样品中有树枝状的图样从表面延伸到内部. 假定加 5V 电压于厚 100nm 的 PZT 或 $BaTiO_3$ 薄膜上，即电场为 500kV/cm. 在这样强的电场作用下，来自电极的电子可能引起碰撞电离使 Ti^{4+} 还原成 Ti^{3+}，并以陷获电子取代邻近的 O^{2-} 离子. 缺氧区域有大的电导，于是样品的有效极化减小. 树枝状图样就是缺氧区域的显示. 这一模型可以说明反转电荷随反转次数而减少的实验结果，并可解释经若干次反转后反转速率变大的现象. 因为经若干次反转后，导电区域扩展了，极化反转不再是发生于两电极之间，而是发生于两个缺氧的树枝状区域之间，它们间的距离较小，电场较强，所以反转速率变大.

减小疲劳效应的途径是选择材料的组成和采用适当的工艺，这两方面近年来都有很大进展. 例如，用 Sol - Gel 制备的含铋层状钙钛矿化合物 $Bi_4Ti_3O_{12}$ 薄膜在反转 10^8 次后极化无任何变化，反转 10^{10} 次后极化下降约 13%[86]. 日本松下公司和美国 Symetrix 公司联合组宣布已获得反转 5×10^{12} 后剩余极化仅降低 5% 的薄膜，并用它制成了工作电压仅 3V，反转时间 100ns 的 256kbit 存贮器[87]. 该材料在前两年仅以代号 $Y-1$ 表示，现在才公开为 $SrBi_2Ta_2O_9$. 值得注意的是，这是又一种含铋层状钙钛矿化合物.

在工艺方面，针对空间电荷对电畴的钉扎作用，提出了用强电场退钉扎的方法. 例如对 KNO_3 和 PZT 薄膜，施加电压大于正常工作电压 (5V) 就有退钉扎的效果. 文献 [88] 中报道，KNO_3 薄膜在极化反转 10^6 次后加 10V 电压可使电滞回线恢复到与新鲜样品的相同. 这一工艺对 Sol - Gel 法制备的薄膜有效，但对溅射法制备的同种 (如 PZT) 薄膜效果不明显. 其原因尚不清楚，可能是因为前者均匀性较好和晶粒尺寸较小. 电极材料对疲劳特性有重要的影响. 结构与铁电体相同或相近的材料作电极有利于减轻疲劳. 对 PZT 薄膜而言，RuO_2 电极明显优于 Pt 电极[78]. 高温超导体 Y－Ba－Cu－O 与 PZT 同属钙钛矿结构，用它作 PZT 的电极可改进 PZT 的疲劳特性[89]. 但这种材料稳定性不好，改用钙钛矿结构的金属性氧化物 $La_{0.5}Sr_{0.5}CoO_3$ 作电极则效果更佳[90]. 另外值得注意的是，表面清洁处理极为重要. 文献［91］中报道用两种方法对 PLZT 样品进行表面处理，一种是用有机溶剂（乙醇或丙酮）清洗后室温干燥，另一种是随后再进行超声清洗，并在 500—600℃加热 1h，被以金电极. 前一种方法处理的样品，在反转 10^5 次后即显示疲劳，而后一种方法处理者，至少经 10^8 次反转后仍无明显的疲劳现象.

参 考 文 献

［1］ I. S. Zheludev, Solid State Physics, **26**, ed. by H. Ehrenreich, F. Sei tz and D. Turnball, Academic Press, New York, 429 (1971).

［2］ E. G. Fesenko, V. G. Gavrilyatchenko, A. F. Semenchev, *Ferroelectrics*, **100**, 195 (1989).

［3］ T. Mitsui, J. Furuichi, *Phys. Rev.*, **90**, 193 (1953).

［4］ R. W. Cahn, *Adv. Phys.*, **3**, 363 (1954).

［5］ J. Fousek, V. Janovec, *J. Appl. Phys.*, **40**, 135 (1969).

［6］ R. I. Garber, *Zh. Eksp. Tero. Fiz.*, **17**, 48 (1947).

［7］ A. V. Turik, A. I. Chernbabov, V. Yu, *Fiz. Tverdovo Tela*, **26**, 3618 (1984).

［8］ E. G. Fesenko, V. G. Gavrilyatchenko, M. A. Martynenko, A. F. Semenchev, *Izv. Akad. Nauk SSSR, Ser. Fiz.*, **39**, 762 (1975).

［9］ Z. Saromiak, J. Dec, V. G. Gavrilyatchenko, A. F. Semenchev, *Fiz. Tverdovo Tela*, **20**, 2443 (1978).

［10］ W. L. Zhong, B. Jiang, P. L. Zhang, J. M. Ma, H. M. Cheng, Z. H. Yang, L. X. Li, *J. Phys.: Condensed Matter*, **5**, 2619 (1993).

［11］ G. Shirane, A. Takeda, *J. Phys. Soc. Jpn.*, **7**, 1 (1952).

［12］ V. A. Zhirnov, *Zh. Eksp. Teor. Fiz.*, **35**, 1175 (1958).

［13］ D. Beudon, E. H. Boudjema, R. L. Bihan, *Jpn. J. Appl. Phys.*, Supplement, **24** (2), 545 (1985).

［14］ B. Hilczer, L. Szezesniak, K. P. Meyer, *Ferroelectrics*, **97**, 59 (1989).

［15］ M. Verwerft, G. Van Tendeloo, J. Van Landuyt, S. Amelinckx, *Ferroelectrics*, **97**, 5 (1989).

［16］ R. Lebihan, *Ferroelectrics*, **97**, 19 (1989).

［17］ A. A. Sogr, *Ferroelectrics*, **97**, 47 (1989).

［18］ A. Wicker, J. F. Legrand, B. Lotz, J. C. Wittmann, *Ferroelectrics*, **106**, 51 (1990).

［19］ H. Haefke, R. Luthi, K. P. Meyerand H. J. Guntherodt, *Ferroelectrics*, **151**,

143 (1994).
[20] N. A. Tikhomirova, S. A. Pikin, L. A. Shuvalov, L. I. Dontsova, E. S. Popov, A. V. Shilinikov, L. G. Bulatova, *Ferroelectrics*, **29**, 145 (1980).
[21] M. Glogarova, *J. Physique*, **42**, 1569 (1981).
[22] J. Hatano, R. Lebihan, F. Aikawa, F. Mbama, *Ferroelectrics*, **106**, 33 (1990).
[23] M. Polomska, R. Jakubas, *Ferroelectrics*, **106**, 57 (1990).
[24] J. F. Petroff, *Phys. Stat. Sol.*, **31**, 285 (1969).
[25] M. Takagi, Y. Tokugawa, S. Suzuki, *Jpn. J. Appl. Phys.*, Supplement, **24** (2), 536 (1985).
[26] J. P. Dougherty, E. Sawaguchi, L. E. Cross, *Appl. Phys. Lett.*, **20**, 364 (1972).
[27] S. S. Kulkarni, *Ferroelectrics*, **9**, 245 (1975).
[28] G. Dolino, *Appl. Phys. Lett.*, **22**, 123 (1973).
[29] J. G. Bergman, G. R. Crane, A. A. Ballman, H. M. O. Obryan, *Appl. Phys. Lett.*, **21**, 497 (1972).
[30] 闵乃本，物理学进展，**13**，26 (1993).
[31] M. M. Fejer, G. A. Magel, E. J. Lim, *Proc. SPIE.*, **1148**, 213 (1989).
[32] I. Webjorn, F. Laurell, G. Arvidsson, *J. Light Wave Technol.*, **7**, 1597 (1989).
[33] M. Yamada, N. Nada, M. Saitoh, K. Watanabe, *Appl. Phys. Lett.*, **62**, 435 (1993).
[34] K. Mizuuchi, K. Yamamoto, *Appl. Phys. Lett.*, **60**, 1283 (1992).
[35] M. C. Gupta, W. P. Risk, A. C. G. Nutt, S. D. Lau, *Appl. Phys. Lett.*, **63**, 1167 (1993).
[36] Y. H. Xue, N. B. Ming, I. S. Zhao, D. Feng, *Chin. Phys.*, **4**, 554 (1983).
[37] J. Chen, Q. Zhou, J. F. Hong, W. S. Wang, N. B. Ming, D. Feng, C. G. Fang, *J. Appl. Phys.*, **66**, 336 (1989).
[38] G. Arlt, P. Sasko, *J. Appl. Phys.*, **51**, 4956 (1980).
[39] G. Arlt, D. Hennings, G. de With, *J. Appl. Phys.*, **58**, 1619 (1985).
[40] G. Arlt, *J. Mater. Sci.*, **25**, 217 (1990).
[41] G. Arlt, *Ferroelectrics*, **104**, 2655 (1990).
[42] K. Uchino, E. Sadanaga, T. Hirose, *J. Am. Ceram. Soc.*, **72**, 1555 (1989).
[43] 王春雷、钟维烈、张沛霖，物理学报，**42**，1703 (1993).
[44] Y. G. Wang, W. L. Zhong, P. L. Zhang, *Phys. Rev.*, **B51**, 5311 (1995).
[45] W. L. Zhong, Y. G. Wang, P. L. Zhang, *Phys. Lett.*, **A189**, 121 (1994).
[46] W. J. Merz, *J. Appl. Phys.*, **27**, 938 (1956).
[47] A. A. Ballman, H. Brown, *Ferroelectrics*, **4**, 189 (1972).
[48] W. J. Merz, *Phys. Rev.*, **95**, 690 (1954).
[49] H. L. Stadler, P. L. Zachmanids, *J. Appl. Phys.*, **34**, 3255 (1963).

[50] H. L. Stadler, *J. Appl. Phys.*, **37**, 1947 (1966).
[51] R. C. Miller, A. Savage, *J. Appl. Phys.*, **31**, 662 (1960).
[52] R. C. Miller, A. Savage, *Phys. Rev.*, **115**, 1176 (1959).
[53] H. L. Stadler, P. L. Zachmanids, *J. Appl. Phys.*, **35**, 2895 (1964).
[54] R. C. Miller, G. Weinreich, *Phys. Rev.*, **117**, 1460 (1960).
[55] M. Hayashi, *J. Phys. Soc. Jpn.*, **33**, 616 (1972).
[56] A. G. Chynoweth, *Phys. Rev.*, **110**, 1316 (1958).
[57] D. J. White, *J. Appl. Phys.*, **32**, 1169 (1961).
[58] E. Fatuzzo, *Phys. Rev.*, **127**, 1999 (1962).
[59] Y. Ishibashi, Y. Takagi, *J. Phys. Soc. Jpn.*, **31**, 506 (1971).
[60] Y. Ishibashi, *J. Phys. Soc. Jpn.*, **59**, 4148 (1990).
[61] Y. Ishibashi, H. Orihara, *J. Phys. Soc. Jpn.*, **61**, 4650 (1992).
[62] H. L. Stadler, *Ferroelectrics*, **137**, 373 (1992).
[63] K. Dimmber, M. Parris, D. Butler, S. Eaton, B. Poulingry, J. F. Scott, Y. IShibashi, *J. Appl. Phys.*, **61**, 5467 (1987).
[64] H. M. Duiker, P. D. Beale, *Phys. Rev.*, **B41**, 490 (1990).
[65] R. Landauer, D. R. Young, M. E. Drougard, *J. Appl. Phys.*, **27**, 752 (1959).
[66] H. H. Wieder, *J. Appl. Phys.*, **26**, 1479 (1955).
[67] E. Fatuzzo, W. J. Merz, *J. Appl. Phys.*, **32**, 1685 (1961).
[68] H. F. Kay, J. W. Dum, *Phi. Mag.*, **7**, 2027 (1962).
[69] J. F. Scott, L. Kammerdiner, M. Parris, S. Traynor, V. Ottenbacher, A. Shawabkeh, W. F. Oliver, *J. Appl. Phys.*, **64**, 787 (1988).
[70] J. F. Scott, L. D. McMillan, C. A. Paz de Araujo, *Ferroelectrics*, **93**, 31 (1989).
[71] J. F. Scott, C. A. Paz de Araujo, *Science*, **246**, 1400 (1989).
[72] T. Rost, R. Baumann, T. A. Rabson, *Ferroelectrics*, **93**, 51 (1989).
[73] C. J. Brennan, *Ferroelectrics*, **132**, 245 (1992).
[74] Y. Sakashita, H. Segawa, K. Tominaga, M. Okada, *J. Appl. Phys.*, **73**, 7857 (1993).
[75] P. K. Larsen, G. J. M. Dormans, D. J. Taylor, P. J. Veldhoven, *J. Appl. Phys.*, **76**, 2405 (1994).
[76] K. W. Plessner, *Proc. Phys. Soc. London, Sect.*, **B69**, 1261 (1956).
[77] S. Ikegama, J. Ueda, *J. Phys. Soc. Jpn.*, **22**, 725 (1967).
[78] H. Dederichs, G. Arlt, *Ferroelectrics*, **68**, 281 (1986).
[79] W. J. Merz, J. R. Anderson, *Bell Lab. Record*, **33**, 335 (1955).
[80] C. Karan, IBM Tech. Report, No. 006071573 (1955).
[81] I. K. Yoo, S. B. Desu, *Phys. Stat. Sol.*, **(a) 133**, 565 (1992).
[82] C. A. Araujo, L. D. Mcmillan, M. Bradley, *Ferroelectrics*, **104**, 241 (1990); J. F. Scott, C. A. Araujo, B. M. Meinick, L. D. Mcmillan, R. Zuleeg, *J. Appl. Phys.*, **70**, 382 (1991).
[83] J. Chen, M. D. Harmer, D. M. Smith, *J. Appl. Phys.*, **76**, 5394 (1994).
[84] R. M. Waser, *J. Am. Ceram. Soc.*, **72**, 2234 (1989).

[85] K. Amanuma, T. Hase, Y. Miyasaka, *Jpn. J. Appl. Phys.*, **33**, 5211 (1994).
[86] P. C. Joshi, S. B. Krupanidh, A. Mansingh, *J. Appl. Phys.*, **72**, 5517 (1992).
[87] C. A. Araujo, *Ferroelectricity Newsletter*, **2** (1), 2 (1994).
[88] J. F. Scott, B. Poulingny, *J. Appl. Phys.*, **64**, 1547 (1988).
[89] R. Ramesh, W. K. Chan, B. Wilkens, H. Gilchrist, T. Sands, J. M. Tarascon, V. G. Keramidas, *Appl. Phys. Lett.*, **61**, 1537 (1992).
[90] J. T. Cheung, P. E. D. Morgen, D. H. Lowndes, X. Y. Zhang, *Appl. Phys. Lett.*, **62**, 2045 (1993).
[91] Q. Jiang, W. Cao, L. E. Cross, *J. Am. Ceram. Soc.*, **77**, 211 (1994).

第六章　介电响应

电介质的本质特征是以极化的方式传递、存贮或记录电场的作用和影响，因此极化率（或电容率）是表征电介质的最基本的参量. 铁电体是一类特殊的电介质，其电容率的特点是，数值大，非线性效应强，有显著的温度依赖性和频率依赖性. 研究电容率及其在各种条件下的变化，可以得到关于铁电体结构、缺陷和相变的重要信息，而且铁电体的高电容率还是它用作高比容电容器材料的基础. 本章在简述电容率的测量以后，首先讨论铁电体的电容率与频率的关系，重点介绍介电弛豫，接着讨论相变温度附近电容率的变化，最后讨论电容率与电畴的关系以及电容率的尺寸效应.

§6.1　电容率及其测量

电容率 $\boldsymbol{\varepsilon}$ 是联系电位移 $\boldsymbol{D}$ 和电场 $\boldsymbol{E}$ 的对称二阶张量，其分量 $\varepsilon_{mn}=\partial D_m/\partial E_n$，单位为 F/m. 相对电容率为 $\varepsilon_r=\varepsilon_{mn}/\varepsilon_0=\varepsilon'_r-i\varepsilon''_r$，$\varepsilon_0=8.85\times10^{-12}$F/m 为真空电容率. 另一个常用的参量是介电损耗正切 $\tan\delta=\varepsilon''_r/\varepsilon'_r$. 在电场 $E=E_0\cos\omega t$ 作用下，电位移为 $D=D_0\cos(\omega t-\delta)$，于是单位时间内单位体积电介质内能量损耗为 $\omega\varepsilon_0\varepsilon''_rE_0^2/2\approx\omega\tan\delta E_0D_0/2$，所以 ε_r'' 或 $\tan\delta$ 反映了能量损耗的大小.

电容率的测量方法可见有关著作[1-3]，这里针对铁电体指出测量中应注意的一些问题.

第一，电容率 ε_{mn} 组成一个对称二阶张量，非零独立分量的个数随点群对称性的降低而增多. 铁电体是属于 10 个极性点群的晶体，独立的非零分量最少的也有两个. 测量时必须选择合适的晶体切向和尺寸，安排好晶体和电场的取向，这较各向同性材料或立方晶体复杂得多，后面两种材料的电容率只有一个独立分量.

第二，铁电体的特征之一是极化与电场强度之间呈非线性关系. 激励电场强度不同，电容率可能差别很大，因此必须规定和说明测量时的电场强度. 通常主要研究的是初始状态下的小信号电容率 $\varepsilon=(\partial D/\partial E)\big|_{E=0}$.

第三，铁电体具有压电性，其电学量与力学条件有关（见第七章）. 自由电容率大于夹持电容率，二者之差与压电性的强弱有关. 测量频率接近样品的谐振频率时，电容率呈现反常变化. 低频电容率是指远低于样品谐振频率时的电容率，即自由电容率.

第四，通常测量过程满足绝热条件，得到的是绝热电容率，它与等温电容率的差别见§6.4所述.

测量方法的选择决定于多种因素，其中最主要的是频率范围. 根据测量频率范围，所有的测量方法可分为集中参量回路和分布参量系统两大类.

用集中参量回路所测量电容率的频率范围为0—100MHz. 在甚低频（0.1Hz以下），一般用吸收电流法，即观测施加电场后电流随时间的变化. 0.1—10Hz时常用超低频电桥. 频率继续升高，依次可采用电桥法、拍频法和谐振法. 拍频法测量 ε'_r 的准确度很高，但不能测量介电损耗. 普通电桥法的上限频率为1MHz，但采用双T电桥可使上限频率达到100MHz. 集中参量回路法已经发展完善，实用中没有大的困难. 现在的阻抗分析仪可实现从几赫到几百兆赫的介电测量，并可由内设的微机控制自动进行，为低频介电特性的研究提供了快速准确的测量手段.

分布参量系统的测量方法有多种，表6.1列出了各种方法和它们的适用范围. 由表可见，每种方法适用的范围有较严格的限制. 铁电体电容率大，损耗正切范围宽，而且往往难以得到尺寸足够大的样品，加工也比较困难. 考虑到这些因素，较好的方法有三种. 第一，同轴测量线中的圆片法. 只要在计算公式中计入电场的非均匀性并满足一定的边界条件，此法可用于0.5—18GHz，而且被测电容率 ε_r 可达100. 它的另一优点是圆片容易加工，避免了通常同轴线法需用圆环样品的困难. 第二，谐振腔微扰法. 将很小的样品引入到谐振腔，从谐振频率和优值 Q 的变化计算 ε'_r 和损耗正切. 特点是样品很小，且计算较简单. 频率范围可达 20GHz. 第三，更高频范围要用自由空间波法. 它用光学技术测量由介质反射的电磁波或透过介质的电磁波，频率范围可与远红外波段相衔接. 用此法已测量了直至 100GHz 以上铁电体的电容率.

铁电体微波介电谱在相变研究和应用研究上都很急需，但难度很大，最近出版的文献[3]中全面介绍了实验方法和最新进展，这是关于铁电体和有关材料微波介电谱的第一部专著.

表 6.1　分布参量系统

方　　法	频率范围 (GHz)	ε'_r 范围	$\tan\delta$ 范围	样品形状
凹形谐振腔	0.1—1	1—10	10^{-4}—10^{-1}	圆片
E_0 圆柱谐振腔	0.7—3	1—10	10^{-4}—10^{-2}	小圆柱
H_{11}圆波导	3—10	1—100	10^{-4}—10^{-3}	圆柱
同轴测量线	0.5—18	1—20		圆环
		1—100		圆片
H_{10}矩形波导	9—36	1—10	10^{-3}—10^{-1}	矩形块
H_{10}圆柱谐振腔	9—36	1—10	10^{-5}—10^{-2}	圆片
自由空间波	5—300	1—20		

§6.2　两种类型的介电频谱

电介质的极化主要来自 3 个方面：电子极化、离子极化和等效偶极子的转向极化. 不同频率下，各种极化机制的贡献不同，使各种材料有其特有的介电频谱.

设在时间间隔 u 到 $u+du$ 之间，对介质施加强度为 $E(u)$ 的脉冲电场. 产生的电位移可分为两部分：一部分是 $\varepsilon(\infty)E(u)$，它随电场瞬时变化，用光频电容率 $\varepsilon(\infty)$ 表征；另一部分则由于极化的惯性而在时间 $t>u+du$ 时继续存在. 如果在不同时间有几个脉冲电场，则总的电位移应为各脉冲电场产生的电位移的叠加. 如果施加的是一起始于 $u=0$ 的连续变化的电场，则求和应改为积分

$$D(t)=\varepsilon_0\varepsilon_r(\infty)E(t)+\varepsilon_0\int_0^t E(u)\alpha(t-u)du, \qquad (6.1)$$

式中 $\alpha(t-u)$ 为衰减函数，它描写电场撤除后 D 随时间的衰减. 显然当 $t\to\infty$ 时，$\alpha(t-u)\to 0$.

现考虑施加周期性电场 $E(t)=E_0\cos\omega t$，并将变量 u 改为 $x=t-u$. 如果电场保持足够长的时间，致使 t 大于衰减函数趋于零的特征时间，则积分上限 x 可取为无穷大. 在此情况下，D 也必然随时间周期性变化

$$D(t)=D_0\cos(\omega t-\delta)=\varepsilon_0E_0(\varepsilon'_r\cos\omega t+\varepsilon''_r\sin\omega t),$$

于是可将式(6.1) 写成

$$D(t)=\varepsilon_0E_0\cos\omega t\left[\varepsilon_r(\infty)+\int_0^\infty\alpha(x)\cos\omega x dx\right]$$

$$+\varepsilon_0E_0\sin\omega t\int_0^\infty\alpha(x)\sin\omega x dx,$$

由此得到

$$\varepsilon'_r(\omega)=\varepsilon_r(\infty)+\int_0^\infty\alpha(x)\cos\omega x dx, \qquad (6.2a)$$

$$\varepsilon''_r(\omega)=\int_0^\infty\alpha(x)\sin\omega x dx, \qquad (6.2b)$$

式中 $\varepsilon_r(\infty)$ 是光频电容率的实部. 此式可统一写为

$$\varepsilon_r(\omega)=\varepsilon_r(\infty)+\int_0^\infty\alpha(x)\exp(-i\omega x)dx. \qquad (6.3)$$

由此可知，只要知道系统的衰减函数，就可得到介电频谱.

上式还表明，ε'_r 和 ε''_r 都可由同一函数导出，所以它们不可能是相互独立的. 现求它们的关系. 对式 (6.2a) 和式 (6.2b) 作

傅里叶变换，可求得衰减函数

$$\alpha(x) = \frac{2}{\pi}\int_0^\infty [\varepsilon'_r(\omega') - \varepsilon_r(\infty)]\cos\omega' x d\omega', \quad (6.4a)$$

$$\alpha(x) = \frac{2}{\pi}\int_0^\infty \varepsilon''_r(\omega')\sin\omega' x d\omega'. \quad (6.4b)$$

将式（6.4a）代入式（6.2b），式（6. 4b）代入式（6.2a），就得到熟知的 Kramers－Kronig 关系

$$\varepsilon'_r(\omega) - \varepsilon_r(\infty) = \frac{2P}{\pi}\int_0^\infty \varepsilon''_r(\omega')\frac{\omega'}{\omega'^2 - \omega^2}d\omega', \quad (6.5a)$$

$$\varepsilon''_r(\omega) = \frac{2P}{\pi}\int_0^\infty [\varepsilon'_r(\omega') - \varepsilon_r(\infty)]\frac{\omega}{\omega^2 - \omega'^2}d\omega', \quad (6.5b)$$

式中积分前的字母 P 表示积分时取 Cauchy 积分主值，即积分路径绕开奇点 $\omega=\omega'$. 此式表明，如果在足够宽的频率范围内已知 $\varepsilon'_r(\omega)$，则可计算出 $\varepsilon''_r(\omega)$，反之亦然."足够宽"的含义是在该范围以外，ε'_r 和 ε''_r 无明显的色散.

式(6.3)表明，不同系统的特性表现在衰减函数 $\alpha(x)$ 上. 铁电体大致可分为两种类型，即有序无序型和位移型. 就对电场的响应来说，前者可近似描写为可转动的偶极子的集合，后者可近似描写为有阻尼的准谐振子系统. 对于偶极子系统，电场撤除后，偶极子由有序到无序（即极化消失）的过程是一个弛豫过程，可用 exp（$-t/\tau$）描写，τ 是弛豫时间. 为使式（6.3）的积分成为无量纲的量，我们将衰减函数写为

$$\alpha(t) = \frac{\varepsilon_r(0) - \varepsilon_r(\infty)}{\tau}\exp(-t/\tau), \quad (6.6)$$

$\varepsilon_r(0)$和 $\varepsilon_r(\infty)$分别为静态和光频电容率的实部. 将此式代入式(6.3)，即得如下的介电色散方程：

$$\varepsilon_r(\omega) = \varepsilon_r(\infty) + \frac{\varepsilon_r(0) - \varepsilon_r(\infty)}{1 + i\omega\tau}, \quad (6.7a)$$

这就是德拜针对无相互作用的转向偶极子集合体得出的介电弛豫方程. 令上式两边实部和虚部分别相等，得出

$$\varepsilon'_r(\omega) = \varepsilon_r(\infty) + \frac{\varepsilon_r(0) - \varepsilon_r(\infty)}{1 + (\omega\tau)^2}, \quad (6.7b)$$

$$\varepsilon_r''(\omega) = \frac{\varepsilon_r(0) - \varepsilon_r(\infty)}{1 + (\omega\tau)^2}\omega\tau. \tag{6.7c}$$

图 6.1 示出了此式的图象. 可以看到，ω 等于 τ^{-1}时，ε'_r 急剧下降，此时 $\varepsilon'_r = [\varepsilon_r(0) + \varepsilon_r(\infty)]/2$，同时 ε''_r 呈现极大值，$\varepsilon''_r = [\varepsilon_r(0) - \varepsilon_r(\infty)]/2$.

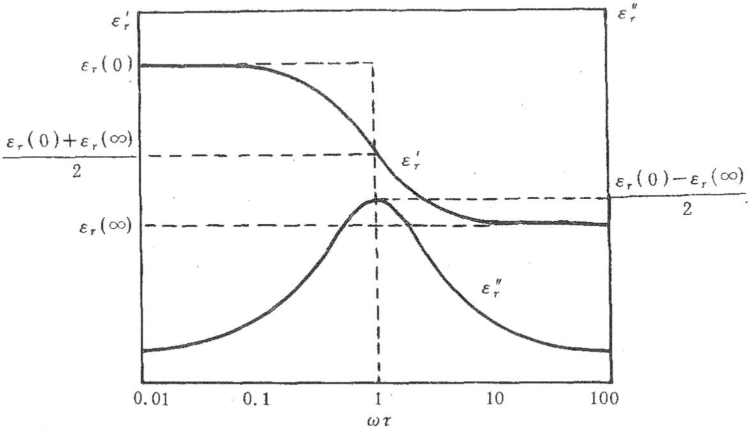

图 6.1 德拜介电弛豫中电容率实部和虚部与频率的关系.

对于阻尼谐振子系统，电场撤除后振子作衰减振动，其频率 ω_1 低于固有频率 ω_0，振幅随时间指数衰减. 这可用 $\exp(-\gamma t/2)\sin(\omega_1 t)$ 来描写，其中 γ 是阻尼系数，其大小等于阻尼力与动量之比. 为使式 (6.3) 的积分成为无量纲的量，我们将衰减函数写成

$$\alpha(t) = \omega_0 \exp(-\gamma t/2)\sin\omega_1 t, \tag{6.8}$$

式中 $\omega_1 = (\omega_0^2 - \gamma^2/4)^{1/2}$. 将式(6.8) 代入式 (6.3)，即得谐振型的介电色散方程

$$\varepsilon_r(\omega) = \varepsilon_r(\infty) + \frac{\Omega^2}{\omega_0^2 - \omega^2 + i\omega\gamma}, \tag{6.9}$$

其中 $\Omega^2 = \omega_0\omega_1$. 分别写出实部和虚部，则得出

$$\varepsilon'_r(\omega) = \varepsilon_r(\infty) + \frac{\Omega^2(\omega_0^2 - \omega^2)}{(\omega_0^2 - \omega^2)^2 + \omega^2\gamma^2},$$

$$\varepsilon''_r(\omega) = \frac{\Omega^2\omega\gamma}{(\omega_0^2 - \omega^2)^2 + \omega^2\gamma^2},$$

此二式的图象如图 6.2 所示.

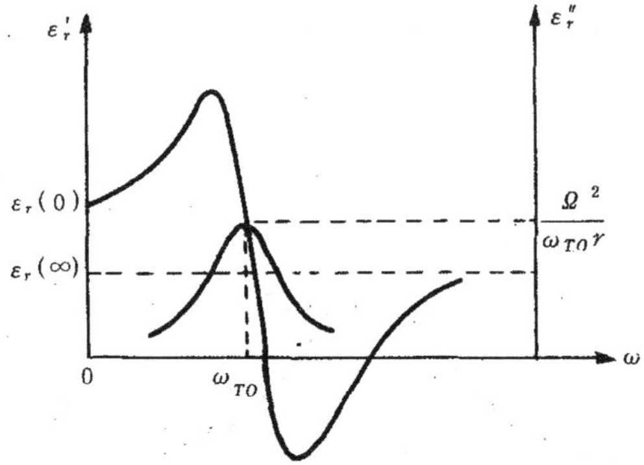

图 6.2　谐振型介电响应中电容率实部和虚部与频率的关系.

上式适用于各种阻尼谐振系统，当用于声子系统时，ω_0 应为光学横模频率. 设立方晶体每个原胞有两种离子，分别求解它们在外电场作用下的受迫振动方程，可得出电容率的表达式如下：

$$\varepsilon_r(\omega) = \varepsilon_r(\infty) + \frac{nq^2}{\varepsilon_0\mu\omega_{TO}^2}\frac{\omega_{TO}^2}{\omega_{TO}^2 - \omega^2 + i\omega\gamma},$$

式中 n 是单位体积的振子数，q 是有效电荷，μ 是约化质量，ω_{TO}是光学横模频率. 右边第二项的系数无量纲，称为振子强度，记为 f，于是上式变为

$$\varepsilon_r(\omega) = \varepsilon_r(\infty) + f\frac{\omega_{TO}^2}{\omega_{TO}^2 - \omega^2 + i\omega\gamma}. \tag{6.10}$$

此式表明，电容率(实部)在光学横模频率呈现极点. 与此相反，在光学纵模频率电容率为零. 后者可由麦克斯韦方程看出. 设晶体中不存在自由电荷，且解为平面波 $\boldsymbol{E}=\boldsymbol{E}_0\exp i(\boldsymbol{q}\cdot\boldsymbol{r}-\omega t)$，故

$$\nabla\cdot\boldsymbol{D} = \varepsilon\boldsymbol{q}\cdot\boldsymbol{E} = 0.$$

在一般情况下，波矢 $\boldsymbol{q}$（以及原子位移）具有与电场平行和垂直的两分量．对于纵波，因 $\boldsymbol{q}\cdot\boldsymbol{E}\neq 0$，只有 $\varepsilon=0$ 才能使上式成立，所以

$$\varepsilon(\omega_{LO})=0.$$

令阻尼系数 $\gamma=0$，由式(6.10) 解出静态电容率

$$\varepsilon_r(0)=\varepsilon_r(\infty)+\frac{f\omega_{TO}^2}{\omega_{TO}^2}.$$

又由式(6.10) 可知，当 $\omega=\omega_{LO}$时，有

$$0=\varepsilon_r(\infty)+\frac{f\omega_{TO}^2}{\omega_{TO}^2-\omega_{LO}^2}.$$

由此二式消去 $f\omega_{TO}^2$可得出 LST 关系，即

$$\frac{\varepsilon_r(0)}{\varepsilon_r(\infty)}=\frac{\omega_{LO}^2}{\omega_{TO}^2}. \tag{6.11}$$

如果每个原胞含有多于两种离子，且形成振荡偶极子的振模（称为红外活性模）共有 p 个，则式(6.10)应推广为

$$\varepsilon_r(\omega)=\varepsilon_r(\infty)+\sum_{j=1}^{p}\frac{f_j\omega_{TOj}^2}{\omega_{TOj}^2-\omega^2+i\omega\gamma}, \tag{6.12}$$

f_j 为第 j 个振子的强度．

与式(6.11)的推导相似，由式(6.12)可得多振子系统的 LST 关系

$$\frac{\varepsilon_r(0)}{\varepsilon_r(\infty)}=\prod_{j=1}^{p}\frac{\omega_{LOj}^2}{\omega_{TOj}^2}. \tag{6.13}$$

式(6.12) 所表示的三参量模型只适用于各振子频率相距较远、且阻尼较小的情况．在接近相变时振模软化，声子谱一般由相互耦合、且严重阻尼的模所组成，此时可采用如下的四参量模型：

$$\varepsilon_r(\omega)=\varepsilon_r(\infty)+\prod_{j=1}^{p}\frac{\omega_{LOj}^2-\omega^2+i\omega\gamma_{LOj}}{\omega_{TOj}^2-\omega^2+i\omega\gamma_{TOj}},$$

此式是多振子系统中与频率有关的 LST 关系．

光学横模的频率 ω_{TO}一般在红外范围，所以研究位移型铁电体的介电色散要采用红外技术．又因为这些模的吸收系数大，通常不是测量红外吸收而是测量红外反射谱．通过与实验数据拟合来

确定振模参量和电容率. 图 6.3 示出的是位移型铁电体 $LiNbO_3$ 沿极轴电容率的频谱[4]，其中 10^{12}—10^{13}Hz 处的谐振型色散是软模的贡献.

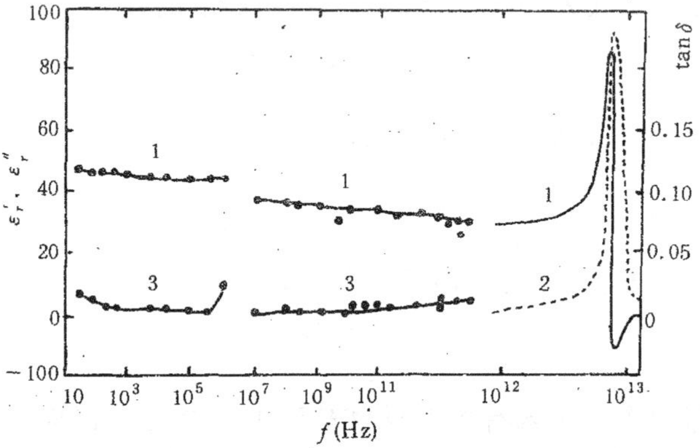

图 6.3 $LiNbO_3$ 沿 c 轴电容率的频率特性[4]，
1 为实部，2 为虚部，3 为损耗正切.

由式 (6.12) 可知，静态电容率为

$$\varepsilon_r(0) = \varepsilon_r(\infty) + \sum_{j=1}^{p} f_j, \tag{6.14}$$

但此式成立的条件是在红外以下的频率范围不存在色散. 实际上大多数位移型铁电体也并不呈现单纯的谐振型介电响应，由式(6.14)得出的电容率一般明显小于低频时实测的电容率.

与位移型铁电体不同，有序无序型铁电体的介电弛豫频率 $1/\tau$ 通常位于微波或更低的范围，所以借助普通的介电测量即可得到有序无序型铁电体的介电色散.

§6.3 介电弛豫

式 (6.7) 反映了介电弛豫的基本特征，其中的弛豫时间 τ 是温度的函数. 我们在 §4.6 中讨论过临界慢化，即赝自旋系统弛豫

时间在 T_c 附近急剧增大. 现在考查临界慢化在介电谱上的具体表现. 利用偶极子转向模型可以推知[5], 弛豫时间与 $\varepsilon_r(0)-\varepsilon_r(\infty)$ 成正比

$$\tau = [\varepsilon_r(0) - \varepsilon_r(\infty)]\tau_1, \tag{6.15}$$

又因为 $\varepsilon_r(0)-\varepsilon_r(\infty)$满足居里-外斯定律

$$\varepsilon_r(0) - \varepsilon_r(\infty) = \frac{C}{T - T_c}, \tag{6.16}$$

这里考虑的是二级相变铁电体, 所以由以上二式可知, 若忽略 τ_1 对温度的依赖性, 则有

$$\tau = \frac{C\tau_1}{T - T_c}. \tag{6.17}$$

将式(6.16) 和 (6.17) 代入式 (6.7), 得出

$$\varepsilon'_r(\omega) - \varepsilon_r(\infty) = \frac{C(T - T_c)}{(T - T_c)^2 + \omega^2 C^2 \tau_1^2}, \tag{6.18a}$$

$$\varepsilon''_r(\omega) = \frac{\omega C^2 \tau_1}{(T - T_c)^2 + \omega^2 C^2 \tau_1^2}. \tag{6.18b}$$

图 6.4 示出了此两式在几个频率时的图象, 其中特征频率 $\omega_1 = 1/\tau_1$. 可以看到, 虽然零频电容率实部在 T_c 发散, 但较高频率时其值为零, 仅在 T_c 两侧出现极大. 随着频率升高, 这两个极大值之间距离增大. 另一方面, T_c 处电容率虚部出现极大, 随着频率升高, 极大值的高度降低, 峰宽增大.

德拜弛豫中 ε'_r 与 ε''_r 的关系可以方便地用所谓 Argand 图表示. 在式 (6.7b) 和 (6.7c) 中消去 ω, 得到

$$\left\{\varepsilon'_r(\omega) - \left[\frac{\varepsilon_r(0) + \varepsilon_r(\infty)}{2}\right]\right\}^2 + [\varepsilon''_r(\omega)]^2 = \left[\frac{\varepsilon_r(0) - \varepsilon_r(\infty)}{2}\right]^2, \tag{6.19}$$

这是在 ε'_r 和 ε''_r 为轴的直角坐标系中, 以($[\varepsilon_r(0)+\varepsilon_r(\infty)/2, 0]$)为中心、以$[\varepsilon_r(0)-\varepsilon_r(\infty)]/2$ 为半径的圆的方程. 这表明不同频率下, $(\varepsilon'_r, \varepsilon''_r)$的轨迹是一半圆(如图 6.5 所示), 并称为 Cole - Cole 圆.

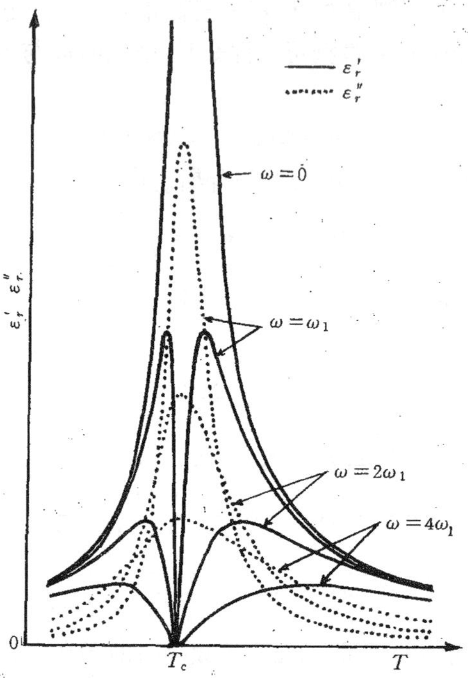

图 6.4 几个频率时弛豫型铁电体电容率实部和虚部与温度的关系.

以上这些特征在一些有序无序型铁电体中的确观测到了. 硝酸二甘氨酸[$(NH_2CH_2COOH)_2HNO_3$，简称 DGN]就是一个实例. DGN 与 TGS 相似，是二级相变有序无序型铁电体. 其居里点 $T_c=206$K，T_c 上下空间群分别为 $P2_1/a$ 和 Pa，自发极化沿镜面内的[101]方向. 晶体中有 NH_3 基团和普通甘氨酸分子以及两性(阴阳)甘氨酸分子，它们由氢键联结. 氢在联结两个甘氨酸分子的氢键的两个平衡位置间进行越垒运动，改变这两个甘氨酸分子的性质，使离氢较远的那个成为两性的，而且伴随有 NH_3 基团的转动. 氢的有序化是铁电性的起因. 图 6.6 示出了该晶体在几个不同温度时电容率随频率的变化[6]，这与图 6.1 的基本特征是一致的. 图 6.7 示出了几个不同频率下电容率实部对温度的依赖

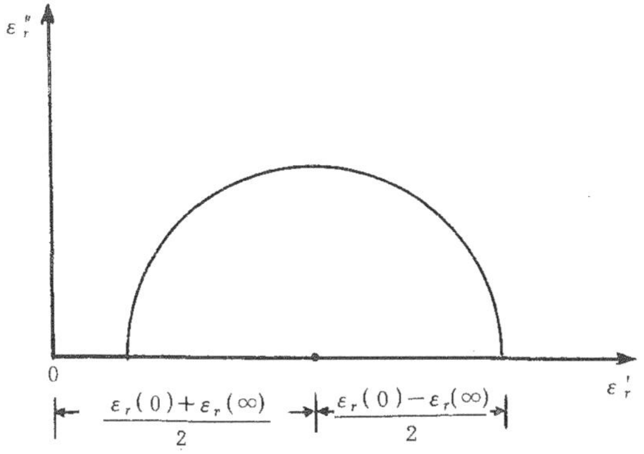

图 6.5 Cole－Cole 圆.

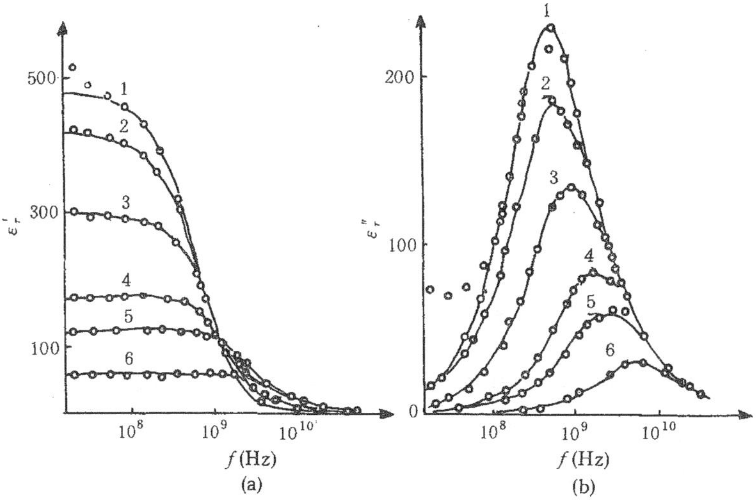

图 6.6 DGN 晶体极轴电容率实部（a）和虚部（b）的频率特性. 曲线旁的数字代表温度 $T-T_c$（K）：1——－0.4K，2——－1K，3——－2K，4——－4K，5——－6K，6——－14K[6].

性[6]，这与图 6.4 所示的相符合. 图 6.8 示出不同频率下电容率实部与虚部的关系[6]，它是圆心在 ε'_r 轴上的半圆.

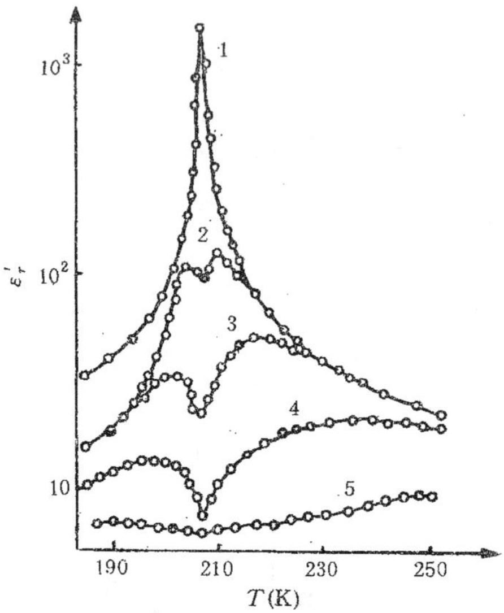

图 6.7 DGN 晶体极轴电容率对温度的依赖性[6]. 曲线旁的数字代表频率：1——0.001GHz，2——1.15GHz，3——4.00GHz，4——12.0GHz，5——42.0GHz.

应该说，大多数实验结果与德拜弛豫特性并不完全一致. 德拜理论作了一些简化假设，忽略了偶极子之间的相互作用，并认为各偶极子具有单一的弛豫时间. 如果认为弛豫时间呈一定的分布，则式（6.7）应写成

$$\varepsilon_r(\omega) = \varepsilon_r(\infty) + [\varepsilon_r(0) - \varepsilon_r(\infty)]\int_0^\infty \frac{f(\tau)d\tau}{1 + i\omega\tau}, \quad (6.20)$$

式中 $f(\tau)$是弛豫时间分布函数. 原则上，我们总可以选择适当的分布函数，使由上式给出的结果拟合于实验数据，但这又要借助于其他一些假设，我们不深究这个问题.

研究弛豫时间分布的另一方法是作 Argand 图. 如果只存在单一弛豫时间，则得到的是圆心位于 ε_r' 轴上的 Cole - Cole 圆. 经常遇到的是 Cole - Cole 弧. 它仍然是圆的一部分，但圆心位于 ε'_r

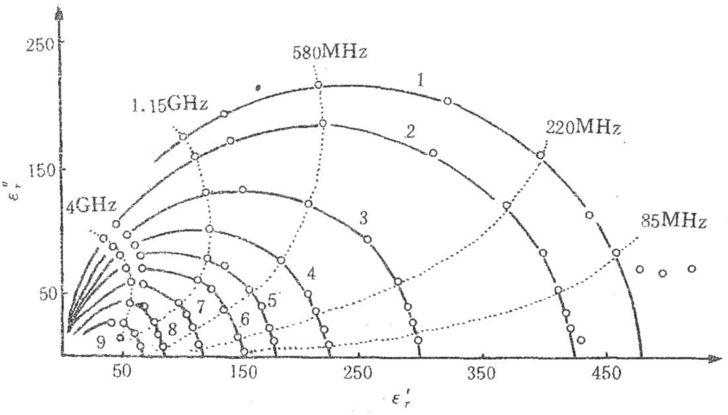

图 6.8 DGM 晶体在顺电相的 Cole－Cole 圆[6]. 曲线旁的数字代表温度 $T-T_c$ (K)：1—0.4K，2—1K，3—2K，4—3K，5—4K，6—5K，7—7K，8—10K，9—14K.

轴下方，如图 6.9 (a) 所示. Cole－Cole 对此提出一个修正的德拜公式

$$\varepsilon_r(\omega)=\varepsilon_r(\infty)+\frac{\varepsilon_r(0)-\varepsilon_r(\infty)}{1+(i\omega\tau)^{1-h}}, \qquad (6.21)$$

式中 $0\leqslant h\leqslant 1$ 是表征图形扁平程度的参量. 圆心到 ε'_r 轴的距离为 $0.5[\varepsilon_r(0)-\varepsilon_r(\infty)]\tan(h\pi/2)$. $h=0$ 时，上式简化为式(6.7)，h 越大表示弛豫时间分布越宽.

另一种常见的 Argand 图如图 6.9 (b) 所示，它不再是圆的一部分. Davidson 和 Cole 提出如下的修正公式：

$$\varepsilon_r(\omega)=\varepsilon_r(\infty)+\frac{\varepsilon_r(0)-\varepsilon_r(\infty)}{(1+i\omega\tau)^{\alpha}}, \qquad (6.22)$$

式中 $0\leqslant\alpha\leqslant 1$. 当 $\alpha=1$ 时此式简化为式(6.7). α 越小表示弛豫时间分布越宽.

实验结果偏离德拜特性的另一原因是电导率不为零. 电导率对介电特性的影响是使电容率的虚部增大. 设电导率为 σ，则其对

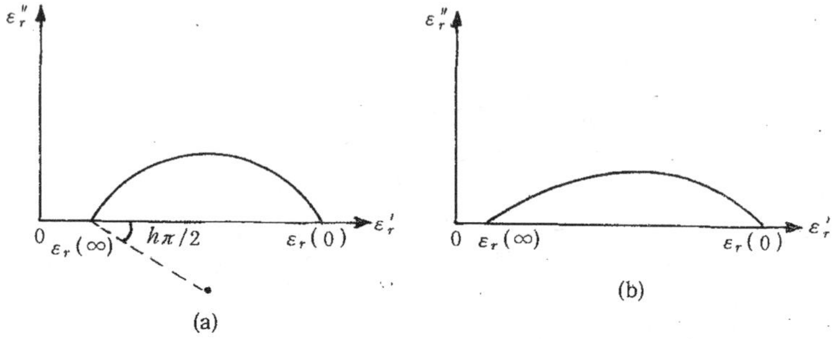

图 6.9 Cole－Cole 弧（a）和 Davidson－Cole 图（b）.

电容率的贡献是$-i\sigma/\omega$，于是式（6.7）应为

$$\varepsilon_r(\omega)=\varepsilon_r(\infty)+\frac{\varepsilon_r(0)-\varepsilon_r(\infty)}{1+i\omega\tau}-i\frac{\sigma}{\omega}. \qquad (6.23)$$

在 Argand 图上，电导率使低频部分的曲线上扬. 一种用作 PTCR 材料的铁电半导体 $BaTiO_3$ 陶瓷的 Argand 图如图 6.10 所示[7]. 该材料在室温时的电阻率为 2Ω·m，即电导率很大，故低频 ε''_r 急剧升高. 在图 6.8 的曲线 1 和 2 中，也可看到低频时 ε''_r 升高的现象.

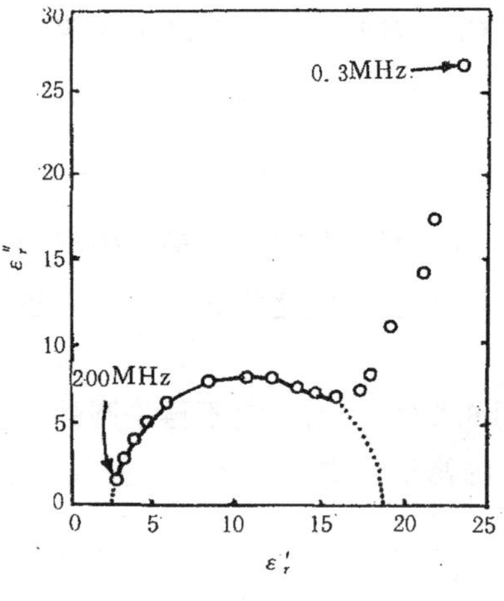

图 6.10 铁电半导体 $BaTiO_3$ 陶瓷的室温 Argand 图[7].

除开偶极子的有序无序运动以外，铁电体中其他机制也可导致介电弛豫. 在 § 6.5 中，我们将讨论电畴对介电特性的影响，这里仅指出一种有趣的超低频介电弛豫[8,9]，其弛豫时间长达数百秒. 在未经单畴化处理的铁电陶瓷中，这种弛豫很显著，单

畴化处理后则基本消失，这表明其起源可能是极缓慢的电畴过程[8].

四方钨青铜型铁电体是一大类含氧八面体的铁电体. 据已有的介电测量得知，它们无一例外地呈现低频（兆赫范围）介电弛豫. 这种介电弛豫可用转动模模型加以解释[10,11]. 氧八面体（如 NbO_6）绕其相邻离子（如 Sr，Ba）的转动形成一种局域转动模，它与晶格模的耦合增大了电容率. 转动模在 ab 平面内，与之耦合的晶格模描写的是离子沿极轴 c 的运动. 转动模的特征频率在兆赫范围，因而导致该范围的介电弛豫.

$BaTiO_3$ 和 $PbTiO_3$ 等一些钙钛矿结构单晶和陶瓷在温度 400—800℃，频率 10^4—10^7Hz 显示介电弛豫，它可用空间电荷模型加以解释[12].

用德拜弛豫理论来解释介电弛豫已有许多年的历史，并取得了很大的成功. 虽然实际系统中呈现单一弛豫时间的并不多见，但采用弛豫时间分布函数可以解释许多系统的介电响应. 近年来，Jonscher 等从不同的观点研究了介电弛豫. 他们指出，按照弛豫时间分布的概念，介电弛豫应该敏感地依赖于材料的结构、键型以及物理和化学特性，而实际上许多在这些方面差别很大的材料却具有相似的介电频响特性. Jonscher 等分析了约 400 种材料的介电频谱数据，总结出了“普适介电响应”[13,14].

他们以复介电极化率 $\chi(\omega)=\chi'(\omega)-i\chi''(\omega)$ 描写介电响应，并且规定

$$\chi'(\omega)=\varepsilon'_r(\omega)-\varepsilon_r(\infty), \tag{6.24a}$$

$$\chi''(\omega)=\varepsilon''_r(\omega), \tag{6.24b}$$

其中 $\varepsilon_r(\infty)$ 是频率远高于损耗峰频率时的电容率. 因为集中注意低频（微波以下）损耗，故 $\varepsilon_r(\infty)$ 并不必是光频电容率. 当频率远高于所考虑的损耗峰频率时，该损耗可忽略，于是电容率为实数，故 $\varepsilon_r(\infty)$ 不再加撇. Jonscher 等发现，在损耗峰频率以上，$\chi(\omega)$ 可写为

$$\chi(\omega)=A(T)(i\omega)^{n(T)-1}, \tag{6.25a}$$

其中 $A(T)$ 和 $n(T)$ 都是与温度有关的参量，$0<n(T)<1$. 此式表明

$$\begin{aligned}\chi(\omega) &= A^{i\pi(n-1)/2}\omega^{n-1} \\ &= A\omega^{n-1}\sin(n\pi/2) - iA\omega^{n-1}\cos(n\pi/2),\end{aligned}$$

所以

$$\chi'(\omega) \propto \omega^{n-1}, \chi''(\omega) \propto \omega^{n-1}, \tag{6.25b}$$

$$\frac{\chi''(\omega)}{\chi'(\omega)} = \cot(\frac{n\pi}{2}). \tag{6.25c}$$

在损耗峰频率以下

$$\chi''(\omega) \propto \omega^{m(T)}, \tag{6.25d}$$

$m(T)$ 是另一个依赖于温度的参量，$0 \leqslant m(T) \leqslant 1$.

式(6.25) 表明，损耗峰频率以上，$\lg\chi'(\omega)$ 和 $\lg\chi''(\omega)$ 与 $\lg\omega$ 形成两条斜率为 $n-1$ 的平行直线；损耗峰以下，$\lg\chi''(\omega)$ 也与 $\lg\omega$ 成直线，斜率为 m. 属于偶极系统的材料都符合这种规律，它们的差别只是 n 和 m 不同，所以称式 (6.25) 表示的关系为普适介电响应.

显然，这种响应与德拜弛豫不同. 由德拜弛豫关系式 (6.7) 和 Jonscher 定义的复介电极化率可知

$$\frac{\chi''(\omega)}{\chi'(\omega)} = \omega\tau,$$

它并不是常数而是与 ω 有关.

关于普适介电响应的机制目前仍不很清楚. 按 Jonscher 等的观点，它起源于组成材料的各组元之间的相互关联作用或"相关激发态"，而且这些激发不属于凝聚态物质中已熟知的元激发的任何一种. 相互作用的强弱反映在指数 n 和 m 的大小上. 相互作用越强，则损耗峰越平缓，即 n 越大，m 越小. 无相互作用的极端情况是，$n=0$，$m=1$，它给出损耗峰频率以上

$$\frac{\lg\chi''(\omega)}{\lg\omega} = -1;$$

在损耗峰频率以下

$$\frac{\lg \chi''(\omega)}{\lg \omega} = 1,$$

这相应于德拜弛豫.

普适介电响应是在非铁电物质上归纳出来的,后来的实验表明,铁电体(例如 TGS 及其同系物)的介电响应也符合这一规律[15,16].

§6.4 介电响应与铁电相变

6.4.1 等温电容率与绝热电容率

在第三章中曾给出，电容率等于弹性吉布斯自由能对电位移的二阶偏微商的倒数. 由式（3.5）可知，求偏微商时必须保持温度（和应力）恒定，因此各种关系式都是对等温电容率才成立的. 实际测量时，信号频率一般在 1kHz 以上，产生的热量来不及与外界交换，故测得的是绝热电容率. 铁电体的等温电容率和绝热电容率可能有显著的差别，现在我们来探求它们之间的关系.

令绝热介电隔离率和等温介电隔离率分别为 λ^S 和 λ^T，在零场极限时，有

$$\lambda^S = \left(\frac{\partial E}{\partial D}\right)_S = \left(\frac{\partial E}{\partial D}\right)_T + \left(\frac{\partial E}{\partial T}\right)_D \left(\frac{\partial T}{\partial D}\right)_S$$

$$= \lambda^T + \left(\frac{\partial E}{\partial T}\right)_D \left(\frac{\partial T}{\partial D}\right)_S, \qquad (6.26)$$

利用弹性焓的全微分形式

$$dH_1 = TdS - x_i dX_i + E_m dD_m,$$

可知

$$\frac{\partial^2 H_1}{\partial S \partial D} = \left(\frac{\partial T}{\partial D}\right)_S = \left(\frac{\partial E}{\partial S}\right)_D = \left(\frac{\partial E}{\partial T}\right)_D \left(\frac{\partial T}{\partial S}\right)_D, \qquad (6.27)$$

代入式(6.26)，得出

$$\lambda^S = \lambda^T + \left(\frac{\partial E}{\partial T}\right)_D^2 \left(\frac{\partial S}{\partial T}\right)_D^{-1}. \qquad (6.28)$$

由式(3.14) 可得

$$\frac{\partial E}{\partial T} = \alpha_0 D,$$

且

$$\left(\frac{\partial S}{\partial T}\right)_D = \left(\frac{\partial Q}{\partial T}\right)_D \frac{1}{T} = \frac{c^D}{T}\rho,$$

式中 ρ 是密度,c^D 是电位移恒定时的比热. 于是

$$\lambda^S = \lambda^T + \frac{\alpha_0^2 T D^2}{c^D \rho}, \tag{6.29}$$

λ^T 由式(3.17) 给出. 忽略 D^6 项时, 有

$$\lambda^T = \alpha_0(T - T_0) + 3\beta D^2,$$

所以

$$\lambda^S = \alpha_0(T - T_0) + \left(3\beta + \frac{\alpha_0^2 T}{c^D \rho}\right) D^2. \tag{6.30}$$

对于二级相变铁电体,温度略低于居里点时,有

$$\lambda^T = 2\alpha_0(T_c - T),$$

$$P_s^2 = \frac{\alpha_0(T_c - T)}{\beta},$$

所以

$$\lambda^S = 2\alpha_0(T_c - T)\left(1 + \frac{\alpha_0^2 T}{2c^D \rho\beta}\right). \tag{6.31}$$

对于一级相变铁电体,因 P_S 与温度没有简单的关系式,式(6.30) 无法简化.

6.4.2 相变温度附近的电容率

在本征铁电（或反铁电）相变温度附近，静态（低频）电容率呈现极大值. 电容率的反常变化是铁电（或反铁电）相变的重要标志之一. 相对于分析晶体结构或测定自发极化来说，测量低频电容率要简单和容易得多. 许多铁电体都是首先观测到介电反常而被发现的.

由第三章已知，铁电相变可分为一级和二级的，相变的级别取决于弹性吉布斯自由能 G_1 展开式中电位移四次方项的系数 β.

$\beta<0$ 给出一级相变，$\beta>0$ 给出二级相变. 在铁电相变温度上下较窄的温度范围内，静态电容率的倒数与温度呈直线关系（居里-外斯定律）. 不管是一级相变或二级相变，ε_r（0）极大值出现的温度均相应于居里温度 T_c. 将相变温度以上 ε_r（0）的倒数对 T 的直线外推给出居里-外斯温度 T_0. $\Delta T=T_c-T_0$ 是相变级别的一个重要标志，$\Delta T=0$ 表示相变是二级的，$\Delta T\neq 0$ 表示相变是一级的.

相变温度上下，ε_r（0）的倒数对 T 的直线有不同的斜率，该斜率等于居里常量的倒数. 设相变温度以上居里常量为 C，相变温度以下为 C'. 典型的一级相变 $C/C'=8$，二级相变 $C/C'=2$. 实际样品中，C/C' 有一定的范围[17]，一级相变 $C/C'>4$，二级相变 $C/C'<4$. 居里常量 C 与相变的类型也有一定的关系. 位移型铁电体的居里常量一般为 10^5K 的量级，有序无序型的一般为 10^3K 量级[18]. 上述各种信息，都可由相变温度附近的静态电容率得出.

$PbTiO_3$ 和 TGS 分别可作为一级和二级相变铁电体的代表，图 6.11[19]和图 6.12[20,21]分别示出了它们在相变温度附近的低频电容率. $PbTiO_3$ 的 $T_c=765$K，$T_0=722$K，$C=4.1\times10^5$K，$C'=0.6\times10^5$K，$C/C'=7$. TGS 的 $T_c=T_0=322K$，$C=3.2\times10^3$K，$C'=1.2\times10^3$K，$C/C'=2.7$. 需要指出的是，这里的 C/C' 是由测得的绝热电容率直接计算的. 计入绝热修正以后，虽然相变温度以上 $\lambda^T=\lambda^S$，但相变温度以下，$\lambda^T<\lambda^S$，于是 C/C' 有所改变. 对于 TGS 这样的二级相变铁电体，热力学理论预言 λ^T（$T<T_c$）/λ^T（$T>T_c$）$=2$，但

$$\frac{\lambda^S(T<T_c)}{\lambda^S(T>T_c)}=2\left(1+\frac{\alpha_0^2 T}{2c^D\rho\beta}\right). \tag{6.32}$$

代入有关数值得[21]，上式括号中第二项约为 0.2，于是由绝热电容率算得的 C/C' 应为 2.4. 实验测得的 2.7 应与 2.4 而不是与 2 对比，由此可见，实验与理论的差别并不大. 上述数据表明，$PbTiO_3$ 的铁电相变的确是一级的，TGS 的则是二级的. 此外，二者的居里常数差两个数量级，表明 $PbTiO_3$ 和 TGS 分属于位移型和有序无序型铁电体.

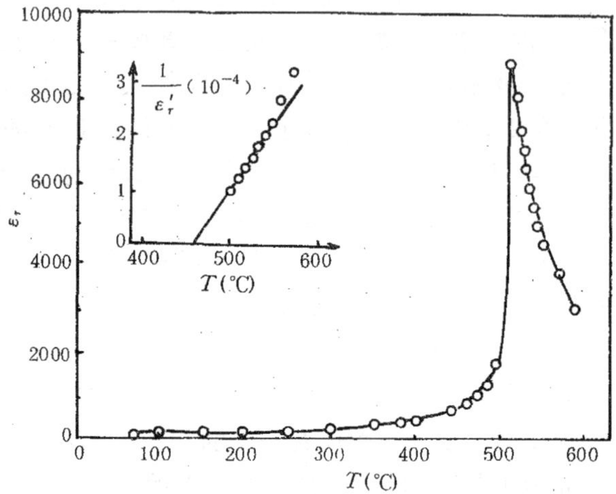

图 6.11 $PbTiO_3$ 单晶 c 轴电容率随温度的变化[19].

热力学理论未计入序参量的涨落和关联，因此当温度非常接近于相变温度时，预计电容率的温度依赖性将偏离居里-外斯定律. 此时各种物理量随温度的变化要用临界指数来描写（§3.6）. 电容率的临界指数γ见表3.8. 实验上，许多学者对典型的二级相变铁电体TGS的电容率进行了仔细的测量，结果表明，在约化温度$t=|T-T_c|/T_c$小到3×10^{-5}时仍然符合居里-外斯定律[22]，即$\gamma=1$. 对其他铁电体，如罗息盐[23]，KH_2PO_4和KH_2AsO_4[24]等，在离T_c很近时也仍然呈现朗道特性，这表明铁电体的临界区很窄. 相互作用力的作用程越短，临界效应就越显著，临界区就越宽. 铁电体中长程库仑力对铁电有序起重要作用，这是铁电体中朗道理论失效的温度范围很窄的原因.

铁电体临界区的大小可由式(3.102)作粗略的估计. 式中$\xi(0)$是绝对零度时的关联长度，一般认为它与晶格常量同数量级，有人取其为典型钙钛矿铁电体的晶格常量0.4nm，估算出临界区的大小如表6.2所列[25].

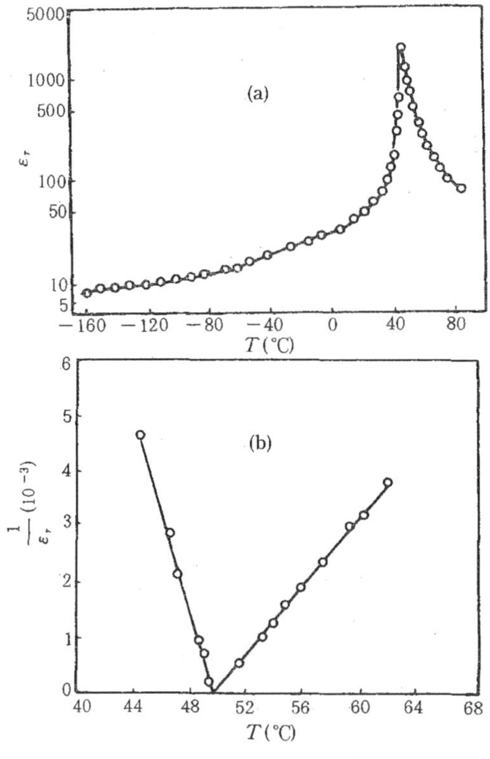

图 6.12　TGS 单晶 b 轴电容率 (a)[20]及其倒数 (b)[21]随温度的变化.

表 6.2　ξ (0) =0.4nm 时一些铁电体临界区的估计值[25]

晶　　体	T_c (K)	Δc (J/m^{3}K)	ξ (0) (nm)	临界 ΔT (K)	t_c $=\|T-T_c\|/T_c$
$BaTiO_3$	393	9×10^5	0.4	0.07	2×10^{-4}
TGS	322	9×10^5	0.4	0.06	2×10^{-4}
KH_2PO_4	123	1.7×10^6	0.4	0.007	6×10^{-5}
$KD_2A_sO_4$	166	4.9×10^6	0.4	0.1	6×10^{-2}

相变温度附近偏置电场对电容率有显著的影响. 我们知道，不论二级或一级相变铁电体,铁电相电容率都因偏置电场而减小. 但在稍高于居里温度、且偏置场较小时，一级相变铁电体的电容率却因偏置场升高.

由式（3.10）可知

$$E = \alpha D + \beta D^3 + \gamma D^5,$$

改写为

$$D = (E - \beta D^3 - \gamma D^5)/\alpha.$$

在 E 和 D 很小的条件下,近似有 $D=E/\alpha$,代入上式,并略去 E^5 项,可得

$$D = \frac{E}{\alpha} - \frac{\beta}{\alpha}\left(\frac{E}{\alpha}\right)^3,$$

于是无偏置场时,电容率为

$$\varepsilon(E = 0) = \frac{1}{\alpha}.$$

有偏置场时,电容率为

$$\varepsilon(E \neq 0) = \frac{1}{\alpha} - \frac{3\beta}{\alpha^4}E^2,$$

所以

$$\varepsilon(E \neq 0) - \varepsilon(E = 0) = - 3\beta\varepsilon^4(E = 0)E^2. \qquad (6.33)$$

一级相变铁电体,$\beta<0$,偏置场使电容率增大,二级相变铁电体则反之. 实验上的确观测到,在 T 稍高于 T_c、且偏置场较小时,$BaTiO_3$ 的电容率随偏置场升高,TGS 的电容率则降低.

一级相变铁电体可发生场致相变,偏置场使电容率峰温度上升,二级相变铁电体虽无场致相变,但电容率峰也随偏置场而移向高温.

因为

$$\varepsilon^{-1} = \alpha_0(T - T_c) + 3\beta D^2,$$

电容率峰应使 $d(\varepsilon^{-1})/dT=0$,故

$$\frac{dD}{dT} = \frac{-\alpha_0}{6\beta D}. \qquad (6.34)$$

另一方面

$$E = \alpha_0(T - T_c)D + \beta D^3. \tag{6.35}$$

因偏置场恒定，故 $dE/dT=0$，由上式可得

$$\frac{dD}{dT} = -\alpha_0 D[\alpha_0(T - T_c) + 3\beta D^2]^{-1}. \tag{6.36}$$

令电容率峰温度为 T^*，由式(6.34)和式(6.36)可知，$T=T^*$ 时，感应的 D 为

$$D^* = \left[\frac{\alpha_0(T^* - T_c)}{3\beta}\right]^{1/2},$$

代入式(6.35)，得出

$$T^* - T_c = \frac{3}{4}\left(\frac{4\beta}{\alpha_0^3}\right)^{1/3} E^{2/3}, \tag{6.37}$$

此式不仅适用于外加的偏置场，也适用于掺丙氨酸的 TGS 等晶体中的内偏场.

以上讨论的铁电相变是本征的或赝本征的铁电相变. 对于非本征铁电相变，由§3.7可知，电容率在相变温度只呈现台阶而无峰值.

在铁电-铁电相变时，电容率的行为比较复杂. 有的出现较小的峰，熟知的 $BaTiO_3$ 的 $4mm \to mm2$ 相变和 $mm2 \to 3m$ 相变即属此种情况. 较多的是呈现台阶，例如 $Li_xNa_{1-x}NbO_3$ $(0<x<0.16)$ 中的 $mm2 \to 3m$ 相变[26]和 $PbZr_xTi_{1-x}O_3$ $(0.95>x>0.65)$ 的 $R3m \to R3c$ 相变[27]. 如果相变时自发极化的变化（大小和方向）很小，则电容率实部可能既无峰值也无明显的台阶，只是变化速率有所改变，但虚部有一较小的峰值. 例如四方钨青铜型铁电体在低温发生的 $4mm \to m$ 的相变[28,29]就是这样. 在此相变中，自发极化只是转动了1°—2°的角度. 在这种情况下，测量电容率虚部就显得极为重要了.

6.4.3 弥散性铁电相变

很多成分较复杂的铁电体（如 $Pb(Mg_{1/3}Nb_{2/3})O_3$，$Pb(Sc_{1/2}$

$Ta_{1/2})O_3$，PLZT）呈现弥散性（diffusive 或 diffuse）铁电相变．该相变的特点是：第一，相变不是发生于一个温度点（居里点），而是发生于一个温度范围（居里区），因而电容率温度特性不显示尖锐的峰，而呈现出相当宽的平缓的峰．第二，电容率呈现极大值的温度随测量频率的升高而升高．第三，电容率虚部呈现峰值的温度低于实部呈现峰值的温度，而且测量频率越高，峰位差别就越大．第四，电容率与温度的关系不符合居里-外斯定律而可表示为

$$\frac{1}{\varepsilon_r} \propto (T - T_m)^{\alpha}, \tag{6.38}$$

式中 $1 \leqslant \alpha \leqslant 2$，$T_m$ 是电容率实部呈现峰值的温度．第五、即使顺电相具有对称中心，在 T_m 以上相当高的温度仍可观测到压电性和二次谐波发生等效应．弥散性相变的前四个特点可由电容率的测量得出．

针对弥散性铁电相变人们提出了多种理论模型[30]，其中最常被人们引用的是 Smolenski 的成分起伏理论[31]．它假定样品中分成许多微区，各微区的相变温度呈某种分布，可以说明弥散性相变的主要特点．

设各微区的 T_c 呈高斯分布

$$f(Tc) = \exp[-(T_c - T_m)^2/2\sigma^2],$$

式中 σ 为方差，代表相变温度分布的宽度．样品的电容率 $\varepsilon(T)$ 为各微区电容率 $\varepsilon(T, T_c)$ 的统计平均，因此有

$$\frac{1}{\varepsilon(T)} = \int_0^{\infty} \frac{1}{\varepsilon(T, Tc)} f(Tc) dTc \Big/ \int_0^{\infty} f(Tc) dTc.$$

假定微区的相变是一级的，且 $\varepsilon(T, T_c)$ 符合居里-外斯定律，即当 $T < T_c$ 时，有

$$\frac{1}{\varepsilon(T, T_c)} = -4\alpha_0(T - T_0) + \frac{16}{3}\alpha_0(T_c - T_0) \times \left\{1 + \left[1 - \frac{3(T - T_0)}{4(T_c - T_0)}\right]^{1/2}\right\}. \tag{6.39}$$

此式可由式(3.20)代入式(3.18)得到．用相对电容率表示时为

$$\frac{1}{\varepsilon_r(T,T_c)} = -\frac{4}{C}(T-T_0) + \frac{16}{3C}(T-T_0) \times \left\{1+\left[1-\frac{3(T-T_0)}{4(T_c-T_0)}\right]^{1/2}\right\}. \tag{6.40}$$

当温度高于 T_c 时，有

$$\frac{1}{\varepsilon_r(T,T_c)} = \frac{T-T_0}{C}. \tag{6.41}$$

由以上各式可得出样品的电容率．现考虑两个极端情况．

(i) $\sigma \gg T-T_m$，这相应于弥散程度很高，此时

$$\frac{1}{\varepsilon_r(T)} = \frac{1}{\varepsilon_{rm}}\exp[-(T-T_m)^2/2\sigma^2],$$

作级数展开，略去 $(T-T_m)^4$ 及更高次项，得出

$$\frac{1}{\varepsilon_r(T)} - \frac{1}{\varepsilon_{rm}} = \frac{(T-T_m)^2}{2\varepsilon_{rm}\sigma^2},$$

即

$$\frac{1}{\varepsilon_r(T)} \propto (T-T_m)^2. \tag{6.42a}$$

(ii) $\sigma \ll (T-T_m)$，这相应于弥散性程度很低．按与上类似的方法可得

$$\frac{1}{\varepsilon_r(T)} \propto (T-T_m), \tag{6.42b}$$

这表明，此时符合居里-外斯定律．

一般情况下，$\varepsilon_r(T)$ 的温度特性为

$$\frac{1}{\varepsilon_r(T)} \propto (T-T_m)^\alpha, \tag{6.38}$$

式中 α 衡量了相变弥散的程度，作者认为应称之为弥散性指数，$1 \leqslant \alpha \leqslant 2$．有的文献中称 α 为介电临界指数，这易与临界现象理论中的临界指数相混淆．

除 α 以外，也可用 ΔT 或 ΔT_m 描写相变的弥散程度[32]．这里 ΔT 是电容率峰的半高宽，ΔT_m 是高频和低频时峰值温度 T_m 之差．三者给出的结果相互一致．

早期的理论认为[31]，弥散性相变铁电体在 T_m 以上电容率与温度的关系符合二次方关系，即 $\alpha=2$. 实际上这只是一种特殊情况，即弥散程度很高的情况. 对许多呈现弥散性铁电相变的铁电体，测得 α 在 1 与 2 之间，而且弥散程度随离子分布无序程度增高而增高[32]. 高温退火可以降低离子分布无序程度，从而使弥散性降低[33].

姚熹等在研究 PLZT 时发现[34]，在直流偏压下，其电容率与温度的关系表现出奇异的特性，特别是两个特征温度，$T_d<T_m$. T_m 是电容率呈最大值的温度，T_d 是电容率随温度下降而开始急剧降低的温度. $T_d<T<T_m$ 时，电容率随频率升高显著降低，$T>T_m$ 或 $T<T_d$ 时，电容率与频率基本无关. 他们据此提出了关于弥散性相变铁电体的微畴-宏畴转变模型. 根据这一模型，$T_d<T<T_m$ 时材料中出现了许多极性微区，电容率随频率的变化起因于极性微区的热涨落以及极性微区的极化在外电场中的取向运动. 由于极性微区小于 X 射线衍射的相干长度及可见光波长，因而对 X 射线衍射和可见光而言，材料的结构呈非极性的立方结构. 随着温度降低，极性微区长大，并形成微畴. 如果在直流偏压下冷却到 T_d，相邻的微畴将融合成体积较大的宏畴. 后者可由 X 射线衍射或可见光观测到，故称为宏畴. 宏畴一旦形成，就能在低于 T_d 的温度保持稳定，材料也就显示正常铁电体的性能. 微畴-宏畴转变模型可以较好地解释弥散性相变铁电体的行为. 殷之文等[35]用高分辨率 TEM 在 PLZT 和 $Pb(Sc_{1/2}Ta_{1/2})O_3$ 中首先观测到了微畴，使微畴-宏畴转变模型建立在可靠的实验基础之上.

Cross[36]认为，在 $T>T_m$ 时各极性微区处在动态无序的状态之中，相互作用可以忽略，它们的行为有如超顺磁体中的自旋团簇. 于是 T_m 以上一段温度范围内，样品处于超顺电态，铁电性的建立或消失都要经历超顺电这个中间状态，由此产生相变弥散性和介电弛豫行为.

近年来，弥散性相变铁电体的有序无序模型受到重视. 弥散性相变铁电体大多是两种离子共同占据 A 位或 B 位的 ABO_3 钙钛矿型铁电体，两种离子在A位或B位的有序无序分布显然是一个十分重要的问题. Setter等[33]首先在Pb ($Sc_{1/2}Ta_{1/2}$) O_3中观测到Sc^{3+}和Ta^{5+}的有序区域(有序畴)，而且电容率对频率的依赖性随有序化程度升高(有序畴增大)而降低. 针对两种离子占据B位的A (B', B'') O_3系统，Setter等[37]总结了关于B位离子有序化的如下五条经验定则：(i) A (B', B'') O_3的钙钛矿型结构对有序的形成有利；(ii) B' : B''=1 : 1的有序畴容易形成；(iii) B'与B''的离子电荷差越大，越易形成有序排列；(iv) B'与B''的离子半径差越大，越易形成有序排列；(v) A位离子半径越小，越有利于B位离子的有序排列.

人们通常认为，如果B'与B''的化合价不等，则B'和B''在B位的分布应是无序的，因为这对应着电荷平衡. 但事实上，即使在Pb ($Mg_{1/3}Nb_{2/3}$) O_3中也观测到了有序畴[38]，在这些畴中，Mg^{2+}和Nb^{5+}以1 : 1的比有序排列，形成晶格周期较普通晶胞的大一倍的超结构，即存在着化学组成为Pb ($Mg_{0.5}Nb_{0.5}$) O_3的有序区.

顾秉林等[39,40]用有序无序相变理论研究了这个问题. 他们将B位离子组成的格子分成两个相互套构的次格子，分析B'和B''在两个次格子上占位的概率，给出了A ($B'_{1/3}B''_{2/3}$) O_3和A ($B'_{1/2}B''_{1/2}$) O_3系统中可能的几种有序结构，根据自由能取极小值的原理得出了有序无序相图. 在Pb ($Mg_{1/3}Nb_{2/3}$) O_3中，虽然Nb^{5+} : Mg^{2+}=1 : 1的有序畴的形成破坏了电荷平衡，但由于有序畴的形成使系统自由能的降低大于电荷不平衡造成的自由能增加，所以实际上仍可出现电荷不平衡的有序畴. 假设有序畴为边长为D的立方体，无序钙钛矿结构的晶格常量为a，则Nb^{5+} : Mg^{2+}=1 : 1的有序畴的静电荷量为$-e\ (D/a)^3/2$，e为电子电荷. 假定有序畴的静电量被一富Nb^{5+}的晶胞层所带的静电量所平衡，即

$$\left(\frac{D}{a}\right)^3\frac{e}{2}=6\left(\frac{D}{a}+2\right)^2,$$

则可得$D=$ (15—16) a，若$a=0.4$nm，则$D\simeq 6$nm，这与实验得出的有序畴尺寸相符合.

弥散性相变是指相变温区宽化的相变，它与“扩散相变”是两个不同的概念，不要因为二者的英文名词相同而将它们混为一谈．“扩散相变”是在材料科学中引入的，定义为[41]“依靠原子或离子的扩散来进行的”相变，无扩散相变则是“不存在原子或离子的扩散，或虽存在扩散，但不是相变所必须的或不是主要过程的”相变．显然铁电性的出现或消失不是依靠扩散来实现的，弥散性铁电相变也不是扩散相变．

6.4.4　压强对电容率的影响

压强对电容率以及电容率峰值温度的影响提供了关于铁电相变机制的重要信息．图 6.13 示出了 $KTa_{0.68}Nb_{0.32}O_3$ 在不同等静压下的电容率与温度的关系[42]．该晶体是一种钙钛矿型铁电体．可以看到，其相变温度随压强增大而降低．图 6.14 示出了不同等静压下 KH_2PO_4 的电容率随温度的变化曲线[43]，该图也显示了相

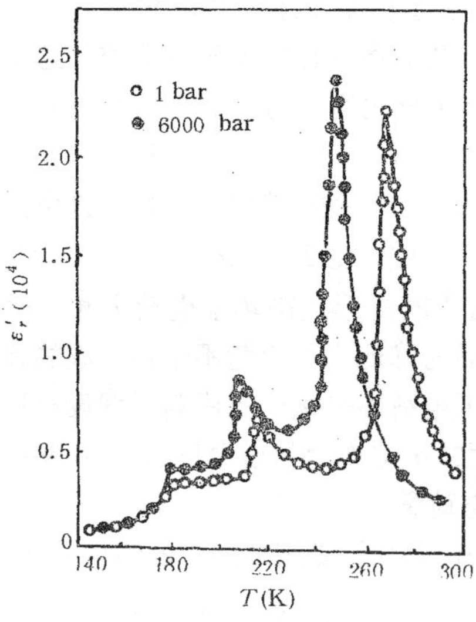

图 6.13　等静压为 1kbar 和 6kbar 时 $KTa_{0.68}Nb_{0.32}O_3$ 晶体电容率对温度的依赖性[42]．

变温度随压强增大而降低、直至铁电相到绝对零度也不再出现.

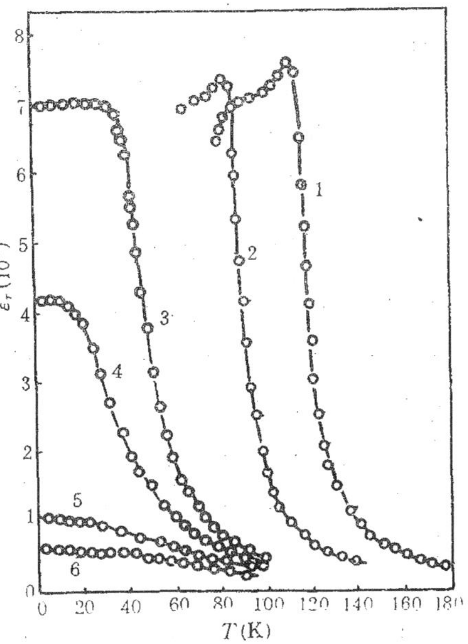

图 6.14 KH_2PO_4 晶体 c 轴电容率随温度的变化[43]. 曲线旁的数字代表压强（单位：kbar）：曲线 1 为 1.8；曲线 2 为 8.4；曲线 3 为 15.4；曲线 4 为 16.9；曲线 5 为 19.3；曲线 6 为 21.0.

实验表明，等静压作用下铁电体相变温度的变化有三种情况. 第一，钙钛矿结构的位移型铁电体，其相变温度随等静压增大而下降. 第二，KDP 类的有序无序型铁电体，相变温度随等静压增大而下降. 第三，TGS 等有序无序型铁电体，相变温度随等静压增大而上升.

位移型铁电相变可归因于布里渊区中心某光学横模的软化. 模的软化决定于短程力与长程库仑力的平衡. 在等静压作用下，离子间距离 r 减小，故短程力和库仑力都将增大，但短程力较库仑力增加快得多，因为库仑力与距离 r 的关系是正比于 r^{-3}〔见式 (4.7)〕，而短程力与距离的关系是正比于 r^{-n}，n 约为 10—11. 由

式 (4.7) 可知，ω_{TO}^2将增大，即在同样温度下等静压使模硬化. 由式 (4.1) 看出，这使相变温度降低.

KDP 类晶体是有序无序型铁电体，但自发极化的出现有赖于赝自旋运动与晶格模的耦合. 相变温度取决于赝自旋相互作用系数 J_0 与隧穿作用（其大小由隧穿频率 Ω 表征）的竞争，如式(4.114)所示

$$\frac{2\Omega}{J_0} = \tanh\left(\frac{\Omega}{2kT_c}\right). \tag{4.114}$$

式中 $J_0=\sum_j J_{ij}$. 显然，隧穿频率 Ω 与氢键中质子两个平衡位置间的距离有关. 在等静压作用下，该距离变小，于是 Ω 增大. 所以对同样的 J_0，相变只能发生于较低温度.

一级相变温度随等静压的变化可用热力学理论来说明。考虑一体积可变的电介质系统，取温度、电场和等静压 h 为独立变量但电场恒定，于是特征函数的全微分为

$$dG' = - S'dT - Vdh, \tag{6.43}$$

这里 S' 和 V 分别为系统的熵和体积. T_c 时两相（令为 a 和 b）的特征函数相等，即

$$-(S'_a - S'_b)dT - (V_a - V_b)dh = 0. \tag{6.44}$$

于是

$$\frac{\partial T_c}{\partial h} = -\frac{V_a - V_b}{S'_a - S'_b} = \frac{\Delta V}{\Delta S'}, \tag{6.45}$$

这就是 Clausius－Clapeyron 方程. 若改用单位体积的熵 S，则有

$$\frac{\partial T_c}{\partial h} = \frac{\Delta V}{V\Delta S}. \tag{6.46}$$

式(3.26) 给出 $\Delta S=\alpha_0 P_{sc}^2/2$，式 (3.19) 给出 $P_{sc}^2=-3\beta/(4\gamma)$，所以

$$\frac{\partial T_c}{\partial h} = \frac{-2\Delta V}{V\alpha_0 P_{sc}^2} = \frac{8\gamma\Delta V}{3V\alpha_0\beta}. \tag{6.47}$$

对于 $BaTiO_3$，测出体积变化率后由此式算得 $\partial T_c/\partial h=-6.7\times 10^{-8}$K/Pa，实验测得的为$-5.7\times10^{-8}$K/Pa，二者基本符合.

TGS 类晶体是另一类有序无序型铁电体，它们的特点是自发极化直接来源于偶极子的有序化. 在这些系统中，隧穿作用比较微弱，于是系统可用动态 Ising 模型描写，相变温度如式(4.163)所示，仅取决于赝自旋相互作用常量 J_0.

$$T_c = \frac{J_0}{4k}. \tag{4.163}$$

在等静压作用下，赝自旋之间距离减小，相互作用增强，故 T_c 升高.

§6.5 介电响应与电畴

6.5.1 畴夹持效应

设晶体由 180°畴组成，沿极轴测量小信号电容率，如图 6.15 所示. 测量时所加电场很低，不足以造成极化反转，但在此电场作用下，与之同向的电畴倾向于沿电场方向伸长，与之反向者则收缩. 因此各电畴的形变都受到约束，极化改变量小于自由状态下的数值，即电容率因畴夹持效应而变小.

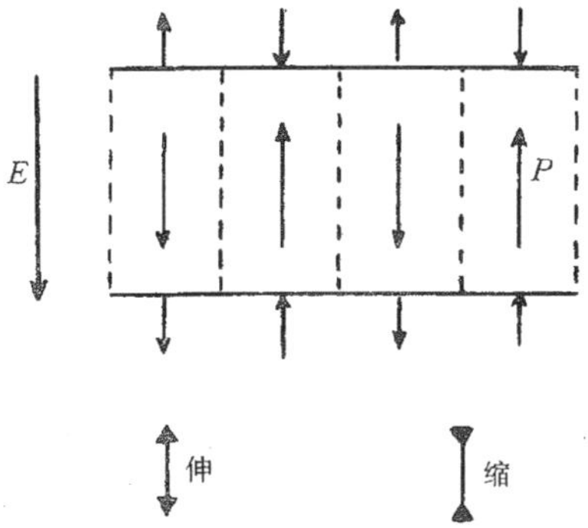

图 6.15 畴夹持效应示意图.

这种效应首先是在 $BaTiO_3$ 单晶上观测到的[44]. 测量时晶体上加有直流偏置场. 当偏置场很大使晶体成为单畴时，测得 c 轴相对电容率约为 200，而在偏置场反向且等于矫顽场（此时晶体中正反向畴各占 50%，如图 6.15 所示）时，电容率只有约 160.

老化过程是畴结构缓慢变化的过程. 单畴化处理时转向的电畴倾向于回复到原先的位置，因而引起各种性能（包括电容率）的变化．电容率的老化至少部分地可归因于畴夹持效应．对四方钙钛矿结构陶瓷老化过程的研究表明，电容率的变化可分为两部分[39]

$$\Delta\varepsilon_{33}^{X}=\Delta\varepsilon_{A}^{*}+\Delta\varepsilon_{C}^{*}, \tag{6.48}$$

这里右边第一和第二项分别代表介电各向异性和畴夹持效应的贡献．老化过程中，180°畴壁的增多使畴夹持效应增大，$\Delta\varepsilon_{C}^{*}<0$. 90°畴壁的增多使信号场遇到的 a 畴增多，c 畴减少，如果 $\varepsilon_a>\varepsilon_c$，则 $\Delta\varepsilon_{A}^{*}>0$，反之则小于零．因为 $\Delta\varepsilon_{A}^{*}$ 和 $\Delta\varepsilon_{C}^{*}$ 与剩余极化、电致伸缩系数和弹性系数有关，测量这些参量后可以计算 $\Delta\varepsilon_{A}^{*}$ 和 $\Delta\varepsilon_{C}^{*}$，从而预言 $\Delta\varepsilon_{33}^{X}$ 的数值．研究表明，预言的数值与实测结果符合较好，表6.3列出了部分结果[45]．

表 6.3　几种陶瓷在单畴化处理后 10^{-2} 到 10^{-1}d（天）中电容率的老化．温度为 50℃

材　　料	测量值 $\Delta\varepsilon_{33}^{X}$	$\Delta\varepsilon_{A}^{*}$	$\Delta\varepsilon_{C}^{*}$	计算值 $\Delta\varepsilon_{33}^{X}$
$BaTiO_3$	−27	24	−48	−24
$PbZr_{0.53}Ti_{0.47}O_3$	−22	7	−24	−17
Nb 改性 $PbZr_{0.53}Ti_{0.47}O_3$	−7	27	−34	−7
Fe 改性 $PbZr_{0.53}Ti_{0.47}O_3$	−42	8.5	−45	−36.5

单畴化处理前后电容率的变化可按同样的方式加以说明．经足够强的电场处理后，各种畴壁基本消除．与处理前比较，180°畴壁和畴夹持效应消失，这将使电容率增大．非 180°畴壁消失对电容率的贡献决定于介电各向异性．$BaTiO_3$ 和四方相 PZT 的 c 轴电容率小于 a 轴电容率，90°畴的消失将使电容率减小．实测结果是单畴化处理后，它们的电容率增大，说明畴夹持效应的消除对电容率的变化起了主要作用．

6.5.2　畴壁运动对电容率的贡献

在弱的交变电场作用下，畴壁将在其平衡位置附近振动，显然这是对电容率的一种贡献．而且不难想象，当交变场的频率很高时，畴壁将因惯性不能跟随电场的运动，于是这一部分贡献消失．图 6.16 示出了多晶 $BaTiO_3$ 室温电容率的频率特性[46]．在 10^9Hz 和 10^{11}Hz 附近实部显著下降并在稍高的频率出现虚部的峰值．10^{11}Hz 附近的色散在单畴单晶上也观测到了，因此它与电畴无关．10^9Hz 附近的色散则是单畴晶体上没有的，被认为是畴壁振动的结果．频率较低时，畴壁振动对电容率有一恒定的贡献．频率超过 10^9Hz 时，畴壁不再能跟随电场的运动，该频率是畴壁运动的弛豫频率．

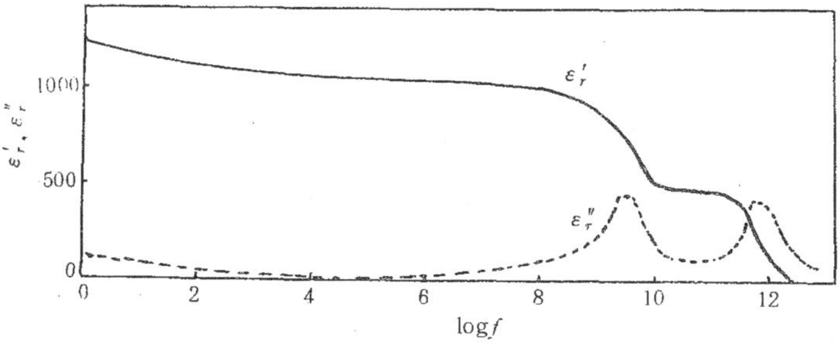

图 6.16　多晶 $BaTiO_3$ 室温电容率随频率的变化[46]．

关于畴壁振动与电容率及其他参量的关系已有许多研究．在频率很低时，畴壁振动受限于弹性恢复力，后者正比于畴壁对其平衡位置的偏离[47]．对于在单晶内运动的 90°畴壁，恢复力也来源于畴壁运动造成的长程内场[48]．由于 90°畴壁的集体运动，晶粒发生弹性形变，因而出现内应力，它对畴壁运动产生弹性恢复力．同时畴壁运动改变了晶粒间界处极化电荷的分布，造成内电场，它对畴壁运动产生电恢复力．在频率很高时则还必须计入动力学效应．惯性大小决定于畴壁的有效质量．陶瓷中畴壁的有效质量正比于晶粒的质量，因为集体位移造成的弹性形变使整个晶粒都参与了运动[49]．摩擦阻力正比于畴壁的速度．阻力的来源之一是格波在运动着的畴壁上的反射[50]．由于实际样品中电畴结构十分复杂，较早的理论计算与实验比较都未能达到定量的符合．最近，Pertsev 等的工作[51]有新的进展，他们计算了 PZT 陶瓷中畴壁振动对电容率的贡献，与实验观测到的接近 1GHz 时的介电弛豫符合得很好.

他们假设晶粒中有足够多的可移动载流子以屏蔽自发极化，因此不需要出现 180°畴来消除退极化场，只形成 90°畴以降低应变能．在交变电场作用下，畴壁因受到与时间有关的力 $f_A(t)$ 而偏离平衡位置．畴壁运动产生一内电场，并改变了本来就存在的内应力场．这两种内场对畴壁将施以附加的力 f_I．设畴壁的位移为 $\Delta l(t)$，则运动方程为

$$m\frac{d^2\Delta l(t)}{dt^2}=\bar{f}_I(t)+f_A(t), \tag{6.49}$$

式中 m 是单位面积畴壁的质量，$\bar{f}_I(t)$是内场作用力的平均值．假设外电场是均匀的，故 $f_A(t)$不需平均．为求出 $\bar{f}_I(t)$的具体表达式必须计算晶粒内的内电场．在畴壁可振动的频率以下，对内电场可用准静态近似，即认为晶粒内任一点内电场 $\boldsymbol{E}(\boldsymbol{r},t)$正比于畴壁位移 $\Delta l(t)$．与此相反，内应力场的计算则是一个动力学问题，因为弹性波的滞后效应随着畴壁振动频率的升高而显著增强．利用弹性动力学理论计算内应力场的分布以后，对晶粒中所有畴壁面积求平均，即可得出 $\bar{f}_I(t)$中的弹性力分量．同样，求 $\boldsymbol{E}(\boldsymbol{r},t)$的平均得出 $\bar{f}_I(t)$中的电场力分量．将有关结果代入式(6.49)，发现畴壁运动特性随频率范围不同而差别很大.

令 $\omega^*=C_t/g$，这里 C_t 是横声波的速度，g 是晶粒尺寸．当外场频率 $\omega\ll\omega^*$ 时，运动方程可简化为

$$(m+m^*)\frac{d^2\Delta l(t)}{dt^2}-k_1\frac{d\Delta l(t)}{dt}+k_2\Delta l(t)=f_A(t), \tag{6.50}$$

式中 m^* 为畴壁的有效质量．第二项表现了辐射反作用．因为畴壁在振动过程中发射声波，后者对畴壁有反作用，正如运动着的电荷对本身有辐射反作用一样．第三项代表静态恢复力，即忽略各种动

力学效应时的恢复力.

估计有效质量 m^* 比 m 大得多,故略去 m,于是得出畴壁振动振幅和相位与频率的关系分别为

$$\Delta l_A = \frac{\sqrt{2}\,P_0 E_A}{[(k_2 - m^*\omega^2)^2 + k_1\omega^6]^{1/2}}, \tag{6.51}$$

$$\tan\varphi = \frac{k_2\omega^3}{k_1 - m^*\omega^2}, \tag{6.52}$$

式中 P_0 为自发极化,E_A 为电场振幅.在有效质量 m^* 和力系数 k_1,k_2 的表达式中代入适当数值可计算 Δl_A 和 $\tan\varphi$.计算表明,在 $0<\omega<\omega^*$ 的整个范围,振幅随频率的升高仅有微弱的增大,即使在 $\omega=\omega^*$ 时,Δl_A 相对于静态时的增加仍不到 10%.畴壁振动相对于外场的相位落后也很小,最大相位差只有约 1°.这种振动对电容率实部的贡献是一个基本恒定的量,对虚部的贡献则近似为零.

在高频范围,畴壁发射声波造成的辐射反作用不能忽略,介电损耗显著增大,畴壁振动对电容率实部和虚部的贡献可分别表示为

$$\Delta\varepsilon'_{ii} = \frac{P_0^2}{\varepsilon_0 d}F_{\varepsilon ii}(P_r)\frac{(k_2 - m^*\omega^2)}{[(k_2 - m^*\omega^2)^2 + k_1\omega^6]}, \tag{6.53}$$

$$\Delta\varepsilon''_{ii} = \frac{P_0^2}{\varepsilon_0 d}F_{\varepsilon ii}(P_r)\frac{k_1\omega^3}{[(k_1 - m^*\omega^2)^2 + k_1\omega^6]}, \tag{6.54}$$

式中 d 是电畴宽度,P_r 是剩余极化,$F_{\varepsilon ii}$是与 P_r 有关的无量纲函数[47].在此两式中代入适当的数值,对未经单畴化处理的 $PbZr_{0.49}Ti_{0.51}O_3$ 陶瓷计算的结果示于图 6.17. 由图可见,在频率约 500MHz 附近,电容率实部在经历一微弱的升高以后急剧下降,虚部则呈现峰值.

在实验方面已有人报道,PZT 陶瓷在约 1GHz 附近出现介电弛豫[52],这可解释为畴壁振动“冻结”的结果. 图 6.17 中示出的电容率实部在急剧下降前的微小升高是因为数值很小,与总的介电响应叠加后已很不明显. 图 6.17 表明,在弛豫频率处实部下降量约为 350,虚部峰高约为 300,这与实验测量的结果[53]大致相

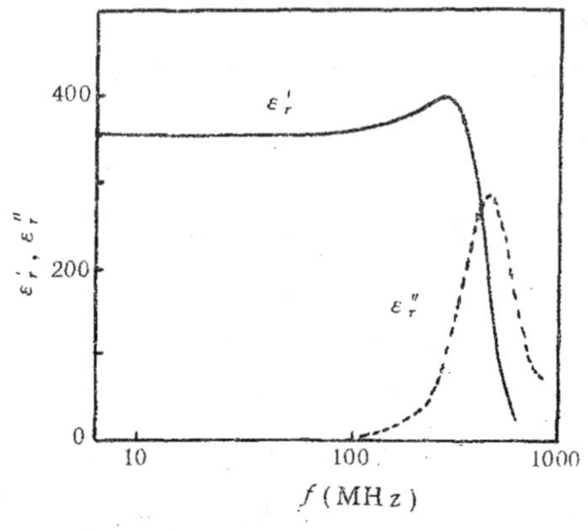

图 6.17 粒径 2μm 且未经单畴化处理的 $PbZr_{0.49}Ti_{0.51}O_3$ 陶瓷中畴壁振动对电容率实部（实线）和虚部（虚线）的贡献与频率的关系[51].

符. 在文献［53］中所用的样品是 $x=0.48$—0.52 的 $PbZr_xTi_{1-x}O_3$ 陶瓷，甚低频与甚高频电容率实部之差在 250—500 之间，虚部最大值为 150—265.

王业宁等发现[54]，二级相变或弱一级相变的多畴铁电体或铁电-铁弹体（如 TGS 和 KDP）中，除开 T_c 处的介电损耗峰外，在 T_c 以下几度的温度还出现另一个介电损耗峰. 该峰起源于畴壁运动，因为在单畴晶体中其高度仅为多畴样品中的约 10^{-2}. 该峰不是简单的热激活弛豫峰，因为弛豫时间不满足 Arrhenius 关系. 王业宁等提出了一个理论模型，根据序参量、畴壁密度、畴壁迁移率以及畴壁相互作用随温度的变化，对该损耗峰给出了较好的解释[54].

§6.6 电容率的尺寸效应

6.6.1 铁电陶瓷电容率与晶粒尺寸的关系

关于 $BaTiO_3$ 陶瓷电容率与晶粒尺寸的关系已进行了许多实

验研究[55—57]. 室温（或较高温度）电容率在晶粒略小于 1μm 时呈现峰值. 对实验结果的解释主要有下述两种模型.

Buessem 等[58]针对电容率随尺寸减小而升高的事实提出了内应力模型. 他们估计电畴的尺寸约为 1μm. 因此小于 1μm 的晶粒是单畴的，铁电相变时四方畸变造成的内应力不能通过形成 90°畴而消除. 为了说明内应力引起电容率增大，他们在弹性吉布斯自由能中引入应力项和应力-电位移耦合项

$$
\begin{aligned}
G_1 = {} & A(D_1^2 + D_2^2 + D_3^2) + B(D_1^4 \\
& + D_2^4 + D_3^4) + F(D_1^6 + D_2^6 + D_3^6) \\
& + G(D_1^2D_2^2 + D_2^2D_3^2 + D_3^2D_1^2) \\
& + H(D_1^2D_2^4 + D_1^4D_2^2 + D_2^2D_3^4 \\
& + D_3^4D_2^2 + D_3^2D_1^4 + D_3^4D_1^2) \\
& - \frac{1}{2}s_{11}(X_1^2 + X_2^2 + X_3^2) \\
& - s_{12}(X_1X_2 + X_2X_3 + X_3X_1) \\
& - \frac{1}{2}s_{44}(X_4 + X_5 + X_6) \\
& + (Q_{11}X_1 + Q_{12}X_2 + Q_{13}X_3)D_1^2 \\
& + (Q_{12}X_1 + Q_{11}X_2 + Q_{12}X_3)D_2^2 \\
& + (Q_{12}X_1 + Q_{12}X_2 + Q_{11}X_3)D_3^2 \\
& + Q_{44}(X_4D_2D_3 + X_5D_3D_1 + X_6D_1D_2), \qquad (6.55)
\end{aligned}
$$

式中 Q_{ij}为电致伸缩系数. 考虑电场 $E=0$,而且自发极化沿着 3 方向,于是 $D_1=D_2=0$,$D_3=P_s$. 因相变时晶粒沿 c 轴伸长,沿 a 轴缩短,故内应力为沿 c 方向的压应力 X 和 a 方向的张应力 X. 由上式可得

$$
\frac{1}{\varepsilon_c} = \frac{\partial^2 G_1}{\partial D_3^2} = 2(Q_{11}X - 2Q_{12}X) + 2A + 12BP_s^2 + 30FP_s^4, \qquad (6.56)
$$

$$
\frac{1}{\varepsilon_a} = \frac{\partial^2 G_1}{\partial D_1^2} = -2Q_{11}X + 2A + 2GP_s^2 + 2HP_s^4, \qquad (6.57)
$$

$$E_c = \frac{\partial G_1}{\partial D_3} = 2P_s X(Q_{11} - 2Q_{12}) + 2AP_s + 4BP_s + 6FP_s^5 = 0. \tag{6.58}$$

由式(6.58) 得出

$$P_s = \frac{-B \pm \sqrt{B^2 - 3F[X(-2Q_{12} + Q_{11}) + A]}}{3F}, \tag{6.59}$$

代入适当的数值,由此式计算 P_s,再代入到式(6.56) 和式 (6.57) 中,即可算得应力 X 不同时的 ε_a 和 ε_c. 陶瓷电容率 ε 则由 ε_a 和 ε_c 的统计平均求出.

Buessem 等[58]和 Bell 等[59]的计算表明,ε_a 和 ε_c 均随应力 X 的增大而升高. 当应力为 630bar 和 780bar 时,ε 分别为 $3000\varepsilon_0$ 和 $6000\varepsilon_0$. 另一方面,X 射线衍射表明,将陶瓷研磨成尺寸为晶粒相等的粉末后,其 c/a 较陶瓷的增大约 14%[60]. 由这一应变估计陶瓷晶粒所受内应力约为数百 bar.

对这个模型的异议来自电畴的观测,因为人们在 $BaTiO_3$ 中观测到小于 1μm 的电畴. 另外,这个模型没有解释粒径更小时电容率下降的现象. Arlt 等[61]在分析电畴结构的基础上提出了畴壁模型. 他们的结论是,电畴尺寸正比于粒径的平方根 [见式(5.30)]. 小晶粒中单位体积内畴壁面积增大,畴壁运动对电容率贡献增加,所以电容率升高. 畴壁对电容率的贡献可写为

$$\varepsilon_w = \frac{k}{\sqrt{a}}, \tag{6.60}$$

式中 a 是粒径,k 是比例系数. 当晶粒进一步减小时,其晶体结构接近于立方,使电容率减小.

Arlt 等[61]将实验观测的电畴尺寸与粒径关系外推,估计单畴晶粒尺寸 $a \leqslant 0.4\mu m$. 这个数值比由式 (5.32) 估计的 g_{c1}大一个数量级. 在晶粒很小时,晶体结构发生变化 (四方畸变减小),外推结果是很值得怀疑的.

Shaikh 等[56]在综合应力模型和畴壁模型的基础上,比较全面

地处理了这个问题．他们将陶瓷分为晶粒和晶界两部分，晶界电容率较低．随着粒径减小，晶界所占体积百分数增大，电容率下降．另一方面，内应力和畴壁则使电容率升高．他们根据文献[61]，认为 $a \leqslant 0.4\mu m$ 的晶粒是单畴的．当 $a > 0.4\mu m$ 时，90°畴的形成可消除立方-四方相变造成的应力，因而只要考虑畴壁对电容率的贡献．当 $a < 0.4\mu m$ 时，则只要考虑应力的贡献，而且假定应力大小与晶粒大小无关．

电容率 ε_c 和 ε_a 由式(6.56)和式(6.57)计算．最小二乘法拟合给出应力 $X = 1.26 \times 10^3 bar$．畴壁对电容率的贡献由式(6.60)计算，对大晶粒（忽略晶界）样品的电容率估算 $k = 2.71\varepsilon_0 m^{1/2}$．在这些简化条件下，Shaikh 等计算所得出 $BaTiO_3$ 陶瓷电容率与晶粒大小关系如图 6.18 所示．图中示出的圆为实验结果，而叉号是计算结果．可见二者符合得较好．

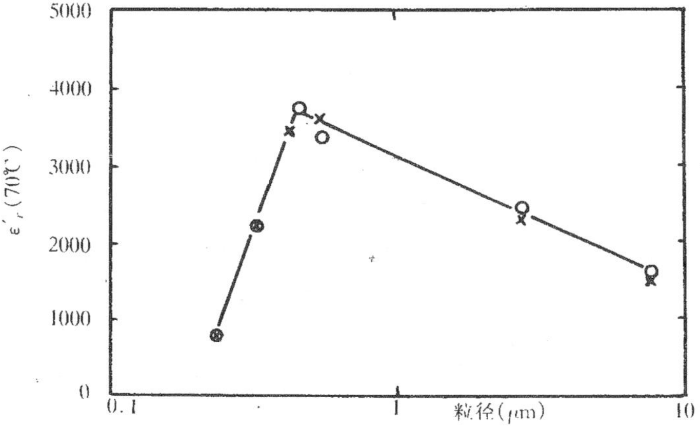

图 6.18　$BaTiO_3$ 陶瓷电容率随晶粒大小的变化[56]．

$PbTiO_3$ 的 c/a 比 $BaTiO_3$ 的大，而且在很小的晶粒时仍保持 $c > a$，因此可以预期，$PbTiO_3$ 陶瓷电容率对粒径的峰值位于较小的粒径．实验观测到玻璃中析晶的 $PbTiO_3$ 微晶[62]在晶粒约 100nm 时电容率呈现峰值，Sol－Gel 法制备的 $PbTiO_3$ 超微粉[63]

在晶粒约 40nm 时电容率呈现峰值.

6.6.2 由介电测量确定铁电临界尺寸

铁电体中尺寸效应的表现之一是居里温度随尺寸减小而下降，到达铁电临界尺寸时居里温度为绝对零度. 居里温度附近电容率呈现峰值，因此介电测量看来是确定铁电临界尺寸的最简单方法. 但实际上，人们早就用似乎比较复杂的方法（例如 X 射线衍射[64]、Raman 散射[65]、比热测量[66]和二次谐波发生等）测定铁电临界尺寸，只有最近我们才有了采用介电测量[57]的报道.

铁电体的尺寸效应不同于陶瓷中的晶粒尺寸效应. 陶瓷中各晶粒间有复杂的相互作用. 只有自由状态的铁电微晶中的尺寸效应才是铁电体本征的尺寸效应，因此样品必须是铁电微晶粉末或其疏松压块. 测量疏松压块体的介电性能需要解决一系列的问题. 第一，电极的制备. 第二，水分的影响. 疏松压块中空气中水分渗入其内，严重改变电容值. 为此可在真空中进行测量. 第三，气孔率的影响. 疏松压块中气孔率很大，必须选择复合材料电容率的公式才能由测量的电容计算铁电微晶的电容率. 对于这些问题，作者等在文献［57，67］中作了较详细的讨论.

图 6.19 示出了 $BaTiO_3$ 电容率随温度的变化[57]. 曲线 1—3 是在微晶的疏松压块上测得的，曲线 4—7 是在陶瓷样品上测得的. 七种样品的晶粒大小如表 6.4 所示. 从图中可以看出，居里峰的位置随晶粒减小而降低，且峰高急剧减小. 在晶粒为 50nm 和 105nm 的样品中，居里峰消失，在晶粒为 130nm 时，仅有很微弱的居里峰. X 射线衍射表明，后两种样品在室温时 c/a 都在误差范围内等于 1. 由此

表 6.4 七种 $BaTiO_3$ 样品的晶粒尺寸

样品编号	晶粒尺寸（nm）
1	50
2	105
3	130
4	300
5	1000
6	2000
7	4200

看来，铁电临界尺寸可能在 105nm 附近，这与文献［64］中所介绍的用 X 射线衍射得出的 110nm 相吻合.

附带指出，由图 6.19 看到，当晶粒减小时，居里峰向低温方向移动，但两个铁电-铁电相变的温度则向高温方向移动，而且随着晶粒变小，最低温的正交-三角相变峰首先消失，其次是四方-正交相变峰消失，最后是铁电-顺电相变峰消失.

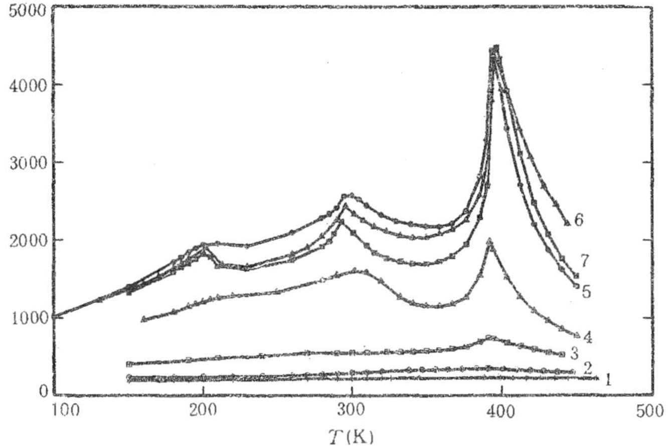

图 6.19　$BaTiO_3$ 电容率与温度的关系[57].

6.6.3　铁电薄膜电容率与厚度的关系[68—70]

作者等从热力学理论出发，计算了铁电薄膜电容率与厚度的关系. 设铁电薄膜表面积为 S，厚为 L，取坐标 Z 轴沿厚度方向，原点在中心，则单位面积的自由能为

$$\frac{g_1}{S} = \int_{-L/2}^{L/2} \left[\frac{1}{2}\alpha P^2 + \frac{1}{4}\beta P^4 + \frac{1}{2}K\left(\frac{dP}{dz}\right)^2 - \frac{1}{2}E_d P - E_{\text{ext}}P\right]dz + \frac{1}{2}K\delta^{-1}(P_+^2 + P_-^2), \qquad (6.61)$$

这里我们假定体材料呈二级相变，$\beta>0$. 式中 E_{ext}和 E_d 分别为外场和退极化场. 因为我们考虑实际应用中的情况，即极化垂直膜面，所以退极化场不能忽略. 假设薄膜的上下表面被有金属电极且处于短路状态，故表面处极化不连续形成的退极化场被电极上的自由电荷屏蔽，样品中只存在极化分布不均匀造成的退极化场. 在文献[71]的论述中推得这种情况下的退极化场为

$$E_d(z)=-\frac{P(z)}{\varepsilon_0}-\frac{1}{L\varepsilon_0}\int_{-L/2}^{L/2}P(z)dz. \tag{6.62}$$

在下面的计算中，我们先忽略退极化场，然后再计入退极化场. 忽略 E_d 时，由式(6.61) 得出的 Euler - Lagrange 方程为

$$K\frac{d^2P}{dz^2}=\alpha P+\beta P^3-E_{ext}, \tag{6.63}$$

边界条件为

$$\frac{dP}{dz}=\pm\frac{P(z)}{\delta},\qquad z=\mp\frac{L}{2}. \tag{6.64}$$

设膜是对称的，即 $P_+=P_-=P_1$，在膜中心极化呈极值 $P(0)$，$dP/dz=0$. 式(6.63) 的首次积分为

$$\frac{K}{2}\left(\frac{dP}{dz}\right)^2=\frac{1}{2}\alpha[P^2-P^2(0)]$$

$$+\frac{1}{4}\beta[P^4-P^4(0)]-E_{ext}[P-P(0)]. \tag{6.65}$$

将式(6.64) 代入式 (6.65)，得 P (0) 与 P_1 的关系为

$$\delta^2\beta P_1^4+(2\alpha\delta^2-2K)P_1^2-4\delta^2E_{ext}$$

$$\times P_1-\delta^2P(0)[\delta P^3(0)+2\alpha P(0)-4E_{ext}]=0. \tag{6.66}$$

极化沿厚度的分布由下式确定：

$$z=\pm\int_{P(0)}^{P(z)}$$

$$\left\{\frac{2K}{2\alpha[P^2-P^2(0)]+\beta[P^4-P^4(0)]-E_{ext}[P-P(0)]}\right\}^{1/2}dP, \tag{6.67}$$

积分前的符号依赖于 δ 的符号. 对式(6.66) 和式 (6.67) 进行数

值计算可求出极化沿厚度的分布．在外场 $E_{ext}=0$ 和 $E_{ext}\neq 0$ 两种情况下计算出 $P(z)$，即可得出极化率沿厚度的分布

$$\chi(z)=\frac{\Delta P(z)}{\varepsilon_0 E_{ext}}, \tag{6.68}$$

式中 $\Delta P(z)$ 为两种情况下 $P(z)$ 之差．膜的平均极化率为

$$\chi_f(z)=\frac{L}{2\int_0^{L/2}\frac{1}{[\chi(z)+1]}dz}-1. \tag{6.69}$$

先讨论 $\delta>0$ 的情况．图 6.20 示出了平均极化率 χ_f 和膜中心极化与厚度的关系．图中厚度按关联长度 $\xi=(K/\alpha)^{1/2}$ 归一化，$P(0)$ 和 χ_f 分别按体材料极化 P_∞ 和极化率 χ_∞ 归一化．随着厚度减小，$P(0)$ 降低，到某一厚度时 $P(0)$ 消失，这表示发生了尺寸驱动的铁电-顺电相变．与极化降低的同时，平均极化率升高，在相变尺寸平均极化率发散．我们认为这可能是超顺电性[36]的表现．这种现象与超顺磁性相似．当颗粒尺寸减小到一定程度时铁磁性消失，同时表现出很高的磁化率．铁电体随着尺寸减小也可能先经历超顺电态进入顺电态．在超顺电态，长程相互作用刚刚减弱到不足以维持铁电有序，但只要很弱的外场就可使偶极子排列，所以极化率特别大．

再看 $\delta<0$ 的情况．此时平均极化率和极化 P_0 随厚度的变化如图 6.21 所示．随着厚度减小，极化下降，而极化率上升，但不发生尺寸驱动的铁电-顺电相变．

现在计入退极化场．此时由式(6.61)得出的 Euler - Lagrange 方程为

$$K\frac{d^2P}{dz^2}=\alpha P(z)+\beta P^3(z)-\frac{P(z)}{\varepsilon_0}-\frac{1}{L\varepsilon_0}\int_{-L/2}^{L/2}P(z)dz-E_{ext}, \tag{6.70}$$

边条件与式(6.64) 所示的相同．

利用对称条件 $P_+=P_-=P_1$，得出式 (6.70) 首次积分为

$$\frac{K}{2}\left(\frac{dP}{dz}\right)^2=$$

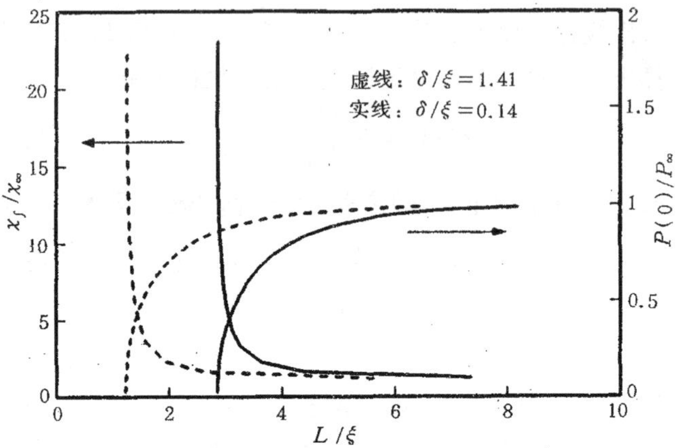

图 6.20　平均极化率和膜中心极化与厚度的关系，$\delta>0$.

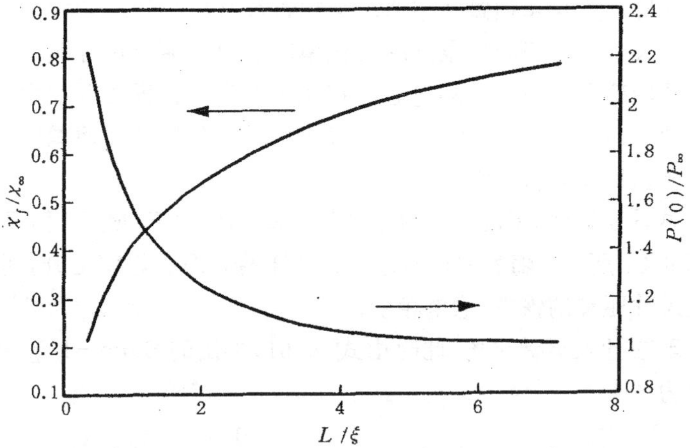

图 6.21　平均极化率和膜中心极化与厚度的关系，$\delta/\xi=-1.41$.

$$\frac{1}{2}\left(\alpha+\frac{1}{\varepsilon_0}\right)[P^2-P^2(0)]+\frac{1}{4}\beta[P^4-P^4(0)]$$
$$-\left(E_{\text{ext}}+\frac{R}{\varepsilon_0}\right)[P-P(0)], \qquad (6.71)$$

式中

$$R=\frac{1}{L}\int_{-L/2}^{L/2}P(z)dz \tag{6.72}$$

是膜的平均极化. 由式(6.71)和边界条件，用数值计算可得极化沿厚度的分布，再由式(6.68)和式(6.69)求得极化率. 退极化场由叠代法确定.

在 $\delta>0$ 的情况，退极化场使极化降低，而平均极化率升高，发生尺寸驱动相变的厚度则有所增大. 在 $\delta<0$ 的情况，退极化场使极化升高，而平均极化率降低. 值得注意的是，当厚度很小时，退极化场的作用减弱，这是因为厚度很小时极化沿厚度的分布变得均匀了，故退极化场很小.

对于一级相变铁电薄膜，只要在式(6.61)中令 $\beta<0$，并加入极化六次方项，即可按相似的方法进行计算. 作者等在文献[68]中对此进行了讨论并给出了有关结果.

参 考 文 献

[1] 李远、秦自楷、周志刚，压电与铁电材料的测量，科学出版社(1984).

[2] 倪尔瑚，电介质测量，科学出版社(1981).

[3] J. Grigas, Microwave Dielectric Spectroscopy of Ferroelectrics and Related Materials, Gordon and Breach, New York (1996).

[4] Yu M. Polavko, *Sov. Phys. Solid State*, **15**, 991 (1973).

[5] T. Mitsui, I. Tatsuzaki, E. Nakamura, An Introduction to the Physics of Ferroelectrics, Gordon and Breach, New York, 310 (1976). 中译本：倪冠军等译，殷之文校，铁电物理学导论，科学出版社(1983).

[6] B. Sobiestianskas, J. Grigas, Z. Czapla, *Ferroelectrics*, **100**, 187 (1989).

[7] Zhang Peilin, Zhong Weilie, Shen Chenghang, Liu Sidong, Chin. *Phys. Lett.*, **4**, 145 (1987).

[8] Zhang Liangying, Yaoxi, H. A. Mckinstry, L. E. Cross, *Ferroelectrics*, **49**, 75 (1983).

[9] Sun Hongtao, Zhang Liangying, Yaoxi, *J. Am. Ceram. Soc.*, **75**, 2379 (1990).

[10] J. K. Vij, A. M. Varaprasad, *Ferroelectrics*, **38**, 865 (1981).

[11] W. L. Zhong, P. L. Zhang, H. C. Chen, F. S. Chen, Y. Y. Song, *Ferroelectrics*, **74**, 325 (1987).

[12] O. Bidault, P. Goux, M. Kckhikech, M. Belkaoumi, M. Maglione, *Phys. Rev.*, **B49**, 7868 (1994).

[13] A. K. Jonscher, Dielectric Relaxation in Solids, Chelsea Dielectric Press, London (1984).

[14] R. M. Hill, A. K. Jonscher, *Contemp. Phys.*, **24**, 75 (1983).
[15] M. A. P. Jubindo, J. D. Solier, M. R. Dela Fuenta, M. J. Tello, J. Peraza, *Ferroelectrics*, **54**, 99 (1984).
[16] A. K. Jonscher, D. C. Duke, *Ferroelectrics*, **17**, 533 (1978).
[17] D. A. Draegert, S. Singh, *Solid State Commun.*, **9**, 595 (1971).
[18] E. Nakamura, T. Mitsui, J. Furuichi, *J. Phys. Soc. Jpn.*, **18**, 1477 (1963).
[19] J. P. Remeika, A. M. Glass, *Mat. Res. Bull.*, **5**, 37 (1970).
[20] S. Hoshino, T. Mitsui, F. Jona, R. Pepinsky, *Phys. Rev.*, **107**, 1255 (1957).
[21] S. Triebwasser, *IBM Research Development*, **2**, 212 (1958).
[22] E. Nakamura, T. Nagai, K. Ishida, K. Itoh, T. Mitsui, *J. Phys. Soc. Jpn.*, **28** Supplement, 271 (1970).
[23] A. Levstik, M. Burgar, R. Blinc, *J. Physique*, **C2**, 235 (1972).
[24] R. Blinc, M. Burgar, A. Levstik, *Solid State Commun.*, **12**, 573 (1973).
[25] R. Blinc, B. Zeks, Soft Modes in Ferroelectrics and Antiferroelectrics, North-Holland, Amsterdam (1974). 中译本：刘长乐等译，殷之文校，铁电体和反铁电体中的软模，科学出版社 (1981).
[26] W. L. Zhong, P. L. Zhang, H. S. Zhao, Z. H. Yang, Y. Y. Song, H. C. Chen, *Phys. Rev.*, **B46**, 10583 (1992).
[27] R. Clarke, A. M. Glazer, *J. Phys. C: Solid State Phys.*, **7**, 2147 (1974).
[28] 张沛霖、钟维烈、赵焕绥、李翠平、宋永远、陈焕矗，科学通报，**11**，814 (1990).
[29] P. L. Zhang, W. L. Zhong, H. S. Zhao, Y. Y. Song, H. C. Chen, *Chin. Phys. Lett.*, **6**, 526 (1989).
[30] A. A. Bokov, *Ferroelectrics*, **131**, 49 (1992).
[31] G. A. Smolenski, *J. Phys. Soc. Jpn.*, **28** Supplement, 26 (1970).
[32] 钟维烈、张沛霖、陈焕矗、陈福生、宋永远，硅酸盐学报，**13**，350 (1985).
[33] N. Setter, L. E. Cross, *J. Appl. Phys.*, **51**, 4356 (1980).
[34] Yao xi, Chen Zhili, L. E. Cross, *J. Appl. Phys.*, **54**. 3399 (1983).
[35] Z. W. Yin, X. T. Chen, X. Y. Song, J. W. Fang, *Ferroelectrics*, **87**, 85 (1988).
[36] L. E. Cross, *Ferroelectrics*, **76**, 241 (1987).
[37] N. Setter, L. E. Cross, *J. Mater. Sci.*, **15**, 2478 (1980).
[38] J. Chen, H. M. Chan, M. P. Harmer, *J. Am. Ceram. Soc.*, **72**, 593 (1989).
[39] 王强、顾秉林、张孝文，物理学报，**39**，325 (1990).
[40] 王强、张孝文、顾秉林，物理学报，**38**，1422 (1989).
[41] 徐祖耀，相变原理，科学出版社 (1988).
[42] G. A. Samura, *Jpn. J. Appl. Phys*, Supplement **24** (2), 80 (1985).
[43] G. A. Samura, *Phys. Rev. Lett.*, **27**, 103 (1971).
[44] M. E. Drougard, D. R. Young, *Phys. Rev.*, **94**, 1561 (1954).
[45] N. Uchida, T. Ikeda, *Jpn. J. Appl. Phys.*, **7**, 1219 (1968).
[46] Yu. M. Poplavko Izv. Akad. Nauk, *SSSR. Ser. Fiz.*, **34**, 2572 (1970).
[47] G. Arlt, H. Dedrichs, R. Herbiet, *Ferroelectrics*, **74**, 37 (1987).
[48] J. Fousek, B. Brezina, *J. Phys. Soc. Jpn.*, **19**. 830 (1964).
[49] G. Arlt, N. A. Pertsev, *J. Appl. Phys.*, **70**, 2283. (1991).

[50] L. O. Gentner, P. Gerthsen, N. A. Schmidt, R. E. Send, *J. Appl. Phys.*, **49**, 4485 (1978).
[51] N. A. Pertsev, G. Arlt, *J. Appl. Phys.*, **74**, 4105 (1993).
[52] J. Kersten, G. Schmidt, *Ferroelectrics*, **67**, 191, (1986).
[53] U. Bottger, G. Arlt, *Ferroelectrics*, **127**, 95 (1992).
[54] Y. N. Huang, Y. N. Wang, H. M. Shen, *Phys. Rev.*, **B46**, 3290 (1992).
[55] T. Kanata, T. Yoshikawa, K. Kubota, *Solid State Commun.*, **62**, 765 (1987).
[56] A. S. Shaikh, R. W. Vest, G. M. Vest, *IEEE. Transactions on Ultrasonics, Ferroelectrics and Frequency Control*, **36**, 407 (1989).
[57] Weilie Zhong, Peilin Zhang, Yugao Wang, Tianling Ren, *Ferroelectrics*, **160**, 55 (1995).
[58] W. R. Buessem, L. E. Cross, A. K. Goswami, *J. Am. Ceram. Soc.*, **49**, 33 (1966).
[59] A. J. Bell, A. J. Moulson, L. E. Cross, *Ferroelectrics*, **54**, 147 (1984).
[60] G. H. Jonker, W. Noorlander, Science of Ceramics, **1**, ed. by G. H. Stewart, Academic Press, New York, 255 (1962).
[61] G. Arlt, D. Hennings, G. With, *J. Appl. Phys.*, **58**, 1619 (1985).
[62] T. Nakamura, M. Takashige, H. Terauchi, Y. Miura, W. N. Lawless, *Jpn. J. Appl. Phys.*, **23**, 1265 (1984).
[63] Qu Baodong, Jiang Bin, Wang Yuguo, Zhang Peilin, Zhong Weilie, *Chin. Phys. Lett.*, **11**, 514 (1994).
[64] K. Uchino, E. Sadanaga, T. Hirose, *J. Am. Ceram. Soc.*, **72**, 1555 (1989).
[65] K. Ishikawa, K. Yoshikawa, N. Okada, *Phys. Rev.*, **B37**, 5852 (1988).
[66] W. L. Zhong, B. Jiang, P. L. Zhang, J. M. Ma, H. M. Cheng, Z. H. Yang, L. X. Li, *J. Phys.: Condensed Matter*, **5**, 2619 (1993).
[67] 姜斌、王玉国、赵焕绥、张沛霖、钟维烈、马季铭、程虎民，硅酸盐学报，**22**, 377 (1994).
[68] W. L. Zhong, B. D. Qu, P. L. Zhang, Y. G. Wang, *Phys. Rev.*, **B50**, 12375 (1994).
[69] B. D. Qu, P. L. Zhang, Y. G. Wang, C. L. Wang, W. L. Zhong, *Ferroelectrics*, **152**, 219 (1994).
[70] Baodong Qu, Weilie Zhong, Keming Wang, Zhonglie Wang, *Integrated Ferroelectrics*, **3**, 7 (1993).
[71] P. Kretchmer, K. Binder, *Phys. Rev.*, **B20**, 1065 (1979).

第七章　压电和电致伸缩效应

压电效应是 1880 年由 P. 居里和 J. 居里两兄弟发现的. 他们在研究热电性与晶体对称性的关系时,发现压力可产生电效应,即在某些晶体的特定方向加压力时，相应的表面上出现正或负的电荷，而且电荷密度与压力大小成正比. 他们所报道的这些晶体中就有后来广为研究的铁电体酒石酸钾钠（罗息盐）. 这一发现在科学界引起了很大的兴趣. 1881 年，Lippman 应用热力学原理预言了逆压电效应 (converse piezoelectric effect)，即电场可以引起与之成正比的应变. 很快这一预言被居里兄弟用实验所证实. 接着 Hankel 引入了 piezoelectricity（压电性）这个名词. Voigt 应用对称性原理建立了压电性的唯象理论. 他将弹性顺度张量和极化矢量的分量与晶体的对称操作联系起来，得知在 32 个晶体点群中，作为三阶张量的压电常量有哪些张量元不为零，并指出它们之间有什么关系. 在微观理论方面，玻恩和他的合作者在晶格动力学的框架内研究了压电效应，并且计算了一些晶体（如闪锌矿）的压电常量.

压电材料的实用化是进一步研究压电效应的推动力. 实用化方面早期有两个奠基性的工作. 第一，1916 年朗之万发明了用石英晶体制作的水声发射器和接收器，并用于探测水下的物体. 第二，1918 年 Cady 通过对罗息盐晶体在机械谐振频率附近的特异的电性能研究发明了谐振器. 前者是最早的压电换能器，后者则为压电材料在通信技术和频率控制等方面的应用奠定了基础.

压电效应的早期研究主要是针对罗息盐和石英晶体进行的. 这些研究全面反映在 Cady 的经典著作《压电性》[1]一书中. 30 年代出现了铁电体 KDP 及与之同型的一系列晶体（包括反铁电体 ADP）. 40 年代出现了 $BaTiO_3$. 这些晶体的出现扩大了压电性的

研究对象，丰富了人们对压电性的认识. 1947 年发现 $BaTiO_3$ 陶瓷经强直流电场作用后也具有压电性[2]. 这一发现结束了压电材料局限于单晶的局面. 这一阶段的成果在 Mason 的经典著作《压电晶体及其在超声中的应用》一书[3]中有全面的论述. 后来陆续出现了一些新型的压电晶体和以 PZT 为主体的性能优异的压电陶瓷，并出版了关于压电陶瓷的专著[4]. 同时，IRE（以及后来的 IEEE）制订和发布了一系列关于压电晶体的标准[5-9]，推动了测量方法的规范化和现代化. 所有这些成果终于使压电材料在机电换能、传感计测、频率选择和控制等方面实现了广泛的应用.

电致伸缩(electrostriction)是电介质中另一种电弹效应(electroelastic effect). 它反映的是应变与电场强度平方之间的正比关系，因此电致伸缩系数是一个四阶张量. 虽然电致伸缩效应通常很弱，但在某些铁电体中稍高于居里点时却相当强，而且铁电相的压电常量与电致伸缩系数有关. 因此，研究电致伸缩也有实用和理论两方面的意义.

本章除重点介绍压电效应以外，还要介绍电致伸缩效应，并讨论铁电性压电材料的特点和代表性的铁电性压电材料.

§7.1 压电效应

7.1.1 线性状态方程和线性响应系数[10,11]

处理电介质平衡性质的基本理论是线性理论. 该理论成立的条件是系统的状态相对其初始态的偏离较小，在特征函数对独立变量的展开式中可忽略二次以上的高次项，而在热力学量对独立变量的展开式中可以只取线性项.

考虑以温度 T，应力 $\mathbf{X}$ 和电场 $\boldsymbol{E}$ 为独立变量的情况，于是相应的特征函数为吉布斯自由能 G. 假设温度、应力和电场分别发生了小的变化 dT，$d\mathbf{X}$ 和 $d\boldsymbol{E}$，而且初始态的应力和电场为零，故 $d\mathbf{X}=\mathbf{X}$，$d\boldsymbol{E}=\boldsymbol{E}$. 当这些变化足够小时，可用泰勒级数展开 G，只取到二次项

$$G = G_0 + \frac{\partial G}{\partial T}dT + \frac{\partial G}{\partial X_i}X_i + \frac{\partial G}{\partial E_m}E_m$$
$$+ \frac{1}{2}\frac{\partial^2 G}{\partial T^2}(dT)^2 + \frac{1}{2}\frac{\partial^2 G}{\partial X_i \partial X_j}X_i X_j$$
$$+ \frac{1}{2}\frac{\partial^2 G}{\partial E_m \partial E_n}E_m E_n + \frac{\partial^2 G}{\partial T \partial X_i}X_i dT + \frac{\partial^2 G}{\partial T \partial E_m}E_m dT$$
$$+ \frac{\partial^2 G}{\partial X_i \partial E_m}X_i E_m, \tag{7.1}$$

因为

$$dG = - SdT - x_i dX_i - D_m dE_m, \tag{7.2}$$

所以

$$\frac{\partial G}{\partial T} = - S, \quad \frac{\partial G}{\partial X_i} = - x_i, \quad \frac{\partial G}{\partial E_m} = - D_m. \tag{7.3}$$

将 dS，$\mathbf{x}$ 和 $\boldsymbol{D}$ 看成是 dT，$\mathbf{X}$ 和 $\boldsymbol{E}$ 的函数，在零应力和零电场附近作泰勒展开，取近似只保留一次项

$$x_i = \left(\frac{\partial x_i}{\partial T}\right)_{\mathbf{X},\boldsymbol{E}}dT + \left(\frac{\partial x_i}{\partial X_j}\right)_{T,\boldsymbol{E}}X_j + \left(\frac{\partial x_i}{\partial E_m}\right)_{T,\mathbf{X}}E_m, \tag{7.4}$$

$$D_m = \left(\frac{\partial D_m}{\partial T}\right)_{\mathbf{X},\boldsymbol{E}}dT + \left(\frac{\partial D_m}{\partial X_i}\right)_{T,\boldsymbol{E}}X_i + \left(\frac{\partial D_m}{\partial E_n}\right)_{T,\mathbf{X}}E_n, \tag{7.5}$$

$$dS = \left(\frac{\partial S}{\partial T}\right)_{\mathbf{X},\boldsymbol{E}}dT + \left(\frac{\partial S}{\partial X_i}\right)_{T,\boldsymbol{E}}X_i + \left(\frac{\partial S}{\partial E_m}\right)_{T,\mathbf{X}}E_m. \tag{7.6}$$

利用式（7.3），此三式成为

$$x_i = - \left(\frac{\partial^2 G}{\partial X_i \partial T}\right)_{\boldsymbol{E}}dT - \left(\frac{\partial^2 G}{\partial X_i \partial X_j}\right)_{T,\boldsymbol{E}}X_j - \left(\frac{\partial^2 G}{\partial X_i \partial E_m}\right)_{T}E_m, \tag{7.7}$$

$$D_m = - \left(\frac{\partial^2 G}{\partial E_m \partial T}\right)_{\mathbf{X}}dT - \left(\frac{\partial^2 G}{\partial E_m \partial X_i}\right)_{T}X_i - \left(\frac{\partial^2 G}{\partial E_m \partial E_n}\right)_{T,\mathbf{X}}E_m, \tag{7.8}$$

$$dS = - \left(\frac{\partial^2 G}{\partial T^2}\right)_{\mathbf{X},\boldsymbol{E}}dT - \left(\frac{\partial^2 G}{\partial T \partial X_i}\right)_{\boldsymbol{E}}X_i - \left(\frac{\partial^2 G}{\partial T \partial E_m}\right)_{\mathbf{X}}E_m. \tag{7.9}$$

引入

$$- \left(\frac{\partial^2 G}{\partial X_i \partial E_m}\right)_{T} = - \left(\frac{\partial^2 G}{\partial E_m \partial X_i}\right)_{T} = \left(\frac{\partial x_i}{\partial E_m}\right)_{T,\mathbf{X}}$$

$$= \left(\frac{\partial D_m}{\partial X_i}\right)_{T,E} = d_{mi}^T, \tag{7.10}$$

$$-\left(\frac{\partial^2 G}{\partial E_m \partial T}\right)_{\mathbf{X}} = -\left(\frac{\partial^2 G}{\partial T \partial E_m}\right)_{\mathbf{X}} = \left(\frac{\partial D_m}{\partial T}\right)_{\mathbf{X},E} = \left(\frac{\partial S}{\partial E_m}\right)_{T,\mathbf{X}}$$
$$= p_m^{\mathbf{X}}, \tag{7.11}$$

$$-\left(\frac{\partial^2 G}{\partial X_i \partial T}\right)_{E} = -\left(\frac{\partial^2 G}{\partial T \partial X_i}\right)_{E} = \left(\frac{\partial x_i}{\partial T}\right)_{\mathbf{X},E}$$
$$= \left(\frac{\partial S}{\partial X_i}\right)_{T,E} = \alpha_i^E, \tag{7.12}$$

$$-\left(\frac{\partial^2 G}{\partial X_i \partial X_j}\right)_{T,E} = \left(\frac{\partial x_i}{\partial X_j}\right)_{T,E} = s_{ij}^{E,T}, \tag{7.13}$$

$$-\left(\frac{\partial^2 G}{\partial E_m \partial E_n}\right)_{T,\mathbf{X}} = \left(\frac{\partial D_m}{\partial E_n}\right)_{T,\mathbf{X}} = \varepsilon_{mn}^{T,\mathbf{X}}, \tag{7.14}$$

$$-\left(\frac{\partial^2 G}{\partial T^2}\right)_{\mathbf{X},E} = \left(\frac{\partial S}{\partial T}\right)_{\mathbf{X},E} = \frac{\rho c^{E,\mathbf{X}}}{T}. \tag{7.15}$$

于是式（7.7）—（7.9）成为

$$x_i = \alpha_i^E dT + s_{ij}^{E,T} X_j + d_{mi}^T E_m, \tag{7.16}$$

$$D_m = p_m^{\mathbf{X}} dT + d_{mi}^T X_i + \varepsilon_{mn}^{T,\mathbf{X}} E_n, \tag{7.17}$$

$$dS = \frac{\rho c^{E,\mathbf{X}}}{T} dT + \alpha_i^E X_i + p_m^{\mathbf{X}} E_m, \tag{7.18}$$

这就是弹性电介质的线性状态方程. 方程中的系数叫线性响应系数，它们是电介质的物性参量. 上标标明响应过程中保持不变的量. 由式（7.10）—（7.15）可知，这些线性响应系数就是特征函数展开式中二次方项的系数. 这表明，在特征函数展开式中取到二次方项等效于在线性范围内描写电介质，二次方项的系数就是相应的物性参量. 上面共出现了 6 个物性参量，它们反映了弹性电介质中六种线性效应，现分述如下.

应力 **X** 和应变 **x** 之间的弹性效应用弹性顺度 **s** 描写. 电位移 ***D*** 和电场 ***E*** 之间的介电效应用电容率 **ε** 描写. 应力 **X**（或应变 **x**）与电位移 ***D***（或电场 ***E***）之间的压电效应用压电常量 **d** 描写. 温度 T（或熵 S）与应变 **x**（或应力 **X**）之间的热膨胀效应用热胀系数

α 描写．温度 T（或熵 S）与电位移 $\boldsymbol{D}$（或电场 $\boldsymbol{E}$）之间的热电效应用热电系数 $p_m=(\partial D_m/\partial T)$ 或电热系数 $(\partial S/\partial E_m)$ 描写．温度 T 与熵 S 改变量的关系用比热 c 描写．

在式（7.10）—（7.12）中，利用特征函数 G 的二次偏微商与微商次序无关的原理，得到如下的关系式：

$$\left(\frac{\partial x_i}{\partial E_m}\right)_{T,\mathbf{X}}=\left(\frac{\partial D_m}{\partial X_i}\right)_{T,\boldsymbol{E}},$$

$$\left(\frac{\partial D_m}{\partial T}\right)_{\mathbf{X},\boldsymbol{E}}=\left(\frac{\partial S}{\partial E_m}\right)_{T,\mathbf{X}},$$

$$\left(\frac{\partial x_i}{\partial T}\right)_{\mathbf{X},\boldsymbol{E}}=\left(\frac{\partial S}{\partial X_i}\right)_{T,\boldsymbol{E}}.$$

它们的物理意义是：正效应与逆效应相等．例如上面第一式表示压电常量等于逆压电常量，第二式表示热电系数等于电热系数．由其他特征函数出发，也可得到一些类似的关系式，它们统称为麦克斯韦关系式．

虽然上面各式都是采用矩阵记法，但我们不应忘记，表示物理性能的线性响应系数以及它们所联系的物理量都是张量，这些响应系数称为物性张量．物性张量的阶决定于它所联系的物理量张量的阶．矢量和标量分别是一阶和零阶张量．将一个 p 阶张量与一个 q 阶张量联系起来的张量是一个 $n=p+q$ 阶的张量．三维空间中的一个 n 阶张量共有 3^n 个分量，这些分量要用有 n 个附标（通常为下标）的符号来表示．如果张量是对称的，则独立分量的个数减少．热电系数是一阶张量（即矢量），有 3 个独立分量．电容率和热胀系数都是对称二阶张量，有 6 个独立分量．压电常量是联系二阶张量（应力或应变）与一阶张量（电位移或电场）的三阶张量，因为应力或应变是对称二阶张量，故压电常量只有 18 个独立分量．弹性系数是联系两个二阶张量（应力或应变）的四阶张量，因为应力和应变都是对称二阶张量，故弹性系数只有 36 个独立分量．晶体对称性对这些张量施加了限制，使实际的分量个数减少．晶体对称性越高，独立分量的个数越少．各个点群的晶体可能有的各种物性张量的矩阵形式列于附录Ⅱ中.

这里需要说明晶体物理坐标系的选择. 我们知道，晶体的点群对称性决定了晶胞的形状. 以晶胞的 3 个棱边 a，b，c 为坐标轴形成了晶体学坐标系. 方向指数和面指数等都是根据晶体学坐标系给出的. 但晶体学坐标系不一定是直角坐标系，用来描述晶体的宏观性质是不方便的，所以需要设置一种直角坐标系. 为了描述晶体物理性质而设置的直角坐标系称为晶体物理坐标系. 显然，直角坐标系的选取是有任意性的. 因为晶体的物理性质与坐标系的选取无关，无论用什么坐标系都能完整地表示出晶体的物理性质. 但是采用不同的坐标系表示同一物理性质时，其表现形式（即哪些为独立变量，其数值大小等）是不同的. 为了避免混乱，需要共同采用同一种直角坐标系. 为此，IRE 对直角坐标系的选取作了规定[5]，现已被国际上通用. 这个规定给出晶体物理坐标系的 x，y，z 与晶体学坐标系的 a，b，c 的关系如下所述.

立方、四方和正交晶系：$z /\!/ c$，$y /\!/ b$，$x /\!/ a$；三角和六角晶系：$z /\!/ c$，$x /\!/ a$，y 由右手定则确定；单斜晶系：$y /\!/ b$，$z /\!/ c$，x 由右手定则确定；三斜晶系：$z /\!/ c$，$y \perp$（010），x 由右手定则确定.

附录Ⅱ中给出的各种物理性质的矩阵形式就是采用这种晶体物理直角坐标系得出的.

在式（7.16）—（7.18）和类似的状态方程中，i，j=1—6，m，n=1—3. 下标 i 和 j 是双下标的简写. 按照约定，双下标与单下标的对应关系如下表所列.

双下标	11	22	33	23，32	31，13	12，21
单下标	1	2	3	4	5	6

根据上表所列的这种对应关系，并注意关于应力和应变下标变换的 Voigt 记法 [式（3.1）]，不难得知在下标变换中将对弹性顺度 **s**，压电常量 **d** 以及下面将引入的压电常量 **g** 引入因子 2 或 4：

$$d_{mi} = d_{mnp}, g_{mi} = g_{mnp} \qquad 当\ i = 1—3,$$

$$d_{mi} = 2d_{mnp}, g_{mi} = 2g_{mnp} \qquad 当\ i = 4—6,$$

$$s_{ij} = s_{mnpq} \qquad 当\ i\ 和\ j = 1—3,$$

$$s_{ij} = 2s_{mnpq} \qquad 当\ i\ 或\ j = 4—6,$$

$$s_{ij} = 4s_{mnpq} \qquad 当\ i\ 和\ j = 4—6.$$

不过，对弹性刚度 **c** 和下面将引入的另外两个压电常量 **e** 和 **h**，并不引入因子 2 或 4.

将双下标简化为单下标以后，我们就可将三阶和四阶张量也用矩阵形式写出来了，这是为了计算的方便. 但要注意，d_{mnp}和s_{mnpq}等是张量分量，而 d_{mi}和 s_{ij}等则是矩阵元了.

式（7.16）—（7.18）中各响应系数的上标指明求偏微商时保持不变的量，例如 ε_{mn}^{T}是等温电容率. 同一响应系数，在不同条件下测得的值可能有大的差别. 下面推出等温系数与绝热系数的关系. 为此在式（7.18）中，令 $dS=0$，得出 dT，代入式（7.16）和式（7.17）后，令同类项系数相等，得出

$$\varepsilon_{mn}^{S,\mathbf{X}} = \varepsilon_{mn}^{T,\mathbf{X}} - \frac{p_m^{\mathbf{X}} p_n^{\mathbf{X}} T}{\rho c^{\mathbf{X},E}}, \tag{7.19}$$

$$d_{mi}^{S} = d_{mi}^{T} - \frac{\alpha_i^E p_m^{\mathbf{X}} T}{\rho c^{\mathbf{X},E}}, \tag{7.20}$$

$$s_{ij}^{E,S} = s_{ij}^{E,T} - \frac{\alpha_i^E \alpha_j^E T}{\rho c^{\mathbf{X},E}}. \tag{7.21}$$

对于一种以铌和镧改性的锆钛酸铅（PZT）压电陶瓷，等温和绝热条件下三种系数的差别为：弹性顺度相差约 0.03%，压电常量 d 相差约 0.1%，电容率相差约 0.15%. 式（7.19）和式（7.20）表明，无热电性的材料，电容率和压电常量 d 不因等温或绝热而不同. 在 §6.4 中，我们曾用另一种方法推导了等温介电隔离率与绝热介电隔离率的关系，所得到的式（6.29）与式（7.19）是相一致的.

7.1.2 压电方程和压电常量

压电体在工作过程中不可避免地要发热，难以保持等温条件.

但热交换通常可以忽略，即满足绝热条件，因此要研究绝热条件下压电体的性质.

先讨论以应力和电场为独立变量的情况．因为

$$dH = TdS - x_i dX_i - D_m dE_m, \tag{7.22}$$

所以相应的特征函数是焓 H．利用与上面相似的方法［见式(7.4)—(7.18)］得到的线性状态方程如下：

$$x_i = \left(\frac{\partial x_i}{\partial S}\right)_E dS + s_{ij}^{E,S} X_j + d_{mi}^S E_m, \tag{7.23}$$

$$D_m = \left(\frac{\partial D_m}{\partial S}\right)_X dS + d_{mi}^S X_i + \varepsilon_{mn}^{S,X} E_n, \tag{7.24}$$

$$dT = \frac{T}{\rho c^{E,X}} dS + \left(\frac{\partial T}{\partial X_i}\right)_E X_i + \left(\frac{\partial T}{\partial E_m}\right)_X E_m. \tag{7.25}$$

在应用绝热条件下，得出

$$\begin{aligned} x_i &= s_{ij}^E X_j + d_{mi} E_m, \\ D_m &= d_{mi} X_i + \varepsilon_{mn}^X E_n, \end{aligned} \tag{7.26a}$$

式中已省去了代表绝热的上标 S.

以应变 $\mathbf{x}$ 和电场 $\boldsymbol{E}$ 为独立变量时，相应的方程为

$$\begin{aligned} X_i &= c_{ij}^E x_j - e_{mi} E_m, \\ D_m &= e_{mi} x_i + \varepsilon_{mn}^x E_n. \end{aligned} \tag{7.27a}$$

以应变和电位移为独立变量时，相应的方程为

$$\begin{aligned} X_i &= c_{ij}^D x_j + h_{mi} D_m, \\ E_m &= - h_{mi} x_i + \lambda_{mn}^x D_n. \end{aligned} \tag{7.28a}$$

以应力和电位移为独立变量时，相应的方程为

$$\begin{aligned} x_i &= s_{ij}^D X_j + g_{mi} D_m, \\ E_m &= - g_{mi} X_i + \lambda_{mn}^X D_n. \end{aligned} \tag{7.29a}$$

上面四组方程中引入了 4 个压电常量，它们的定义及其在 SI 单位制中的单位如下：

$$d_{mi} = \left(\frac{\partial D_m}{\partial X_i}\right)_E = \left(\frac{\partial x_i}{\partial E_m}\right)_X, \tag{7.30}$$

单位为 C/N 或 m/V.

$$h_{mi}=-\left(\frac{\partial E_m}{\partial x_i}\right)_D=-\left(\frac{\partial X_i}{\partial D_m}\right)_x, \tag{7.31}$$

单位为 N/C 或 V/m.

$$g_{mi}=-\left(\frac{\partial E_m}{\partial X_i}\right)_D=-\left(\frac{\partial x_i}{\partial D_m}\right)_X, \tag{7.32}$$

单位为 Vm/N 或 m^2/C.

$$e_{mi}=-\left(\frac{\partial D_m}{\partial x_i}\right)_E=-\left(\frac{\partial X_i}{\partial E_m}\right)_x, \tag{7.33}$$

单位为 N $(Vm)^{-1}$或 C/m^2.

压电常量是反映力学量（应力或应变）与电学量（电位移或电场）间相互耦合的线性响应系数. 独立变量不同时，相应的压电常量也不相同. 实用中，电 d_{mi}可计算单位电场引起的应变，由g_{mi}可计算一定长度的压电元件中单位应力引起的电压，所以前者称为压电应变常量，后者称为压电电压常量. e_{mi}给出单位电场引起的应力，h_{mi}表示造成单位应变所需的电场，所以分别称为压电应力常量和压电刚度常量.

式（7.26a）—（7.29a）中 c 是弹性刚度，它与弹性顺度 s 的关系为

$$c_{ij}=\frac{(-1)^{i+j}\Delta_{ij}}{\Delta}, \tag{7.34}$$

式中 Δ 是 $\mathbf{s}$ 矩阵的行列式，Δ_{ij}是去掉第 i 行和第 j 列后的余子式.

$\boldsymbol{\lambda}$ 是介电隔离率，它与电容率 $\boldsymbol{\varepsilon}$ 的关系是

$$\lambda_{mn}=\frac{(-1)^{m+n}\Delta_{mn}}{\Delta}, \tag{7.35}$$

式中 Δ 是 $\boldsymbol{\varepsilon}$ 矩阵的行列式，Δ_{mn}是去掉第 m 行和第 n 列后的余子式. 由 $\boldsymbol{\varepsilon}$ 矩阵的形式可知，除三斜和单斜晶系以外，$\lambda_{mn}=1/\varepsilon_{mn}$.

式（7.26a）—（7.29a）就是压电方程，也称为压电本构方程(piezoelectric constitutive equation). 由上述可见，压电方程就是弹性电介质在绝热条件下的线性状态方程. 由于选作独立变量的力学量和电学量不同，压电方程有四种不同的形式.

上面的压电方程是用矩阵元的形式写的，如果用一个符号表

示整个矩阵，则压电方程为

$$\begin{aligned} \mathbf{x} &= \mathbf{s}^E\mathbf{X} + \mathbf{d}_t E, \\ D &= \mathbf{d}\mathbf{X} + \varepsilon^{\mathrm{X}} E, \end{aligned} \tag{7.26b}$$

$$\begin{aligned} \mathbf{X} &= \mathbf{c}^E\mathbf{x} - \mathbf{e}_t E, \\ D &= \mathbf{e}\mathbf{x} + \varepsilon^{\mathrm{x}} E, \end{aligned} \tag{7.27b}$$

$$\begin{aligned} \mathbf{X} &= \mathbf{c}^D\mathbf{x} + \mathbf{h}_t D, \\ E &= -\mathbf{h}\mathbf{x} + \lambda^{\mathrm{x}} D, \end{aligned} \tag{7.28b}$$

$$\begin{aligned} \mathbf{x} &= \mathbf{s}^D\mathbf{X} + \mathbf{g}_t D, \\ E &= -\mathbf{g}\mathbf{X} + \lambda^{\mathrm{X}} D. \end{aligned} \tag{7.29b}$$

这些式子中带下标的矩阵是转置矩阵，例如 $\mathbf{d}_t$ 是 $\mathbf{d}$ 的转置矩阵.

四种压电常量分别在独立变量不同的条件下描写压电效应，由特征函数的定义出发，可导出它们的关系如下：

$$\begin{aligned} d_{mi} &= \varepsilon^{\mathrm{X}}_{mn} g_{ni} = e_{mj} s^E_{ji}, \\ e_{mi} &= \varepsilon^{\mathrm{x}}_{mn} h_{ni} = d_{mj} c^E_{ji}, \\ g_{mi} &= \lambda^{\mathrm{X}}_{mn} d_{ni} = h_{mj} s^D_{ji}, \\ h_{mi} &= \lambda^{\mathrm{x}}_{mn} e_{ni} = g_{mj} c^D_{ji}. \end{aligned} \tag{7.36}$$

7.1.3 压电振子[3]

在使用和测量压电材料时，常常要将其作成压电振子（piezoelectric vibrator）. 压电振子是被复有电极的压电体. 当施加于其上的激励电信号频率等于其固有谐振频率时，逆压电效应使之发生机械谐振，后者又借助于正压电效应，使之输出电信号. 这里通过分析一种简单的压电振子——横向长度伸缩（transverse length extention）振子来认识压电振子的特性和有关参量.

图 7.1 示出了所讨论的压电振子. 它的长度为 l，宽度为 w，厚度为 t. 并满足 $l \gg w \gg t$. 上下主表面被有电极以施加并取出电信号. 当电信号频率适当时，振子沿长度方向振动. 因为振动方向与施加电信号的方向垂直，故称为横向长度伸缩振动.

取坐标系如图所示，3 个轴分别称为 1，2 和 3 轴. 采用以应

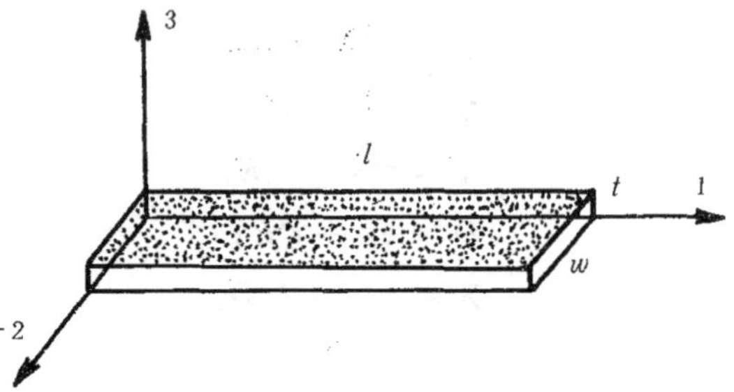

图 7.1 横向长度伸缩压电振子.

力和电场为独立变量的压电方程［式（7.26）］. 从振子的尺寸特点不难看出，所讨论的长度伸缩振动可认为是个一维问题，即只有 1 方向的应力和应变不为零. 电场加于 3 方向，电位移也只有 3 方向的分量. 3 方向的电位移通过压电常量 d_{31} 与 1 方向的振动相耦合，压电方程为

$$\begin{aligned} x_1 &= s_{11}^E X_1 + d_{31} E_3, \\ D_3 &= d_{31} X_1 + \varepsilon_{33}^X E_3. \end{aligned} \tag{7.37}$$

因是一维振动，运动方程可写为

$$\frac{\partial X_1}{\partial u} = \rho \frac{\partial^2 \xi_1}{\partial t'^2}, \tag{7.38}$$

式中 u 是 1 方向的坐标，ξ_1 是位移，t' 是时间. 由式（7.37）得出

$$X_1 = \frac{x_1}{s_{11}^E} - \frac{d_{31} E_3}{s_{11}^E}. \tag{7.39}$$

因为 E_3 与 u 无关，且 $x_1 = \partial \xi_1 / \partial u$，故

$$\frac{\partial X_1}{\partial u} = \frac{1}{s_{11}^E} \frac{\partial^2 \xi_1}{\partial u^2}, \tag{7.40}$$

于是运动方程成为

$$\rho \frac{\partial^2 \xi_1}{\partial t'^2} = \frac{1}{s_{11}^E} \frac{\partial^2 \xi_1}{\partial u^2}. \tag{7.41}$$

设电场和位移均为时间 t' 的正弦函数，即 $\xi_1 = \xi \exp(i\omega t')$，代入式（7.41）得

$$\frac{\partial^2 \xi_1}{\partial u^2} + \frac{\omega^2}{v^2}\xi_1 = 0, \tag{7.42}$$

这是波速为 $v = (\rho s_{11}^E)^{-1/2}$ 的波动方程，其解为

$$\xi_1 = A\cos\frac{\omega u}{v} + B\sin\frac{\omega u}{v}. \tag{7.43}$$

为确定 A 和 B，利用

$$x_1 = \frac{\partial \xi_1}{\partial u} = s_{11}^E X_1 + d_{31}E_3 \tag{7.44}$$

以及自由边界条件，即当 $u=0$ 或 l 时，$X_1=0$. 结果为

$$B = \frac{v d_{31}E_3}{\omega}, \tag{7.45}$$

$$A = B\left(\sin\frac{\omega l}{v}\right)^{-1}\left(\cos\frac{\omega l}{v} - 1\right). \tag{7.46}$$

将它们代入式（7.43），再由式（7.44）可得出

$$x_1 = d_{31}E_3\left(\sin\frac{\omega l}{v}\right)^{-1}\left[\sin\frac{\omega(l-u)}{v} + \sin\frac{\omega u}{v}\right]. \tag{7.47}$$

现求流过振子的电流. 因为电位移沿 3 方向，故面电荷密度等于 D_3. 设 $E_3 = E_{30}\exp(i\omega t')$，$D_3 = D_{30}\exp[i(\omega t' + \varphi)]$，则电流为

$$I = \iint \frac{\partial D_3}{\partial t'}dA = i\omega\iint D_3 dA = i\omega w\int_0^l D_3 du. \tag{7.48}$$

但

$$\begin{aligned} D_3 &= \varepsilon_{33}^X E_3 + d_{31}X_1 \\ &= \left(\varepsilon_{33}^X - \frac{d_{31}^2}{s_{11}^E}\right)E_3 + \frac{d_{31}}{s_{11}^E}x_1, \end{aligned}$$

令

$$\varepsilon_{33}^x = \varepsilon_{33}^X - \frac{d_{31}^2}{s_{11}^E}, \tag{7.49}$$

ε_{33}^x 称为夹持电容率. 于是

$$I = i\omega w\int_0^l\left(\varepsilon_{33}^x E_3 + \frac{d_{31}}{s_{11}^E}x_1\right)du, \tag{7.50}$$

将式（7.47）代入并积分，得出

$$I = i\omega w l\left[\varepsilon_{33}^{x} + \frac{d_{31}^{2}}{s_{11}^{E}}\left(\frac{\tan\frac{\omega l}{2v}}{\frac{\omega l}{2v}}\right)\right]E_{3}. \tag{7.51}$$

压电振子的导纳为

$$\frac{1}{Z} = \frac{I}{V} = \frac{I}{E_3 t}$$

$$= i\omega\frac{lw}{t}\varepsilon_{33}^{x}\left[1 + \frac{d_{31}^{2}}{\varepsilon_{33}^{x}s_{11}^{E}}\left(\frac{\tan\frac{\omega l}{2v}}{\frac{\omega l}{2v}}\right)\right]. \tag{7.52}$$

在频率很低时，上式得以简化. 因为当 $\omega \to 0$，有

$$\frac{\tan\frac{\omega l}{2v}}{\frac{\omega l}{2v}} = 1,$$

此时阻抗成为单纯的容抗，导纳为

$$\frac{1}{Z} = \frac{i\omega w l\varepsilon_{33}^{x}}{t} = i\omega C_0, \tag{7.53}$$

即低频电容为

$$C_0 = \frac{wl\varepsilon_{33}^{x}}{t}. \tag{7.54}$$

由阻抗特性可确定压电振子的谐振频率和反谐振频率. 阻抗为零的频率为谐振频率 f_r，由

$$\frac{\omega l}{2v} = \frac{\pi}{2}$$

可得

$$f_r = \frac{v}{2l} = [2l(\rho s_{11}^{E})^{1/2}]^{-1}. \tag{7.55}$$

阻抗无穷大的频率为反谐振频率 f_a，由式 (7.52) 可知，f_a 由下式决定：

$$\frac{\omega_a l}{2v}\cot\frac{\omega_a l}{2v} = -\frac{d_{31}^{2}}{\varepsilon_{33}^{x}s_{11}^{E}}, \tag{7.56}$$

其中 $\omega_a=2\pi f_a$.

机电耦合因数（electromechanical coupling factor）是压电材料的一个重要参量，它定义为

$$k=\frac{U_i}{(U_m U_e)^{1/2}}, \tag{7.57}$$

其中 U_i 为压电体中机电相互作用能密度，U_m 为压电体的机械能密度，U_e 为其介电能密度.

以上 3 个能量密度可由压电体的内能表达式求得. 压电体的内能可表示为

$$U=\frac{1}{2}D_m E_m+\frac{1}{2}x_i X_i. \tag{7.58}$$

利用压电方程式（6.26a）可得

$$\begin{aligned}U&=\frac{1}{2}\varepsilon_{mn}^{X}E_m E_n+\frac{1}{2}X_i d_{mi}E_m+\frac{1}{2}d_{mi}E_m X_i+\frac{1}{2}s_{ij}^{E}X_i X_j\\&=U_e+2U_i+U_m.\end{aligned} \tag{7.59}$$

上式右边第一项为介电能，第四项为机械能，第二，三项为相互作用能.

将上两式代入式（7.57），并且只考虑某一种弹性行为（第 i 种）与某一种介电行为（第 m 种）之间的耦合，则可令 $n=m$，$j=i$，于是

$$k^2=\frac{d_{mi}^2}{\varepsilon_{mm}^{X}s_{ii}^{E}}, \tag{7.60}$$

d_{mi}是反映 m 方向电学量与 i 方向力学量耦合的压电常量，故上式的 k 也是反映 m 方向介电能与 i 方向机械能间的耦合关系，即 k 应与 d_{mi}有相同的下标

$$k_{mi}^2=\frac{d_{mi}^2}{\varepsilon_{mm}^{X}s_{ii}^{E}}, \tag{7.61}$$

下面写出几种模式压电振子的机电耦合因数.

横向长度伸缩振动

$$k_{31}^2=\frac{d_{31}^2}{\varepsilon_{33}^{X}s_{11}^{E}}. \tag{7.62}$$

纵向长度伸缩振动

$$k_{33}^2 = \frac{d_{33}^2}{\varepsilon_{33}^X s_{33}^E}. \tag{7.63}$$

厚度切变振动

$$k_{15}^2 = \frac{d_{15}^2}{\varepsilon_{11}^X s_{55}^E}. \tag{7.64}$$

径向伸缩振动

$$k_p^2 = \frac{2d_{31}^2}{\varepsilon_{33}^X (s_{11}^E - s_{12}^E)}. \tag{7.65}$$

厚度伸缩振动

$$k_t^2 = \frac{h_{33}^2}{\lambda_{33}^X c_{33}^D}. \tag{7.66}$$

实验上，机电耦合因数是由压电振子的特征频率计算的. 以k_{31}为例，将式（7.62）代入（7.56），并利用（7.49）可得出

$$\frac{\omega_a l}{2v}\cot\frac{\omega_a l}{2v} = -\left(\frac{k_{31}^2}{1-k_{31}^2}\right).$$

令

$$f_a = f_r + \Delta f, \quad \omega_a = \omega_r + 2\pi\Delta f,$$

可得

$$k_{31}^2 = \frac{\pi^2}{4}\frac{\Delta f}{f_r}\left[1 + \left(\frac{4-\pi^2}{4}\right)\frac{\Delta f}{f_r} + \left(\frac{\pi^2-4}{4}\right)\left(\frac{\pi^2}{4}\right)\left(\frac{\Delta f}{f_r}\right)^2 + \cdots\right]. \tag{7.67}$$

当 Δf 较小时，近似有

$$k_{31} = \left(\frac{\pi^2}{4}\frac{\Delta f}{f_r}\right)^{1/2} = \left(2.47\frac{\Delta f}{fr}\right)^{1/2}. \tag{7.68}$$

由此还可求出压电应变常量 d_{31}. 式（7.62）给出

$$d_{31} = k_{31}(\varepsilon_{33}^X s_{11}^E)^{1/2},$$

ε_{33}^X由低频电容 C_0 计算［式（7.54）］，s_{11}^E由谐振频率 f_r 计算［式（7.55）］，k_{31}由谐振和反谐振频率计算［式（7.67）］，于是 d_{31}可求得.

现推导压电振子的等效电路. 将导纳［式（7.52）］改写为

$$\frac{1}{Z}=i\omega C_0+\left(\frac{-is_{11}^{E}t}{2vwd_{31}^{2}}\cos\frac{\omega l}{2v}\right)^{-1},$$

其中 C_0 如式（7.54）所示是低频电容. 再令

$$Z_d=-i\,\frac{s_{11}^{E}t}{2vwd_{31}^{2}}\cos\frac{\omega l}{2v}$$

为动态阻抗. 讨论谐振频率附近的情况，$\omega=\omega_r+\Delta\omega$，$\Delta\omega$ 很小. 设 Z_d 是电感 L_1 和电容 C_1 的串联阻抗

$$\begin{aligned}Z_d&=i\left(\omega L_1-\frac{1}{\omega C_1}\right)=i\omega_r L_1\left(\frac{\omega}{\omega_r}-\frac{\omega_r}{\omega}\right)\\&=i\omega_r L_1\,\frac{2\omega\Delta\omega}{\omega\omega_r}\\&=i2L_1\Delta\omega.\end{aligned}\tag{7.69}$$

另一方面

$$\begin{aligned}Z_d&=-i\,\frac{s_{11}^{E}t}{2vwd_{31}^{2}}\cos\frac{l}{2v}(\omega_r+\Delta\omega)\\&=-i\,\frac{s_{11}^{E}t}{2vwd_{31}^{2}}\left[\frac{\cos\frac{l}{2v}\omega_r\cos\frac{l}{2v}\Delta\omega-1}{\cos\frac{l}{2v}\omega_r+\cos\frac{l}{2v}\Delta\omega}\right]\\&=i\,\frac{s_{11}^{E}t}{2vwd_{31}^{2}}\cdot\frac{l}{2v}\cdot\Delta\omega.\end{aligned}\tag{7.70}$$

令以上两式相等，得出

$$L_1=\frac{(s_{11}^{E})^2\rho tl}{8wd_{31}^{2}},\tag{7.71}$$

由谐振时，$\omega L_1=(\omega C_1)^{-1}$，得出

$$C_1=\frac{8}{\pi^2}\cdot\frac{d_{31}^{2}}{s_{11}^{E}}\cdot\frac{wl}{t}.\tag{7.72}$$

于是等效电路由两支路并联而成，一个支路是电容 C_0，由式（7.54）表示，另一支路是 L_1 与 C_1 的串联，L_1 与 C_1 分别由式（7.71）和（7.72）给出. 电路如图 7.2 (a) 所示.

以上的讨论忽略了损耗. 实际的压电振子总是存在各种形式的损耗. 计入损耗后，等效电路的 L_1C_1 支路将出现一个等效电阻

R_1，如图 7.2（b）所示.

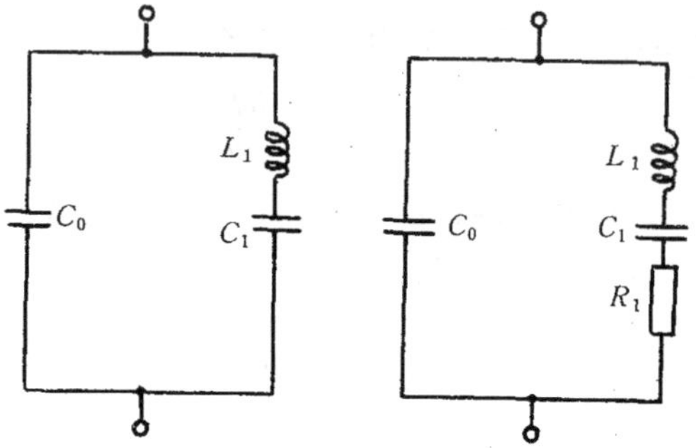

图 7.2 无损耗（a）和有损耗（b）的压电振子在谐振频率附近的等效电路.

有损耗压电振子的总阻抗可表示为

$$Z = R + X,$$

其中电阻分量和电抗分量分别为

$$R = R_1\left\{\left[1 - \omega C_0\left(\omega L_1 - \frac{1}{\omega C_1}\right)\right]^2 + \omega^2 C_0 R_1^2\right\}^{-1},$$

$$X = \frac{\left(\omega L_1 - \frac{1}{\omega C_1}\right) - \omega C_0\left[R_1 - \left(\omega L_1 - \frac{1}{\omega C_1}\right)^2\right]}{\left[1 - \omega C_0\left(\omega L_1 - \frac{1}{\omega C_1}\right)\right]^2 + \omega^2 C_0^2 R_1^2}.$$

$L_1R_1C_1$ 支路的电抗为

$$X_1 = \omega L_1 - \frac{1}{\omega C_1}.$$

当频率变化时，R，X，Z 和 X_1 都随之变化. 在它们的频率特性曲线上，可以得到 6 个特征频率，如图 7.3 所示. 这 6 个频率是

f_r：谐振频率，$X=0$，电路呈纯电阻性，电阻很小；

f_a：反谐振频率，$X=0$，电路呈纯电阻性，电阻很大；

f_s：串联谐振频率，$X_1=0$；

f_p：并联谐振频率，R 达到极大；

f_m：最小阻抗频率，$|Z|$达到极小；

f_n：最大阻抗频率，$|Z|$达到极大.

这 6 个频率间的关系是

$$\begin{aligned} &f_m < f_s < f_r, \\ &f_n < f_p < f_a. \end{aligned} \tag{7.73}$$

如果忽略损耗（$R_1=0$），则有

$$\begin{aligned} &f_m = f_s = f_r, \\ &f_n = f_p = f_a. \end{aligned} \tag{7.74}$$

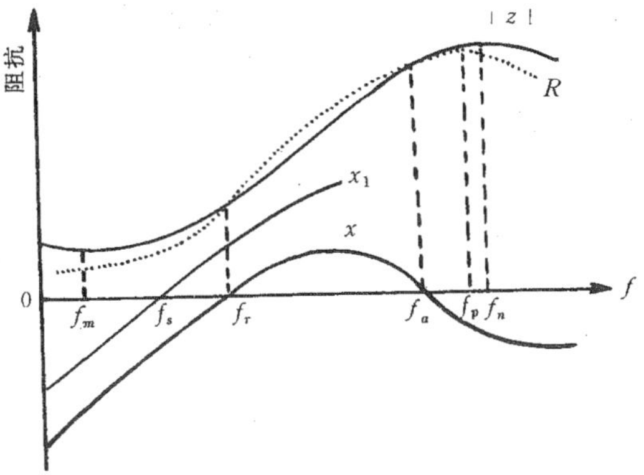

图 7.3　压电振子的 6 个特征频率.

压电振子的另一个重要参量是机械品质因数（mechanical quality factor）Q_m. 它定义为谐振时每周期内单位体积贮存的机械能与损耗的机械能之比的 2π 倍，可用图 7.2（b）中的参量表示为

$$Q_m = \frac{2\pi f_s L_1}{R_1} = \frac{f_p^2}{2\pi f_s |Z_m| (C_0 + C_1)(f_p^2 - f_s^2)}, \tag{7.75}$$

式中 $|Z_m|$ 为最小阻抗. 当 $\Delta f = f_p - f_s$ 很小时，可按下式近似计算

$$Q_m = \frac{1}{4\pi (C_0 + C_1) R_1 \Delta f}, \tag{7.76}$$

通常 $C_1 \ll C_0$，简便估算时也可略去.

另外，压电振子谐振频率与其在主振动方向尺寸的乘积称为频率常量，常用 N 表示. 频率常量与该方向的声速 v 成正比，例如横向长度伸缩振子的（基频）谐振频率 $f_r=[2l(\rho s_{11}^E)^{1/2}]^{-1}$，$f_r l=v/2$. 实用中根据频率常量和工作频率确定振子尺寸.

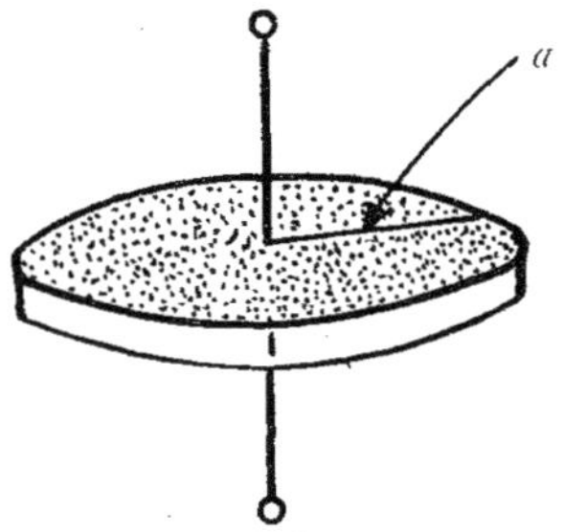

图 7.4 圆片径向伸缩振子.

圆片径向伸缩振子常用来表征压电陶瓷的性能，也是中频压电陶瓷滤波器等器件的常用振子. 振子如图 7.4 所示，主表面被有电极，极化与表面垂直. 当厚度远小于直径时，电场可激发单纯的径向伸缩振动.

径向振子特性表达式的推导远比一维振子的复杂，因为必须同时考虑径向和切向的应力. 这里仅给出主要结果. 振子的导纳为

$$\frac{1}{Z}=i\omega C_0\left\{1+\frac{k_p^2}{1-k_p^2}\left[\frac{(1+\sigma^E)J_1(\eta)}{\eta J_0(\eta)-(1-\sigma^E)J_1(\eta)}\right]\right\},$$

式中 k_p 为平面机电耦合因数 (planar electromechanical coupling factor)，σ^E 为电场恒定（为零）时的泊松比

$$\eta=\frac{\omega a}{v},$$

$$v=\left\{\frac{1}{\rho s_{11}^E[1-(\sigma^E)^2]}\right\}^{1/2},$$

a 为圆片半径. J_0 和 J_1 分别为零阶和一阶第一类贝塞尔函数. 谐振时

$$\eta J_0(\eta)-(1-\sigma^E)J_1(\eta)=0.$$

当 $\sigma^E=0.3$ 时，此式的最低正解为

$$\eta_1=2.05.$$

基音谐振频率为

$$f_{r1}=\frac{2.05}{2\pi a}\left\{\frac{1}{\rho s_{11}^E[1-(\sigma^E)^2]}\right\}^{1/2}. \tag{7.77}$$

k_p 与谐振频率和反谐振频率的关系为

$$\frac{k_p^2}{1-k_p^2}=$$
$$\frac{(1-\sigma^E)J_1[\eta_1(1+\Delta f/f_{r1})]-\eta_1(1+\Delta f/f_{r1})J_0[\eta_1(1+\Delta f/f_{r1})]}{(1+\sigma^E)J_1[\eta_1(1+\Delta f/f_{r1})]},\tag{7.78}$$

式中 $\Delta f=f_{a1}-f_{r1}$. 当 Δf 较小时，上式可简化为

$$k_p^2=\frac{\Delta f}{f_{r1}}\left\{\frac{\eta_1^2-[1-(\sigma^E)^2]}{1+\sigma^E}+\cdots\right\}.$$

当 $\eta_1=2.05$，$\sigma^E=0.3$ 时，有

$$k_p\doteq\left(2.53\frac{\Delta f}{f_{r1}}\right)^{1/2}.\tag{7.79}$$

机械品质因数的计算公式与式（7.76）同.

最后，我们介绍压电振子的切型符号. 描写晶片在晶体中的取向需采用晶体物理坐标系（见 7.1.1 节）. 切型符号的头两个字母（x，y 和 z 中的两个）表示晶片的原始方位. 第一个字母表示原始方位时晶片的厚度方向，第二个字母表示原始方位时的长度方向. 对于非旋转切型，这两个字母就构成了切型符号. 对于一次旋转切型，第三个字母（l，w 或 t）表示旋转是绕长度（l）、宽度（w）或厚度（t）进行的. 接着是旋转角度 φ. 当沿旋转轴向坐标原点看时，逆时针旋转者角度为正，反之为负. 对于二次旋转切型，第四个字母给出第二次旋转的转轴，在第一次旋转角度后再给出第二次旋转的角度. 图 7.5 示出了三种切型，其中（a）是非旋转切型，(b)和(c)分别是一次旋转和二次旋转切型.

实用中常将切型符号简化. 例如 x 切，y 切和 z 切分别表示晶片的厚度沿 X 轴，Y 轴和 Z 轴.（yzw）36°切型常简称为 36°y 切或 36°旋转 y 切，因为该晶片与（绕 X 轴）旋转 36°后的 Y 轴垂直.

§ 7.2 电致伸缩效应

7.2.1 非线性状态方程和电致伸缩系数

上节表明，如果在特征函数的泰勒展式中去掉二次以上的高

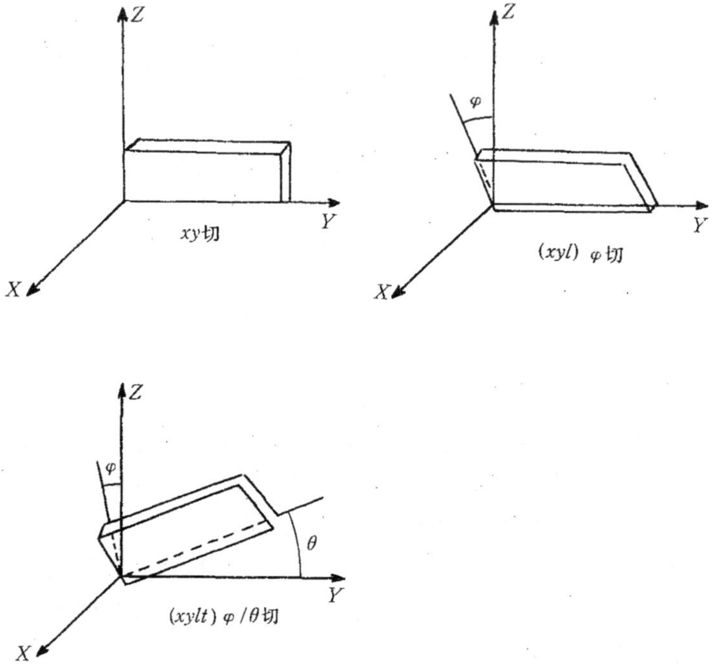

(c)

图 7.5　三种切型：xy 切 (a)，(xyl) φ 切 (b) 和 ($xylt$) φ/θ 切 (c).

次项，则得到热力学量与所选定的独立变量间的线性关系，即线性状态方程. 但是电介质（特别是铁电体）的一些最重要的特性(例如电滞回线表示的极化与电场的关系）都是非线性的，因此有必要考虑非线性关系. 为此要在特征函数的展开式中保留高次项. 究竟应该保留哪些高次项，首先决定于晶体的对称性. 每一项的系数都是表征物理性质的张量，它们都应该是在该晶体对称元素的作用下的不变量. 对于低阶张量，确定晶体对称性对张量的限制是容易的事，但对于高阶张量，要确定这种限制一般是很困难的. 我们知道，张量的阶等于它所联系的两个张量的阶之和. 因此，如果特征函数是亥姆霍兹自由能（零阶张量），对应变和电位移展开，则 $D_mD_nD_p$ 的系数是三阶张量，$x_ix_jx_k$ 的系数是六阶张量. 展开式中可能出现的三次项和四次项为

$$D_mD_nD_p(3),x_iD_mD_n(4),x_ix_jD_m(5),$$
$$x_ix_jx_k(6),D_mD_nD_pD_q(4),x_iD_mD_nD_p(5),$$
$$x_ix_jD_mD_n(6),x_ix_jx_kD_m(7),x_ix_jx_kx_l(8). \qquad (7.80)$$

上面各括号内的数字是相应项的系数张量的阶. 由上式可见，即使只要保留到四次项，也要确定直至八阶的张量的变换性质.

好在所研究的都是实际的物理系统，可借助于物理图象的分析挑选出在特定问题中起重要作用的高次项，从而使问题简化.

首先考虑具有对称中心的晶体. 晶体物理中一个重要的结论是：中心对称的晶体中，任何以奇阶张量表示的物理性质不能存在. 因此这些晶体的特征函数展开式中，系数为奇阶张量的项消失. 这就不但排除了三次项 $x_ix_jD_m$ 和 $D_mD_nD_p$，而且排除了二次项 x_iE_m. 假定我们只考虑不高于三次的项，那么就只剩下 $x_ix_jx_k$ 和 $x_iD_mD_n$ 项需要考虑. 通常又近似认为应变很小，相对于电位移是高一级的小量，这样就略去了 $x_ix_jx_k$ 项. 在这些近似下，特征函数亥姆霍兹自由能可写为

$$A = A_0 + \frac{1}{2}\lambda_{mn}^{x,T}D_mD_n + \frac{1}{2}c_{ij}^{D,T}x_ix_j + q_{imn}^{T}D_mD_nx_i, \qquad (7.81)$$

注意，这是对应变和电位移为零的初始态的展开式，而且针对等温过程. 根据上式，可得出计及最低阶非线性项的状态方程. 弹性非线性状态方程可由 $X_i=\partial A/\partial x_i$ 得出

$$X_i = c_{ij}^{D}x_j + q_{imn}D_mD_n. \qquad (7.82)$$

如果以电场和应变为独立变量，则有

$$X_i = c_{ij}^{E}x_j + m_{imn}E_mE_n. \qquad (7.83)$$

相似地，以应力和电位移为独立变量时

$$x_i = s_{ij}^{D}X_j + Q_{imn}D_mD_n. \qquad (7.84)$$

以应力和电场为独立变量时，则有

$$x_i = s_{ij}^E X_j + M_{imn} E_m E_n. \tag{7.85}$$

上面的四式中，q_{imn}，Q_{imn}，m_{imn}和M_{imn}都称为电致伸缩系数. 将式（7.84）代入式（7.82），式（7.85）代入式（7.83），得出

$$\begin{aligned} Q_{imn} &= s_{ij}^D q_{jmn}, \\ q_{imn} &= c_{ij}^D Q_{jmn}, \end{aligned} \tag{7.86}$$

$$\begin{aligned} M_{imn} &= s_{ij}^E m_{jmn}, \\ m_{imn} &= c_{ij}^E M_{jmn}. \end{aligned} \tag{7.87}$$

由上述可知，电致伸缩系数是最低阶弹性非线性状态方程中的非线性响应系数. 它表示应力（或应变）与电位移（或电场）二次方间的正比关系. 因为应力（或应变）和电位移（或电场）分别为二阶和一阶张量，所以电致伸缩系数是四阶张量. 作为四阶张量的电致伸缩系数，其分量有4个下标. 但我们希望采用矩阵记法，因此要将下标简化. 应力（或应变）是对称二阶张量，电场（或电位移）分量的乘积$E_m E_n$（或$D_m D_n$）具有可交换性，所以电致伸缩系数的前两个下标和后两个下标分别是对称的，因而可以简化为两个下标. 前面我们已对力学量采用了单下标记法，再对电学量采用单下标（单双下标的对应关系见7.1.1节），则得双下标的电致伸缩系数. 变换关系为

$$\begin{aligned} &Q_{ij} = Q_{imn} \qquad \text{当 } j = 1\text{—}3, \\ &Q_{ij} = Q_{imn} + Q_{inm} = 2Q_{imn} \qquad \text{当 } j = 4\text{—}6. \end{aligned} \tag{7.88}$$

作为一个四阶张量，电致伸缩系数的存在不受晶体对称性的制约，任何点群的晶体以致非晶态都可具有电致伸缩效应. 当然晶体对称性不同时，非零分量的个数及其分布是不同的. 各种点群晶体中电致伸缩系数的矩阵形式见附录Ⅱ.

下面讨论非中心对称的晶体. 在这类晶体中，特征函数展开式中应该加入系数为奇阶张量的项，这包括二次项$x_i D_m$，三次项$D_m D_n D_p$和$x_i D_m D_n$等. 这里我们只加入反映压电效应的二次项$x_i D_m$，于是式（7.81）成为

$$A = A_0 + \frac{1}{2}\lambda_{mn}^{x,T} D_m D_n + \frac{1}{2} c_{ij}^{D,T} x_i x_j$$

$$+ h_{mi}^{T} D_m x_i + q_{imn}^{T} x_i D_m D_n. \tag{7.89}$$

从此式出发可得到形式稍有不同的非线性状态方程，其中弹性非线性状态方程可由 $X_i = \partial A/\partial x_i$ 得出，即

$$X_i = c_{ij}^{D} x_j + h_{mi} D_m + q_{imn} D_m D_n, \tag{7.90}$$

式中 h_{mi} 为压电劲度常量，q_{imn} 为电致伸缩系数.

7.2.2 电致伸缩系数的测量

主要的电致伸缩材料呈立方结构，例如钙钛结构的 $Pb(Mg_{1/3}Nb_{2/3})O_3$（PMN）在室温属 $m3m$（O_h）点群. 该点群的晶体的电致伸缩系数有 3 个独立的非零分量

$$\begin{aligned} &Q_{11} = Q_{22} = Q_{33}, \\ &Q_{12} = Q_{13} = Q_{21} = Q_{23} = Q_{31} = Q_{32}, \\ &Q_{44} = Q_{55} = Q_{66}. \end{aligned} \tag{7.91}$$

由式（7.84）可知，在自由（$\mathbf{X}=0$）状态下，有

$$\begin{aligned} x_1 &= Q_{11} D_1^2 + Q_{12} D_2^2 + Q_{12} D_3^2, \\ x_2 &= Q_{12} D_1^2 + Q_{11} D_2^2 + Q_{12} D_3^2, \\ x_3 &= Q_{12} D_1^2 + Q_{12} D_2^2 + Q_{11} D_3^2, \\ x_4 &= Q_{44} D_2 D_3, \\ x_5 &= Q_{44} D_3 D_1, \\ x_6 &= Q_{44} D_1 D_2. \end{aligned} \tag{7.92}$$

注意后面 3 个应变分量都是两项之和，因

$$Q_{44} = Q_{423} + Q_{432} \tag{7.93}$$

及相似的关系才写成一项.

假设沿 3 方向加电场，则有

$$\begin{aligned} Q_{11} &= x_3/D_3^2 \qquad (\text{或 } M_{11} = x_3/E_3^2), \\ Q_{12} &= x_2/D_3^2 \qquad (\text{或 } M_{12} = x_2/E_3^2), \\ Q_{44} &= x_4/D_2 D_3 \qquad (\text{或 } M_{44} = x_4/E_2 E_3). \end{aligned} \tag{7.94}$$

只要测得有关方向的应变和电位移（或电场），作出应变与电位移（或电场）平方的关系曲线，即可由斜率得到电致伸缩系数. 这是

测量电致伸缩系数的基本方法. 应变的测定可用电容法[12]，差接变压器法[13]，应变仪法[14]和干涉仪法[15]等.

第二种方法是借助介电隔离率与应力的关系[16]. 由式(7.92) 可知

$$\frac{\partial^2 x_3}{\partial D_1^2}=2Q_{12},\quad \frac{\partial^2 x_3}{\partial D_3^2}=2Q_{11}. \tag{7.95}$$

另一方面，由亥姆霍兹自由能

$$dA=-SdT+E_m dD_m+x_i dX_i$$

可得恒定温度下的麦克斯韦关系式，即

$$\left(\frac{\partial x_3}{\partial D_1}\right)_{\mathbf{X}}=\left(\frac{\partial E_1}{\partial X_3}\right)_{\mathbf{D}},\quad \left(\frac{\partial x_3}{\partial D_3}\right)_{\mathbf{X}}=\left(\frac{\partial E_3}{\partial X_3}\right)_{\mathbf{D}}, \tag{7.96}$$

所以

$$\begin{aligned} 2Q_{12}&=\frac{\partial^2 E_1}{\partial X_3\partial D_1}=\left(\frac{\partial\lambda_1}{\partial X_3}\right)_D,\\ 2Q_{11}&=\frac{\partial^2 E_3}{\partial X_3\partial D_3}=\left(\frac{\partial\lambda_3}{\partial X_3}\right)_D. \end{aligned} \tag{7.97}$$

只要测得介电隔离率 λ_1 和 λ_3 随应力 X_3 的变化，就得到了 Q_{11}和 Q_{12}。相似地有

$$\begin{aligned} 2M_{12}&=\left(\frac{\partial^2 x_3}{\partial E_1^2}\right)_{\mathbf{X}}=\left(\frac{\partial\varepsilon_1}{\partial X_3}\right)_E,\\ 2M_{11}&=\left(\frac{\partial^2 x_3}{\partial E_3^2}\right)_{\mathbf{X}}=\left(\frac{\partial\varepsilon_3}{\partial X_3}\right)_E. \end{aligned} \tag{7.98}$$

实际上，介电隔离率（或电容率）与应力并不成直线关系，在文献［17］中讨论了这个问题，并提出了修正公式.

第三种测量电致伸缩的方法是利用等静压电致伸缩系数 Q_h 及其与 Q_{11}和 Q_{12}的关系[18]，即

$$Q_h=\left(\frac{\partial\lambda}{\partial h}\right)_T, \tag{7.99}$$

式中 λ 为介电隔离率，h 为等静压. 所以由 λ 对等静压的变化率可求出 Q_h，后者与其他电致伸缩系数的关系为

$$Q_h=Q_{11}+2Q_{12}. \tag{7.100}$$

第四种方法是利用铁电相变温度 T_c 随等静压的变化. 式(6.47) 给出

$$\frac{\partial T_c}{\partial h}=\frac{8\gamma\Delta V}{3V\alpha_0\beta},$$

$\Delta V/V$ 为体积改变率. 但因 $\alpha_0=(\varepsilon_0 C)^{-1}$，$C$ 为居里常量，相变附近 $P_s^2=-3\beta/(4\gamma)$，$\Delta V/V=Q_h P_s^2$，所以

$$\frac{\partial T_c}{\partial h}=-2\varepsilon_0 C Q_h. \qquad (7.101)$$

7.2.3 弥散性相变铁电体的电致伸缩

电致伸缩现象早已发现，但长期以来因为效应微弱而不被人们所重视. 后来在一些呈现弥散性铁电相变的材料（弛豫铁电体）中发现了很强的电致伸缩现象[19—21]. 在约 10^6V/m 的电场下，这些材料的电致伸缩应变可达 10^{-3}的数量级，这与压电性很强的材料中的压电应变相近[21]. 而且因为处于顺电相，避免了与电畴运动相联系的应变滞后和剩余应变[22]，这些使之进入了实用化的阶段.

弥散性铁电相变的起因一般认为是结构无序和成分涨落[23]. 呈现弥散性铁电相变的代表性材料有钙钛矿结构的 $Pb(Mg_{1/3}Nb_{2/3})O_3$ (PMN)，$Pb_{1-x}La_x(Zr_yTi_{1-y})_{1-0.25x}O_3$ (PLZT)，钨青铜结构的 $Sr_{1-x}Ba_xNbO_3$ (SBN) 等. 它们在其居里区附近有很强的电致伸缩，这可用其中存在着极性微区来解释[24].

图 7.6 示出了 $0.55Pb(Mg_{1/3}Nb_{2/3})O_3-0.45Pb(Sc_{1/2}Nb_{1/2})O_3$ 陶瓷的电致伸缩系数 M_{11}和电容率平方与温度的关系，图 7.7 示出了该材料中纵向应变 x_1 和极化的平方与温度的关系. 从图中可以看到，这 4 个量都呈现峰值，但 M_{11}（以及 x_1）的峰值温度比 ε_r^2 的低、但比 P_1^2 的高.

当温度在居里区时，晶体由顺电性基体和分布在其中的极性微区组成. 微区有其自发极化 P^s，相应地有应变 $x_1^s\simeq Q_{11}(P^s)^2$，$x_2^s\simeq Q_{12}(P^s)^2$，$P^s$ 的方向取决于铁电相的对称性. 如果是三角相，则

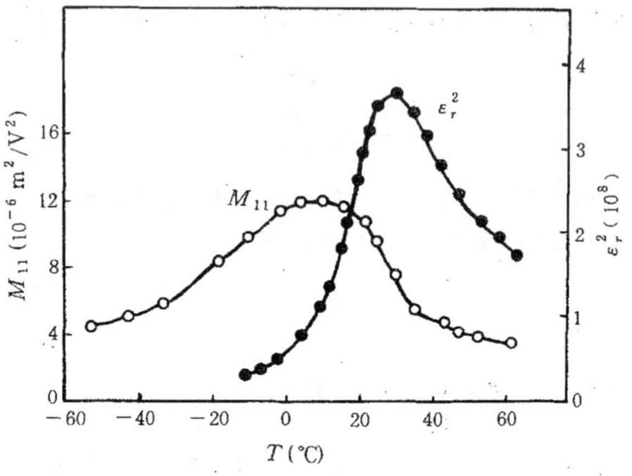

图 7.6 PMN－PSN 陶瓷的电致伸缩系数 M_{11}
和电容率平方与温度的关系[24].

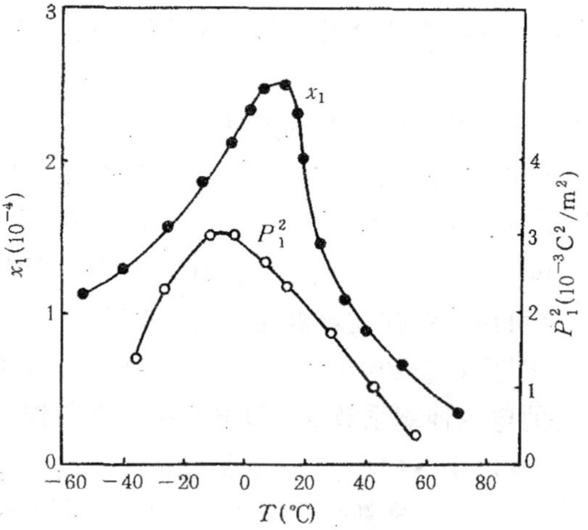

图 7.7 PMN－PSN 陶瓷的应变 x_1 和极化平方对温度的依赖性[24].

P^s 沿〈111〉方向. 因为有 8 个对称等效的〈111〉方向，所以 P^s 有 8 个对称分布的势阱，热扰动使之在这些势阱间跳跃. 阱间势垒随温度降低而升高. 电场力图使 P^s 转到最靠近电场的可能方向. 在居里区内，微弱的电场就可使极性微区重取向，所以电致伸缩应变大. 如果铁电相是四方相，则 P^s 沿〈001〉方向，其他情况相同.

设想温度下降，这时极性微区体积增大而顺电相体积减小，各极性微区的自发极化 P^s 增大，其电致伸缩系数随之增大. 但因 P^s 各平衡位置间的势垒升高，P^s 的转向困难，以致应变与电场强度平方之比，即电致伸缩系数 M_{ij} 开始减小. 这表明 Q_{ij} 的峰值温度低于 M_{ij} 的峰值温度. 另一方面，在自由状态下，并设电位移与电场呈线性关系，则由式（7.84）和式（7.85）可知

$$M_{ij}=\varepsilon^2 Q_{ij}, \qquad (7.102)$$

所以 ε^2 的峰值温度要高于 M_{ij} 的峰值温度，这正是图 7.6 所示出的实验结果.

图 7.7 所示的温度特性可用微区中 P^s 的 180°转向和非 180°转向来说明. 在居里区的较低温范围，极性微区间相互作用增强，它们的行为有如普通的电畴. 非 180°转向因为伴随着应力的发生，要求有较强的电场或较高的温度. 但电致伸缩应变主要来自非 180°转向的贡献，180°转向容易进行但对应变无贡献. 在温度降低时，非 180°转向较早停止，于是应变减小，但 180°转向仍在进行，所以测得的极化强度仍在增大.

应该指出，虽然出现了微区自发极化，但样品并未进入铁电相. 通常以平均居里温度（电容率峰值温度）作为铁电相的起始温度. 实验表明，在远高于平均居里温度时，微区自发极化平方的平均值已不为零[25].

实用中便于控制的参量是电场而不是电位移，因此电致伸缩系数中最令人感兴趣的是 M_{ij}. 因为 $M_{ij}=\varepsilon^2 Q_{ij}$，所以即使 Q_{ij} 不大，但如果电容率很大，仍可提供大的应变. 弥散性铁电相变的材料在其居里区附近有很高的电容率，成为目前最重要的电致伸缩材料. 表 7.1 列出了一些表现出弥散性铁电相变的固溶体陶瓷在 24℃时的 M_{11}[24]，表中 BT，ST，BS，PT，PZN 和 PSN 分别为 Ba-

TiO_3，$SrTiO_3$，$BaSnO_3$，$PbTiO_3$，$Pb(Zn_{1/3}Nb_{2/3})O_3$ 和 $Pb(Sc_{1/2}Nb_{1/2})O_3$. 在 PMN－PT 中，以 La 取代少量 Pb，电致伸缩系数还可进一步提高[26,27].

表 7.1 一些固溶体陶瓷的纵向电致伸缩系数 M_{11}[24]

号	组 分	M_{11} ($10^{-16}m^2/V^2$)
1	0.65BT+0.35ST	1.5
2	0.87BT+0.13BS	2.2
3	0.75PMN+0.25PZN	2.8
4	0.8PMN+0.1PZN+0.1PT	4.9
5	0.55PMN+0.45PSN	8.7

利用弥散性相变铁电体制成的叠层式电致伸缩致动计（actuator）可在 800V 的工作电压下提供 100μm 的位移，推动负载达 1000kg，滞后小于 2%，响应时间小于 1ms，且无剩余应变[28]. 弥散性相变铁电体的实用性能不限于电致伸缩，它同时是电容率高、且温度稳定性好的电容器材料，在多层电容器（MLC）等方面已广泛应用. 此外，它还具有很大的二次电光（Kerr）系数，这方面的代表性材料是透明铁电陶瓷 PLZT（锆钛酸铅镧），在电控光阀和电光显示方面有重要应用.

§7.3 自发极化与压电和电致伸缩效应

7.3.1 自发极化与压电效应

压电性对晶体对称性的要求是没有对称中心. 自发极化对晶体对称性的要求是具有特殊极性方向. 具有特殊极性方向的晶体必然没有对称中心，所以具有自发极化的晶体必然具有压电性. 但反之则不然，熟知的压电晶体石英就没有自发极化.

压电方程是在独立变量（电场或电位移和应力或应变）为零附近展开得来的. 但对于具有自发极化的晶体，通常是相对于恒定的自发极化（电位移）状态来定义线性响应系数，于是压电方程中的极化（或电位移）应理解为它们的变化[29]. 还应该注意的是，只有自发极化产生的电场被晶体的表面电荷（来自外界或晶体内部）场所屏蔽时，方程式（7.26）—（7.29）才能成立[30].

陶瓷是许多晶粒的集合体. 虽然各个晶粒本身是各向异性的，但它们的空间取向是无规的，所以陶瓷表现为各向同性. 陶瓷的压电性因而似乎是不可想象的. 不过，如果是铁电陶瓷，即各个晶粒具有自发极化，那么在强直流电场作用下，自发极化将沿着最靠近电场的可能方向（决定于晶体结构）排列. 撤去电场后，陶瓷仍具有沿电场方向的剩余极化，表现为单轴各向异性. 这样的陶瓷近似于具有自发极化的单晶，有压电性，这就是压电陶瓷. 压电陶瓷就是经过人工极化处理（或称单畴化处理）的铁电陶瓷.

压电陶瓷的剩余极化方向是其特殊极性方向，与之垂直的平面是各向同性的，因此压电陶瓷的对称性可用∞m表示，剩余极化所在轴是无穷重旋转轴. 就对于介电、压电和弹性常量的限制来说，无穷重旋转轴等效于六重旋转轴，所以压电陶瓷的介电、压电和弹性常量矩阵与 $6mm$（C_{6v}）晶体的相同.

7.3.2 铁电相的压电效应和电致伸缩效应

首先讨论顺电相无压电性（有对称中心）的晶体. 其特征函数亥姆霍兹自由能如式（7.81）所示. 实验和理论研究表明[31,32]，特征函数展开式中极化（或电位移）项的系数对不同的实验条件相对恒定，特别是，它们在居里点附近无反常变化. 在这个意义上，人们称这些系数为“真”常量[32,33]. 压电常量 **g** 和 **h** 就是“真”常量.

由式（7.81）可求应变为零时应力与电位移的关系，即

$$X_i = \left(\frac{\partial A}{\partial x_i}\right)\bigg|_{x=0} = q_{imn}D_m D_n. \tag{7.103}$$

在铁电相，$\boldsymbol{D}$ 是自发部分 $\boldsymbol{D}_s$ 和感应部分 $\boldsymbol{D}_I$ 之和，而在压电方程中的电位移 $\boldsymbol{D}$ 是其变化，即 $\boldsymbol{D}_I$. 于是

$$X_i = q_{imn}(D_{sm} + D_{Im})(D_{sn}D_{In})$$

$$= q_{imn}D_{sm}D_{sn} + q_{imn}D_{sm}D_{In} + q_{imn}D_{sn}D_{Im} + q_{imn}D_{Im}D_{In}, \tag{7.104}$$

式中右边第一项是自发极化造成的应力，第二和第三项是压电应力，第四项是电致伸缩应力．由第二和第三项以及压电常量 **h** 的定义［式（7.31)］可知，压电常量

$$h_{ni} = 2D_{sm}q_{imn}. \tag{7.105}$$

在电场为零时

$$h_{ni} = 2P_{sm}q_{imn}. \tag{7.106}$$

如果以应力和电位移为独立变量，则与式（7.81）相对应的特征函数是弹性吉布斯自由能．按照与上类似的方法，可得出压电常量 **g** 与电致伸缩系数 Q_{imn}的关系为

$$g_{ni} = 2P_{sm}Q_{imn}. \tag{7.107}$$

实验测量证实，以上二式是成立的[34]，而且可以据此由压电常量和自发极化求出电致伸缩系数[35]．

再讨论顺电相有压电性（无对称中心）的晶体．此时特征函数亥姆霍兹自由能由式（7.89）表示．在应变为零时，应力与电位移的关系为

$$X_i = \left(\frac{\partial A}{\partial x_i}\right)_{\mathbf{x}=0} = h_{mi}D_m + q_{imn}D_mD_n. \tag{7.108}$$

在铁电相中，总的电位移是自发部分 $\boldsymbol{D}_s$ 和感应部分 $\boldsymbol{D}_I$ 的叠加，而出现在压电方程中的电位移是 $\boldsymbol{D}_I$，于是有

$$X_i = h_{mi}D_{Sm} + q_{imn}D_{sm}D_{sn} + h_{mi}D_{Im}$$

$$+ q_{imn}D\quad D_{Im} + q_{imn}D_{sm}D_{In} + q_{imn}D_{Im}D_{In}, \tag{7.109}$$

此式右边第一和第二项是自发极化造成的应力，第三，四和第五项是压电应力，第六项是电致伸缩应力．根据第三，四和第五项的形式以及压电常量 **h** 的定义，可知在电场为零时，铁电相的压电常量为

$$h'_{mi} = h_{mi} + 2P_{sn}q_{imn}, \tag{7.110}$$

此式表明，铁电相压电常量 h'_{mi} 不等于顺电相压电常量 h_{mi}，而出现了新的非零分量. 这是相变使居里点以下晶体对称性降低的结果. 铁电相中压电常量的新增部分等于自发极化与电致伸缩系数之积，故这一部分压电效应可认为是信号场与自发极化联合造成的电致伸缩效应.

如果以应力和电位移为独立变量，则用与上相似的方法可得铁电相中另一个压电常量为

$$g'_{mi} = g_{mi} + 2P_{sn}Q_{imn}. \tag{7.111}$$

对式（7.110）的讨论同样适用于式（7.111）.

Newnham 等发现，铁电相的电致伸缩系数与其他参量间有一些经验关系. 例如各种铁电体的 Q_h 与居里常量 C 的乘积近于相等，约为（3.1±0.4）$\times 10^3 \mathrm{m^4C^{-2}K}$，电容率 ε 与 Q_h^{-2} 近似成正比，而线性电介质中 ε 与 Q_h 无关. 这些经验关系也可用唯象理论作定性的说明[36].

§7.4 次级压电效应[1,37]

7.4.1 效应的描述

压电体在外力作用下通过正压电效应改变电位移，此电位移导致的电场又通过逆压电效应引起附加的应变. 同理，压电体在电场作用下通过逆压电效应产生应变，此应变又通过正压电效应改变压电体的极化状态，即产生附加的电位移. 这些就是次级压电效应（secondary piezoelectric effect）的表现.

设压电体受到应力 $\mathbf{X}$ 的作用. 作为弹性体，它将产生应变

$$x_i^{(1)} = s_{ij}^E X_j, \tag{7.112}$$

作为压电体，其极化状态将发生变化，从而产生压电电场

$$E'_m = -g_{mj}X_j = -\lambda_{mn}^{\mathbf{X}} d_{nj} X_j. \tag{7.113}$$

此电场使压电体产生附加的应变

$$x_i^{(2)} = d_{mi}E'_m = -d_{mi}g_{mj}X_j, \tag{7.114}$$

此附加应变是次级压电效应造成的，负号表示附加应变总是使原

始（初级）应变减小.

同样，在电场 $\boldsymbol{E}$ 作用下，压电体作为电介质产生极化，相应的电位移为

$$D_m^{(1)} = \varepsilon_{mn}^{x} E_n. \tag{7.115}$$

作为压电体，电场将导致压电应变

$$x_i' = d_{mi} E_m. \tag{7.116}$$

此压电应变又使压电体产生一附加的电位移

$$D_m^{(2)} = e_{mi} x_i' = e_{mi} d_{ni} E_n, \tag{7.117}$$

这附加的电位移也是次级压电效应的后果.

当压电体处于电学开路边界条件时，它在应力作用下产生的电荷不会流散，因此电位移恒定. 此时电极面上才会有电荷积累，从而晶体内部出现由式（7.113）所示的电场，该电场通过逆压电效应产生由式（7.114）所示的附加应变. 如果压电体处于电学短路边界条件，应力通过正压电效应产生的电荷将通过电极全部流散，因而内部电场不会发生变化，也就是不能产生式（7.113）所示的压电电场，不能产生式（7.114）所示的附加应变 $x_i^{(2)}$.

当压电体处于机械自由边界条件时，电场可以通过逆压电效应使之发生如式（7.116）所示的应变，该应变又通过正压电效应使压电体产生由式（7.117）所示的附加电位移. 如果边界条件是机械夹持，即压电体不能自由形变，则电场的作用只是产生式（7.115）所示的介电极化，而不能产生式（7.116）所示的压电应变，从而也不能产生压电电位移 $D_m^{(2)}$.

由上述可见，次级压电效应的出现受电学边界条件和机械边界条件的制约. 只有处在电学开路边界条件下，才能由应力产生次级压电效应；只有处于机械自由边界条件下，才能由电场产生次级压电效应.

7.4.2 次级压电效应对电容率和弹性常量的影响

对于没有压电性的电介质，介电性质与机械边界条件无关，只需用一种电容率就可表达. 对于压电体，介电性质与机械边界条

件有关. 当压电体处于机械夹持边界条件时，电场只能使之产生介电极化，而不能产生附加应变，因而不能通过次级压电效应使之产生附加的压电极化. 也就是说，在机械夹持边界条件下，电场对压电体的作用与对非压电介质的作用相同，相应的电位移为

$$D_m = \varepsilon^{x}_{mn} E_n, \tag{7.118}$$

上标 **x** 表示机械夹持，即应变恒定，ε^{x}_{mn}称为（机械）夹持电容率.

当压电体处于机械自由边界条件时，电场的作用将不但使之产生介电极化，而且将通过次级压电效应产生附加的压电极化. 这就是说，此时电场对压电体的作用较它对非压电体的作用大. 此时，电场产生的电位移为

$$\begin{aligned} D_m &= D_m^{(1)} + D_m^{(2)} \\ &= (\varepsilon^{X}_{mn} + e_{mi} d_{ni}) E_n = \varepsilon^{x}_{mn} E_n, \end{aligned} \tag{7.119}$$

其中

$$\varepsilon^{X}_{mn} = \varepsilon^{x}_{mn} + e_{mi} d_{ni}, \tag{7.120}$$

称为（机械）自由电容率. 显然，它大于夹持电容率 ε^{x}_{mn}. 二者的差别就是次级压电效应的贡献. 压电常量越大，二者的差值越大. 次级压电效应使电容率增大表示它使材料在电学性质方面变“软”. 表 7.2 列出了一些压电体的自由和夹持电容率.

表 7.2　次级压电效应对电容率的影响

材　料	$\varepsilon^{X}_{11}/\varepsilon_0$	$\varepsilon^{x}_{11}/\varepsilon_0$	$\varepsilon^{X}_{33}/\varepsilon_0$	$\varepsilon^{x}_{33}/\varepsilon_0$
石　英	4.50	4.46		
$LiNbO_3$			30	29
ZnS	8.37	8.32		
罗息盐	190	104		
SbSI			2200	500
$BaTiO_3$			168	109
$PbTiO_3$			190	150
PZT－4			1300	635

对于没有压电性的弹性体，弹性常量与电学边界条件无关. 但对于压电体来说，弹性常量却依赖于电学边界条件. 在电学短路边界条件下，压电体内部电场恒定（为零），此时应力的作用只能产生弹性应变，不能通过次级压电效应产生附加的压电应变. 此时的弹性顺度和弹性刚度分别用 $\mathbf{s}^E$ 和 $\mathbf{c}^E$ 表示，分别称为短路（恒电场）弹性顺度和弹性刚度. 当压电体处于电学开路边界条件时，其电位移恒定，应力不但直接产生弹性应变［式（7.112)］，而且此应变又通过次级压电效应产生附加的压电应变［式（7.114)］. 这时的弹性常量用 $\mathbf{s}^D$ 和 $\mathbf{c}^D$ 表示，分别称为开路（恒电位移）弹性顺度和弹性刚度. 由于附加的压电应变总是减小原始的弹性应变，所以次级压电效应使材料在力学性质上变"硬"，即使 $\mathbf{s}^D$ 小于 $\mathbf{s}^E$，使 $\mathbf{c}^D$ 大于 $\mathbf{c}^E$. 现推导两种电学边界条件下弹性常量的关系.

对处于电学开路边界条件下的压电体，应力 X_j 首先产生如式（7.112）所示的弹性应变 $x_i^{(1)}$，同时产生如式（7.113）所示的电场，后者又产生式（7.114）所示的附加的压电应变，所以总应变为

$$x_i = x_i^{(1)} + x_i^{(2)} \\ = (s_{ij}^E - d_{ni}g_{nj})X_j = (s_{ij}^E - d_{ni}\lambda_{mn}^x d_{mj})X_j, \qquad (7.121)$$

表 7.3 次级压电效应对弹性顺度的影响（单位：$10^{-12}\mathbf{m}^2/\mathbf{N}$）

材　　料	s_{11}^E	s_{11}^D	s_{33}^E	s_{33}^D	s_{44}^E	s_{44}^D	s_{55}^E	s_{55}^D
石　　英	13.0	12.9						
$LiNbO_3$							17.0	10.50
ZnS					21.69	21.55		
罗息盐					16	8.8		
SbSI			100	25				
$BaTiO_3$	8.05	7.25						
$PbTiO_3$	7.7	7.6						
PZT－4	12.7	10.9						

于是

$$s_{ij}^{D}=s_{ij}^{E}-d_{ni}d_{mj}\lambda_{mn}^{x}. \tag{7.122}$$

如果从给定的应变 x_i 出发，与上相似可推得两种电学边界条件下弹性刚度的关系

$$c_{ji}^{D}=c_{ji}^{E}+e_{nj}e_{mi}\lambda_{mn}^{x}. \tag{7.123}$$

以上两式表明，开路条件下次级压电效应使弹性顺度变小，弹性刚度增大，这种现象称为压电增劲现象. 压电效应越强，改变的程度越大. 表 7.3 列出了一些压电体的开路和短路弹性顺度.

§7.5 压电性的测量[35,37,38]

7.5.1 一般原理

压电性是介电性和弹性之间的耦合效应，标志压电性的参量有压电常量、弹性常量、电容率和机电耦合因数. 因为电容率、压电常量和弹性常量分别为二阶、三阶和四阶张量，各有多个分量，所以测量压电性是一个繁重的工作，对于低对称性的材料尤其如此.

压电性的测量方法可分为电测法、声测法、力测法和光测法，其中以电测法最为普遍. 在电测法中，又可分为动态法、静态法和准静态法. 动态法是用交流信号激励样品，使之处于特定的运动状态——通常是谐振及谐振附近的状态，通过测量其特征频率、并进行适当的计算便可获得压电参量的数值. 这个方法的优点是精确度高，而且比较简单. 这里仅对动态法作一介绍.

对于电容率，通常是把样品作成一个平板电容器，在远低于样品最低固有谐振频率下测其电容，算出自由（恒应力）电容率；在远高于样品最高固有谐振频率下测其电容，算出夹持（恒应变）电容率. 对于弹性常量，通常是把样品作成一个薄片，通电激发其某一振动模式，测量谐振频率，根据谐振频率与弹性常量的关系算出弹性常量. 对于机电耦合因数，要根据振动模式选择

样品，通电激发其某一振动模式，测出两个特征频率，算出相应的因数. 对于压电常量，可利用已测得的有关的机电耦合因数、弹性常量和电容率求算出来.

在测量时需要把材料作成若干个所谓标准样品. “标准”的含义是样品的取向、形状、尺寸和电极的配置符合理论的要求. 因为测量和计算中用到的关系式是求解压电振动方程的结果，只有在一定的边界条件下才能成立. 激励电场的方向垂直于样品的主平面时，称为垂直场激发，平行时称为平行场激发.

不同点群的材料，它们的压电参量的独立分量不同，测量方法随之不同. 下面针对两个代表性的压电点群，具体介绍测量方法.

7.5.2 $3m$（C_{3v}）点群材料的测量

属于 $3m$ 点群的压电材料有熟知的 $LiNbO_3$，$LiTaO_3$ 和电气石等，前两种是铁电体，后一种是热电体. 这个点群的材料需要测量的压电参量有：压电常量：e_{mi}，d_{mi}，g_{mi}，h_{mi}，$mi=15$，22，31，33；弹性常量：c_{ij}^E，c_{ij}^D，s_{ij}^E，s_{ij}^D，$ij=11$，12，13，14，33，44，66；电容率和介电隔离率：ε_{mn}^x，ε_{mn}^X，λ_{mn}^x，λ_{mn}^X，$mn=11$，33；机电耦合因数：k_t，k_{31}，k_{15}等.

测量这些参量所用的样品如图 7.8 所示.

图中各样品的阴影部分代表电极，电信号加于相对的两电极之间. 制备样品时首先要保证样品的取向. 前六种样品主平面分别与 Z 轴，X 轴和 Y 轴垂直. 第七种样品是旋转切割样品，旋转前厚度沿 Y 轴，长度沿 X 轴，旋转轴为长边，转角为 35°. 第八种样品厚度沿 Z 轴，长度沿 X 轴. 前六种样品只要求厚度远小于长和宽即可，第七和第八种样品还要求长度显著大于宽度. 晶体物理坐标轴与晶轴的关系是（见 7.1.1 节）：Z 轴（3 轴）平行于 c，X 轴（1 轴）平行于 a，Y 轴（2 轴）由右手定则确定.

对于第一和第三种样品，分别在很低和很高的频率测量电容 C^X 和 C^x，按下式计算电容率.

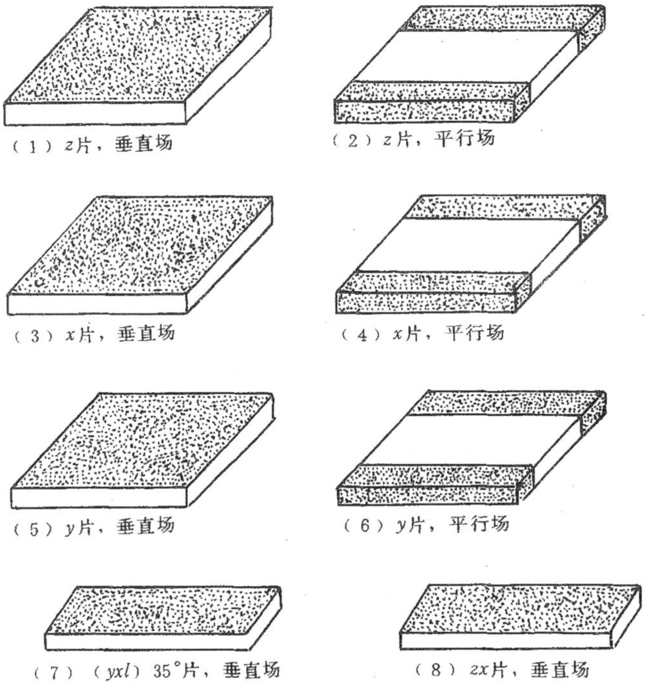

图 7.8　测量 $3m$ 点群材料压电参量所用的标准样品.

第一种样品

$$\varepsilon_{33}^{X}/\varepsilon_0 = tC^{X}/A, \varepsilon_{33}^{x}/\varepsilon_0 = tC^{x}/A, \tag{7.124}$$

第三种样品

$$\varepsilon_{11}^{X}/\varepsilon_0 = tC^{X}/A, \varepsilon_{11}^{x}/\varepsilon_0 = tC^{x}/A, \tag{7.125}$$

式中 t 是厚度，$A=wl$ 是电极面积.

对于第一种样品，利用垂直场激发厚度伸缩模，测一系列基音和泛音谐振频率，得出频率比，查表[37]得出厚度伸缩振动机电耦合因数 k_t. 该样品的反谐振频率 f_a 为

$$f_{an} = \frac{n}{2t}\left[\frac{c_{33}^{E}}{\rho(1-k_t^2)}\right]^{1/2} \qquad n = 1,3,5,\cdots, \tag{7.126}$$

式中 ρ 为密度. 测出 f_{an}即可得 c_{33}^E. 为提高准确度，一般多测几个 f_{an}，求 c_{33}^E的平均值. 然后利用下式求 e_{33}：

$$e_{33}=k_t\left(\frac{\varepsilon_{33}^x c_{33}^E}{1-k_t^2}\right)^{1/2}. \tag{7.127}$$

对于第二种样品，利用平行场激发厚度切变模，其谐振频率为

$$f_{rn}=\frac{n}{2t}\left(\frac{c_{44}^D}{\rho}\right)^{1/2}, \tag{7.128}$$

测出若干个 f_{rn}，求出 c_{44}^D的平均值.

对于第三种样品，利用垂直场激发两个相互耦合的厚度切变模，它们的反谐振频率分别为

$$f_{an}^{x1}=\frac{n}{2t}\left(\frac{\bar{c}_{x1}}{\rho}\right)^{1/2} \qquad n=1,3,5,\cdots, \tag{7.129}$$

$$f_{an}^{x2}=\frac{n}{2t}\left(\frac{\bar{c}_{x2}}{\rho}\right)^{1/2} \qquad n=1,3,5,\cdots. \tag{7.130}$$

测出两组反谐振频率后，即可求出两个有效弹性常量 $\bar{c}_{x1}$和 $\bar{c}_{x2}$. 这是两个过渡量，下面将说明如何从它们得到材料参量.

对于第四种样品，利用平行场激发厚度切变模，其谐振频率为

$$f_{rn}=\frac{n}{2t}\left(\frac{c_{11}^E}{\rho}\right)^{1/2} \qquad n=1,3,5,\cdots, \tag{7.131}$$

测出一组谐振频率，即可求得 c_{11}^E.

对于第五种样品，利用垂直场激发两个相互耦合的厚度切变模，它们的反谐振频率分别为

$$f_{an}^{y1}=\frac{n}{2t}\left(\frac{\bar{c}_{y1}}{\rho}\right)^{1/2} \qquad n=1,3,5,\cdots, \tag{7.132}$$

$$f_{an}^{y2}=\frac{n}{2t}\left(\frac{\bar{c}_{y2}}{\rho}\right)^{1/2} \qquad n=1,3,5,\cdots. \tag{7.133}$$

测出二组反谐振频率即可求得两个有效弹性常量 $\bar{c}_{y1}$和 $\bar{c}_{y2}$. 它们也是过渡量，用来计算材料参量.

对于第六种样品，利用平行场激发厚度切变模，其谐振频率

为

$$f_{rn}=\frac{n}{2t}\left(\frac{c_{66}^{E}}{\rho}\right)^{1/2}\qquad n=1,3,5,\cdots.\tag{7.134}$$

测出谐振频率即可求出 c_{66}^{E}.

对于第七种样品，利用垂直场激发厚度切变模，其反谐振频率为

$$f_{an}=\frac{n}{2t}\left(\frac{\bar{c}_{35}}{\rho}\right)^{1/2}\qquad n=1,3,5,\cdots.\tag{7.135}$$

测出反谐振频率，即可求出有效弹性常量 $\bar{c}_{35}$. 利用旋转片的弹性常量变换关系可得

$$c_{14}^{E}=\frac{\bar{c}_{35}-m^{2}c_{66}^{E}-nc_{44}^{E}}{2mn},\tag{7.136}$$

其中

$$m=\cos 35^{\circ},\quad n=\cos 55^{\circ}.\tag{7.137}$$

对于第八种样品，利用垂直场激发横向长度伸缩振动模，其基音谐振频率为

$$f_{r}=\frac{1}{2l}(\rho s_{11}^{E})^{-1/2}.\tag{7.55}$$

测出谐振频率即可求得 s_{11}^{E}. 再测量基音反谐振频率 f_{a}，即可由式（7.67）或式（7.68）计算 k_{31}. k_{31}与 $\Delta f/f_{r}$ 的数值关系已制成表格[38]，查表即得 k_{31}.

以上由直接测量得出了一些参量和几个过渡量，借助于它们，其它参量即可计算出来. 有关计算公式及结果如下：

介电隔离率：由式（7.35）得

$$\lambda_{11}^{x}=1/\varepsilon_{11}^{x},\quad \lambda_{11}^{X}=1/\varepsilon_{11}^{X},\tag{7.138}$$

$$\lambda_{33}^{x}=1/\varepsilon_{33}^{x},\quad \lambda_{33}^{X}=1/\varepsilon_{33}^{X}.\tag{7.139}$$

压电常量：利用式（7.36）等可得

$$e_{31}=d_{31}\left[c_{11}^{E}+c_{12}^{E}-\frac{2(c_{13}^{E})^{2}}{c_{33}^{E}}\right]+\frac{c_{13}^{E}}{c_{33}^{E}}e_{33},\tag{7.140}$$

$$e_{15}=\left[\left(\frac{\prod_{y}-\prod_{x}}{\sum_{y}-\sum_{x}}-c_{44}^{E}\right)\varepsilon_{11}^{x}\right]^{1/2},\tag{7.141}$$

$$e_{22}=\left\{\left[\left(\Sigma_x-\frac{\prod_y-\prod_x}{\Sigma_y-\Sigma_x}\right)-c_{66}^E\right]\varepsilon_{11}^x\right\}^{1/2}, \tag{7.142}$$

其中

$$\Sigma_x=\bar{c}_{x1}+\bar{c}_{x2},\quad \Sigma_y=\bar{c}_{y1}+\bar{c}_{y2},$$
$$\prod_x=\bar{c}_{x1}\bar{c}_{x2},\quad \prod_y=\bar{c}_{y1}\bar{c}_{y2}. \tag{7.143}$$

其他压电常量，有

$$h_{15}=e_{15}/\varepsilon_{11}^x,\quad h_{22}=e_{22}/\varepsilon_{11}^x,$$
$$h_{31}=e_{31}/\varepsilon_{33}^x,\quad h_{33}=e_{33}/\varepsilon_{33}^x, \tag{7.144}$$

$$d_{22}=e_{22}(s_{11}^E-s_{12}^E)-e_{15}s_{14}^E,$$
$$d_{15}=e_{15}s_{44}^E-e_{22}s_{14}^E, \tag{7.145}$$
$$d_{31}=e_{31}(s_{11}^E-s_{12}^E)+e_{33}s_{13}^E=k_{31}(\varepsilon_{11}^X s_{11}^E)^{1/2},$$

$$g_{15}=d_{15}/\varepsilon_{11}^X,\quad g_{22}=d_{22}/\varepsilon_{11}^X,$$
$$g_{31}=d_{31}/\varepsilon_{33}^X,\quad g_{33}=d_{33}/\varepsilon_{33}^X. \tag{7.146}$$

弹性常量：由式（7.34）及有关公式求出

$$c_{11}^D=c_{11}^E+e_{22}^2/\varepsilon_{11}^x+e_{31}^2/\varepsilon_{33}^x, \tag{7.147}$$
$$c_{12}^D=c_{12}^E+e_{31}^2/\varepsilon_{33}^x-e_{22}^2/\varepsilon_{11}^x, \tag{7.148}$$
$$c_{13}^D=c_{13}^E-e_{13}e_{33}/\varepsilon_{33}^x, \tag{7.149}$$
$$c_{14}^D=c_{14}^E-e_{15}e_{22}/\varepsilon_{11}^x, \tag{7.150}$$
$$c_{33}^D=c_{33}^E+e_{33}^2/\varepsilon_{33}^x, \tag{7.151}$$
$$c_{44}^D=c_{44}^E+e_{15}^2/\varepsilon_{11}^x, \tag{7.152}$$
$$c_{66}^D=(c_{11}^D-c_{12}^D)/2, \tag{7.153}$$

$$(c_{13}^E)^{-1/2}=\frac{c_{33}^E\{a[2s_{11}^E(c_{11}^E+c_{12}^E)-1]+c_{44}^E[(c_{11}^E(b-c)+c_{11}^E]\}}{c_{44}^E[1-2s_{11}^E(c_{11}^E-c_{12}^E)]+4as_{11}^E}, \tag{7.154}$$

其中

$$a=(c_{14}^E)^2,\quad b=(c_{12}^E)^2,\quad c=(c_{11}^E)^2,$$
$$c_{66}^E=(c_{11}^E-c_{12}^E)/2, \tag{7.155}$$
$$s_{11}^E=\Delta_{11}/\Delta,$$
$$s_{12}^E=-\Delta_{12}/\Delta,$$

$$
\begin{aligned}
s_{13}^E &= \Delta_{13}/\Delta, \\
s_{14}^E &= -\Delta_{14}/\Delta, \\
s_{33}^E &= \Delta_{33}/\Delta, \\
s_{44}^E &= \Delta_{44}/\Delta, \\
s_{66}^E &= 2(s_{11}^E - s_{12}^E),
\end{aligned}
\tag{7.156}
$$

其中

$$
\begin{aligned}
\Delta_{11} &= c[c_{11}^E c_{33}^E c_{44}^E - (c_{13}^E)^2 c_{14}^E - (c_{14}^E)^2 c_{33}^E], \\
\Delta_{12} &= c[c_{12}^E c_{33}^E c_{44}^E - (c_{13}^E)^2 c_{14}^E + (c_{14}^E)^2 c_{33}^E], \\
\Delta_{13} &= c[c_{12}^E c_{13}^E c_{44}^E - c_{11}^E c_{13}^E c_{44}^E + 2c_{13}^E (c_{14}^E)^2], \\
\Delta_{14} &= c[c_{12}^E c_{14}^E c_{33}^E + c_{11}^E c_{14}^E c_{33}^E - 2c_{14}^E (c_{13}^E)^2], \\
\Delta_{33} &= c\{c_{44}^E[(c_{11}^E)^2 - (c_{12}^E)^2] + 2c_{11}^E (c_{14}^E)^2\}, \\
\Delta_{44} &= c\{c_{33}^E[(c_{11}^E)^2 - (c_{12}^E)^2] + 2c_{12}^E (c_{13}^E)^2\}, \\
\Delta &= c(c_{11}^E \Delta_{11} - c_{12}^E \Delta_{12} + c_{13}^E \Delta_{13} - c_{14}^E \Delta_{14}), \\
c &= c_{44}^E c_{66}^E - (c_{14}^E)^2.
\end{aligned}
\tag{7.157}
$$

7.5.3 $6mm$（C_{6v}）点群材料的测量

压电陶瓷是一大类铁电性压电材料. 如 § 7.3 中所述，它们的电容率、压电常量和弹性常量矩阵与 $6mm$ 点群晶体的相同. 其他一些压电材料（如 ZnO 和 CdS 等）具有 $6mm$ 对称性. 这里介绍该点群材料压电参量的测量方法.

需要测定的压电参量如下：压电常量：e_{mi}，d_{mi}，g_{mi}，h_{mi}，$mi=15$，11，13；弹性常量：c_{ij}^E，c_{ij}^D，s_{ij}^E，s_{ij}^D，$ij=11$，12，13，33，44，66；电容率和介电隔离率：ε_{mn}^x，ε_{mn}^X，λ_{mn}^x，λ_{mn}^X，$mn=11$，33；机电耦合因数：k_t，k_{15}，k_{31}，k_{33}，k_p.

测量用的样品如图 7.9 所示. 第一种样品是圆片，利用的是径向伸缩振动和厚度伸缩振动，要求直径远大于厚度. 第二种样品是细长棒，利用的是纵向长度伸缩振动，要求长度远大于宽度和厚度. 第三种样品是薄板，利用的是厚度切变振动，要求长度 $l\gg$ 宽度 $w\gg$ 厚度 t. 图中箭头代表六重轴或压电陶瓷的剩余极化

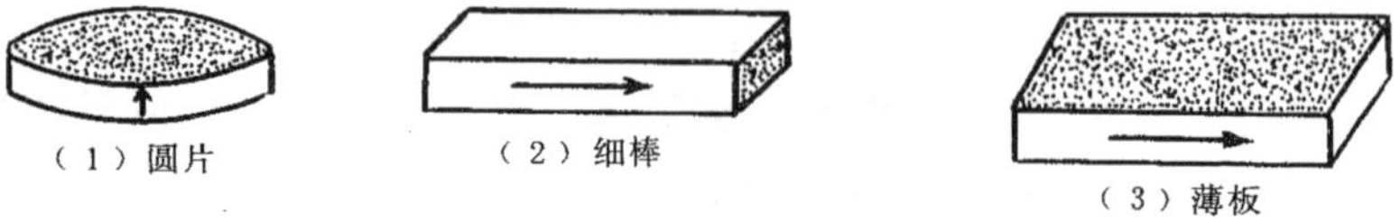

图 7.9　测量 $6mm$ 点群材料压电参量用的标准样品.

轴，阴影区代表电极. 晶体物理坐标轴与晶轴的关系是：Z 轴（3 轴）平行于 c 轴，X 轴（1 轴）平行于 a 轴，Y 轴（2 轴）由已知的 X 轴和 Z 轴根据右手定则确定.

对于第一种样品，激发径向伸缩振动，其谐振频率为

$$f_{rn} = \frac{\eta_n}{2\pi a}\{\rho s_{11}^E[1-(\sigma^E)^2]\}^{-1/2} \qquad n = 1,3,5,\cdots, \tag{7.158}$$

其中 a 是半径，σ^E 是泊松比，η_n 是径向伸缩模频率方程的第 n 个正根，它是 σ^E 的函数，前两个正根为

$$\eta_1 = 1.867 + 0.6054\sigma^E, \tag{7.159}$$

$$\eta_3 = 5.332 + 0.1910\sigma^E. \tag{7.160}$$

若 $\sigma^E=0.3$（大部分材料 $\sigma^E\simeq 0.3$），则

$$\eta_1 = 2.05, \quad \eta_3 = 5.39. \tag{7.161}$$

从这里又可以得出

$$\sigma^E = \frac{5.332f_{r1} - 1.867f_{r3}}{0.6054f_{r3} - 0.1910f_{r1}}, \tag{7.162}$$

式中 f_{r1} 和 f_{r3} 分别为基音和一次泛音谐振频率. 由上可知，只要测得 f_{r1} 和 f_{r3}，就可求出 σ^E 和 s_{11}^E.

再测出径向伸缩模的基音反谐振频率 f_{a1}，就可由式(7.78)得出平面机电耦合因数 k_p. k_p 与 $\Delta f/f_{r1}$ 的数值关系可由有关的表格[38]查得. Δf 较小时，可用近似公式估算

$$k_p^2 = 2.53\Delta f/f_{r1}. \tag{7.79}$$

仍用第一种样品，激发厚度伸缩模，其反谐振频率为

$$f_{an} = \frac{n}{2t}\left(\frac{c_{33}^D}{\rho}\right)^{1/2} \qquad n = 1,3,5,\cdots, \tag{7.163}$$

测出 f_{an}即可求出 c_{33}^{D}.

测量厚度伸缩模的基音和泛音谐振频率，根据频率比与厚度伸缩机电耦合因数的关系可求出 k_t. 该关系比较复杂，一般不易直接计算，可查阅有关的现成表格[37].

对于第二种样品，激发纵向长度伸缩模，其反谐振频率为

$$f_{an}=\frac{n}{2l}(\rho s_{33}^{D})^{-1/2} \qquad n=1,3,5,\cdots, \tag{7.164}$$

测出 f_{an}即可求得 s_{33}^{D}.

对这种振模，测出基音谐振和反谐振频率，可由下式计算纵向长度伸缩机电耦合因数 k_{33}

$$k_{33}^{2}=\frac{\pi f_{r1}}{2f_{a1}}\tan\frac{\pi\Delta f}{2f_{a1}}, \tag{7.165}$$

其中 $\Delta f=f_{a1}-f_{r1}$.

对于第三种样品，激发厚度切变模，其反谐振频率为

$$f_{an}=\frac{n}{2t}(\rho s_{44}^{D})^{-1/2} \qquad n=1,3,5,\cdots, \tag{7.166}$$

测出 f_{an}即可得到 s_{44}^{D}.

对该种振模，由泛音和基音谐振频率之比可求出厚度切变机电耦合因数 k_{15}（查表[37]）.

对于第一和第三种样品，在很低和很高的频率测量电容 C^{X} 和 C^{x}，按下列公式计算电容率：

第一种样品：$\varepsilon_{33}^{X}/\varepsilon_0=tC^{X}/A$，$\varepsilon_{33}^{x}/\varepsilon_0=tC^{x}/A$， (7.167)

第三种样品：$\varepsilon_{11}^{X}/\varepsilon_0=tC^{X}/A$，$\varepsilon_{11}^{x}/\varepsilon_0=tC^{x}/A$. (7.168)

以上是直接测得的参量，其他参量可由它们计算出来. 有关公式和结果如下：

介电隔离率：由式（7.35）得出

$$\lambda_{11}^{X}=1/\varepsilon_{11}^{X}, \quad \lambda_{11}^{x}=1/\varepsilon_{11}^{x}, \tag{7.169}$$

$$\lambda_{33}^{X}=1/\varepsilon_{33}^{X}, \quad \lambda_{33}^{x}=1/\varepsilon_{33}^{x}. \tag{7.170}$$

压电常量：由式（7.36）及其他关系可得出

$$d_{15}=k_{15}(\varepsilon_{11}^{x}s_{44}^{E})^{1/2},$$

$$d_{31} = k_{31}(\varepsilon_{33}^X s_{11}^E)^{1/2}, \tag{7.171}$$

$$d_{33} = k_{33}(\varepsilon_{33}^X s_{33}^E)^{1/2},$$

$$g_{15} = d_{15}/\varepsilon_{11}^X,$$

$$g_{33} = d_{33}/\varepsilon_{33}^X; \tag{7.172}$$

$$g_{31} = d_{31}/\varepsilon_{33}^X,$$

$$e_{15} = d_{15}c_{44}^E,$$

$$e_{31} = d_{31}(c_{11}^E + c_{12}^E) + d_{33}c_{13}^E, \tag{7.173}$$

$$e_{33} = 2d_{31}c_{13}^E + d_{33}c_{13}^E;$$

$$h_{15} = e_{15}\lambda_{11}^x,$$

$$h_{31} = e_{13}\lambda_{33}^x, \tag{7.174}$$

$$h_{33} = e_{33}\lambda_{33}^x.$$

弹性常量：由式（7.34）及其他关系可知道

$$s_{12}^E = -\sigma^E s_{11}^E,$$

$$s_{13}^E = \left[\frac{s_{33}^E(s_{11}^E + s_{12}^E)}{2} - \frac{s_{11}^E + s_{12}^E}{2c_{33}^E}\right]^{1/2}; \tag{7.175}$$

$$s_{33}^E = s_{33}^D/(1 - k_{33}^2),$$

$$s_{44}^E = s_{44}^D/(1 - k_{15}^2),$$

$$s_{66}^E = 2(s_{11}^E - s_{12}^E),$$

$$s_{11}^D = s_{11}^E(1 - k_{31}^2), \tag{7.176}$$

$$s_{12}^D = s_{12}^E - d_{31}g_{31},$$

$$s_{13}^D = s_{13}^E - d_{33}g_{31},$$

$$s_{66}^D = s_{66}^E,$$

$$c_{11}^E = \frac{s_{11}^E s_{33}^E - (s_{13}^E)^2}{(s_{11}^E - s_{12}^E)[s_{33}^E(s_{11}^E + s_{12}^E) - 2(s_{13}^E)^2]},$$

$$c_{12}^E = \frac{-[s_{12}^E s_{33}^E + (s_{13}^E)^2]}{(s_{11}^E - s_{12}^E)[s_{33}^E(s_{11}^E + s_{12}^E) - 2(s_{13}^E)^2]},$$

$$c_{33}^E = c_{33}^D/(1 - k_t^2),$$

$$c_{44}^E = 1/s_{44}^E, \tag{7.177}$$

$$c_{66}^E = 1/s_{66}^E,$$

$$
\begin{aligned}
c_{11}^{D} &= h_{31}e_{31} + c_{11}^{E}, \\
c_{13}^{D} &= h_{31}e_{33} + c_{13}^{E}, \\
c_{12}^{D} &= h_{31}e_{31} + c_{12}^{E}, \\
c_{44}^{D} &= h_{15}e_{15} + c_{44}^{E}, \\
c_{66}^{D} &= c_{66}^{E}.
\end{aligned}
\tag{7.178}
$$

机电耦合因数

$$
k_{31}^2 = d_{31}^2/(s_{11}^{E}\varepsilon_{33}^{X}). \tag{7.179}
$$

其他点群材料压电参量的测定方法,类似于以上两个例子,也可一一导出. 推导的依据是压电振动理论[39].

应该指出,以上两个例子中给出的测量方法也并不是唯一的. 一般来说,我们希望只使用尽可能少的样品,以减小样品不一致造成误差的可能性. 但对于同一点群的材料,样品种类少则直接测量的参量减少,计算的参量增多. 有的计算公式可能对计算结果带来严重的误差. 如遇这种情况,则宁可增多样品. 样品用量的选择应以保证测量结果的准确度和精密度为原则.

7.5.4 复压电常量的测量

因为存在损耗,表征材料性能的响应系数均为复量,这里讨论复压电常量的测量方法[40]. 这一方法有两个要点,一是用迭代法解导纳方程,二是测量振子在几个频率时的复阻抗.

以横向长度伸缩振子为例. 由式 (7.52) 可知振子的导纳为

$$
Y = \frac{i\omega l w}{t}\left(\varepsilon_{33}^{X} - \frac{d_{31}^2}{s_{11}^{E}}\right) + \frac{i2wd_{31}^2}{s_{11}^{E}t(\rho s_{11}^{E})^{1/2}}\tan\frac{1}{2}\omega l(\rho s_{11}^{E})^{1/2}. \tag{7.180}
$$

将导纳及响应系数写为复量形式

$$
\begin{aligned}
Y &= Y' + iY'', \\
s_{11}^{E} &= s_{11}^{E'} - is_{11}^{E''}, \\
d_{31} &= d_{31}' - id_{31}'', \\
\varepsilon_{33}^{X} &= \varepsilon_{33}^{X'} - i\varepsilon_{33}^{X''}.
\end{aligned}
\tag{7.181}
$$

假设从某种实验中已知某一频率时 s_{11}^{E} 的实部和虚部,将其代

入以上两式可得出

$$Y(\omega)=a(\omega)\varepsilon_{33}^{X}+b(s_{11}^{E},\omega)d_{31}^{2},\qquad(7.182)$$

且其中 a 和 b 是完全确定的. 在另一个频率测量振子导纳 $Y(\omega)$ 的实部和虚部，并计算 a 和 b，即可得出与上类似的另一个式子，从而得到一个方程组

$$\begin{bmatrix}Y(\omega_1)\\Y(\omega_2)\end{bmatrix}=\begin{bmatrix}a(\omega_1)&b(s_{11}^{E},\omega_1)\\a(\omega_2)&b(s_{11}^{E},\omega_2)\end{bmatrix}\begin{bmatrix}\varepsilon_{33}^{X}\\d_{31}^{2}\end{bmatrix},\qquad(7.183)$$

由此可解出 ε_{33}^{X}和 d_{31}^{2}. 或者，如果已知 ε_{33}^{X}和 d_{31}以及 Y (ω)，则此式给出一个关于 s_{11}^{E}的非线性关系，用迭代法可由此关系精确解出 s_{11}^{E}.

式(7.183)是本测量方法的基础. 首先估计 s_{11}^{E}的实部和虚部，并据此计算 ε_{33}^{X}和 d_{31}. 有了第一次计算的 ε_{33}^{X}和 d_{31}后，再用它们计算 s_{11}^{E}的修正值. 反复进行这一过程，使 ε_{33}^{X}，d_{31}和 s_{11}^{E}一次比一次精确.

显然，谐振现象只是由式 (7.180) 中正切宗量中的 s_{11}^{E}而不是由分母中的 s_{11}^{E}引起的. 为了对 s_{11}^{E}有一初始的粗略估计，我们假设 ε_{33}^{X}和 d_{31}为实数，分母中的 s_{11}^{E}也为实数，只有正切宗量中的 $s_{11}^{E}=s_{11}^{E'}-is_{11}^{E''}$. 借助恒等式

$$\tan(a+ib)=\frac{\sin 2a+i\sinh 2b}{\cos 2a+\cosh 2b},$$

将导纳分解为实部和虚部. 在实部极大值频率 ω_{rm}附近计算给出

$$s_{11}^{E'}=\frac{1}{\rho}\left(\frac{\pi}{l\omega_{rm}}\right)^{2},$$

$$s_{11}^{E''}=2s_{11}^{E'}\left(\frac{\omega_{im}-\omega_{rm}}{\omega_{im}}\right),$$

其中 ω_{im}是导纳虚部极大值的频率.

假设在频率 ω_1 和 ω_2 已知复导纳 Y (ω) $=Y'+iY''$. 在第 n 次迭代中已得 $\varepsilon_{33}^{X,(n)}$，$d_{31}^{(n)}$和 $s_{11}^{E,(n)}$. 将导纳写为

$$Y(\omega)=\varepsilon_{33}^{X,(n+1)}\left(\frac{i\omega_1 lw}{t}\right)+d_{31}^{2,(n+1)}$$

$$\times\left[\frac{-i\omega_1 lw}{ts_{11}^{E,(n)}}+\frac{2iw}{(\rho s_{11}^{E,(n)})^{1/2}s_{11}^{E,(n)}t}\tan\frac{\omega_1 l}{2}(\rho s_{11}^{E,(n)})^{1/2}\right] \tag{7.184}$$

或

$$Y_1 = a_{11}(\omega_1)\varepsilon_{33}^{X,(n+1)} + a_{12}(\omega_1, s_{11}^{E,(n)})d_{31}^{2,(n+1)}. \tag{7.185}$$

在频率 ω_2 也有相似的另一式子，于是有

$$\begin{pmatrix}Y_1\\ Y_2\end{pmatrix}=\begin{pmatrix}a_{11}(\omega_1) & a_{12}(\omega_1, s_{11}^{E,(n)})\\ a_{11}(\omega_2) & a_{12}(\omega_2, s_{11}^{E,(n)})\end{pmatrix}\begin{pmatrix}\varepsilon_{33}^{X,(n+1)}\\ d_{31}^{2,(n+1)}\end{pmatrix}. \tag{7.186}$$

根据原有的 s_{11}^E 的值求出 ε_{33}^X 和 d_{31} 的新值，再由 ε_{33}^X 和 d_{31} 的新值求出 s_{11}^E 的新值. 为此必须在第三个频率 ω_3 测出 $Y(\omega_3)$. 因为 $s_{11}^{E,(n)}$ 已接近于其精确值，正切值必然很灵敏地依赖于谐振附近 s_{11}^E 的变化. 因此，我们选择导纳实部很大的某个频率. 将正切宗量中 s_{11}^E 的迭代次数改为（$n+1$），而其他位置 s_{11}^E 的迭代次数不变. 于是

$$Y(\omega_3) = P + Q\tan\frac{1}{2}\omega_3 l(\rho s_{11}^{E,(n+1)})^{1/2}, \tag{7.187}$$

其中

$$P=\frac{i\omega_3 lw}{t}\left(\varepsilon_{33}^{X,(n+1)}-\frac{d_{31}^{2,(n+1)}}{s_{11}^{E,(n)}}\right),$$

$$Q=\frac{2iwd_{31}^{2,(n+1)}}{(\rho s_{11}^{E,(n)})^{1/2}s_{11}^{E,(n)}t}$$

或

$$s_{11}^{E,(n+1)}=\frac{1}{\rho}\left[\frac{2}{\omega_3 l}\mathrm{arc\ tan}\frac{Y-P}{Q}\right]^2. \tag{7.188}$$

再利用两个恒等式

$$\mathrm{arc\ tan}(\alpha+i\beta)=\frac{1}{2i}\lg\left(\frac{1-\beta+i\alpha}{1+\beta-i\alpha}\right)$$

$$\lg(\gamma+i\delta)=\lg(\gamma^2+\delta^2)^{1/2}\exp\left(i\,\mathrm{arc\ tan}\frac{\delta}{\gamma}\right)$$

$$= i\,\mathrm{arc\ tan}\frac{\delta}{\gamma}+\lg(\gamma^2+\delta^2)^{1/2},$$

因为反正切是多值函数，必须恰当选择其值.

一个完整的迭代步骤至此完成．我们可设定某一“截断判据”，如令

$$\frac{\left\| s_{11}^{E,(n+1)} \right| - \left| s_{11}^{E,(n)} \right\|}{\left| s_{11}^{E,(n+1)} \right|} \leqslant 10^{-10}, \qquad (7.189)$$

若满足此式则迭代结束，否则再计算 $\varepsilon_{33}^{x,(n+2)}$，$d_{31}^{2,(n+2)}$以及 $s_{11}^{E,(n+2)}$，直至上式满足为止．

复阻抗的测量采用双 π 型网络，其结构如图 7.10 所示，其中 Z 是振子阻抗．该网络输出电压与输入电压之比为

$$\frac{U_{出}}{U_{入}}=$$

$$\frac{R_1R_3^2}{Z\ (R_1+R_2+R_3)\ (R_2+R_3)\ +R_3\ [R_1R_3+2R_2\ (R_1+R_2+R_3)]} \qquad (7.190)$$

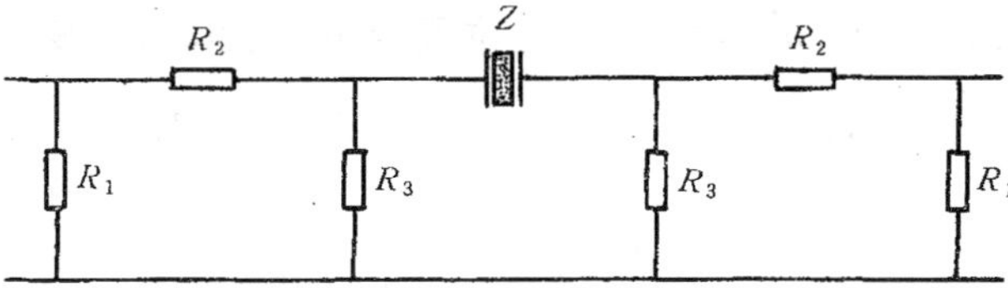

图 7.10　测量复阻抗用的双 π 型网络．

样品短接，负载为 50Ω 时的输入阻抗为

$$Z_{入}=Z_{出}=$$

$$\frac{R_1[R_2(R_1+50)(R_3+R_2)+50R_1(R_3/2+R_2)]}{R_2(R_1+50)(R_3+R_2)+50R_1(R_3/2+R_2)+R_1[(R_1+50)(R_3/2+R_2)+50R_1]}, \qquad (7.191)$$

等效源阻抗为

$$Z_s = 2R_3\,\frac{50R_1 + R_2(50 + R_1)}{50R_1 + (R_2 + R_3)(50 + R_1)}. \qquad (7.192)$$

为使输出电压对振子阻抗的变化尽可能灵敏，对不同振动模式应选用不同的 $R_i(i=1—3)$．参考数据如下(单位为欧姆)：

横向长度伸缩振子：$R_1=160$，$R_2=66.5$，$R_3=14$；

纵向长度伸缩振子：$R_1=100, R_2=50, R_3=50$；

厚度伸缩振子：$R_1=250, R_2=59, R_3=1$.

令 $H=U_{out}/U_{in}$，由式(7.190)可得振子阻抗为

$$Z=\frac{R_1R_3^2}{H(R_1+R_2+R_3)(R_2+R_3)}-\frac{R_3[R_1R_3+2R_2(R_1+R_2+R_3)]}{(R_1+R_2+R_3)(R_2+R_3)}. \tag{7.193}$$

由网络分析仪得出 H 的幅值 $|H|$ 和相位 ϕ_H，$H=|H|\exp i\phi_H$，于是上式分解为阻抗实部 R_Z 和虚部 I_Z.

$$R_Z=\frac{R_1R_3^2\cos\phi_H}{|H|(R_1+R_2+R_3)(R_2+R_3)}-\frac{R_3[R_1R_3+2R_2(R_1+R_2+R_3)]}{(R_1+R_2+R_3)(R_2+R_3)}. \tag{7.194}$$

$$I_Z=\frac{-R_1R_3^2\sin\phi_H}{|H|(R_1+R_2+R_3)(R_2+R_3)}. \tag{7.195}$$

对任一选定频率，由网络分析仪得出传输函数的幅值 $|Z|=A$ 和相位 ϕ，由此算出振子导纳的实部和虚部. 选择 3 个频率进行此过程. 一个频率接近谐振频率，另两个频率大体对称地分布在谐振频率两侧. 在此 3 个频率反复测量实部和虚部，得出每个频率时的平均值 A_1, ϕ_1, A_2, ϕ_2 和 A_3, ϕ_3.

§7.6 压电陶瓷

7.6.1 铁电性压电材料的特点

属于极性点群的晶体都是非中心对称的，所以全部铁电体都是压电体. 自从第一个铁电体罗息盐发现以后，铁电体就作为重要的压电材料得到应用. 虽然非铁电性的压电晶体 α 石英以其高稳定、低损耗特性在频率选择和控制方面占优势，但从总体来看，实用的压电材料大部分是铁电体，尤以压电陶瓷用量最大.

相对于非铁电性压电材料来说，铁电性压电材料的特点是电容率大，压电效应强，非线性效应显著，老化率较大. 大多数非铁电

性压电体的室温相对电容率小于 10，而铁电体的一般在几十到几千之间. 非铁电性压电体的压电常量 d_{mi} 一般小于 10×10^{-12}C/N，铁电体中除 $LiNbO_3$，$LiTaO_3$ 的较小以外，大都在几十到几百 (10^{-12}C/N)之间.

铁电体的电畴结构及其不可逆运动决定了它有显著的非线性. 非线性可分为两类：***D*** 与 ***E*** 之间，**x** 与 **X** 之间是直接的，***D*** 或 ***E*** 与 **x** 或 **X** 之间是间接的. 直接非线性的主要后果是引起能量损耗，间接非线性的主要后果是造成信号畸变. 图 7.11 示出了一种"软"性压电陶瓷(添加施主杂质的 PZT)的几个非线性关系，其中图 7.11(a)和图 7.11(b)分别是沿极轴电场作用下极化和横向应变的变化，图 7.11(c)和图 7.11(d)分别是沿极轴应力作用下剩余极化和纵向应变的变化. 可以看到，只有在电场或应力很小的条件

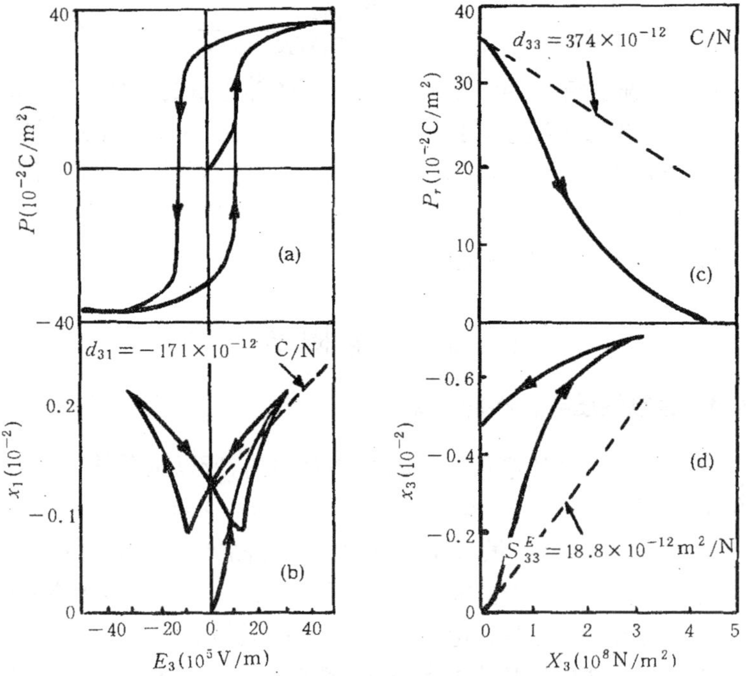

图 7.11 一种"软"性压电陶瓷的几个非线性关系.

下(所谓零场条件),介电性、压电性和弹性才可用一些常量来表示.通常给出的电容率、压电常量和弹性常量除另有说明外,指的是零场或小信号条件下的值.

与电畴结构密切有关的另一个现象是老化(ageing).虽然任何材料都会发生老化,但铁电体中因电畴结构的变化而使老化较显著、且有它的特征.单畴化处理时,非180°畴转向使样品中出现内应力,其后为降低应变能,电畴将逐渐重新取向,导致各种物理性质发生变化[41].实验表明,物理量的相对变化大体与时间的对数成正比,即每十倍时间内相对变化量近似相等.以 $Y(t)$ 和 $Y(t_1)$ 分别代表某物理量在单畴化处理后时间 t 和单位时间 t_1 的值,则有

$$\frac{Y(t)-Y(t_1)}{Y(t_1)}=A\lg\frac{t}{t_1}, \tag{7.196}$$

A 是十倍时间老化率.在较短时间(如一年)内,A 近似为一常数,但随时间延长而减小.电容率、压电常量和机电耦合因数的 A 为负,频率常量 N 的 A 为正.例如,常用 PZT 陶瓷的 ε_{33}^{X} 在十倍时间内减小约 0.6—5%,k_p 减小约 0.2—2%,N 上升约 0.1—1%.

7.6.2 PZT 的热力学理论和统计模型

1946 年 Gray 发现,$BaTiO_3$ 陶瓷经强直流电场处理后具有压电性,后来在压电陶瓷的研制方面开展了大量的工作[42].50 年代初出现了压电性更强的锆钛酸铅(PZT)陶瓷,迄今大量使用的压电陶瓷主要是掺杂改性的 PZT 陶瓷以及一些含锆钛酸铅的三元系或四元系陶瓷.

$PbZr_xTi_{1-x}O_3$ 是 $PbZrO_3$ 和 $PbTiO_3$ 的连续固溶体($0\leqslant x\leqslant 1$),呈钙钛矿结构,其相图如图 7.12 所示[43].在室温时,$x<0.53$ 为四方铁电相 F_T,点群 $4mm$,$0.53<x<0.95$ 为晶胞为菱面体的三角铁电相 F_R,点群 $3m$,$x>0.95$ 为正交反铁电相 A_O.在三角相区,还有一铁电-铁电相界,低温铁电相 F_R(LT)与高温铁电相 F_R(HT) 的差别是氧八面体的取向不同,它们的空间群分别为

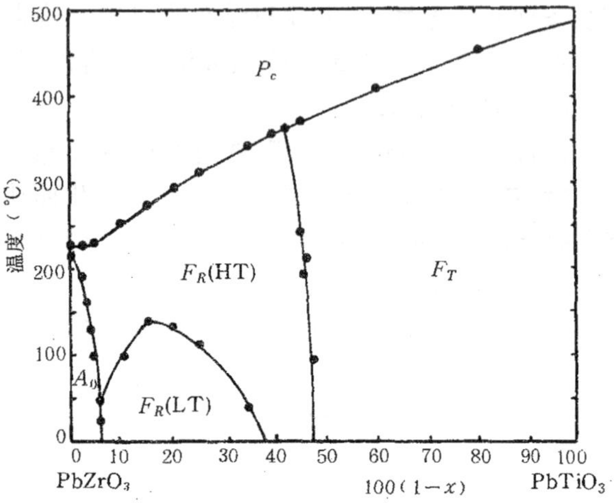

图 7.12 $Pb(Zr_xTi_{1-x})O_3$ 的相图[43].

$R3c$ 和 $R3m$. $x=0.53$ 附近是三角-四方相界，这是一种准同型相界(morphortropic phase boundary). 该相界附近，压电常量、机电耦合因数和电容率均呈现峰值(例如见图 7.13[44])，这些参量是许多研究工作的对象，由此发展出一系列性能优异的压电陶瓷材料. 该图相对于早期的 PZT 相图(例如见文献[4])有所修正，主要是纯 $PbZrO_3$ 在约 220—230℃间为高温三角铁电相 F_R(HT)，而原先的实验未发现该相.

为了从朗道-德文希尔理论说明 PZT 系统的相变特性和相界附近的强压电性，人们作了不懈的努力. Carl 和 Hardtl[45]认为相界附近的强压电性起源于大的电容率. Isupov[46,47]强调了两相共存的重要性. 四方相中自发极化有 6 个可能取向，三角相中有 8 个可能取向，相界附近两相共存，自发极化的可能取向增多，因而在单畴化处理时自发极化排列程度增高. Wersing[48]给出了相似的解释. Haun 等在前人工作的基础上，提出了全面描写 PZT 系统($0<x<1$)的热力学理论[43,49—52].

PZT 的高温顺电相为立方相(点群 $m3m$)，低温有序相则随 x

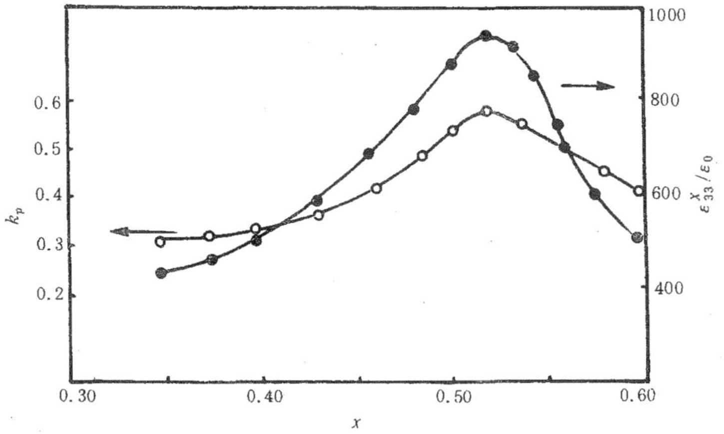

图 7.13 $Pb_{0.96}Ba_{0.04}Zr_xTi_{1-x}O_3$+0.4wt% CeO_2+0.2wt%MnO_2 陶瓷的电容率和平面机电耦合因数与 x 的关系[44].

不同而可能为 F_T，F_R 或 A_O，而且在 F_R 区有 F_R(LT)与 F_R(HT)间的相变. Haun 等采用高温顺电相的晶体物理坐标系，将高温顺电相与低温有序相的弹性吉布斯自由能之差写为

$$\begin{aligned}
\Delta G_1 = {} & \alpha_1(P_1^2+P_2^2+P_3^2)+\alpha_{11}(P_1^4+P_2^4+P_3^4) \\
& +\alpha_{12}(P_1^2P_2^2+P_2^2P_3^2+P_3^2P_1^2)+\alpha_{111}(P_1^6+P_2^6+P_3^6) \\
& +\alpha_{112}[P_1^4(P_2^2+P_3^2)+P_2^4(P_1^2+P_3^2)+P_3^4(P_1^2+P_2^2)] \\
& +\alpha_{123}P_1^2P_2^2P_3^2+\sigma_1(p_1^2+p_2^2+p_3^2)+\sigma_{11}(p_1^4+p_2^4+p_3^4) \\
& +\sigma_{12}(p_1^2p_2^2+p_2^2p_3^2+p_3^2p_1^2)+\sigma_{111}(p_1^6+p_2^6+p_3^6) \\
& +\sigma_{112}[p_1^4(p_2^2+p_3^2)+p_2^4(p_1^2+p_3^2)+p_3^4(p_1^2+p_2^2)] \\
& +\mu_{12}[P_1^2(p_2^2+p_3^2)+P_2^2(p_1^2+p_3^2)+P_3^2(p_1^2+p_2^2)] \\
& +\mu_{44}(P_1P_2p_1p_2+P_2P_3p_2p_3+P_3P_1p_3p_1+\beta_1(\theta_1^2+\theta_2^2+\theta_3^2) \\
& +\beta_{11}(\theta_1^4+\theta_2^4+\theta_3^4)+\gamma_{11}(P_1^2\theta_1^2+P_2^2\theta_2^2+P_3^2\theta_3^2) \\
& +\gamma_{12}[P_1^2(\theta_2^2+\theta_3^2)+P_2^2(\theta_1^2+\theta_3^2)+P_3^2(\theta_1^2+\theta_2^2)] \\
& +\gamma_{44}(P_1P_2\theta_1\theta_2+P_2P_3\theta_2\theta_3+P_3P_1\theta_3\theta_1) \\
& -\frac{1}{2}s_{11}(X_1^2+X_2^2+X_3^2)-s_{12}(X_1X_2+X_2X_3+X_3X_1)
\end{aligned}$$

$$-\frac{1}{2}s_{44}(X_4^2+X_5^2+X_6^2)-Q_{11}(X_1P_1^2+X_2P_2^2+X_3P_3^2)$$
$$-Q_{12}[X_1(P_2^2+P_3^2)+X_2(P_1^2+P_3^2)+X_3(P_1^2+P_2^2)]$$
$$-Q_{44}(X_4P_2P_3+X_5P_1P_3+X_6P_1P_2)-Z_{11}(X_1^2p_1+X_2^2p_2+X_3^2p_3)$$
$$-Z_{12}[X_1(p_2^2+p_3^2)+X_2(p_1^2+p_3^2)+X_3(p_1^2+p_2^2)]$$
$$-Z_{44}(X_4p_2p_3+X_5p_1p_3+X_6p_1p_2)-R_{11}(X_1\theta_1^2+X_2\theta_2^2+X_3\theta_3^2)$$
$$-R_{12}[X_1(\theta_2^2+\theta_3^2)+X_2(\theta_1^2+\theta_3^2)+X_3(\theta_1^2+\theta_2^2)]$$
$$-R_{44}(X_4\theta_1\theta_2+X_5\theta_1\theta_3+X_6\theta_1\theta_2), \tag{7.197}$$

式中 P_m 为铁电极化，p_m 为反铁电极化，θ_m 为氧八面体倾角，X_i 为应力（$m=1$—3，$i=1$—6）. Haun 等假定，除 α_1 外其他全部系数与温度无关. 由居里-外斯定律知，$\alpha_1=(T-T_0)/(2\varepsilon_0C)$，$T_0$ 为居里-外斯温度，C 为居里常量.

上式的可能解如下：

立方顺电相（P_c）

$$P_1=P_2=P_3=0,\quad p_1=p_2=p_3=0,$$
$$\theta_1=\theta_2=\theta_3=0; \tag{7.198}$$

四方铁电相（F_T）

$$P_1=P_2=0,\quad P_3\neq 0,\quad p_1=p_2=p_3=0,$$
$$\theta_1=\theta_2=\theta_3=0; \tag{7.199}$$

正交铁电相（F_O）

$$P_1=0, P_2^2=P_3^2\neq 0, p_1=p_2=p_3=0,$$
$$\theta_1=\theta_2=\theta_3=0; \tag{7.200}$$

高温三角铁电相(F_R(HT))

$$P_1^2=P_2^2=P_3^2\neq 0,\quad p_1=p_2=p_3=0,$$
$$\theta_1=\theta_2=\theta_3=0; \tag{7.201}$$

低温三角铁电相（F_R（LT））

$$P_1^2=P_2^2=P_3^2\neq 0, p_1=p_2=p_3=0,$$
$$\theta_1^2=\theta_2^2\neq\theta_3^2\neq 0; \tag{7.202}$$

正交反铁电相（A_O）

$$P_1 = P_2 = P_3 = 0, \quad p_1 = 0, \quad p_2^2 = p_3^2 \neq 0,$$

$$\theta_1 = \theta_2 = \theta_3 = 0. \tag{7.203}$$

在零应力条件下，将上列各解分别代入式（7.197），得到的能量关系如下：

$$P_C: \quad \Delta G_1 = 0, \tag{7.204}$$

$$F_T: \quad \Delta G_1 = \alpha_1 P_3^2 + \alpha_{11} P_3^4 + \alpha_{111} P_3^6, \tag{7.205}$$

$$F_O: \quad \Delta G_1 = 2\alpha_1 P_3^2 + (2\alpha_{11} + \alpha_{12}) P_3^4 + 2(\alpha_{111} + \alpha_{112}) P_3^6, \tag{7.206}$$

$$F_R(\mathrm{HT}): \quad \Delta G_1 = 3\alpha_1 P_3^2 + 3(\alpha_{11} + \alpha_{12}) P_3^4 + (3\alpha_{111} + 6\alpha_{112} + \alpha_{123}) P_3^6, \tag{7.207}$$

$$F_R(\mathrm{LT}): \quad \Delta G_1 = 3\alpha_1 P_3^2 + 3(\alpha_{11} + \alpha_{12}) P_3^4 + (3\alpha_{111} + 6\alpha_{112} + \alpha_{123}) P_3^6 + 3\beta_1 \theta_3^2 + 3\beta_{11} \theta_3^4 + 3(\gamma_{11} + 2\gamma_{12} + \gamma_{44}) P_3^3 \theta_3^2, \tag{7.208}$$

$$A_O: \quad \Delta G_1 = 2\sigma_1 p_3^2 + (2\sigma_{11} + \sigma_{12}) p_3^4 + 2(\sigma_{111} + \sigma_{112}) p_3^6. \tag{7.209}$$

铁电极化 P_3，反铁电极化 p_3 以及八面体倾角 θ_3 必须使相应的 ΔG_1 取极小值，即满足如下条件：

$$F_T: \frac{\partial \Delta G_1}{\partial P_3} = 0 = 3\alpha_{111} P_3^4 + 2\alpha_{11} P_3^2 + \alpha_1, \tag{7.210}$$

$$F_O: \frac{\partial \Delta G_1}{\partial P_3} = 0 = 3(\alpha_{111} + \alpha_{112}) P_3^4 + (2\alpha_{11} + \alpha_{112}) P_3^2 + \alpha_1, \tag{7.211}$$

$$F_R(\mathrm{HT}): \frac{\partial \Delta G_1}{\partial P_3} = 0 = (3\alpha_{111} + 6\alpha_{112} + \alpha_{123}) P_3^4 + 2(\alpha_{11} + \alpha_{12}) P_3^2 + \alpha_1, \tag{7.212}$$

$$F_R(\mathrm{LT}): \frac{\partial \Delta G_1}{\partial P_3} = 0 = (3\alpha_{111} + 6\alpha_{112} + \alpha_{123}) P_3^4 + 2(\alpha_{11} + \alpha_{12}) P_3^2 + \alpha_1 + \gamma_{11} \theta_3^2, \tag{7.213}$$

$$\frac{\partial \Delta G_1}{\partial \theta_3} = 0 = \beta_1 + 2\beta_{11}\theta_3^2 + \gamma_{11}P_3^2, \tag{7.214}$$

$$A_O: \frac{\partial \Delta G_1}{\partial p_3} = 0 = 3(\sigma_{111} + \sigma_{112})p_3^4 + (2\sigma_{11} + \sigma_{12})p_3^2 + \sigma_1. \tag{7.215}$$

求解上述方程可得作为相变序参量的极化和倾角. 式(7.204)—(7.215) 建立了各相的能量与自由能展开式系数的关系，一旦确定了这些系数，即可计算各相的能量，从而得出各相的稳定性及存在的范围.

在零应力条件下，由式(7.197)可写出各相的自发应变($x_i = \partial\Delta G_1/\partial X_i$)如下：

$$P_C: x_i = 0 (i = 1—6), \tag{7.216}$$

$$F_T: x_1 = x_2 = Q_{12}P_3^2, \quad x_3 = Q_{11}P_3^2, \quad x_4 = x_5 = x_6 = 0, \tag{7.217}$$

$$F_O: x_1 = 2Q_{12}P_3^2, \quad x_2 = x_3 = (Q_{11} + Q_{12})P_3^2, \quad x_4 = Q_{44}P_3^2, \quad x_5 = x_6 = 0, \tag{7.218}$$

$$F_R(\mathrm{HT}): x_1 = x_2 = x_3 = (Q_{11} + 2Q_{12})P_3^2, \quad x_4 = x_5 = x_6 = Q_{44}P_3^2, \tag{7.219}$$

$$F_R(\mathrm{LT}): x_1 = x_2 = x_3 = (Q_{11} + 2Q_{12})P_3^2 + (R_{11} + 2R_{12})\theta_3^2, \quad x_4 = x_5 = x_6 = Q_{44}P_3^2 + R_{44}\theta_3^2, \tag{7.220}$$

$$A_O: x_1 = 2Z_{12}p_3^2, \quad x_2 = x_3 = (Z_{11} + Z_{12})p_3^2, \quad x_4 = Z_{44}p_3^2, \quad x_5 = x_6 = 0. \tag{7.221}$$

同样，由式(7.197)可得出各相的介电刚度($\eta_{mn} = \varepsilon_0\partial^2\Delta G_1/\partial P_m\partial P_n$)为

$$P_C: \eta_{11} = \eta_{22} = \eta_{33} = 2\varepsilon_0\alpha_1, \quad \eta_{12} = \eta_{23} = \eta_{31} = 0, \tag{7.222}$$

$$F_T: \eta_{11} = \eta_{22} = 2\varepsilon_0(\alpha_1 + \alpha_{12}P_3^2 + \alpha_{112}P_3^4), \quad \eta_{33} = 2\varepsilon_0(\alpha_1 + 6\alpha_{11}P_3^2 + 15\alpha_{111}P_3^4), \quad \eta_{12} = \eta_{23} = \eta_{31} = 0, \tag{7.223}$$

$$F_O:\eta_{11}=2\varepsilon_0[\alpha_1+2\alpha_{12}P_3^2+(2\alpha_{112}+\alpha_{123})P_3^4],$$
$$\eta_{22}=\eta_{23}=2\varepsilon_0[\alpha_1+(6\alpha_{11}+\alpha_{12})P_3^2+(15\alpha_{111}+7\alpha_{112})P_3^4],$$
$$\eta_{12}=\eta_{31}=0,\quad \eta_{23}=4\varepsilon_0[\alpha_{12}P_3^2+4\alpha_{112}P_3^4), \tag{7.224}$$
$$F_R(\mathrm{HT}):\eta_{11}=\eta_{22}=\eta_{33}=2\varepsilon_0[\alpha_1+(6\alpha_{11}+2\alpha_{12})P_3^2+(15\alpha_{111}+14\alpha_{112}+\alpha_{123})P_3^4],$$
$$\eta_{12}=\eta_{23}=\eta_{31}=4\varepsilon_0[\alpha_{12}P_3^4+(4\alpha_{112}+\alpha_{123})P_3^4], \tag{7.225}$$
$$F_R(\mathrm{LT}):\eta_{11}=\eta_{22}=\eta_{33}=2\varepsilon_0[\alpha_1+(6\alpha_{11}+2\alpha_{12})P_3^2+(15\alpha_{111}+14\alpha_{112}+\alpha_{123})P_3^4+(\gamma_{11}+2\gamma_{12})\theta_3^2],$$
$$\eta_{12}=\eta_{23}=\eta_{31}=4\varepsilon_0[\alpha_{12}P_3^2+(4\alpha_{112}+\alpha_{123})P_3^4+\gamma_{44}\theta_3^2], \tag{7.226}$$
$$A_O:\eta_{11}=2\varepsilon_0(\alpha_1+2\mu_{12}p_3^2),$$
$$\eta_{22}=\eta_{33}=2\varepsilon_0[\alpha_1+(\mu_{11}+\mu_{12})p_3^2],$$
$$\eta_{12}=\eta_{31}=0,\quad \eta_{23}=\varepsilon_0\mu_{44}p_3^2. \tag{7.227}$$

正交相的极化可沿顺电立方相的任一〈110〉方向，三角相的极化可沿顺电立方相的任一〈111〉方向．将这些方向转动到使这两相中极轴均为新的 Z 轴(即 3 轴)，则可得到对角化矩阵．以 η'_{mn} 表示新的介电刚度，它与上面各式给出的 η_{mn}关系如下：

F_O 和 A_O：

$$\eta'_{11}=\eta_{11},\quad \eta'_{22}=\eta_{33}-\eta_{23},$$
$$\eta'_{33}=\eta_{33}+\eta_{23},\quad \eta'_{12}=\eta'_{23}=\eta'_{31}=0, \tag{7.228}$$

F_R (HT) 和 F_R (LT)：

$$\eta'_{11}=\eta'_{22}=\eta_{11}-\eta_{12},\quad \eta'_{33}=\eta_{11}+2\eta_{12},$$
$$\eta'_{12}=\eta'_{23}=\eta'_{31}=0. \tag{7.229}$$

这些关系可用来计算正交相和三角相中与极轴平行或垂直方向的介电刚度．

介电极化率 χ_{mn}与介电刚度 η_{mn}的关系与式 (7.35) 相同，即

$$\chi_{mn}=\frac{(-1)^{m+n}\Delta_{mn}}{\Delta}, \tag{7.230}$$

这里 Δ 是 η 矩阵的行列式，Δ_{mn}是 Δ 去掉第 m 行和第 n 列后的余子式.

压电常量 g_{mi} （$=\partial^2\Delta G_1/\partial P_m\partial X_i$） 由式（7.197）得出为

$$F_T: g_{33}=2Q_{11}P_3,\quad g_{31}=g_{32}=2Q_{12}P_3,$$
$$g_{15}=g_{24}=Q_{44}P_3,\quad g_{11}=g_{12}=g_{13}=g_{14}=g_{16}=0,$$
$$g_{21}=g_{22}=g_{23}=g_{25}=g_{26}=g_{34}=g_{35}=g_{36}=0;\tag{7.231}$$

F_R（HT）和 F_R（LT）:

$$\begin{aligned}&g_{11}=g_{22}=g_{33}=2Q_{12}P_3,\qquad g_{14}=g_{25}=g_{36}=0,\\&g_{12}=g_{13}=g_{21}=g_{23}=g_{31}=g_{32}=2Q_{12}P_3,\\&g_{15}=g_{16}=g_{24}=g_{26}=g_{34}=g_{35}=Q_{44}P_3.\end{aligned}\tag{7.232}$$

由 g_{mi}和电容率可得出另一压电常量 d_{mi}

$$d_{mi}=\varepsilon_{mn}g_{ni}\simeq\varepsilon_0\chi_{mn}g_{ni},\tag{7.233}$$

结果如下:

$$\begin{aligned}&F_T: d_{33}=2\varepsilon_0\chi_{33}Q_{11}P_3,\quad d_{31}=d_{32}=2\varepsilon_0\chi_{33}Q_{12}P_3,\\&d_{15}=d_{24}=\varepsilon_0\chi_{11}Q_{44}P_3,\quad d_{11}=d_{12}=d_{13}=d_{14}=d_{16}=0,\\&d_{21}=d_{22}=d_{23}=d_{25}=d_{26}=d_{34}=d_{35}=d_{36}=0;\end{aligned}\tag{7.234}$$

F_R(HT) 和 F_R(LT):

$$\begin{aligned}&d_{11}=d_{22}=d_{33}=2\varepsilon_0(\chi_{11}Q_{11}+2\chi_{12}Q_{12})P_3,\\&d_{12}=d_{13}=d_{21}=d_{23}=d_{31}=d_{32}\\&\quad=2\varepsilon_0[\chi_{11}Q_{12}+\chi_{12}(Q_{11}+Q_{12})]P_3\\&d_{14}=d_{25}=d_{36}=2\varepsilon_0\chi_{12}Q_{44}P_3,\\&d_{15}=d_{16}=d_{24}=d_{26}=d_{34}=d_{35}=\varepsilon_0(\chi_{11}+\chi_{12})Q_{44}P_3.\end{aligned}\tag{7.235}$$

为确定自由能展开式［式（7.197)］中的系数，Haun 等采用了如下的方法. 首先，由 X 射线衍射测量晶格常量和自发应变. 以四方相为例，自发应变定义为

$$x_1=\frac{a_T-a_C'}{a_C'},\quad x_3=\frac{c_T-a_C'}{a_C'},\tag{7.236}$$

式中 a_T 和 c_T 为四方相晶格常量，a_C' 为将高温立方晶胞边长外推到四方相的值. 根据自发应变和电致伸缩系数，可求出自发极化.

在四方相中，其关系式为式（7.217）．因自发极化必须使自由能取极小值，故由式（7.205）得出

$$P_3^2 = \frac{-\alpha_{11} \pm (\alpha_{11}^2 - 3\alpha_1\alpha_{111})^{1/2}}{3\alpha_{111}}. \tag{7.237}$$

在二级相变时，由此式及式（7.217）可得出

$$\begin{aligned} x_1 &= aQ_{12}\{1 - [1 - b(T - T_c)]^{1/2}\}, \\ x_3 &= aQ_{11}\{1 - [1 - b(T - T_c)]^{1/2}\}, \end{aligned} \tag{7.238}$$

其中

$$a = \frac{-\alpha_{11}C}{3\alpha_{111}C}, \quad b = \frac{3\alpha_{111}C}{2\varepsilon_0(\alpha_{11}C)^2},$$

C 为居里常量．于是可得出 $\alpha_{11}C$ 和 $\alpha_{111}C$.

其次，测量低温电容率求出居里常量．并利用三角相极化率与 α_{112}和 α_{123}有关［见式（7.225）］的事实，求出 a_{112}和 a_{123}.

最后，利用三角相自发极化和倾角的实验数据确定与倾角有关的系数．式（7.213）和（7.214）表明，自发极化与倾角 θ_3 及系数 β_1，β_{11}等有关，所以后者可求.

Haun 等将所得系数代入式(7.197)，计算了各相的弹性吉布斯自由能．结果表明，在任何温度下，F_O 相的自由能都不是最低的，所以 PZT 系统中不会出现稳定的正交铁电相．由自由能的比较确定了各种温度和组份时的相结构[43]，所得相图与实测的符合，见图 7.12．计算的极化率和压电常量分别示于图 7.14 和图 7.15.

计算表明，准同型相界附近电容率和压电常量出现蜂值，如图 7.14 和 7.15 所示。

Haun 等根据极化四次方项系数 α_{11}和 α_{12}变号的组分确定了三临界点的位置．在整个 $PbZr_xTi_{1-x}O_3$ 系统中，$0 \leqslant x < 0.283$ 呈一级相变，$0.283 < x < 0.898$ 呈二级相变，$0.898 < x \leqslant 1$ 呈一级相变，$x = 0.283$ 和 $x = 0.898$ 为三临界点[50].

四方-三角相界是一个两相共存的区域．在四方相区，自发极化沿任一［001］方向，有 6 个可能的取向．在三角相区，自发极

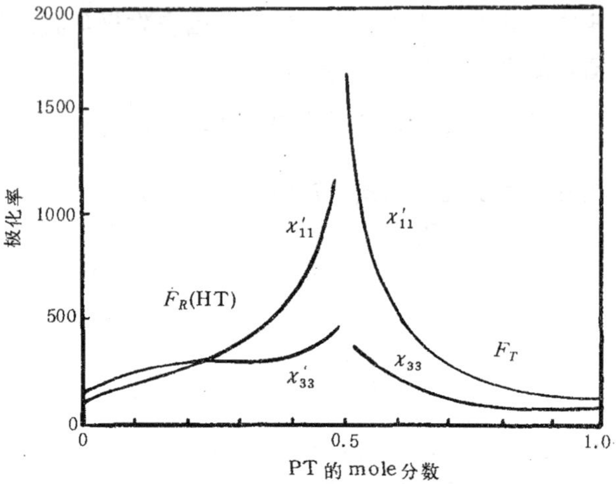

图 7.14　室温介电极化率的计算结果[43].

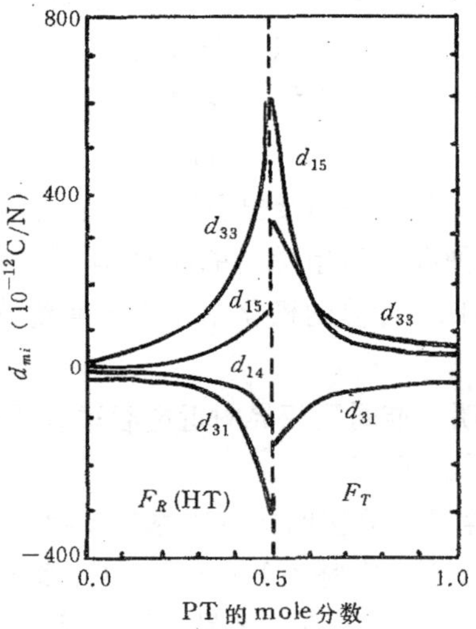

图 7.15　室温压电常量 d_{mi}的计算结果[43].

化沿任一［111］方向，有 8 个可能取向．在两相共存区，则有 8＋6＝14 个可能取向．因此，曹文武等[53]设想用一种“概率多面体”来描写自发极化的分布．概率多面体的表面个数等于可能的极化取向数，任一表面的法线方向代表自发极化的取向，任一极化取向状态出现的概率等于相应的表面在多面体中心所对的立体角除以 4π，4π 是归一化因子．

在四方相区，概率多面体为立方体，表面法线分别为 $(\pm P, 0, 0)$，$(0, \pm P, 0)$ 和 $(0, 0, \pm P)$，每个表面所对立体角为 $\Omega_i = 2\pi/3\ (i=1—6)$，$P$ 是极化的大小．于是每个极化方向的概率为 $\Omega_i/(4\pi)=1/6$．在三角相区，概率多面体为正八面体，每个表面所对立体角为 $\pi/2$，每个极化方向的概率为 $(\pi/2)/(4\pi)=1/8$．

在两相共存区，概率多面体为 14 面体．只要组分不严格位于相界，四方和三角相之间就有能量差，为此引入各向异性因子 δ．在图 7.16 和图 7.17 中，表面到多面体中心的距离用 r_T（四方相）和 r_R（三角相）表示，显然该距离控制着该表面所对立体角的大小，也就是决定了该极化方向实现的概率，因此它必然是能量的函数．在相界，三角相和四方相是简并的，所以 $r_T=r_R$．一旦偏离相界，$r_T=r_R$，其差决定于两相能量之差．定义概率分布各向

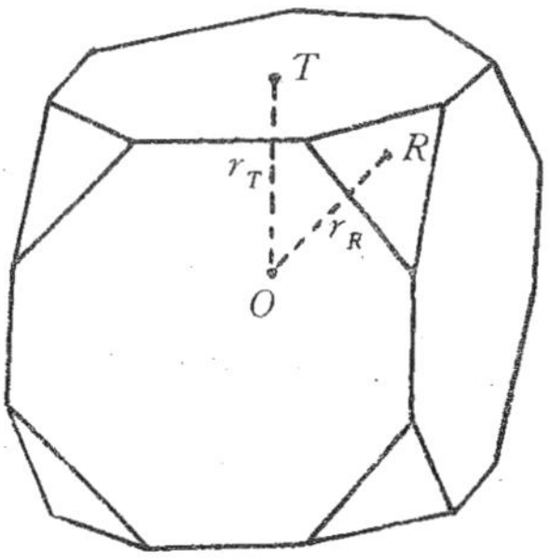

图 7.16　$1-1/\sqrt{3}>\delta>1-2\sqrt{3}$ 时，PZT 系统的概率多面体．

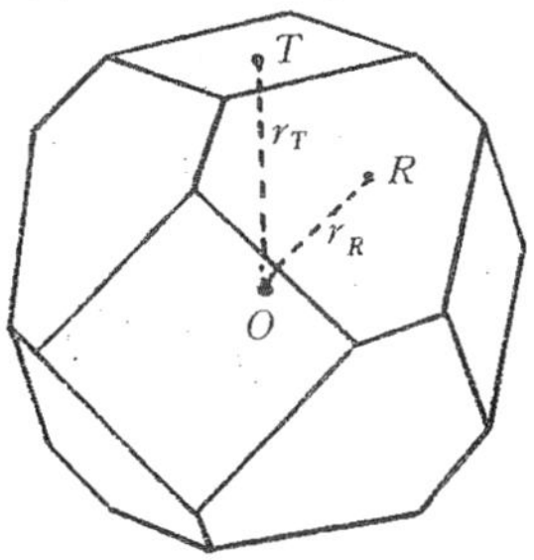

图 7.17　$1-2/\sqrt{3}>\delta>1-\sqrt{3}$ 时，PZT 系统的概率多面体．

异性因子为

$$\delta = \frac{r_T - r_R}{r_T}. \tag{7.239}$$

当 δ=0 时，三角相与四方相概率之比为[54]

$$\frac{f_R}{f_T} = \frac{\pi - 6\arcsin[(3-\sqrt{3})/6]}{6\arcsin[(3-\sqrt{3})/6]}. \tag{7.240}$$

随着 δ 减小，三角相概率减小，当 δ 小于 $1-\sqrt{3}$ 时，概率多面体成为一个立方体，表明稳定相只能是四方相. 另一方面，随着 δ 增大，四方相的概率减小，当 δ 大于 $1-1/\sqrt{3}$ 时，多面体成为八面体，稳定相只能是三角相 . 所以 δ 的可能范围是 $1-\sqrt{3}<\delta<1-1/\sqrt{3}$. 此外，$\delta=1-2/\sqrt{3}$ 也是一个特殊点，此时代表三角相的表面由六边形变为正三角形，代表四方相的表面则由正方形变为八边形. 因此在计算立体角时，若 $\delta>1-2/\sqrt{3}$，应用图 7.16，若 $\delta<1-2/\sqrt{3}$，应用图 7.17.

仔细考察概率多面体可知：当 $1-\sqrt{3}<\delta<1-2/\sqrt{3}$ 时

$$f_T = \frac{6}{\pi}\arcsin\left\{\frac{\sqrt{3}[2(1-\delta)-\sqrt{3}]}{2(1-\delta)^2+[\sqrt{3}-(1-\delta)]^2}\right\}; \tag{7.241}$$

当 $1-2/\sqrt{3}<\delta<1-1/\sqrt{3}$ 时

$$f_T = \frac{6}{\pi}\arcsin\left\{\frac{[\sqrt{3}(1-\delta)-1]^2}{2+\sqrt{3}(1-\delta)-1]^2}\right\}, \tag{7.242}$$

在任何情况下，$f_R=1-f_T$.

相界附近两相能量差很小，因此热运动对概率分布有不可忽略的影响. 因为我们以立体角 Ω_i 表征这一分布，若该分布为正则分布，则有

$$\Omega_i \propto \exp\left(-\frac{g_i - g_c}{kT_c}\right), \tag{7.243}$$

式中 k 为玻耳兹曼常数，g_i 和 g_c 分别为第 i 个低温相的总自由能和最低能量相(基态)的总自由能. 对于任一给定的表面，其相对于

某一点所对立体角反比于该点至该表面距离的平方，即 $\Omega_i \propto 1/r_i^2$. 所以由式(7.243)可将 r_i

$$r_i \propto \frac{1}{\sqrt{\Omega_i}} = \exp\left(-\frac{g_i - g_c}{kT_c}\right). \tag{7.244}$$

将此式代入式(7.239)，则 δ 为

$$\delta = 1 - \exp\left(\frac{g_R - g_T}{2kT_c}\right). \tag{7.245}$$

根据此式和 δ 的极限值，我们可以计算实现单相态所要求的能量差为

$$|g_R - g_T| \geqslant kT_c \ln 3. \tag{7.246}$$

将此式改写为

$$|G_R - G_T| = \frac{kT_c}{v} \ln 3, \tag{7.247}$$

这里 G_T 和 G_R 分别为两相自由能密度，v 为体积. 将能量密度展开

$$G_R - G_T = \sum_{n=1}^{\infty} \alpha_n (x - x_0)^n, \tag{7.248}$$

x 代表组份，x_0 是相界组分. 展开系数为

$$\alpha_n = \frac{\partial^n}{\partial x^n}(G_R - G_T).$$

相界附近两相自由能很接近，展开式中可取线性近似，即只取 $n=1$ 的项，于是由式(7.247)和式(7.248)可得相界宽度为

$$\Delta x = \frac{2kT_c}{\alpha_1 v} \ln 3, \tag{7.249}$$

此式表明，相界宽度反比于能量差 $G_R - G_T$ 随组分变化的速率，变化越平缓(α_1 小)则相界越宽. 另外，v 可理解为晶粒的大小，故相界宽度反比于晶粒大小，而后者是工艺敏感量，所以不同工艺条件制备的样品相界宽度可能有显著的差别.

7.6.3 压电陶瓷的改性

为了适应不同应用的需要，人们对以 PZT 为主的压电陶瓷进行了广泛的改性试验. 研究表明，掺杂可分为三类. 一类是受主杂

质，即取代高价正离子的低价正离子，如 K^{1+} 或 Na^{1+} 取代 Pb^{2+}，Fe^{3+} 或 Al^{3+} 取代 Zr^{4+} 或 Ti^{4+}. 为了保持电中性，这种情况下样品中将出现氧空位. 第二类是施主杂质，即取代低价正离子的高价正离子，如 La^{3+} 取代 Pb^{2+}，Nb^{5+} 取代 Zr^{4+} 或 Ti^{4+}. 根据电中性的要求，施主杂质将使样品中出现铅空位. 因为 PbO 在高温时挥发性强，出现铅空位是保持电中性的方便途径. 第三类是变价杂质，如 Cr 和 U 等.

各类掺杂对样品性能的影响可归纳如下：

(1)受主杂质：电容率降低；频率常量升高；机械品质因数增大；老化率增大.

(2)施主杂质：电容率升高；机电耦合因数增大；机械品质因数降低；老化率减小.

(3)变价杂质：电容率降低；频率常量增大；机械品质因数升高；温度系数变小；老化率减小.

如何从微观机制上说明这些掺杂的效应，显然是很有兴趣的问题. 在已有的各种解释中，内偏场模型是较成功的一个[55—60]，这里作一介绍.

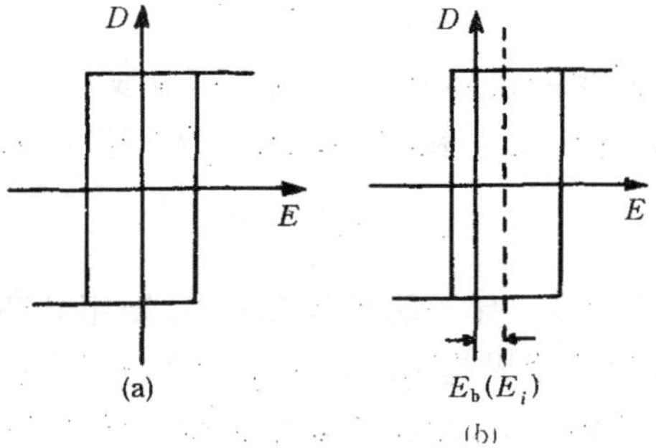

图 7.18　正常的(a)和有偏置场 E_b（或内偏场 E_i）时(b)的电滞回线.

图 7.18(a)和(b)分别示出了正常的和有偏置场 $\boldsymbol{E}_b$ 时的电滞

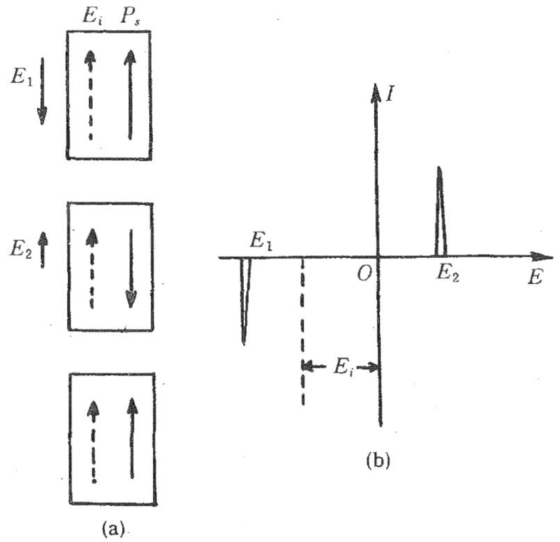

图 7.19 经单畴化处理后样品的电畴(a)和 IE 曲线(b)，E_i 和 P_s 为内偏场和自发极化.

回线. $\boldsymbol{E}_b$ 使回线的原点沿电场轴移动了 E_b. 在有些铁电体中，即使不施加偏置场，回线也如图 7.18(b)所示，这表明其内部存在着偏置场，我们将其记为 $\boldsymbol{E}_i$. 通过电滞回线即可得出 $\boldsymbol{E}_i$ 的大小，但更准确的方法是测量电场与极化反转电流的关系. 图 7.19 示出了一个有内偏场的铁电体的电畴及其电场与极化反转电流的关系曲线. 实验前，样品经过单畴化处理并经较长时间的自然老化，其中内偏场 $\boldsymbol{E}_i$. 与自发极化 $\boldsymbol{P}_s$ 平行. 对样品施加随时间线性增大的电场 $E(t)=E_0t/t_0$ (其中 E_0 和 t_0 为常量). 当 $E(t)=E_1=E_i+E_c$ 时 (这里 E_c 是无内偏场时的矫顽场)，极化反转，出现反转电流 I_1. 经此反转以后，极化与 $\boldsymbol{E}_i$ 反平行. 当电场 $E(t)=E_2=-E_c+E_i$ 时，极化又将反转，给出反转电流 I_2. 于是内偏场的大小为 $E_i=(E_1+E_2)/2$.

实验表明，内偏场有弛豫特性. 随着反转次数的增加，E_i 逐渐减小. 令电场循环的周期与循环次数之积为 t，各次循环中测得

的内偏场为 $E_i(t)$，则有

$$E_i(t) = E_i(0)\exp(-t/\tau). \qquad (7.250)$$

时间常数 τ 是温度的函数，它满足 Arrhenius 关系

$$\tau = \tau_\infty \exp(\alpha/kT), \qquad (7.251)$$

这表明该弛豫是一个热激活过程，激活能为 α.

各类杂质与内偏场的关系是：受主产生 $\boldsymbol{E}_i$，施主不产生 $\boldsymbol{E}_i$，同时添加施主和受主时，若受主浓度大，则产生 $\boldsymbol{E}_i$，反之不产生.

内偏场的起因一般认为是，受主离子与氧空位形成具有电偶极矩的复合体，它们在自发极化所形成的电场中缓慢地调整取向，于是形成内偏场. 因为内偏场与自发极化平行，故对自发极化有稳定作用. 施主的作用与此相反. 施主的加入使样品中出现铅空位，在电场或外力作用下畴壁容易运动.

内偏场的直接效果之一是：在观测电滞回线时，开始得到的只是较矮小的回线，只有经多次极化反转使内偏场弛豫以后，自发极化才较容易运动而全部参与反转，才给出展开了的正常的电滞回线. 同样，由于内偏场的作用，含受主杂质的样品较难单畴化. 单畴化处理必须在较强的电场和较高的温度下进行，并且电场要保持较长的时间. 相反，掺施主的样品单畴化较易进行. 这些都在实验上观测到了.

介电活性（以电容率表征），压电活性（以压电常量和机电耦合因数表征）和弹性活性（以弹性顺度表征）反映材料对外电场和应力场的灵敏度，电畴可动性越大则灵敏度越高. 受主杂质产生内偏场，束缚了电畴的运动，所以电容率降低，压电常量和机电耦合因数减小，弹性顺度减小（后者表现为频率常量升高）. 施主杂质作用相反.

图 7.20 示出的是 PZT 的机械品质因数 Q_m 和 10 天内径向伸缩振动频率常量老化率 $\Delta N_r/N_r$ 与内偏场 E_i 大小的关系. 除掺 Cr 的样品外，其他样品的 Q_m 和老化率都随 E_i 线性增大.

由于机电耦合作用，铁电体中机械品质因数 Q_m 与介电损耗正切 $\tan\delta$ 成正比[61]. 另一方面，$\tan\delta$ 是宏观滞后损耗、微观滞后

损耗以及固有介电损耗之和[62]. 内偏场对极化有稳定作用，阻碍畴壁的运动，因而降低了滞后损耗. 内偏场越大，损耗越小. 这可说明 Q_m 随 E_i 增大而增大的结果.

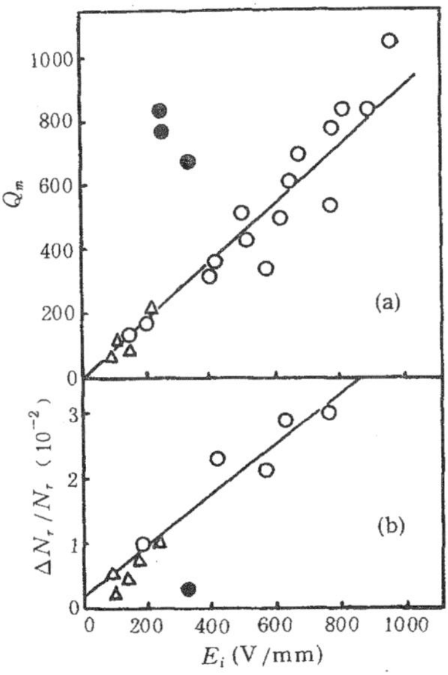

图 7.20 机械品质因数 Q_m (a) 和 10d (天) 老化率 $\Delta N_r/N_r$ (b) 与内偏场 E_i 的关系. 空心圆代表掺受主样品，三角形代表掺施主样品，实心圆代表掺 Cr 样品.

老化的起因通常认为是：单畴化电场撤去后，电畴逐渐回复到单畴化处理前的取向以消除内应力[41]. 内偏场有促进电畴回复的作用[63]，所以 E_i 越大，老化就越严重.

掺 Cr 的样品行为比较特殊. 从图 7.20 可以看到，内偏场不大，但 Q_m 很高，而且老化率很小. 这可用内偏场弛豫时间很短来说明[55].

总之，内偏场模型可以解释较多的实验事实. 在文献 [64] 中，Kala 从 PZT 电子结构的观点对内偏场进行了说明，使这一模型有进一步的发展.

附带指出，电容率和压电常量（或机电耦合因数）大表示材料对外场的顺度大，或者说性能较“软”，反之则“硬”. 所以施主杂质又称为“软性添加物”，受主杂质又称为“硬性添加物”. 变价杂质因主要是提高材料性能的稳定性，称为“稳定性添加物”.

通过广泛的改性研究，在 PZT 系统中已获得了多种性能优良的压电陶瓷. 表 7.4 列出了几种代表性 PZT 压电陶瓷的主要性能. PZT－S 的机电耦合因数和压电常量大，电容率大，频率常量小，称为“软”性材料. 适合于高灵敏度的应用，如水听器、仪

表 7.4　几种代表性 PZT 陶瓷的主要性能

材　料	T_c (℃)	ρ (kg/m^3)	$\varepsilon_{33}^X/\varepsilon_0$	$\varepsilon_{33}^X/\varepsilon_0$	$\varepsilon_{11}^X/\varepsilon_0$	$\varepsilon_{11}^X/\varepsilon_0$	Qe[1]	Q_m	k_p (10^{-2})	k_t	k_{33}	k_{31}	k_{15}
PZT - S	320	7.52	3300	1500	3100	1700	50	110	65	51	77	40	68
PZT - H	290	7.61	1000	600	1250	880	200	900	50	47	65	30	53
PZT - ST	380	7.63	450	370	470	410	110	1400	28	31	39	15	38

材　料	d_{33} ($10^{-12}C/N$)	d_{31}	d_{15}	g_{33} ($10^{-3}Vm/N$)	g_{31}	g_{15}	N_r[2] (Hzm)	$A(N_r)$ (10^{-2})	$A(k_p)$	$A(\varepsilon_{33}^X)$	$\Delta N_r/N_r$(−60—85℃)
PZT - S	600	−270	750	20.5	−9.0	26.5	1450	0.25	−0.4	−1.6	9.5
PZT - H	220	−100	335	24.5	−11.0	28.0	1800	1.1	−2.0	−5.0	2.5
PZT - ST	70	−25	125	17.5	−6.5	30.5	1970	0.1	−0.2	−0.5	0.2

注：1) $Q_e=1/\tan\delta$.

2) N_r 是径向伸缩振动频率常量。

表传感器、拾音器、微音器、接收型换能器等. PZT－H 是“硬”性材料，机电耦合因数较大. 机械损耗和电气损耗小（Q_m 和 Q_e 高)，频率常量大. 适合于大功率应用，如声纳的发射换能器，超声清洗或加工的换能器等. PZT－ST 的温度系数和老化率小，称为高稳定性材料，适合于高稳定性的应用，如滤波器、延迟线、谐振器等.

PZT－S 和 PZT－H 的 Zr/Ti 均选择在四方-三角相界附近，PZT－ST 的 Zr/Ti 则相应于离相界较远的四方相. PZT－S 和 PZT－H 分别掺有施主和受主杂质，PZT－ST 则掺有稳定性杂质.

在深入研究 PZT 的基础上，出现了三元系和四元系压电陶瓷. 图 7.21 示出了三元系 $x\mathrm{Pb}(\mathrm{Mg}_{1/3}\mathrm{Nb}_{2/3})\mathrm{O}_3-y\mathrm{PbTiO}_3-z\mathrm{PbZrO}_3$ ($x+y+z=1$) 的室温相图. 图中 PC，T 和 R 分别代表赝立方相、四方相和三角相. 与 PZT 相似，四方-三角相界附近的组分压电性很强，由此发展出一系列性能优异的压电材料. 例如取 $x=y=0.375$，$z=0.25$，并添加少量 $\mathrm{MnO_2}$ 和 NiO，可得 $k_p=0.70$，$Q_m=1100$，$\varepsilon_{33}^{X}/\varepsilon_0=1300$，$d_{33}=420\times10^{-12}\mathrm{C/N}$.

作为四元系压电陶瓷的例子[65]，这里举出 $\mathrm{Pb}(\mathrm{Mg}_{1/3}\mathrm{Nb}_{2/3})_{0.059}(\mathrm{Mn}_{1/3}\mathrm{Nb}_{2/3})_{0.066}\mathrm{Zr}_{0.549}\mathrm{Ti}_{0.416}\mathrm{O}_3$. 掺适量的 $\mathrm{CeO_2}$ 后，该材料的主要性能为：$k_p=0.64$，$k_{31}=0.31$，$k_{33}=0.73$，$Q_m=3500$，$\varepsilon_{33}^{X}/\varepsilon_0=1280$，$Q_e=50$，$d_{33}=311\times10^{-12}\mathrm{C/N}$，$d_{31}=-110\times10^{-12}\mathrm{C/N}$，$g_{33}=30.1\times10^{-3}\mathrm{Vm/N}$，$g_{31}=-10.7\times10^{-3}\mathrm{Vm/N}$，特别适合于制造大功率压电陶瓷变压器等.

另一种有特色的压电陶瓷是 $\mathrm{PbTiO_3}$. 纯 $\mathrm{PbTiO_3}$ 很难烧结，因为顺电-铁电相变时自发应变很大（室温时晶轴比 $c/a=1.063$)，降温通过居里点时陶瓷容易碎裂. 现在由于采用了新颖的化学方法（如 Sol－Gel 法）才获得了纯 $\mathrm{PbTiO_3}$ 陶瓷[66]. 不过实用的 $\mathrm{PbTiO_3}$ 陶瓷仍是掺杂改性的材料，常用的改性杂质有 La，Mn，In，Co 和 W 等[67,68]. 该陶瓷的显著特点是 k_t 大而 k_p 小，例如 $\mathrm{Pb}_{0.97}\mathrm{Ca}_{0.03}(\mathrm{Co}_{1/2}\mathrm{W}_{1/2})_{0.04}\mathrm{Ti}_{0.96}\mathrm{O}_3+0.01\mathrm{MnCO}_3$ 的 k_t 达 0.55，

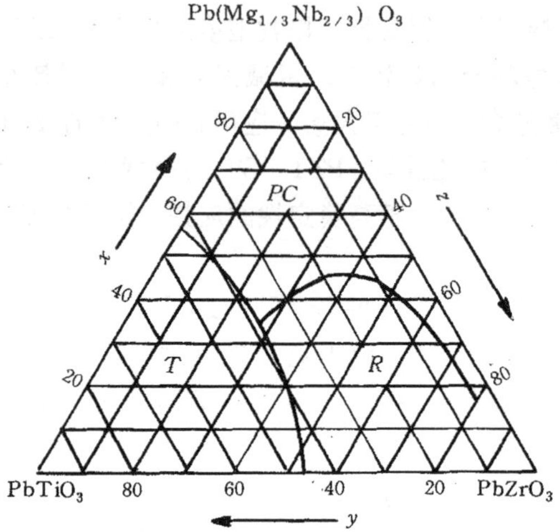

图 7.21　铌镁-锆-钛酸铅三元系的室温相图.

k_p 只有 0.02[67]，另一种改性的 $PbTiO_3$ 的 $k_p=0.50$—0.67，$k_p\approx 0$[68]. 这一特点使其特别适合于制造厚度伸缩振动换能器，因为 k_t 大，使厚度伸缩振动灵敏度高，k_p/k_t 小又抑制了寄生响应. 关于压电各向异性强的起因现在还不十分清楚，Uchino 等[69]用朗道自由能理论讨论了这个问题，认为它起因于钙钛矿型亚晶格间的电致伸缩耦合.

7.6.4　压电陶瓷的温度稳定性

压电陶瓷的各种性能都是温度的函数，其中频率常量（或谐振频率）的温度稳定性是最受重视的问题之一. 压电陶瓷滤波器和鉴频器等器件都必须有稳定的频率特性，在指定的工作温度范围内，谐振频率等特征频率的变化要尽可能小.

谐振频率的温度系数 $TCf_r=f_r^{-1}df_r/dT$. 考虑一横向长度伸缩振子，设长、宽、厚分别为 l，w 和 t. 其谐振频率如式(7.55) 所示

$$f_r = \frac{1}{2l(\rho s_{11}^E)^{1/2}}, \tag{7.55}$$

故

$$TCf_r = \frac{1}{2}\left(\frac{1}{t}\frac{dt}{dT} + \frac{1}{l}\frac{dl}{dT} - \frac{1}{w}\frac{dw}{dT} - \frac{1}{s_{11}^E}\frac{ds_{11}^E}{dT}\right). \tag{7.252}$$

因为与极化垂直的平面各向同性，上式括号中第二和第三项抵消，所以

$$TCf_r = \frac{1}{2}\left(\frac{1}{t}\frac{dt}{dT} - \frac{1}{s_{11}^E}\frac{ds_{11}^E}{dT}\right), \tag{7.253}$$

此式表明，TCf_r 决定于极化方向的热胀系数和弹性顺度 s_{11}^E 的温度系数.

大量的测量数据表明，极化方向的热胀系数约在 10^{-6}/℃的数量级，而 s_{11}^E 的温度系数约在 10^{-4}/℃的数量级，所以引起谐振频率随温度变化的因素中，弹性顺度的温度系数是主要的因素. 这一结论虽然是对横向长度伸缩振子得出的，但也适用于其他振子，例如 $\sigma^E=0.3$，半径为 a 的圆片径向振子的谐振频率为

$$f_r = \frac{2.05}{2\pi a}\left\{\frac{1}{\rho s_{11}^E[1-(\sigma^E)^2]}\right\}^{1/2}, \tag{7.77}$$

$$TCf_r = 常量 \times \left\{\frac{1}{t}\frac{dt}{dT} - \frac{1}{s_{11}^E}\frac{ds_{11}^E}{dT} - \frac{1}{[1-(\sigma^E)^2]}\frac{d[1-(\sigma^E)^2]}{dT}\right\}, \tag{7.254}$$

与式（7.253）比较多了第三项. 取 $\sigma^E=0.3$，可知该项约为 $0.1TC\sigma^E$，通常 σ^E 的温度系数约为 10^{-5}/℃，所以该项只有约 10^{-6}/℃，可以近似忽略.

频率常量的温度系数等于谐振频率温度系数与振子尺寸温度系数之和，但通常频率常数温度系数远大于热胀系数，所以一般只需考虑谐振频率的温度系数.

谐振频率温度系数的主要研究结果可归纳为下述 3 个方面.

(1) 主成分对温度系数的影响　图 7.22 示出了 $Pb_{0.96}Ba_{0.04}$

$Zr_xTi_{1-x}O_3$+0.4wt%CeO_2+0.2wt%MnO_2 陶瓷圆片径向振子的 TCf_r 与 x 的关系[44]. 从远离相界的四方相区开始，随着锆钛比的升高，温度系数向正方向变化，到达接近相界的锆钛比以后，温度系数急剧地向负的方向变化，进入三角相区以后，温度系数又有随锆钛比升高而向正方向变化的趋势. 温度系数这样变化的结果，使在锆钛比较低的四方相区，温度系数为负，在锆钛比较高的四方相区，温度系数为正，在三角相区，温度系数为负. 相应于温度系数随锆钛比变化而改变正负号的位置，存在着温度系数接近于零的组分，一个在四方相区，以 T 表示，一个在相界附近，以 M 表示.

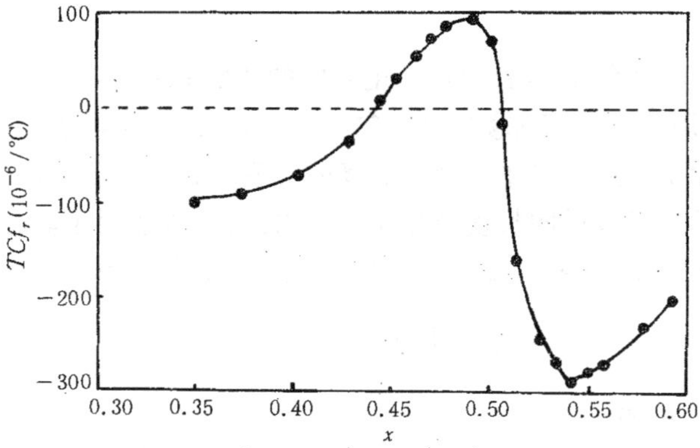

图 7.22 Ce，Mn 改性的 PZT 陶瓷圆片径向振子谐振频率温度系数与 x 的关系[44].

与图 7.22 相似的结果有多处报道，例如 Banno 等[70]对 $(PbZr_{1-x}Ti_xO_3)_{0.98}$ $(WO_3)_{0.02}$+0.75wt%MnO_2 的研究，Klimov 等[71]对加 M^{2+} $(Bi_{2/3}Mn_{1/3})O_3$ 的 PZT 的研究（M^{2+}为二价金属离子），Kudo 等[72]对三元系 Pb $(Nb_{2/3}Co_{1/3})_xTi_yZr_zO_3$ 的研究. 实验表明上述温度系数随锆钛比的变化是普遍的规律. 因此，寻找高稳定性材料应选择 T 点或 M 点的组分. T 点附近的特点是：耦合因数中等，温度系数随锆钛比变化比较平缓，所以较易实现温度系数接近于零. *M* 点附近的特点是：耦合因数高，但温度系数对工艺条件很敏感，较难实现温度系数接近于零. 下面列举作者等研制成功的几个温度稳定性好的配方.

T 点附近的配方如下：

(i) $Pb_{0.95}Mg_{0.04}Sr_{0.025}Ba_{0.015}Zr_{0.46}Ti_{0.54}O_3+0.5wt\%CeO_2+0.225wt\%MnO_2$，$k_p=0.41$，$Q_m=1500$，$-35$—$85$℃相对于室温时最大频移$\simeq-0.1\%$.

(ii) $Pb_{0.95}Ba_{0.05}Mg_{0.03}Zr_{0.47}Ti_{0.53}O_3+2.98wt\%PbCrO_4+0.3wt\%MnO_2$，

$k_p=0.39$，$Q_m=950$，-55—85℃相对于室温时最大频移$\simeq-0.2\%$.

(iii) $Pb(Nb_{1/2}Sb_{1/2})_{0.10}Zr_{0.425}Ti_{0.475}O_3+1.0wt\%MnCO_3$，

$k_p=0.32$，$Q_m=3000$，-55—85℃平均温度系数$\simeq20\times10^{-6}/$℃

(iv) $Pb(Nb_{2/3}Zn_{1/3})_{0.25}Zr_{0.30}Ti_{0.45}O_3+1.2wt\%MnCO_3$，

$k_p=0.30$，$Q_m=3000$，-40—85℃平均温度系数$\leqslant20\times10^{-6}/$℃.

M 点附近的配方如下：

(i) $Pb_{0.95}Mg_{0.04}Sr_{0.025}Ba_{0.015}Zr_{0.505}Ti_{0.495}O_3+0.3wt\%CeO_2+0.2wt\%MnO_2$，

$k_p=0.55$，$Q_m=800$，20—85℃平均温度系数$\simeq10\times10^{-6}/$℃.

(ii) $Pb_{0.95}Sr_{0.05}Mg_{0.03}Zr_{0.52}Ti_{0.48}O_3+0.3wt\%CeO_2+0.1wt\%MnO_2$，

$k_p=0.56$，$Q_m=1100$，-55—85℃相对于室温时最大频移$<0.3\%$.

(iii) $Pb(Sb_{2/3}Mn_{1/3})_{0.045}Zr_{0.483}Ti_{0.472}O_3+0.1wt\%CeO_2$，

$k_p=0.60$，$Q_m=1200$，-20—80℃相对于室温时最大频移$<0.4\%$.

(iv) $Pb(Nb_{2/3}Zn_{1/3})_{0.30}Zr_{0.35}Ti_{0.35}O_3+0.5wt\%CeO_2$，

$k_p=0.62$，$Q_m=1200$，20—85℃平均温度系数$\simeq 20\times10^{-6}$/℃.

谐振频率与锆钛比的关系可用四方-三角相界的非垂直性加以说明. 如上所述，谐振频率随温度的变化主要起因于弹性顺度随温度的变化. 随着温度升高，热运动加剧，离子间平衡距离增大，相互作用减弱，因而较小的应力即可产生较大的应变，即弹性顺度变大，这是一个普遍的趋势. 弹性顺度随温度升高而变大，则谐振频率降低，所以谐振频率温度系数为负. 另一方面，弹性顺度随温度升高而变小的现象往往是与相结构的变化相联系的[73]. 对$BaTiO_3$压电陶瓷早已测出[74]，在发生四方-正交相变以及正交-三角相变的温度，s_{11}^E呈现极大值，在相变点以上的一段温度范围，s_{11}^E随温度升高而减小. 在PZT系统中，四方-三角相界随温度升高偏向富锆侧，因此相界附近的组分随温度升高将发生三角到四方的相变. X射线衍射证实，相界附近相当大的锆钛比范围内，每一衍射分裂为三峰，表明四方和三角两相共存[75,76]，"相界"只能理解为两相数量相等的组分. 相界附近四方相区的组分，在较低的温度发生三角到四方的相变，因而在实用上感兴趣的温度范围（如－55—85℃）内，弹性顺度随温度升高而减小，所以谐振频率温度系数为正. 最近，Kamiya等[77]用导纳曲线拟合法直接测得$PbZr_{0.5}Ti_{0.5}O_3$+0.3wt%MnO_2陶瓷的s_{11}^E随温度升高而下降，$PbZr_{0.6}Ti_{0.4}O_3$+0.3wt%MnO_2的则随温度升高而增大. 前者的s_{11}^E极大值出现于－130℃左右，相应于三角-四方相变温度，这与上述分析一致. 此外，因为相界的宽度和确切位置与工艺因素有关，所以谐振频率温度系数接近于零的T点和M点的位置也不是固定不变的.

（2）*改性杂质对温度稳定性的影响* 改性杂质（包括掺杂和取代）按其对谐振频率温度系数的影响可分为二类. 第一类不引起三角-四方相界位移，只引起表示温度系数与锆钛比关系的曲线上下移动. 属于这一类的改性物有Cr_2O_3，MnO_2和CeO_2等. 图7.23示出了掺MnO_2的$Pb(Nb_{2/3}Zn_{1/3})_{0.30}Ti_yZr_{0.70-y}O_3$陶瓷的圆

片径向振子 TCf_r 与 Zr/Ti 的关系. 第二类使三角-四方相界位移,

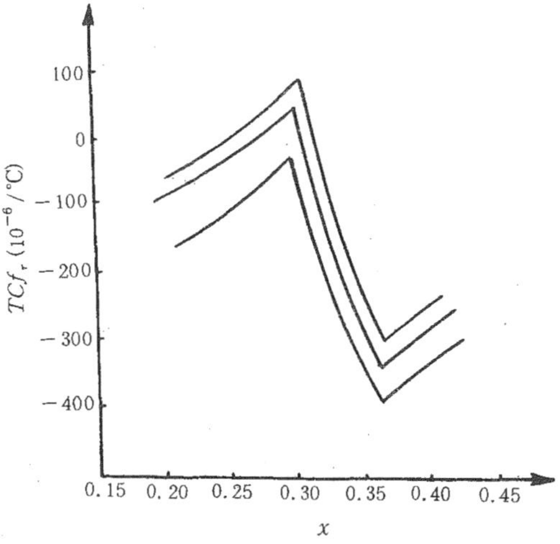

图 7.23 MnO_2 对 Pb $(Nb_{2/3}Zn_{1/3})_{0.30}Ti_yZr_{0.70-y}O_3$ 的 TCf_r 的影响,
温度范围 -20—65℃, $z=0.70-y$.

因而使温度系数与锆钛比关系曲线左右移动. 属于这一类的改性物有 $SrCO_3$, $BaCO_3$, La_2O_3, Fe_2O_3 等. 图 7.24 是 PZT 中取代元素 Sr 与谐振频率温度系数的关系,可见在 Sr 取代量较大时,T 点和 M 点均向富锆方向移动.

由此看来,改性物的作用与主成分及添加量有关,只有在一定的主成分和适当的添加量时,才能对谐振频率有稳定化效应. 改性物的作用机制尚不十分清楚,比较成功的解释是空间电荷产生内偏场. 在掺有稳定剂的陶瓷中,一般出现空间电荷,其电场对自发极化的排列有屏蔽效应,即使受到温度变化或电场的扰动,电畴构型仍基本保持不变[59,60].

(3) 工艺条件对温度稳定性的影响 工艺条件对温度稳定性的影响依赖于陶瓷的组分,对工艺条件最敏感的是四方-三角相界附近的组分. 实验表明,对相界附近组分的陶瓷,提高单畴化处

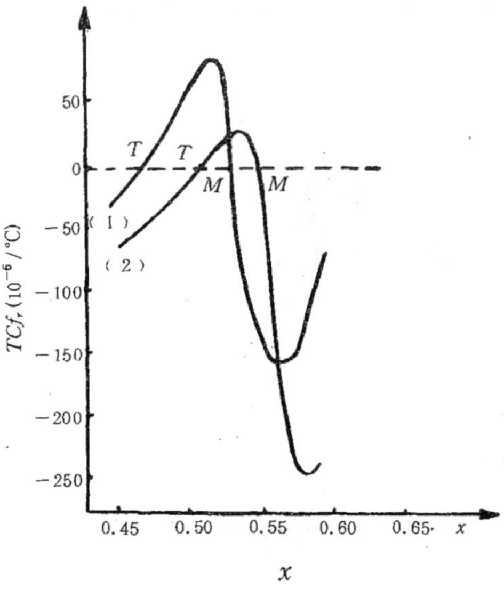

图 7.24 $Pb_{0.95}Sr_{0.05}Zr_xTi_{1-x}O_3$ (1) 和 $Pb_{0.90}Sr_{0.10}Zr_xTi_{1-x}O_3$ (2) 的圆片径向谐振频率温度系数与 x 的关系.

理温度将使谐振频率温度系数向正的方向变化，提高单畴化处理后的热处理温度也将使谐振频率温度系数向正的方向变化.

图 7.25 示出了 $(PbZr_{0.5125}Ti_{0.4875}O_3)_{0.98}(WO_3)_{0.02}$+0.75wt% MnO_2 陶瓷圆片径向振子分别在 30℃，100℃和 170℃单畴化处理后谐振频率随温度的变化，纵坐标是 f_r 相对于室温时的变化率[70]. 可以看到，在 0—100℃范围内. 30℃单畴化处理后 f_r 温度系数为负，170℃单畴化处理后则为正. 类似的现象在其他的改性 PZT 和三元系陶瓷中也观测到了.

提高单畴化处理温度使 TCf_r 向正方向变化的原因，一般认为是场致相变[59,70,75]. 相界附近四方结构和三角结构的自由能差别很小，容易在电场作用下发生相变. 三角结构时自发极化可能方向有 8 个，较四方结构的（6 个）多，电场作用下自发极化沿电场排列程度较高，因此电场有促使四方相向三角相转变的趋势. 因

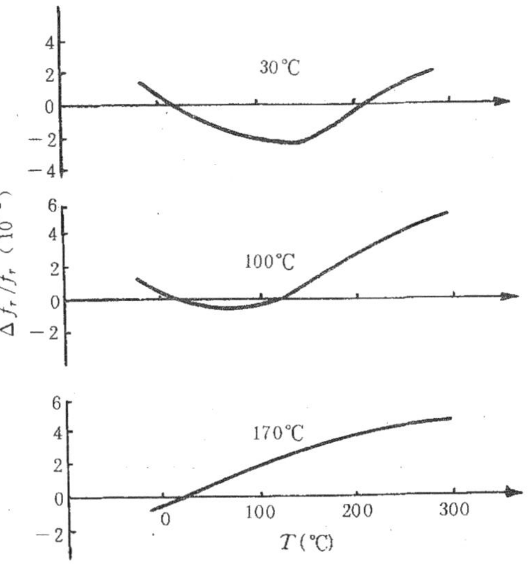

图 7.25 改性 PZT 陶瓷圆片径向振子谐振频率温度特性，曲线旁边的温度为单畴化处理温度[70].

为四方-三角相界随温度升高偏向富锆侧，所以相界附近组分的陶瓷在升温时将发生三角到四方的相变．电场有利于样品处于三角结构，即使相变温度升高．单畴化处理温度越低，即电场作用的温度越低，则相变温度越高．另一方面，相变时离子相互作用较弱，弹性顺度呈极大值，谐振频率呈极小值．相变温度以上，谐振频率温度系数为正．考虑到这两方面即可理解提高单畴化处理温度使 TCf_r 向正的方向变化．图 7.25 中，30℃单畴化处理的样品，相变发生在 120℃左右，170℃单畴化处理者相变发生在 −20℃以下．

单畴化处理后，通常进行热处理以减小以后的老化．对于相界附近的组分，热处理也使 TCf_r 向正的方向变化．如果热处理温度高于单畴化处理温度，这种效应更为显著．表 7.5 列出了一种铈和锰改性的 PZT 陶瓷圆片径向 TCf_r 与热处理条件的关系，单畴化处理是在100℃进行的．提高热处理温度和延长时间使 TCf_r 明显向正的方向变化．

表 7.5 一种掺 CeO_2 和 MnO_2 的 PZT 陶瓷圆片径向 TCf_r 与热处理条件的关系

热处理条件	−50—20℃的 TCf_r (10^{-6}/℃)	20—80℃的 TCf_r (10^{-6}/℃)
未处理	−75	−80
120℃ 1hr	−50	−46
140℃ 2hrs	−27	−30
160℃ 4hrs	−21	−27

这一效应的起因与单畴化处理时场致相变直接有关[59,70]．如上所述，单畴化处理促使一部分四方相转变为三角相．单畴化处理后未经受热处理时，场致相变导致的相结构是稳定的．但在热处理过程中，热处理将改变电场导致的相结构，即使三角到四方的相变在较低的温度发生，于是 TCf_r 向正的方向变化．此外，热处理使 TCf_r 向正方向变化还有另一个原因．在研究 PZT 陶瓷热膨胀时发现[78]，陶瓷在单畴化处理后第一次热循环加热时，有一部分单畴化处理时作90°转动的电畴返回到原先的状态．经过这次循环后再升温，在升温时有一部分返回的电畴重新转到单畴化处理时的位置（但这些电畴相互反平行，不增强压电效应）．这表示经热处理后的陶瓷，在测量 TCf_r 的升温过程中，在较高温度有较多晶胞的 a 轴与陶瓷的1方向一致，但钙钛矿型铁电体的 $s_{11}^E < s_{33}^E$，故温度较高时陶瓷的弹性顺度较小，所以 TCf_r 向正的方向变化．

7.6.5 单畴化处理

铁电体自高温冷却通过居里点时，一般将形成多畴（见§5.1）．为使铁电体表现出显著的压电、热电等性能，必须进行

单畴化处理 (poling)，或称人工极化处理. 在直流电场作用下，自发极化沿电场方向排列，电极上的自由电荷可屏蔽极化电荷，故铁电体可稳定地处于近似单畴的状态.

单畴化处理的完善与否决定于电场、温度和时间. 电场一般要达到矫顽场的三倍左右. 温度升高，矫顽场降低，单畴化处理电场的绝对值可随之减小. 时间长可使极化转向较充分，并有利于应力弛豫，通常可取 10min 左右. 如果把样品升温到居里点以上，在施加电场的条件下缓慢冷却，单畴化效果更好.

对于铁电单晶，理想的单畴化处理可使整个晶体各部分的自发极化都沿电场方向排列，即剩余极化等于自发极化. 对于铁电陶瓷，由于各晶粒的空间取向不一致，理想的单畴化处理也不能使剩余极化等于自发极化. 在足够强的电场作用下，各晶粒的自发极化取最靠近电场方向的可能晶向. 设想一个球面，并将各晶粒自发极化矢量平移使起点位于球心. 单畴化处理前，各矢量终点均匀地分布于球面上. 单畴化处理后，它们集中分布在以电场方向为对称轴的一个球冠内. 在四方晶系中，自发极化有 6 个可能的取向，即 〈001〉，三角晶系中则有 8 个可能的取向，即〈111〉. 相对于四方晶系的陶瓷来说. 三角晶系者单畴化处理后自发极化分布在较小的球冠内，所以剩余极化较大. 设任一晶粒的自发极化与电场方向的夹角为 θ，则陶瓷沿电场方向的极化为 $P_3 = P_s \overline{\cos\theta}$，而

$$\overline{\cos\theta} = \frac{\int \cos\theta dA}{\int dA} = \frac{\int \cos\theta \sin\theta d\theta}{\int \sin\theta d\theta}, \tag{7.255}$$

dA 是设想的球面积元. 计算表明，四方晶系的陶瓷，理想的单畴化处理后，$P_3 = 0.83P_s$，三角晶系者，$P_3 = 0.87P_s$.

单畴化处理中非 180°的畴转向造成应变. 四方和三角晶系的晶体中，沿电场方向的应变分别为

$$x_z = \frac{c}{a} - 1$$

和

$$x_z = \frac{3}{2}\left(\frac{\pi}{2} - \alpha\right) = \frac{3}{2}\delta.$$

四方晶体或三角晶体组成的陶瓷中，与电场方向垂直和平行方向的应变分别为

$$x_1 = x_2 = -\frac{1}{2}x_z\left(\overline{\cos^2\theta} - \frac{1}{3}\right)$$

和

$$x_3 = -2x_1.$$

计算表明，四方晶系的陶瓷中，单畴化处理后沿电场方向的应变为 $x_3 = 0.37x_z$，三角晶系者 $x_3 = 0.42x_z$.

显然，根据应变可以推知单畴化处理中电畴转向的百分数[79]，但此法不适用于尺寸很小的样品. 另一种较好的办法是比较单畴化处理前后 X 射线衍射强度的变化[80—84]. 对于四方晶系的陶瓷，200 衍射与 002 衍射强度之比 I (200) $/I$ (002) 可以作为单畴化程度的一个标志，张孝文等[80]提出计算 90°畴转向百分数的公式为

$$n_T = \frac{R - R'}{R(1 + |F_{002}|^2 R' / |F_{200}|^2)}, \tag{7.256}$$

式中 R 和 R' 分别为单畴化处理前后的 I (200) $/I$ (002)，$|F_{002}|^2$ 和 $|F_{200}|^2$ 分别为 002 和 200 衍射的结构振幅平方. 对于四方-三角相界附近的陶瓷，则要按作者在文献［84］中指出的那样，首先根据某些特征衍射的强度求出两相的体积百分比，然后分别确定两相中电畴转向百分数.

实用中可通过测量压电性（例如准静态条件下的 d_{33}）来判定单畴化处理的效果，当 d_{33} 不再随单畴化处理电场或时间的增加而升高时，即可认为单畴化处理已经充分了.

§7.7 电畴结构对压电性及有关性能的影响

铁电体的性能与电畴结构有着密切的关系，在特定的电畴结

构时，压电性和其他性能可能呈现有趣和有用的变化. 控制电畴结构是获得某些实用性能的途径之一. 此外，虽然大多数应用都要求单畴化的样品，但单畴化不完善是普遍存在的问题，因此也需要研究电畴结构对性能的影响.

7.7.1 多畴 $BaTiO_3$ 晶体的性能

电畴结构改变了单畴样品的对称性，因此非单畴样品的响应系数不但在数值上与单畴样品的不同，而且一般来说，非零独立分量的个数和分布也不相同. 显然，在普遍情况下，从理论上研究电畴结构对物理性能的影响是困难的，但对于少数简单的畴结构可以推导响应系数与单畴样品响应系数的关系.

假定 $BaTiO_3$ 单晶（点群 $4mm$）分成等厚度的片状 90°畴，且畴壁无穷大. 令直角坐标系的 X 轴与畴壁垂直，另两轴在畴壁平面内. 如果两种畴的体积百分数相等，则可以证明其响应系数的矩阵形式与正交晶系的相同[85]. 根据单畴 $BaTiO_3$ 晶体的响应系数可计算这种 90°畴晶体的响应系数，表 7.6 列出了两种情况下的相对电容率和压电常量 d_{mi}.

表 7.6 90°片状畴 $BaTiO_3$ 和单畴 $BaTiO_3$ 室温性能的比较[85]

	$\varepsilon_{11}^X/\varepsilon_0$	$\varepsilon_{22}^X/\varepsilon_0$	$\varepsilon_{33}^X/\varepsilon_0$	$\varepsilon_{11}^x/\varepsilon_0$	$\varepsilon_{22}^x/\varepsilon_0$	$\varepsilon_{33}^x/\varepsilon_0$	d_{31}	d_{32}	d_{33}	d_{24}	d_{15}
							10^{-12}C/N				
90°片状畴	265	2680	2130	205	2000	1070	−189	−24.5	225	269	126
单畴	4100	4100	160	2000	2000	105	−34.7	−34.7	85.7	587	587

假定单晶 $BaTiO_3$ 分成 180°片状畴[86]，正向畴和反向畴的厚度分别为 a 和 b，直角坐标系的取向与上相同. 从正向畴进入反向轴时，自发极化反向但坐标系不变，所以作为奇阶张量的压电常量反号. 正向畴和反向轴中的压电方程分别为

$$\begin{aligned} x_i' &= s_{ij}^E X_j' + d_{mi} E_m', \\ D_m' &= d_{mi} X_i' + \varepsilon_{mn}^X E_n', \end{aligned} \quad (7.257)$$

和

$$
\begin{aligned}
x_i'' &= s_{ij}^E X_j'' - d_{mi} E_m'', \\
D_m'' &= - d_{mi} X_i'' + \varepsilon_{mn}^X E_n''.
\end{aligned}
\tag{7.258}
$$

一撇和双撇上标分别表示正向畴和反向畴中的量. 设两种畴的体积百分数分别为 m_1 和 m_2，$m_1=a/(a+b)$，$m_2=b/(a+b)$，则片状畴晶体中的平均值为

$$
\begin{aligned}
x_i^* &= m_1 x_i' + m_2 x_i'', \\
&\cdots\cdots\cdots \\
&\cdots\cdots\cdots \\
E_m^* &= m_1 E_m' + m_2 E_m''.
\end{aligned}
\tag{7.259}
$$

在畴壁处满足如下边界条件：

$$
\begin{aligned}
&x_2' = x_2'', \quad x_3' = x_3'', \quad x_4' = x_4'', \\
&X_1' = X_1'', \quad X_5' = X_5'', \quad X_6' = X_6'', \\
&E_2' = E_2'', \quad E_3' = E_3'', \\
&D_1' = D_1'',
\end{aligned}
\tag{7.260}
$$

将式（7.257），（7.258）和式（7.260）代入式（7.259），得到与式（7.257）和式（7.258）相似的式子，并给出 180°片状畴晶体的响应系数为

$$
\begin{aligned}
&s_{11}^{*E} = s_{22}^{*E} = s_{11}^E, \quad s_{12}^{*E} = s_{12}^E, \quad s_{13}^{*E} = s_{23}^{*E} = s_{13}^E, \\
&s_{33}^{*E} = s_{33}^E, \quad s_{44}^{*E} = s_{44}^E, \quad s_{66}^{*E} = s_{66}^E, \\
&s_{55}^{*E} = s_{44}^E - 4m_1 m_2 d_{15}^2 (\varepsilon_{11}^X)^{-1}, \\
&d_{31}^* = d_{32}^* = (m_1 - m_2) d_{31}, \\
&d_{33}^* = (m_1 - m_2) d_{15}, \\
&\varepsilon_{11}^{*X} = \varepsilon_{11}^X, \quad \varepsilon_{22}^{*X} = \varepsilon_{11}^X - 4m_1 m_2 d_{15}^2 (s_{44}^E)^{-1}, \\
&\varepsilon_{33}^{*X} = \varepsilon_{33}^X - 4m_1 m_2 \frac{d_{31}^2 \varepsilon_{33}^E + d_{33}^2 s_{11}^E - 2d_{31} d_{33} s_{13}^E}{s_{11}^E s_{33}^E - (s_{13}^E)^2}.
\end{aligned}
\tag{7.261}
$$

可以看到，电畴结构使 s_{55}^{*E}，ε_{22}^{*X}和 ε_{33}^{*X}减小，而且当两种畴体积相等（$m_1=m_2=50\%$）时减小最严重. 只有在单畴结构（$m_1=100\%$，$m_2=0$）时，响应系数才与 $4mm$ 点群的完全相同.

如果压电方程中以应变和电位移为独立变量，相似的推导可以得知，除 $s_{55}^{*D}=s_{44}^{D}$，$\varepsilon_{22}^{*x}=\varepsilon_{11}^{x}$外，其他弹性顺度和电容率分量都因分畴而增大，而且 $m_1=m_2=50\%$时增加最多.

7.7.2 陶瓷中畴壁运动对性能的影响

铁电陶瓷中畴壁运动对极化和介电性（特别是介电损耗）的影响已有许多研究[87—92]. Arlt 等[93]认为，铁电陶瓷晶粒中的应力是分畴的主要原因，在小晶粒陶瓷中非 180°畴是主要的畴结构形式. 他们取陶瓷晶粒的基本单元如图 7.26 所示[89]，它由两个 90°

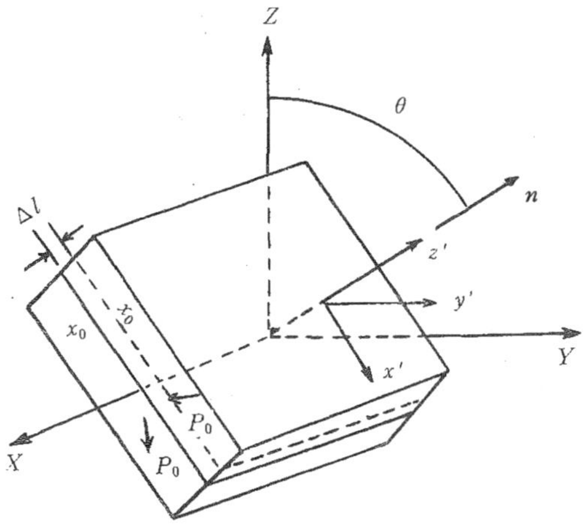

图 7.26　铁电陶瓷的基本单元，Z 轴与单畴化处理时电场方向一致.

畴组成，有一定的电偶极矩和几何形状。如果 90°畴壁沿 Z'轴移动 Δl，则不但电偶极矩改变 $\Delta \boldsymbol{P}$，而且因形状变化将产生弹性偶极矩 $\Delta \boldsymbol{\nu}$. 畴壁单位面积的力系数为 $2c$，畴壁运动的内摩擦用因数 b 表示，它与力系数之比为弛豫时间 $\tau=b/(2c)$. 以 Δl 表示畴壁偏离平衡位置的位移，显然它满足如下的一阶速率方程：

$$\tau \frac{\partial \Delta l}{\partial t} + \Delta l = -\frac{1}{2\delta A c}\left(\frac{\partial W_E}{\partial \Delta l} + \frac{\partial W_M}{\partial \Delta l}\right), \tag{7.262}$$

式中 δA 是基本单元的畴壁面积，W_E 和 W_M 分别为偶极矩 $\Delta \boldsymbol{P}$ 和 $\Delta \boldsymbol{v}$ 在电场 E_m 和应力场 X_{mn} 中的能量

$$W_E = -\frac{1}{2}\Delta P_m E_m, \quad W_M = -\frac{1}{2}\Delta v_{mn} X_{mn}.$$

在周期场作用下，式（7.262）的解为

$$\Delta l = F_0\left[\frac{1}{\sqrt{2}}P_0 E_m f_m + x_0 X_{mn} f_{mn}\right], \tag{7.263}$$

F_0 是复数弛豫项. 如果只有单一弛豫时间，则

$$F_0 = \frac{1}{2c(1+i\omega\tau)}.$$

如果有多个弛豫时间，且其分布函数为 $g(\tau)$，则

$$F_0 = \int_0^\infty \frac{g(\tau)dt}{2c(1+i\omega\tau)}.$$

当然

$$\int_0^\infty g(\tau)d\tau = 1.$$

P_0 和 x_0 分别为自发极化和自发应变，四方畸变时，$x_0 = c/a - 1$. 系数 f_m 和 f_{mn} 只依赖于基本单元的取向，即 90°畴壁相对于坐标系 XYZ 的取向，$f_m \leqslant 1$，$f_{mn} \leqslant 1$.

式 (7.263) 右边的第一和第二项分别表示电场和应力场引起的位移. Δl 造成的电位移和极化的改变为 $\delta D_m = \delta P_m \propto \Delta l$，应变的改变为 $\delta x_{mn} \propto \Delta l$. δx_{mn} 和 δD_m 对各种可能取向的积分给出如下的线性关系：

$$\begin{aligned} \Delta x_{mn} &= \Delta s_{mnpq} X_{pq} + \Delta d_{pmn} E_p, \\ \Delta D_m &= \Delta d_{mnp} X_{np} + \Delta \varepsilon_{mn} E_n, \end{aligned} \tag{7.264}$$

带 Δ 号的量表示 90°畴运动的贡献，它们都是复量.

对未经单畴化处理的陶瓷，90°畴壁的取向在空间任何方向是等概率的，如所预期，积分结果给出 $\Delta d_{pmn} = 0$. 对已经单畴化处理的陶瓷，积分时必须知道 90°畴壁 取向的分布函数. 令 $\boldsymbol{n}$ 为基本

单元法线方向单位矢量，显然，$\boldsymbol{n}$ 绕单轴化处理方向的分布是轴对称的. 设 θ 为 $\boldsymbol{n}$ 与单轴化处理方向的夹角，$\boldsymbol{n}$ 对 θ 的关系呈高斯分布

$$Z(\theta) \sim \exp[-(\theta-\theta_g)^2/2\sigma^2].$$

在 $0\leqslant\theta\leqslant\theta_g$ 范围，$Z(\theta)$ 为常数，$\theta_g=33.6°$. 因为由图 7.25 所示基本单元组成的晶粒有 12 个可能的极化取向，$\theta=0°$—33.6°相应于单位球面的 1/12. 单畴化完善程度表现在方差 σ 上，但更方便的表示是剩余极化与自发极化之比 $p_r=P_r/P_0$. 如果基本单元中两个畴厚度相等，则有

$$p_r=\frac{1}{\sqrt{2}}\frac{\int_0^\pi \sin\theta\cos\theta Z(\theta)d\theta}{\int_0^\pi \sin\theta Z(\theta)d\theta}, \tag{7.265}$$

其中

$$Z(\theta)=1 \qquad 当\ 0\leqslant\theta\leqslant\theta_g,$$
$$Z(\theta)=\exp[-(\theta-\theta_g)^2/2\sigma^2] \qquad 当\ \theta_g<\theta\leqslant\pi.$$

按式 (7.264) 计算，90°畴壁运动对介电、弹性和压电常量的贡献，得到如下的表示式：

$$\varepsilon_{11D}^{\mathbf{X}}=P_0^2F_1(\omega,c,A)f_{\varepsilon11}(p_r),$$
$$\varepsilon_{33D}^{\mathbf{X}}=P_0^2F_1(\omega,c,A)f_{\varepsilon33}(p_r),$$
$$s_{11D}^{E}=x_0^2F_1(\omega,c,A)f_{s11}(p_r),$$
$$s_{33D}^{E}=x_0^2F_1(\omega,c,A)f_{s33}(p_r),$$
$$s_{12D}^{E}=0,$$
$$s_{13D}^{E}=-x_0^2F_1(\omega,c,A)f_{s13}(p_r)=-\frac{1}{2}s_{33}^{E},$$
$$d_{31D}=-x_0P_0F_1(\omega,c,A)f_{d31}(p_r),$$
$$d_{33D}=x_0P_0F_1(\omega,c,A)f_{d33}(p_r),$$

式中下标 D 指明是畴壁运动的贡献. F_1 是复数弛豫项，它与 F_0 的差别是用 A 表示单位体积内参与振动的畴壁面积.

$$F_1(\omega,c,A)=\int_0^\infty \frac{Ag(\tau)}{2c(1+i\omega\tau)}d\tau, \tag{7.266}$$

各种系数 $f\ (p_r)$ 只依赖于单畴化参量 p_r. 利用上面给出的 $Z(\theta)$ 可以计算出来，并画出 $f_{\varepsilon 11}$和 $f_{d_{33}}$等随 p_r 变化的关系曲线.

畴壁运动对机电耦合因数 k_{31}和 k_{33}的贡献为

$$
\begin{aligned}
k_{31D}^2 &= \frac{d_{31D}^2}{\varepsilon_{33D}s_{11D}},\\
k_{33D}^2 &= \frac{d_{33D}^2}{\varepsilon_{33D}s_{33D}}.
\end{aligned}
\tag{7.267}
$$

显然，由式（7.266）的 $f(p_r)$可以计算出

$$
\begin{aligned}
k_{31D}^2(p_r) &= \frac{f_{d31}^2}{f_{\varepsilon 33}f_{s11}} = \frac{d_{31D}'^2}{\varepsilon_{33D}'s_{11D}'} = \frac{d_{31D}''^2}{\varepsilon_{33D}''s_{11D}''},\\
k_{33D}^2(p_r) &= \frac{f_{d33}^2}{f_{\varepsilon 33}f_{s33}} = \frac{d_{33D}'^2}{\varepsilon_{33D}'s_{33D}'} = \frac{d_{33D}''^2}{\varepsilon_{33D}''s_{33D}''},
\end{aligned}
\tag{7.268}
$$

式中带一撇和双撇的量分别表示实部和虚部.

由式（7.266）可得出

$$
\frac{x_0}{P_0} = \sqrt{\frac{s_{11D}''f_{\varepsilon 33}}{\varepsilon_{33}''f_{s_{11}}}}\ 或 \frac{s_{11D}''f_{d31}}{d_{31D}''f_{s11}},
\tag{7.269}
$$

此式可以作为检验上述模型的判据之一. 因为自发应变 x_0 可由例如 X 射线衍射得出，自发极化可由例如电滞回线得出，而右边的量是根据模型计算的结果.

因为出现在式（7.266）中的复数弛豫项 F_1 对各种响应系数是相同的，所以畴壁对各种响应系数贡献的虚部与实部之比相等，即

$$
\frac{s_D''}{s_D'} = \frac{\varepsilon_D''}{\varepsilon_D'} = \frac{d_D''}{d_D'} = \frac{F_1''(\omega,T)}{F_1'(\omega,T)} = \frac{\displaystyle\int_0^\infty \frac{A\delta(\tau)\omega_\tau}{c(1+\omega^2\tau^2)}d\tau}{\displaystyle\int_0^\infty \frac{Ag(\tau)}{c(1+\omega^2\tau^2)}d\tau}.
\tag{7.270}
$$

假定响应系数的实部和虚部分别为

$$
\begin{aligned}
\varepsilon' &= \varepsilon_V' + \varepsilon_D', \quad \varepsilon'' = \varepsilon_D'',\\
d' &= d_V' + d_D', \quad d'' = d_D'',\\
s' &= s_V' + s_D', \quad s'' = s_D'',
\end{aligned}
\tag{7.271}
$$

这里下标 V 表示与畴壁运动无关的体积的贡献，即本征特性. 电导等损耗机制已忽略，所以虚部仅来源于畴壁运动的贡献. 如果能将实测的 **ε**, **d** 和 **s** 的数据适当地分解为畴壁的贡献和本征的贡献，并与上面计算的畴壁运动贡献相比较，即可检验上述模型的正确性.

Arlt 等[89,90]用 Smits 的方法（见 7.5.4 节）由横向长度伸缩振动测量了几种 PZT 陶瓷的复压电常量、弹性顺度和电容率，根据测量的 ε'', s''和 d''，由式（7.267）和式（7.268）计算了单畴化参量 p_r. 由 p_r 和计算得的 $f_{\varepsilon 11}$（p_r），f_{d33}（p_r）等曲线，得出 $f_{\varepsilon 11}$，f_{d33}等数值. 对本征贡献作适当的简化假设后，得出了非 180°畴壁运动的贡献. 结果表明，第一，准同型相界（MPB）附近四方相组分的材料畴壁容易移动，例如 Zr/Ti＝51/49 的 PZT 中，$\varepsilon'_D/\varepsilon'=40\%$，$d'_D/d'=56\%$，$s'_D/s'=27\%$. 三角相组分的材料畴壁的贡献小得多，Zr/Ti＝58/42 时相应的百分数分别为 16%，15%和 6%. 第二，“硬”性添加物使畴壁移动困难，例如掺 Fe 的 PZT 中畴壁运动对 ε'，d'和 s'的贡献较掺 Nb 或 La 的显著减小.

另一个有趣的结果是，Luchaninov 等[91]证明，畴壁运动对压电常量 g_{31}几乎没有贡献，而对 d_{31}有很大的贡献，一种 PZT 陶瓷的 d_{31}中畴壁运动的贡献高达 70%. 这是因为，g_{31}等于电致伸缩系数和自发极化的乘积［式（7.107）］，而后面两个参量均与电畴运动无关. 另一方面，$d_{31}=\varepsilon_{33}g_{31}$，畴壁运动对 ε_{33}的贡献相当大.

7.7.3 声学超晶格

5.1.4 节中介绍了自发极化与畴壁平行的周期性片状畴，该结构可借助准相位匹配以实现激光倍频，称为光学超晶格. 如果自发极化与畴壁垂直，则形成另一种周期性片状畴，如图 7.27 所示. 畴壁处自发极化反向，作为三阶张量的压电常量反号，这可能造成有趣的声学性质，称为声学超晶格[94—96].

设在左右表面设置电极，施加电场以激发超声波. 研究表明[97]，畴壁处压电常量的不连续变化导致压电应力，在交变电场

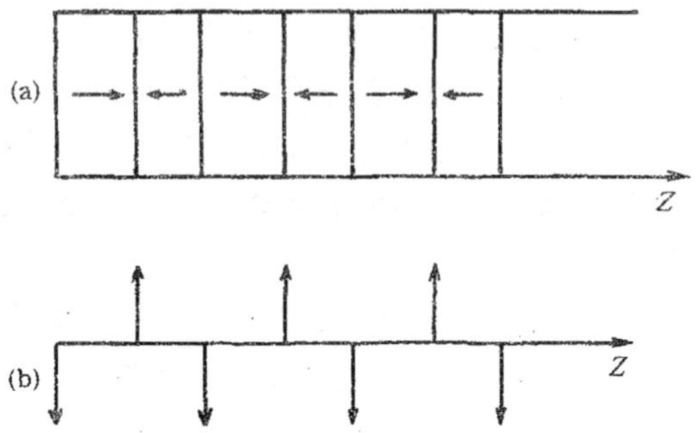

图 7.27　声学超晶格 (a) 和畴壁处的 δ 声源 (b) 示意图.

作用下，压电应力引起应变 $x(u_m)$，这里 u_m 是畴壁的位置. 该应变以弹性波的方式在超晶格内传播

$$x(u) = x(u_m)\cos(\omega t - qu), \qquad (7.272)$$

式中 u 是任一位置，q 是波矢的大小. 此式表明，任一畴壁可看成是一个 δ 函数似的声源.

片状畴的结构如图 7.27 (a) 所示. 晶体为 $LiNbO_3$ 或其他单轴铁电体，自发极化与 Z 轴平行或反平行. 在外电场作用下，沿 Z 轴传播的纵波将被激发. 设畴壁无穷大，故该纵波为平面波，波动方程为

$$\frac{\partial^2 u_3}{\partial z^2} - \frac{1}{v}\frac{\partial^2 u_3}{\partial t^2} = \frac{2h_{33}D_3}{c_{33}^D}\sum_m (-1)^m \delta(z - z_m), \quad (7.273)$$

式中 u_3 为粒子沿 Z 方向的位移，v 为声速，h_{33}为压电常量，c_{33}^D为开路弹性刚度，D_3 为电位移沿 Z 方向的分量.

求解波动方程，可知频谱由一系列分立的谐振峰所组成，谐振频率由下式决定：

$$f_{rn} = \frac{nv}{a+b} \qquad n = 1,2,3,\cdots . \qquad (7.274)$$

有趣的是，谐振频率只决定于超晶格的周期而与晶体的总长度无关，所以可用块状晶体制备超高频压电谐振器. 众所周知，因频率常量的限制，通常制造超高频压电谐振器必须用很薄的晶片，加

工和组装都很困难. 然而生长周期为数微米的声学超晶格比较容易，所以可方便地用声学超晶格制造数百 MHz 至数 GHz 的压电谐振器. 根据 $LiNbO_3$ 沿 Z 轴的声速，周期约 7μm 的声学超晶格的基音谐振频率即近 1GHz.

如果畴壁法线并不与 Z 轴平行而成 θ 角，电极仍与畴壁平行，则超晶格中将激发一个准纵波和一个准切变波，且谐振频率表达式 (7.274) 仍然成立，只要把纵波声速 v 换成相应的准纵波或准切变波的声速即可.

表 7.7 列出了这种情况下几个不同周期的 $LiNbO_3$ 声学超晶格的基音谐振频率[98].

表 7.7 $LiNbO_3$ 声学超晶格的基音谐振频率[98]

周期 (μm)	角度 θ (°)	准纵波 f_{r1} (MHz)		准切变波 f_{r1} (MHz)	
		计 算	实 验	计 算	实 验
13.2	～5	553	555	273	279
10.8	～50	648	641	383	380
9.6	～30	750	764	415	418

7.7.4 铁电畴层波

1968 年，Bleustein 通过求解运动方程发现，在 $4mm$ 或 $6mm$ 点群的晶体（或压电陶瓷）中，存在压电体特有一种声表面波，其波矢与极轴垂直，振动方向沿 Z 轴，振幅随离表面距离指数下降. 后来称为 Bleustein-Gyulaev 模[99]. 这种声表面波不像常用的 Rayleigh 波那样可存在于任何固体中，而是以压电性为前提条件，所以很受重视. 进一步的研究表明[100]，该类晶体的 180°畴壁也可引导这种类型的声表面波. 1971 年 Maerfeld 和 Tournois[101] 指出了另一类与 Bleustein-Gyulaev 模相似的畴壁波，称为 Maerfeld-Tournois 模. 1983 年，李兴教[102,103]详细地分析了既存在自由表面又存在与表面平行的 180°畴壁的情况下，该类晶体中的振动情况，提出了铁电畴层波（FDLW）的概念.

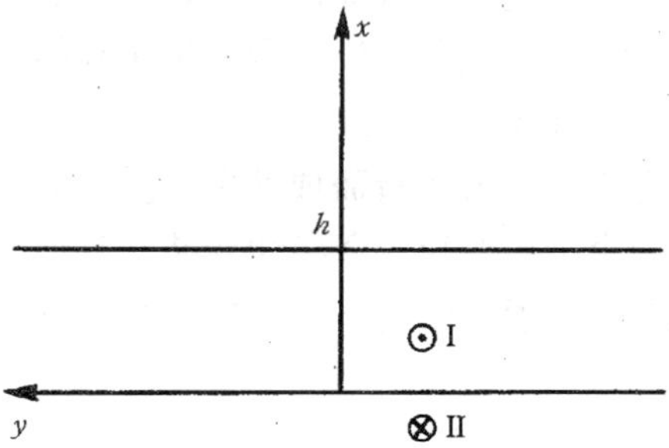

图 7.28　180°畴和坐标系的取向.

考虑图 7.28 所示的结构. 极化与 Z 轴平行或反平行，畴壁与 X 轴垂直，电畴 I 的厚度为 h，电畴 Ⅱ 的厚度很大. 畴 I 中的压电方程为

$$X_i^{\mathrm{I}} = c_{ij}x_j^{\mathrm{I}} - e_{mi}E_m^{\mathrm{I}},$$
$$D_m^{\mathrm{I}} = e_{mi}x_i^{\mathrm{I}} + \varepsilon_{mn}E_n^{\mathrm{I}},$$

或者借助于应变与位移的关系 $\mathbf{x}=\nabla_s \boldsymbol{u}$[104]（$\nabla_s \boldsymbol{u}$ 是位移梯度的对称部分）以及电场与电势的关系 $\boldsymbol{E}=-\nabla\phi$，将其写为

$$\begin{aligned} X_i^{\mathrm{I}} &= c_{ij}\nabla_{jm}u_m^{\mathrm{I}} + e_{mi}\nabla_m\phi^{\mathrm{I}}, \\ D_m^{\mathrm{I}} &= e_{mi}\nabla_{in}u_n^{\mathrm{I}} - \varepsilon_{mn}\nabla_n\phi^{\mathrm{I}}. \end{aligned} \tag{7.275}$$

畴 Ⅱ 中的压电方程为

$$X_i^{\mathrm{II}} = c_{ij}x_j^{\mathrm{II}} + e_{mi}E_m^{\mathrm{II}},$$
$$D_m^{\mathrm{II}} = - e_{mi}x_i^{\mathrm{II}} + \varepsilon_{mn}E_n^{\mathrm{II}},$$

或

$$\begin{aligned} X_i^{\mathrm{II}} &= c_{ij}\nabla_{jm}u_m^{\mathrm{II}} - e_{mi}\nabla_m\phi^{\mathrm{II}}, \\ D_m^{\mathrm{II}} &= - e_{mi}\nabla_{im}u_n^{\mathrm{II}} - \varepsilon_{mn}\nabla_n\phi^{\mathrm{II}}. \end{aligned} \tag{7.276}$$

180°畴壁处的边界条件为

$$\begin{aligned} & x_2^{\mathrm{I}} = x_2^{\mathrm{II}}, \quad x_3^{\mathrm{I}} = x_3^{\mathrm{II}}, \quad x_4^{\mathrm{I}} = x_4^{\mathrm{II}}, \\ & X_1^{\mathrm{I}} = X_1^{\mathrm{II}}, \quad X_5^{\mathrm{I}} = X_5^{\mathrm{II}}, \quad X_6^{\mathrm{I}} = X_6^{\mathrm{II}}, \\ & E_2^{\mathrm{I}} = E_2^{\mathrm{II}}, \quad E_3^{\mathrm{I}} = E_3^{\mathrm{II}}, \quad D_1^{\mathrm{I}} = D_1^{\mathrm{II}}. \end{aligned} \tag{7.277}$$

耦合的波动方程为

$$\nabla \cdot \mathbf{X} = \rho \frac{\partial^2 \boldsymbol{u}}{\partial t^2}. \tag{7.278}$$

利用“静态近似”，假定如下形式的解

$$\begin{aligned} u_m &= \alpha_m \exp(iqbx)\exp[iq(y - vt)], \\ \phi &= \alpha_4 \exp(iqbx)\exp[iq(y - vt)]. \end{aligned} \tag{7.279}$$

考虑横模，即 $u_1 = u_2 = 0$，$u \neq 0$.

畴Ⅰ和Ⅱ中的通解 u_m^{I}，ϕ^{I} 和 u_m^{II}，ϕ^{II} 为式（7.279）的线性叠加

$$\begin{aligned} u_m^{\mathrm{I}} &= \sum_{\mu} C_{\mu} \alpha_m^{(\mu)} \exp(iqb^{(\mu)}x)\exp[iq(y - vt)], \\ \phi^{\mathrm{I}} &= \sum_{\mu} C_{\mu} \alpha_4^{(\mu)} \exp(iqb^{(\mu)}x)\exp[iq(y - vt)], \end{aligned} \tag{7.280}$$

$$\mu = 1—8,$$

$$\begin{aligned} u_m^{\mathrm{II}} &= \sum_{\nu} C_{\nu} \alpha_m^{(\nu)} \exp(iqb^{(\nu)}x)\exp[iq(y - vt)], \\ \phi^{\mathrm{II}} &= \sum_{\nu} C_{\nu} \alpha_4^{(\nu)} \exp(iqb^{(\nu)}x)\exp[iq(y - vt)], \end{aligned} \tag{7.281}$$

$$\nu = a, b, c, d.$$

由耦合的波动方程和畴壁处的边界条件，可得出各叠加系数 C_μ 和 C_ν 满足的齐次方程，其有解条件为下面的行列式等于零：

$$\begin{vmatrix} 0 & 0 & -1 & 1 & 0 & -1 \\ -ie & -ie & cb & -cb & ie & -cb \\ 0 & ie\exp(hq) & -cb\exp(-ibhq) & 0 & -ie\exp(-hq) & cb\exp(ibhq) \\ 1 & -1 & 0 & 0 & 1 & 0 \\ 1 & -1 & e/\varepsilon & e/\varepsilon & -1 & e/\varepsilon \\ 0 & -(\varepsilon + \varepsilon_0)\exp(hq) & \varepsilon_0\varepsilon\exp(-ibhq) & 0 & (\varepsilon - \varepsilon_0)\exp(-hq) & \varepsilon_0\varepsilon\exp(ibhq) \end{vmatrix} = 0, \tag{7.282}$$

其中 e 代表压电常量 e_{15}，c 代表弹性刚度 $\bar{c}_{44} = c_{44} + e_{15}^2/\varepsilon_{11}$，$\varepsilon$ 代表 ε_{11}，$i = -b^{(3)} = b^{(4)} = -b^{(d)}$，$b = -b^{(1)} = b^{(2)} = b^{(c)} = i(1 - \rho v^2/\bar{c}_{44})^{1/2}$.

如果 $e \to 0$，则由上式可得 $b \to 0$，这表明位移不随 x 而变化，这是非压电体中的纯体波. 下面只讨论 $e \neq 0$ 的情况.

当 $qh \to \infty$，式（7.282）给出

$$\left(1-\frac{\rho v^2}{\bar{c}_{44}}\right)^{1/2}=\frac{e^2}{\varepsilon_{11}\bar{c}_{44}},\tag{7.283}$$

它描写的是 Maerfeld-Tournois 模[101].

当 $qh\to 0$，式（7.282）给出

$$\left(1-\frac{\rho v^2}{\bar{c}_{44}}\right)^{1/2}=\frac{k^2}{1+\varepsilon/\varepsilon_0},\tag{7.284}$$

式中 k 为机电耦合因数，$k^2=e_{15}^2/(\varepsilon_{11}\bar{c}_{44})$. 此式描写的是 Bleustein-Gyulaev 模[99].

当 $qh\ll 1$，式（7.282）给出

$$\begin{aligned}h^2q^2\,[&4i\varepsilon(\varepsilon+\varepsilon_0)c^2b^2+4\varepsilon_0e^2cb^2+8i\varepsilon_0e^2b-8ie^2cb^3\\&-16i\varepsilon_0e^4b/\varepsilon]+hq[4i\varepsilon(\varepsilon+\varepsilon_0)c^2b^2+4\varepsilon_0e^2cb^2\\&-4\varepsilon(\varepsilon+\varepsilon_0)c^2b^2+16i\varepsilon e^2cb+4i\varepsilon_0e^2cb]\\&+4icb[i\varepsilon(\varepsilon+\varepsilon_0)cb+\varepsilon_0e^2]\\=&\ 0,\end{aligned}\tag{7.285}$$

这称为压电增劲的(piezoelectrically stiffened)类 Love 波的色散关系. 该波与 Love 波相似但有差别，它出现于半无限畴和一个片状畴结合的结构(图 7.27)中，且仅有横向位移，其速度因反平行畴的交互耦合而改变. Love 波产生于两种介质(基底和表层)形成的层状结构中，是一种切变波，位移平行于界面. 色散关系表明，产生 Love 波的条件是 $v_{层}<v_{\mathrm{Love}}<v_{基底}$. 压电增劲类 Love 波也是位移平行于界面的切变波，不过基底和表层是同种介质，故波速 $v_{层}=v_{基底}=(\bar{c}_{44}/\rho)^{1/2}=v_t$. 由式(7.285)可知，仅当 $v<v_t$ 时，q 才是实数，这是其存在的条件.

进一步的研究不但弄清了铁电畴层波的独特性质[105]，而且从实验上证实了畴层波的存在[106]，实测的色散关系(波速随 hq 的变化)与理论预言的相符.

以上的讨论都是针对单一畴壁的，文献[107]则给出了多层畴结构中畴层波的色散关系. 对于 N 层的 180°畴结构，色散曲线有 $N-1$ 支，即色散曲线的支数等于界面数. 多层 180°畴结构中的基本振动模式是弯曲振动. 层间相互作用仅在 hq 小时才较强烈，所

以各色散曲线在 hq 小时差别较大，在 hq 很大时趋于重合.

铁电畴层波有重要的应用前景，例如新型的延迟线和滤波器等.

§7.8 其他铁电性压电材料

7.8.1 单晶

铁电单晶作为压电材料大量使用的迄今主要是 $LiNbO_3$ 和 $LiTaO_3$. 这两种晶体都属 $3m$ 点群，用提拉法可以生长出大尺寸的光学质量单晶. 作为压电材料，它们的特点之一是机电耦合因数大. $LiNbO_3$ 和 $LiTaO_3$ 的 x 切型厚度切变模有效机电耦合因数分别达 0.68 和 0.44，石英晶体的 x 切型厚度伸缩模有效机电耦合因数仅为 0.098. 另一个特点是可以工作于高温. $LiTaO_3$ 的居里点为 620℃，$LiNbO_3$ 的为 1210℃，$LiNbO_3$ 压电换能器的性能直至 1050℃仍无明显的退化[108].

$LiNbO_3$ 和 $LiTaO_3$ 的弹性、介电和压电参量已经过仔细的测定，详见文献[109—114]. 表 7.8 仅列出了它们的压电常量 d_{mi}，g_{mi}和电容率 ε_{mn}.

从晶体不同方位切割的晶片具有不同的弹性、介电和压电性，可激发的振动模式及其温度特性也不相同，因此压电晶体中切型的选择是一个重要的问题.

在 $LiNbO_3$ 和 $LiTaO_3$ 中，人们首先研究了三种最简单的切型（x 切，y 切和 z 切）的振动特性. 发现 $LiNbO_3$ 的 x 切晶片可激发很强的厚度切变振动，相应的机电耦合因数达 0.68，z 切晶片则可激发较强的厚度伸缩振动，相应的机电耦合因数为 0.17. 与此相似，$LiTaO_3$ 的 x 切晶片和 z 切晶片也分别可激发较强的厚度切变振动和厚度伸缩振动，相应的机电耦合因数分别为 0.44 和 0.19. 对于 y 切晶片，因同时产生切变和伸缩两种振动而且两者强度相差不大，作为压电器件显然是不适用的.

对于旋转 y 切晶片，仔细研究了转角不同时的振动特性.

表 7.8 $LiNbO_3$ 和 $LiTaO_3$ 的部分压电和介电参量[109]

参 量	单 位	$LiNbO_3$	$LiTaO_3$
d_{15}	10^{-12}C/N	68	26
d_{22}		21	7
d_{31}		−1	−2
d_{33}		6	8
g_{15}	$10^{-3}m^2/C$	91	58
g_{22}		28	15
g_{31}		−4	−6
g_{33}		23	21
ε_{11}^{X}	ε_0	84	51
ε_{11}^{x}		44	41
ε_{33}^{X}		30	45
ε_{33}^{x}		29	43

$LiNbO_3$ 的 yzw/θ 晶片的有关结果见图 7.29. 从图中可看出，在任转角 θ 时，一般都可激发两种振动：准切变模和准伸缩模. 显然，良好的压电振子应尽可能具有单一而纯正的振动模式. 具体要求是：第一，对一种模的机电耦合因数尽可能大，对其他模的尽可能小. 第二，准模式尽可能接近纯模式，例如准厚度切变振动中位移方向尽可能与厚度方向垂直，准厚度伸缩振动中位移方向尽可能与厚度方向平行.

图 7.29 不但示出了不同转角时两种振模的有效机电耦合因数，而且示出了准厚度伸缩模中位移与厚度方向间的夹角. 由图看到，在 $\theta=163°$ 时，准切变模的耦合因数达 0.62，准伸缩模的则近似为零，所以 $yzw/163°$ 切型可制作良好的厚度切变振子. $\theta=35°$ 时，准伸缩模的耦合因数达 0.49，准切变模的接近于零，显然该切型可制作良好的厚度伸缩振子. $\theta=123°$ 和 88° 时也可获得较好的

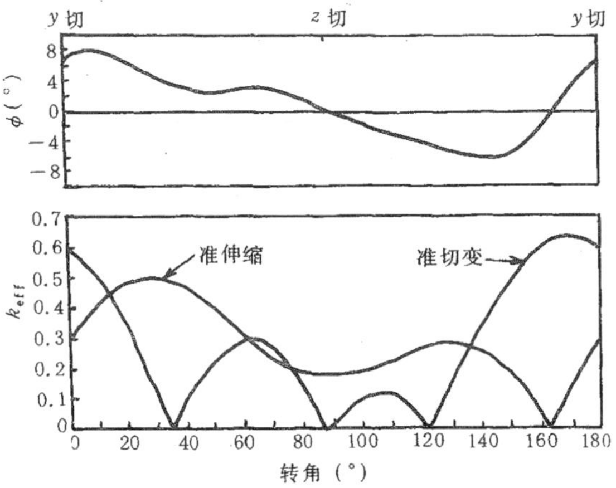

图 7.29 $LiNbO_3$ 旋转 y 切晶片的准切变模和准伸缩模的有效机电耦合因数(下)以及准伸缩模中位移与传播方向的夹角(上).

厚度伸缩振子,但 $\theta=123°$时伸缩模位移对传播方向的偏角较大,88°时伸缩模的耦合因数较小.

$LiTaO_3$ 的 yzw/θ 切晶片的特性与 θ 的关系见图 7.30.由图看到,$\theta=165°$的晶片可用于准厚度切变振子,因为该晶片中准厚度切变模机电耦合因数达 0.41,准伸缩模的近似为零.$\theta=47°$时,准厚度伸缩模的耦合因数达 0.29,且位移方向与传播方向夹角只有 1.4°,同时准切变模的耦合因数接近于零,可制作良好的厚度伸缩模振子.

由图 7.29 和图 7.30 还可看到,z 切晶片(即 $\theta=90°$)有较强和较单纯的伸缩振动,y 切晶片(即 $\theta=0°$或 180°)中则出现两个较强的准伸缩和准切变模的耦合振动.

上述有效机电耦合因数通常是用谐振法测定的.对任一振模,测得谐振频率 f_r 和反谐振频率 f_a 后,由下式计算有效耦合因数

$$k_{\text{eff}}=\frac{x}{\tan x},\tag{7.286}$$

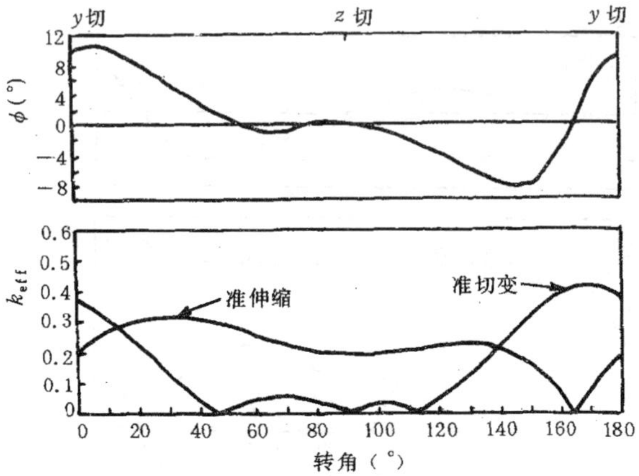

图 7.30 $LiTaO_3$ 旋转 y 切晶片的准切变模和准伸缩模的有效机电耦合因数(下)以及准伸缩模中位移对传播方向的偏角(上).

表 7.9 $LiNbO_3$ 和 $LiTaO_3$ 的 z 切，x 切和两种旋转 y 切振子的特性

晶 体	振 模	切 型	有效耦合因 数	相对电容率	频率常量 (Hz · m)	声阻抗率 (10^6kg · s^{-1} · m^{-2})
$LiNbO_3$	厚度伸缩	z	0.17	29	3660	34.4
	厚度伸缩	$yzw/35°$	0.49	39	3700	34.8
	厚度切变	$yzw/163°$	0.62	43	2280	21.4
	厚度切变	x	0.68	44	2400	22.3
	横向长度伸缩	$zyw/45°$	0.50			
$LiTaO_3$	厚度伸缩	z	0.19	43	3040	45.3
	厚度伸缩	$yzw/47°$	0.29	42	3700	55.1
	厚度切变	$yzw/165°$	0.41	41	2280	34.0
	厚度切变	x	0.44	41	2100	31.3
	横向长度伸缩	$zyw/40°$	0.50			

其中

$$x = \frac{2\pi}{2}\frac{f_r}{f_a}.$$

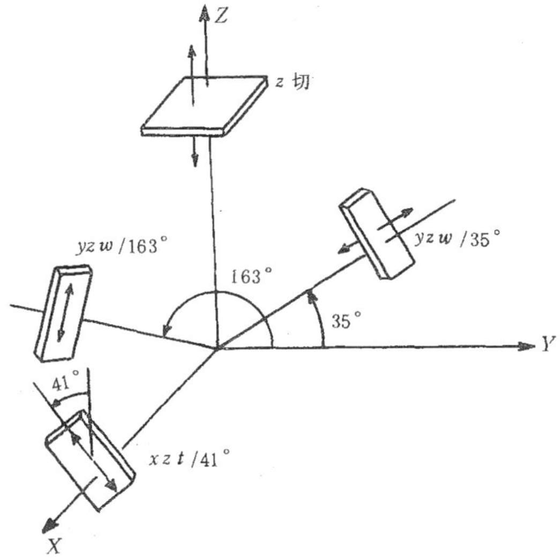

图 7.31 $LiNbO_3$ 中两种厚度伸缩晶片和两种厚度切变晶片在晶体物理坐标系中的方位. 箭头表示振动的位移方向.

表 7.9 列出了 $LiNbO_3$ 和 $LiTaO_3$ 中几种常用振子切型及其有关特性. 其中横向长度伸缩振子因振动的传播沿长度方向,是低频振子,其他为高频振子. 所有振子都是垂直场激发的,即电场与主表面垂直,未讨论平行场激发的情况. 图 7.31 示出了 $LiNbO_3$ 中四种切型的晶片在晶体物理坐标系中的方位.

压电振子谐振频率的温度特性在不同的应用中有不同的要求. 用于换能器或不十分精密的滤波器时,因为不采用恒温措施,故要求室温附近谐振频率的变化尽可能平缓. 用于精密谐振器时,则对"零温度系数点"(频率对温度曲线出现极值的温度)感兴趣,一旦找到零温度系数点,即可借助恒温使振子工作于该温度. $LiNbO_3$ 各种切型的频率温度系数均为负值,但 $LiTaO_3$ 的 x 切晶片中,厚度切变模谐振频率对温度为双曲线关系,零温度系数点在 -40℃左右. 借助于串联电容和能陷(energy trapping)方法,可将它调节到室温附近，如图 7.32 所示[117]. 这有利于制作高精度的 $LiTaO_3$ 谐振器.

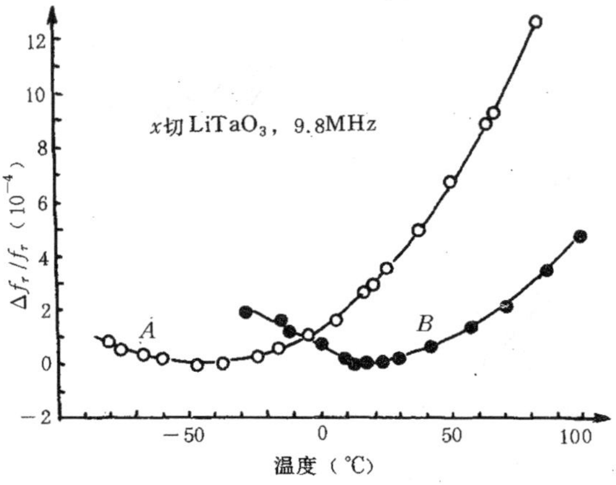

图 7.32　$LiTaO_3$ 的 x 切晶片厚度切变模谐振频率与温度的关系，A 和 B 分别为调节前后的曲线.

近年来，$LiNbO_3$ 和 $LiTaO_3$ 在声表面波(SAW)器件方面得到广泛应用. 在压电晶体表面上制备叉指电极，即形成 SAW 换能器. 作为 SAW 换能器材料和传播介质，要求机电耦合因数大，SAW 速度的温度系数小. 有效机电耦合因数 k 是根据电场引起 SAW 相速度变化的大小来衡量的. 压电效应越强，相速度变化越大. 设晶体表面为自由表面(电学开路)时，SAW 速度为 V_s，表面被复以很轻(无质量负载)的导电层(电学短路)时为 V_s'. 开路和短路两种条件下弹性刚度大小不同，所以 $V_s-V_s'=0$. 令 $\Delta V=|V_s-V_s'|$，则有效机电耦合因数为

$$k^2=2\left(1-\frac{\varepsilon_0}{\varepsilon_p}\right)\frac{\Delta V}{V_s}\left(1-\frac{\Delta V}{V_s}\right)^{-1},\qquad(7.287)$$

其中 $\varepsilon_p=(\varepsilon_{xx}\varepsilon_{zz}-\varepsilon_{xz}^2)^{1/2}$，$z$ 为基片法线方向，x 为 SAW 传播方向. 因为 $\Delta V/V_s$ 很小，上式可简化为

$$k^2=2F\frac{\Delta V}{V_s},$$

式中 F 为与材料有关的常数. 当采用均匀叉指电极时，一般材料可取 $F=1$，于是

$$k^2 = 2\frac{\Delta V}{V_s}. \tag{7.288}$$

SAW 有各种类型，其中最常用的是 Rayleigh 波. Rayleigh 波的能量集中在表面至其下 1—2 个波长的极薄的范围内. 当频率甚高(1GHz 以上)时，若换能器的功率较大，将因表面层功率密度高引起非线性效应使换能器性能变坏. 因此需要利用趋肤深度较大的其他类型的 SAW，例如赝(或漏)(pseudo 或 leaky)SAW.

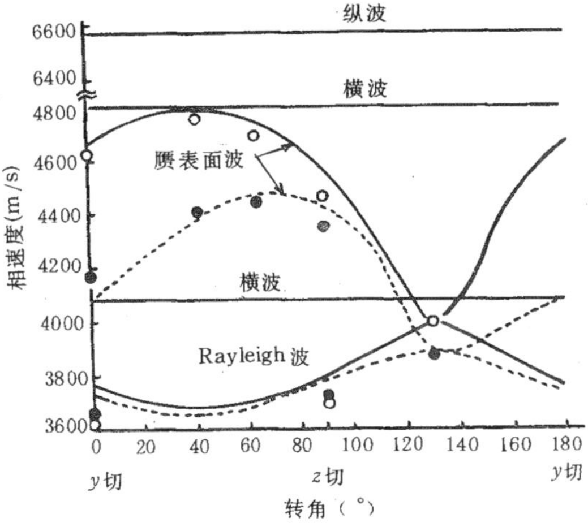

图 7.33　$LiNbO_3$ 旋转 y 切晶片的表面波速度与旋转角度的关系.

图 7.33 示出了 $LiNbO_3$ 旋转 y 切晶片上沿 x 方向传播的 Rayleigh 波和赝表面波的相速度与旋转角度的关系[115]，图中上部的实线和虚线分别表示赝表面波的 V_s 和 V_s'，下部的实线和虚线分别表示 Rayleigh 波的 V_s 和 V_s'. 可以看到，对于 Rayleigh 波，有效机电耦合因数在 60°—70°范围近于零，131°时为最大. 对于赝 SAW，虽然在相当大的转角范围内耦合因数较大，但有些角度的晶片传播损耗大，只有 41°和 64°是较佳的旋转切角. 表 7.10 列出

了切角为 41°,64°和 131°时的 SAW 特性,其中括号内的 k^2 是测量值,括号前的是计算值.

进一步研究表明[116],131°的切片中 Rayleigh 波耦合因数虽然较其他角度时都大,但其寄生响应也较强,而 127.86°时寄生响应达极小值,所以应选用切角 127.86°.

表 7.10 旋转 y 切 $LiNbO_3$ 晶片的 SAW 特性(传播方向为 x)

切角	41°		64°		131°	
SAW 类型	赝 SAW		赝 SAW		Rayleigh 波	
表面状态	自由	有电极	自由	有电极	自由	有电极
传播速度(m/s)	4792.2	4379.7	4742.3	4474.8	3999.8	3888.9
传输损耗(dB/波长)	0	0.0438	0.0359	0	—	—
k^2	0.172(0.154)		0.113(0.103)		0.055(0.055)	

对于 $LiTaO_3$,适用于 Rayleigh 波的切型是 $xyt/112°$(传播方向为 y).该切型因耦合因数大,温度稳定性好,寄生响应小而得到广泛应用.该晶体的旋转 y 切晶片(传播方向为 x)的 Rayleigh 波耦合因数普遍很小,但对赝 SAW,在转角为 36°和 126°时,不但耦合因数大而且传输损耗很小,很适合于高频大功率的赝 SAW 器件.

7.8.2 薄膜

体材料压电器件因受尺寸限制,频率一般不超过数百兆赫,压电薄膜可大大提高工作频率,并为压电器件的微型化和集成化创造条件.虽然迄今实用较多的压电薄膜是 ZnO 等非铁电材料,但铁电薄膜的压电效应强得多,是非铁电材料不可替代的.例如根据文献[118]和[119]报道可知,在 $SrTiO_3(100)$基底上用离子刻蚀形成一些沟槽,在沟槽内沉积 Pt 膜,再在 Pt 膜上用射频磁控溅射沉积 $PbTiO_3$ 膜,当膜厚超出沟槽以后,侧向生长得到的是外延膜.根据膜的阻抗特性得知,其机电耦合因数 k_t 达 0.8,这是非铁电材料所远远不及的.

压电薄膜的主要应用领域是SAW器件和微致动器(microactuator)或机敏传感器(smart sensor).机敏传感器是带有某些智能化特点的传感器,它有赖于传感技术与微电子技术的结合.现已报道了许多压电薄膜机敏传感器和微致动器的原型器件,有的已开始实用化.利用淀积在硅表面的PZT薄膜,通过腐蚀形成悬臂梁结构已制成高灵敏度的微型加速度传感器和弯曲致动器.例如[120]用反复水热处理法在硅片两面淀积PZT薄膜,即形成PZT-Si-PZT三层结构的悬臂梁致动器.其位移正比于薄膜的压电常量d_{31},当臂长为30mm,膜厚10μm时,对每层膜加15V电压即可得到0.7mm的位移.

采用压电薄膜的声表面波器件的基本结构如图7.34所示.最通用的集成电路基片是硅.压电薄膜制备在硅基片上,膜上再制备叉指换能器.电信号由一个叉指换能器输入,通过(逆)压电效应产生声表面波,传播到另一换能器时再通过(正)压电效应转换为电信号.在这个过程中,关键的两个参量是有效机电耦合因数和表面波的传播速度.在这种层状结构中,耦合因数k和传播速度v_s依赖于3个因素:膜厚(以声表面波的波长来衡量),膜的压电常量和弹性刚度.

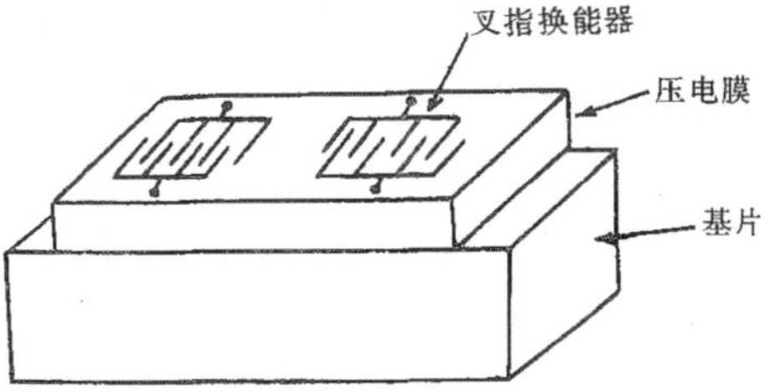

图7.34 采用压电薄膜的声表面波器件的基本结构.

根据层状结构中声表面波的理论[121],利用薄膜材料和基底材料的弹性、介电和压电参量,可以计算各种条件下声表面波的速度和机电耦合因数.图7.35示出的是一组计算结果[122].这里的膜材料有三种是非铁电性的压电体(ZnO,CdS 和 AlN),其他是铁电体. 计算时对 ZnO,CdS 和 AlN 都是采用 c 轴垂直于膜面的 $6mm$ 点群晶体的数据(虽然 CdS 也可以立方相的形式存在),对其他材料采用的是陶瓷材料的数据,其中 PZT 是 $PbZr_{0.58}Ti_{0.42}O_3 + 1.25mol\%La_2O_3 + 1.0mol\%MnO$,$BaTiO_3$ 是 $Ca_{0.05}Ba_{0.95}TiO_3$. 图中归一化厚度是厚度与声表面波波长之比.

可以看到,仅当膜厚非常小时,波速才接近于硅的数值,当膜厚 $t/\lambda > 0.7$ 时,波速就接近于膜材料的数值. AlN - Si 结构的波速最高,这对高频(GHz 范围)器件有利. 当叉指换能器的指间间隔一定时,该结构的工作频率比采用其他材料时几乎高一倍. 当膜厚 $t/\lambda > 0.15$ 时,铁电薄膜-硅结构的耦合因数(以 $\Delta v/v_s$ 衡量)较非铁电膜-硅结构的大. 但膜厚很小时,情况相反. 为了发挥铁电膜(如 PZT)耦合系数大的优点,需要提高膜的厚度. 这时用溅射法显然效率太低,而 Sol - Gel 法大有用武之地. 另外一种可能的办法是只稍微增大 PZT 膜的厚度,但在制备 PZT 膜以前在硅基底上生长一层厚的 SiO_2 以增大耦合. 这个办法是在 $ZnO - SiO_2 - Si$ 结构的启示下提出来的. 实验证明[123],$ZnO - SiO_2 - Si$ 结构的耦合因数较 $ZnO - Si$ 的为大,而且当 SiO_2 的厚度接近于波长时,实际起作用的已不是 Si 而是 SiO_2 了.

图 7.36 示出的是 PZT 膜与 Si,石英和蓝宝石基底形成层状结构时,耦合因数与膜厚的关系,它与实验结果相符. 图中虚线是在石英与 PZT 膜之间设置一金属膜后,耦合因数与 PZT 膜厚的关系. 这个结果对铁电膜来说是很重要的. 铁电膜一般要经单畴化处理后才具有较强的压电性,因此需要该金属膜. 它的引入提高了耦合因数,于是在铁电膜很薄时也可得到较大的耦合.

近来,已有人想出办法在多种基底上获得晶粒高度择优取向的铁电膜[125]甚至外延膜[124]或单晶膜[119],这些膜不需要进行单畴化处理就具有较强的压电性,因而简化了工艺. 不过,如图 7.34 和图 7.35 表明的那样,为发挥高耦合优点,必须适当提高膜的厚度.

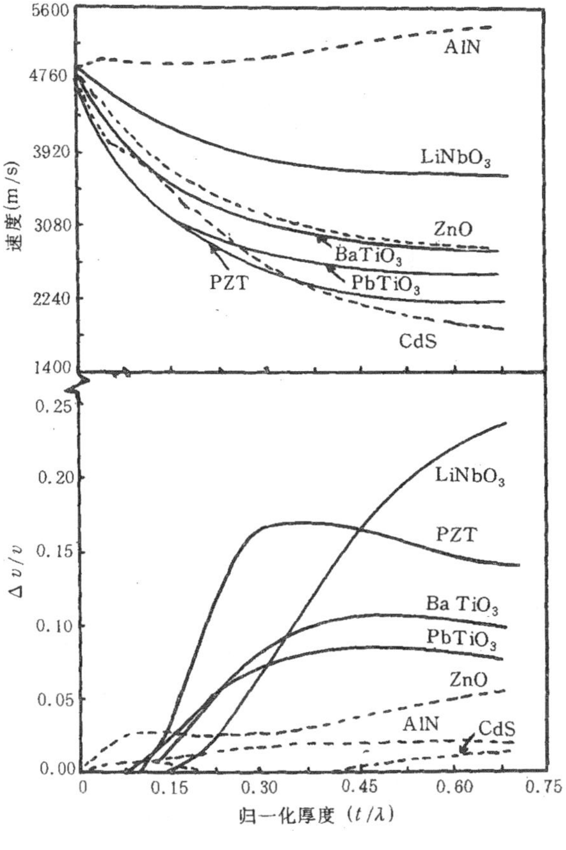

图 7.35　膜材料和厚度不同时,膜-硅层状结构的声表面波速度和耦合因数[122].

7.8.3　铁电聚合物

人们早已发现,以聚偏氟乙烯(PVDF)为代表的一些聚合物具有压电性和热电性,但对于它们是铁电体还是驻极体长期以来就有争论. 70 年代以后,已有确切的证据(X 射线衍射、红外吸收和电滞回线)表明,PVDF 是铁电体,即其中有自发极化,而且自发

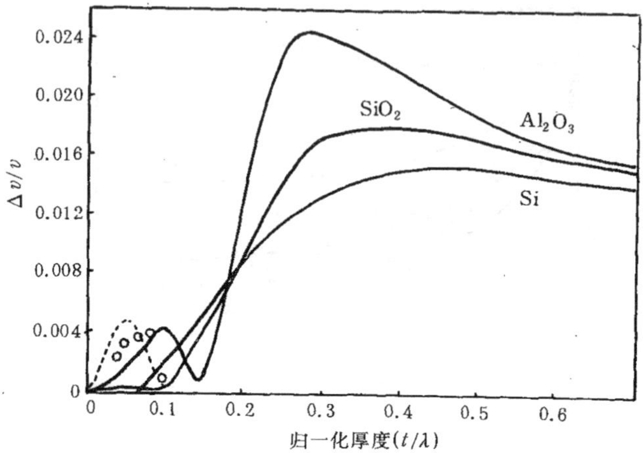

图 7.36 PZT 膜与不同的基底材料形成层状结构时耦合因数与厚度的关系[122].

极化可在电场作用下转向[126].另外一类已由电滞回线等确证为铁电体的聚合物是奇数尼龙[127],如尼龙-11、尼龙-9、尼龙-7和尼龙-5.自熔体淬火并经拉伸后,这些尼龙与PVDF相似,具有与膜面垂直的自发极化.在室温下,尼龙-11、尼龙-9、尼龙-7和尼龙-5的剩余极化分别为0.056,0.068,0.086和0.125C/m^2,矫顽场分别为64,75,80和100MV/m.压电常量比PVDF的低,但它们有一个显著的特点,在室温至约150℃的范围内,压电常量(如d_{31},g_{31})随温度升高而大幅度增大.例如尼龙-7的d_{31}从室温的1.5×10^{-12}C/N升至150℃时的15×10^{-12}C/N.聚合物的压电常量一般在趋近玻璃转变温度T_g时增大,奇数尼龙的T_g在室温以上,PVDF的在室温以下(约-50℃),后者的压电常量在约-50℃呈极大值.

与无机压电材料相比,聚合物的压电性虽然弱,但有两个优点:(1)密度ρ低,声速v小,故声阻抗率($=\rho v$)低,与水、空气或人体组织较易实现阻抗匹配;(2)易于制成大面积均匀的薄膜和异形换能器.

PVDF 的铁电性只存在于 β 相,其结构见 §2.5. β 相通常是对 α 相膜沿膜面施加拉力而获得的. 在拉力作用下,片状晶体中的分子与拉力方向平行,自发极化垂直于膜面并与拉力方向垂直. 晶体有正交对称性,点群为 $m2m$. β 相 PVDF 的晶轴 a,b,c 取向如图 7.37 所示. 晶体物理坐标轴 x,y 和 z 分别平行于 a,b 和 c.

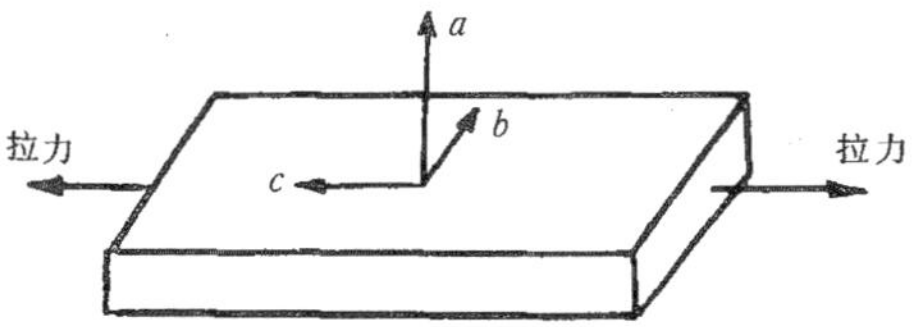

图 7.37 β 相 PVDF 膜及其晶轴.

PVDF 膜的压电、弹性、介电和热电系数列于表 7.11,其中静态值取自文献[128],动态值取自文献[129].

P(VDF-TrFE)是偏氟乙烯(VDF)和三氟乙烯(TrFE)的共聚物,可认为是 PVDF 中的 VDF 单体部分地被 TrFE 单体取代形成的. 其铁电性仍来源于 β 相的 PVDF[130]. 特点是厚度伸缩机电耦合因数比 PVDF 的大[131]. 更适用于医用超声换能器或压力传感器.

与压电陶瓷或压电单晶比较,PVDF 等铁电聚合物的特点是弹性顺度大两个数量级,这个特点给压电性和热电性的表征带来了一个值得注意的问题.

为了测量压电常量 $d_{mi}=(\partial D_m/\partial X_i)_{T,E}$,我们对样品施应力 X_i,测量电极面上的电荷 $Q_m=D_mA$. 如果不考虑电极面积 A 的变化,则

$$d_{mi}=\frac{1}{A}\left(\frac{\partial Q_m}{\partial X_i}\right)_{T,E}. \tag{7.289}$$

如果计入面积 A 的变化,则有

$$d_{mi}=\frac{1}{A}\left(\frac{\partial Q_m}{\partial X_i}\right)_{T,E}-\frac{D_m}{A}\left(\frac{\partial A}{\partial X_i}\right)_{T,E}. \tag{7.290}$$

表 7.11　PVDF 膜的主要特性

材料参量	不同频率时的数值			
	静　态	10Hz	25kHz	41MHz
$d_{31}(10^{-12}C/N)$	−21.4	−28	−17.5	—
d_{32}	−2.3	−4	−3.2	—
d_{33}	31.5	35	—	—
d_h	9.6	3	—	—
$\varepsilon_{33}/\varepsilon_0$	—	15	13.6	4.9
$\tan\delta$	—	—	0.06	0.22
$p_2(10^{-4}Cm^{-2}K^{-1})$	−0.274	—	—	—
$s_{11}(10^{-10}m^2/N)$	4.0	3.65	2.49	—
s_{22}	—	4.24	2.54	—
s_{33}	—	4.72	—	—
s_{12}	−1.57	−1.10	—	—
s_{13}	—	−2.09	—	—
s_{23}	—	−1.92	—	—
$c_{11}(10^9N/m^2)$	5.04	—	—	—
c_{12}	3.25	—	—	—
c_{33}	—	5.4	—	9.55
$k_{31}(10^{-2})$	—	1.3	10.2	—
k_{32}	—	1.7	1.8	—
k_t	—	—	—	14.4

对于通常的压电陶瓷或压电单晶，式中右边第二项可以忽略，但对于 PVDF 等弹性顺度大的聚合物，第二项可与第一项相比拟甚至更大. 文献[132]指出了该项的重要性，文献[126]对此进行了更详尽的论述，并且指出在热电测量中也有同样的问题. 为了测量热电系数 $p_m=\partial D_m/\partial T$，我们改变样品的温度，测量电极面上的电荷. 若不计电极面积 A 的变化，则

$$p_m=\frac{1}{A}\left(\frac{\partial Q_m}{\partial T}\right)_{X,E}. \tag{7.291}$$

对于弹性顺度很大的材料，此式应修正为

$$p_m = \frac{1}{A}\left(\frac{\partial Q_m}{\partial T}\right)_{X,E} - \frac{D_m}{A}\left(\frac{\partial A}{\partial T}\right)_{X,E}. \tag{7.292}$$

7.8.4 复合材料

复合可以改进材料性能甚至获得单一材料不具有的新的性能. 压电复合材料最成功的实例是，压电陶瓷细长柱与环氧树脂复合使等静压压电常量 d_h 和 g_h 分别提高几倍和几十倍.

根据复合的方式和组元的性能确定复合体的性能是复合材料的理论基础. 压电效应是一种复杂的线性响应，确定复合材料压电常量的方法通常是选择某些简单的几何结构使边值问题较易处理，这包括球模型[133]，椭球模型[134]和立方体模型[135]等，更简单的是采用串(并)联模型[136—138].

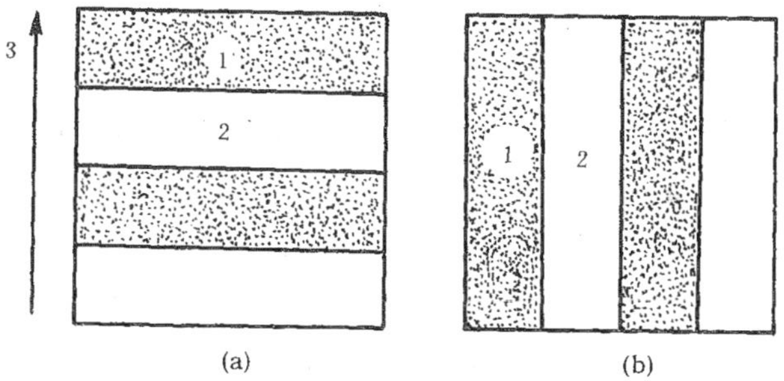

图 7.38 串联结构(a)和并联结构(b).

图 7.38 示出串联结构(a)和并联结构(b)，两组元的界面分别与坐标轴 3 垂直和平行. 以右上角加星号表示复合材料，左上角标 1 和 2 分别表示组元 1 和组元 2，f 表示体积分数，则对串联结构有

$$\varepsilon_{33}^{*} = \frac{{}^1\varepsilon_{33}\,{}^2\varepsilon_{33}}{{}^1f\,{}^1\varepsilon_{33} + {}^2f\,{}^2\varepsilon_{33}}, \tag{7.293}$$

$$d_{33}^* = \frac{{}^1f^1 d_{33}{}^2\varepsilon_{33} + {}^2f^2 d_{33}{}^1\varepsilon_{33}}{{}^1f^2\varepsilon_{33} + {}^2f^1\varepsilon_{33}}, \tag{7.294}$$

$$g_{33}^* = \frac{d_{33}^*}{\varepsilon_{33}^*} = \frac{{}^1f^1 d_{33}}{{}^1\varepsilon_{33}} + \frac{{}^2f^2 d_{33}}{{}^2\varepsilon_{33}} = {}^1f^1 g_{33} + {}^2f^2 g_{33}. \tag{7.295}$$

对并联结构有

$$\varepsilon_{33}^* = {}^1f^1\varepsilon_{33} + {}^2f^2\varepsilon_{33},$$

$$d_{33}^* = \frac{{}^1f^1 d_{33}{}^2s_{33} + {}^2f^1 d_{33}{}^1s_{33}}{{}^1f^2 s_{33} + {}^2f^1 s_{33}}, \tag{7.296}$$

$$g_{33}^* = \frac{{}^1f^1 d_{33}{}^2s_{33} + {}^2f^2 d_{33}{}^1s_{33}}{({}^1f^2 s_{33} + {}^2f^1 s_{33})({}^1f^1\varepsilon_{33} + {}^2f^2 s_{33})}. \tag{7.297}$$

$$d_{31}^* = {}^1f^1 d_{31} + {}^2f^2 d_{31} \tag{7.298}$$

式(7.297)提示了提高压电性的可能性.如果组元1为压电陶瓷(极化沿3方向),组元2为某种非压电的柔性材料,则${}^2d_{33}=0$,${}^2s_{33} \gg {}^1s_{33}$,${}^2\varepsilon_{33} \ll {}^1\varepsilon_{33}$.若取${}^1f={}^2f=0.5$,则${}^*g_{33} \simeq 2{}^1g_{33}$.

更有意义的是等静压压电常量d_h和g_h

$$d_h = d_{33} + 2d_{31}. \tag{7.299}$$

PZT压电陶瓷d_{31}为负,其绝对值接近d_{33}的一半,所以d_h很小,这限制了它作为水听器换能材料的应用.在并联结构中,d_{31}^*由式(7.298)表示.利用上述压电陶瓷和柔性材料的特性和体积分数,可知$d_{31}^* \simeq {}^1d_{33}$,$d_{31}^* \simeq 0.5{}^1d_{31}$,所以${}^*d_h$较${}^1d_h$显著提高.又因$\varepsilon_{33}^* \simeq 0.5{}^1\varepsilon_{33}$,而$g_h^* = d_h^*/\varepsilon_{33}^*$,所以${}^*g_h$提高更大.

上面的方法虽然有启发性,但只能处理少数很简单的情况.确定非均匀媒质线性响应系数和某些非线性响应系数的有效途径之一是借助多重散射理论[139].南策文提出了用该理论计算压电复合材料性能的方法[140,141].

采用式(7.27a)所示的压电方程,并略去表示守恒量的上标,于是

$$\begin{aligned} \mathbf{X} &= \mathbf{cx} - \mathbf{e}_t \boldsymbol{E}, \\ \boldsymbol{D} &= \mathbf{ex} + \boldsymbol{\varepsilon} \boldsymbol{E}. \end{aligned} \tag{7.300}$$

将上式简写为

$$\begin{bmatrix}\mathbf{X}\\ \boldsymbol{D}\end{bmatrix}=\begin{bmatrix}\mathbf{c} & -\mathbf{e}_t\\ \mathbf{e} & \boldsymbol{\varepsilon}\end{bmatrix}\begin{bmatrix}\mathbf{x}\\ \boldsymbol{E}\end{bmatrix},\tag{7.301}$$

此式的系数组成一个 9×9 矩阵. 复合材料中场变量是位置的函数,用平均值 $\langle \mathbf{X}\rangle$, $\langle \mathbf{x}\rangle$, $\langle \boldsymbol{E}\rangle$ 和 $\langle \boldsymbol{D}\rangle$ 表示,响应系数用带上标星号的量表示

$$\begin{pmatrix}\langle \mathbf{X}\rangle\\ \langle \boldsymbol{D}\rangle\end{pmatrix}=\begin{pmatrix}\mathbf{c}^* & -\mathbf{e}_t^*\\ \mathbf{e}^* & \boldsymbol{\varepsilon}^*\end{pmatrix}\begin{pmatrix}\langle \mathbf{x}\rangle\\ \langle \boldsymbol{E}\rangle\end{pmatrix}.\tag{7.302}$$

局域响应系数可写为

$$\begin{aligned}&\mathbf{c}=\mathbf{c}^0+\mathbf{c}', \quad \mathbf{e}_t=\mathbf{e}_t^0+\mathbf{e}_t',\\ &\mathbf{e}=\mathbf{e}^0+\mathbf{e}', \quad \boldsymbol{\varepsilon}=\boldsymbol{\varepsilon}^0+\boldsymbol{\varepsilon}',\end{aligned}\tag{7.303}$$

右边第一项是均匀参照媒质的响应系数,第二项是相对于均匀参照媒质的起伏.

设复合材料外表面 S 上满足均匀的机电边界条件,即

$$\begin{aligned}&u_i(S)=s_{ij}^0 r_j=u_i^0,\\ &\phi(S)=-E_i^0 r_i=\phi^0,\end{aligned}\tag{7.304}$$

式中 u_i 和 ϕ 分别表示弹性位移和电势. 假定不受体力且无自由电荷,则在静态平衡状态中

$$\begin{bmatrix}X_{ij,j}\\ D_{i,i}\end{bmatrix}=0,\tag{7.305}$$

其中逗号表示偏微商.

将式(7.301)和(7.304)代入式(7.305)得

$$c_{ijkl}^0 s_{kl,j}+(c_{ijkl}' s_{kl}-e_{nij}E_n)_{,j}=0,\tag{7.306}$$

$$\varepsilon_{ij}^0 E_{j,i}+(e_{ijn}s_{jn}+\varepsilon_{ij}' E_j)_{,i}=0.\tag{7.307}$$

用弹性位移 u_k 和电势 ϕ 表示,上式成为

$$c_{ijkl}^0 u_{k,ij}+(c_{ijkl}' s_{ki}-e_{nij}E_n)_{,j}=0,\tag{7.308a}$$

$$\varepsilon_{ij}^0 \phi_{ij}+(e_{ijn}s_{jn}+\varepsilon_{ij}' E_j)_{,i}=0.\tag{7.308b}$$

由此可得如下的解:

$$u_k(\boldsymbol{r})=u_k^0+\int g_{ki}^{u}(\boldsymbol{r},\boldsymbol{r}')F_i(\boldsymbol{r}')d\boldsymbol{r}',\tag{7.309a}$$

$$\phi(\boldsymbol{r}) = \phi^0 + \int g^{\phi}(\boldsymbol{r},\boldsymbol{r}')H(\boldsymbol{r})d\boldsymbol{r}', \qquad (7.309\text{b})$$

式中 F_i 和 H 分别为式(7.308a)和式(7.308b)左边第二项,u_k^0 和 ϕ^0 为式(7.308a)和式(7.308b)在给定表面弹性位移和表面电势下的齐次解,它们分别只与 $\mathbf{c}^0$ 和 $\boldsymbol{\varepsilon}^0$ 有关,$g_{ki}^u(\boldsymbol{r},\boldsymbol{r}')$和 $g^{\phi}(\boldsymbol{r},\boldsymbol{r}')$是均匀参照媒质($\mathbf{c}^0,\boldsymbol{\varepsilon}^0$)的弹性位移格林函数和电势格林函数. 对式(7.309)求导并分部积分,可得出复合材料中局域场的解为

$$\mathbf{x}(\boldsymbol{r}) = \mathbf{x}^0 + \int G^u(\boldsymbol{r},\boldsymbol{r}')[\mathbf{c}'(\boldsymbol{r}')\mathbf{x}(\boldsymbol{r}') - \mathbf{e}_t(\boldsymbol{r}')\boldsymbol{E}(\boldsymbol{r}')]d\boldsymbol{r}', \qquad (7.310\text{a})$$

$$\boldsymbol{E}(\boldsymbol{r}) = \boldsymbol{E}_0 + \int G^{\phi}(\boldsymbol{r},\boldsymbol{r}')[\mathbf{e}(\boldsymbol{r}')\mathbf{x}(\boldsymbol{r}') + \boldsymbol{\varepsilon}'(\boldsymbol{r}')\boldsymbol{E}(\boldsymbol{r}')]d\boldsymbol{r}', \qquad (7.310\text{b})$$

此式可改写为

$$\begin{pmatrix}\mathbf{x}\\ \boldsymbol{E}\end{pmatrix} = \begin{pmatrix}\mathbf{x}^0\\ \boldsymbol{E}^0\end{pmatrix} + \begin{pmatrix}G^u & 0\\ 0 & G^{\phi}\end{pmatrix}\begin{pmatrix}\mathbf{c}' & -\mathbf{e}_t\\ \mathbf{e} & \boldsymbol{\varepsilon}'\end{pmatrix}\begin{pmatrix}\mathbf{x}\\ \boldsymbol{E}\end{pmatrix}, \qquad (7.311)$$

式中 G^u 和 G^{ϕ}分别为均匀参照媒质的修正的弹性位移和电势格林函数,$\mathbf{x}^0$ 和 $\boldsymbol{E}^0$ 为均匀参照媒质中的均匀场.

用迭代法由上式得出局域场的显式解为

$$\begin{pmatrix}\mathbf{x}\\ \boldsymbol{E}\end{pmatrix} = \begin{pmatrix}T^{66} & -T^{63}\\ T^{36} & T^{33}\end{pmatrix}\begin{pmatrix}\mathbf{x}^0\\ \boldsymbol{E}^0\end{pmatrix}, \qquad (7.312)$$

其中

$$\begin{aligned}
T^{66} &= [I - G^u\mathbf{c}' + G^u\mathbf{e}_t(I - G^{\phi}\boldsymbol{\varepsilon}')^{-1}G^{\phi}\mathbf{e}]^{-1},\\
T^{63} &= T^{66}G^u\mathbf{e}_t(I - G^{\phi}\boldsymbol{\varepsilon}')^{-1},\\
T^{33} &= [I - G^{\phi}\boldsymbol{\varepsilon}' + G^{\phi}\mathbf{e}(I - G^u\mathbf{c}')^{-1}G^u\mathbf{e}_t]^{-1},\\
T^{36} &= T^{33}G^{\phi}\mathbf{e}(I - G^u\mathbf{e}')^{-1},
\end{aligned} \qquad (7.313)$$

这里 I 是单位矩阵. 由上式得响应系数的普遍解为

$$\mathbf{c}^* = \langle \mathbf{c}T^{66} - \mathbf{e}_tT^{36}\rangle A + \langle \mathbf{c}T^{63} + \mathbf{e}_tT^{33}\rangle B, \qquad (7.314)$$

$$\mathbf{e}_t^* = \langle(\mathbf{c} - \mathbf{c}^*)T^{63} + \mathbf{e}_tT^{33}\rangle\langle T^{33}\rangle^{-1}, \qquad (7.315)$$

$$\mathbf{e}^* = \langle \mathbf{e}T^{66} + \boldsymbol{\varepsilon}T^{36}\rangle A + \langle \mathbf{e}T^{63} - \boldsymbol{\varepsilon}T^{33}\rangle B, \qquad (7.316)$$

$$\boldsymbol{\varepsilon}^* = \langle \boldsymbol{\varepsilon} T^{33} + (\mathbf{e}^* - \mathbf{e}) T^{63} \rangle \langle T^{33} \rangle^{-1}, \tag{7.317}$$

其中

$$\begin{aligned} A &= (\langle T^{66} \rangle + \langle T^{63} \rangle \langle T^{33} \rangle^{-1} \langle T^{36} \rangle)^{-1}, \\ B &= \langle T^{33} \rangle^{-1} \langle T^{36} \rangle A. \end{aligned} \tag{7.318}$$

上述结果适用于各种压电复合材料，与具体结构模型无关，它们并给出了各种有效响应系数之间的关系. 如果忽略交叉(或耦合)项，则有

$$\mathbf{c}^* = \langle \mathbf{c} T^{66} \rangle \langle T^{66} \rangle^{-1}, \tag{7.319}$$

$$\boldsymbol{\varepsilon}^* = \langle \boldsymbol{\varepsilon} T^{33} \rangle \langle T^{33} \rangle^{-1}, \tag{7.320}$$

$$\mathbf{e}_t^* = \langle (\mathbf{c} - \mathbf{c}^*) T^{63} + \mathbf{e}_t T^{33} \rangle \langle T^{33} \rangle^{-1}. \tag{7.321}$$

这里各矩阵 T 已简化为

$$\begin{aligned} T^{66} &= (I - G^u \mathbf{c}')^{-1}, \\ T^{63} &= (I - G^u \mathbf{c}')^{-1} G^u \mathbf{e}_t (I - G^\phi \boldsymbol{\varepsilon}')^{-1}, \\ T^{33} &= (I - G^\phi \boldsymbol{\varepsilon}')^{-1}. \end{aligned} \tag{7.322}$$

式(7.319)和式(7.320)与线性响应理论的结果一致，数值计算表明，交叉(耦合)项对 $\mathbf{c}^*$ 和 $\boldsymbol{\varepsilon}^*$ 的影响不大，所以式(7.319)和式(7.320)可用来确定复合材料的弹性刚度和介电常量.

有两个不同的一级近似可使上述理论结果简化. 一种是取基体材料的响应系数为均匀参照媒质的响应系数，即令 $\mathbf{c}^0 = \mathbf{c}^m$，$\boldsymbol{\varepsilon}^0 = \boldsymbol{\varepsilon}^m$. 这称为非自洽近似[140]. 另一种是取复合材料的响应系数为均匀参照媒质的响应系数，即令 $\mathbf{c}^0 = \mathbf{c}^*$，$\boldsymbol{\varepsilon}^0 = \boldsymbol{\varepsilon}^*$. 这称为自洽有效媒质理论[141].

考虑压电陶瓷长柱与环氧树脂的复合. 因前者为一维，后者为三维，故称为 1－3 联接. 令坐标轴 3 与陶瓷柱轴及其极化方向一致. 这种复合材料的对称性与压电陶瓷的相同，非零的独立响应系数有：5 个弹性刚度矩阵元 $c_{11}^*, c_{12}^*, c_{13}^*, c_{33}^*, c_{44}^*$，3 个压电常量矩阵元 $e_{33}^*, e_{31}^*, e_{15}^*$，两个电容率分量 $\varepsilon_{11}^*, \varepsilon_{33}^*$. 引入记号 $k^* = c_{11}^* + c_{12}^*$，$m^* = c_{11}^* - c_{12}^*$. 令陶瓷为组元 1，体积分数为 f，环氧树脂为组元 2. 取 $\mathbf{c}^0 = \mathbf{c}^m$，$\boldsymbol{\varepsilon}^0 = \boldsymbol{\varepsilon}^m$，忽略 $\mathbf{c}^*$ 中的 f^2 项，由式(7.314)—(7.318)可得

$$
\begin{aligned}
k^* &= \frac{{}^2k({}^1k+{}^2m)+f{}^2m({}^1k-{}^2k)}{{}^1k+{}^2m-f({}^1k-{}^2k)}, \\
m^* &= {}^2m\,\frac{{}^2k({}^2m+{}^1m)+2{}^2m{}^1m+f{}^2k({}^1m-{}^2m)}{{}^2k({}^2m+{}^1m)+2{}^2m{}^1m-f({}^1m-{}^2m)({}^2k+2{}^2m)}, \\
c_{13}^* &= \frac{{}^2c_{12}({}^1k-k^*)+{}^1c_{13}(k^*-{}^2k)}{{}^1k-{}^2k}, \\
c_{33}^* &= {}^2c_{11}+f({}^1c_{33}-{}^2c_{11})-2f\,\frac{({}^1c_{33}-{}^2c_{12})^2({}^1k-k^*)}{({}^1k+{}^2m)({}^1k-{}^2k)}, \\
c_{44}^* &= \frac{{}^2m({}^2m+2{}^1c_{44})+f{}^2m(2{}^1c_{44}-{}^2m)}{2({}^2m+2{}^1c_{44})+2f({}^2m-2{}^1c_{44})}, \\
e_{31}^* &= \frac{f{}^1e_{31}(k^*+{}^2m)}{{}^1k+{}^2m}, \\
e_{33}^* &= f{}^1e_{33}-\frac{2f{}^1e_{31}({}^1c_{13}-c_{13}^*)}{{}^1k+{}^2m}, \\
e_{15}^* &= \frac{f{}^1e_{15}{}^2\varepsilon({}^2m+2c_{44}^*)}{[(1+f){}^2\varepsilon+(1-f){}^1\varepsilon_{11}]({}^2m+2{}^1c_{44})}, \\
\varepsilon_{11}^* &= {}^2\varepsilon\,\frac{(1-f){}^2\varepsilon+(1+f){}^1\varepsilon_{11}-2f(e_{15}^*-{}^1e_{31})/({}^2m+2{}^1c_{44})}{(1+f){}^2\varepsilon+(1-f){}^1\varepsilon_{11}}, \\
\varepsilon_{33}^* &= {}^2\varepsilon+f({}^1\varepsilon_{33}-{}^2\varepsilon)-\frac{2f{}^1e_{31}({}^*e_{31}-{}^1e_{31})}{{}^1k+{}^2m}.
\end{aligned}
\tag{7.323}
$$

有了上式的结果,可由式(7.36)和式(7.34)计算 d_{31}^*和 d_{33}^*,由式(7.299)计算 d_h^*.

在上式中代入如下的数值:PZT 陶瓷(组元 1)的${}^1c_{11}=118.4\text{GPa}$,${}^1c_{12}=58.5\text{GPa}$,${}^1c_{13}=59.6\text{GPa}$,${}^1c_{33}=102.8\text{GPa}$,${}^1\varepsilon_{33}=1600\varepsilon_0$,${}^1d_{31}=-205\times10^{-12}\text{C/N}$,${}^1d_{33}=450\times10^{-12}\text{C/N}$. 环氧树脂(组元 2)的${}^2c_{11}=6.5\text{GPa}$,${}^2c_{12}=3.5\text{GPa}$,${}^2\varepsilon=7\varepsilon_0$. 计算得 d_{33}^*,d_{31}^*,d_h^* 和 g_h^* 随体积分数 f 的关系如图 7.39 和图 7.40 所示[140]. 为了对比,图中也示出了文献[142]的实验结果. 图中 γ 代表陶瓷的纵横向尺寸比.

从图中可看出,d_{33}^*和 d_{31}^*随 f 增大而上升,g_h^* 随 f 增大而下降,d_h^* 则呈现极值. 因为${}^1d_h={}^1d_{33}+2{}^1d_{31}=40\times10^{-12}\text{C/N}$,由图 7.40(a)可见,$d_h^*$ 可达${}^1d_h$ 的两倍以上. ${}^1g_h={}^1d_h/{}^1\varepsilon_{33}=2.8\times10^{-3}\text{Vm/N}$,图 7.40(b)表明,$g_h^*$ 可达${}^1g_h$ 的数十倍. 事实上,由文献

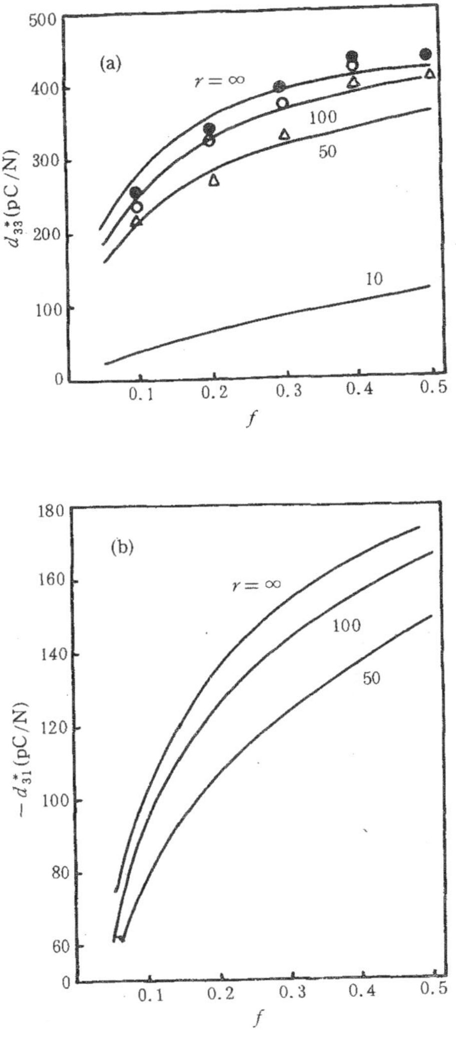

图 7.39 d_{33}^*(a)和 d_{31}^*与 PZT 体积分数 f 的关系，γ 是 PZT 柱的纵横尺寸比. 实验数据取自文献[142]，三角、黑点和白圈分别表示 PZT 圆柱的直径为 840μm，600μm 和 400μm[140].

[142]所介绍的实验可得出，在 $f=0.1$ 时，d_h^* 和 g_h^* 分别为 PZT

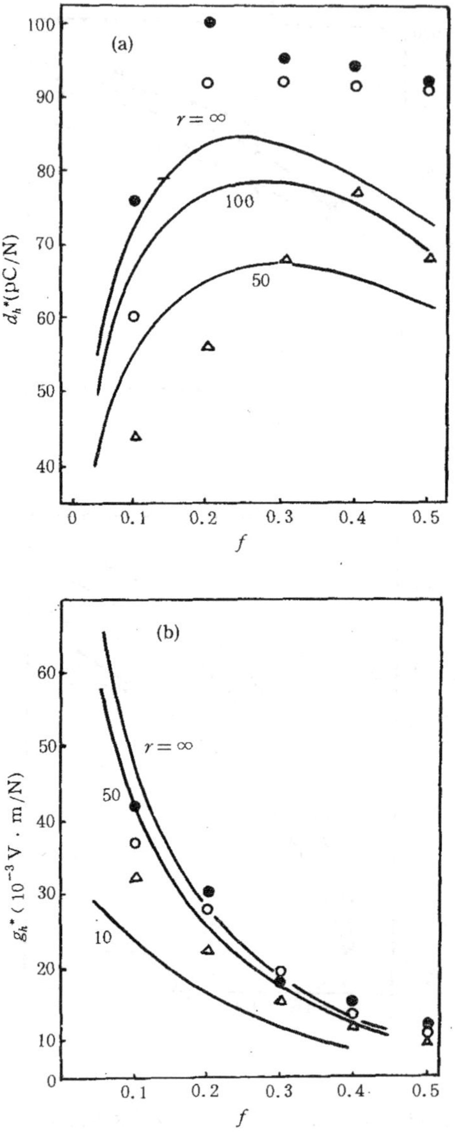

图 7.40　d_h^*(a)和 g_h^*(b)与 PZT 体积分数 f 的关系,γ 是 PZT 柱的纵横尺寸比. 实验数据取自文献[142],三角、黑点和白圈分别表示 PZT 圆柱的直径为 840μm,600μm 和 400μm[140].

的 3 倍和 25 倍.

理论计算与实验数据的差别随 f 增大而变大，这主要是因为 f 较大时各 PZT 柱之间的相互作用增强，而且此时复合体的各向异性增大，把环氧树脂基体作为均匀参照媒质已不合适.

若采用自洽有效媒质理论，取 $\mathbf{c}^0=\mathbf{c}^*$，$\boldsymbol{\varepsilon}^0=\boldsymbol{\varepsilon}^*$，在陶瓷纵横尺寸比趋于无穷大的极限情况，由式(7.314)—(7.318)可得[141]

$$\left\langle\frac{k-k^*}{k+m^*}\right\rangle=0,$$

$$\left\langle\frac{m-m^*}{2m^*(k^*+m^*)+(m-m^*)(k^*+2m^*)}\right\rangle=0,$$

$$\left\langle\frac{c_{13}-c_{13}^*}{k+m^*}\right\rangle=0,$$

$$\left\langle c_{33}-c_{33}^*-\frac{2(c_{13}-c_{13}^*)^2}{k+m^*}\right\rangle=0,$$

$$\left\langle\frac{c_{44}-c_{44}^*}{c_{44}+3c_{44}^*}\right\rangle=0,$$

$$\left\langle\frac{e_{31}^*}{k^*+m^*}-\frac{e_{31}}{k+m^*}\right\rangle=0,$$

$$\left\langle e_{33}-e_{33}^*-\frac{2e_{31}(c_{13}-c_{13}^*)}{k+m^*}\right\rangle=0,$$

$$\left\langle\frac{e_{15}^*}{\varepsilon_{11}+\varepsilon_{11}^*}-\frac{4e_{15}c_{44}^*}{(c_{44}+3c_{44}^*)(\varepsilon_{11}+\varepsilon_{11}^*)}\right\rangle=0,$$

$$\left\langle\frac{\varepsilon_{11}-\varepsilon_{11}^*}{\varepsilon_{11}+\varepsilon_{11}^*}-\frac{e_{15}(e_{15}-e_{15}^*)}{(c_{44}+3c_{44}^*)(\varepsilon_{11}+\varepsilon_{11}^*)}\right\rangle=0,$$

$$\left\langle\varepsilon_{33}-\varepsilon_{33}^*+\frac{2e_{31}(e_{31}-e_{31}^*)}{k+m^*}\right\rangle=0.$$

将上面所用的 PZT 及环氧树脂的数据代入，得到 d_{33}^*，d_h^* 和 g_h^* 等响应系数与体积分数 f 的关系，结果表明，自洽有效媒质理论在 $0<f<1$ 的整个范围都与实验结果符合得较好，而非自洽近似适用范围限于 f 较小的区域.

参 考 文 献

[1] W. G. Cady, Piezoelectricity, McGraw-Hill, New York (1946).

[2] S. Roberts, *Phys. Rev.*, **71**, 890 (1947).
[3] W. P. Mason, Piezoelectric Crystals and Their Applications to Ulatrsonics, Van Nostrand, Princeton (1950).
[4] B. Jaffe, W. R. Cook and H. Jaffe, Piezoelectric Ceramics, Academic Press, London (1971).
[5] IRE Standards on Piezoelectric Crystals, 1949, *Proc. IRE*, **37**, 1378 (1949).
[6] IRE Standards on Piezoelectric Crystals, 1957, *Proc. IRE*, **45**, 345 (1957).
[7] IRE Standards on Piezoelectric Crystals, 1958, *Proc. IRE*, **46**, 765 (1958).
[8] IRE Standards on Piezoelectric Crystals, 1961, *Proc. IRE*, **49**, 1162 (1961).
[9] IEEE Standards on Piezoelectricity 176—1978, *IEEE. Trans. on Sonics and Ultrasonics*, **Su-32** (2), 137 (1984).
[10] T. Mitsui, I. Tatsuzaki and E. Nakamura, An Introduction to the Physics of Ferroelectrics, Gordon and Breach, New York (1976). 中译本：仉冠军等译，殷之文校，铁电物理学导论，科学出版社，北京 (1983).
[11] J. Grindlay, An Introduction to the Phenomenological Theory of Ferroelectricty, Pergamon Press, Oxford (1970).
[12] M. Shishineh, C. Sundius, T. Shrout, L. E. Cross, Ferroelectrics, **50**, 219 (1983).
[13] S. J. Jang, K. Uchino, S. Nomura, L. E. Cross, *Ferroelectrics*, **27**, 31 (1980).
[14] S. Nomura, J. Kuwata, K. Uchino, S. J. Jang, L. E. Cross, R. E. Newnham, *Phys. Stat. Sol.*, **(a) 57**, 317 (1980).
[15] J. Kuwata, K. Uchino, S. Nomura, *Jpn. J. Appl. Phys.*, **19**, 2099 (1980).
[16] A. F. Devonshire, *Adv. Phys.*, **3**, 85 (1954).
[17] Q. M. Zhang, W. Y. Pan, S. J. Jang, L. E. Cross, *Ferroelectrics*, **88**, 147 (1988).
[18] K. Uchino, S. Nomura, L. E. Cross, S. J. Jang, R. E. Newnham, *J. Appl. Phys.*, **51**, 1142 (1980).
[19] K. Uchino, S. Nomura, L. E. Cross, R. E. Newnham, *J. Phys. Soc. Jpn.*, Supplement **49** B, 45 (1980).
[20] K. Uchino, S. Nomura, L. E. Cross, R. E. Newnham, S. J. Jang, *J. Mater, Sci.*, **16**, 569 (1981).
[21] S. Nomura, K. Uchino, *Ferroelectrics*, **41**, 117 (1982).
[22] A. Schnell, *Philips Tech. Rev.*, **40**, 358 (1982).
[23] G. A. Smolenski, J. Phys. Soc. Jpn., Supplement **28**,, 26 (1970).
[24] V. A. Isupov, E. P. Smirnova, *Ferroelectrics*, **90**, 141 (1989).
[25] L. E. Cross, *Ferroelectrics*, **76**, 241 (1987).
[26] H. Takagi, K. Sakata, T. Takenaka, *Jpn. J. Appl. Phys.*, **32**, 4280 (1993).
[27] L. J. Lin, T. B. Wu, *J. Am. Ceram. Soc.*, **73**, 1253 (1990).
[28] V. V. Lemanov, N. K. Yushin, E. P. Smirnova, A. V. Sotnikov, E. A. Tarakanov, A. Yu. Maksimov, *Ferroelectrics*, **134**, 139 (1992).
[29] I. F. Nye, Physical Properties of Crystals, Oxford University Press, Oxford,

110 (1976).
[30] D. F. Nelson, Electric, Optic and Acoustic Interactions in Dielectrics, Wiley and Sons, New York (1979).
[31] R. C. Miller, *Appl. Phys. Lett.*, **5**, 17 (1964).
[32] F. Jona and G. Shirane, Ferroelectric Crystals, Pergamon Press, Oxford (1962).
[33] G. A. Smolenski (Editor-in-Chief), Ferroelectrics and Related Materials, Gordon and Breach, New York (1984).
[34] D. Berlincourt, H. Jaffe, *Phys. Rev.*, **111**, 143 (1958).
[35] 李远、秦自楷、周志刚，压电与铁电材料的测量，科学出版社，北京 (1984).
[36] V. Sunder, R. E. Newnham, *Ferroelectrics*, **135**, 431 (1992).
[37] 孙慷、张福学主编，压电学（上册），国防工业出版社，北京 (1984).
[38] 张沛霖、张仲渊，压电测量，国防工业出版社，北京 (1983).
[39] 王矜奉、姜祖同、石瑞大，压电振动，科学出版社，北京 (1989).
[40] J. G. Smits, *IEEE. Trans. on Sonics and Ultrasonics*, **SU-23**, 393 (1976); *Ferroelectrics*, **64**, 275 (1985).
[41] W. A. Schulze, K. Ogino, *Ferroelectrics*, **87**, 361 (1988).
[42] D. Berlincourt, *J. Acoust. Soc. Am.*, **91**, 3034 (1992).
[43] M. J. Haun, E. Furman, S. J. Jang, L. E. Cross, *Ferroelectrics*, **99**, 63 (1989).
[44] W. L. Zhong, P. L. Zhang, S. D. Liu, *Ferroelectrics*, **101**, 173 (1990).
[45] K. Carl, K. H. Hardtl, *Phys. Stat. Sol.*, **(a) 8**, 87 (1971).
[46] V. A. Isupov, *Ferroelectrics*, **12**, 141 (1976).
[47] V. A. Isupov, *Ferroelectrics*, **46**, 217 (1983).
[48] W. Wersing, *Ferroelectrics*, **54**, 207 (1984).
[49] M. J. Haun, E. Furman, S. J. Jang, L. E. Cross, *Ferroelectrics*, **99**, 13 (1989).
[50] M. J. Haun, E. Furman, H. A. Mckinstry, L. E. Cross, *Ferroelectrics*, **99**, 27 (1989).
[51] M. J. Haun, Z. Q. Zhuang, E. Furman, S. J. Jang, L. E. Cross, *Ferroelectrics*, **99**, 45 (1989).
[52] M. J. Haun, E. Furman, T. R. Halemane, L. E. Cross. *Ferroelectrics*, **99**, 55 (1989).
[53] Wenwu Cao and L. E. Cross, *Phys. Rev.*, **B47**, 4825 (1993).
[54] W. Cao and L. E. Cross, *Jpn. J. Appl. Phys.*, **31**, 1399 (1992).
[55] S. Takahashi, *Ferroelectrics*, **41**, 143 (1982).
[56] S. Takahashi, *Jpn. J. Appl. Phys.*, **20**, 95 (1981).
[57] W. L. Zhong, *Ferroelectrics Lett.*, **2**, 13 (1984).
[58] K. Okazaki, H. Maiwa, *Jpn. J. Appl. Phys.*, **31**, 3113 (1992).
[59] H. Thomann, *Ferroelectrics*, **4**, 141 (1972).
[60] K. Carl, *Ferroelectrics*, **9**, 23 (1975).
[61] P. Gerthsen, K. H. Hardtl, N. A. Schmidt, *J. Appl. Phys.*, **51**, 1131 (1980).
[62] B. Lewis, *Proc. Phys. Soc.*, **73**, 17 (1970).

[63] S. Takahashi, *Trans. Inst. Electron. Commun. Eng. Jpn.*, C**59**, 636 (1976).
[64] T. Kala, *Phase Transitions*, **36**, 65 (1991).
[65] 邝安祥、周桃生、何昌鑫、柴荔英，科学通报，**11**，811 (1989).
[66] M. L. Calzaola, L. Delolmo, *Ferroelectrics*, **123**, 233 (1991).
[67] N. Ichinose, Y. Fuse, *Ferroelectrics*, **106**, 369 (1990).
[68] L. D. Grineva, L. A. Shilkina, V. A. Servuli, R. A. Molchanova, V. A. Alyoshin, O. N. Razumovskaya, *Ferroelectrics*, **154**, 95 (1994).
[69] K. Uchino, K. Y. Oh, *J. Am. Ceram. Soc.*, **74**, 1131 (1991).
[70] H. Banno, T. Tsunooka, *Jpn. J. Appl. Phys.*, **6**, 954 (1967).
[71] V. V. Klimov, G. E. Savekova, O. S. Didkovskaya, Y. N. Venevtsev, *Ferroelectrics*, **7**, 383 (1974).
[72] T. Kudo, T. Kazaki, F. Naito, S. Sugaya, *J. Am. Ceram. Soc.*, **53**, 326 (1970).
[73] R. E. Newnham, *Amer. Ceram. Soc. Bull.*, **53**, 53 (1974).
[74] D. Berlincourt, *IRE Trans. Ultrasonics Eng.*, **4**, 53 (1956).
[75] P. Ari-Gur, L. Benquiqui, *J. Phys.*, **D8**, 1856 (1975).
[76] P. G. Lucata, F. L. Constantinescu, D. Barb, *J. Am. Ceram Soc.*, **68**, 533 (1985).
[77] T. Kamiya, R. Mishima, T. Tsurumi, M. Daiman, T. Nishimura, *Jpn. J. Appl. Phys.*, **32**, 4223 (1993).
[78] W. R. Cook, D. Berlincourt, F. Sckolz, *J. Appl. Phys.*, **34**, 1392 (1963).
[79] D. Berlincourt, H. H. A. Kruger, *J. Appl. Phys.*, **30**, 1804 (1959).
[80] 张孝文、叶楚才、李成萃，物理学报，**28**，524 (1979).
[81] Y. S. Ng, A. D. McDonaled, *Ferroelectrics*, **62**, 167 (1985).
[82] J. Mendiola, L. Pardo, *Ferroelectrics*, **54**, 199 (1984).
[83] J. Mendiola, L. Pardo, F. Carmona, A. M. Gonzalez, *Ferroelectrics*, **109**, 125 (1990).
[84] W. L. Zhong, Y. G. Wang, S. B. Yue, P. L. Zhang, *Solid State Commun.*, **90**, 383 (1994).
[85] A. V. Turik, *J. Phys. Soc. Jpn.*, Supplement **28**, 318 (1970).
[86] A. V. Turik, E. I. Bonderenko, *Ferroelectrics*, **7**, 303 (1974).
[87] L. Benguigi, *Ferroelectrics*, **7**, 315 (1974).
[88] P. Gerthsen, K. H. Hardtl, N. A. Schmidt, *J. Appl. Phys.*, **51**, 1131 (1980).
[89] G. Arlt, H. Dederichs, R. Herbiet, *Ferroelectrics*, **74**, 37 (1987).
[90] R. Herbiet, U. Robels, H. Dederichs, G. Arlt, *Ferroelectrics*, **98**, 107 (1989).
[91] A. G. Luchaninov, A. V. Shilinkov, L. A. Shavalov, I. J. Shipkova, *Ferroelectrics*, **98**, 123 (1989).
[92] G. Arlt, *Ferroelectrics*, **91**, 3 (1989).
[93] G. Arlt, D. Hennings, G. de With, *J. Appl. Phys.*, **58**, 1619 (1985).
[94] 闵乃本，物理学进展，**13**，26 (1993).

[95] Y. Y. Zhu, N. B. Ming, W. H. Jiang, Y. A. Shui, *App. Phys. Lett.*, **53**, 2278 (1988).
[96] Y. Y. Zhu, N. B. Ming, *Phys. Rev.*, **B40**, 8536 (1989).
[97] H. E. Bommel, K. Dransfeld, *Phys. Rev.*, **117**, 1245 (1960).
[98] Ming Naiben, Zhu Youngyuan, Feng Duan, *Ferroelectrics*, **106**, 99 (1990).
[99] J. L. Bleustein, *Appl. Phys. Lett.*, **19**, 117 (1971).
[100] J. C. Peuzin, F. C. Lissalde, *Ferroelectrics*, **7**, 327 (1974).
[101] C. Maerfeld, D. Tournois, *Appl. Phys. Lett.*, **19**, 117 (1971).
[102] Li Xing-Jiao, *Ferroelectrics*, **47**, 3 (1983).
[103] Li Xing-Jiao, *J. Appl. Phys.*, **56**, 88 (1984).
[104] B. A. Auld, Acoustic Fields and Waves in Solids, John Wiley, New York (1973).
[105] Xing-Jiao Li, *J. Appl. Phys.*, **61**, 2327 (1987).
[106] X. J. Li, W. Y. Pan, L. E. Cross, *J. Appl. Phys.*, **66**, 4928 (1989).
[107] Xing-Jiao Li, Yibing Li, Yiwu Lei, L. E. Cross, *J. Appl. Phys.*, **70**, 3029 (1991).
[108] D. B. Fraser, A. W. Warner, *J. Appl. Phys.*, **37**, 3853 (1966).
[109] A. W. Warner, M. Onoe, G. A. Coquin, *J. Acoust. Soc. Am.*, **42**, 1223 (1967).
[110] T. Yamada, N. Niizeki, H. Toyoda, *Jpn J. Appl. Phys.*, **8**, 1127 (1969).
[111] R. T. Smith, F. S. Welsh, *J. Appl. Phys.*, **42**, 2219 (1971).
[112] R. A. Graham, *Ferroelectrics*, **10**, 65 (1976).
[113] R. A. Graham, *J. Appl. Phys.*, **48**, 2153 (1977).
[114] R. S. Weis, T. K. Gaylord, *Appl. Phys.*, **A37**. 191 (1985).
[115] K. Yamanouchi, K. Shibayama, *J. Appl. Phys.* **43**, 856 (1972).
[116] K. Shibayama, K. Yamanouchi, H. Sato, T. Meguro, *Proc. IEEE.*, **64**, 594 (1976).
[117] M. Onoe, *Proc. Inst. Elect. Electron. Engrs.*, **57**, 1446 (1969).
[118] K. Kushida, H. Takenchi, *Ferroelectrics*, **108**, 3 (1990).
[119] H. Terauchi, Y. Watanabe, K. Kamigaki, *Ferroelectrics*, **137**, 33 (1992).
[120] Y. Ohba, M. Miyauchi, T. Tsurumi, M. Daimon, *Jpn. J. Appl. Phys.*, **32**, 4095 (1993).
[121] G. W. Farnell, E. L. Adler, *Physical Acoustics*, **9**, ed. by W. P. Mason and R. N. Thuston, Academic Press, New York, 35 (1972).
[122] A. Mansingh, *Ferroelectrics*, **102**, 69 (1990).
[123] F. S. Hickernell, *J. Appl. Phys.*, **44**, 1061 (1973).
[124] D. Q. Xiao, Z. L. Xiao, et al., *Appl. Phys. Lete.*, **58**, 36 (1991).
[125] Yuguo Wang, Peilin Zhang, Baodong Qu, Weilie Zhong, *J. Appl. Phys.*, **71**, 6121 (1992).
[126] R. G. Kepler, R. A. Anderson, *Adv. Phys.*, **41**, 1 (1992).
[127] B. A. Newman, J. I. Sheinbein, J. W. Lee, Y. Takase, *Ferroelectrics*, **127**, 229 (1992); B. Z. Mei, J. I. Scheinbeim, B. A. Newman, *Ferroelectics*, **144**, 51 (1993).

[128] R. G. Kepler, R. A. Anderson, *J. Appl. Phys.*, **49**, 4490 (1978).
[129] H. Schewe, Ultrasonic Symposium Proceedings, *IEEE.*, New York, 519 (1982).
[130] J. F. Legrand, *Ferroelectrics*, **91**, 303 (1989).
[131] H. Ohigashi, *Jpn. J. Appl. Phys.*, Supplement **24** (2), 23 (1985).
[132] H. Devy-Aharon, P. L. Taylor, *Ferroelectrics*, **33**, 103 (1981).
[133] T. Furukawa, K. Fujino, E. Fukada, *Jpn. J. Appl. Phys.*, **15**, 2119 (1976).
[134] T. Yamada, T. Ueda, T. Kitayama, *J. Appl. Phys.*, **53**, 4328 (1982).
[135] H. Banno, *Jpn. J. Appl. Phys.*, Supplement **24** (2), 445 (1985).
[136] R. E. Newnham, D. P. Skinner, L. E. Cross, *Mater, Res. Bull.*, **13**, 525 (1978).
[137] M. J. Haun, T. R. Moses, W. A. Gururaja, W. A. Schulze, R. E. Newnham, *Ferroelectrics*, **49**, 259 (1983).
[138] A. A. Grekov, S. O. Kramarov, A. A. Kuprienko, *Ferroelectrics*, **76**, 43 (1987).
[139] C. W. Nan, *Prog, Mater, Sci.*, **37**, 1 (1993).
[140] C. W. Nan, F. S. Jin, *Phys. Rev.*, **B48**, 8578 (1993).
[141] C. W. Nan, *J. Appl. Phys.*, **76**, 1155 (1994).
[142] K. A. Alicker, J. V. Biggers, R. E. Newnham, *J. Am. Ceram. Soc.*, **64**, 5 (1981).

第八章　热电效应

约在公元前三百年，人们就发现了热电效应[1]. 不过热电性的现代名称 pyroelectricity 是 1824 年才由布儒斯特引入的. 热电效应很早就被发现的原因是它很容易显示出来. 关于热电效应的最早记录就是电气石吸引轻小的物体[1]. 早期的研究主要是对现象的描述，从 19 世纪末开始，随着近代物理的发展，关于热电效应的定量的和理论的研究才日益增多. 本世纪 60 年代以来，激光和红外等技术的发展极大地促进了热电效应及其应用的研究，丰富和发展了热电理论，发现和改进了一些重要的热电材料，研制了性能优良的热电探测器和热电摄象管等热电器件. 热电效应及其应用已成为凝聚态物理和技术中活跃的研究领域之一.

本章主要内容分为两方面. 一是热电效应的表征和热电性的测量方法，二是热电效应的微观机制，热电效应与相变的关系以及热电材料实用中的一些问题.

§8.1　热电效应

热电效应指的是极化随温度改变的现象. 考虑一个单畴化的铁电体，其中极化的排列使靠近极化矢量两端的表面附近出现束缚电荷. 在热平衡状态，这些束缚电荷被等量反号的自由电荷所屏蔽，所以铁电体对外界并不显示电的作用. 当温度改变时，极化发生变化，原先的自由电荷不能再完全屏蔽束缚电荷，于是表面出现自由电荷，它们在附近空间形成电场，对带电微粒有吸引或排斥作用. 如果与外电路联接，则可在电路中观测到电流. 升温和降温两种情况下电流的方向相反. 与铁电体中的压电效应相似，热电效应中电荷或电流的出现是由于极化改变后对自由电荷的吸引能力发生变化，使在相应表面上自由电荷增加或减少．不同的是，热电效应中极化的改变由温度变化引起，压电效应中极化的改变则是由应力造成的．

属于具有特殊极性方向的 10 个极性点群的晶体具有热电性，所以常称它们为热电体．其中大多数的极化可因电场作用而重新取向，是铁电体．经过强直流电场处理的铁电陶瓷和驻极体，其性能可按极性点群晶体的来描写，也具有热电效应．

热电效应的强弱用热电系数来表示．假设整个晶体的温度均匀地改变了一个小量 ΔT，则极化的改变可由下式给出：

$$\Delta \boldsymbol{P} = \boldsymbol{p}\Delta T, \tag{8.1}$$

式中 $\boldsymbol{p}$ 是热电系数，它是一个矢量，一般有三个非零分量

$$p_m = \frac{\partial P_m}{\partial T} \qquad m = 1 - 3, \tag{8.2}$$

其单位为 $\mathrm{Cm^{-2}K^{-1}}$．

热电系数的符号通常是相对于晶体压电轴的符号定义的．按照 IRE 标准的规定[2]，晶轴的正端为晶体沿该轴受张力时出现正电荷的一端．在加热时，如果靠正端的一面产生正电荷，就定义热电系数为正，反之为负．铁电体的自发极化一般随温度升高而减小，故热电系数为负．但相反的情况也是有的，例如罗息盐在其下居里点附近自发极化随温度升高而增大．

在研究热电效应时，必须注意机械边界条件和变温的方式．因为热电体都具有压电性，所以温度改变时发生的形变也会造成极化的改变，这也是对热电效应的贡献．

在均匀受热（冷却）的前提下，根据试验过程中的机械边界条件可将热电效应分为两类．如果样品受到夹持（应变恒定），则热电效应仅来源于温度改变直接造成的极化改变，称为初级（primary）热电效应或恒应变热电效应．通常，样品在变温过程中并不受到夹持（事实上实现恒定应变是困难的），而是处于自由的（应力恒定）的状态．在这种情况下，样品因热膨胀发生的形变通

过压电效应改变极化，这一部分贡献叠加到初级热电效应上．恒应力样品在均匀变温时表现出来的这一附加热电效应称为次级(secondary)热电效应．恒应力条件下的热电效应是初级和次级热电效应的叠加．恒应力热电系数（总热电系数）等于初级热电系数与次级热电系数之和．热电器件中的热电体往往既非完全受夹，也非完全自由，而是处于部分夹持状态[3]，例如在一个方向受夹，另外的方向自由．这种情况下的热电系数称为部分夹持热电系数．

如果样品被非均匀地加热（冷却），则其中将形成应力梯度，后者通过压电效应也对热电效应有贡献．这种因非均匀变温引入的热电效应称为第三（tertiary）热电效应[4,5]或假（false）热电效应[6]．称为假热电效应是因为任何压电体（即使不属于 10 个极性点群中的任一个）都可能表现出这种热电效应，而在均匀变温的条件下，不属于极性点群的压电体是不可能有热电效应的．在测量时要保证样品受热均匀，以排除假热电效应．

以上讨论的都可称为矢量热电效应，因为它反映的是电偶极矩（矢量）随温度的变化．Cady 认为[4]，一般来说晶体也具有电四极矩，后者在温度改变时也会发生变化，这种变化应该用张 量来描述，因而称为张量热电效应，虽然有迹象表明，这种效应很可能是存在的，但还没有得到确切的证实．一般认为，它即使存在也是非常微弱的．

§8.2　热电系数及其与其他参量的关系

8.2.1　热电系数和电热系数

由第三章已知，弹性电介质的热力学状态可由温度 T，熵 S，电场 $\boldsymbol{E}$，电位移 $\boldsymbol{D}$，应力 $\mathbf{X}$ 和应变 $\mathbf{x}$ 这三对物理量来描写．先考虑取 T，$\boldsymbol{E}$ 和 $\mathbf{X}$ 为独立变量的情况，此时电位移的微分形式可写为

$$dD_m = \left(\frac{\partial D_m}{\partial X_i}\right)_{E,T} dX_i + \left(\frac{\partial D_m}{\partial E_n}\right)_{\mathbf{X},T} dE_n + \left(\frac{\partial D_m}{\partial T}\right)_{\mathbf{X},E}$$

$$=d_{mi}^{E,T}dX_i + \varepsilon_{mn}^{X,T}dE_n + p_m^{E,X}dT, \qquad (8.3)$$

式中下标 $m=1-3$，$i=1-6$，上标指明保持恒定的物理量. 右边第一和第二项分别反映了压电性和介电性，第三项反映了热电性.

如果应力和电场保持恒定（为零），则有

$$dD_m = p_m^{E,X}dT. \qquad (8.4)$$

现讨论热电系数与其他参量的关系. 因为独立变量为温度，电场和应力，故特征函数为吉布斯自由能

$$G = U - TS - X_i x_i - E_m D_m. \qquad (8.5)$$

由热力学第一和第二定律可得出

$$dG = -x_i dXi - D_m dE_m - SdT. \qquad (8.6)$$

另一方面

$$dG = \left(\frac{\partial G}{\partial X_i}\right)_{E,T} dX_i + \left(\frac{\partial G}{\partial E_m}\right)_{X,T} dE_m + \left(\frac{\partial G}{\partial T}\right)_{X,E} dT, \qquad (8.7)$$

所以有

$$\left(\frac{\partial G}{\partial E_m}\right)_{X,T} = -D_m, \qquad (8.8)$$

$$\left(\frac{\partial G}{\partial T}\right)_{X,E} = -S, \qquad (8.9)$$

$$\left(\frac{\partial^2 G}{\partial E_m \partial T}\right)_X = -\left(\frac{\partial D_m}{\partial T}\right)_{X,E} = -p_m^{E,X}, \qquad (8.10)$$

$$\left(\frac{\partial^2 G}{\partial T \partial E_m}\right)_X = -\left(\frac{\partial S}{\partial E_m}\right)_{X,T}. \qquad (8.11)$$

式（8.10）给出的是热电系数，式（8.11）给出的是电场引起的熵的变化，称为电热系数（electrocaloric coefficient）. 电热效应是热电效应的逆效应. 由此两式可得出

$$p_m^{E,X} = \left(\frac{\partial S}{\partial E_m}\right)_{X,T}. \qquad (8.12)$$

它表明，电场和应力恒定时的热电系数等于应力和温度恒定时的电热系数. 事实上这就是 § 7.1 得出的麦克斯韦关系式之一.

再考虑以 T，$\boldsymbol{E}$ 和 $\mathbf{x}$ 为独立变量的情况. 电位移的微分形式可写为

$$dD_m = \left(\frac{\partial D_m}{\partial x_i}\right)_{E,T} dx_i + \left(\frac{\partial D_m}{\partial E_n}\right)_{x,T} dE_n + \left(\frac{\partial D_m}{\partial T}\right)_{x,E} dT$$
$$= e_{mi}^{ET} dx_i + \varepsilon_{mn}^{x,T} dE_n + p_m^{x,E} dT. \tag{8.13}$$

如果应变和电场保持恒定，则有

$$dD_m = p_m^{x,E} dT. \tag{8.14}$$

在温度、电场和应变为独立变量时，特征函数为电吉布斯自由能 G_2（见 § 3.1）

$$dG_2 = X_i dx_i - D_m dE_m - S dT, \tag{8.15}$$

因为

$$dG_2 = \left(\frac{\partial G_2}{\partial x_i}\right)_{E,T} dx_i + \left(\frac{\partial G_2}{\partial E_m}\right)_{x,T} dE_m + \left(\frac{\partial G_2}{\partial T}\right)_{x,E} dT, \tag{8.16}$$

所以

$$\left(\frac{\partial G_2}{\partial E_m}\right)_{x,T} = - D_m, \tag{8.17}$$

$$\left(\frac{\partial G_2}{\partial T}\right)_{x,E} = - S. \tag{8.18}$$

求偏微商可得出

$$p_m^{E,x} = \left(\frac{\partial S}{\partial E_m}\right)_{x,T} \tag{8.19}$$

此式表明，电场和应变恒定时的热电系数等于应变和温度恒定时的电热系数.

铁电体中，电场造成熵的改变是因为电场改变了极化状态（有序化程度）. 去极化将引起熵的增加，绝热条件下去极化将引起温度降低，所以利用电热效应可实现绝热去极化致冷. 因温度变化很小，这个致冷技术迄今尚未实用，不过研究工作仍在进行中[7].

8.2.2 初级热电系数和次级热电系数

先推导次级热电系数的表达式. 假设电场恒定（为零），电位

移只是应变和温度的函数，应变只是应力和温度的函数

$$dD_m = \left(\frac{\partial D_m}{\partial x_i}\right)_T dx_i + \left(\frac{\partial D_m}{\partial T}\right)_{\mathbf{x}} dT,$$

$$dx_i = \left(\frac{\partial x_i}{\partial X_j}\right)_T dX_j + \left(\frac{\partial x_i}{\partial T}\right)_{\mathbf{X}} dT.$$

令 $dX_i = 0$，由以上两式可得出

$$dD_m = \left[\left(\frac{\partial D_m}{\partial x_i}\right)_T \left(\frac{\partial x_i}{\partial T}\right)_{\mathbf{X}} + \left(\frac{\partial D_m}{\partial T}\right)_{\mathbf{x}}\right] dT, \qquad (8.20)$$

于是

$$\left(\frac{\partial D_m}{\partial T}\right)_{\mathbf{X}} = \left(\frac{\partial D_m}{\partial T}\right)_{\mathbf{x}} + \left(\frac{\partial D_m}{\partial x_i}\right)_T \left(\frac{\partial x_i}{\partial T}\right)_{\mathbf{X}}, \qquad (8.21)$$

此式左边为总热电系数，右边第一项是初级热电系数，第二项是次级热电系数．因为

$$\frac{\partial D_m}{\partial x_i} = e_{mi}, \qquad (8.22)$$

$$\frac{\partial x_i}{\partial T} = \alpha_i, \qquad (8.23)$$

e_{mi}和 α_i 分别为压电应力常量和热胀系数，所以式（8.21）为

$$p_m^{\mathbf{X}} = p_m^{\mathbf{x}} + e_{mi}^T \alpha_i^{\mathbf{X}}, \qquad (8.24)$$

右边第二项表明次级热电系数等于压电应力常量 **e** 与热胀系数 $\boldsymbol{\alpha}$ 之积．

将式（8.21）改写为

$$\left(\frac{\partial D_m}{\partial T}\right)_{\mathbf{X}} = \left(\frac{\partial D_m}{\partial T}\right)_{\mathbf{x}} + \left(\frac{\partial D_m}{\partial X_i}\right)_T \left(\frac{\partial X_i}{\partial x_j}\right)_T \left(\frac{\partial x_j}{\partial T}\right)_{\mathbf{X}},$$

它表明

$$p_m^{\mathbf{X}} = p_m^{\mathbf{x}} + d_{mi}^T c_{ij}^T \alpha_j^{\mathbf{X}}, \qquad (8.25)$$

右边第二项表明，次级热电系数等于压电应变常量 **d**，弹性刚度 **c** 与热胀系数 $\boldsymbol{\alpha}$ 之积．

表 8.1 列出了一些热电体在室温附近的总热电系数 $p^{\mathbf{X}}$ 和初级热电系数 $p^{\mathbf{x}}$ 的数值[3]．可以看到，在大多数情况下，初级热电系数都是总热电系数的主要贡献者．

表 8.1　一些热电体的零应力、零应变和部分夹持热电系数[3]

材　料	p^X(10^{-6} C·m^{-2}·K^{-1})	p^x(10^{-6} C·m^{-2}·K^{-1})	p^{PC}(10^{-6} C·m^{-2}·K^{-1})
CdS($6mm$)	−4.0	−2.97	−0.13
CdSe($6mm$)	−3.5	−2.94	−0.67
ZnO($6mm$)	−9.4	−6.9	−0.35
$LiSO_4\cdot H_2O$(2)	+86.3	+60	
$LiTaO_3$($3m$)	−176	−175	−161
$Pb_3Ge_3O_{11}$(3)	−100	−116	−92
电气石($3m$)	+4.0	+0.48	
$Sr_{0.5}Ba_{0.5}Nb_2O_6$($4mm$)	−600	−500	−470

8.2.3　第三热电效应

在非均匀受热且机械自由条件下，极化的改变不仅来源于初级和次级热电效应，而且来源于热应力通过压电效应造成的第三热电效应，后者对极化改变的贡献为[8]$d_{mnp}X_{np}$（$\boldsymbol{r}$，t），这里 d_{mnp} 和 X_{np}分别为压电常量和热应力分量，$\boldsymbol{r}$ 和 t 分别为位矢和时间. 因为样品中的热应力决定于受热条件，它是位置和时间的函数，所以第三热电效应的表征是一件困难的事情.

考虑 $3m$ 点群晶体的 y 切晶片. 设其厚度为 l 并处于机械自由状态，前表面接受非均匀的热辐射. 令晶体物理坐标系的轴 X，Y，Z 分别与晶片的长度、厚度和宽度平行. 近似认为晶片温度变化以及热应力和应变都仅是厚度方向坐标 y 和时间 t 的函数，即

$$\begin{aligned}\delta T(\boldsymbol{r},t) &= \delta T(y,t),\\ X_{mn}(\boldsymbol{r},t) &= X_{mn}(y,t),\\ x_{mn}(\boldsymbol{r},t) &= x_{mn}(y,t).\end{aligned}\tag{8.26}$$

Kosorotov 等假设[8]晶片处于电学短路边界条件，而且入射辐射的脉冲宽度远小于样品的热平衡时间. 由于第一个假设，次

级压电效应可以忽略，即只需考虑热应力通过（初级）压电效应直接造成的极化变化．由于第二个假设，晶片的后表面在整个辐射脉冲中可认为处于不受热的状态．在这些简化条件下，Kosorotov 等计算得 y 切 $LiNbO_3$ 晶片的非零热应力矩阵元为

$$X_1(y,t) = f(y,t)\Delta(\alpha_1 s_{33} - \alpha_3 s_{13}),$$
$$X_3(y,t) = f(y,t)\Delta(\alpha_3 s_{11} - \alpha_1 s_{13}), \qquad (8.27)$$

其中

$$\Delta^{-1} = s_{11}s_{33} - s_{13}^2,$$
$$f(y,t) = \frac{12y}{l^2} < y\delta T(y,t) > + < \delta T(y,t) > - \delta T(y,t),$$

这里 s_{ij}和 α_i 分别为弹性顺度和热胀系数矩阵元.

第三热电效应引起的极化变化为

$$P_m(y,t) = d_{mi}X_i(y,t).$$

根据 3m 点群晶体的压电常量矩阵及式（8.27），上式成为

$$P_1(y,t) = 0,$$
$$P_2(y,t) = -d_{22}X_1 = f(y,t)d_{22}\Delta(\alpha_3 s_{13} - \alpha_1 s_{33}), \qquad (8.28)$$
$$P_3(y,t) = d_{31}X_1 + d_{33}X_3$$
$$= f(y,t)\Delta[d_{31}(\alpha_1 s_{33} - \alpha_3 s_{13}) + d_{33}(\alpha_3 s_{11} - \alpha_1 s_{13})],$$

此式表明，第三热电效应不但对沿自发极化方向（Z 或 3 方向）的极化改变有贡献，而且在与自发极化垂直的方向（Y 或 2 方向）也造成了极化变化．通常，测量热电效应时电极与极化方向垂直，于是第三热电效应沿极化方向贡献被包含于总热电系数中，而与极化垂直方向的贡献则未被探测．

$LiNbO_3$ 在 75℃左右沿 Y 轴出现热电响应，这是第三热电效应的表现[9]，因为在此温度附近，c 轴热膨胀发生突增，b 轴的则发生突减，a 轴的变化不明显[10]．晶格常量这种各向异性的变化在晶体内造成热应力，于是出现第三热电效应．

8.2.4 部分夹持热电系数

总热电系数是完全自由条件下的热电系数，初级热电系数是

完全夹持条件下的热电系数.在实用中常遇到部分夹持的情况,这时起作用的热电系数称为部分夹持热电系数. 部分夹持的一个实例是热电薄膜下表面固定在基片上，上表面处于自由状态，如图 8.1 所示.

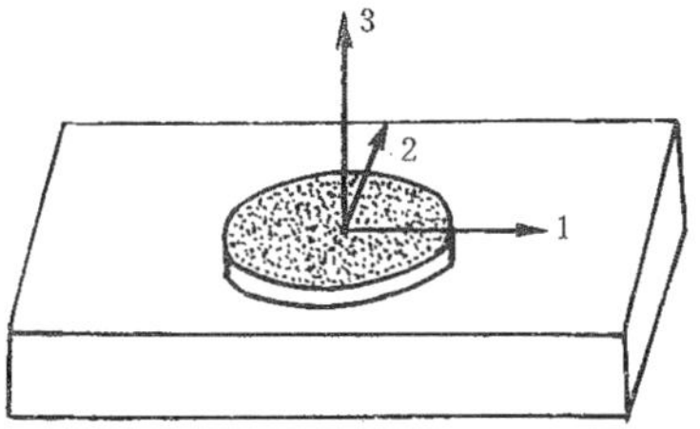

图 8.1　固定在基片上的热电膜.

设热电轴为 3 轴，它与膜面垂直. 膜在 12 平面内是各向同性的. 膜的下表面固定于基片上，故 12 平面不能发生形变. 3 方向不受应力，温度改变时可自由形变. 于是下列条件成立

$$D_1 = D_2 = 0, \tag{8.29}$$

$$X_1 = X_2, X_3 = 0, \tag{8.30}$$

$$x_1 = x_2 = 0, \tag{8.31}$$

$$\alpha_1 = \alpha_2, \alpha_4 = \alpha_5 = \alpha_6 = 0. \tag{8.32}$$

普通情况下，总热电系数与初级热电系数的关系如式 (8.24) 所示. 在目前的情况，借助式 (8.32) 可将式 (8.24) 简化为

$$p_3^{\mathrm{X}} = p_3^{\mathrm{x}} + 2e_{31}\alpha_1 + e_{33}\alpha_3. \tag{8.33}$$

当温度改变时，应变的变化为

$$dx_1 = dx_2 = (s_{11} + s_{12})dX_1 + \alpha_1 dT = 0, \tag{8.34}$$

$$dx_3 = 2s_{31}dX_1 + \alpha_3 dT. \tag{8.35}$$

极化的变化为

$$dD_3 = 2d_{31}dX_1 + p_3^{\mathrm{X}}dT. \tag{8.36}$$

于是部分夹持热电系数 p^{PC} 为

$$p^{PC} = \frac{dD_3}{dT} = p_3^X + \frac{2d_{31}dX_1}{dT}. \tag{8.37}$$

将式（8.34）代入上式，得出

$$p^{PC} = p_3^X - \frac{2d_{31}\alpha_1}{s_{11}+s_{12}}. \tag{8.38}$$

表 8.1 列出了一些热电体在上述情况下的部分夹持热电系数. 可以看到，对于铁电体（如 $LiTaO_3$ 和 SBN)，部分夹持热电系数较总热电系数下降不大，但对于非铁电的热电材料（如 CdS 和 ZnO)，部分夹持大大降低了热电系数. 因此在使用非铁电的热电材料时，将薄膜固定于基底的结构是不尽合理的.

铁电材料中自由和受夹热电系数差别不大，非铁电的纤维锌矿结构材料中这种差别很大，这表明这两类材料中热电效应的主要机制不同[11]. 在 CdS 和 ZnO 这类纤维锌矿材料中，垂直于极轴(六重轴)的平面内的热膨胀通过压电效应引起极轴方向极化的变化是主要的机制. 一旦该平面被夹持，有效热电系数就大为减小. 在铁电材料中，热电效应主要来源于自发极化（它与膜面垂直）随温度的变化，所以膜平面被夹持与否对热电系数影响不大.

对于非极性的压电晶体，在适当的部分夹持条件下，由于压电效应也可导致热电效应，而且有的晶体有相当大的热电系数. 借助于部分夹持条件可将热电材料从 10 个极性点群扩展到 20 个有压电性的非中心对称点群[12]. 部分夹持条件必须使容许的应变发生于某个一般极性方向，在部分夹持条件作用下，该方向成为特殊极性方向.

α 石英是点群为 32 的非极性压电晶体，x 切石英晶片在其平面受夹的条件下，沿 x 方向的热电系数为

$$p_1 = \frac{d_{11}(\alpha_1 s_{33} - \alpha_3 s_{13})}{s_{11}s_{33} - s_{13}^2},$$

其中 d_{11}，α_i 和 s_{ij} 分别为压电常量、热胀系数和弹性顺度矩阵元. 对于 $\bar{6}$ 点群的晶体，相应的热电系数为

$$p_2 = \frac{d_{22}(\alpha_1 s_{33} - \alpha_3 s_{13})}{s_{11}s_{33} - s_{13}^2}.$$

对于点群为 $\bar{4}3m$ 或 23 的晶体，如 GaAs，$Bi_{12}GeO_{20}$ 和 $Bi_{12}SiO_{20}$，平面受夹时与平面垂直方向的热电系数为

$$p_3 = \frac{2\sqrt{3}\,d_{14}\alpha}{4s_{11} + 8s_{12} + s_{44}}.$$

在静态实验中，将晶片粘接到刚性基片上以实现平面受夹，只容许厚度方向形变. 测得的热电系数与按上述各式的计算结果相符. 表 8.2 列出了几种晶体在平面受夹条件下的热电系数和电容率[12]. 与极性材料比较，这些热电系数虽然较小，但电容率也小，所以作为热电探测器材料重要指标之一的电压响应优值 $p/(c'\varepsilon)$（见 § 8.6，c' 是单位体积的热容）仍相当高. $LiNbO_3$ 虽是极性晶体，但表中所列热电系数是 y 切晶片在平面受夹条件下由热膨胀和压电效应造成的，这与非极性的压电晶体相同.

表 8.2 几种晶体的部分夹持热电系数和电容率[12]

晶　　体	ε_r	$p(10^{-4}C \cdot m^{-2} \cdot K^{-1})$
$Bi_{12}GeO_{20}$	40	0.2—0.3
$y-LiNbO_3$	50	0.3—0.5
$Bi_4(GeO_4)_3$	16	0.1—0.2
$\alpha-SiO_2$	4.5	0.026
GaAs	12	0.015

部分夹持条件也可借助压电谐振来实现. 例如将样品制成细长棒，当入射辐射脉冲的频率低于长度振动频率时，样品完全自由，无热电响应. 当脉冲频率高于厚度振动频率时，样品完全受夹，也无热电响应. 当脉冲频率介于二者之间时，样品处于部分夹持状态，热电响应明显. 这种情况下，622 和 422 点群晶体的热电系数为

$$p_1 = \frac{d_{14}(\alpha_1 + \alpha_3)}{s_{11} + s_{33} + s_{44} + 2s_{13}}.$$

$\bar{4}2m$ 和 222 点群晶体的热电系数为

$$p_3 = \frac{d_{36}(\alpha_1 + \alpha_2)}{s_{11} + s_{22} + 2s_{12} + s_{66}}.$$

$\bar{4}$ 点群晶体的热电系数为

$$p_3 = \frac{d_{31}\alpha_1}{s_{11}}.$$

这里讨论的非极性压电晶体的部分夹持热电系数，其本质与第三热电效应相同，都是起源于压电效应. 不同的是，前者有赖于部分夹持，后者有赖于非均匀受热.

8.2.5 热电系数与居里常量[13]

假定在所研究的电介质中，以弹性吉布斯自由能 G_1 为特征函数，并且应力、电场等都是一维的，于是可采用标量符号

$$dG_1 = -SdT + xdX + EdD, \tag{8.39}$$

对 D 求微商，得出

$$\frac{\partial G_1}{\partial D} = E, \frac{\partial^2 G_1}{\partial D^2} = \frac{1}{\varepsilon}. \tag{8.40}$$

在相变温度附近，将 G_1 展开为 D 的各次幂之和，并对 D 求微商，得出

$$\frac{\partial G_1}{\partial D} = \alpha D + \beta D^3 + rD^5, \tag{8.41}$$

改写为

$$E = \alpha_0(T - T_0)D + \varphi(D), \tag{8.42}$$

其中 $\varphi(D)$ 代表 D 的各高次项，$\alpha_0 = 1/(\varepsilon_0 C)$，$C$ 是居里常量. 由此式可知

$$\frac{\partial E}{\partial T} = \alpha_0 D. \tag{8.43}$$

在居里点附近，且 $E=0$ 时，$D=P_s$，故有

$$0 = \alpha_0(T - T_0)P_s + \varphi(P_s), \tag{8.44}$$

即

$$\left.\frac{\partial G_1}{\partial D}\right|_{D=P_s} = \alpha_0(T - T_0)P_s + \varphi(P_s) = 0,$$

$$\frac{d}{dT}\left(\frac{\partial G_1}{\partial D}\right)_{D=P_s}=\left.\frac{\partial^2 G_1}{\partial D^2}\right|_{D=P_s}\frac{dD}{dT}+\left.\frac{\partial^2 G_1}{\partial T\partial D}\right|_{D=P_s}=0. \quad (8.45)$$

但由式（8.40）和式（8.43）可知

$$\left.\frac{\partial^2 G_1}{\partial T\partial D}\right|_{D=P_s}=\left.\frac{\partial E}{\partial T}\right|_{D=P_s}=\alpha_0 P_s, \quad (8.46)$$

所以式（8.45）表示

$$\frac{p}{\varepsilon}+\alpha_0 P_s=0, \quad (8.47)$$

式中 $p=dD/dT$ 为热电系数，所以

$$\frac{p}{\varepsilon_r}=\frac{P_s}{C}, \quad (8.48)$$

这就是热电系数与居里常量以及自发极化和电容率的关系．根据此式，可由居里点附近热电系数的测量值计算居里常量，反之亦然．在文献[13]的叙述中列举了一些铁电体的有关数据，表明计算值与实验值较好地符合．

关于式（8.48）成立的温度范围，有不少学者就 TGS 进行了讨论和研究．虽然有的人[14]认为直到约 100K（$T_c=322$K）该式仍然成立，但较近的研究结果[15]表明，当低于 T_c 约 22K 时该式就有显著的偏离．这是不难理解的，因为 G_1 展开式成立的条件是温度不远离相变点（但在临界区以外），而且推导式（8.48）时忽略了展开系数的温度依赖性，这也只在较小的温度范围内才是一个可容许的近似．

8.2.6 $p\varepsilon_r^{-1/2}$ 的相对恒定性

Liu 等发现[16]，虽然各种铁电体的热电系数和电容率差别很大，但在室温附近，比值 $p\varepsilon_r^{-1/2}$ 对为数众多的铁电体却近似相等．他们搜集了许多铁电体的有关数据，归纳出了如下的经验公式[16]：

$$p\varepsilon_r^{-1/2}=(3.0\pm 1.0)\times 10^{-5}\text{C}\cdot\text{m}^{-2}\cdot\text{K}^{-1}. \quad (8.49)$$

根据铁电体唯象理论，可推知 $p\varepsilon_r^{-1/2}$ 与铁电体的其他参量有

一定的关系. 由弹性吉布斯自由能 G_1 出发并利用德文希尔的假定可得出

$$\frac{\partial G_1}{\partial D} = \alpha_0(T - T_0)D + \beta D^3 + \gamma D^5 = E. \tag{8.50}$$

在居里点附近，且 $E=0$，有 $D=P_s$

$$\alpha_0(T - T_0)P_s + \beta D^3 + \gamma D^5 = 0, \tag{8.51}$$

此式的稳定解已由式（3.15）和式（3.16）给出. 对于二级相变（$\beta>0$），有

$$P_s^2 = -\frac{\beta}{2\gamma} - \frac{\beta}{2\gamma}\left[1 + \frac{4\gamma(T_0 - T)}{\varepsilon_0 C\beta^2}\right]^{1/2}. \tag{8.52}$$

对一级相变，有

$$P_s^2 = -\frac{|\beta|}{2\gamma} - \frac{|\beta|}{2\gamma}\left[1 - \frac{4\gamma(T_0 - T)}{\varepsilon_0 C\beta^2}\right]^{1/2}. \tag{8.53}$$

对温度求微商得出热电系数（对两种相变均成立）

$$p = (2P_s\varepsilon_0 C|\delta|)^{-1}\left[1 + \frac{4\gamma}{C\beta^2}(T_0 - T)\right]^{-1/2}. \tag{8.54}$$

根据式（8.48)，上式两边分别乘以 p/ε_r 和 P_s/C 仍相等，即

$$\frac{p^2}{\varepsilon_r} = P_0^2(2\varepsilon_0 CT_0)^{-1}\left[1 + 4\left(\frac{P_0^2\gamma}{|\beta|}\right)\left(1 - \frac{T}{T_0}\right)\right]^{-1/2}, \tag{8.55}$$

式中

$$P_0^2 = T_0\left.\frac{\partial P_s^2}{\partial T}\right|_{T\lesssim T_0} = \frac{2T_0}{\varepsilon_0 C|\beta|}. \tag{8.56}$$

当 $T\simeq T_0$ 时，式（8.55）成为

$$p\varepsilon_r^{-1/2} \simeq P_0(2CT_0)^{-1/2}. \tag{8.57}$$

对于二级相变，$T_0=T_c$. 上式建立了 $p\varepsilon_r^{-1/2}$ 与其他铁电参量间的关系. 式中 P_0 决定于 T_0 以及 P_s^2 对温度的微商，后者由式（8.52）和式（8.53）可求. 这是文献［16］中的推导结果. 实验数据表明，式（8.57）的近似程度是不好的，对大多数铁电体，右边的值明显大于左边的值.

在此以前，Abrahams 等人[17]发现，许多位移型铁电体（其共

同特点是居里常量 C 很大）满足如下关系：

$$P_{\max}^{2}T_{c}^{-1}=\text{常量}, \tag{8.58}$$

式中 $P_{\max}$是自发极化最大值.

Liu 等根据此式以及式（8.57），预言下列关系式成立[16]

$$p\varepsilon_{r}^{-1/2}\simeq P_{\max}(CT_{0})^{-1/2}\simeq\text{常量}. \tag{8.59}$$

实验数据表明，许多铁电体的 $P_{\max}$ $(CT_0)^{-1/2}$的确基本上恒定

$$P_{\max}(CT_{0})^{-1/2}=(3.9\pm1.6)\times10^{-5}\text{C}\cdot\text{m}^{-2}\cdot\text{K}^{-1}. \tag{8.60}$$

Zook 等[18]利用经典的二能级偶极有效场模型[19]和晶格动力学有效场模型[20]，大体上说明了 $p\varepsilon_r^{-1/2}$ 基本恒定的原因. 他们还认为，为提高 $p\varepsilon_r^{-1/2}$ 必须减小晶体中可极化单元的体积 v. 对于钙钛矿型、铌酸锂型或钨青铜型铁电体，最小可极化单元就是氧八面体 BO_6. 因为 v 不可能更小，所以提高 $p\varepsilon_r^{-1/2}$ 的可能性不大.

§8.3 热电效应的晶格动力学理论

Born 和黄昆指出[21]，在恒定的宏观应变的条件下，晶体中离子总体的平衡构型使系统的势能取与该应变相容的极小值，各离子的位移量度了相对于该构型的偏离. 考虑无限大的晶体，故可利用周期性边界条件，它保证了离子的位移不会改变宏观应变. 在无外场的条件下，极化的变化决定于温度导致的离子位移和电子云的畸变. 借助绝热近似，后者可通过离子位移来表示. 于是极化的变化可用位移 $\boldsymbol{Q}$ 的各次幂之和表示为

$$P_{\alpha}=P_{\alpha}(0)+\sum_{n}P_{\alpha\beta}^{n}Q_{n}^{\beta}+\frac{1}{2}\sum_{n,n'}P_{\alpha\beta\gamma}^{nn'}Q_{n}^{\beta}Q_{n'}^{\gamma}+\cdots, \tag{8.61}$$

式中 α，β 和 γ 表示沿坐标轴的分量，$\boldsymbol{P}$（0）是无位移的构型中的极化，右边第二项以及后面各项表示热振动造成的电偶极矩. 第二项与位移的一次方成正比，称第二项为一级电偶极矩，第三项称为二级电偶极矩. 式中的求和只对那些对极化有贡献的正则模进行，其个数一般远小于晶体中全部正则模的个数.

为求极化的温度依赖性，必须对上式求热平均

$$P_{\alpha}(T)=P_{\alpha}(0)+\sum_{n}P_{\alpha\beta}^{n}\langle Q_{n}^{\beta}\rangle+\frac{1}{2}\sum_{n,n'}P_{\alpha\beta\gamma}^{nn'}\langle Q_{n}^{\beta}Q_{n'}^{\gamma}\rangle+\cdots,\tag{8.62}$$

此式对温度的微商给出（初级）热电系数.

Boguslawski 提出了关于热电系数的第一个非经典说明[22]. 他借助爱因斯坦模型，得出极化对温度的关系与热能对温度的关系相同，故热电系数正比于比热，它们的温度依赖性也相同.

按照关于固体比热的爱因斯坦理论，比热正比于爱因斯坦函数

$$E(\theta_E/T)=(\theta_E/T)^2[\exp(\theta_E/T)-1]^{-2}\exp(\theta_E/T),\tag{8.63}$$

式中 θ_E 为爱因斯坦温度，它与爱因斯坦频率的关系为 $h\omega_E=k\theta_E$. 令 $h\omega_E/$（kT）$=x$，则 $\theta_E/T=x$，上式成为

$$E(x)=x^2(e^x-1)^{-2}e^x.\tag{8.64}$$

低温时，$x\gg1$，故有

$$E(x)\simeq x^2e^{-x}=\left(\frac{h\omega_E}{kT}\right)^2\exp\left(-\frac{h\omega_E}{kT}\right),\tag{8.65}$$

式中两个因子都与温度有关，但显然指数因子起主要作用，所以低温时热电系数以指数形式趋近于零.

我们知道，关于固体比热的德拜理论在低温时是很好地成立的. 按照这个理论，比热正比于德拜函数

$$D(\theta_D/T)=3(T/\theta_D)^3\int_0^{\theta_D/T}\frac{x^4e^xdx}{(e^x-1)^2},\tag{8.66}$$

式中 θ_D 为德拜温度，$x=h\omega_D/$（kT），ω_D 是德拜频率. 在低温时，$x\gg1$，所以

$$D(x)\simeq(T/\theta_D)^3,\tag{8.67}$$

即热电系数以 T^3 的形式趋于零.

上述预言长期没有实验数据与之对照. 但后来有人报道在一些材料上得到了热电系数正比于 T^3 的结果，例如文献 [23] 关于

ZnO 的测量. 这些结果促使 Szigeti[24]在较严格的基础上推导出热电系数正比于比热的结论. 其基本思想是计入晶格振动中的三阶非谐势，将其作为微扰，以求出式 (8.62) 中的平均值 $\langle Q_n \rangle$，并用玻耳兹曼分布取热平均求出该式中的 $\langle Q_n Q_{n'} \rangle$. 结果表明，式(8.62)右边第二项和第三项对温度的微商都正比于该振动对比热的贡献，所以热电系数正比于比热.

Grout 和 March 注意到[25]，不同热电体的热电系数分布在一个很宽的范围，例如铁电体 TGS 的室温热电系数较非铁电体 ZnO 的大两个数量级. 热电系数既有如此大的差别，很可能热电系数的温度依赖性也遵循不同的规律. 他们提出，非铁电的热电体的晶格振动可用刚性离子模型来描写，其热电性有赖于晶格振动的非简谐性，低温时热电系数的温度依赖性与比热的相同. 他们用一个一维非谐振子模型来说明这个问题. 设振动势能为

$$V(x) = \frac{1}{2}ax^2 + \frac{1}{3}bx^3. \tag{8.68}$$

平衡条件之一 $\partial V/\partial x = 0$ 给出

$$ax = -bx^2. \tag{8.69}$$

取热平均

$$\langle x \rangle = -(b/a)\langle x^2 \rangle. \tag{8.70}$$

在刚性离子模型中，电子云无畸变地跟随离子实振动，故热致电偶极矩正比于$\langle x \rangle$. 另一方面，$\langle x^2 \rangle$ 可近似用其简谐值代替. 对于简谐振子，$\langle ax^2/2 \rangle$ 等于其平均能量 E 的一半，故上式表明

$$\langle x \rangle \propto E. \tag{8.71}$$

热电系数作为电偶极矩对温度的微商，由上式给出

$$p \propto \frac{\partial \langle x \rangle}{\partial T} \propto \frac{\partial E}{\partial T}, \tag{8.72}$$

此式右边即为比热. 由上述可知，热电效应有赖于晶格振动的非谐性 ($b \neq 0$)，与 Szigeti 的要求一致.

关于热电系数温度依赖性的另一种理论认为低温时热电系数与温度 T 成正比[26]. Born 注意到文献中关于电气石、硫酸锂和酒

石酸钾等的热电系数测量结果[27]，并且相信这些结果表明了低温时热电系数与 T 成正比，因而提出了这一理论. 在式（8.62）中，Born 按玻耳兹曼分布对各种振动取热平均，得出 $\langle Q_n \rangle = 0$，$\langle Q_n Q_{n'} \rangle = \delta_{nn'} \langle Q_n^2 \rangle$. 略去恒定量 P（0），于是电偶极矩正比于振幅平方的平均值 $\langle Q_n^2 \rangle$，而不是正比于振子的能量 $\langle E_n \rangle = \omega_n^2 \langle Q_n^2 \rangle$. 假设振子的能量分布符合玻耳兹曼分布律，就可写出 $\langle Q_n^2 \rangle$（以及电偶极矩 P）与频率和温度的关系. 在低温范围内，利用德拜近似写出频谱分布函数，得出热电系数为

$$p = \frac{C}{\theta_D}\left[2\Phi\left(\frac{\theta_D}{T}\right) - \frac{\theta_D/T}{\exp(\theta_D/T) - 1}\right], \tag{8.73}$$

式中 θ_D 为德拜温度，C 为一与 θ_D 有关的常量，

$$\Phi\left(\frac{\theta_D}{T}\right) = \Phi(x) = \frac{1}{x}\int_0^x \frac{\xi d\xi}{\exp(\xi) - 1}.$$

当 x 很大（低温）时

$$\Phi(x) = \frac{\pi^2}{6x} - \exp(-x)\left(1 + \frac{1}{x}\right) + \cdots,$$

所以低温时热电系数近似为

$$p = \frac{\pi^3 CT}{3\theta_D^2}, \tag{8.74}$$

即 p 与 T 成正比.

Szigeti 指出[24]，文献［27］所介绍的实验并不能表明热电系数正比于 T. 因为实验数据太少，而且温度不够低，在 100K 以下仅仅测量了 23K 和 88K 两个温度的数据. 后来的测量[28]也没有得到热电系数正比于 T 的结果. Lang[29]曾力图在 Born 理论的范围内解释自己的实验结果，但他发现仅仅利用式（8.73）和式（8.74）是不够的，必须加上几个爱因斯坦函数之和，后者代表光学模的项献. 因此，Born 理论是不正确的[24,30,31].

Gavrilova 等[31]仔细测量了多种热电体的低温热电系数，分析了上述两类热电系数理论，得到了下述的结果.

（1）晶体的热电系数应该用德拜函数与一个或几个爱因斯坦函数之和来表示. 前者代表声学模的贡献，后者代表光学模的贡

献.

(2) 非铁电体的热电系数实验数据可用德拜函数与爱因斯坦函数之和很好地描述. 铁电体的实验数据只用爱因斯坦函数即可拟合，声学模的贡献在实验误差范围内可以忽略.

(3) 在铁电体中，光学模的贡献与声学模的贡献之比正比于 $(\omega_\theta/\omega_{j'})^2$，$\omega_\theta$ 和 $\omega_{j'}$ 分别为德拜频率和有关的光学模频率.

Gavrilova 等从式 (8.62) 出发，计入最低阶非谐项，利用 Q_n 的声子表示[21,32]，得出极化分量 $P_\alpha(T)$ 为

$$P_\alpha(T) = P_\alpha(0) - \sum_{j,\lambda,\boldsymbol{q}} P_\alpha\begin{pmatrix}0\\ j\end{pmatrix} \frac{V_3\begin{pmatrix}0, \boldsymbol{q}, -\boldsymbol{q}\\ j, \lambda, \lambda\end{pmatrix}}{h^2\omega_{0j}^2} \frac{2n_{\boldsymbol{q}\lambda}+1}{h\omega_{\boldsymbol{q}\lambda}} + \frac{1}{2}\sum_{\boldsymbol{q},\lambda} p_\alpha\begin{pmatrix}\boldsymbol{q}, -\boldsymbol{q}\\ \lambda, \lambda\end{pmatrix}\frac{2n_{\boldsymbol{q}\lambda}+1}{h\omega_{\boldsymbol{q}\lambda}}, \tag{8.75}$$

式中 $\boldsymbol{q}$ 为波矢，λ 表示色散支，j 表示极性模，V_3 是三阶非谐系数，$n_{\boldsymbol{q}\lambda}$是声子玻色函数.

上式对温度微商即给出热电系数. 为进一步讨论的方便，将其分解为声学模和光学模两部分的贡献.

$$\begin{aligned}p_\alpha = \frac{\partial P_\alpha}{\partial T} = &\sum_{\boldsymbol{q}\lambda(\text{声})}\left[P_\alpha\begin{pmatrix}\boldsymbol{q}, -\boldsymbol{q}\\ \lambda, \lambda\end{pmatrix} - 2\sum_j \frac{P_\alpha\begin{pmatrix}0\\ j\end{pmatrix} V_3\begin{pmatrix}0, \boldsymbol{q}, -\boldsymbol{q}\\ j, \lambda, \lambda\end{pmatrix}}{h^2\omega_{0j}^2}\right]\frac{\frac{\partial n_{\boldsymbol{q}\lambda}}{\partial T}}{h\omega_{\boldsymbol{q}\lambda}} \\ &+ \sum_{\boldsymbol{q}\lambda(\text{光})}\left[P_\alpha\begin{pmatrix}\boldsymbol{q}, -\boldsymbol{q}\\ \lambda, \lambda\end{pmatrix} - 2\sum_j \frac{P_\alpha\begin{pmatrix}0\\ j\end{pmatrix} V_3\begin{pmatrix}0, \boldsymbol{q}, -\boldsymbol{q}\\ j, \lambda, \lambda\end{pmatrix}}{h^2\omega_{0j}^2}\right]\frac{\frac{\partial n_{\boldsymbol{q}\lambda}}{\partial T}}{h\omega_{\boldsymbol{q}\lambda}},\end{aligned} \tag{8.76}$$

此式中两个方括号中的量形式上虽然相同，但它们对温度的依赖性是不同的. 对于光学模，至少是布里渊区中心附近的光学模，可以假定三阶非谐系数 V_3 和非线性偶极矩与 $\boldsymbol{q}$ 无关，即

$$V_3\begin{pmatrix} 0, \boldsymbol{q}, & -\boldsymbol{q} \\ j, \lambda, & \lambda \end{pmatrix} = V_3, \tag{8.77}$$

$$P_\alpha\begin{pmatrix} \boldsymbol{q}, & -\boldsymbol{q} \\ \lambda, & \lambda \end{pmatrix} = P_\alpha \tag{8.78}$$

如果此式对声学模也成立，则我们可以得出低温时 p 与 T 呈线性关系

$$p_{声}(T) \simeq C \sum_{q\lambda(声)} \frac{1}{\omega_{q\lambda}} \frac{\partial n_{q\lambda}}{\partial T} \propto T, \tag{8.79}$$

这就是 Born 得出的结果[26]. 但不难证明，式（8.77）和式（8.78）对声学模不能成立，否则就破坏了晶体的平移不变性. 对于声学模，至少在布里渊区中心附近，式（8.77）和式（8.78）可代之以

$$V_3\begin{pmatrix} 0, \boldsymbol{q}, & -\boldsymbol{q} \\ j, \lambda, & \lambda \end{pmatrix} \simeq V_3(\boldsymbol{q}\mathrm{a})^2, \tag{8.80}$$

$$P_\alpha\begin{pmatrix} \boldsymbol{q}, & -\boldsymbol{q} \\ \lambda, & \lambda \end{pmatrix} \simeq P_\alpha(\boldsymbol{q}\mathrm{a})^2, \tag{8.81}$$

式中 a 是原子平均距离. 利用此二式可写出低温时热电系数，即

$$p \simeq \sum_{q\lambda} h\omega_{q\lambda} \frac{\partial n_{q\lambda}}{\partial T} \simeq c_v \propto T^3, \tag{8.82}$$

式中 c_v 是声学模对晶格比热的贡献.

由晶格动力学可知，德拜近似较好地描述了声学模的行为. 如果式（8.80）和式（8.81）对任何波矢都成立，则我们可以借助德拜函数写出声学模对热电系数的贡献

$$p_{声} = AD(\theta_D/T), \tag{8.83}$$

这里 A 是振幅系数，D（θ_D/T）是德拜函数［见式（8.66)］.

另一方面，爱因斯坦模型对光学模是个较好的近似，所以相似地可以用爱因斯坦函数写出光学模对热电系数的贡献

$$p_{光} = \sum_i A_i E(\theta_E/T), \tag{8.84}$$

式中 A_i 是第 i 个光学模的振幅系数，E（θ_E/T）是爱因斯坦函数［见式（8.63)］.

于是普遍情况下，热电系数由下式表示：

$$p = AD(\theta_D/T) + \sum_i A_i E(\theta_E/T). \tag{8.85}$$

利用此式拟合实验数据时，必须有各个模的频率（即相应的温度 $\theta_D = h\omega_D/k$，$\theta_E = h\omega_E/k$）以及振幅系数 A 和 A_i，这些参量应由其他的实验得出. Gavrilova 等[31]对多种材料的低温热电系数进行了拟合，代表性的结果见表 8.3. 这里的热电系数是在零应力条件下测量的，所以是总热电系数. 从表中可看出，非铁电体的热电系数要由德拜函数与爱因斯坦函数之和拟合，而铁电体的热电系数只需用爱因斯坦函数即可表达.

表 8.3 热电系数按式（8.85）的拟合[31]

材 料	测量的温度范围(K)	拟合的温度范围(K)	采用的参量值
ZnO	5—300	18—300	$A=-1.5, \theta_D=240\text{K}$,
			$A_1=-1.71, \theta_{E1}=630\text{K}$
CdS	5—300	15—300	$A=-0.737, \theta_D=120\text{K}$,
			$A_1=-3.11, \theta_{E1}=420\text{K}$
BeO	20—300	60—300	$A=-0.08, \theta_D=420\text{K}$,
			$A_1=-3.11, \theta_{E1}=750\text{K}$
电气石	5—900	20—850	$A=-6.59, \theta_D=220\text{K}$,
			$A_1=-1.52, \theta_{E1}=700\text{K}$
			$A_2=-15.05, \theta_{E2}=5120\text{K}$
TGS	5—330	7—270	$A_1=-1.16, \theta_{E1}=72.5\text{K}$
			$A_2=-2.16, \theta_{E2}=250\text{K}$
			$A_3=-13.8, \theta_{E3}=885\text{K}$
			$A_4=-750, \theta_{E4}=2210\text{K}$
$LiNbO_3$	5—350	5—350	$A_1=0.223, \theta_{E1}=72\text{K}$
			$A_2=-3.26, \theta_{E2}=114\text{K}$
			$A_3=-23.88, \theta_{E3}=330\text{K}$

图 8.2 示出了 $LiNbO_3$ 热电系数的测量结果和拟合曲线，可见在 300K 以下拟合良好.

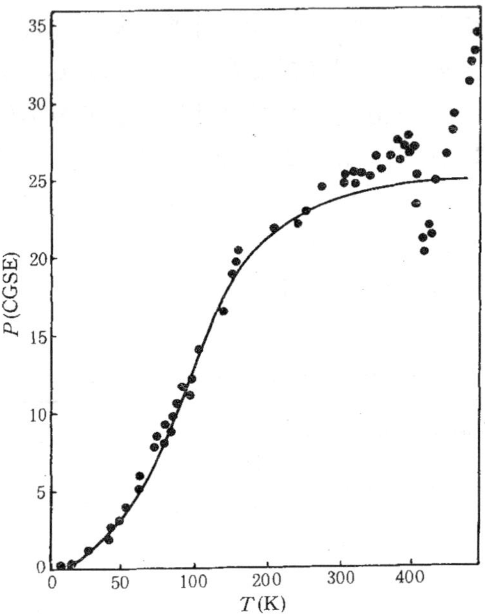

图 8.2 $LiNbO_3$ 热电系数的测量值（黑点）和按式（8.85）的拟合曲线，拟合参量值见表 8.3[31].

Lines 和 Glass 对铁电体 $LiTaO_3$ 进行了类似的处理[33]. 他们用两个爱因斯坦函数之和成功地拟合了 $LiTaO_3$ 的低温热电系数. 根据红外反射测量的结果得知[34]，在各个 A_1 对称的光学模中，有一个模（其频率 ω_{E1} 在室温时为 $201cm^{-1}$）的强度在室温时比其他所有 A_1 对称模强度之和还大一个数量级，因此该模将对 P 起主导作用. 另一个较强的模在室温的频率 ω_{E2} 为 $81cm^{-1}$. 他们取这两个模的振幅系数分别为 0.013 和 0.003，用下式很好地拟合了 $LiTaO_3$ 在 200K 以下的热电系数.

$$p(\mu Ccm^{-2}K^{-1}) \simeq 0.013E\frac{h\omega_{E1}}{2kT} + 0.003E\left(\frac{h\omega_{E2}}{2kT}\right). \quad (8.86)$$

在 200K 以上，计算值与实验值偏离变大. 这是因为频率为 ω_{E1}的模是对铁电相变负责的软模，它在 200K 以上即开始软化[35]，因而对热电系数的贡献急剧增大.

为什么在铁电体中，声学模对热电系数没有重要的贡献？Gavrilova 等从式 (8.76) 出发，对声学模和光学模的贡献作了估计和比较. 首先，考虑与非谐系数相联系的部分，即

$$\sum_j \sum_\lambda \frac{P_\alpha\begin{pmatrix}0\\j\end{pmatrix} V_3\begin{pmatrix}0, \boldsymbol{q}, & -\boldsymbol{q}\\ j, \lambda, & \lambda\end{pmatrix}}{h^2\omega_{0j}^2} \frac{\frac{\partial n_{q\lambda}}{\partial T}}{h\omega_{q\lambda}}. \tag{8.87}$$

因为对于光学模和声学模，V_3 可分别用式 (8.77)，(8.78) 和式 (8.80)，(8.81) 表示，将它们代入上式，得出

$$\sum_j \frac{P_\alpha\begin{pmatrix}0\\j\end{pmatrix} V_3}{h^2\omega_{0j}^2}\left[\sum_\lambda \frac{(\boldsymbol{q}a)^2}{h\omega_{q\lambda}} \frac{\partial n_{q\lambda}}{\partial T} + \sum_{j'} \frac{1}{h\omega_{j'}} \frac{\partial n_{qj'}}{\partial T}\right], \tag{8.88}$$

这里 λ 表示声学模，j' 代表光学模. 将此式改写为

$$\sum_j \frac{P_\alpha\begin{pmatrix}0\\j\end{pmatrix} V_3 R}{(h\omega_{0j})^2(h\omega_D)^2 V}\left[D\left(\frac{\theta_D}{T}\right) + 3\sum_{j'}\left(\frac{\omega_D}{\omega_{j'}}\right)^2 E\left(\frac{\theta_{Ej'}}{T}\right)\right], \tag{8.89}$$

这里 V 是晶体体积，R 是气体恒量.

其次，考虑非线性电偶极矩项对热电系数的贡献. 在计入电子云畸变的离子模型中，存在如下的关系[36,37]：

$$\frac{P_\alpha\begin{pmatrix}0\\j\end{pmatrix} V_3\begin{pmatrix}0, \boldsymbol{q}, & -\boldsymbol{q}\\ j, \lambda, & \lambda\end{pmatrix}}{P_\alpha\begin{pmatrix}\boldsymbol{q}, & -\boldsymbol{q}\\ \lambda, & \lambda\end{pmatrix}} \simeq \omega_{0j}\omega_{SR}. \tag{8.90}$$

频率 ω_{SR}与电子云的畸变程度有关，对大多数离子晶体，$\omega_{SR} \gg \omega_{0j}$. 由式 (8.88)，(8.89) 和 (8.90) 可得出

$$p(T) = -\sum_j \left(1 - \frac{\omega_{0j}}{\omega_{SR}}\right) \frac{P_\alpha\begin{pmatrix}0\\j\end{pmatrix} V_3 R}{(h\omega_{0j})^2(h\omega_D)^2 V}$$

$$\left[D\left(\frac{\theta_D}{T}\right)+\sum_{j'}\left(\frac{\omega_D}{\omega_{j'}}\right)^2E\left(\frac{\theta_{Ej'}}{T}\right)\right]. \tag{8.91}$$

此式表明，函数 D (θ_D/T) 和函数 E (θ_E/T) 前面的振幅系数差一个因子 $(\omega_D/\omega_{j'})^2$. 在非铁电体中，此系数近似为 1 或更小，在铁电体中，此系数可大到 100. 在低温区，尽管爱因斯坦函数 E 比德拜函数 D 下降得快，但铁电体中光学模的贡献因有大得多的振幅系数仍将超过声学模的贡献，以致在拟合实验数据时，声学模的贡献可以忽略.

§8.4 热电系数的测量

8.4.1 等效电路

测量热电系数的基本配置如图 8.3 所示. 样品的极化与电极面垂直. 样品厚度为 a，电极部分面积为 A. C_L 和 R_L 分别为负载电容和负载电阻，它们包含电路及测量仪器的贡献.

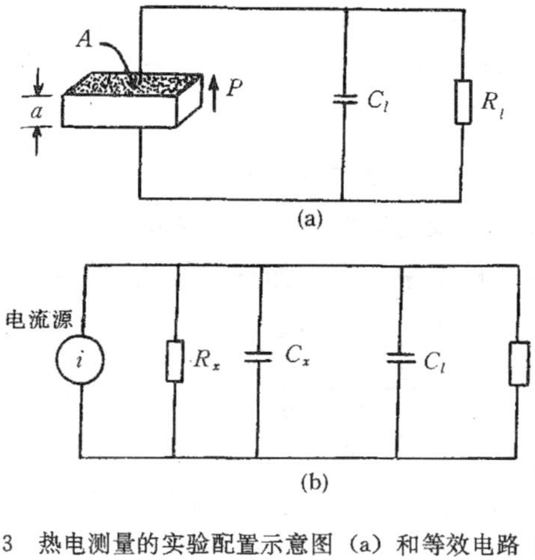

图 8.3 热电测量的实验配置示意图 (a) 和等效电路 (b).

热电信号在负载两端产生电压 V，在样品内部形成电场 $E=V/a$. 样品内部电流密度（用标量形式，下同）为

$$J = \sigma E + \frac{\partial D}{\partial t}, \tag{8.92}$$

式中 σ 为电导率. 右边第一项为传导电流密度, 第二项为位移电流密度.

设样品的电阻为 R_x, 则传导电流密度为

$$\sigma E = \frac{V}{R_x A}. \tag{8.93}$$

假定热电体在测量过程中不受应力, 则电位移的变化为

$$\Delta D = \varepsilon^{X,T} \Delta E + p^{E,X} \Delta T, \tag{8.94}$$

所以位移电流密度为

$$\frac{\partial D}{\partial t} = \frac{C_x}{A} \frac{\partial V}{\partial t} + p \frac{\partial T}{\partial t}, \tag{8.95}$$

式中 C_x 为样品电容.

由式 (8.93) 和式 (8.95) 可得出流过样品的总电流为

$$AJ = \frac{V}{R_x} + C_x \frac{\partial V}{\partial t} + pA \frac{\partial T}{\partial t}.$$

此式表明, 样品可用一电流源 $p\partial T/\partial t$ 及与之并联的电阻 R_x 和电容 C_x 来代表, 如图 8.3 (b) 左半部所示.

负载电阻 R_L 和负载电容 C_L 是与样品并联的, 其两端电压也为 V, 所以通过它们的电流分别为 V/R_L 和 $C_L \partial V/\partial t$.

因为通过 C_x, R_x, C_L 和 R_L 的电流都是由热电电流源提供的, 所以有

$$(C_L + C_x) \frac{\partial V}{\partial t} + \left(\frac{1}{R_x} + \frac{1}{R_L} \right) V = - pA \frac{\partial T}{\partial t}. \tag{8.96}$$

令

$$C_L + C_x = C, R = \frac{R_x R_L}{R_x + R_L}, \tag{8.97}$$

则式 (8.96) 成为

$$\frac{\partial V(t)}{\partial t} + \frac{V(t)}{RC} = - \frac{pA}{C} \frac{\partial T}{\partial t}. \tag{8.98}$$

求解此微分方程, 并利用初始条件

$$t = 0, V(0) = 0, \tag{8.99}$$

得出

$$V(t) = \frac{pA}{C}\exp\left(-\frac{t}{RC}\right)\int_0^t \exp\left(\frac{t'}{RC}\right)\left(\frac{dT}{dt'}\right)dt'. \tag{8.100}$$

如果能从实验上测得热电电压 V 与时间的关系，则根据此式可以求出热电系数 p. 这就是测量热电系数的电压法.

8.4.2 电压法

式（8.100）是普遍情况下热电电压与时间的关系式，不便与实验数据直接比较. 在实验上，为了方便，一般只考虑几种特殊情况.

以时间常量 RC 来衡量，如果样品温度的改变很快，则式（8.100）可简化为

$$V(t) = \frac{pA\Delta T}{C}\exp\left(-\frac{t}{RC}\right). \tag{8.101}$$

在时间足够长时，上式进一步简化为

$$V = \frac{pA\Delta T}{C}. \tag{8.102}$$

据此建立了测量热电系数的一种基本方法，早期测量高电阻率热电体的热电系数就是按式（8.102）进行的[27]. 为提高时间常量，采用了高输入阻抗的静电电压计，而且不并联其他任何负载.

以时间常量 RC 来衡量，如果温度的改变很慢，则式（8.100）简化为

$$V(t) = pAR\left(\frac{dT}{dt}\right)_0\left[1 - \exp\left(-\frac{t}{RC}\right)\right], \tag{8.103}$$

式中 $(dT/dt)_0$ 是 $t=0$ 时的温度变化率.

Lang 等在式（8.103）的基础上，发展了一种测量热电系数以及直流电容率和电阻率的方法[38—40]. 他们用连续方式改变温度，并考虑了两种极端情况.

一种极端情况是，并联的负载电阻远小于样品电阻 R_x，此时式（8.103）成为

$$V(t) = pAR_L\left(\frac{dT}{dt}\right)_0\left[1 - \exp\left(-\frac{t}{R_LC}\right)\right]. \quad (8.104)$$

如果时间 t 又足够长，则

$$V = pAR_L\left(\frac{dT}{dt}\right). \quad (8.105)$$

另一种极端情况是，t 较小以致 $t \ll RC$，此时式（8.103）可近似写为

$$V(t) = pA\left(\frac{dT}{dt}\right)_0\left(\frac{t}{C} - \frac{t^2}{2RC^2}\right). \quad (8.106)$$

实验时选择不同阻值的负载电阻 R_L，并分别测量不同时间后的热电电压，于是获得了分别由式（8.103），（8.105）和（8.106）表示的 $V-t$ 曲线.

在式（8.103）成立的条件下测得的数据可借助最小二乘法由式（8.107）拟合

$$V = A_1[1 - \exp(B_1t)]. \quad (8.107)$$

在式（8.106）成立的条件下测得的数据可借助最小二乘法由式（8.108）拟合

$$V = A_2 + B_2t + C_2t^2. \quad (8.108)$$

根据拟合曲线中有关参量 A_1，B_1，A_2，B_2 和 C_2，即可计算热电系数 p，电阻 R_x 和电容 C_x，由后二者得出电阻率和直流电容率.

如果只需要测量热电系数 p，则只要在式（8.105）成立的条件下测出电压 V 即可.

Hartley 等提出了另一种电压法[41]. 他们采用一种基于温差电致冷（或加热）的组件，使样品温度以 0.01—1Hz 的频率作余弦式变化. 将温度变化和热电电压的变化同时记录到图示仪上，从而求出热电系数.

温度 T 在 T_0 附近以振幅 ΔT 按下式变化：

$$T = T_0 + \Delta T\cos\omega t. \quad (8.109)$$

温度的变化通过热电偶转化为电信号. 只要在 $T+\Delta T$ 到 $T-\Delta T$ 范围内，热电系数没有明显的差别，则热电电流可写为

$$I = pA\frac{\partial T}{\partial t} = pA\Delta T\omega\sin\omega t, \tag{8.110}$$

式中 A 是样品被有电极部分的面积.

在图 8.3 所示的电路中，输出热电电压可写为

$$V = pA\Delta T\omega R(1 + \omega^2C^2R^2)^{-1/2}\sin(\omega t + \varphi), \tag{8.111}$$

式中 $\varphi=\tan^{-1}$ (ωCR,) R 和 C 见式 (8.97).

Hartley 等在 $\omega CR \ll 1$ 的条件下进行实验. 此时热电电压为

$$V = V_0\sin\omega t, \tag{8.112}$$

其中

$$V_0 = pA\Delta T\omega R. \tag{8.113}$$

比较式 (8.109) 和式 (8.112) 可见，热电电压和温度作为时间的函数相互正交. 将这两个电信号经过缓冲放大器以后分别输入到 XY 记录仪的两个通道，根据记录仪的图示即可得出热电系数.

以上介绍的三种电压法虽然各有特色，但一般地说，电压法有明显的缺点. 因为测量的是样品两端的电压，这就带来了两个问题. 第一、难以满足零场条件. 样品两端存在电压 V 表明其中出现了电场 $E=V/a$. 实际样品电导率不可能为零，所以存在传导电流 σE. 该电流的方向与热电电流的方向相反，这将造成测量误差. 电压越高，样品电阻率越低，则此种误差越严重. 第二、热电测量的结果一般与样品的阻抗有关. 式 (8.101) 和式 (8.103) 等式中都不但包含热电系数 p，而且包含样品电阻 R_x 和电容 C_x. 热电测量总是在某一温度区间(由 $T-\Delta T$ 到 $T+\Delta T$) 内进行，在此区间内，电阻率和电容率都随温度发生变化，特别是在相变温度附近变化很显著. 这将导致测量结果不准确.

8.4.3 电荷积分法

在温度改变 ΔT 后，热电电荷随时间增多. 测出热电电荷

$$Q = \int_0^t AJdt, \tag{8.114}$$

即可求出热电系数

$$p = \frac{Q}{A\Delta T} = \frac{1}{A\Delta T}\int_0^t AJdt. \qquad (8.115)$$

但如果让热电电荷集存在样品两端，则将破坏零电场条件．在电荷积分法中，将不断产生的热电电荷即时地转移，使之离开样品，并将它们累加（积分）起来．这样就既测得了总的热电电荷，又保证了样品处于零电场条件．

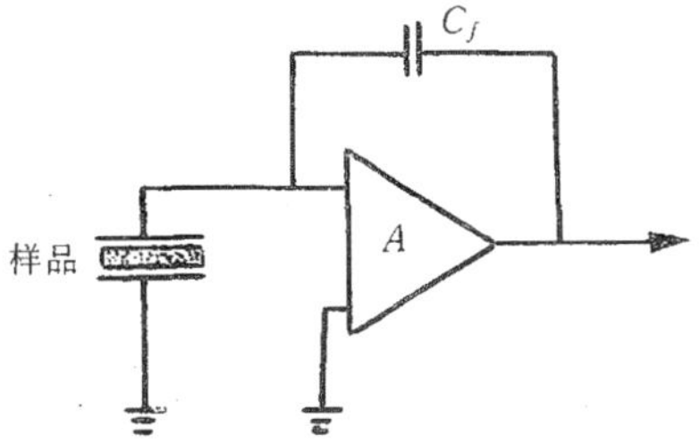

图 8.4　采用运算放大器的电荷积分法电路

Glass 采用了图 8.4 所示的电路用电荷积分法测量热电系数[42]．图中 A 是运算放大器，C_f 是容量已知的反馈电容器（取 $C_f=1\mu F$）．在如图所示的联接下，一旦出现热电电荷就被转移到反馈电容器，而不会集存在样品两端，从而可保证样品中电场为零．由 C_f 两端的电压即可计算热电系数 p．

此电压为

$$V = \frac{Q}{C_f} = \frac{A}{C_f}\int_0^t Jdt. \qquad (8.116)$$

因为 $E=0$，故由式（8.92）和式（8.94）可得出

$$\int_0^t Jdt = p\int_0^t \frac{\partial T}{\partial t}dt = p\Delta T, \qquad (8.117)$$

所以

$$p = \frac{VC_f}{A\Delta T}. \qquad (8.118)$$

李景德等[43]采用了使积分电路放电以转移电荷的方法，他们的实验配置如图 8.5 所示. 开始时样品的温度为 T_1，然后加热变为 T_2 并保持足够长的时间. 在这个过程中，热电电荷被积分电路累积起来产生正或负的积分电压. 当电压达到一定的绝对值时，控制电路就使积分电路进行一次反向脉冲放电. 放电时间由石英时标控制（0.5ms），放电电压由标准的正电源或负电源供给，使每次放电量都精确等于某个规定值 δQ（约为 10^{-11}C），以计数器记录放电的次数. 由于 δQ 很小，所以这样逐次放电可以保证整个测量过程中任何瞬时出现于样品电极间的电压不会超过微伏数量级，十分接近零电场条件.

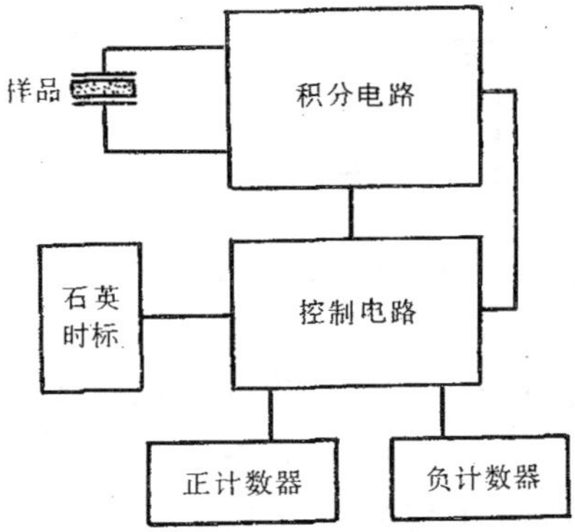

图 8.5　利用放电和计数的电荷积分法电路[43]

若正负计数器的稳定读数分别为 N_+ 和 N_-，则总的热电电荷为

$$\Delta Q = (N_+ - N_-)\delta Q = \Delta N \delta Q, \tag{8.119}$$

而热电系数为

$$p = \frac{\Delta Q}{A\Delta T} = \frac{\Delta N \delta Q}{A(T_2 - T_1)}. \tag{8.120}$$

8.4.4 电流法

因为在电场为零时，热电电流 AJ 与热电系数 p 有如下关系：

$$AJ = Ap\frac{\partial T}{\partial t},\tag{8.121}$$

所以只要知道温度变化率，就可通过测量电流 AJ 得出热电系数.

Byer 等[44]采用了等速加热法. 他们利用差热分析仪控制样品的温度变化率使之在很宽的温度范围内保持恒定，因此电流响应直接给出了在此温度范围内热电系数 p 的变化情况.

Chynoweth 的方法[45]是使样品的温度发生周期性的变化. 他们将红外光束加以调制形成方波后照射到样品上，后者吸收光能使温度发生变化. 为了使入射辐射的能量全部用于提高样品的温度，要求在入射辐射的周期内，样品与支座之间没有明显的热传导，为此要求入射辐射脉冲的宽度小于热时间常量

$$\tau'_T = \frac{M}{G_T},\tag{8.122}$$

其中 M 为样品的热容，G_T 为样品与支座间的热导。可以通过选用绝热支座或在样品下提供绝热层达到这个要求.

如果单位时间内入射能量为 W，样品对入射能量的吸收系数为 e，则样品温度的变化率为

$$\frac{dT}{dt} = \frac{eW}{M}.\tag{8.123}$$

于是由式（8.121）得热电电流为

$$AJ = \frac{ApeW}{M}.\tag{8.124}$$

此式中除热电系数 p 外还有两个材料参量，即吸收系数和热容. 这两个参量都不易精确测定，但如果它们在所研究的温度范围内近似不变，则热电电流与热电系数成正比.

在测量热电系数过程中，一般都是使样品处于零应力（自由）状态，所以测得的是初级与次级热电系数之和. 为测量初级热电系数，必须使样品处于受夹（零应变）状态，或者借助压电

常量和热胀系数，由式（8.24）或式（8.25）计算出来. 初级和次级热电系数都是温度的函数，而且在有的热电体中，它们的符号相反. 在这种情况下，如果它们的绝对值相等就会使总热电系数等于零. 在有些热电系数对温度的关系曲线上观测到热电系数反号的现象，经过分析认为，这是初级和次级热电系数抵消的结果[46—48].

测量过程中应保证样品的均匀受热，以避免应力梯度通过压电效应造成第三热电效应.

最后，对以上介绍的各种方法作一比较. 电压法比较简单，但因要求样品两端有便于测量的电压，破坏了零电场条件. 应该采用大的并联电容，以减小样品内的电场. 样品电导率越大，电场不为零造成的误差越大，因此此法只能用于高电阻率的材料.

电荷积分法将电荷及时地从样品转移，以实现零电场条件. 不过一般说来，为要积累便于测量的电荷，温度改变量 ΔT 不能很小（例如要求 ΔT 不小于 2K），所以此法的温度分辨率不很高.

电流法有很高的灵敏度，而且温度连续改变，不过温度变化率难以精确设定. 电流响应与样品的热性能有关，所以此法适合于相对测量，需用其他方法进行绝对定标.

如果不是单纯为了测量热电系数，而要观测温度改变后热电响应随时间的变化，则只能断续改变温度，此时电荷积分法最为适合.

§8.5 热电性与相变的关系

8.5.1 铁电-顺电相变附近的热电性

在铁电-顺电相变中，自发极化产生或消失，热电系数出现峰值，所以热电测量是探测铁电-顺电相变的手段之一[49].

一级相变铁电体中，温度稍高于 T_c（但低于 T_2，见§3.2）时，电场可诱发铁电相，极化随温度变化最陡的温度（即热电系数呈现峰值的温度）随电场增大而升高[19]. $BaTiO_3$ 是一级相变铁电体，它在略高于 T_c 时热电电流与电场的关系如图 8.6 所示[50]. 曲线旁边的数字代表摄氏温度，不过这是晶体盒的温度，比晶体的实际温度要低. 这种依赖关系可用铁电相变的热力学理论加以说明[51]. 式（3.14）给出了电场 E 与电位移 D 的关系

$$E = \alpha_0(T - T_0)D + \beta D^3 + \gamma D^5.$$

按照式（3.30）那样引入约化电位移 d、约化电场 e 和约化温度 t，可将上式改写为

$$e = 2d^5 - 4d^3 + 2td, \tag{8.125}$$

热电系数等于电场和应力恒定时电位移对温度的偏微商，故由此式可得约化热电系数为

$$\frac{\partial d}{\partial t} = \left(4d - 4d^3 - \frac{e}{2d^2}\right)^{-1} = d/(6d^2 - 5d^4 - t). \tag{8.126}$$

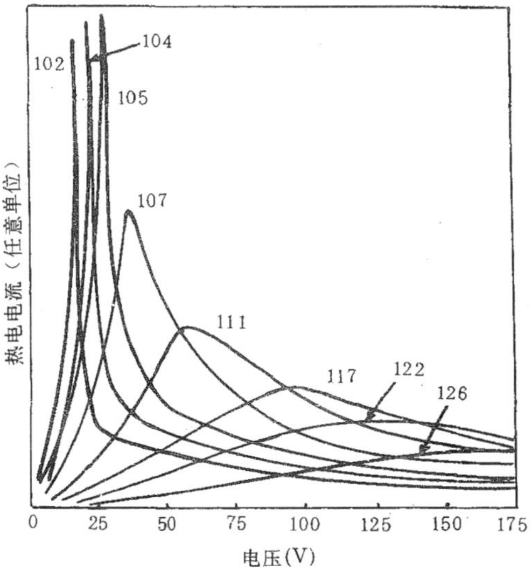

图 8.6 $BaTiO_3$ 在不同温度时热电电流与偏压关系的实验曲线[50].

由以上两式可作出各种约化温度下 $\partial d/\partial t$ 与约化电场的关系曲

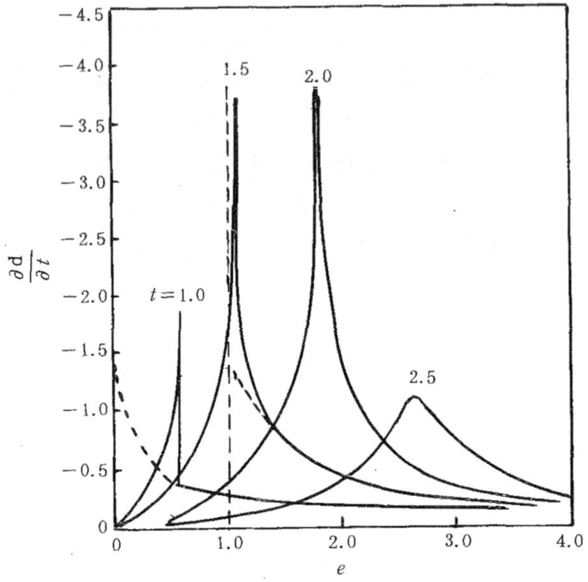

图 8.7 各种约化温度下，约化热电系数与约化电场关系的理论曲线[50].

线，结果如图 8.7 所示. 显然，它们与图 8.6 所示的实验结果是吻合的.

在二级相变铁电体中，没有场致相变. 虽然在电场作用下，极化对温度的曲线变得平缓，但极化变化最陡的温度即热电系数呈现峰值的温度保持不变[49].

虽然热电系数峰值所在的温度不因电场而移动，但其数值随电场增大而减小. 忽略 G_1 展开式中的 D^6 项，得出

$$E = \alpha_0(T - T_0)D + \beta D^3, \tag{8.127}$$

式中 $T_0=T_C$. 因电场保持恒定，对此式求微商得

$$0 = [\alpha_0(T - T_0) + 3\beta D^2]dD + \alpha_0 D dT,$$

于是热电系数为

$$p = \left(\frac{\partial D}{\partial T}\right)_{E,X} = \frac{-\alpha_0 D_0}{\alpha_0(T - T_0) + 3\beta D^2}, \tag{8.128}$$

这里 D_0 是温度为 T 时电场 E 引起的电位移，它可由式（8.127）计算. 不求其精确解，只看 3 个特殊情况

$$D_0 \simeq E[\alpha_0(T-T_0)]^{-1} \qquad T \gg T_0, \tag{8.129a}$$

$$D_0 \simeq [\alpha_0\beta^{-1}(T_0-T)]^{-1/2} \qquad T \ll T_0, \tag{8.129b}$$

$$D_0 \simeq (\alpha_0/\beta)^{1/3}, \qquad T = T_0. \tag{8.129c}$$

将式（8.129）代入式（8.128），并以 p_0 表示 $T=T_0$ 时的热电系数，可以得出[51]

$$p = E\alpha_0^{-1}(T-T_0)^{-2} \qquad T \gg T_0, \tag{8.130a}$$

$$p = \frac{1}{2}\alpha_0^{1/2}\beta^{-1/2}(T_0-T)^{-1/2} \qquad T \ll T_0, \tag{8.130b}$$

$$p_0 = \frac{1}{3}\alpha_0\beta^{-2/3}E^{-1/3} \qquad T = T_0, \tag{8.130c}$$

此式表明，在居里点以下，热电系数按 $(T_0-T)^{-1/2}$ 随温度上升而增加，在居里点以上，热电系数按 $(T-T_0)^{-2}$ 减小. 热电系数峰值发生于 $T=T_0=T_c$，虽然其值与电场有关，但位置不随电场发生变化.

8.5.2 铁电-铁电相变附近的热电性

在铁电-铁电相变中，自发极化的大小和方向两者一般都发生变化，$BaTiO_3$ 中 $P4mm$（C_{4v}^1）与 $Amm2$（C_{2v}^4）间的相变和 $Amm2$（C_{2v}^4）与 $R3m$（C_{3v}^5）间的相变是熟知的例子. 但有时自发极化的方向不变只是大小发生变化，$PbZr_xTi_{1-x}O_3$（$0.65<x<0.95$）中，$R3m$（C_{3v}^5）与 $R3c$（C_{3v}^6）之间的相变就属于这种情况. 在这种情况下，通常用来标志相变的其他参量（如电容率）只显示微弱的变化，但热电系数仍然表现出尖锐的峰值[52]，所以热电性是铁电-铁电相变灵敏的指示器.

利用热电测量可以获得铁电-铁电相变的许多信息，如自发极化的大小和方向、相变温度以及新相的结构对称性等. 这里以四方钨青铜型结构铌酸盐铁电体的低温相变为例加以说明[53,54]. PBN（$Pb_{0.4}Ba_{0.6}Nb_2O_6$）在其居里点（360℃）以上属 $4/mmm$

(D_{4h}) 点群，在居里点以下属 $4mm$ (C_{4v}) 点群. 这种晶体是否有另一个铁电相过去并不清楚. 我们主要借助于热电测量，探测到低温时发生的铁电-铁电相变并确定了低温铁电相的点群为 m (C_s). 首先测量了晶体沿 3 方向的热电系数 p_3. 在室温至 10K 范围内，p_3 随温度降低而单调下降，无反常变化. 因为在 $4mm$ 点群的晶体中，自发极化必定沿四重轴方向（3 方向），没有与之垂直的分量，所以热电系数 p_1 为零. 但是如果发生铁电-铁电相变，自发极化改变方向，则 p_1 将不为零. 为了探测 p_1，我们将晶体的 a 片降温到 150K，施加 1kV/mm 的电场，在温度降到 10K 时保持 15min 再撤去电场，然后在升温过程中观测热电效应. 图 8.8 示出了热电系数 p_1 随温度的变化[53]. 在约 70K 以上，p_1 的确为零，在 70K 以下则不再为零，而且在 20K 左右出现峰值. 这表明 70K 以下自发极化不再平行 c 轴，而有了沿 a 轴的分量，即发生了相变.

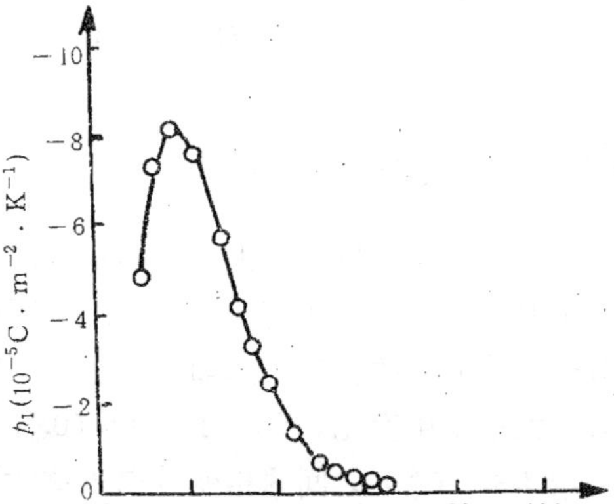

图 8.8 $Pb_{0.4}Ba_{0.6}Nb_2O_6$ 晶体的热电系数 p_1 随温度的变化.

为了确定低温相自发极化的取向，需要知道自发极化在 3 个互相垂直方向的分量. 为此我们从晶体上切割"两种" a 片，一种平行于 (100) 面，一种平行于 (010) 面，将这"两种" a 片同样地进行上述的电场处理和观测热电效应. 测量表明，在任一温度时，(100)片的热电系数与 (010) 片的相等. 因为任一方向自发极化分量等于该方向热电系数对温度的积分，所以上述事实表明，任一温度时自发极化在 [100] 方向的分量等于其在 [010] 方向的分量，亦即自发极化与 [100] 方向的夹角等于其与 [010] 方向的夹角. 为了满足这一条件，自发极化矢量必须处在 [100] 与 [010] 间夹角的平分面内，也就是在 $(1\bar{1}0)$ 面内，其方向为 $[hhl]$，如图 8.9 所示. 自发极化与 c 轴的夹角为

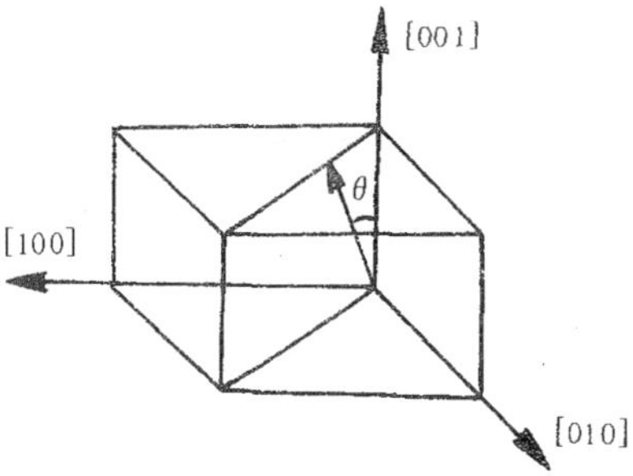

图 8.9 自发极化在 $(1\bar{1}0)$ 平面内，与 [001] 方向的夹角为 θ.

$$\theta = \tan^{-1}(\sqrt{2}\,P_a/P_c),$$

其中 P_a 和 P_c 分别为自发极化沿 a 轴和 c 轴的分量.

低温相的点群可由居里原理（见 § 3.5）确定. 因为顺电相点群为 $4/mmm$，顺电相到室温铁电相的转变只是丧失了与 c 轴垂直的镜面，现已知低温铁电相自发极化所在平面是室温铁电相的 $(1\bar{1}0)$ 平面，所以它也就是出现于高温顺电相的 $(1\bar{1}0)$ 平面. 为此，我们将代表自发极化对称性 (∞m) 的圆锥安置在 $(1\bar{1}0)$ 平面内 $[hhl]$ 方向，于是得出 ∞m 与顺电相点群的公共子群为 m，所以低温铁电相点群为 m.

按照类似的方法，不但探测了其他四方钨青铜型结构铁电体 SBN ($Sr_{1-x}Ba_xNb_2O_6$)，KNSBN ($(K_xNa_{1-x})_{0.4}$ $(Sr_yBa_{1-y})_{0.6}$ Nb_2O_6) 等的低温铁电-铁电相变[55,56]，而且发现了钙钛矿型结构晶体 LNN ($Li_xNa_{1-x}NbO_3$) 的低温铁电-铁电相变[57]. LNN 的低温相变随 x 不同而不同，在 x=0.02—0.03 时，室温铁电相和低温铁电相分属 $mm2$ 和 $3m$ 点群. SBN 和 KNSBN 的低温相变与 PBN 的相同，也是从室温铁电相 $4mm$ 点群变到低温铁电相 m 点

群.

8.5.3 反常热电响应

铁电体的温度改变以后，极化达到新的平衡值需要一定的时间，因此热电电荷对温度变化的响应并不是瞬时的，而表现出热电弛豫. 热电响应的时间特性不但在材料表征方面是重要的，而且包含有极化变化过程的重要信息.

令温度改变 ΔT，观测热电电荷随时间的变化，就可得到热电弛豫特性. 这里首先需要考虑的是，样品的温度达到平衡所需要的时间. 因为体内温度达到平衡是一个热传导的过程，它显然应该依赖于下列因素：热导率、热容以及样品的尺寸和形状. 量纲分析指出，相应的热弛豫时间为[58]

$$\tau_T = \frac{L^2 c'}{\sigma_T}, \tag{8.131}$$

式中 c' 是单位体积的热容 ($\mathrm{JK^{-1}m^{-3}}$)，L 是传热方向的长度 (m)，σ_T 是热导率 ($\mathrm{JK^{-1}m^{-1}s^{-1}}$). 对于一个厚度为 1mm 的片状 TGS 晶体，室温附近 τ_T 约为 1s[41]. 一个厚度 0.75mm 的 x 切 $LiNbO_3$ 晶片，τ_T 约为 0.4s. 只有在时间超过 τ_T 以后的热电响应才是热电弛豫的表现，所以预先必须对 τ_T 有一个大略的估计. 在发生铁电-铁电相变或铁电-顺电相变时，比热通常出现峰值，相应地，τ_T 也明显增大[52].

关于铁电单晶[59,60]和铁电陶瓷[61]的热电弛豫，已有不少学者进行过研究. 虽然不同材料中热电弛豫的具体特征不同，但这些文献所报道的有一个共同点，即热电电荷的极性不随时间发生变化. 然而在铁电-铁电相变过程中，作者等发现了一种反常的热电响应，其特征是热电电荷的极性随时间改变符号[62—64].

$Li_{0.03}Na_{0.97}NbO_3$ 在室温是空间群为 $Pb2_1a$ 的铁电体，在低温发生铁电-铁电相变进入 $R3c$ 空间群[57]. 这个相变是典型的一级相变，有约 80K 的热滞，降温时发生于 180K 附近，升温时发生于 260K 附近. 图 8.10 示出了自发极化沿室温 b 轴（二重轴）分量随温度的变化，CD 和 FB 分别相应于降温和升温时的相变阶段. 在 AB，BC，DE 和 DF 阶段，热电电荷呈现正常的弛豫特性，即热电电荷的量随时间延长而增加但极性不变. 在 CD 和 FB 阶段，观测到反常的热电响应. 图 8.11 (a) 示出了温度由 173K 降到 170K 时沿 b 轴测得的热电电荷的时间响应，图 8.11 (b) 示出了温度由 254K 上升到 257K 时 b 轴热电电荷的时间响应[62]. 可以看到，前者的极性在约 50s 时由正变负，后者的极性在约 50s 时由负变正. 相似的现象在 $Li_xNa_{1-x}NbO_3$ 陶瓷上也观测到了[65].

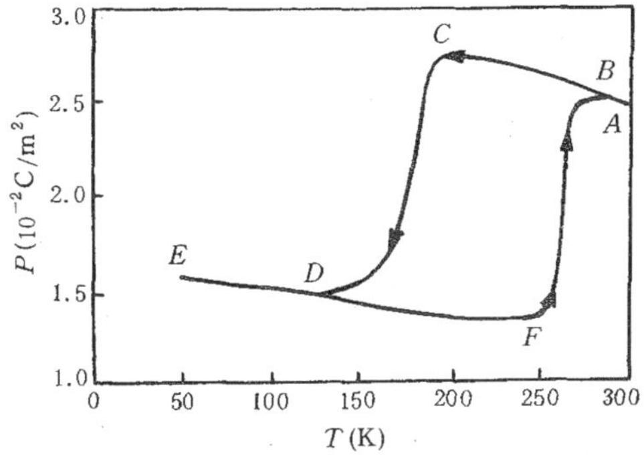

图 8.10　自发极化沿室温 b 轴分量随温度的变化，箭头表示温度改变的方向.

这种反常热电响应的起因可用相变过程中两相共存来解释. 在图 8.10 中，AB 相应于稳定的室温相，BC 相应于过冷的室温相，CD 为过冷的室温相与稳定的低温相共存，DE 为稳定的低温相，DF 为过热的低温相，FB 为过热的低温相与稳定的室温相共存. 该图表明，室温相自发极化沿 b 轴分量较大，低温相的较小. 在相变过程中任一温度，低温相所占份额越大，则极化的 b 轴分量越小. 在相变过程中，新相的出现需要一定的时间. 降温时新相是低温相，升温时新相是室温相. 室温相和低温相的自发极化 b 轴分量都随温度降低而增大，如图 8.10 所示. 在降温过程中的 CD 段，当温度改变一个其值为负的 ΔT 后，开始时室温相的热电效应

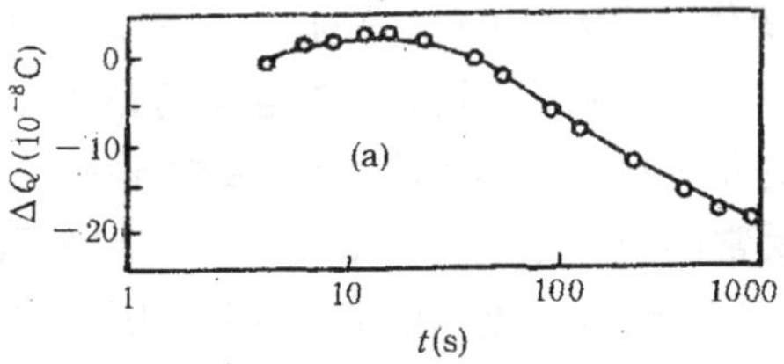

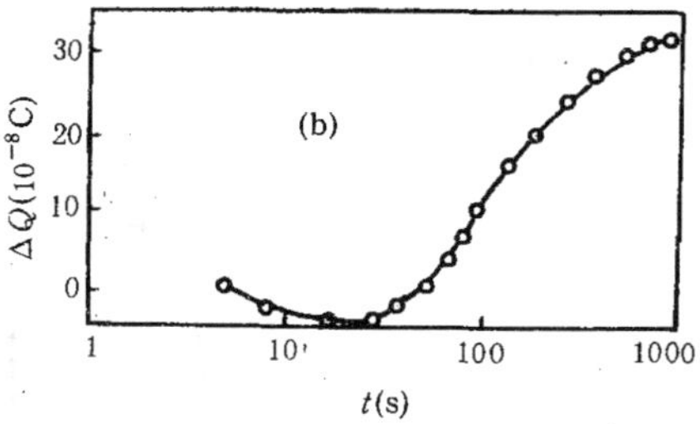

图 8.11 （a）温度由 173K 降到 170K 时热电电荷的时间响应；
（b）温度由 254K 上升到 257K 时热电电荷的时间响应.

占主要地位. 因为室温相的自发极化随温度降低而增加，其 ΔP 为正. 然后低温相部分地出现. 因为低温相的 b 轴极化较小，这使得 ΔP 为负. 于是在 CD 范围内，温度下降 ΔT 后，ΔP 先为正，后为负，即热电电荷 ΔQ 由正变负，这就是图 8.11（a）所示的情况. 同理，在升温过程中，从 F 到 B 的范围内，当温度改变一个其值为正的 ΔT 后，开始时低温相的热电效应占主要地位. 因为低温相自发极化的 b 轴分量随温度升高而降低，故此时 ΔP 为负. 然后室温相部分地出现. 而室温相 b 轴极化较大，所以它的出现使 ΔP 为正. 于是在 FB 范围内，温度上升 ΔT 后，热电电荷由负变正. 这就是图 8.11（b）所示的现象.

以上的解释只需要两个铁电相共存，而两相共存是一级相变的共性，所以这种反常热电响应在其他材料的一级铁电-铁电相变中也应该出现. 的确，后来的实验证实，在 $BaTiO_3$[66]和 $KNbO_3$ 的

$4mm$（C_{4v}）到 $mm2$（C_{2v}）和 $mm2$（C_{2v}）到 $3mm$（C_{3v}）相变中也存在这种反常热电响应. 总之，热电电荷随时间改变极性的现象是一级铁电-铁电相变的表现，它给出了相变过程中新旧两相随时间消长的信息.

对于这种反常热电响应，可以从热电弛豫的观点给以唯象的描述. 在一级铁电-铁电相变附近，高温相与低温相共存，总的极化可表示为

$$P = rP_h + (1-r)P_l, \tag{8.132}$$

其中 P_h 和 P_l 分别代表高温相和低温相的极化，r 是高温相所占的体积百分数. 单位面积的热电电荷为

$$\Delta Q = \Delta P = r\Delta P_h + (1-r)\Delta P_l + (P_h - P_l)\Delta r, \tag{8.133}$$

式中右边前两项是普通的热电电荷，起因于高温相和低温相极化随温度的变化. 最后一项是起因于两相消长且两相极化不等的热电电荷，可称为相变热电电荷.

假设每一项都呈现弛豫特性，如下所示：

$$r\Delta P_h = \Delta Q_1[1-\exp(-\alpha_1 t)], \tag{8.134a}$$

$$r\Delta P_l = \Delta Q_2[1-\exp(-\alpha_2 t)], \tag{8.134b}$$

$$(P_h - P_l)\Delta r = -\Delta Q_3[1-\exp(-\alpha_3 t)], \tag{8.134c}$$

这里 ΔQ_1 和 ΔQ_2 分别是高温相和低温相的饱和热电电荷，α_1 和 α_2 是它们的弛豫时间的倒数，ΔQ_3 是饱和的相变热电电荷，α_3 是相应的弛豫时间的倒数. 总的热电电荷于是可表示为

$$\Delta Q = \Delta Q_1[1-\exp(-\alpha_1 t)] + \Delta Q_2[1-\exp(-\alpha_2 t)] - \Delta Q_3[1-\exp(-\alpha_3 t)]. \tag{8.135}$$

在远离相变点的温度，只有第一项或第二项存在，热电电荷呈现正常的弛豫特性，即其量随时间增加，最后达到饱和值 ΔQ_1 或 ΔQ_2. 当温度处于两相共存的范围时，三项都存在. 此时若参量 ΔQ_1，ΔQ_2，ΔQ_3，α_1，α_2 和 α_3 取适当的数值，就会出现总热电电荷 ΔQ 随时间改变极性的现象. 图 8.12 示出的是在 $Li_{0.03}Na_{0.97}NbO_3$ 陶瓷样品中观测到的反常热电响应（实验点）[65]及按式

(8.135) 的拟合曲线 (实线). 实验数据是在温度由 170K 降到 165K 时测得的, 所用的拟合参量值为 $\alpha_1=0.0014\mathrm{s}^{-1}$, $\Delta Q_1=-2.20\times10^{-10}$ $(\mathrm{C/m^2})$, $\alpha_2=0.0068$ (s^{-1}), $\Delta Q_2=-1.62\times10^{-10}$ $(\mathrm{C/m^2})$, $\alpha_3=0.0016$ (s^{-1}), $\Delta Q_3=4.70\times10^{-10}$ $(\mathrm{C/m^2})$. 可以看到, 式 (8.135) 相当好地描述了实验观测到的反常热电响应.

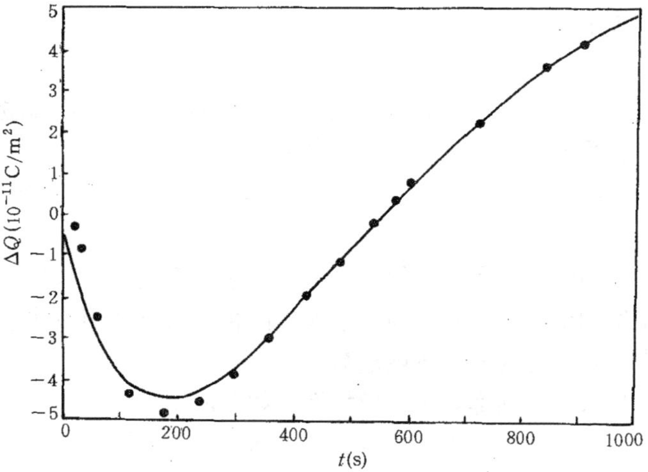

图 8.12 $Li_{0.03}Na_{0.97}NbO_3$ 陶瓷中的反常热电响应,
实线是按式 (8.135) 的拟合曲线.

§8.6 热电材料及其改进

热电体具有重要的实用价值. 在其各种应用中, 热电体的主要作用是将热辐射转变为电信号. 本节介绍热电探测器对材料性能的要求, 提高这些性能的途径和已取得的进展.

8.6.1 探测器对热电材料的要求[67,68]

热电探测器的一般结构是将热电元件接入高输入阻抗放大器 (采用结型场效应晶体管). 热电元件的电极配置有两种方式, 即面电极结构和边电极结构．在面电极结构中，电极面接受入射辐射，电极通常做成半透明的或蒸镀金黑作为吸收层．在边电极结构中，与电极面垂直的表面直接接受入射辐射．热电元件对之响应的是温度的变化而不是恒定的温度，因此被探测的辐射必须是变化的，否则要经过调制（例如用斩波器）．热电探测器可工作于较宽的频率范围，但其响应率等特性依赖于两个时间常量，即热时间常量和电时间常量．作为一个热学元件，热电体有一定的热容，与支座等外界之间有热导．热时间常量为

$$\tau'_T = \frac{M}{G_T}, \tag{8.136}$$

式中 M 为热容（JK^{-1}），G_T 为对外界的热导（$JK^{-1}s^{-1}$）．τ'_T 反映了热电体与外界达到热平衡的快慢．这个热时间常量与式（8.131）所示的热弛豫时间 τ_T 是不同的，一个是元件本身内部达到热平衡的时间，一个是元件与外界达到热平衡的时间．

热电元件通常与高输入阻抗放大器并联．令热电元件本身电容为 C_x，放大器输入电阻和电容分别为 R_g 和 C_g，则电时间常量为

$$\tau'_E = R_g(C_x + C_g). \tag{8.137}$$

热时间常量和电时间常量的选择决定于探测器的要求，如响应率及其对频率的依赖性等．热时间常量通常在 0.01s 到 10s 之间，电时间常量则有更大的范围，可从 10^{-12}s 到 100s[69]．

设入射功率为 W，则探测器元件的温度变化 ΔT 由下式决定：

$$\eta W = M\frac{dT}{dt} + G_T \Delta T, \tag{8.138}$$

这里 η 是 W 被吸收的百分率．如果入射辐射可示为 $W = W_0 \exp(j\omega t)$，则上式的解为

$$\Delta T = \eta W_0 (G_T + j\omega M)^{-1} \exp(j\omega t).$$

产生的热电电荷为

$$q = pA\Delta T,$$

p 为热电系数，A 为元件有效面积．

电流响应率为单位入射功率引起的电流，即

$$R_i = \frac{i}{W_0}, \tag{8.139}$$

i 为热电电流，$i=dq/dt$，于是

$$R_i = \frac{\eta p A \omega}{G_T(1 + \omega^2 \tau'^2_T)^{1/2}}, \tag{8.140}$$

在远高于 $1/\tau'_T$ 的频率，此式简化为

$$R_i = \frac{\eta p}{c' d}, \tag{8.141}$$

这里 c' 是单位体积的热容，d 为探测器的厚度. 作为材料参量，引入电流响应优值

$$F_i = \frac{p}{c'}. \tag{8.142}$$

探测器的电压响应率可由热电电流 i 和导纳 Y 求出. 忽略元件本身的电导，则导纳为

$$Y = R_g^{-1} + j\omega C = R_g^{-1} + j\omega(C_x + C_g).$$

电压响应率为

$$R_v = \frac{i}{YW_0} = \frac{R_g \eta p A \omega}{G_T(1 + \omega^2 \tau'^2_T)^{1/2}(1 + \omega^2 \tau'^2_E)^{1/2}}. \tag{8.143}$$

当 $\omega = (\tau'_E \tau'_T)^{-1/2}$ 时，R_v 呈极大值

$$R_v(\max) = \eta p A \frac{R_g}{G_T(\tau'_E + \tau'_T)}. \tag{8.144}$$

显然，减小 G_T（使元件与支座间尽可能绝热）有利于提高电压响应率.

当 $\omega \gg (\tau'_E)^{-1}$，$\omega \gg (\tau'_T)^{-1}$ 时，则有

$$R_v = \frac{\eta p}{c' d(C_x + C_g)\omega}.$$

若 $C_x \gg C_g$，则

$$R_v = \frac{\eta p}{c' \varepsilon A \omega}. \tag{8.145}$$

作为材料参量，引入电压响应优值

$$F_v = \frac{p}{c'\varepsilon}. \tag{8.146}$$

比热的测量比较困难，常用热电材料的 c' 约为 $2.5\times10^6 J\cdot m^{-3}\cdot K^{-1}$. 作为一个简捷的衡量，常常只比较材料的 p/ε 或 p/ε_r，并简称之为热电优值.

式 (8.48) 表明，$p/\varepsilon_r \simeq P_s/C$. 考查各种铁电体的实验数据可知[70]，对于位移型铁电体，此优值最大约为 $4\times10^{-6}C\cdot m^{-2}\cdot K^{-1}$，对于有序无序型铁电体，此值最大约为 $20\times10^{-6}C\cdot m^{-2}\cdot K^{-1}$.

探测器的噪声有多种来源. 一类是固有噪声，包括热噪声，介电噪声，电阻器噪声和放大器噪声. 一类是环境噪声，包括微音器效应，电磁干扰和热致瞬变响应. 介电噪声来源于热电材料的介电损耗，在较高频率时，它是最主要的噪声来源，其等效噪声电压为

$$v_d = \left(\frac{4kT\omega R^2 C\tan\delta}{1+\omega^2\tau'^2_E}\right)^{1/2}, \tag{8.147}$$

式中 R 为并联电阻.

微音器效应来源于热电材料的压电性. 探测器在工作中的振动通过压电性造成电信号. 减小这种噪声的有效方法是改进安装和包封技术. 环境温度变化时，热电探测器中还出现叠加在正常热电信号上的瞬态脉冲，称为热致瞬态响应，它是随机的，但其数目和幅度随温度变化速率增大而增大，而且有迹象表明，多晶材料中，这种噪声比单晶材料中的要弱一些，其原因尚在研讨中.

探测器的灵敏度通常用噪声等效功率 NEP 来表示，它是产生一个等于总噪声电压方均根值的信号所需要的入射功率. 显然，NEP 的倒数（称为探测率）越大，灵敏度就越高. 实用上通常引入比探测率 D^*

$$D^* = \frac{A^{1/2}}{NEP}, \tag{8.148}$$

A 为探测器有效面积. 当噪声主要来自热电元件的介电损耗时，

D^* 正比于

$$F_d = \frac{p}{c'(\varepsilon \tan\delta)^{1/2}}, \tag{8.149}$$

F_d 称为探测优值. 以上列举的 3 个优值概括了探测器对热电材料的基本要求.

以上各式中出现的 ε 是绝对电容率. 在比较不同材料的性能时，为了计算方便，也常用 ε_r 代替.

使用多个探测器组成阵列以实现热电成象，这是热电材料的另一种重要应用. 为了小型化，每个探测元件的面积需要小到 80 $\times$80μm 左右[71]. 同时，元件的电容应该接近或稍大于放大器的输入电容. 这意味着元件必须制成很薄或者具有很大的电容率. 减薄元件将减小热容 M，但热容太小将使热时间常量太小 [见式(8.136)]. 如果 τ'_T 下降到使 $1/\tau'_T$ 大于工作频率，则响应率显著降低. 所以对于热电成象用的热电材料，不但要求热电系数大，而且要求电容率高，后者是与单个探测器的要求不同的.

另外，在边电极结构的探测器中，为使接受辐射的面积较大，电极间距离相当大，只有电容率大的材料才能保证元件具有适当大的电容.

8.6.2 主要的热电材料

表 8.4 列出了一些代表性热电材料的性能. 可以看到，TGS 和 DTGS (氘化的 TGS) 具有很高的电压响应优值 F_v. 它们大量用于高性能的单个热电探测器，并且也是热电摄象管靶的优选材料. 不过，由于介电损耗较大，故探测率优值不很高. 在这一系列中近年来出现了两种优秀的改性材料，即 ATGSAs[72] (掺丙氨酸并以砷酸根取代部分硫酸根的 TGS) 和 ATGSP[73] (掺丙氨酸并以磷酸根取代部分硫酸根的 TGS). 它们的热电系数提高了，电容率降低，介电损耗减小，因此性能全面优于 TGS. 这一系列材料的缺点是水解，需要密封，而且加工不方便.

$LiTaO_3$ 是铌酸锂型结构的晶体，虽然热电系数小，优值 F_v 较

表 8.4 代表性热电材料的性能[71,15]

材　料 (温度℃)	p ($10^{-4}Cm^{-2}K^{-1}$)	ε_r (1kHz)	$\tan\delta$ (1kHz)	c' ($10^6Jm^{-3}K^{-1}$)	F_v (m^2C^{-1})	F_d ($10^{-5}Pa^{-1/2}$)
TGS(35)	5.5	55	0.025	2.6	0.43	6.1
DTGS(40)	5.5	43	0.020	2.4	0.60	8.3
ATGSAs(25)	7.0	32	0.01		0.99	16.6
ATGSP(25)	6.2	31	0.01		0.98	16.8
SBN－50*	5.5	400	0.003	2.34	0.07	7.2
$LiTaO_3$	2.3	47	0.005	3.2	0.17	4.9
PVDF	0.27	12	0.015	2.43	0.10	0.88
PZ－FN 陶瓷*	3.8	290	0.003	2.5	0.06	5.8
PT 陶瓷*	3.8	220	0.011	2.5	0.08	3.3

* SBN－50 是 $Sr_{0.5}Ba_{0.5}Nb_2O_6$，PZ－FN 陶瓷是改性的 $PbZrO_3-PbNb_{2/3}Fe_{1/3}O_3$，PT 陶瓷是改性的 $PbTiO_3$.

低，但因其介电损耗很小，故优值 F_d 相当高. 这种材料很稳定，广泛用于单个热电探测器. 其电容率低，不适合于探测器阵列中的小面积探测器.

SBN－50 是一种钨青铜型结构的晶体，因热电系数较大，介电损耗较小，所以优值 F_d 相当高. 其另一特点是电容率很大，故适用于探测器阵列中的小面积探测器. 目前，这种晶体的生长还有些困难需要克服.

在陶瓷材料方面，铁电氧化物陶瓷比上述单晶具有一系列优点. 易于制成大面积的材料，且成本低，机械性能和化学性能很稳定，且便于加工，居里温度高，故在通常条件下没有退极化的问题. 此外，在陶瓷中可进行多种多样的掺杂和取代，从而在相当大的范围内可调节其性能，如热电系数、电容率和介电损耗. 表 8.4 列出的 PZ－FN 陶瓷是一种值得注意的材料. 纯锆酸铅是反铁电体，无热电性. PZ－FN 是以锆酸铅为基的含铌铁酸铅并加入氧化铀的复杂的固溶体[74—76]. 主成分的选择使材料具有足够高的居里温度和热电系数，而氧化铀的适量（约 0.3at%）加入使电容率和介电损耗都得以降低. 改性钛酸铅陶瓷是另一种值得重视的热电陶瓷材料[67]，其各种优值虽不算高，但其一个突出优点是压电常量 d_{31}很小. 热电材料的压电性使得探测器因机械振动（不可完全避免）而有电信号输出（微音器效应）[68]. d_{31}小表示测向振动(或应力)不会造成大的纵向电信号，因而这种有害输出得以降低.

铁电薄膜是一类新出现的材料，在热电探测方面的应用很有前途. 制备铁电薄膜的方法有溅射法、化学气相沉积法和溶胶-凝胶（SoL－GeL）法等. 其中 SoL－GeL 法因设备简单、成分易控值得重视[76]. 用这种方法已制备出 PZT，PT，PLT，PLZT 和 PST 等多种薄膜，有些已具有较好的热电性能. 例如，PST($PbSc_{1/2}Ta_{1/2}O_3$)[70]的室温电容率达 4500，热电系数在 3V/mm 时为 9×10^{-4} $Cm^{-2}K^{-1}$，加 50V 电压时介电损耗正切为 0.003. PT 薄膜[78]的电压响应优值 F_v 和探测率优值分别达 $0.1m^2C^{-1}$ 和 2.4×10^{-5} $Pa^{-1/2}$. 将硅片从 $NaNO_2$ 熔体中提拉出来，得到以硅片为基底的

$NaNO_2$ 薄膜[79]，其 F_v 和 F_d 分别达 $0.51m^2C^{-1}$ 和 2.2×10^{-5} $Pa^{-1/2}$.

PVDF 和 P（VDF－TrFE）的热电系数小，电容率也小，故电压响应优值并不很低．但介电损耗大，所以探测率优值严重下降．优点是易于制得大面积的很薄（6μm 以下）的膜，不需减薄和抛光等工序，成本大为降低．

8.6.3 材料性能的优化

为进一步提高热电材料的性能，除了继续进行常规的掺杂或取代改性外，人们还从以下四方面开展了工作．第一、研制复合材料；第二、利用非本征铁电相变附近的性能；第三、利用铁电-铁电相变附近的性能；第四、改变晶体的切割角度．下面分别予以介绍．

复合材料的电容率和热电系数都随两相的体积比发生变化，这使人想到复合材料的电压响应优值或探测率优值可能比单一材料的要高．我们假设复合材料由电容率为 ε_1 的连续基体（非铁电体）和分散于其中的电容率为 ε_2 的椭球形颗粒（铁电体）所组成[80]．颗粒的体积为 v，电偶极矩为 M 并沿 X 方向．M 在点 A（x，y，z）产生的电势为

$$\phi_1 = \frac{M}{4\pi\varepsilon_0[\varepsilon_c + (\varepsilon_2 - \varepsilon_c)n_x]} \cdot \frac{x}{r^3},$$

式中 ε_c 为复合体的电容率，n_x 是椭球粒子在 X 方向的退极化因子，r 是偶极子与点 A 间的距离，$r\gg v^{1/3}$．假设 N 个椭球粒子均匀分布于体积 V 内，$V\ll r^3$，则在点 A 的电势为

$$\phi = N\phi_1 \frac{NM}{4\pi\varepsilon_0[\varepsilon_c + (\varepsilon_2 - \varepsilon_c)n_x]} \frac{x}{r^3}.$$

令复合体的极化为 P，则 N 个粒子在点 A 产生的电势也可写为

$$\phi = \frac{PV}{4\pi\varepsilon_0\varepsilon_c} \frac{x}{r^3}.$$

比较以上两式可得出

$$P = \frac{q\varepsilon_c P_2}{\varepsilon_c + (\varepsilon_2 - \varepsilon_c)n_x},$$

式中 $P_2 = M/v$ 为椭球粒子的极化，$q = Nv/V$ 为复合体中椭球粒子所占体积分数.

设铁电颗粒的极化比 (polarization ratio)[81]为 α，则复合体的热电系数 $p_c = dP/dT$ 为

$$p_c = \frac{\alpha q\varepsilon_c p_2}{\varepsilon_c + (\varepsilon_2 - \varepsilon_c)n_x}, \tag{8.150}$$

其中 $\alpha p_2 = dP_2/dT$，p_2 是纯铁电体的热电系数.

复合体的电压响应优值正比于 p_c/ε_c，后者可表示为

$$\frac{p_c}{\varepsilon_c} = \frac{\alpha q}{(1 - n_x)\varepsilon_c/\varepsilon_2 + n_x} \cdot \frac{p_2}{\varepsilon_2}. \tag{8.151}$$

复合体的电容率可表示为[82]

$$\varepsilon_c = \varepsilon_1\left[1 + \frac{q(\varepsilon_2 - \varepsilon_1)}{\varepsilon_1 + (\varepsilon_2 - \varepsilon_1)(1 - q)n_x}\right]. \tag{8.152}$$

复合体的极化比 α 与外加电场以及其中铁电体的体积分数有关. 当电场超过饱和场时，α 不再依赖于体积分数，α 的饱和值近似等于纯陶瓷的饱和值，可取 $\alpha = 1$.

在特殊情况下，式 (8.150) 和式 (8.151) 可以简化.

并联时，$n_x = 0$，有

$$p_c = \alpha q p_2,$$

$$\frac{p_c}{\varepsilon_c} = \frac{\alpha q\varepsilon_2}{q\varepsilon_2 + (1 - q)\varepsilon_1} \cdot \frac{p_2}{\varepsilon_2}.$$

串联时，$n_x = 1$，有

$$p_c = \frac{\alpha q\varepsilon_c}{\varepsilon_2} p_2,$$

$$\frac{p_c}{\varepsilon_c} = \alpha q \frac{p_2}{\varepsilon_2}.$$

球形颗粒，$n_x = 1/3$，有

$$p_c = \frac{3\alpha q\varepsilon_c}{2\varepsilon_c + \varepsilon_2} p_2.$$

由式(8.150)—(8.152)可计算复合材料的热电系数和 p_c/ε_c. 图 8.13 示出了在 $\varepsilon_2/\varepsilon_1=50$ 和不同的 n_x 时 p_c 和 p_c/ε_c 随体积分数 q 的变化. 虽然如所预期，复合材料的热电系数比纯铁电材料的低，但在体积分数适当时，复合材料的 p_c/ε_c 可以高于纯铁电材料的 p_2/ε_2. 当然，这只有在 $\varepsilon_2/\varepsilon_1$ 较大的前提下才可实现[80].

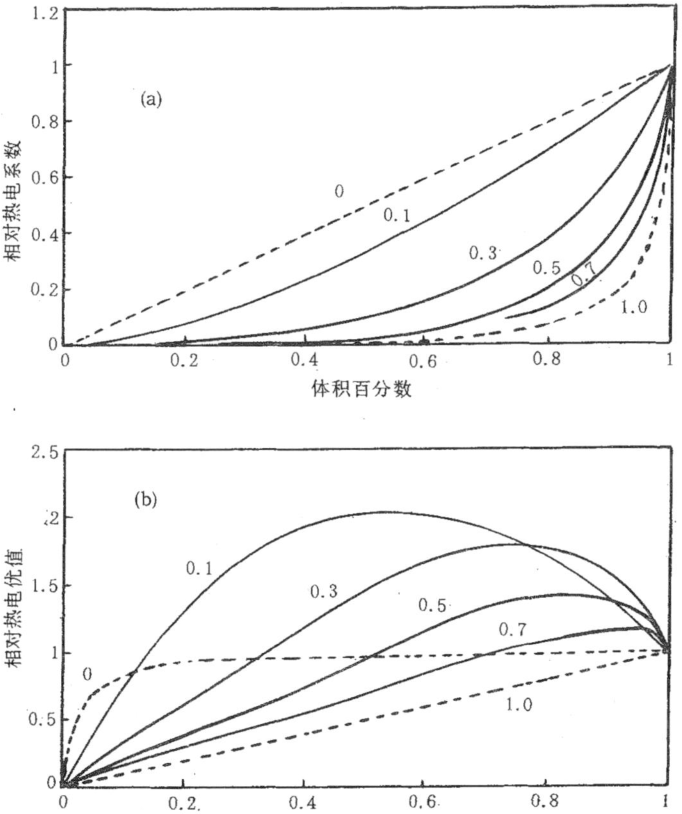

图 8.13 $\varepsilon_2/\varepsilon_1=50$ 时，p_c/p_2 (a) 和 (p_c/ε_c) / (p_2/ε_2) (b) 与体积分数 q 的关系[80].

TGS 系列晶体是目前热电性能最好的材料，但机械性能不好，成本高. PVDF 则弹性顺度大，电容率小，易制成大面积薄膜. 用这两种材料制成复合材料可能兼具两者的优点. 实验表明，这种复合材料中，当 TGS 颗粒所占体积分数为 0.8 时，p_c/ε_c 接近纯 TGS 的值. 用它制成的热电探测器，其探测率达到 $(5—7)\times10^7\mathrm{cm}\cdot\mathrm{Hz}^{1/2}\cdot\mathrm{W}^{-1}$[83].

非本征铁电相变的特征之一是，相变时电容率一般呈现台阶式的变化而不是尖锐的峰值，但同时因为自发极化的突变而使热电系数出现高峰，所以热电电压响应优值 $F_v=p/(c'\varepsilon)$ 可能得以提高. Shaulov 等[84]基于这种想法，研究了三种代表性的非本征铁电体［钼酸铽（TMO），丙酸铅钙（DLP）和方硼碘铁（FIB）］的介电性和热电性. 这三种晶体的居里温度分别为 161℃，54℃和 72.4℃. 热电测量表明，它们的热电系数随着温度趋近 T_c 而升高. 在未退火的 DLP 中，因为存在内偏场，故即使在 T_c 以上，其热电系数仍不为零，热电系数在 T_c 附近呈现一个相当宽的峰. 三种晶体的电容率在 T_c 附近只有较小的跃变，而且电容率很小，DLP，TMO 和 FIB 在 T_c 时的相对电容率分别只有 7，13 和 19. 热电响应优值 $p/(c'\varepsilon)$ 随温度的变化如图 8.14 所示. 可以看到，这三种晶体的热电响应优值在居里点附近相当宽的温度范围内都比 TGS 的大. TGS 在 25℃时的 F_v 约为 $0.4\mathrm{m}^2\cdot\mathrm{C}^{-1}$. 这表明，巧妙地利用非本征铁电体的特性是提高电压响应优值的途径之一.

铁电-铁电相变温度附近热电系数呈现峰值，但电容率一般变化不大. 如果相变中自发极化的方向保持不变，则电容率只出现一个阶跃式的变化而且幅度不大. 铁电-铁电相变这个特点为提高电压响应优值提供了又一种可能性. $PbZr_xTi_{1-x}O_3$（当 $0.65<x<0.95$ 时）在室温或较高温度发生铁电相 $R3m$ 和铁电相 $R3c$ 间的相变[85]. 在这两个铁电相中，Zr（或 Ti）离子都沿氧八面体的三重轴偏离氧八面体中心，但在高温相（$R3m$）氧八面体绕三重轴倾斜，低温相（$R3c$）则无此倾斜. 由于 Zr（或 Ti）离子位移方向相同，故两相的自发极化方向不变. 实验表明[52,86]，这些组分的

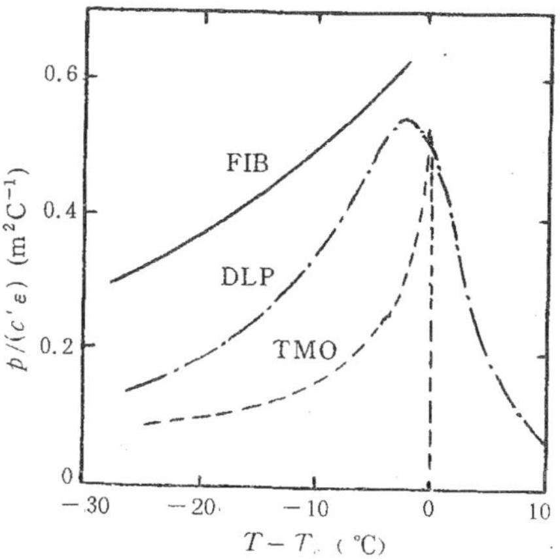

图 8.14 三种非本征铁电体的电压响应优值与温度的关系[84].

陶瓷在其铁电-铁电相变温度附近，电容率只有微弱的变化，但热电系数有明显的峰值．于是热电电压响应优值得以提高．不幸的是，这个相变是一级相变，有约 15℃的热滞，作为实用的热电材料这是不能接受的．不过人们借助掺杂改性和加偏置电场的方法可使热滞减小[85]，特别是在冷却过程中加偏置场是一种有效的方法．

在多元系陶瓷中也研制出了利用铁电-铁电相变附近热电性的材料．例如[87]，在 $x\mathrm{PbTiO_3}-y\mathrm{PbZn_{1/3}Nb_{2/3}O_3}-z\mathrm{Pb(Mn_{1/3}Nb_{2/3})O_3}-(1-x-y-z)\mathrm{PbZrO_3}$ 中，当 $x=0.07$，$y=0.05$，$z=0.07$ 时，在 67℃左右发生 $R3m$ 与 $R3c$ 间的铁电-铁电相变．室温时热电系数 $p=5.0\times10^{-4}\mathrm{Cm^{-2}K^{-1}}$，$\varepsilon_r=316$，$\tan\delta=0.01$，热电电压响应优值 $F_v=0.08\mathrm{m^2C^{-1}}$，在 0—100℃范围内，$F_v$ 相对于其室温值的变化只有 4.7%．

热电材料各种优值表达式［式（8.146）和式（8.149）］中的电容率和热电系数是指垂直于探测元件主表面的分量．电容率和热电系数分别为二阶张量和一阶张量（矢量），它们都是各向异性的，因此从同一晶体不同方向切割的晶片可能有不同的优值．适当地选择切割方向以改变有效电容率和有效热电系数，有可能获得优值较高的晶片．人们对各种点群的铁电体，研究了切割方向对优值的影响[88,89]．下面以 TGS 类晶体为例，说明切割方向对 p/ε 的影响和确定最佳切角的方法[90,91]．

TGS 类晶体在铁电相的点群为 $2(C_2)$，自发极化沿二重轴（b 轴）．晶体物理坐标轴规定为 y 与 b 轴平行，z 与 c 轴平行．于是热电系数和电容率的矩阵分别为

$$\boldsymbol{p} = (0, p_2, 0),$$

$$\boldsymbol{\varepsilon} = \begin{pmatrix} \varepsilon_1 & 0 & 0 \\ 0 & \varepsilon_2 & 0 \\ 0 & 0 & \varepsilon_3 \end{pmatrix}.$$

在任意方向，热电系数的分量为

$$p = p_2\cos\theta, \tag{8.153}$$

θ 为该方向与 y 轴的夹角．电容率的分量为

$$\varepsilon = \varepsilon_1 l_1^2 + \varepsilon_2 l_2^2 + \varepsilon_3 l_3^2, \tag{8.154}$$

式中 l_1，l_2 和 l_3 分别为该方向与 x，y 和 z 轴间的方向余弦．

垂直于铁电轴切割时晶片的电压响应优值记为 F_0，即

$$F_0 = \frac{p_2}{\varepsilon_2}. \tag{8.155}$$

任意方向切割时，该优值用 F 表示为

$$F = \frac{p}{\varepsilon} = \frac{p_2\cos\theta}{\varepsilon_1 l_1^2 + \varepsilon_2 l_2^2 + \varepsilon_3 l_3^2}. \tag{8.156}$$

于是任意方向切割时的优值对垂直铁电轴切割时优值之比为

$$G = \frac{F}{F_0} = \frac{\varepsilon_2\cos\theta}{\varepsilon_1 l_1^2 + \varepsilon_2 l_2^2 + \varepsilon_3 l_3^2}. \tag{8.157}$$

现要寻找使 $G>1$ 的条件．由于 TGS 类晶体的 3 个电容率主值中，ε_2 最大，而 ε_3 最小，所以 F 和 G 的极大值方向必然位于 yz 平面内．该平面内任一方向的方向余弦为：$l_1=0$，$l_2=\cos\theta$，$l_3=-\sin\theta$．将它们代入式（8.156）和式（8.157），得出

$$F = \frac{p_2\cos\theta}{\varepsilon_2\cos^2\theta + \varepsilon_3\sin^2\theta} = \frac{p_2\cos\theta}{(\varepsilon_2 - \varepsilon_3)\cos^2\theta + \varepsilon_3}, \tag{8.158}$$

$$G = \frac{\varepsilon_2 \cos\theta}{\varepsilon_2 \cos^2\theta + \varepsilon_3 \sin^2\theta} = \frac{n\cos\theta}{(n-1)\cos^2\theta + 1}, \quad (8.159)$$

式中 $n=\varepsilon_2/\varepsilon_3$，称为电容率各向异性比．由以上两式求 F 和 G 的极值，得最佳切割方向为

$$\theta_{op} = \cos^{-1}[(n-1)^{-1/2}]. \quad (8.160)$$

显然，当 $n<2$ 时无解；当 $n=2$ 时，$\theta_{op}=0$．这表明如果电容率各向异性比 $n\leqslant 2$，则偏离铁电轴的任何切割均不能使 F 提高．

由式（8.159）得出不同 n 值时 G 随切角的变化如图 8.15 所示．可以看到，电容率各向异性比越大，可得到的 G 值越高，相应的最佳切角 θ 也越大．如果把使 $G=1$ 的切角定义为临界角（即图中水平虚线与各实线的交点对应的角度），那么 0°至临界角范围内的任何切角都使优值升高（$G>1$），超过临界角的切割，则使 $G<1$．当 $n\leqslant 2$ 时，临界角为零度，任何偏离铁电轴的切割都使优值下降．TGS 类晶体的 ε_3 显著小于 ε_2，室温时，$n=6$，斜切可提高优值．实验证实了这个结论，且与图 8.15 所示的相符合[90]．

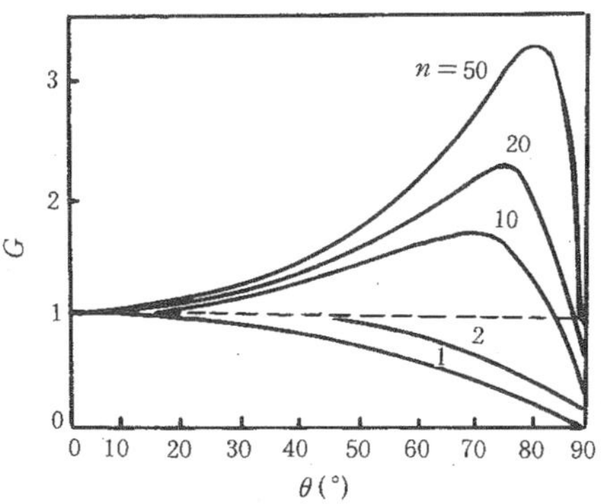

图 8.15　n 不同时，优值比 G 与切角 θ 的关系[90]．

8.6.4　介电热辐射测量计

虽然单个大面积热电探测器要求材料电容率小和热电系数

大，但在探测器阵列和热成象系统中，为使小面积的探测器单元具有适当大的电容，希望不但热电系数要大，而且电容率也要高. 在这种情况下，使本征铁电体工作于居里点附近的模式是可取的. 工作于这种模式的热辐射测量计称为介电热辐射测量计（dielectric bolometer）[92].

为保证稳定的工作，必须对元件施加偏置电场. 偏置电场使电容率和热电系数的峰值温度和峰高发生变化，适当的偏置电场和工作温度使探测率优值 F_d 得以提高. 因为不采用冷却措施，实际工作温度在室温附近，所以要选用相变温度在室温附近的铁电体. 迄今研究得较充分的材料有 $KTa_xNb_{1-x}O_3$[93]，$Ba_{0.65}Sr_{0.35}TiO_3$[94]，Pb（$Mg_{1/3}Nb_{2/3}$）O_3（PMN）[93]和 Pb（$Sc_{1/2}Ta_{1/2}$）O_3（PST）[95]等. PST 是钙钛矿型结构的一级相变铁电体，T_c 在 25℃

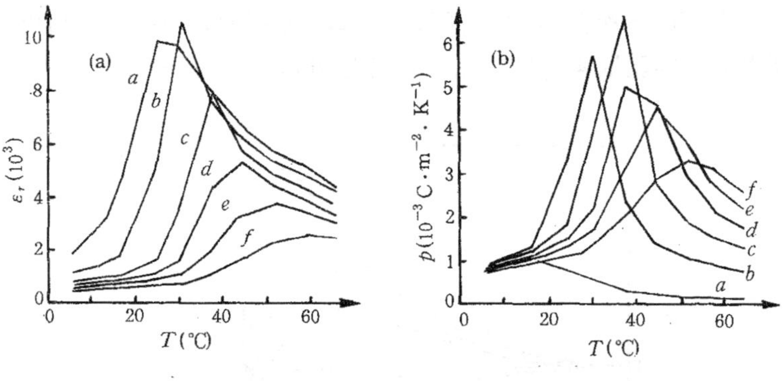

图 8.16 不同偏场下 PST 的电容率（a）和热电系数（b）与温度的关系[95].

附近. 图 8.16 示出了 T_c 附近电容率和热电系数随偏置场和温度的变化状况[95]，图 8.17 示出了电压响应优值 F_v 和探测率优值 F_d[95]，此两图中各曲线对应的偏置场（以 $10^6V\cdot m^{-1}$为单位）是：a——0，b——1.0，c——2.0，d——2.9，e——3.9，f——5.4. PST 的 F_d 是上述四种材料中最高的. 这几种材料的一个共同特点是，热电系数在中等偏场时最高，但在较高偏场时电容率和介电损耗下降，因此最高的 F_d 要在较高偏场时实现.

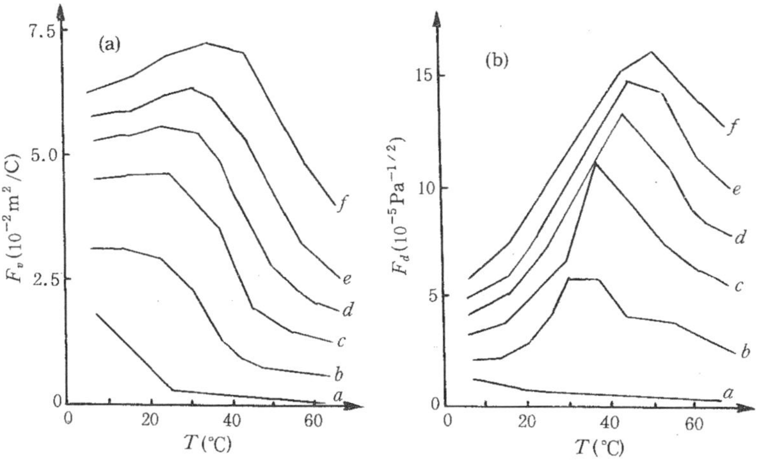

图 8.17　不同偏场下 PST 的电压响应优值 F_v (a) 和探测率优值 F_d (b) 随温度的变化[95].

理论和实验证明，介电热辐射测量计与工作于铁电相的热电探测器有相同的等效电路和响应率公式，只要将热电探测器中的自发极化代之以偏置场引起的电位移即可[96]. 介电热辐射测量计还有一个优点是，因为工作于居里点以上，压电性基本消失，起因于微音器效应的噪声很小.

参 考 文 献

[1] S. B. Lang, Sourcebook of Pyroelectrictricity, Gordon and Breach, New York (1974).

[2] IRE Standards on Piezoelectric Crystals, 1949, *Proc. IRE*, **37**, 1378 (1949).

[3] S. T. Liu, D. Long, *PIEEE.*, **66**, 14 (1978).

[4] W. G. Cady, Piezoelectricity, McGraw-Hill, New York (1946).

[5] J. F. Nye, Physical Properties of Crystals, Clarendon Press, Oxford (1976).

[6] W. A. Wooster, Experimental Crystal Physics, Clarendon Press, Oxford (1957).

[7] 肖定全、杨斌、朱建国、钱正洪、杜晓松，物理，**23**，288 (1994).

[8] V. F. Kosorotov, L. S. Kremenchugski, L. V. Levash, L. V. Shchedrina,

Ferroelectrics, **70**, 27 (1986).
[9] Haufu Wang, Xinghua Hu, Wenzhuang Zhou, *Jpn. J. Appl. Phys.*, Supplement **24** (2), 275 (1985).
[10] 许自然、沈惠敏、王业宁，科学通报，**13**，586 (1980).
[11] Chainping Ye, Takashi Tamagawa, D. L. Polla, *J. Appl. Phys.*, **70**, 5538 (1991).
[12] Y. M. Poplavko, L. P. Perevezeva, V. F. Zavorotnij, S. K. Sklarenko, A. G. Chepilko, *Ferroelectrics*, **131**, 331 (1992); **134**, 207 (1992).
[13] S. T. Liu, J. D. Zook, *Ferroelectrics*, **7**, 171 (1974).
[14] J. Z. Zeren, A. Halperin, *Ferroelectrics*, **7**, 205 (1974).
[15] P. L. Zhang, W. L. Zhong, C. S. Fang, H. S. Zhao, C. P. Li, *Ferroelectrics*, **101**, 179 (1990).
[16] S. T. Liu, J. D. Zook, D. Long, *Ferroelectrics*, **9**, 39 (1975).
[17] S. C. Abrahams, S. K. Kurtz, P. B. Jamieson, *Phys. Rev.*, **172**, 551 (1968).
[18] J. D. Zook, S. T. Liu, *Ferroelectrics*, **11**, 371 (1976).
[19] A. F. Devonshire, *Adv. Phys.*, **3**, 85 (1954).
[20] *M. E. Lines*, *Phys. Rev.*, **177**, 797 (1969); **B2**, 690 (1970); B**2**, 698 (1970).
[21] M. Born, K. Huang, Dynamical Theory of Crystal Lattices, Clarendon Press, Oxford (1954).
[22] S. Boguslawski, *Z. Physiz*, **14**, 283, 569, 805 (1914).
[23] G. Heiland, H. Ibach, *Solid State Commun.*, **4**, 353 (1966).
[24] B. Szigeti, *Phys. Rev. Lett.*, **35**, 1532 (1975).
[25] P. J. Grout, N. H. March, *Ferroelectrics*, **33**, 167 (1981).
[26] M. Born, *Rev. Mod. Phys.*, **17**, 225 (1945).
[27] W. Ackermann, *Ann. d. Physik*, **46**, 197 (1915).
[28] V. V. Gladki, I. S. Zheladev, *Kristallografiya*, **10**, 63 (1975).
[29] S. B. Lang, *Phys. Rev.*, B**4**, 3603 (9171).
[30] R. Radebaugh, *Phys. Rev. Lett.*, **40**, 572 (1978).
[31] N. D. Gavrilova, E. G. Maksimov, V. V. Novik, S. N. Drozhdin, *Ferroelectrics*, **100**, 223 (1989).
[32] R. A. Cowley, *Adv. Phys.*, **12**, 421 (1963).
[33] M. E. Lines, A. M. Glass, *Phys. Rev. Lett.*, **39**, 1362 (1977).
[34] A. S. Barker, A. A. Ballman, J. A. Ditenberger, *Phys. Rev.*, **B2**, 4233 (1970).
[35] W. D. Johnston, I. P. Kaminov, *Phys. Rev.*, **B13**, 180 (1976).
[36] R. Weher, *Phys. Stat. Sol.*, **B15**, 725 (1966).
[37] H. Borik, *Phys. Stat. Sol.*, B**33**, 145 (1970).
[38] S. B. Lang, F. Steckel, *Rev. Sci. Instru.*, **36**, 929 (1965).
[39] S. B. Lang, S. A. Shaw. L. H. Rice, K. D. Timmerhaus, *Rev. Sci. Instru.*, **40**, 274 (1969).
[40] S. B. Lang, L. H. Rice, S. A. Shaw, *J. Appl. Phys.*, **40**, 4335 (1969).
[41] N. P. Hartley, J. T. Squire, F. H. Putley, *J. Phys. E: Sci. Instru.*, **5**,

787 (1972).
[42] A. M. Glass, *J. Appl. Phys.*, **40**, 4699 (1969).
[43] 李景德、雷德铭、沈文彬，物理，**13**，407 (1984).
[44] R. L. Byer, C. B. Roundy, *Ferroelectrics*, **3**, 333 (1972).
[45] A. G. Chynoweth, *J. Appl. Phys.*, **27**, 78 (1956).
[46] S. B. Lang, *Phys. Rev.*, B**4**, 3603 (1970).
[47] N. Yamada, *J. Phys. Soc. Jpn.*, **46**, 501 (1974).
[48] A. Halliyal, A. S. Bhalla. L. E. Cross, *Ferroelectrics*, **52**, 3 (1985).
[49] R. Poprawski, *Ferroelectrics*, **33**, 23 (1981).
[50] A. G. Chynoweth, *Phys. Rev.*, **102**, 705 (1956).
[51] E. Fatuzzo, *J. Appl. Phys.*, **31**, 1029 (1960).
[52] R. R. Zeyfang, W. H. Sher, K. V. Kiehl, *Ferroelectrics*, **11**, 355 (1976).
[53] 钟维烈、张沛霖、赵焕绥、李翠平、陈焕矗、宋永远，硅酸盐学报，**18**，512 (1990).
[54] P. L. Zhang, W. L. Zhong, H. S. Zhao, Y. Y. Song, H. C. Chen, *Chin. Phys. Lett.*, **6**, 526 (1989).
[55] 张沛霖、钟维烈、赵焕绥、李翠平、宋永远、陈焕矗，科学通报，**35**，814 (1990).
[56] Yuhuan Xu, Zhongrong Li, Wu Li, Hong Wang, Huanchu, Chen, *Phys. Rev.*, **B40**, 11902 (1989).
[57] W. L. Zhong, P. L. Zhang, H. S. Zhao, Z. H. Yang, Y. Y. Song, H. C. Chen, *Phys. Rev.*, B**46**, 10583 (1992).
[58] A. Kitaigorodsky, Introduction to Physics, Foreign Languages Publishing House, Moscow, 212 (1970).
[59] A. A. Bogomolov, S. Yu. Zharov, *Izv. Akad. Nauk. SSSR.*, *Ser. Fiz.*, **47**, 809 (1983).
[60] S. Yu. Zarov, V. M. Rudyck, *Fiz. Tverd. Tela*, **25**, 2610 (1983).
[61] 李景德，物理学报，**33**，1563 (1984).
[62] P. L. Zhang, W. L. Zhong, H. S. Zhao, H. C. Chen, F. S. Chen, Y. Y. Song, *Solid State Commun.*, **67**, 1215 (1988).
[63] 钟维烈、张沛霖、赵焕绥、陈焕矗、陈福生、宋永远，物理学报，**37**，837 (1988).
[64] W. L. Zhong, P. L. Zhang, H. S. Zhao, Q. C. Yang, H. C. Chen, Y. Y. Song, *Ferroelectrics*, **101**, 261 (1990).
[65] C. L. Wang, P. L. Zhang, W. L. Zhong, H. S. Zhao, *J. Appl. Phys.*, **69**, 2522 (1991).
[66] W. L. Zhong, P. L. Zhang, H. S. Zhao, F. H. Pan, Y. Y. Song, *Ferroelectrics*, **118**, 1 (1991).
[67] R. W. Whatmore, *Rep. Prog. Phys.*, **49**, 1335 (1986).
[68] R. Watton, *Ferroelectrics*, **133**, 5 (1992).
[69] S. G. Porter, *Ferroelectrics*, **33**, 193 (1981).
[70] M. Daglish, A. J. Moulson, *Ferroelectrics*, **126**, 215 (1992).
[71] R. W. Whatmore, A. Patel, N. M. Shorrocks, F. W. Ainger, *Ferroelectrics*, **104**, 269 (1990).

[72] A. S. Bhalla, C. S. Fang, X. Yao, L. E. Cross, *Appl. Phys. Lett.*, **43**, 932 (1983).
[73] A. S. Bhalla, C. S. Fang, L. E. Cross, X. Yao, *Ferroelectrics*, **54**, 151 (1984).
[74] P. Christrie, C. A. Jones, M. C. Petty, G. G. Roberts, *J. Phys. D: Appl. Phys.*, **19**, L167 (1986).
[75] A. J. Bell, R. W. Whatmore, *Ferroelectrics*, **37**, 543 (1981).
[76] R. W. Whatmore, A. J. Bell, *Ferroelectrics*, **35**, 155 (1981).
[77] S. L. Swartz, S. J. Bright, P. J. Melling, T. R. Shrout, *Ferroelectrics*, **108**, 71 (1990).
[78] 卢朝靖、邝安祥、王世敏、黄桂玉，科学通报，**39**，502 (1994).
[79] P. Wurfel, W. Ruppel, *Ferroelectrics*, **91**, 113 (1989).
[80] Yuguo Wang, Weilie Zhong, Peilin Zhang, *J. Appl. Phys.*, **74**, 521 (1993).
[81] H. Yamazaki, T. Kitayama, *Ferroelectrics*, **33**, 147 (1981).
[82] T. Yamada, T. Ueda, T. Kitayama, *J. Appl. Phys.*, **53**, 4328 (1982).
[83] M. Wang, C. S. Fang, H. S. Zhuo, *Ferroelectrics*, **118**. 191 (1991).
[84] A. Shaulov, W. A. Smith, G. M. Loiacono, M. L. Bell, Y. H. Tsuo, *Ferroelectrics*, **27**, 117 (1980).
[85] R. Clarke, A. M. Glazer, *J. Phys. C.: Solid State Phys.*, **7**, 2147 (1974).
[86] R. Clarke, A. M. Glazer, *Ferroelectrics*, **11**, 359 (1976).
[87] J. Lian, T. Shiosaki, *Ferroelectrics*, **137**, 89 (1992).
[88] A. Shaulov, *Appl. Phys. Lett.*, **39**, 180 (1981).
[89] A. Shaulov, W. A. Smith, *Ferroelectrics*, **49**, 223 (1983).
[90] 王民、房昌水，物理学报，**36**，125 (1987).
[91] M. Wang, C. S. Fang, *Ferroelectrics*, **91**, 341 (1989).
[92] A. Hanel, *J. Opt. Soc. Am.*, **51**, 220 (1961).
[93] M. Stafsud, M. Y. Pines, *J. Opt. Soc. Am.*, **61**, 1153 (1971).
[94] R. W. Whatmore, P. C. Osbond, N. M. Shorrocks, *Ferroelectrics*, **76**, 351 (1987).
[95] N. M. Shorrocks, R. W. Whatmore, P. C. Osbond, *Ferroelectrics*, **106**, 387 (1990).
[96] M. Chirtoc, I. Chirtoc, *Ferroelectrics*, **91**, 329 (1989).

第九章　光学效应

在强的光频电场或低频（直流）电场作用下，铁电体显示出一系列有趣的现象．本章讨论其中最重要的几种，即电光效应(electro - optic effect)、非线性光学效应（non - linear optic effect)、反常光生伏打效应（anomalous photovoltaic effect）和光折变效应（photorefractive effect)．这些效应的发现和研究不但加深了人们对铁电体中极化机构和电子过程的了解，而且使铁电体在非线性光学等新的科技领域得到了重要的应用．

§9.1　非线性光学效应和电光效应

9.1.1　非线性极化率

电介质在外场中的极化可分为线性和非线性的两部分

$$\boldsymbol{P} = \boldsymbol{P}(\text{线性}) + \boldsymbol{P}(\text{非线性}). \tag{9.1}$$

如果不考虑应力场和温度场的作用，即忽略压电效应和热电效应，则线性部分和非线性部分可分别写为

$$P_m(\text{线性}) = \varepsilon_0 \chi_{mn} E_n, \tag{9.2}$$

$$P_m(\text{非线性}) = \varepsilon_0 (\chi_{mnp} E_n E_p + \chi_{mnpq} E_n E_p E_q + \cdots), \tag{9.3}$$

式中 χ_{mn} 为线性极化率，χ_{mnp} 和 χ_{mnpq} 分别为二阶和三阶极化率．

二阶非线性极化率是二阶非线性光学效应和线性电光效应的起因．为说明这一点，考虑一个频率为 ω 的光波入射到介质中，光频电场为 $E = E_0 \cos\omega t$，而且 E 的方向与极化方向平行，都在 1 方向，于是

$$\chi_{mnp} E_n E_p = \chi_{111} E^2 = \chi_{111} E_0^2 \cos^2\omega t$$
$$= \frac{1}{2}\chi_{111} E_0^2 + \frac{1}{2}\chi_{111} E_0^2 \cos\omega t, \tag{9.4}$$

式中右边第一项表示晶体的直流极化分量(恒定极化),第二项表示频率为 2ω 的极化分量. 也就是说,第一项表示光整流,第二项表示二次谐波发生(second harmonic generation)或倍频效应.

如果入射到介质中的是两束光波,频率分别为 ω_1 和 ω_2,它们的电场分别为 $E_1=E_{10}\cos\omega_1 t, E_2=E_{20}\cos\omega_2 t$,而且两个光频电场均与极化同在1方向,则有

$$\begin{aligned}\chi_{mnp}E_nE_p &= \chi_{111}(E_1+E_2)^2\\ &= \frac{1}{2}\chi_{111}[(E_{10}^2+E_{20}^2)+E_{10}^2\cos 2\omega_1 t\\ &\quad + E_{20}^2\cos 2\omega_2 t + 2E_{10}E_{20}\cos(\omega_1-\omega_2)t\\ &\quad + 2E_{10}E_{20}\cos(\omega_1+\omega_2)t]. \end{aligned} \tag{9.5}$$

此式表明,在所讨论的情况下,极化波含有五种不同频率的分量. $\omega_1+\omega_2$ 的一项代表和频效应,$\omega_1-\omega_2$ 的一项代表差频效应(和频和差频统称混频),$2\omega_1$ 和 $2\omega_2$ 这两项分别代表对频率为 ω_1 和 ω_2 的光波进行倍频,频率为零的一项代表光整流. 式(9.4)和式(9.5)表示的就是二阶非线性光学效应.

两束频率分别为 ω_1 和 ω_2 的光在介质中相互耦合,产生频率为 $\omega_3=\omega_1\pm\omega_2$ 的极化,并辐射相应频率的光波,这一过程称为三波混频. 三波混频是二阶非线性光学效应的表现之一.

如果在式(9.5)中,有一电场的频率为零,这相当于在光频场作用的同时对介质施加一偏置电场,其频率为零或与光频相比近似为零,则式中右边最后两项的频率均为 ω_1(设 $\omega_2=0$),但振幅与偏置电场强度 E_{20} 的一次方成正比. 这表示介质的光频电容率因偏置电场而变化. 这两项表示的是线性电光效应(又称 Pockels 效应). 所以线性电光效应是二阶非线性光学效应的特殊情况. 线性电光效应中的"线性"只是表示折射率的变化与偏置电场成线性关系.

式(9.3)中电场三阶项的系数 χ_{mnpq} 是三阶非线性极化率,它导致三阶非线性光学效应和二次电光效应. 为说明这一点,先假设只有一束光波入射到介质中,光频电场为 $E=E_0\cos\omega t$,电场 E

和极化均在 1 方向，则有

$$\chi_{mnpq}E_nE_pE_q = \chi_{1111}E^3$$

$$= \frac{3}{4}\chi_{1111}E_0^3\cos\omega t + \frac{1}{4}\chi_{1111}E_0^2\cos 3\omega t. \quad (9.6)$$

此式表明，极化波中除含有与入射波频率相同的分量以外，还有三倍频的分量，故将出现三倍频的光辐射.

如果入射到介质中的是频率分别为 ω_1 和 ω_2 的两束光波，它们的电场分别为 $E_1 = E_{10}\cos\omega_1 t$ 和 $E_2 = E_{20}\cos\omega_2 t$，两个电场均与极化同在 1 方向，则有

$$\begin{aligned}\chi_{mnpq}E_nE_pE_q &= \chi_{1111}E^3 \\ &= \chi_{1111}\left\{\frac{3}{2}\left(\frac{1}{2}E_{10}^3 + E_{10}E_{20}^2\right)\cos\omega_1 t\right. \\ &\quad + \frac{3}{2}\left(\frac{1}{2}E_{20}^3 + E_{10}^2E_{20}\right)\cos\omega_2 t \\ &\quad + \frac{1}{4}E_{10}^3\cos 3\omega_1 t + \frac{1}{4}E_{20}^3\cos 3\omega_2 t \\ &\quad + \frac{3}{4}E_{10}^3E_{20}[\cos(2\omega_1 - \omega_2)t \\ &\quad + \cos(2\omega_1 + \omega_2)t \\ &\quad + \frac{3}{4}E_{10}E_{20}^2[\cos(2\omega_1 - \omega_2)\mathrm{t} \\ &\quad \left. + \cos(2\omega_1 + \omega_2)t]\right\}. \end{aligned} \quad (9.7)$$

此式表明，由于三阶非线性极化的作用，极化波中含有多个频率分量(包括三倍于入射光频率的分量)，这是三阶非线性光学效应的表现. 一般情况下，两个电场不一定沿同一方向，极化方向也不一定与电场方向平行，于是 $\chi_{mnpq}E_nE_pE_q$ 的表达式很复杂，但其频率组成并不改变.

如果入射到介质中的是频率分别为 ω_1，ω_2 和 ω_3 的 3 个光波，即式(9.7) 中 E 是 3 个不同频率的光频电场的叠加，则可得知在频率为 $\omega_4 = \omega_1 \pm \omega_2 \pm \omega_3$ 处将产生极化波，并辐射相应频率的光波. 这种由 3 个波相互作用在第四个频率处出现极化波的现象称

为四波混频．四波混频是三阶非线性光学效应的表现之一．

如果加于介质的是一束光波和一个频率近似为零的偏置电场，其效果也可由式（9.7）看出．此时只要令一个频率（如 ω_2）为零，则式（9.7）右边最后两项的频率均为 ω_1，但振幅正比于偏置电场强度的平方，这表示介质的光频电容率（或折射率）因低频或直流电场的作用而变化，变化的大小与电场的二次方成正比．这就是二次电光效应（也称为 Kerr 效应）．所以二次电光效应是三阶非线性光学效应的特殊情形．

观测电光效应只需对介质加以直流或低频的强电场，而观测二次谐波发生等非线性光学现象则必须施加光频的强电场．前者易于实现，而后者只有在激光出现以后才有可能．由激光器获得的相干强光的电场强度可达每毫米数百万伏．所以，电光效应的研究已有很长的历史，1883 年 Rontgen 和 Kundt 就发现了电光效应[1]，而非线性光学效应是 1961 年才由 Franken 等[2]首次观测到的．

9.1.2 电光和非线性光学系数

虽然电光效应和非线性光学效应都是起源于介质的非线性极化，但由于它们各有其不同的发展历史，而且所涉及的电场频率不同，故采用不同的参量来描写．

晶体的光学性质通常借助于折射率椭球（或称光率体）来描述．折射率椭球是表示空间各个方向折射率大小的几何图形．由椭球中心到椭球表面任一矢径的长度代表光波的 $\boldsymbol{E}$ 矢量在此方向时光波的折射率．在任意坐标系中，折射率椭球的方程为

$$\frac{x_m x_n}{n_{mn}^2} = 1, \tag{9.8}$$

这里 x_m 和 x_n 代表坐标分量，n_{mn} 为折射率，折射率与光频电容率有如下的关系：

$$n_{mn}^2 = \frac{\varepsilon_{mn}(\infty)}{\varepsilon_0}. \tag{9.9}$$

令 $B_{mn}=\varepsilon_0/\varepsilon_{mn}(\infty)$，则折射率椭球方程为

$$B_{mn}x_m x_n = 1. \tag{9.10}$$

在主轴坐标系中，上式可简化为

$$B_{11}x_1^2 + B_{22}x_2^2 + B_{33}x_3^2 = 1. \tag{9.11}$$

电光效应反映的是电场引起折射率变化，也就是引起折射率椭球的形变和转动，这可表示为

$$\Delta B_{mn} = r_{mnp}E_p + R_{mnpq}E_pE_q + \cdots, \tag{9.12}$$

式中 r_{mnp} 称为线性电光系数，R_{mnpq} 称为二次电光系数.

线性电光系数 r_{mnp} 是三阶张量，共有 27 个分量. 由于 r_{mnp} 的前两个下标与 B_{mn} 相联系，而 B_{mn} 是一个对称二阶张量，故 r_{mnp} 的前两个下标是对称的，$r_{mnp}=r_{nmp}$，因此独立分量减至 18 个. 利用统一约定的下标简化法(见 § 7.1)，可将其前两个下标简化为一个，于是线性电光系数可排成一个六行三列的矩阵，矩阵元为 r_{im} ($i=1$—6，$m=1$—3). 因为 **r** 是奇阶张量，故只有非中心对称的晶体，**r** 才可不为零，而且对称性越高，非零独立分量的个数越少. 各非中心对称点群的晶体的 **r** 矩阵见附录Ⅱ.

R_{mnpq} 是四阶张量. 由于 B_{mn} 为一对称二阶张量，而且式(9.12)中电场 E_p 和 E_q 的次序在物理上没有差别，所以 **R** 是一个对称四阶张量，其 81 个独立分量减至 36 个. 因为 **R** 是偶阶张量，故任意对称性的材料都可具有非零的 R_{mnpq}，换言之，任意对称性的材料都可具有二次电光效应. 对称性越高，非零独立分量的个数越少. 利用下标简化法可将 R_{mnpq} 简写化 R_{ij} (i，$j=1$—6)，各点群晶体的二次电光系数矩阵见附录Ⅱ.

电场不但直接改变折射率，而且通过逆压电效应使晶体发生形变，后者通过弹光效应 (elasto - optic effect) 也引起折射率变化，于是线性电光效应包括两部分的贡献

$$r^{X}_{mnp}E_p = (r^{x}_{mnp} + p_{mnqr}d_{pgr})E_p, \tag{9.13}$$

式中 r^{X}_{mnp} 是自由线性电光系数，r^{x}_{mnp} 是受夹线性电光系数，d_{pqr} 是压电常量，p_{mnqr} 是弹光系数.

从晶体内部极化的微观机制来看，线性电光效应包含电子运

动和晶格振动两方面的贡献，

$$r_{mnp}^{\mathbf{X}} = r_{mnp}^{\mathbf{x}} + r_{mnp}^{a}$$

$$= r_{mnp}^{e} + r_{mnp}^{o} + r_{mnp}^{a}, \qquad (9.14)$$

式中 r_{mnp}^{e}代表电子的贡献，r_{mnp}^{0}和 r_{mnp}^{a}分别代表光学声子和声学声子的贡献. 图 9.1 示意性地给出了线性电光系数对频率的依赖性.

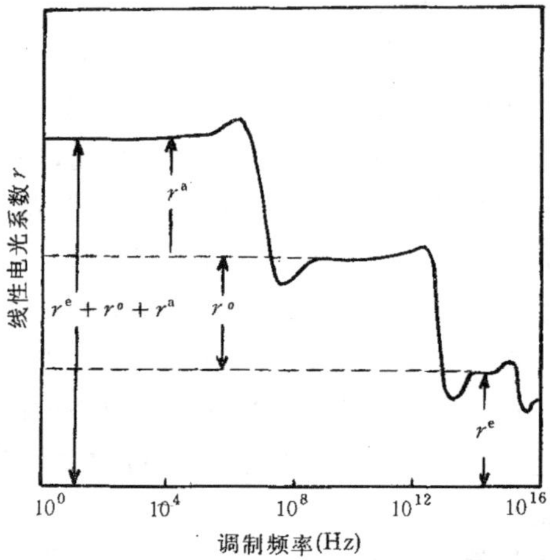

图 9.1 线性电光系数对频率依赖性的示意图.

类似地，对于二次电光效应，也有自由电光系数和受夹电光系数之分，两者的关系为

$$R_{mnpq}^{\mathbf{X}} = R_{mnpq}^{\mathbf{x}} + p_{mnrs}Q_{rspq}, \qquad (9.15)$$

式中 $R_{mnpq}^{\mathbf{X}}$和 $R_{mnpq}^{\mathbf{x}}$分别为自由和受夹二次电光系数，p_{mnrs}为弹光系数，Q_{rspq}为电致伸缩系数. 此式右边第二项的物理意义是：电场通过电致伸缩引起形变，形变通过弹光效应改变折射率. 因为电致伸缩形变与电场的二次方成正比，所以这一项是对二次电光效应的贡献.

上述电光效应是以电场为独立变量来描述的，它也可以用极化 **P** 为独立变量来描述

$$\Delta B_{mn} = f_{mnp}P_p + g_{mnpq}P_pP_q, \qquad (9.16)$$

式中 f_{mnp} 叫线性极化光系数(polarization－optic coefficient)，g_{mnpq} 叫二次极化光系数. 线性极化光系数经下标简化后成为 f_{im}($i=$1—6，$m=$1—3). 注意，线性极化光系数和线性电光系数的六分量下标在前，这与压电常量和二阶非线性极化率不同，后二者经下标简化后三分量下标在前. 这决定于它们的定义式，而不是如有的文献中所述由于压电工作者与光学工作者习惯不同. 将式(9.16) 与式 (7.30) 对比，结果自明.

与电光系数相似，极化光系数的数值也与机械边界条件有关. 自由和受夹条件下数值的差别起因于压电效应（对线性极化光系数）或电致伸缩效应（对二次极化光系数).

为了求出电光系数与极化光系数的关系，令式 (9.12) 和式 (9.16) 中两个一次方项和两个二次方项分别相等，并利用极化与电场的关系

$$P_p = \varepsilon_0 \chi_{pq} E_q = (\varepsilon_{pq} - \varepsilon_0) E_q,$$

即得

$$r_{mnp} = f_{mnq}(\varepsilon_{pq} - \varepsilon_0), \tag{9.17a}$$

$$R_{mnpq} = g_{mnrs}(\varepsilon_{pr} - \varepsilon_0)(\varepsilon_{qs} - \varepsilon_0). \tag{9.17b}$$

在非线性光学效应中，最重要和研究得最多的是二阶非线性光学效应. 除开二阶非线性极化率外，实验上还引入二阶非线性光学系数(或称倍频系数)**d**，它是针对二次谐波发生这种特殊情况定义的

$$P_m(2\omega) = 2\varepsilon_0 d_{mnp} E_n(\omega) E_p(\omega). \tag{9.18}$$

注意，倍频系数与压电应变常量的符号是相同的，但不要混淆. 倍频系数是二阶非线性极化率的一个特殊情况. 由式(9.5) 知，χ_{mnp} 是两个独立的频率 ω_1 和 ω_2 的函数，而上式表明 d_{mnp} 只是一个频率 ω 的函数. 如果所涉及的频率都在晶体的透明波段，且色散可忽略，则有

$$d_{mnp} = \frac{1}{2}\chi_{mnp}. \tag{9.19}$$

倍频系数直接衡量了二次谐波发生的能力，是实用中最感兴

趣的参量. 在理论分析时，着重于非线性极化的机制，常用 χ_{mnp}.

倍频系数 **d** 和二阶非线性极化率 $\chi^{(2)}$ 都是三阶张量，各分量的后两个下标与两个电场分量相联系，而 E_n 和 E_p 的先后次序在物理上没有差别，可按统一约定的下标简化法合并成一个下标. 于是倍频系数和二阶非线性极化率分别记为 d_{mi} 和 χ_{mi}($m=1$—3，$i=1$—6)，它们均可排成三行六列的矩阵. 因为它们是奇阶张量，故只有在非中心对称的晶体中，它们才可具有非零分量. 各点群晶体的倍频系数和二阶非线性极化率矩阵见附录 Ⅱ.

倍频技术中另一个常用的量是 Miller**Δ**[3]，它建立了倍频电场与基频极化的关系

$$E_m(2\omega) = \varepsilon_0^{-1}\Delta_{mnp}P_n(\omega)P_p(\omega). \tag{9.20}$$

利用非线性极化的自由能，Miller 推导出如下的关系式：

$$d_{mnp}(2\omega) = \varepsilon_0\chi_{mq}(2\omega)\chi_{nr}(\omega)\chi_{ps}(\omega)\Delta_{qrs}(2\omega), \tag{9.21a}$$

这里 χ_{mq}，χ_{nr} 和 χ_{ps} 为线性极化率. 如果晶体不属于三斜或单斜晶系，并采用主轴坐标系，则上式简化为

$$d_{mnp}(2\omega) = \varepsilon_0\chi_{mm}(2\omega)\chi_{nn}(\omega)\chi_{pp}(\omega)\Delta_{mnp}(2\omega). \tag{9.21b}$$

注意式(9.21a) 是若干个乘积之和，式 (9.21b) 则只是一个乘积.

d_{mnp} 和 Δ_{mnp} 可同等地描写材料的二阶非线性光学特性，但不同的材料 Δ_{mnp} 的差别要比 d_{mnp} 的差别小得多. 事实上，Miller 曾总结出一条著名的经验定则，即 Miller 定则[3]. 其表述如下：在光频范围，张量 **Δ** 的诸分量对所有材料来说，其大小具有相同的数量级. 根据这一定则，由式 (9.21) 立即可得知，线性极化率大的材料，其非线性极化率（由 d_{mnp} 表征）也大. 铁电体一般具有大的线性极化率，所以一般也具有大的倍频系数，这是铁电体成为优良的非线性光学材料的原因之一.

如果单纯从晶体点群来考虑，二阶非线性极化率 χ_{mnp}（以及倍频系数 d_{mnp}）与压电应变常量 d_{mnp} 应有相同的矩阵形式，但由于以 χ_{mnp} 表征的非线性光学效应是在光频电场下发生的，这使其非零独立分量减少. 在光频电场中，晶体中离子的位移跟不上电场的周期性运动，离子对晶体的极化已没有贡献，晶体的极化只是电

子极化造成的. Kleinman 指出[4]，此时晶体非线性极化的自由能可以写为

$$G = -\frac{1}{3}\chi_{mnp}E_m E_n E_p. \tag{9.22}$$

如果忽略色散的影响，由此式不难得出 χ_{mnp}是全对称的，即

$$\chi_{mnp} = \chi_{mpn} = \chi_{nmp} = \chi_{npm} = \chi_{pmn} = \chi_{pnm}, \tag{9.23}$$

这称为 Kleinman 对称. 于是 χ_{mnp}的独立分量个数在最普遍的情况下又由 18 个减少到 10 个，而且 21 个非中心对称点群中有 3 个(422，622 和 432)的 χ_{mnp}全部为零. χ_{mnp}的这个简化称为 Kleinman 近似. 考虑 Kleinman 近似后二阶非线性极化率的矩阵形式也列在附录Ⅱ中，Kleinman 近似在可见光和近红外区很好地成立，但到了远红外区，因为离子运动参与了极化. 就不再成立了.

因为线性电光效应是二阶非线性光学效应的特殊情况，所以线性电光系数与二阶非线性光学系数有确定的关系. 在主轴坐标系中

$$d_{m,np} = -\frac{1}{4}n_p^2 n_n^2 r^e_{pn,m}, \tag{9.24}$$

式中 n_p 和 n_n 为主折射率，$m, n, p = 1$—3. 注意，这里 d 和 r 的两组下标均用逗号分开，但逗号的位置不同，d 的三分量下标在前，r 的三分量下标在后. 经下标简化后，二阶非线性光学系数排列成一个三行六列的矩阵，线性电光系数则是一个六行三列的矩阵. 式中线性电光系数有上标 e，这是因为二阶非线性光学效应是电场频率为光频时的效应，此时只有电子的运动对非线性极化有贡献，故与 d_{mnp}相对应的是 r^e_{pnm}.

与式(9.23) 相似，线性极化光系数与 MillerΔ 有如下的关系(在主轴坐标系中)：

$$f^e_{mn,p} = -4(1 - n_m^{-2})(1 - n_n^{-2})\Delta_{p,nm}, \tag{9.25}$$

这里用逗号将下标分开也是提醒 f 的三分量下标在后，而 Δ 的三分量下标在前. 用矩阵表示时，线性极化光系数与线性电光系数同为六行三列的矩阵，MillerΔ 与二阶非线性光学系数同为三行六

列的矩阵. 线性极化光系数的上标 e 也是表明电子的贡献.

9.1.3 相位匹配

作为实用的倍频材料，不但要求有大的倍频系数，而且要求能实现相位匹配（phase matching）. 在强激光（基频光）作用下，晶体中各处产生二倍频极化，它们形成二次极化波（polarization wave），这些二次极化波发射与之同频率的光波，即二次谐波. 因为基频光传播到哪里，就在哪里产生二次极化波，所以二次极化波的传播速度与基频波的相等. 但由于色散，二次极化波所发射的二次谐波具有与二次极化波本身不同的传播速度. 因此，在晶体内任一位置，某一时刻产生的二次极化波与传播到该位置的二次谐波不同相位. 相消干涉的结果使二次谐波不能有效地输出.

设基频光的频率为 ω，波矢沿 x 方向，大小为 q_1，即

$$E(\omega) = E_0\cos(\omega t - q_1 x), \tag{9.26}$$

则二次极化波为

$$E(2\omega) \propto E_0^2\cos(2\omega t - 2q_1 x), \tag{9.27}$$

这里为了简单,假设二次极化波与基频波同方向传播. 二次极化波所发射的二次谐波为

$$E(2\omega) \propto E_0^2\cos(2\omega t - q_2 x). \tag{9.28}$$

在传播距离 L_x 时,二次谐波与二次极化波之间的相位差为

$$\phi = L_x(q_2 - 2q_1). \tag{9.29}$$

要使相位匹配就要求

$$q_2 = 2q_1, \tag{9.30}$$

换言之,要求二者的相速度相等,即 $\omega/q_1 = 2\omega/q_2$. 又因为

$$\omega/q = n/c, \tag{9.31}$$

n 和 c 分别为折射率和真空中的光速. 所以式(9.30)等效于

$$n(2\omega) = n(\omega). \tag{9.32}$$

式(9.30)或式(9.32)就是相位匹配条件.

由经典电动力学,可推导出倍频光强度为

$$I(2\omega) \propto \left| I(\omega) d \int_0^L [\sin(l\Delta q/2)/(l\Delta q/2)] dl \right|^2, \quad (9.33)$$

式中$I(\omega)$为入射基频光的强度,d为有关的非线性光学系数,L为光通过的晶体长度,$\Delta q = q_2 - 2q_1$. 此式表明,相位匹配($\Delta q=0$)时,$I(2\omega) \propto L^2$,$I(2\omega)$在整个长度范围内单调增大. 相位不匹配时,$I(2\omega)$随L周期性变化. 它到达第一个极大值的L称为相干长度L_c

$$L_c = \frac{\pi}{q_2 - 2q_1}. \quad (9.34)$$

基频光射入晶体后,每经过奇数倍L_c的长度,倍频光强度出现一次极大,每经过偶数倍L_c的长度,则出现一次极小. Maker 首先观测到石英晶片绕着垂直于激光束的轴转动时,倍频光强度呈现近于周期性变化的条纹,称为 Maker 条纹[5].

色散是晶体的共性,在正常色散范围内,$n(2\omega) > n(\omega)$,因此光学各向同性的材料不可能实现相位匹配. 但晶体的双折射提供了相位匹配的可能性. 在双折射晶体中,同一波法线方向允许有两个不同折射率的光波传播. 如果基频光与倍频光的偏振态不同,一种为o光,一种为e光,则有可能利用双折射造成的折射率不同来抵消色散引起的相位失配,从而使式(9.32) 得以满足. 图 9.2 示出的是某晶体内沿某方向传播的o光和e光的折射率与频率(波长)的关系. 可以看到,频率为ω_1时o光的折射率等于频率为$2\omega_1$时e光的折射率

$$n_o(\omega_1) = n_e(2\omega_1), \quad (9.35)$$

这就对基频为ω_1的光实现了相位匹配.

因为晶体的双折射是各向异性的,只有选择适当的方向才可能实现相位匹配. 使相位匹配关系得到满足的方向称为晶体的相位匹配方向. 相位匹配方向与晶体光轴间的夹角称为相位匹配角. 如果相位匹配角等于 90°,即基频光和倍频光沿晶体的一个主轴传播,则称为最佳相位匹配. 因为只有在这种条件下,才可保证基频光和倍频光的能量传输方向(即群速度方向)保持一致,使

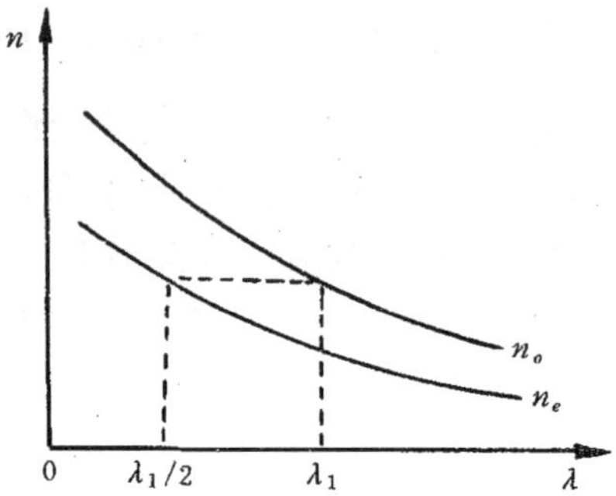

图 9.2 利用双折射实现相位匹配的示意图，
波长 $\lambda_1/2$ 对应于频率 $2\omega_1$.

基频光能量向倍频光能量转换程度最高. 否则因非常光的群速度方向与相速度方向不一致，能量将会“离散”（walk - off）.

实际上双折射的大小具有一定的范围，并不是在任何双折射晶体中都可实现相位匹配. 于是借助所谓准相位匹配（quasi - phase matching）获得倍频光的想法[6]就受到人们的重视. 设想一种非线性光学系数周期调制的结构，且半周期等于相干长度. 当倍频光强度在第一个相干长度末端达到极大值后，非线性光学系数反号，使倍频光相位发生 180°突变，于是本来即将减弱的 I（2ω）继续随 L 增大. 如此重复下去，就可获得强的倍频光输出. 虽然这种想法早在 30 多年前就提出来了，但只有近年来才得以实现，这就是 5.2.1 介绍的人工周期性片状畴，或称光学超晶格[7]. 在 $LiNbO_3$ 等晶体中形成交替出现的 180°片状畴，使电畴周期 $a+b$ 等于相干长度 L_c 的两倍，或其他的偶数倍. 这种方法巧妙地利用了反向电畴中二阶非线性光学系数反号（因坐标系不变）的特点，使一些本来不能实现相位匹配的晶体可用于激光倍频.

9.1.4 电光和非线性光学参量的测量

下面以几个例子说明电光和非线性光学参量的测量方法.

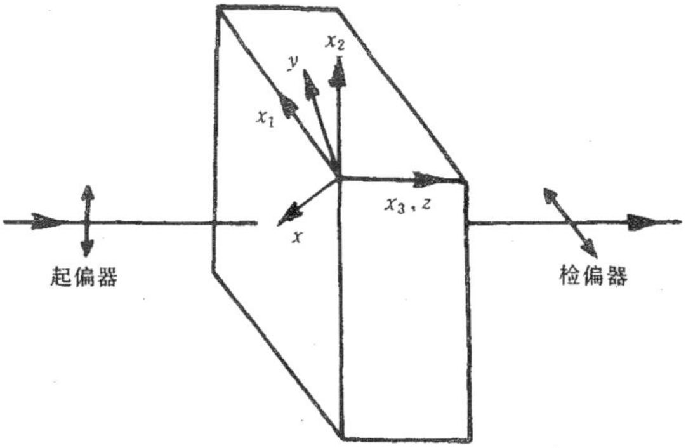

图 9.3　测定电光系数 r_{63} 的实验配置示意图.

(1) 线性电光系数和半波电压[8]　线性电光系数 r_{63} 描写 3 方向电场引起 12 平面内折射率的变化. 沿 3 方向加电场，令光沿 3 方向通过晶体，观测输出光强度的变化即可测定 r_{63}. 在图 9.3 中，样品为 z 切 KDP 晶片. x_1，x_2 和 x_3 为晶体物理坐标轴，它们分别与晶轴 a，b，c 重合. 无外加电场时，KDP（点群 $\bar{4}2m$）为单轴晶体，x_3 为光轴，折射率椭球在 x_1x_2 平面的截面为圆. 光沿 x_3 轴通过时振动方向保持不变.

在透明电极（与 x_3 轴垂直）上加上电压 V_3 后，KDP 变为双轴晶体. 折射率椭球的 3 个主轴分别沿 x，y 和 z，x 和 y 相对于 x_1 和 x_2 转动了 45°，折射率椭球在 x_1x_2 平面上的截面由圆变为椭圆，x_3 轴只是一个主轴而不是光轴了. 沿 z 轴进入晶片的偏振光将分解为振动方向分别沿 x，y 的两束偏振光. 设入射光的振动方向沿 x_2，振动方程为 $F_{x_2}=F_0\sin\omega t$，则通过晶片后两束光的振动方程为

$$F_x = F_0\cos\theta\sin(\omega t + \varphi_x), \tag{9.36}$$

$$F_y = - F_0\sin\theta\sin(\omega t + \varphi_y), \tag{9.37}$$

其中 θ 为 x 或 y 与 x_2 的夹角，φ_x 和 φ_y 分别为沿 x 和 y 方向振动的相位延迟.

因为

$$\Delta\left(\frac{1}{n_0^2}\right)=r_{63}E_3,$$

式中 n_o 是无外加电场时寻常光的折射率，故 r_{63} 导致的折射率变化为

$$\Delta n_o=\pm\frac{n_0^3 r_{63}E_3}{2},\tag{9.38}$$

所以相位延迟为

$$\varphi_x=\frac{2\pi L}{\lambda}(n_0-\frac{1}{2}n_0^3 r_{63}E_3),\tag{9.39}$$

$$\varphi_y=\frac{2\pi L}{\lambda}(n_0+\frac{1}{2}n_0^3 r_{63}E_3),\tag{9.40}$$

其中 L 为晶片厚度.

令检偏器的偏振轴与起偏器的垂直，则通过检偏器的偏振光的振动方程为

$$F_{x_1}=F_x\sin\theta+F_y\cos\theta.\tag{9.41}$$

由以上各式可得出

$$F_{x_1}=-F_0\sin2\theta\cos(\omega t+\varphi_0)\sin(\Gamma/2),\tag{9.42}$$

式中

$$\varphi_0=2\pi Ln_0/\lambda,\Gamma=2\pi n_0^3 r_{63}V_3/\lambda.\tag{9.43}$$

起偏器的输出光强 I_2 和检偏器的输出光强 I_1 分别为

$$I_2=\frac{1}{T}\int_0^T F_{x_2}^2 dt=\frac{F_0^2}{2},\tag{9.44}$$

$$I_1=\frac{1}{T}\int_0^T F_{x_1}^2 dt=\frac{1}{2}F_0^2\sin^2 2\theta\sin^2(\Gamma/2).\tag{9.45}$$

于是相对输出光强为

$$\frac{I_1}{I_2}=\sin^2 2\theta\sin^2(\Gamma/2).\tag{9.46}$$

将 $\theta=45°$ 代入上式，得出

$$\frac{I_1}{I_2}=\sin^2(\Gamma/2)=\sin^2\left(\frac{\pi}{2}\frac{V_3}{V_\pi}\right),\tag{9.47}$$

式中 V_π 半波电压，它是使相位差等于 π 的电压. 外加电压从 0 变到 V_π 时，相对输出光强由零变到最大. 由最大值位置求得 V_π 后，代入式(9.43) 得

$$r_{63} = \frac{\lambda}{2n_0^3 V_\pi}. \tag{9.48}$$

KDP 在 $\lambda=550\text{nm}$ 时，$V_\pi=7.45\text{kV}$，$r_{63}=10.6\times10^{-12}\text{m/V}$.

(2) 二阶非线性光学系数[9]　在相位匹配条件下测量二次谐波强度是测量二阶非线性光学系数的常用方法. 在绝对测量中，对 KDP 和 ADP 晶体研究最多. 样品为两表面严格平行的晶片，相位匹配方向与表面垂直. 激光沿相位匹配方向入射. 在这种配置下，d_{36}可由下式确定：

$$I(2\omega) = \frac{2\omega^2 L^2}{\pi R_0^2}\left(\frac{\mu}{\varepsilon}\right)^{3/2} d_{36}^2 I^2(\omega)\eta\sin^2\theta_m, \tag{9.49}$$

式中 $I(2\omega)$和 $I(\omega)$分别为倍频光和基频光功率，L 为沿光束通过方向晶片的厚度，R_0 为高斯光束的光点半径(孔径)，θ_m 为相位匹配角，μ 和 ε 分别为磁导率和电容率. 此式只适用于单模激光，可取频率因子 $\eta=0.7$.

更多的测量是相对测量，即以 ADP 或 KDP 的 d_{36}为参考标准，测量相对值

$$d^r = d_{mi}(\text{待测晶体})/d_{36}(\text{参考晶体}).$$

在同样的实验条件下，先后测定待测晶体和参考晶体的倍频光功率，就可得到 d^r，再算出待测晶体的倍频系数 $d_{mi}=d^r d_{36}$(参考晶体).

对于不能实现相位匹配的晶体，可用 Maker 条纹法测定其倍频系数[10].

(3)三阶非线性极化率　四波混频是三阶非线性光学效应的表现之一，故可通过四波混频测定三阶非线性极化率[11]. 三阶非线性极化率是四阶张量，只在各向同性材料中才容易测量. 图 9.4 示出的是简并四波混频的实验配置图.

光源 LS 发出的光经分束器 BS_1 和 BS_2 造成两束相向传播的

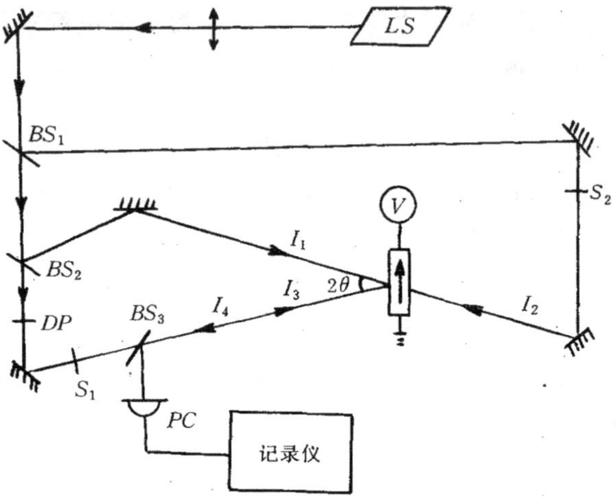

图 9.4 简并四波混频实验配置图.

泵浦光 I_1，I_2 和一束信号光 I_3. 它们的振动方向都在三光束所在平面内. 斩波器 S_2 控制 I_2 的强度，衰减器 DP 改变 I_3 的强度. 泵浦光 I_1，I_2 和信号光 I_3 在晶体内相互作用后产生第四束光 I_4，它的传播方向与信号光 I_3 相反，叫反射光，是信号光 I_3 的相位共轭光. 分束器 BS_3 分出共轭光 I_4 的一部分，由光电池 PC 接收.

共轭反射率为

$$R=\frac{I_4}{I_3}=\tan^2(BI_1),\tag{9.50}$$

其中常量

$$B=\frac{2\pi}{n^2\lambda}\chi^{(3)}\eta L,\tag{9.51}$$

L 为作用长度，n 为折射率，λ 为入射光波长，$\eta=(I_2/I_1)^{1/2}$. 故三阶非线性极化率为

$$\chi^{(3)}=\frac{cn\tan^{-1}\sqrt{R}}{\omega\eta I_1 L},\tag{9.52}$$

式中 ω 和 c 分别为角频率和真空中的光速.

9.1.5 电光和非线性光学材料

电光效应和非线性光学效应在光电子技术中有一系列重要的应用，这些应用可分为两方面，即频率转换和信息处理. 因为直接利用基质材料所能获得的激光波长相当有限，从紫外到红外的大部分光谱区目前仍属激光空白区，能获得大功率激光的波长更少，远不能满足科学研究和实际应用的需要. 将现有的激光，特别是具有高功率的激光通过晶体的非线性光学效应转变成新波长的激光，是目前获得新型激光源的重要手段，是扩展激光波段，特别是固体激光波段的切实可行的方法. 对于电光材料，目前最重要的应用是光调制. 调制器是光通信等高新技术中的关键部件之一.

在实际应用的推动下，电光和非线性光学材料有了很大的发展[12]. 铁电体在这些材料中占有特别重要的地位，这是因为铁电体具有下述几个特点：第一、铁电体不具有对称中心（有些铁电体即使在顺电相时也不具有对称中心），因而容许奇阶张量具有不为零的分量. 实际应用最多的线性电光系数和二阶非线性光学系数都是三阶张量；第二、铁电体一般具有较大的非线性极化率，换言之，它们的电光系数和非线性光学系数比较大；第三、铁电体的自发双折射一般比较大，因而有可能使谐波与基波之间达到相位匹配. 相位匹配是获得谐波输出的必要条件之一.

表 9.1 列出了一些铁电体的线性电光系数、线性极化光系数、二阶非线性光学系数以及 MillerΔ_{mi}. 数据主要取自文献 [13，14]. 上标 X 和 x 分别代表自由和受夹边界条件. 表中各参量均用 SI 单位表示. d_{mi}的单位变换关系为 d_{mi}（esu 单位）$=d_{mi}$（SI 单位）$\times 3\times 10^4\times (4\pi)^{-1}$.

作为非线性光学材料，应能满足下述的要求：

（1）非线性光学系数大. 无论利用何种非线性光学效应，输出光的功率正比于非线性光学系数的平方.

（2）能实现相位匹配，最好能实现最佳相位匹配.

表 9.1 一些铁电体的线性电光系数 r_{im}，线性极化光系数 f_{im}，二阶非线性光学系数 d_{mi}和 Miller Δ_{mi}

晶　体	点群	透明波段 (μm)	im	f_{im}^{X} $(10^{-2}m^2/C)$	f_{im}^{x} $(10^{-2}m^2/C)$	r_{im}^{X} $(10^{-12}m/V)$	r_{im}^{x} $(10^{-12}m/V)$	Δ_{mi} $(10^{-2}m^2/C)$	d_{mi} $(10^{-12}m/V)$
$BaTiO_3$	$4mm$	0.45—0.7	33		5		28	−0.78	−6.7
			13		1.5		8	−2.1	−18
			51	5	4.6	1700	820	−2.1	−18
$PbTiO_3$	$4mm$		33		2.2		5.9	0.48	8.5
			13		5.2		13.8	−2.3	−41
			51					−2.3	−41
$KNbO_3$	$mm2$		33						20.9
			13						13.8
			23						−12.1
$KTa_{0.62}Nb_{0.38}O_3$	$4mm$		33			400			

续表 9.1

晶　体	点群	透明波段 (μm)	im	f_{im}^{X} $(10^{-2}m^2/C)$	f_{im}^{x} $(10^{-2}m^2/C)$	r_{im}^{X} $(10^{-12}m/V)$	r_{im}^{x} $(10^{-12}m/V)$	Δ_{mi} $(10^{-2}m^2/C)$	d_{mi} $(10^{-12}m/V)$
			13			−40			
$KTiOPO_4$	$mm2$	0.35—4.5	51	4.3	5.0	90	95	−2.5	−15
			33						12.4
			13						5.9
			23						4.5
			42						6.8
			51						5.5
KH_2PO_4	$\bar{4}2m$	0.2—1.55	63	5.6	5.0	10	8.8	3.0	0.48
			41	2.3		8.6		3.0	0.48
KD_2PO_4	$\bar{4}2m$	0.2—2.15	63	6.1		26	24	3.1	0.52
$LiNbO_3$	$3m$	0.4—5.0	33	12	12	31	31	−6.4	−3.6
			13	3.9	3.9	9.6	8.6	−0.94	−5.3
			51	4.5	7.3	33	28	−0.94	−5.3
			22	0.9	0.9	6.8	3.4	0.47	2.6

续表 9.1

晶　体	点群	透明波段 (μm)	im	f^{X}_{im} $(10^{-2}m^2/C)$	f^{x}_{im} $(10^{-2}m^2/C)$	r^{X}_{im} $(10^{-12}m/V)$	r^{x}_{im} $(10^{-12}m/V)$	Δ_{mi} $(10^{-2}m^2/C)$	d_{mi} $(10^{-12}m/V)$
$LiTaO_3$	$3m$	0.9—2.9	33	9	9	33	33	—3.6	—2.0
		3.2—4.0							
			13	2.2	2.2	8	8	—0.23	—1.3
			51	5.6	5.6	20	20	—0.23	—1.3
			22	0.3	0.3	1	1	0.38	2.1
$K_3Li_2Nb_5O_{15}$	$4mm$	0.4—5.0	33	8.9		79		2.3	13
			13	1.0		9		1.3	7.1
			51					1.4	6.3
$Ba_2NaNb_5O_{15}$	$mm2$	0.38—5.2	33	13	16	48	29	—4.3	—20
			13	4.0	4.0	15	7	—2.5	—15
			23	3.5	3.5	13	8	—2.5	—15
			42	4.6	4.4	92	79	—2.5	—15

(3) 透明波段宽，透光率高.

(4) 抗光损伤能力强. 晶体材料在强激光作用下，当入射光的功率密度达到一定限度时，光路附近的折射率将发生畸变，使入射光的波前也发生相应的畸变，输出光斑的质量变差，严重时还会引起晶体表面或体内的损坏. 这一现象称为光损伤. 为了使非线性光学晶体输出新波长的强激光，当然要求输入光的功率密度大，如果晶体抗光伤能力差，将严重限制输入和输出光的功率. 另外，非线性光学晶体的转换效率一般也是在输入光功率密度大时才比较高. 所以晶体的抗光损伤阈值要高. 当然，光致折射率改变（光折变）在另外一些情况下有重要应用，这将在§9.4中进行讨论.

(5) 可获得大尺寸（在相位匹配方向达几厘米的可用长度）和高光学质量（折射率均匀，散射小）的晶体.

(6) 物理化学性能稳定，不易潮解，便于加工.

目前，有实有价值的非线性光学晶体有几十种，它们分属于下述几种类型.

(1) 磷酸盐晶体　这类晶体以 KH_2PO_4 为代表，包括 KD_2PO_4，$NH_4H_2PO_4$ 等，它们以 PO_4 氧四面体为基本结构单元，室温时属 $\bar{4}2m$ 点群. 这类晶体的非线性光学系数小，d_{36} 为 $0.48\times10^{-12}m/V$ ($1\times10^{-9}cm\cdot dyne^{-1/2}$). 但它们具有一些突出的优点：可从水溶液中较容易培育出大尺寸的优质晶体；透光波段延伸到紫外 0.2μm 以上；能实现最佳相位匹配；抗光损伤能力强. 因此，它们是高功率激光——如钕离子激光（1.06μm）、红宝石激光（0.69μm）和氩离子激光（0.514μm 和 0.488μm）的主要倍频材料.

KTP（$KTiOPO_4$）是一种较新的磷酸盐晶体，其室温点群为 $mm2$. 优点是非线性光学系数 d 比 KDP 高一个数量级以上，并能实现最佳相位匹配，抗光伤能力与 KDP 相当.

(2) 铌酸盐晶体　这类晶体包括呈钙钛矿结构的 $KNbO_3$（KN）和 $KTa_xNb_{1-x}O_3$（KTN），呈铌酸锂型结构的 $LiNbO_3$

(LN)和 $LiTaO_3$ (LT)，呈钨青铜结构 $Ba_2NaNb_5O_{15}$ (BNN)，$Sr_{1-x}Ba_xNb_2O_6$ (SBN) 和 $(K_xNa_{1-x})_{0.4}(Sr_yBa_{1-y})_{0.8}Nb_2O_6$ (KNSBN) 等，它们以 N_bO_6 氧八面体为基本结构单元. 目前得到广泛应用的主要是LN，其非线性光学系数比 KDP 的大一个数量级. 该晶体抗光伤能力差，但我国科学工作者发现掺 MgO 可大幅度提高其抗光损伤阈值，从而在很大程度上解决了抗光伤问题.

(3) *碘酸盐晶体* 该类晶体的通式为 AIO_3 (A=H, Li, Na, K, Rb, Cs, NH_4 等)，它们以 IO_3 基团为基本结构单元. 其中实用的主要是 $\alpha-LiIO_3$. 其优点是非线性光学系数大（略高于 LN 的），透明波段较宽，双折射很大（$\Delta n=n_0-n_e\simeq 0.15$），易从水溶液中生长大尺寸的优质单晶. 缺点是相位匹配角太小，折射率随温度变化也小，不能实现最佳相位匹配.

(4) *硼酸盐晶体* 这类晶体的代表为 $\beta-BaB_2O_4$ (BBO) 和 LiB_3O_4 (LBO)，它们分别含有 B_3O_6 基团和 B_3O_7 基团. BBO 晶体在 2.6μm 到 0.2μm 的宽波段内透明，非线性光学系数为 KDP 的 6—7 倍. LBO 晶体的抗光损伤阈值高 ($25GW/cm^2$)，并能实现最佳相位匹配. 吸收边位于 0.18μm，故可实现紫外倍频.

(5) *有机非线性光学材料* 这类材料主要是指有机分子晶体和有机高聚物材料. 它们的二阶非线性光学系数很高，而且材料种类繁多，结构多样，很有发展余地. 代表性的晶体有蒋民华和许东首创的 L 精氨酸[15] (LAP)，其分子式为 $(NH_2)_2^+CNH(CH_2)_3CH(NH_3)^+COO^-\cdot H_2PO_4^-\cdot H_2O$，属点群 2. 其非线性光学系数约为 KDP 的四倍以上. 在 2.6μm 到 0.19μm 的宽波段内透明，能实现相位匹配，相位匹配角为 59°. 该晶体易于生长，是特别适用于紫外波段的非线性光学材料.

对于电光材料，主要要求有如下几点：

(1) 电光系数大，半波电压低.

(2) 抗光损伤能力强.

(3) 折射率大，光学均匀性好.

(4) 透明波段宽，透光率高.

(5) 介电损耗小，导热性好，耐电强度高，温度效应小.

(6) 易获得大尺寸的优质单晶，物理化学性能稳定，易于加工.

目前，实用的电光材料可分为如下几个类型：

(1) KDP 及其同型晶体　这包含 KDP（KH_2PO_4），DKDP（KD_2PO_4），ADP（$NH_4H_2PO_4$）以及相应的砷酸盐. 虽然它们的电光系数不大，线性电光系数一般在（10—30）$\times10^{-12}$m/V，但因易于生长大尺寸的高光学质量的单晶，透明范围宽，电阻率高，至今仍是使用最广的电光调制材料.

(2) 氧八面体型晶体　包括 $BaTiO_3$，$LiNbO_3$，$LiTaO_3$，$KNbO_3$，$KTa_xNb_{1-x}O_3$，$Sr_{1-x}Ba_xNb_2O_6$ 等，它们都以氧八面体为基本结构单元，特点是电光效应强，例如 $BaTiO_3$ 的自由线性电光系数 $r_{42}=r_{51}=1700\times10^{-12}$m/V，$Sr_{0.75}Ba_{0.25}Nb_2O_6$ 的 $r_{33}=1400\times10^{-12}$m/V. 有些系统中存在准同型相界（例如 $x=0.37$ 是 $Pb_{1-x}Ba_xNb_2O_6$ 的四方-正交准同型相界），该相界附近线性电光系数普遍呈现极大值，可能发展出高性能的电光材料. 这些晶体的缺点是，迄今为止除 $LiNbO_3$ 和 $LiTaO_3$ 外，较难生长大尺寸的单晶.

(3) 二元化合物　ZnTe 和 GaAs 等二元化合物电光效应弱，线性电光系数 r_{im} 一般小于 10×10^{-12}m/V，但优点是在红外区透明. ZnTe 和 GaAs 的透明波段分别为 0.57—72μm 和 1—15μm. 在工作于红外波段[例如使用 CO_2 激光（其波长为 10.6μm）]时，需用这些晶体实现电光调制等功能[16].

(4) PLZT 陶瓷　锆钛酸铅镧 $Pb_{1-x}La_x(Zr_{1-y}Ti_y)_{1-x/4}O_3$（PLZT）是 1969 年出现的电光陶瓷[17]，它使铁电陶瓷首次进入了电光领域. 这种陶瓷的电光效应可以通过改变组分而加以控制. 镧的取代量多时，[例如 Zr/Ti=65/35，$x=0.09$ 时（该组分记为 9/65/35）]，材料在室温是顺电立方相，有对称中心，有较强的二次电光效应. 镧的取代量少时则有两种铁电相，例如 7/65/35 属三角铁电相，8/10/90 属四方铁电相，这时具有较强的线性电光效应. 这种材料的电光系数虽然大，例如利用二次电光效应时，施

加 5×10^5V/m 的电场可获得 4×10^{-3}的折射率变化，但缺点是响应速度慢，已报道的器件响应时间最短的约为 10μs，故不适合于高速电光器件.

§ 9.2 非线性极化的机制

上节介绍了电光和非线性光学效应的表征和对材料性能的要求，本节从唯象和微观的角度讨论非线性极化的机制以及非线性极化与其他物理性质的关系.

9.2.1 热力学考虑

按照 § 3.1 的方法，将弹性吉布斯自由能展开为电位移的偶次幂之和

$$G_1 = G_{10} + \frac{1}{2}\alpha D^2 + \frac{1}{4}\beta D^4 + \frac{1}{6}rD^6. \tag{9.53}$$

对 D 进行两次微商,得出

$$\frac{1}{\varepsilon} = \alpha + 3\beta D^2 + 5\gamma D^4. \tag{9.54}$$

将 D 写为自发极化 P_s 与电场诱导的电位移 D_E 之和

$$D = D_E + P_s, \tag{9.55}$$

代入上式,得出

$$\frac{1}{\varepsilon} = \alpha + 3\beta P_s^2 + 5rP_s^4 + \cdots + (6\beta P_s + 20rP_s^3 + \cdots)D_E + (3\beta + 30rP_s^2)D_E^2 + \cdots. \tag{9.56}$$

因为光频电容率 ε 与折射率由下式联系:

$$\varepsilon(\infty)/\varepsilon_0 = n^2, \tag{9.57}$$

所以式(9.56)可写为

$$\begin{aligned}\frac{1}{n^2} - \frac{1}{n_0^2} &= (6\varepsilon_0\beta P_s + 20\varepsilon_0 rP_s^3 + \cdots)D_E \\ &\quad + (3\varepsilon_0\beta + 30\varepsilon_0 P_s^2 + \cdots)D_E^2 \\ &= f' D_E + g' D_E^2,\end{aligned} \tag{9.58}$$

此式与式(9.16)一致．n_0 代表无外加电场时的折射率，$f'D_E$ 和 $g'D_E^2$ 表示外加电场引起的折射率椭球的畸变．在低频时，$f'D_E$ 项描写了线性电光效应，$g'D_E^2$ 描写了二次电光效应．在光频时，它们分别给出了二阶和三阶非线性光学系数．

由上式可知，在最低阶近似下有

$$f' = 6\varepsilon_0\beta P_s, \tag{9.59}$$

$$g' = 3\varepsilon_0\beta. \tag{9.60}$$

式(9.59)表明，二阶非线性光学系数正比于 P_s，所以 P_s 大的铁电体可具有较高的二次谐波发生本领．因为系数 β 与温度关系不大，所以线性极化光系数（或二阶非线性光学系数）的温度依赖性与自发极化的基本一致，二次极化光系数（或三阶非线性光学系数）与温度基本无关．

由以上两式可得出

$$f' = 2P_s g', \tag{9.61}$$

这表明，线性极化光系数正比于自发极化与二次极化光系数的乘积，这跟压电常量与电致伸缩系数的关系[式(7.106)和式(7.107)]相似．但注意式(9.61)和式(7.106)，(7.107)都是对顺电相有对称中心的晶体才成立的．

再看铁电相变引起的折射率变化．这种变化是自发极化通过电光效应引起的．由式(9.58)可知，无外场时折射率是自发极化 P_s 的函数，在最低阶近似下，有

$$\left(\frac{1}{n_0^2}\right)_{T<T_c} - \left(\frac{1}{n_0^2}\right)_{T>T_c} \simeq 3\varepsilon_0\beta P_s^2. \tag{9.62}$$

以 Δn 表示铁电相变引起的折射率变化，由此式可得

$$\Delta n \simeq \frac{3}{2}\varepsilon_0\beta n_0^2 P_s^2. \tag{9.63}$$

热力学理论的这些预言与实验观测是基本一致的．例如，$LiNbO_3$ 和 $LiTaO_3$ 等晶体的非线性光学系数随温度的变化与自发极化的相符，这正是式(9.59)所预言的．图 95 (a) 和 (b) 分别示出了 $LiTaO_3$[18]和 $LiNbO_3$[19]的非线性光学系数 d_{33} 和自发极

化的温度依赖性.

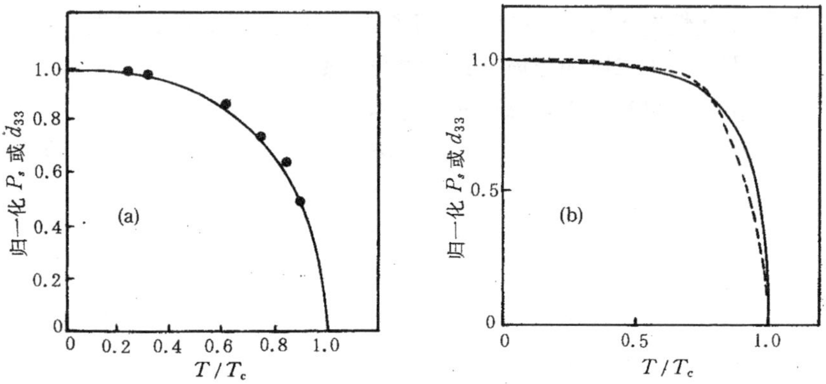

(a) (b)

图 9.5 自发极化 P_s 和非线性光学系数 d_{33} 随温度的变化. 纵坐标给出 P_s 或 d_{33} 与其在 0K 时值之比. (a) $LiTaO_3$，实线代表 P_s，点子代表 d_{33}；(b) $LiNbO_3$，实线代表 P_s，虚线代表 d_{33}.

$BaTiO_3$ 铁电相的自发双折射与 P_s^2 成正比，如式(9.63)所示. 在文献［20，21］中，Merz 等测量了四方相 $BaTiO_3$ 晶体的 Δn 和自发极化，证实了 Δn 与 P_s^2 的正比关系，而且给出 $P_s^2/\Delta n$ 在 0.9×10^8—$1.25\times10^{-8}C^2/m^4$ 之间.

以上的结果是针对顺电相有对称中心的铁电体给出的. 如果顺电相无对称中心，则 G_1 的展式［式 (9.53)］中应该有 D 的奇次方项，于是不难得知有两个重要的差别.

第一，Δn 的表达式中最低次项为 P_s 的一次方项，故在最低阶近似下 Δn 不再与 P_s^2 成正比.

第二，线性极化光系数 f 的表达式中有一与 P_s 无关的项. 该项表明，即使不出现自发极化也有线性电光效应（或二阶非线性光学效应）.

这两个特点在实验上也得到了证实. 以 KDP 为例，在文献［22，23］中报道了自发双折射 Δn 与自发极化 P_s 间的正比关系.

因为二阶非线性光学系数与自发极化成线性关系，而自发双折射与自发极化成正比，所以二阶非线性光学系数与 Δn 成线性关系. 图 9.6 示出了 KDP 的实验结果[24]. 图中纵坐标为二次谐波强度的平方根，它正比于二阶非线性光学系数.

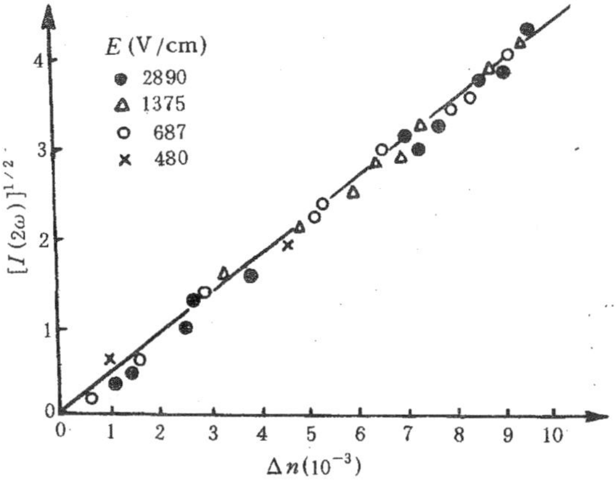

图 9.6　KDP 的二次谐波强度平方根与自发双折射的关系[24].

以上的讨论都是针对正规铁电体，即以自发极化为初级序参量的铁电体. 对于非正规（非本征）铁电体，如 § 3.7 中所述，自由能展开式中的变量（序参量）不止一个，而且有耦合项，因此电光系数和折射率的变化都没有上面那种简单的关系. 关于非正规铁电体中电光和非线性光学效应的讨论见文献 [25].

9.2.2　不可约张量分解[26]

根据定义，晶体的任何物理性质在晶体所属空间群的任一对称元素作用下不变. 具体来说，反映二阶非线性光学性质的三阶张量（其分量可以是 χ_{mnp}，d_{mnp}或 Δ_{mnp}）必然在三维旋转群的操作下不变，因而它可以分解为若干个不可约三阶张量之和. 假定 Kleinman 对称条件成立，即 χ_{mnp}（或 d_{mnp}和 Δ_{mnp}）的 3 个下标可

任意互换而不改变这些分量的值，则张量 Δ 可分解为两项之和，即

$$\Delta = 3\Delta^{(1)} + \Delta^{(3)}, \tag{9.64}$$

其中 $\Delta^{(1)}$是一个一阶不可约张量(矢量)

$$\Delta_{mnp}^{(1)} = \frac{1}{5}(V_m U_{np} - U_{mp} V_n - U_{mn} V_p), \tag{9.65}$$

$$V_m = \sum_n \Delta_{mnn}, \tag{9.66}$$

$$U_{mn} = \begin{cases} 0 & \text{当 } m \neq n, \\ 1 & \text{当 } m = n. \end{cases} \tag{9.67}$$

$\Delta^{(3)}$是一个三阶不可约张量

$$\Delta_{mnp}^{(3)} = \Delta_{mnp} - \frac{1}{5} V_m t_{np}, \tag{9.68}$$

$$t_{np} = \begin{cases} 3 & \text{当 } m \neq n \neq p, \\ 1 & \text{当任两个下标相等}, \\ 0 & \text{其他情况}. \end{cases} \tag{9.69}$$

实际上，这种分解是表明，非线性极化有两个来源，它们分别由 $\Delta^{(1)}$和 $\Delta^{(3)}$表示. 现在根据式(9.65)—(9.67)具体写出各个晶体点群的 $\Delta^{(1)}$. 为此只要知道各个点群的 Δ_{mnn}，这可从附录 Ⅱ 中找到. 注意所用的是考虑 Kleinman 条件后的二阶非线性光学系数. 写出的 $\Delta^{(1)}$表明，只有属于极性点群的晶体，一阶张量 $\Delta^{(1)}$才不为零. 这表明，$\Delta^{(1)}$是与晶体的极性或者说自发极化相联系的.

再根据式(8.68)和式(8.69)，利用考虑 Kleinman 条件后的二阶非线性光学系数，写出各个点群的 $\Delta^{(3)}$. 结果表明，与 $\Delta^{(1)}$不同，$\Delta^{(3)}$在非极性点群中也是存在的.

因为张量 Δ 在晶体所属空间群对称元素作用下不变，所以 $\Delta^{(1)}$和 $\Delta^{(3)}$各有一个不变量. 式(9.65)所表示的一阶张量 $\Delta^{(1)}$由矢量 $\boldsymbol{V}$ 组成，矢量 $\boldsymbol{V}$ 的诸分量由式(9.66)定义. $\Delta^{(1)}$的不变量就是这个矢量的模 $|\boldsymbol{V}|$

$$|\boldsymbol{V}| = v = \Delta_{311} + \Delta_{322} + \Delta_{333}. \tag{9.70}$$

三阶张量 $\Delta^{(3)}$的不变量为其各分量的平方和的平方根

$$s=\left[\sum_{mnp}(\Delta_{mnp}^{(3)})^2\right]^{1/2}. \tag{9.71}$$

根据式(9.70)和式(9.71),写出各点群晶体的两个不变量 v 和 s,结果列于表 9.2.

表 9.2 二阶非线性光学系数的两个不变量

<table>
<tr><th>点 群</th><th>v</th><th>s</th></tr>
<tr><td>$\bar{4}3m$</td><td rowspan="4">0</td><td rowspan="4">$6^{1/2}\Delta_{123}$</td></tr>
<tr><td>23</td></tr>
<tr><td>$\bar{4}2m$</td></tr>
<tr><td>222</td></tr>
<tr><td>$6mm$</td><td rowspan="4">$2\Delta_{311}+\Delta_{333}$</td><td rowspan="4">$\left(\frac{2}{5}\right)^{1/2}(3\Delta_{311}-\Delta_{333})$</td></tr>
<tr><td>6</td></tr>
<tr><td>$4mm$</td></tr>
<tr><td>4</td></tr>
<tr><td>$\bar{6}m2$</td><td rowspan="4">0</td><td>$2\Delta_{311}$</td></tr>
<tr><td>$\bar{6}$</td><td>$2[(\Delta_{111})^2+(\Delta_{211})^2]^{1/2}$</td></tr>
<tr><td>$\bar{4}$</td><td>$6^{1/2}[(\Delta_{123})^2+(\Delta_{311})^2]^{1/2}$</td></tr>
<tr><td>32</td><td>$2\Delta_{111}$</td></tr>
<tr><td>$3m$</td><td rowspan="2">$2\Delta_{311}+\Delta_{333}$</td><td>$\left[\frac{2}{5}(3\Delta_{311}-\Delta_{333})^2+4(\Delta_{211})^2\right]^{1/2}$</td></tr>
<tr><td>3</td><td>$\left[\frac{2}{5}(3\Delta_{311}-\Delta_{333})^2+4(\Delta_{211})^2+4(\Delta_{111})^2\right]^{1/2}$</td></tr>
<tr><td>$mm2$</td><td>$\Delta_{311}+\Delta_{322}+\Delta_{333}$</td><td>$\left[3(\Delta_{111})^2+3(\Delta_{322})^2+(\Delta_{333})^2-\frac{3}{5}(v)^2\right]^{1/2}$</td></tr>
</table>

根据$\Delta^{(1)}$和$\Delta^{(3)}$的变换性质，可知矢量部分的不变量v与自发极化p_s有关，表 9.3 列出了一些铁电体的v与自发极化的数值[27]．可以看到，这两个量成正比而且

$$\frac{v}{P_s} \simeq 0.2\mathrm{m^4/C^2}. \tag{9.72}$$

与v不同，并合量部分来源于电子电荷分布的八极矩．八极矩对倍频系数的贡献可表示为[28]

$$d_{mnp} = \frac{3\chi}{a_0 e}\iiint xyz\rho(\boldsymbol{r})dxdydz \tag{9.73}$$

式中$\rho(\boldsymbol{r})$是电荷密度，χ是光频极化率，a_0和e分别为玻尔半径和电子电荷．

表 9.3　Δ 张量中矢量部分的不变量 v 和自发极化 Ps

晶　体	$v(10^{-2}\mathrm{m^2/C})$	$P_s(\mathrm{C/m^2})$	$-v/P_s(\mathrm{m^4/C^2})$
$LiNbO_3$	−8.2	0.71	0.12
$LiTaO_3$	−4.1	0.50	0.08
$Ba_2NaNb_5O_{15}$	−9.3	0.40	0.23
$BaTiO_3$	−5.0	0.26	0.19
$PbTiO_3$	−5.6	0.57	0.10
$Gd_2(MoO_4)_3$	−0.04	0.002	0.20
$Tb_2(MoO_4)_3$	−0.05	0.0019	0.26
KH_2PO_4	−1.3	0.048	0.25

上面这种分解区分了两种机制对倍频系数的贡献．两个不变量的相对量值衡量了两种贡献的相对大小．另外，根据矢量部分不变量与自发极化的关系［式（9.72）］，可由已知的自发极化值推知倍频系数，反之亦然．附带指出，自发极化与它所贡献的倍频系数成正比的事实，也是热力学关系式（9.58）所隐含的．

9.2.3　非谐振子模型

非线性光学效应和电光效应都起源于系统的非线性极化，所

以非谐振子模型是一个基本的模型[29—31]，它以简单和直观图象较好地说明了主要的非线性光学现象.

以 ξ_e 和 p_e 分别表示电子的位置和动量，以 ξ_i 和 p_i 分别表示离子的位置和动量. 计入电子和离子运动的最低阶非谐项——三阶项，并考虑电子与离子运动的耦合，则哈密顿量可写为

$$H = \frac{p_e^2}{2m_e} + \frac{p_i^2}{2m_i} + \frac{1}{2}m_e\omega_e^2\xi_e^2 + \frac{1}{2}m_i\omega_i^2\xi_i^2 + A\xi_i^3 + B\xi_i^2\xi_e + C\xi_i\xi_e^2 + D\xi_e^3, \tag{9.74}$$

式中 m_e 和 m_i 分别为离子的质量，ω_e 和 ω_i 分别为相应的谐振频率. 常量 A 和 D 反映了离子势和电子势偏离简谐势的程度，常量 B 和 C 反映了离子和电子运动相互耦合的强弱. 在施加外电场 E 时，势函数中应加上一项 $-E(e_e\xi_e+e_i\xi_i)$，这里括号中的量为电偶极矩，e_e 和 e_i 为电子和离子的有效电荷. 作用于电子或离子的局域有效电场与外加电场是不同的，但为了简化，我们仍采用外加电场 E，但适当调整有效电荷的值以反映这一差别.

由式(9.74) 得运动方程为

$$\ddot{\xi}_e = -\omega_e^2\xi_e + \frac{e_e}{m_e}E - \frac{3D}{m_e}\xi_e^2 - \frac{2C}{m_e}\xi_e\xi_i - \frac{B}{m_e}\xi_i^2, \tag{9.75}$$

$$\ddot{\xi}_i = -\omega_i^2\xi_i + \frac{e_i}{m_i}E - \frac{C}{m_i}\xi_e^2 - \frac{2B}{m_i}\xi_e\xi_i - \frac{3A}{m_i}\xi_i^2. \tag{9.76}$$

首先考虑只存在光频电场的情况，二次谐波发生等主要的非线性光学现象就是出现在此种情况中. 光频电场的频率远高于离子谐振频率 ω_i，于是离子的运动可以忽略，整个系统对外场的响应只是电子子系统的响应. 电子的运动方程为

$$\ddot{\xi}_e + \omega_e^2\xi_e + \frac{3D}{m_e}\xi_e^2 = \frac{e_e}{m_e}E. \tag{9.77}$$

设外电场为正弦电场

$$E = E_0\exp(-i\omega t) + E_0^*\exp(i\omega t). \tag{9.78}$$

先不考虑式(9.77)的非线性项，得出其线性解为

$$\xi_e = \frac{e_e}{m_e}(\omega_e^2 - \omega^2)^{-1}[E_0\exp(-i\omega t) + E_0^*\exp(i\omega t)]. \tag{9.79}$$

线性极化率表示单位电场引起的同频率的电偶极矩. 设单位体积中电子振子的个数为 N,则线性极化率为

$$\chi_e(\omega)=\frac{N\xi_e e_e}{\varepsilon_0 E}=\frac{Ne_e^2}{\varepsilon_0 m_e(\omega_e^2-\omega^2)}. \tag{9.80}$$

计入式(9.77) 的非线性项,得出如下的非线性解:

$$\chi_e(2\omega;\omega,\omega)=\frac{3DNe_e^3}{(4\omega^2-\omega_e^2)(\omega^2-\omega_e^2)\varepsilon_0 m_e^3}, \tag{9.81}$$

这里我们用 $\chi_e(2\omega;\omega,\omega)$表示二次谐波发生中的非线性极化率,括号内分号后的是两个相互作用的频率,分号前的是所产生的极化波的频率. 系数 D 是衡量电子运动非谐性的量,如果 D 等于零,则非线性极化率为零.

利用式(9.80),可将式 (9.81) 写为

$$\chi_e(2\omega;\omega,\omega)=\varepsilon_0\chi_e(2\omega)\chi_e(\omega)\chi_e(\omega)\left[\frac{-3\varepsilon_0 D}{Ne_e^3}\right]. \tag{9.82}$$

与式(9.21b) 对比可知,上式中方括号中的量就是 MillerΔ 的两倍.

根据式(9.82),MillerΔ 中不包含任何与频率有关的因子. 这定性地与下述的实验事实相符,即 MillerΔ 的色散无论较线性极化率或非线性极化率都小得多. 根据式 (9.82) 中方括号内的表示,原则上可以计算其数值. 文献 [30] 中指出,如果当 ξ_e 等于一个晶格间距时,在运动方程式 (9.77) 中令简谐项和非简谐项相等,便可估计 D,从而可估计出 MillerΔ. 结果与实测的数值同数量级. 这从一个侧面支持了非谐振子模型。关于 MillerΔ 的一个重要的实验结果是,对于许多成分和结构都不相同的材料,其值相差不大. 这一事实在非谐振子模型中不能得到说明. 在此模型中,MillerΔ 的相对恒定性意味着 D/N^2 的相对恒定性. 人们难以说明振子密度 N 与非谐性 (D) 之间究竟有什么联系.

现在考虑,不但有光频电场,而且有低频电场的情况. 假设有 3 个场相互作用,其中一个场的频率与离子谐振频率 ω_i 相近或更低,而另外两个场的频率远高于 ω_i. 在两个光频 ω_2 和 ω_3 通过非

线性效应被混合而产生差频 $(\omega_3-\omega_2)\lesssim\omega_i$ 的实验中，发生的就是这种情况.

此时电子运动和离子运动两者都对非线性极化有贡献. 在计算它们的非线性极化率时，不但必须包含 D 项，而且必须包含 C 项. 但因为离子的运动仍然小于电子的运动，故可略去 B 项. 按照与前面相似的方法，求解式 (9.75) 和式 (9.76). 先写出频率为 ω_2 和 ω_3 时，电子运动的线性极化率 $\chi_e(\omega_2)$ 和 $\chi_e(\omega_3)$，再求得电子和离子运动贡献的非线性极化率[29]

$$\chi_e(\omega_3-\omega_2;\omega_3,\omega_2)=\frac{3(D/m_e)}{\omega_e^2-(\omega_3-\omega_2)^2}F_{\omega_3-\omega_2}(\xi_e^2), \quad (9.83)$$

$$\chi_i(\omega_3-\omega_2;\omega_3,\omega_2)=\frac{C/m_i}{\omega_i^2-(\omega_3-\omega_2)^2}F_{\omega_3-\omega_2}(\xi_e^2), \quad (9.84)$$

式中 ξ_e 是电子的线性位移，$F_{\omega_3-\omega_2}$ 表示频率为 $\omega_3-\omega_2$ 处的傅里叶分量.

总的非线性极化率为以上两式之和

$$\chi(\omega_3-\omega_2;\omega_3,\omega_2)=$$
$$-\frac{2\varepsilon_0^2}{e_e^2N}\chi_e(\omega_3)\chi_e(\omega_2)\left[\frac{3D}{e_e}\chi_e(\omega_3-\omega_2)+\frac{C}{e_i}\chi_i(\omega_3-\omega_2)\right]. \quad (9.85)$$

与线性电光效应相联系的非线性极化率是 $\chi(\omega;\omega,0)$，它可按与上面相同的方法得出，结果为

$$\chi(\omega;\omega,0)=-\frac{2\varepsilon_0^2}{e_e^2N}[\chi_e(\omega)]^2\left[\frac{3D}{e_e}\chi_e(0)+\frac{C}{e_i}\chi_i(0)\right]. \quad (9.86)$$

以上两式表明，混频和电光效应中，非线性极化率都有电子和离子运动两部分的贡献，而且这两部分分别决定于电子和离子的线性极化率. 如果有适当的方法分别测量电子和离子的贡献，则可对理论加以检验. 电子运动的贡献可从折射率 $(n^2=1+\chi_e)$ 求出，也可由二次谐波发生实验测得非线性极化率后通过式 (9.82) 算得. 离子运动的贡献可由晶体极性光学模的 Raman 散射截面来计

算，也可由红外振子的强度来计算[32]. 在文献［32］中，该文著者计算了 $LiNbO_3$ 的电光效应中电子运动的贡献，认为这一部分贡献小于 10%.

由式（9.86）可知，当温度接近居里点时，软模铁电体因离子部分的贡献远大于电子部分的贡献，总的非线性极化率 $\chi(\omega;\omega,0)$ 的温度依赖性将决定于离子线性极化率的温度依赖性. 另外，式（9.86）右边与频率有关的只是 $\chi_e(\omega)$，所以电光极化率 $\chi(\omega;\omega,0)$ 的色散与电子线性极化率平方 $\chi_e^2(\omega)$ 的一致. 这两点都在一些铁电体中得到了证实.

9.2.4 键电荷和键极化率模型

键电荷和键极化率模型从化学键及其极化率的角度，研究材料的非线性极化率. 它有两个基本出发点：第一、各个化学键的极化率具有可相加性，宏观极化率等于结构中各个键的微观极化率之和. 第二、因为电子波函数的重叠以及离子实未完全屏蔽，各个键上存在着多余电荷. 这些电荷是弱束缚的，在电场作用下发生位移. 这种位移是线性和非线性极化率的主要来源.

这个模型主要解决两方面的问题. 第一、由键极化率的可相加性出发，并考虑晶体结构的对称性及其对键极化率的影响，得出宏观非线性极化率（例如系数 **d**）某些张量元之间的数值关系. 第二、在假设键电荷呈某种分布的基础上，计算各个键的极化率，再根据极化率的可相加性，计算宏观非线性极化率.

多年来，在研究无机化合物的小信号电容率中，已经确立了化学键的线性极化率的可相加性，即材料的总的线性极化率等于各个化学键的线性极化率之和. 后来人们提出[28]，这一规律也适用于非线性极化率. 于是二阶非线性光学系数 **d** 可写为

$$d_{mnp} = \sum_b G_{mnp}^b(qrs)\beta_{qrs}^b, \tag{9.87}$$

式中 b 代表键的编号，qrs 是方向余弦，β 是键的非线性极化率，G_{mnp}^b（qrs）是联系键方向（qrs）与晶体物理坐标轴方向 mnp 的几

何因子.

化学键本身有其细致的结构，但作为一种合理的简化，可认为键是圆柱对称的，键的方向为柱轴方向. 于是键的非线性极化率可用两个分量 β_{11}和 $\beta_{\perp}$来表征，它们分别与柱轴平行和垂直.

考虑两种简单的二元化合物结构——闪锌矿（立方 ZnS）结构和纤锌矿（六角 ZnS）结构. 前者属于 $\bar{4}3m$（T_d）点群，其中任一种离子最近邻有 4 个另一种离子，形成正四面体，因此只有一种类型的键. 这种结构中倍频张量 **d** 只有一个不为零的分量 d_{14}. 正四面体的四重旋转反演轴与晶体物理坐标的 3 轴平行. 由简单的矢量合成可知

$$d_{14} = 8 \times 3^{-3/2}(\beta_{11} - 3\beta_{\perp}). \tag{9.88}$$

纤锌矿属 $6mm$（C_{6v}）点群，其中任一种离子的配位数也是 4，只存在一种类型的四面体键. 计入 Kleinman 近似后，$6mm$ 点群的 **d** 只有两个不为零的分量 d_{311}和 d_{333}（d_{31}和 d_{33}）. 因为一个键与六重轴（晶体物理坐标的 3 轴）重合，故这两个分量的关系为[33]

$$d_{311}/d_{333} = -1/2. \tag{9.89}$$

量子力学的计算表明[34]，化学键的非线性极化率一般是高度各向异性的，$\beta_{11} \gg \beta_{\perp}$，因此作为一种合理的近似，可以忽略 $\beta_{\perp}$. 另外，不同键的非线性极化率可能差别很大，可以忽略那些很难极化的键. 于是即使在复杂的结构中，非线性系数也可只用少数几个键的 β_{11}来描写[35]. 以 $LiNbO_3$ 为例，它属于 $3m$（C_{3v}）点群，计入 Kleinman 近似后，**d** 只有 3 个独立的非零分量：d_{311}，d_{333}和 d_{222}. 该晶体中有 Nb—O 和 Li—O 两种键. 但 Li—O 键较难极化，可以忽略，故只考虑 Nb—O 键. 由于 NbO_6 不是正氧八面体，结构分析表明有长度分别为 0.189nm 和 0.211nm 的两种 Nb—O 键，如图 9.7 所示. 令它们的非线性极化率（实际上是其 β_{11}分量）分别为 β_1 和 β_2，则 **d** 的 3 个分量可表示为

$$d_{311} = V^{-1}(1.104\beta_1 - 1.106\beta_2), \tag{9.90}$$

$$d_{333} = V^{-1}(0.643\beta_1 - 1.796\beta_2), \tag{9.91}$$

$$d_{222} = V^{-1}(0.396\beta_1 - 0.195\beta_2), \tag{9.92}$$

式中 V 是晶胞体积. 根据这 3 个式子，β_1 和 β_2 是超定的. 因为 3 个分量 d_{mnp} 可以实测，所以由这个式子可以检验键极化率模型的正确性. 根据 d_{mnp} 的测量值（它们是以 KDP 的 d_{312} 为单位给出的）得到

$$\beta_1 = (-51 \pm 7) \times 10^{-28}\text{m}^3 \times d_{312}^{\text{KDP}}, \tag{9.93}$$

$$\beta_2 = (-64 \pm 8) \times 10^{-28}\text{m}^3 \times d_{312}^{\text{KDP}}, \tag{9.94}$$

代入式（9.91）后得出，$d_{333} =$（70 ± 9）$\times d_{312}^{\text{KDP}}$. 另一方面，$d_{333}$ 的实测值为（86 ± 22）$\times d_{312}^{\text{KDP}}$，可见二者在误差范围内符合.

由图 9.7 显然可见，如果 Nb 沿八面体的三重轴（P_s 所在轴）移动，则 **d** 系数将会改变. 因为 Nb 的移动不但改变两种 Nb—O 键的长度，而且改变它们的空间取向. $LiNbO_3$ 是一种正规铁电体，其序参量为自发极化，而自发极化正比于 Nb 沿极轴（三重轴）的位移. 所以作为一级近似，键极化率模型预言，d_{mnp} 也与 P_s 成正比. 这个预言与热力学得出的式（9.59）一致. 根据热力学，所有的顺电相有对称中心的铁电体都符合式（9.59）.

更有实用价值的方法应该不限于推演各个 d_{mnp} 之间的一些数值关系，而且能计算各个 d_{mnp}. 这方面的工作首先是由 Levine 开始的[36—38]，他的方法以 Philips 和 Van Vechten 关于介电性的量子理论[39,40]为基础.

考虑二元化合物的一个晶胞. 图 9.8 示意性地绘出了原子 A 和 B 之间的成键区域. 键电荷 q 位于共价半径 r_A 和 r_B 处. 可以认为键电荷来源于两部分. 第一部分是负的键电荷，它抵偿离子实上未被屏蔽的电荷. 电容率越大，则屏蔽越完全，未屏蔽部分正比于 $1/\varepsilon$. 第二部分是由于成键区域电子云的重叠. 键的共价性越高，则重叠越大. 设键的共价性成分和离子性成分分别为 f_c 和 f_i，则电子云的重叠正比于 $f_c = 1 - f_i$.

设键的极化率为

$$\alpha = \alpha_0 + \beta E, \tag{9.95}$$

其中非线性部分可表示成极化率对电场的一次微商

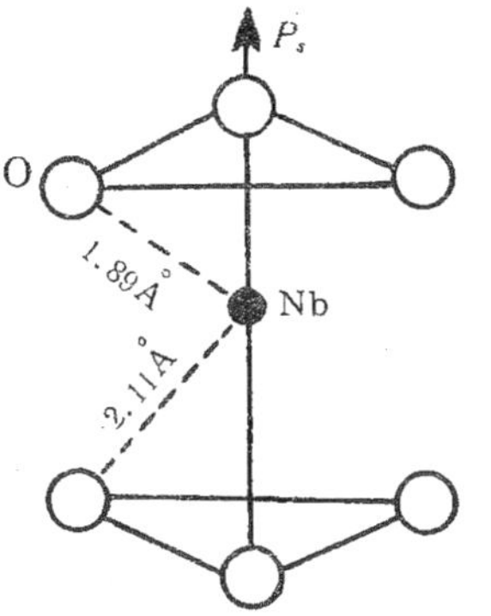

图 9.7　$LiNbO_3$ 中两种长度不同的 Nb—O 键示意图.

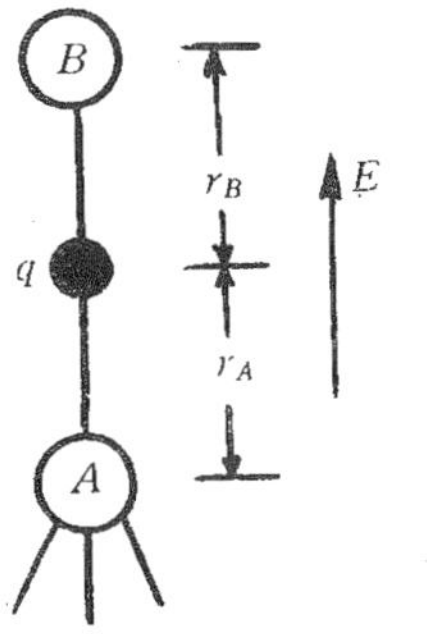

图 9.8　金属原子 A 和非金属原子 B 间成键区域示意图. 键电荷为 q.

$$\beta = \frac{\partial \alpha}{\partial E}. \tag{9.96}$$

在电场改变 ΔE 时，键电荷发生位移 Δr，后者与极化率有关

$$\alpha = \frac{q\Delta r}{\Delta E}. \tag{9.97}$$

因此式（9.96）可写为

$$\beta = \frac{\partial \alpha}{\partial r}\frac{\partial r}{\partial E} = \frac{\alpha}{q}\frac{\partial \alpha}{\partial r}. \tag{9.98}$$

于是只要知道 α 与 q 所在位置的关系 $\partial\alpha/\partial r$，就可估算非线性极化率 β. $\partial\alpha/\partial r$ 决定于键电荷所在处的非谐势.

设原子 A 和 B 的赝势分别为 V_A 和 V_B，并将电子势分解为对称部分 V_s 和反对称部分 V_a

$$\begin{aligned} V_s &= V_A + V_B, \\ V_a &= V_A - V_B, \end{aligned} \tag{9.99}$$

这两个势 V_s 和 V_a 将导致一系列容许的能带，能带的详细结构依赖于布里渊区的几何性质. 现在用一个平均共价能隙 E_h 和离子能隙 C 来代替这个复杂的能带结构. E_h 主要决定于对称势，C 主要决定于反对称势. 计算表明，价带与导带间的有效能隙为

$$E_g^2 = E_h^2 + C^2. \tag{9.100}$$

宏观的线性光频极化率为

$$\chi_e = n_b\alpha = (h\omega_p)^2/E_g^2, \tag{9.101}$$

式中 n_b 是单位体积内键的个数，ω_p 为等离子体频率，它与单位体积中价电子的有效数目 N 有关

$$\omega_p^2 = 4\pi Ne^2/m, \tag{9.102}$$

其中 e 和 m 分别为电子的电荷和质量.

考察二元化合物中共价能隙 E_A 和离子能隙 C 得知，它们可以用原子 A 和 B 的有效价 Z_A 和 Z_B 以及共价半径 r_A 和 r_B 表示. 离子能隙具有被屏蔽的库仑势的形式

$$C = w(Z_A/r_A - Z_B/r_B)\exp\left[-\frac{1}{2}\kappa_s(r_A + r_B)\right], \tag{9.103}$$

其中 κ_s 是托马斯-费米因子，w 是一个依赖于晶体结构的参量，通过测量线性极化率可以确定该结构对应的 w 值. 对于四面体配位，$w=1.5\pm0.1$. 共价能隙 E_h 除与位置有关以外，只依赖于平均离子实半径 r_C

$$E_h^{-2} = [(r_A + r_C)^{2s} + (r_B - r_C)^{2s}]/2a', \tag{9.104}$$

式中指数 $s\simeq2.5$，a' 是另一个常量. 式（9.103）和式（9.104）描写了有效能隙 E_g 对键的几何结构的依赖性.

将式（9.103），（9.104）和（9.100）代入式（9.101），立即得到极化率 χ_e 或 α 对共价半径的依赖关系，于是可以由式（9.98）计算非线性极化率 β. 结果表明，β 可以写为两项之和，一项来自 C^2，一项来自 E_h^2

$$\beta = -\frac{\alpha^2}{qE_g^2}\frac{\partial}{\partial r}(E_h^2 + C^2). \tag{9.105}$$

推导中已假定键长 r_A+r_B 保持恒定，所以等离子体频率不变.

按照式（9.87）对各个键的 β 求和，即可得出宏观倍频系数 d_{mnp}，最后形式为

$$d_{mnp} = \sum_b G_{mnp}^b(qrs)[\phi_1^b(r_A^b - r_B^b) + \phi_2^b C^b]_{qrs}, \tag{9.106}$$

式中 ϕ_1 和 ϕ_2 是两个与 E_h,C 以及键长 r_A+r_B 有关的函数. 将结果写成这样的形式是为了强调非线性极化的两个来源. 第一个是原子大小的差别（第一项），第二个是键的性质（第二项）. 这同时也指出了获得大的非线性极化率的途径.

按照这种方法，人们计算了一些铁电体中键的和宏观的非线性极化率. 例如，$LiNbO_3$ 中较短和较长的 Nb—O 键的 β 分别为 $\beta_1=-47$，$\beta_2=-60$（单位为 $10^{-28}m^3\times d_{312}^{KDP}$），这与式（9.93）和式（9.94）的相近. 对于 KDP，计算得 MillerΔ 分量 $\Delta_{312}=0.84\times10^{-6}$esu，与实验结果 1.18×10^{-6}esu（$=3\times10^{-2}m^2/C$）基本符合.

9.2.5 电致带隙变化

本小节从电场或自发极化对铁电体带隙宽度的影响来研究电光效应.

铁电相变或外加电场将改变铁电体的带隙宽度[41]. 带隙宽度的变化有各种表现，最显著的是基本吸收边的移动. 实验观测到一些铁电体吸收边在电场作用下向高能端移动，这与半导体中吸收边向低能端移动（Franz-Keldysh 效应）正好相反，而且移动量较半导体中或其他绝缘体中的大得多. 许多钙钛矿型氧化物的带隙宽度在 3—4eV 左右，这对光学测量是一个方便的范围（相应于红光到绿光的范围），所以光吸收是研究铁电体能带结构的重要手段.

铁电体中电致带隙变化的机制是一个仍在研究的问题，但至少有一个起因是[41]，电场或自发极化通过电致伸缩或压电效应使晶体发生形变，后者改变了电子云的构型.

实验表明，至少在正规铁电体中，带隙宽度的变化 ΔE_g 在顺电相与电场 E 的平方成正比，在铁电相与电场 E 的一次方成正比. 用极化 P 表示时，对许多材料在居里点上下都有如下的关系

$$\Delta E_g=\sigma P^2, \qquad (9.107)$$

式中 σ 可近似认为是常量. 在顺电相，极化 P 正比于电场，所以 ΔE_g 与 E^2 成正比. 在铁电相，极化 P 包括自发极化 P_s 和电场诱

导的极化 P_E

$$P = P_s + P_E = P_s + \varepsilon_0 \chi E, \tag{9.108}$$

将其代入式 (9.107)，忽略 E 的高次项，即得 ΔE_g 与 E 的线性关系.

一般情况下，布里渊区中 K 点处第 n 个带隙的宽度变化可写为

$$\Delta E_g^n(K) = \sum_{pq} \sigma_{pq}^n(K) P_p P_q, \tag{9.109}$$

式中 σ_{pq}叫极化势，P_p 和 P_q 是极化分量. 在研究半导体的带隙宽度随应变的变化时，人们把电子在有应变的晶格中的附加势能叫应变势. 这里的极化势与应变势相似，它描写了极化引起的电子势能的变化. 显然，σ_{pq}与跃迁的种类和光的偏振状态有关，式 (9.107) 中的 σ 是 σ_{pq}按所考虑的每种跃迁和各种光偏振选择定则的计权平均. 理论和实验表明[42—44]，大多数以氧八面体为基本结构单元的铁电体在带隙附近有相似的光学性质和差不多相同的极化势. 这些铁电体中氧八面体决定了价带顶和导带底附近的带结构. 虽然其他离子对较高能量的导带中的状态有影响，但只要离子的极化率较小，则这些状态对晶体在可见光谱区的光学性质影响不大.

式 (9.109) 建立了极化与带隙变化的关系，后者可由测量基本吸收边的位置而得到. 另一方面，电光效应是极化（或电场）与折射率的关系. 所以为了从带隙变化得出极化光（或电光）系数，必须找出带隙变化与折射率的关系.

前面利用谐振子模型得出了电子极化率如式 (9.80) 所示，由折射率与电子（光频）极化率的关系

$$n^2 = \varepsilon_r = 1 + \chi_e,$$

可知

$$n^2(\omega) - 1 = \frac{Ne_e^2}{\varepsilon_0 m_e(\omega_e^2 - \omega^2)}.$$

对极化有贡献的一般有多个振子，故上式应推广为

$$n^2(\omega) - 1 = \sum_i \frac{b_i}{\omega_i^2 - \omega^2}, \tag{9.110}$$

这里 ω_i 为各振子的固有频率

$$b_i = \frac{Ne_e^2}{\varepsilon_0 m_e} f_i,$$

$f_i < 1$ 为振子强度. 式 (9.110) 将系统的光频介电响应分解为各个强度为 f_i,频率为 ω_i 的偶极振子的贡献. 在铁电体的透明区,相应于带隙宽度 E_g 的最低能振子(其频率为 $\omega_1 = E_g/h$)对折射率色散的贡献最大,近似地可把这一项与代表其他振子贡献的项分开,将后者合并成单一的恒定项 A, 于是

$$n^2(\omega) - 1 = A + \frac{b_1}{\omega_1^2 - \omega^2}. \tag{9.111}$$

对此式微商, 并假设振子强度保持恒定, 可以得出

$$\Delta n = \frac{\omega_1 b_1 \Delta E_g}{nh(\omega_1^2 - \omega^2)^2}. \tag{9.112}$$

为了使普遍关系式 (9.109) 具体化, 需要选择适当的实验配置以使极化势尽量简单. 如果以氧八面为基本结构单元的铁电体的极化沿八面体的四重轴 (如 $PbTiO_3$ 和四方相 $BaTiO_3$), 用与极化 P 平行和垂直偏振的光分别观测吸收边的移动, 则两种情况下的移动分别为

$$\begin{aligned} \Delta E_{/\!/} &= \sigma_{11} P^2, \\ \Delta E_{\perp} &= \sigma_{12} P^2. \end{aligned} \tag{9.113}$$

如果极化沿氧八面体的三重轴 (如 $LiNbO_3$ 和 $LiTaO_3$), 则有

$$\Delta E_{/\!/} - \Delta E_{\perp} = \sigma_{44} P^2. \tag{9.114}$$

上面出现的三个 σ_{ij} 相应于 $m3m$ (O_h) 点群晶体的 3 个独立的二次极化光系数 g_{11}, g_{12} 和 g_{44} (即 g_{1111}, g_{1122} 和 g_{2323}).

由式 (9.112) 和式 (9.113) 可得出

$$\Delta n = \left[\frac{\omega_1 b_1 \sigma}{hn^4(\omega_1^2 - \omega^2)^2}\right] n^3 P^2, \tag{9.115}$$

这里我们略去了下标. 此式将 Δn 表示成极化平方的函数, 极化平方的系数应该与二次极化光系数有确定的关系.

由极化光系数的定义式（9.16）可知，当只考虑二次电光效应，而且略去下标时，有

$$\Delta\left(\frac{1}{n^2}\right) = gP^2 \tag{9.116}$$

或

$$\Delta n = -\frac{1}{2}n^3 gP^2. \tag{9.117}$$

对比式（9.117）和式（9.115）可得出

$$g = \frac{2\omega_1 b_1 \sigma}{hn^4(\omega_1^2 - \omega^2)^2}. \tag{9.118}$$

在远低于 ω_1 的频率时，可以认为 σ，ω_1，b_1 和 n 对各种氧八面体铁电体近似相同（因为能带结构近似相同），所以预期 g 系数也会相接近. 将这些参量的典型值代入式（9.118）后，得到

$$g_{ij} \simeq \frac{\sigma_{ij}}{20}, \tag{9.119}$$

g_{ij}的单位是 m^4/C^2，σ_{ij}的单位是 $eV \cdot m^4/C^2$. 对于钙钛矿型氧化物，$g_{11} \simeq 0.17$，$g_{12} \simeq 0.04$，$g_{44} \simeq 0.12$ （m^4/C^2），从而给出 $\sigma_{11} \simeq 3.4$，$\sigma_{12} \simeq 0.8$，$\sigma_{44} \simeq 2.4$ （$eV \cdot m^4/C^2$）. 这与理论估计[42]及场致吸收边移动的实验观测符合得很好.

对于含氧八面体的非钙钛矿结构铁电体，适当考虑结构中氧八面体的堆积密度 ζ，可得知其二次极化光系数与钙钛矿铁电体的相近. 定义堆积密度为单位体积内氧八面体个数的归一化值，以钙钛矿结构中的 ζ 为 1. 如果每个氧八面体具有一恒定的电偶极矩，则氧八面体铁电体的自发极化和线性极化率都将与 ζ 呈线性关系

$$\begin{aligned} (P_s)_x &= \zeta (P_s)_p, \\ n_x^2 - 1 &= A\zeta, \end{aligned} \tag{9.120}$$

式中下标 p 和 x 分别代表钙钛矿结构的和非钙钛矿结构的氧八面体铁电体，n 为折射率，参量 $A \simeq 4$.

由式（9.116）可知

$$\Delta n^2 = n^4 gP^2. \tag{9.121}$$

分别应用于钙钛矿结构的和非钙钛矿结构的氧八面体铁电体，则有

$$\begin{aligned} \Delta n_p^2 &= n_p^4 g_p P_p^2, \\ \Delta n_x^2 &= n_x^4 g_x P_x^2. \end{aligned} \tag{9.122}$$

由式（9.122）和式（9.120）可得出

$$\frac{g_p}{g_x} = \zeta\left(\frac{1 + A\zeta}{1 + A}\right)^2 \sim \zeta^3, \tag{9.123}$$

这里最后一步是因为这些材料的 $\zeta \simeq 1$. 对于几种氧八面体铁电体，式（9.123）中有关的参量值列于表 9.4[42]. 由表可见，进行堆积密度校正后，这些铁电体的二次极化光系数相互接近，这表明的确是氧八面体对电光效应起了决定性的作用.

表 9.4 几种氧八面体铁电体的室温自发极化和按钙钛矿结构计算的二次极化光系数 g_{ij}

晶体	ζ	P_s (C/m²)	$(g_{11})_p - (g_{12})_p$ (m⁴/C²)	$(g_{44})_p$	$(g_{11})_p$	$(g_{12})_p$
$LiNbO_3$	1.2	0.71	0.12	0.11	0.16	0.043
$LiTaO_3$	1.2	0.50	0.14	0.12	0.17	0.03
$Ba_2NaNb_5O_{15}$	1.03	0.40	0.12	0.12	0.17	0.048
$Ba_{0.5}Sr_{0.5}Nb_2O_6$	1.06	0.25	0.13	—	—	—
$BaTiO_3$	1.0	0.25	0.14	—	—	—

对于顺电相具有对称中心的正规铁电体（表中各晶体均属此类），线性极化光系数 f 与二次极化光系数之间有式（9.61）所示的关系

$$f = 2P_s g.$$

既然各氧八面体铁电体的 g 系数基本相同，所以这些材料中自发极化大的都是有较大的线性电光效应.

9.2.6 阴离子基团理论

许多优良的非线性光学晶体是以阴离子基团作为基本结构单元构成的. 例如钙钛矿型和钨青铜型晶体的基本结构单元是 MO_6 氧八面体 (M 为 Ti, Nb, Ta 等), 磷酸盐晶体的基本结构单元是 PO_4 氧四面体, 碘酸盐晶体的基本结构单元是 IO_3 基团. 这使人想到, 晶体的非线性光学效应与这些阴离子基团有确定的关系. 阴离子基团理论认为[45], 晶体的非线性光学效应是一种局域化效应, 它是入射光波与电子的局域化轨道运动相互作用的结果. 考虑到各种氧化物非线性光学晶体是以各种不同取向的阴离子基团作为基本结构单元构成的, 可以认为晶体的宏观倍频系数是其基团微观倍频系数的几何叠加, 而和基团以外的其他离子没有直接的关系. 基团的微观倍频系数可以用基团的局域化分子轨道波函数通过二级微扰理论进行计算[46]. 这就是晶体非线性光学效应阴离子基团理论的基本含义.

基团的二阶非线性极化率可用下式计算[47]:

$$\begin{aligned}
\widetilde{\chi}_{mnp} = & \left(-\frac{e^3}{4h^2}\right) a_B^3 S_{mnp} \Big\{ 4 \sum_{i}^{占} \sum_{j}^{空} \big[\langle \phi_i | r_m | \phi_j \rangle (\langle \phi_j | r_n | \phi_j \rangle \\
& \quad - \langle \phi_i | r_n | \phi_i \rangle) \langle \phi_j | r_p | \phi_j \rangle L^{(mnp)} (\omega_i \rightarrow \omega_j) \\
& - \langle \phi_i | r_n | \phi_j \rangle (\langle \phi_j | r_m | \phi_j \rangle - \langle \phi_i | r_m | \phi_i \rangle) \\
& \quad \langle \phi_j | r_p | \phi_i \rangle L^{(00)} (\omega_i \rightarrow \omega_j) \big] \\
& + 4 \sum_{i}^{占} \sum_{j \neq j'}^{空} \big[\langle \phi_i | r_m | \phi_j \rangle \langle \phi_j | r_n | \phi_{j'} \rangle \langle \phi_{j'} | r_p | \phi_i \rangle \\
& \quad L^{(mnp)} (\omega_i \rightarrow \omega_j ; \omega_i \rightarrow \omega_{j'}) \\
& + \langle \phi_i | r_m | \phi_j \rangle \langle \phi_j | r_m | \phi_{j'} \rangle \langle \phi_{j'} | r_p | \phi_i \rangle L^{(00)} (\omega_i \rightarrow \omega_j ; \omega_i \rightarrow \omega_{j'}) \\
& - 4 \sum_{i \neq p}^{占} \sum_{j}^{空} \big[\langle \phi_i | r_m | \phi_j \rangle \langle \phi_i | r_n | \phi_p \rangle \\
& \quad \langle \phi_j | r_p | \phi_p \rangle L^{(mnp)} (\omega_i \rightarrow \omega_j ; \omega_p \rightarrow \omega_j) \\
& + \langle \phi_i | r_n | \phi_j \rangle \langle \phi_i | r_m | \phi_p \rangle \langle \phi_j | r_p | \phi_p \rangle \\
& L^{(00)} (\omega_i \rightarrow \omega_j ; \omega_p \rightarrow \omega_j) \Big\},
\end{aligned} \tag{9.124}$$

式中“占”和“空”分别表示占据的轨道和空轨道，ϕ_i 和 ϕ_p 为基团的占据分子轨道，ϕ_j 和 $\phi_{j'}$ 为空轨道，a_B 为原子的玻尔半径，$L^{(mnp)}$（$\omega_i\to\omega_j$；$\omega_p\to\omega_{j'}$）等为能量因子，由下列各式给出：

$$L^{(mnp)}(\omega_i\to\omega_j;\omega_i\to\omega_{j'})$$

$$=\frac{1}{(\omega_{i\to j}-2\omega)(\omega_{i\to j'}-\omega)}+\frac{1}{(\omega_{i\to j}+2\omega)(\omega_{i\to j'}+\omega)}+\frac{1}{(\omega_{i\to j'}-2\omega)(\omega_{i\to j}-\omega)}+\frac{1}{(\omega_{i\to j'}+2\omega)(\omega_{i\to j}+\omega)},\tag{9.125}$$

$$L^{(00)}(\omega_{i\to j};\omega_{i\to j'})=\frac{1}{(\omega_{i\to j}-\omega)(\omega_{i\to j}+\omega)}+\frac{1}{(\omega_{i\to j'}-\omega)(\omega_{i\to j'}+\omega)},\tag{9.126}$$

$$L^{(mnp)}(\omega_i\to\omega_j)=\frac{1}{(\omega_{i\to j}-2\omega)(\omega_{i\to j}-\omega)}+\frac{1}{(\omega_{i\to j}+2\omega)(\omega_{i\to j}+\omega)},\tag{9.127}$$

$$L^{(00)}(\omega_i\to\omega_j)=\frac{2}{(\omega_{i\to j}-\omega)(\omega_{i\to j}+\omega)}.\tag{9.128}$$

以上各式中 $\omega_{i\to j}=(E_i-E_j)/h$ 代表第 i 个空轨道和第 j 个占据轨道的能量差.

晶体的宏观非线性极化率可以通过基团的微观非线性极化率的几何叠加得出，即

$$\chi_{mnp}=N\sum_l P_l\sum_{m'n'p'}\alpha_{mm'}\beta_{nn'}\gamma_{pp'}\widetilde{\chi}_{m'n'p'}(l),\tag{9.129}$$

式中 N 为单位体积内晶胞的个数，l 为晶胞中不等效基团的种类，P_l 为 l 类基团的个数，$\alpha_{mm'}$，$\beta_{nn'}$ 和 $\gamma_{pp'}$ 为基团的取向与晶体物理坐标轴之间的三个方向余弦.

阴离子基团理论反映了非线性光学效应的规律，较好地解释

了非线性光学晶体的结构与性能的关系．下述是几个具体例子．

(1) $Ba_{4+x}Na_{2-2x}Nb_{10}O_{30}$ (BNN)，$KNbO_3$ 和 $LiNbO_3$ 是 3 个熟知的非线性光学晶体．BNN 属钨青铜结构，$KNbO_3$ 属钙钛矿结构，$LiNbO_3$ 属铌酸锂型结构，它们的基本结构单元均为 NbO_6 八面体，但这三种晶体中氧八面体的畸变方式不同．在图 2.2 中我们示出了一个正氧八面体及其三种旋转对称轴．对所讨论的 NbO_6 来说，中心离子为 Nb．结构分析表明，三种晶体在室温时的 NbO_6 相对于正八面体发生了畸变．$KNbO_3$ 的 NbO_6 八面体沿正八面体的二重轴方向畸变，$LiNbO_3$ 的 NbO_6 沿正八面体的三重轴方向畸变，BNN 的 NbO_6 沿正八面体的四重轴畸变．这三种晶体的八面体畸变方向就是它们的自发极化方向，即 Nb 离子移动的方向．按照基团理论，这三种晶体的倍频系数应该完全决定于 NbO_6 八面体的局域化分子轨道及其畸变方式．陈创天[48]利用式(9.124)至(9.129)，并通过群表示理论中的 Wigner-Eckart 定理，对这三种晶体的倍频系数进行了详细的计算和说明．表 9.5 列出了计算结果．这些计算表明，尽管这三种晶体的倍频系数在数值和符号上都不同，但这些差别完全是由氧八面体的畸变方式决定

表 9.5　三种晶体的二阶非线性极化率 χ_{mnp}（单位：10^{-9}esu）[48]

		χ_{333}	χ_{311}	χ_{322}	χ_{113}	χ_{223}	χ_{111}
$LiNbO_3$ (C_{3v})	实验值	−(72.0 ±18.0)	−(12 ±1)				5.74 ±2.26
	计算值	−77.5	−15.26				7.09
$KNbO_3$ (C_{2v})	实验值	−(53.0 ±2.8)	(30.68 ±2.8)	−(34.87 ±2.8)	(32.09 ±5.6)	(33.47 ±5.6)	
	计算值	−57.85	28.15	−35.9	33.2	−28.0	
BNN (近似 C_{4v})	实验值	−(47.6 ±3.47)	−(34.65 ±1.74)	−(34.65 ±3.47)	−(34.65 ±1.74)	−(32.92 ±1.74)	
	计算值	−46.98	−47.24	−47.24	−35.85	−35.85	

的.畸变方式对倍频系数的影响主要通过下面几种方式来体现:由于能级对称性的变化导致单、双中心偶极跃迁矩阵元的变化;由于氧八面体对称性的变化对奇次项晶格场产生的影响(这一影响可借助点电荷模型统一处理).由表可见,计算值与实验值符合得很好.

(2)$KTiOPO_4$(KTP)是一种新的非线性光学晶体,其室温点群为 $mm2(C_{2v})$,倍频系数大并能实现最佳相位匹配.应用基团理论不但得出了与实验相符的倍频系数,而且说明了 KTP 具有大的倍频系数的原因,这就是其中的 TiO_6 八面体在 PO_4 基团的作用下发生了很大的畸变.一般说来,钙钛矿型和钨青铜型晶体的氧八面体 MO_6(M 代表金属离子)中,长的 M—O 键与短的 M—O 键的长度相差只有约 0.2Å,而在 KTP 中,这二者的差别达到 0.42Å,因而产生了比一般氧八面体型非线性光学晶体大得多的倍频系数.

(3)KDP 型晶体是一大类优良的非线性光学晶体,它们的基本结构单元是 PO_4 四面体,但不同晶体中 PO_4 基团的排列方式不同.按照基团理论,只要得到 PO_4 基团的微观倍频系数,就可利用式(9.129)得出所有这些晶体的宏观倍频系数.由于 PO_4 基团的对称为 $\bar{4}3m(T_d)$,所以系数 **d** 只有 d_{36} 不为零.于是可以利用式(9.129),借助实测的 KDP 晶体的 d_{36} 计算出 PO_4 基团的微观非线性极化率 χ_{312}(即 χ_{36}),然后按照各种 KDP 型晶体的不同的空间结构数据,再一次从式(9.129)计算出它们的宏观非线性极化率.计算结果表明[45],计算值与实测值相差只有 17%,这已进入了倍频系数测量值的测量误差范围.

总之,运用阴离子基团理论及其计算方法可以求出不同结构类型的非线性光学晶体的倍频系数,并从结构特征解释倍频效应的微观起因.按照这一理论,可以得出下述对探索新型非线性光学晶体有指导意义的几点结论[49].

(1)组成该晶体的基本结构单元必须是基团(或分子),而不能是单纯的离子.这是阴离子基团理论的基本要求.一个典型的离子型晶体，由于原子间以静电力相互结合，其结构必然高度对称，这就不利于产生大的非线性光学效应. 而共价键有很强的方向性，有利于造成晶格的高度不对称. 同时，当原子间以共价键相互结合时，普遍是首先形成基团（或分子），然后再以基团为基本结构单元并配以一定的阳离子（以达到电价平衡）有序堆积成晶体. 因此，具有基团结构的化合物是探索新型非线性光学材料的主要领域.

(2)基团的结构类型要有利于产生大的微观倍频效应. 由于晶体的宏观倍频系数是基团微观倍频系数的几何叠加，因此要使晶体有大的宏观倍频系数，首先就要求基团有大的倍频效应. 计算表明，下面三种结构类型的基团有利于产生非线性光学效应：畸变的氧八面体基团，具有弧对电子的基团，具有共轭 π 轨道平面结构的基团.

(3)基团在空间的排列方式要有利于基团微观倍频系数的几何叠加而不是相互抵消. 在文献[50]中讨论了不同对称性的基团所应具有的最佳空间结构条件.

(4)单位体积内对非线性光学效应有贡献的基团数目要尽可能多，也就是堆积密度要尽可能大.

借助阴离子基团理论，配合大量的实验研究，我国科学工作者成功地研制了几种性能优良的非线性光学晶体，如偏硼酸钡（β-BaB_2O_4）和硼酸锂（LiB_3O_5）. 最近，这一理论又有进一步的发展，陈创天[51]采用“晶体倍频系数的平均能带近似法”，从能带波函数直接推导出钙钛矿型等晶体的倍频系数计算式，从而从能带论的角度对非线性光学效应的基团模型作出了理论解释.

§9.3 反常光生伏打效应

铁电晶体受到波长位于其本征吸收区或杂质吸收区的光均匀照射时，其中将出现非平衡载流子的激发，从而影响电极化. 因为铁电晶体是非中心对称的，激发的电子将使杂质离子（或缺陷）中电子云的分布发生不对称的变化，从而产生电偶极矩，即改变宏观极化.电子激发导致的极化改变称为激发态极化(excited polarization).人们把与非平衡电子对铁电性质的影响有关的各种现象称为光铁电现象,并把受到本征或非本征区的光照射时,铁电性质发生变化的晶体称为光铁电体(photoferroelectrics)[52].

光铁电现象的研究是近20年来铁电体物理学发展的一个分支,所发现的光铁电现象已有十多种.本节及下节讨论两种最重要的光铁电现象,即反常光生伏打效应和光折变效应[53].

9.3.1 反生光生伏打效应的描述

非极性晶体受到光照射时产生的光生伏打效应是早已熟知的.在均匀介质中,沿某方向的光被强烈吸收时,该方向将出现一个电场,这就是Dember效应.在宏观非均匀的材料(如 $p-n$ 结或金属-半导体整流接触区)中,均匀吸收入射光时将产生非平衡载流子,并在结合区或金属-半导体接触区出现一电动势.在这些情况中,单一元件两端的光生伏打电压都不会超过电子能隙与电子电荷之比(一般为几伏).

在研究铁电体的光电子学性质时,人们发现了另一类性质不同的光生伏打效应.其主要特点是:均匀的铁电晶体受到波长在晶体本征吸收区或杂质吸收区的光均匀照射时,若晶体处于短路状态,晶体和外电路中将出现稳态电流,即晶体成为光生伏打电动势源;若晶体处于开路状态,晶体两端将产生相当高的光生伏打电压,此电压不受晶体电子能隙 E_g 的限制,可比 E_g 大2—4个数量级;光生伏打电压的值正比于所测方向上晶体的厚度,因而它是一种体效应;光生伏打电流的大小和符号与入射光的频率及偏振方向有关.这些特点表明,铁电体中的光生伏打效应完全不同于已知的光生伏打效应.人们把这种物理现象称为反常光生伏打效应(anomalous photovoltaic effect),简称APV效应.

均匀介质中电流强度的恒定分量可以展开为电场强度各次幂之和

$$J_m = \sigma^0_{mn}E_n + \beta^0_{mnp}E_nE_p + \sigma^0_{mnpq}E_nE_pE_q$$

$$+\gamma_{mnpq}E_n\widetilde{E}_p\widetilde{E}_q+\beta_{mnpq}E_n(\omega)\widetilde{E}_n\widetilde{E}_q^*,\qquad(9.130)$$

式中 E_n 等是恒定电场分量，$\widetilde{E}_q(\omega)=\widetilde{E}_q^*(-\omega)$是频率为 ω 的交变电场分量，在讨论光入射的作用时，此交变电场即为光波的电场分量. 上式右边的前三项是计入了非线性静态电导率后恒定电场对电流强度的贡献. σ_{mn}^0是晶体的线性静态电导率，β_{mnp}^0和 σ_{mnpq}^0分别是二阶和三阶非线性静态电导率. 第四项描写了光电导对电流强度的贡献，γ_{mnpq}为光电导率. 最后一项描写无恒定外电场时入射光波对电流强度的贡献，即本节讨论的 APV 效应. 系数 $\beta_{mnp}(\omega)$组成一个三阶张量，叫光生伏打系数.

铁电体中反常光生伏打电流表示为

$$J_{pv}^m=\beta_{mnp}(\omega)\widetilde{E}_n\widetilde{E}_p^*.\qquad(9.131)$$

入射光的偏振状态不同，所产生的光生伏打效应也不同. 线偏振的入射光所产生的反常光生伏打电流称为线偏振光生伏打电流，相应的光生伏打系数称为线偏振光生伏打系数，记为 $\alpha_{mnp}(\omega)$

$$J_{pv}^m=\alpha_{mnp}(\omega)\widetilde{E}_n\widetilde{E}_p^*.\qquad(9.132)$$

实验发现，反常光生伏打电流 J_{pv}与反常光生伏打电压之间满足如下关系：

$$V_{pv}=\widetilde{E}_{pv}L=\frac{J_{pv}}{\sigma_d+\sigma_{ph}}L,\qquad(9.133)$$

式中 $\widetilde{E}_{pv}$是光生伏打电流对晶体电容器充电所产生的宏观内电场，σ_d，σ_{ph}和 L 分别为晶体的暗电导率、光电导率和电极间的距离.

为了便于比较不同材料中光生伏打效应的大小，通常将光生伏打电流用入射光强 I 和材料的吸收系数 a 表示为

$$J_{pv}=KaI,\qquad(9.134)$$

式中 K 叫 Glass 常量，它反映了材料光生伏打效应的强弱，单位为 A · cm/W. 在入射光为线偏振光时，K 与线偏振光生伏打系数的关系为

$$K_{mnp}=\alpha_{mnp}/a.\qquad(9.135)$$

反常光生伏打电流的大小和符号依赖于晶体的掺杂以及入射

光的频率和偏振状态等因素. 图 9.9 示出的是 $LiNbO_3$:Fe 晶体分别被两种不同波长的光照射时短路光生伏打电流的时间特性[54]. 图中两个箭头分别指出开始和终止光照的时间.

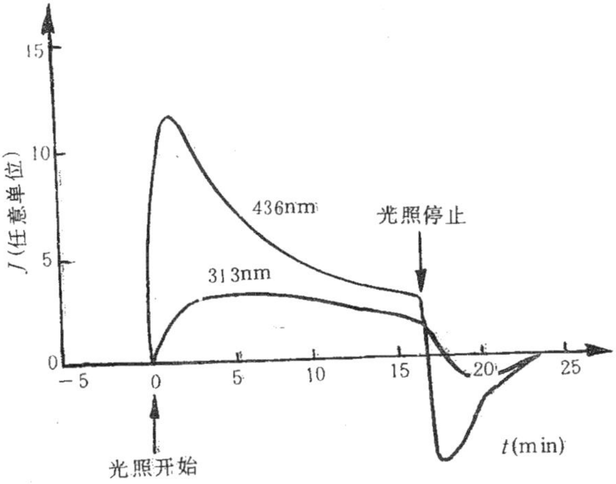

图 9.9 $LiNbO_3$:Fe 晶体在 $\lambda=436nm$ 和 313nm 的光照射下的光生伏打电流随时间的变化.

图 9.10 示出了两种不同偏振方向的线偏振光入射到 $BaTiO_3$ 晶体后,短路光生伏打电流的频谱分布. 由图可见,不但强度分布随偏振方向不同而有差别,而且符号也因偏振方向不同而不同.

图 9.11 示出的是 $LiNbO_3$:Fe 晶体开路光生伏打电压的测量结果[52]. 光生伏打电压是在[001]方向(即 c 和自发极化方向)上测得的. 晶体长 1cm. 光源是氩离子激光器的 448nm 谱线,入射方向与自发极化方向垂直而且与$[2\bar{1}\bar{1}0]$方向(即 a_1 方向)平行. 光束截面为平行于电极的条状,条长 $l=0.1—0.5mm$. 图 9.11(a)示出了用两种强度不同的光照射时,光生伏打电压在初始阶段随时间增加的过程. 在任意时刻 t 去掉入射光,光生电动势将降低一部分,这一部分是热电效应的贡献,余下的部分则缓慢地弛豫. 图 9.11(a)示出的两条曲线都是减去了热电信号后光生电动势造成

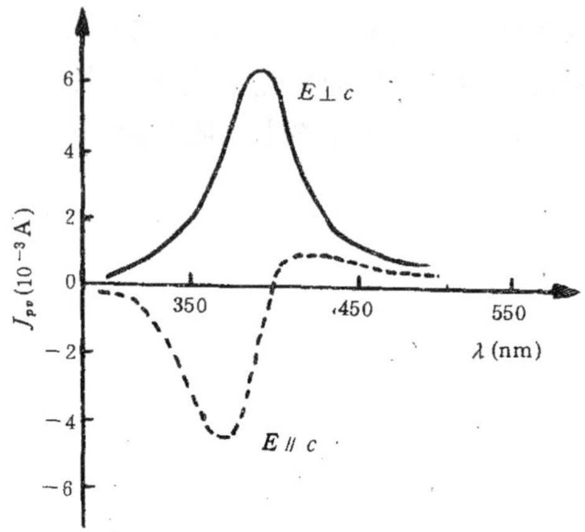

图 9.10 两种偏振方向不同的光入射到 $BaTiO_3$ 晶体后线偏振光生伏打电流的频谱. $E\perp c$ 和 $E/\!/c$ 分别代表光的电矢量与晶体 c 轴垂直和平行.

的电压. 曲线 1 和 2 对应的光强分别为 $0.15W/cm^2$ 和 $0.02 W/cm^2$. 图 9.11(b)示出了光强较大、而且照射时间较长时光生伏打电压与时间的关系曲线,可以看出,光生伏打电压可达 1000V 或更高. 图 9.11(c)表明了光生伏打电压与光束截面长度的关系.

短路光生伏打电流和开路光生伏打电压可由电流-电压特性曲线求出. 图 9.12 示出的是 $T=300K$,辐照光波长 473nm 时,不同光强下,$LiNbO_3$:Fe 晶体的电流-电压特性曲线[54]. 显然,短路光生伏打电流可由曲线在电流轴上的截距求得,开路光生伏打电压可由曲线在电压轴上的截距求得. 实验表明,当光强为 0.1—$1.0W/cm^2$ 时,光生伏打电流的范围为 10^{-9}—$10^{-8}A/cm^2$,在长为 1cm 的晶体两端,光生伏打电压的范围为 10^3—10^4V. 光生伏打电流与光强间的关系是线性的,可以很好地用下式描写:

$$J(A/cm^2)\simeq 10^{-8}I(W/cm^2). \tag{9.136}$$

与反常光生伏打效应有关的现象之一是高阻铁电体中的光致形变效应(photodeformation effect),即强光照射下发生形变[52].

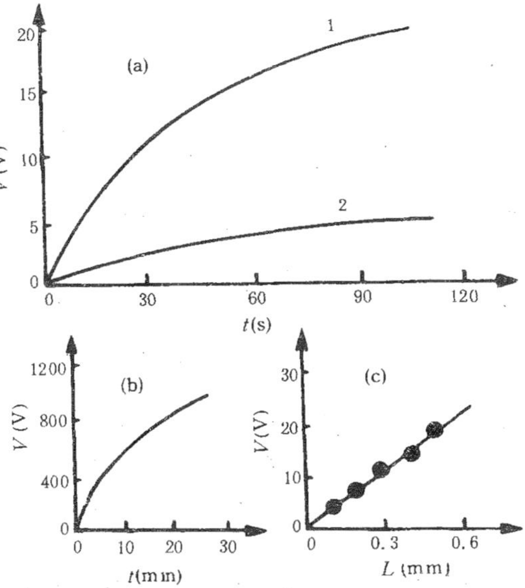

图 9.11 $LiNbO_3$：Fe 的开路光生伏打电压：(a)不同光强照射下，初始阶段光生伏打电压与时间的关系；(b)光强大、且时间长的情况下，光生伏打电压与时间的关系；(c)光生伏打电压与光束截面长度的关系.

$LiNbO_3$：Fe 单晶和 PLZT 陶瓷中此种形变相当明显.起因是光照使晶体中出现大的反常光生伏打电场，后者通过压电效应使晶体发生形变.

由式(9.133)和式(9.134)可知，由反常光生伏打效应在晶体中产生的宏观内电场为

$$\widetilde{E}_{pv} = \frac{KaI}{\sigma_d + \sigma_{ph}} = \widetilde{E}_3.$$

该电场在自发极化方向，相当于在 3 方向施加的电场.

在该电场的作用下，由于(逆)压电效应在 3 和 1 方向产生的应变分别为

$$x_{3,pv} = d_{33}\widetilde{E}_{pv},$$

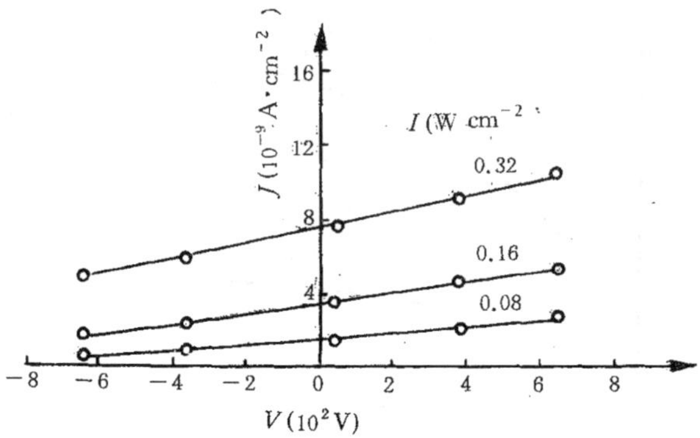

图 9.12 不同光强照射下，$LiNbO_3:Fe$ 晶体的光生伏打电流-电压特性曲线.

$$x_{1,pv} = d_{31}\widetilde{E}_{pv}.$$

所以只要测得反常光生伏打电压 V_{pv}，并知道压电常量，即可计算光致形变.

对于 PLZT 陶瓷，由实验测得 $\widetilde{E}_{pv}=V_{pv}/L$ 和压电常量计算的形变与实验测得的形变符合得很好，表 9.6 列出了有关数据. 上述表明，PLZT 陶瓷的光致形变的确是反常光生伏打效应和压电效应交叉耦合的结果.

表 9.6 PLZT(3/52/48)陶瓷在波长 366nm，强度 17mW/cm² 的光照下，反常光生伏打电场和光致形变的数值

$\widetilde{E}_{pv}=1.80\times10^5$V/m	光致形变计算值：	光致形变测量值：
$d_{33}=361\times10^{-12}$m/V	$x_{3,pv}=64.9\times10^{-6}$	$x_{3,pv}=62\times10^{-6}$
$d_{31}=-154\times10^{-12}$m/V	$x_{1,pv}=-27.7\times10^{-6}$	$x_{1,pv}=-28\times10^{-6}$

应该指出，并不是所有光致形变都可用反常伏打效应和压电效应加以解释. 在低阻铁电体中，不可能建立够高的光生伏打电场，压电形变小到可以忽略. 这时观测到的光致形变可能来自非平衡载流子对自发极化的影响.

SbSI 是典型的半导铁电体，实验测得其在 T_c（=20℃）以下光致形变随温度降低而增大，在 0℃时约为 10^{-4}. 理论分析和其他辅助实验证明，该晶体的光致形变是由于光激发的非平衡载流子影响了自发极化，改变了电畴结构. 因而人们把这种光致形变效应称为光畴效应(photodomain effect). 为与此相区别，把高阻铁电体中由反常光生伏打效应与压电效应交叉耦合导致的光致形变效应称为光致伸缩效应(photostriction effect).

9.3.2 杂质中心的非对称势和 Frank-Condon 弛豫

为了说明反常光生伏打效应的起因，Glass 提出了杂质中心非对称势模型[55]. 考虑图 9.13 所示的杂质中心处的非对称势阱. 该阱的一侧高为 V_1，另一侧高为 V_2，$V_1>V_2$. 由量子力学可以得出电子在阱内($E<V_2$)的两个束缚态以及 $V_1>E>V_2$ 的自由态，它们的本征函数示于图 9.13.

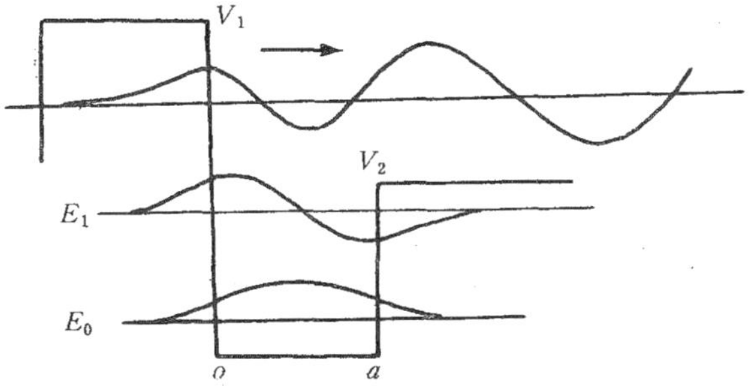

图 9.13 非对称势阱以及两个束缚态和一个自由态的波函数示意图.

由于势阱的非对称性，当电子从基态激发到 $V_1>E>V_2$ 的状态后，电子只能如图所示那样向一个方向(右边)自由运动. 向相反方向运动的电子至少部分地被势垒反射，反射系数取决于 V_1 的值和势垒宽度. 即使势垒宽度窄到容许有显著的隧道贯穿作用，但因 $V_1>V_2$，电子向左传输的概率仍将小于向右传输的概率. 令向右的波矢为$+\boldsymbol{q}$，向左的波矢为$-\boldsymbol{q}$，则电子沿$+\boldsymbol{q}$运动的概率p_+大于沿$-\boldsymbol{q}$运动的概率p_-. 如果杂质附近的势函数可以认为是对基质晶体势函数的微扰，则自由电子态可用基质晶体的传导电子态来描写. 于是，如果基质晶体中各个部位的杂质势的非对称性指向相同，则光激发的载流子将形成沿一个方向的净电流. 在各向同性的晶体中，即使杂质势有某种非对称性，但它们的空间指向是无规的，不能形成定向电流. 在具有自发极化的晶体中，自发极化将使得晶体各部位的杂质势的非对称性指向同一方向. 这是光激发载流子形成定向电流的必要条件. 当然，如果能量$E \gg V_1$，则电子向两个方向运动的概率趋于相等，净电流将趋近于零.

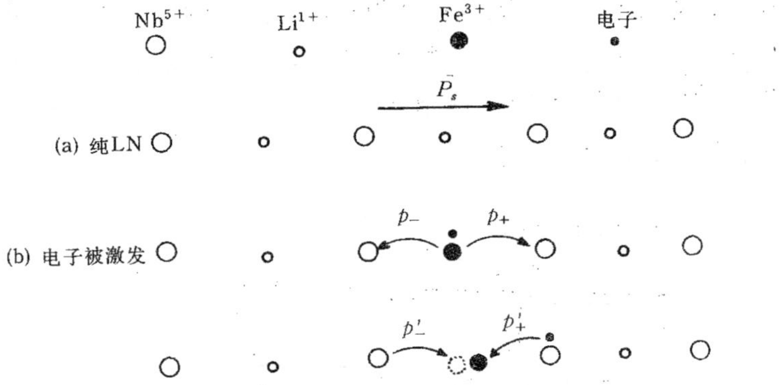

图 9.14　$LiNbO_3$: Fe 晶体的一维模型.

图 9.14 示出的是 $LiNbO_3$: Fe 晶体的一维模型[56]. 图 9.14(b)示出一个电子从Fe^{2+}被激发，杂质中心成为Fe^{3+}. 在所示的自发极化取向下，电子向$+\boldsymbol{q}$方向运动的概率p_+大于向$-\boldsymbol{q}$运动的概率p_-. 图 9.14(c)表示复合. 电子来自$+\boldsymbol{q}$和$-\boldsymbol{q}$方向的概率分别为p'_+和p'_-. 图中Fe^{3+}的位置是不计 Frank-Condon 弛豫(见后)时的位置. 如果入射光的强度为I，频率为ω，则由于电子的非对称激发所造成的光生伏打电流J_1为

$$J_1 = \frac{eaI}{h\omega}(p_+ l_+ - p_- l_-), \tag{9.137}$$

式中 l_+ 和 l_- 分别为电子在 $+q$ 和 $-q$ 方向的自由程，a 是光吸收系数，e 为电子电荷. $aI/(h\omega)$ 为单位体积内吸收的光子数. 假定每个光子激发一个电子，例如 $Fe^{2+}+h\omega \rightarrow e+Fe^{3+}$，则它等于单位体积内激发的电子数.

电子激发后，不但它本身的非对称运动造成激发电流，而且由于电子与晶格的耦合，将引起杂质离子的位移，后者也将形成电流，它是光生伏打电流的一个组成部分. 激发电子导致离子位移的现象称为 Frank-Condon 弛豫[57]. 图 9.15 是这一现象的示意图. 图中横坐标代表离子位置，纵坐标代表离子的能量. 未激发时，系统处于基态(GS)，刚激发后处于 Frank-Condon 态(FCS)，但该态不相应于势能最低点，所以离子将以缓慢的速度(相对于电子跃迁来说)弛豫到能量最低，即进入弛豫态(RES). 这一过程就是 Frank-Condon 弛豫. 弛豫态与基态比较，离子位移了 Δl，这一位移称为 Frank-Condon 位移.

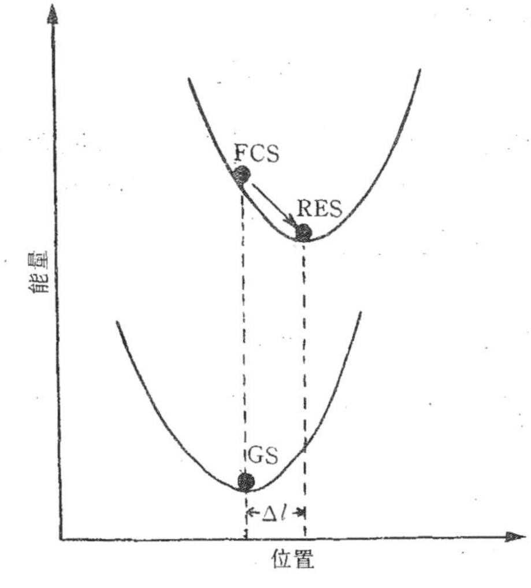

图 9.15　Frank-Condon 弛豫示意图.

设晶体中第 i 个杂质离子在激发后的电荷为 Z_i，Frank-Condon 位移为 Δl_i，则与此位移相联系的激发电流密度为

$$J_2 = \frac{aI}{h\omega}\sum_i Z_i \Delta l_i. \tag{9.138}$$

于是总的激发电流为

$$J_1 + J_2 = \frac{aI}{h\omega}\left[e(p_+ l_+ - p_- l_-) + \sum_i Z_i \Delta l_i\right]. \tag{9.139}$$

实际上，不但存在激发过程，而且存在复合过程. 实验测得的总电流是激发电流与复合电流的矢量和. 设电子自 $+\boldsymbol{q}$ 方向和 $-\boldsymbol{q}$ 方向运动到杂质中心进行复合的概率分别为 p'_+ 和 p'_-，如图 9.14 所示，则电子复合电流为

$$J'_1 = \frac{eaI}{h\omega}(p'_+ l'_+ - p'_- l'_-). \tag{9.140}$$

因为激发后杂质离子已发生了 Frank-Condon 位移，改变了它与基质晶体离子的相对位置，所以复合概率 p'_+ 和 p'_- 不等于 p_+ 和 p_-.

离子复合电流可写为

$$J'_2 = \frac{aI}{h\omega}\sum_i Z'_i \Delta l_i. \tag{9.141}$$

因为在复合时，离子位移与激发时的大小相等方向相反，所以此式中的 Δl_i 与式(9.138)中的相同. 另一方面，激发前后离子具有不同的电荷，故上式中离子电荷用 Z'_i 表示，它不等于式(9.138)中的 Z_i.

由式(9.137)至式(9.141)可得出总电流为

$$J = \frac{aI}{h\omega}\Big[e(p_+ l_+ - p_- l_- + p'_+ l'_+ - p'_- l'_-) + \sum_i (Z_i - Z'_i)\Delta l_i\Big]. \tag{9.142}$$

与式(9.134)比较，可知 Glass 常量为

$$K = (h\omega)^{-1}\Big[e(p_+ l_+ - p_- l_- + p'_+ l'_+ - p'_- l'_-) + \sum_i (Z_i - Z'_i)\Delta l_i\Big]. \tag{9.143}$$

它与基质晶体中杂质中心的特性、电子自由程及光子能量有关.

由图 9.12 示出的 $LiNbO_3$：Fe 晶体的电流-电压特性可得[54] Glass 常量为 $2.5\times10^{-9}AcmW^{-1}$，$\sigma_d+\sigma_{ph}=(1.3\times10^{-4}+1.2\times10^{-12})\Omega^{-1}\cdot cm^{-1}$. 此值与将电压和电流值代入式(9.133)所得的一致.

上述模型中的光生伏打电流实质上就是杂质电流，因为它以杂质中心的非对称势为前提. 文献[58]中介绍将 Frank-Condon 弛豫推广到带间跃迁，因而认为，即使在纯的铁电晶体中也存在光生伏打电流，也就是说，光生伏打电流具有本征的特性. 在该文献中还给出了带间跃迁引起的 Frank-Condon 位移造成的光生伏打电流的表达式. 这种预言已得到一些实验结果的支持，例如文献[59]中所介绍的. 但由于实际晶体的纯度总是有限的，所以这些实验仍不能认为是决定性的[56].

文献[60]中指出，光铁电体中的光生伏打电流不仅起源于引起非平衡载流子的产生和复合的杂质中心势的非对称性，而且也起源于杂质或声子散射的非对称性. 无对称中心的介质中的基本电子过程，即非平衡载流子的激发与复合、杂质和声子对非平衡载流子的散射等都是非对称的. 这些基本电子过程的非对称性与杂质中心非对称势的形状以及所有这些杂质中心在晶格中相对于自发极化的取向有关. 导带中非平衡电子的浓度和分布的变化决定于分布函数 f_q 的动力学方程

$$\frac{\partial f_q}{\partial t}=I_q^e+I_q^r+I_q^i+I_q^{ph},\qquad(9.144)$$

式中 I_q^e 和 I_q^r 分别为电子激发和复合的速率，I_q^i 和 I_q^{ph} 分别为单位时间内电子与杂质和电子与声子的碰撞次数. 如果分布函数是对称的，并满足 $f_{-q}=f_q$，则晶体中没有电流. 如果此式右边含有非对称的项，则动力学方程的稳态解中也含有非对称的项，于是晶体中将出现稳定的定向电流.

9.3.3 光致极化涨落

解释反常光生伏打效应的另一个模型是光致极化涨落. 仍然

考虑杂质中心的非对称势. 电子由基态被激发后，由于改变了电子云的分布，该中心的电偶极矩将随之改变，即出现激发态极化[61]. 在铁电晶体中，同类杂质中心偶极矩的变化方向相同，因而总的宏观极化改变等于各中心微观极化改变之和. 光辐照激发非平衡载流子，导致极化涨落，产生局域电场. 铁电晶体的特有对称性使各局域电场方向相同，故可出现稳态电流. 所以光致极化涨落是反常光生伏打效应的可能机制[62].

假设光辐照使自发极化改变了 $\Delta\boldsymbol{P}_0$，则在发生涨落的体积 V 内将产生电场

$$\boldsymbol{E} = \frac{\Delta\boldsymbol{P}_0}{\varepsilon_0\chi} \simeq \frac{\Delta\boldsymbol{P}_0}{\varepsilon}. \tag{9.145}$$

由于基质晶体有一特殊极性方向，故各涨落区域中此电场方向相同. 这种涨落电场可使晶体中出现非平衡载流子输运，即出现光生伏打电流. 由于电荷的可移动性，涨落电场出现后将发生弛豫，该弛豫以电场弛豫时间(有的文献中称为麦克斯韦弛豫时间) $\tau_E=\varepsilon/\sigma$ 来量度，其中 ε 和 σ 分别为电容率和电导率. 对于通常的铁电体，因电导率很小，电场弛豫时间远大于涨落时间，所以涨落区域内电场的弛豫可以忽略不计. 在这种情况下，光生伏打电流可表示为

$$J = EN^*Vnq\mu = \frac{\Delta P_0}{\varepsilon}N^*Vnq\mu, \tag{9.146}$$

式中 N^* 为体积为 V 的涨落区的浓度，n 和 q 分别为非平衡载流子的浓度和电荷，μ 为其迁移率.

为计算光致极化涨落引起的光生伏打电流，需要知道单位体积内涨落区域的个数 N^*. 为此写出涨落的动力学方程

$$\frac{dN^*}{dt} = \frac{SI}{h\omega}(M - N^*) - \frac{N^*}{\tau^*}, \tag{9.147}$$

式中 M 是单位体积中杂质中心的数目，τ^* 为涨落的寿命，也就是电子处于激发态的时间，I 为光强，S 为杂质中心与声子相互作用的截面. 由此式可知，稳态($dN^*/dt=0$)的涨落区浓度为

$$N_s^* = \frac{SI}{h\omega}\left(\frac{SI}{h\omega} + \frac{1}{\tau^*}\right)^{-1}M. \tag{9.148}$$

将 N_s^* 代入式(9.146)便可得出光生伏打电流的表达式.容易看出,若取 $\tau^*=10^{-6}—10^{-4}\mathrm{s}$, $S=10^{-15}\mathrm{m}^2$, $I\lesssim 1\mathrm{W}\cdot\mathrm{cm}^{-2}$,则因

$$\frac{SI}{h\omega}\ll\frac{1}{\tau^*},$$

故 N_s^* 可简化为

$$N_s^*\simeq\frac{SI}{h\omega}\tau^*M. \tag{9.149}$$

从而得到光生伏打电流 J 与光强 I 之间的线性关系

$$J\simeq\frac{\Delta m_0}{\varepsilon V}q\mu\tau^*M\frac{SI}{h\omega}, \tag{9.150}$$

式中 Δm_0 为涨落区的电偶极矩.将文献[52]中所列出的 $LiNbO_3$:Cr 的有关数据($\Delta m_0\simeq10^{-27}\mathrm{C}\cdot\mathrm{cm}$, $M\simeq8\times10^{19}\mathrm{cm}^{-3}$, $\tau^*\simeq10^{-5}\mathrm{s}$, $S\simeq10^{-15}\mathrm{cm}^2$, $\varepsilon/\varepsilon_0\simeq30$, $h\omega\simeq5\times10^{-19}\mathrm{J}$)代入上式,将上式简化为

$$J(\mathrm{A}\cdot\mathrm{cm}^{-2})\simeq\frac{\mu}{V}I(\mathrm{W}\cdot\mathrm{cm}^{-2}), \tag{9.151}$$

将此式与 $LiNbO_3$:Fe 晶体的光生伏打电流与光强关系的实验结果(式(9.136))进行比较.为此需要有 $LiNbO_3$:Fe 中的迁移率 μ.为使式(9.151)与式(9.136)一致,可以取 $\mu\simeq10^{-3}\mathrm{cm}^2\cdot\mathrm{V}^{-1}\cdot\mathrm{s}^{-1}$,并要求涨落体积 $V\simeq10^{-24}\mathrm{cm}^3$,该体积相当于平均涨落半径为0.1nm,与 Glass 的非对称势杂质中心模型中的平均位移接近.若取 $\mu\simeq0.8\mathrm{cm}^2\cdot\mathrm{V}^{-1}\cdot\mathrm{s}^{-1}$,则要求 $V\simeq10^{-21}\mathrm{cm}^3$,或者取 $\mu\simeq15\mathrm{cm}^2\cdot\mathrm{V}^{-1}\cdot\mathrm{s}^{-1}$,则要求 $V\simeq10^{-20}\mathrm{cm}^3$.这些值大体是可以接受的,说明光致极化涨落模型基本上合理.

§9.4 光折变效应

1965 年,Ashkin 等人发现[63],当强激光通过 $LiNbO_3$ 或 $LiTaO_3$ 晶体时,光的波前发生畸变,光束不再准直,并伴随有较强的光散射.这种现象限制了材料在强光方面的应用,被称为光损伤(optical damage).然而,这一效应与通常情况下强光导致的永久

性破坏不同，将晶体加热到适当的温度(例如约 200℃)，又可恢复到原先的状态. 这种光引起双折射变化的现象被称为光折变效应或光致折射效应.

继 $LiNbO_3$ 或 $LiTaO_3$ 之后，在许多其他晶体中也发现了这种现象，例如 $BaTiO_3$，$KNbO_3$，SBN，$Bi_{12}SiO_{20}$，$Bi_{12}GeO_{20}$ 和 PLZT 等. 1991 年以来，还发现了有机聚合物中的光折变效应[64]. 目前，光折变效应已被认为是电光材料的通性. 所观测到的折射率改变主要是非常光折射率 n_e 的改变. 在有些铁电体(如 $LiNbO_3$ 或 $LiTaO_3$)中，双折射的变化可大到 10^{-4}—10^{-3}.

虽然光折变对晶体的某些光学应用造成了限制，但另一方面，人们又发现这种效应可能有许多重要的应用. 因此，光折变效应的研究在实用上和理论上都受到高度的重视，主要的评述性论著可参阅文献[65—69]等. 已经提出并经实验演示的重要应用包括：光信息存贮，动态全息，光相位共轭消除光束畸变，借助二波耦合实现全光学图象处理等，不过迄今尚无商品化的光折变器件. 目前，主要的研究方向是：(1)深入了解光折变效应的微观机制；(2)改进和研制高性能的光折变材料；(3)发现了与光折变效应相关的非线性光学和电光过程；(4)利用光折变效应研制新器件.

9.4.1 光折变效应的机制

Chen 于 1969 年提出了一个模型[70]，以解释他先前在$LiNbO_3$中观测到的折射率改变的现象. 他分别用与 $LiNbO_3$ 极轴(c 轴)垂直和平行的激光照射晶体，发现只有当入射光与极轴垂直时，折射率才有明显的变化. 他认为激光在晶体被照射区激发了非平衡载流子，这些非平衡载流子一部分通过扩散运动到被照区的边沿(在被照区边沿非平衡载流子浓度很低)，另一部分在自发极化的作用下沿极轴漂移并被陷获，于是形成了一个沿极轴的空间电荷场 E_3. 电场通过线性电光效应使折射率发生变化. 在$LiNbO_3$(点群 $3m$)这种具体情况下，折射率变化为

$$\Delta n = \frac{1}{2}(n_o^3 r_{13} - n_e^3 r_{33})E_3, \tag{9.152}$$

这里 n_o 和 n_e 分别为寻常光和非常光的折射率，r_{im}是线性电光系数.

根据式(9.152)，要得到实验中测到的最大 Δn(约为 10^{-3})，晶体中必须有约 $7\times10^4 V\cdot cm^{-1}$的空间电荷场，而这相当于被陷获的载流子浓度约为 10^{14}—$10^{15}cm^{-3}$. 从其他实验得知，在$LiNbO_3$这样的高阻半导体中，只要陷获能级浓度达到 10^{18}—$10^{19}cm^{-3}$，则这样高的载流子浓度是完全合理的.

Johnston 于 1970 年提出另一种观点[71]来解释光折变的微观机制. 他认为铁电体受光照时，由于杂质中心的光致荷电，杂质电偶极矩发生变化，从而引起宏观自发极化变化 ΔP_0，于是折射率发生相应的变化 $\Delta n \propto \Delta P_0$. 利用实验测得的 $LiNbO_3$ 的最大 Δn_e，根据电光方程计算对应的自发极化变化为 $\Delta P_0/P_0 \simeq 3\times10^{-3}$. 如果假设光激发杂质的偶极矩为纯 $LiNbO_3$ 晶体原胞偶极矩的 5%，则至少有 1—2%的原胞包含光致荷电陷阱能级才能使自发极化发生这样大的变化.

目前，人们普遍采用的基本上是 Chen 提出的模型，即被照区光激发非平衡载流子，后者通过漂移和扩散在暗区被陷获，形成空间电荷场，电场通过电光效应(通常是线性电光效应)造成折射率变化. 这一过程可用图 9.16 示意性地表现出来. 假定所考虑的是 $LiNbO_3$: Fe. 图 9.16(a)示出了自发极化的方向，图 9.16(b)示出在入射光作用下，Fe^{2+}的一个电子被激发，而且在电场作用下漂移，到达某个 Fe^{3+}时被陷获. 图 9.16(c)示出非平衡电子的激发和陷获形成的空间电荷，即失去电子的区域带正电，获得电子的区域带负电. 图 9.16(d)示出空间电荷场的方向. 另外，因为空间电荷以电场弛豫时间(ε/σ)弛豫，所以折射率的变化不能永久保持. 提高温度可以缩短弛豫时间，这就是高温退火使折射率较快复原的原因.

根据这种模型，晶体要具有大的光折变效应必须具备下述 4

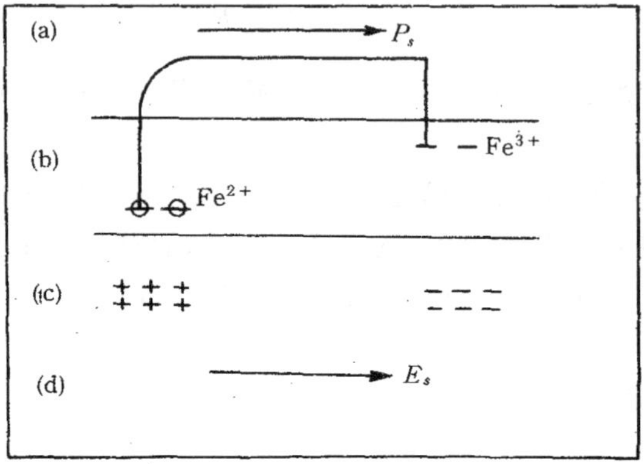

图 9.16 以 $LiNbO_3$：Fe 为例说明光折变过程中空间电荷场的形成.

个条件.

(1)晶体中必须含有可被激发的杂质中心和陷获中心.这些中心大致分为以下三种类型:(i)在晶体生长过程中形成的点缺陷.例如在 SBN 晶体中可存在+4 价的铌离子,受光激发时两种价态的离子可以相互转换:$Nb^{5+}+e \rightleftharpoons Nb^{4+}$. Nb^{4+}是激发中心,Nb^{5+}是陷获中心.(ii)人为地掺杂或原料中已有的杂质.例如 $LiNbO_3$:Fe 中的 Fe 是有意掺入的,有的是原料中已有的. Fe^{2+}是激发中心,Fe^{3+}是陷获中心.杂质 Cu^{1+},Cu^{2+}和 Mn^{2+},Mn^{3+}等也有同样的作用.(iii)有些晶格位置的原子可以作为激发和陷获中心.例如在 $Bi_{12}(Si,Ge)O_{20}$中,电子的激发和陷获是靠 Si 原子和 Ge 原子价态的变化来实现的.

(2)入射光的波长必须与可被激发的杂质中心相适应.例如在 $LiNbO_3$:Fe 中,波长 500nm 左右的激光对激发 Fe^{2+}特别有效,因为该波长满足如下关系:

$$Fe^{2+}+h\omega \rightleftharpoons Fe^{3+}+e. \qquad (9.153)$$

(3)被激发的非平衡载流子的输运特性要能保证形成空间电荷场.这些非平衡载流子必须具有足够大的迁移率,在到达陷获位置之前不被复合,这样才能形成空间电荷场.

光折变过程中影响载流子输运的主要有两种机制.

(i)反常光生伏打效应.在§9.3中已经说明,按照杂质中心非对称势和 Frank-Condon 弛豫模型,强光辐照引起的反常光生伏打电流由式(9.142)表示.

(ii)扩散.由于非均匀光照,晶体内不同区域激发载流子的浓度不同,浓度梯度决定了扩散电流密度

$$\boldsymbol{J}_0 = -eD\nabla n, \tag{9.154}$$

式中 e 是载流子电荷,D 是扩散系数,∇n 是载流子浓度的梯度.

(iii)漂移.漂移是指载流子在电场作用下的移动.电场包括外加电场和内部空间电荷场 $\boldsymbol{E}_s$.设电场沿 Z 方向,则漂移电流密度可写为

$$\boldsymbol{J}_d = e\mu n(z,t)[\boldsymbol{E}_s(z,t) - V/L], \tag{9.155}$$

式中 μ 是迁移率,V 是外加电压,L 是样品沿 Z 方向的长度.

(4)晶体要有大的电光系数.只有大的电光系数才能保证在一定的空间电荷场下折射率发生较大的变化.原理上利用线性电光效应或二次电光效应都是可以的,实际上通常都是利用前者.

9.4.2 折射率光栅的建立

在光折变研究和应用中,照射晶体的光束是相干光束,其强度在空间呈周期性分布,因此,晶体中光生载流子和它们所产生的空间电荷场以及折射率的改变也呈周期性分布.因为折射率的改变是周期性的,所以我们说形成了折射率光栅.下面以一维情况为例,说明折射率光栅的建立及有关问题.

图9.17示出的是一维折射率光栅建立过程的示意图.两束相干光(a)照射到晶体(b)上,周期性的光强分布(d)形成周期性的载流子分布(c).(e)表示电荷输运,所示具体机制是浓度梯度造成的扩散.(f)表示电荷输运后形成的空间电荷分布,(g)表示空间电荷场.空间电荷密度 ρ 与空间电荷场 $\boldsymbol{E}_s$ 的关系为 $\nabla\cdot\boldsymbol{E}_s=\rho/\varepsilon$.由图示的一维情况,$\boldsymbol{E}_s$ 的散度就是它对 z 的偏微商.如果空间电荷是 z

的正弦函数，则空间电荷场是 z 的余弦函数，即二者有 $\pi/2$ 的相位差. (h)表示折射率的变化，它与空间电荷场同相位.

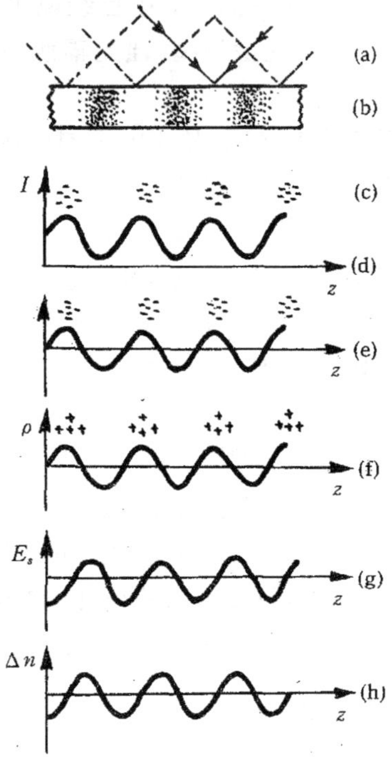

图 9.17 一维折射率光栅的建立过程. (a)相干光束；(b)光折变材料；(c)载流子分布；(d)光强分布；(e)电荷输运(扩散)；(f)空间电荷分布；(g)空间电荷场；(h)折射率分布.

空间电荷的周期由布拉格条件决定. 对于两束对称入射的光且夹角为 2θ 时，对应干涉条纹宽度由 $2L\sin\theta=\lambda$ 给出，于是空间电荷的周期 $\lambda_g=L=\lambda/(2\sin\theta)$. 这同时也是空间电荷场以及折射率光栅的周期. $q=2\pi/\lambda_g$ 为折射率光栅波数的 2π 倍.

假定两束光 I_1 和 I_2 在晶体 Z 轴方向干涉，形成沿 Z 轴的光强分布

$$I = I_0(1 + m\cos qz), \tag{9.156}$$

其中 $I_0 = I_1 + I_2$，m 为调制度

$$m = \frac{2(I_1 I_2)^{1/2}}{I_1 + I_2}\cos(2\theta P), \tag{9.157}$$

这里 θ 为两光束在晶体内的夹角，P 为偏振因子. 如果偏振方向在入射面内，则 $P=1$；如果偏振方向垂直于入射面，则 $P=0$. 对于式(9.156)所示的光强分布，光激发载流子速率可表示为

$$g(z) = g_0(1 + m\cos qz), \tag{9.158}$$

$$g_0 = \frac{aI_0\Phi}{h\omega}, \tag{9.159}$$

式中 a 为吸收系数，Φ 为光电转换的量子效率，$h\omega$ 为光子能量.

应该注意空间电荷场与空间电荷分布间的相位差. 因为有此相位差，折射率光栅又称为相位光栅. 一般情况下，该相位差不一定等于 $\pi/2$，但它是必须的. 例如两束光通过它们形成的折射率光栅相互耦合的程度就依赖于此相位差[72].

众所周知，当两束相干光（一束为参考光，一束为信号光）同时照射在记录介质上时，由于光束的相干叠加，在记录片上形成复杂的干涉条纹——全息图. 这个过程又称为全息记录或全息照相. 它记录了信号光波前各点的全部信息（振幅和相位）. 当用同样的一束光——读出光照射在全息记录片上时，其衍射波将再现原物. 这个过程称为再现过程. 现在我们讨论的是将两束相干光照射在光折变介质上，相干叠加后形成空间分布的干涉条纹. 由于光折变效应，在晶体内形成折射率光栅，即体全息图. 现在再对该晶体入射一束不会产生光折变的平行光作为读出光，如图 9.18 所示. 如果它满足布拉格条件，则在通过折射率光栅时将发生衍射，衍射花样与写入的信号一致，因此再现了写入的信息. 如果晶体的光折变弛豫时间无穷大，那么两束写入光形成的相位光栅就成为永久性的存贮器. 如果写入的信息用另一束入射光或其他办法加以擦除，就形成了可存可取的存贮器. 如果光折变效应的响应时间和弛豫时间都很短，则可进行高速信息处理或实时全息显示.

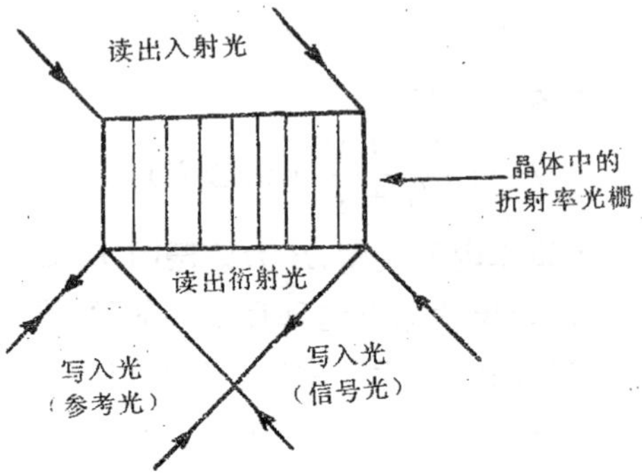

图 9.18　光折变晶体中全息写入和读出的示意图.

由此看来，折射率光栅的建立及其特性是我们应该研究的中心问题. 关于折射率光栅建立过程的数学描述主要是由 Kukhtarev 等人提出的[73—75]，它主要包括 5 个相关的方程式组成的方程组.

（1）电流密度方程

$$J(z,t) = -eD\frac{\partial n(z,t)}{\partial z} + e\mu n(z,t)[E_s(z,t) - V/L] + en_e(z,t)l_{ph}, \tag{9.160}$$

此式右边第一项为扩散电流，第二项为漂移电流，μ 为迁移率，第三项为反常光生伏打电流，这里只计入了非平衡载流子本身的贡献，未计入 Frank-Condon 弛豫. n_e 是单位体积内吸收的光子数，即式(9.142)中的 $aI(h\omega)^{-1}$，它等于光激发的载流子数. n 是总的载流子数，$n=n_d+n_e$，n_d 是无光照时热激发的载流子数. l_{ph}是有效自由程.

（2）激发与陷获方程

$$\frac{dN_A(z,t)}{dt} = [SI(z,t) + \beta][N(z,t) - N_A(z,t)] - r_R n(z,t)N_A(z,t), \tag{9.161}$$

式中 N_A 为已被激发的杂质中心（如 Fe^{3+}）的浓度，I 为光强，S 为光激发截面，β 为热电子激发速率，N 为可被激发的杂质中心的浓度，r_R 为两体陷获系数. 右边第一项为 N_A 的产生率，第二项为陷获率.

(3)连续性方程

$$\frac{\partial\rho(z,t)}{\partial t}=-\frac{\partial J(z,t)}{\partial z}, \tag{9.162}$$

式中 ρ 为空间电荷密度.

(4)高斯方程. 在所讨论的一维情况，高斯定理可写为

$$\frac{\partial E_s}{\partial z}=\frac{\rho(z,t)}{\varepsilon},$$

结合连续性方程后，得出

$$\frac{\partial E_s}{\partial z}=\frac{1}{\varepsilon}\int_0^t\frac{\partial J(z,t')}{\partial z}dt'+G(t), \tag{9.163}$$

式中 $G(t)$是与边界条件以及时间有关的函数.

(5)边界条件

$$\int_0^L E_s(z,t)dz=0, \tag{9.164}$$

式中 L 是晶体的长度. 因为加于晶体的电压为 V，故样品内静电场 E 应满足关系式

$$-\int_0^L E(z,t)dz=V, \tag{9.165}$$

但 $E=E_s(z,t)+V/L$，所以有式(9.164). 显然，电压 $V=0$ 时该式也成立.

式(9.160)—(9.164)在一般情况下只能求数值解，但在两种特殊情况下有解析解. 这两种情况就是短时近似和饱和近似[76]. 短时近似是指照射刚刚开始，$t\simeq 0$. 这种情况下的解反映了光折变的响应速率. 饱和近似是指 $t\to\infty$，即达到了稳定状态. 这种情况下的解给出了光折变的动态范围等参量.

(1)短时近似. 在此条件下，假定载流子的浓度不随时间而变，并忽略空间电荷场的反馈作用，即在电流密度方程中忽略 $E_s(z,t)$. 于是求出 $n(z)$和 $E_s(z)$的近似解为

$$n(z) = n_d + \tau g_c\{1 + m'[1 + (ql_{ph})^2]^{-1/2}\}\cos(qz - \Phi_{ph} + \Phi_I),$$
(9.166)

$$E_s(z) = \frac{eg_0t}{\varepsilon[1 + (ql_{ph})^2]^{1/2}}[ml_{ph}\cos(qz - \Phi_{ph}) - m'l_E\cos(qz - \Phi_{ph} + \Phi_I) + m'ql_D^2\sin(qz - \Phi_{ph} + \Phi_I)],\quad(9.167)$$

式中 τ 为自由载流子寿命，$\tau=(r_AN_A)^{-1}$，g_0 为最大光激发载流子速率，见式(9.159). l_D 为扩散长度，l_E 为漂移长度，l_{ph}为与反常光生伏打效应相关的输运长度，相角 $\Phi_{ph}=\tan^{-1}(ql_{ph})$，$\Phi_I=\tan^{-1}\{ql_E[1+(ql_D)^2]^{-1}\}$，$m'=m\{[1+(ql_D)^2]^2+(ql_E)^2\}^{-1/2}$.

讨论：(i)当只有扩散起作用时($l_E=l_{ph}=0$)，有

$$E_s(z) = \frac{eg_0tm}{\varepsilon}\cdot\frac{ql_D^2}{1 + (ql_D)^2}\sin(qz).\quad(9.168)$$

可见通过载流子的扩散，形成与光强分布有相位差 $\pi/2$ 的折射率光栅.

(ii)当只有漂移起作用时，有

$$E_s(z) = \frac{eg_0tm}{\varepsilon}\cdot\frac{l_E}{[1 + (ql_E)^2]^{1/2}}\cos(qz + \Phi_E).\quad(9.169)$$

由于 $\Phi_E=\tan^{-1}(ql_E)$，因此大的漂移长度可以导致折射率光栅对光强的相位差.

(iii)当只有反常光生伏打效应起作用时有

$$E_s(z) = \frac{eg_0tm}{\varepsilon}\cdot\frac{l_{ph}}{[1 + (ql_{ph})^2]^{1/2}}\cos(qz - \Phi_{ph}).\quad(9.170)$$

因为 $\Phi_{ph}=\tan^{-1}(ql_{ph})$，所以大的光生伏打输运长度能造成折射率光栅对光强分布的相位差.

(2)饱和近似. 光束照射一定时间以后，非平衡载流子的激发、陷获以及电荷输运达到平衡状态，非平衡载流子的浓度已与时间无关，此时的空间电荷场表达式为

$$E_s(z) = \frac{bE'_d\sin qz}{1 + b\cos qz} + (E'_v - V/L)\left[1 - \frac{(1 - b^2)^{1/2}}{1 + b\cos qz}\right],$$
(9.171)

式中 b 为有效调制度，$b=m(1+\Sigma)^{-1}$，Σ 为暗电导率与光电导率之比，$\Sigma=\sigma_d/\sigma_p$，$E'_d=q(kT/e)+ql_{ph}E'_v$，$E'_v=l_{ph}\{\mu\tau[1+(ql_{ph})^2]\}^{-1}$.

对此式作傅里叶展开，给出各级分量的振幅和相位

$$E_s(z)=-2E_e\sum_h[(b^{-2}-1)^{1/2}-b^{-1}]^h\cos(hqz-\Phi_g),\tag{9.172}$$

其中

$$E_e=[E'^2_d+(E'_v-V/L)^2]^{1/2},$$
$$\Phi_g=\tan^{-1}[E'_d(E'_v-V/L)^{-1}].$$

由此可看出，在饱和状态下，尽管光强以单一的空间频率 q 分布，但空间电荷场是许多以 $hq(h=1,2,\cdots)$ 为空间频率的电场分量的叠加. 各个频率的分量都有相同的初相位 Φ_g，决定 Φ_g 的 (E'_v-V/L) 代表不移动的分量，E'_d 代表相移分量. 所有傅里叶分量的饱和值均与输运长度无关(假定 E'_v 为常量)，也与电场建立的具体过程无关.

以上给出了两种极限情况下的空间电荷场. 无论在稳定情况或动态情况，空间电荷场都会使晶体的折射率发生改变. 改变量取决于晶体的电光系数以及电场的方向和大小. 一般情况下，折射率的改变为(设利用线性电光效应)

$$\Delta n=\frac{1}{2}n_0^3r_{\text{eff}}E_s(z,t),\tag{9.173}$$

式中 n_0 是无电场时的折射率，r_{eff} 是沿电场方向的有效线性电光系数. 对于 $3m$ 点群的晶体(如 $LiNbO_3$)，电场沿三重轴时，Δn 如式(9.152)所示. 对于 $4mm$ 点群的晶体(如 $BaTiO_3$)，电场沿四重轴方向时

$$\Delta n=\frac{1}{2}n_0^3r_{33}E_s(z,t).\tag{9.174}$$

对于中心对称的晶体，只可能有二次电光效应，Δn 可表示为[77]

$$\Delta n=\frac{1}{2}n_0^3R_{\text{eff}}E_s^2(z,t),\tag{9.175}$$

其中 R_{eff}是 E_s 方向的有效二次电光系数.

9.4.3 表征光折变特性的物理量

表征光折变特性的物理量主要有:光折变灵敏度和光折变品质因数,动态范围,光折变记录和擦除时间,全息存贮衍射效率.

(1)*光折变灵敏度和品质因数* 光折变灵敏度有两种表述方式,常用的一种是指明产生一定的折射率变化所需要吸收的光能,定义光折变灵敏度为在记录开始阶段单位体积吸收单位能量产生的折射率改变

$$S_{n_1} = \frac{dn}{dW}, \tag{9.176}$$

式中 $W = aW_0$,a 是吸收系数,W_0 是入射光能. 对于一维光栅,利用式(9.167)和式(9.173)可将上式改写为

$$S_{n_1} = \left(\frac{n_0^3}{2} \cdot \frac{r_{\mathrm{eff}}}{\varepsilon}\right)\left(\frac{\Phi}{h\omega}\right)(eL_{\mathrm{eff}}), \tag{9.177}$$

这里 r_{eff}和 L_{eff}分别为有效线性电光系数和有效输运长度. 第二个括号内的量表示产生一个光激发电子需要吸入的光能的倒数,Φ 是光电转换的量子效率. 第三个括号内的量表示光致电荷分离产生的电偶极矩变化. 有效输运长度不仅与输运机制有关,而且与外电场及光栅间距等实验条件有关. 不同材料灵敏度的差别在相当大的程度上是有效输运长度的差别造成的.

考虑下述两种特殊情况:

(i)只有光生伏打效应,即 $l_{ph} \gg l_D$ 或 l_E,此时有

$$L_{\mathrm{eff}} = \frac{l_{ph}}{[1 + (ql_{ph})^2]^{1/2}}. \tag{9.178}$$

(ii)没有光生伏打效应,即 $l_{ph} = 0$,则有

$$L_{\mathrm{eff}} = \frac{(l_E^2 + q^2 l_D^4)^{1/2}}{\{[1 + (ql_{ph})^2]^2 + (ql_E)^2\}^{1/2}}. \tag{9.179}$$

式(9.177)至式(9.179)表明,增大有效输运长度可提高灵敏度. 但如果任一输运长度(例如 l_{ph})使得 q 与其乘积远大于 1 时,则 L_{eff} 将趋近于 q^{-1},即光栅周期除以 2π.

光折变灵敏度的另一个定义为

$$S_{n_2} = \frac{dn}{dW_0}. \tag{9.180}$$

它表示单位入射光能(不是吸收的光能)引起的折射率变化. 显然

$$S_{n_2} = aS_{n_1}.$$

有时给出的是 S_{n_1} 或 S_{n_2} 的倒数,单位为 $\mathrm{J \cdot m^{-3}}$.

作为一个简捷的比较标准,通常定义材料的光折变品质因数为

$$Q_{ph} = \frac{n_0^3 r_{\mathrm{eff}}}{\varepsilon}. \tag{9.181}$$

后面将会看到,此式分子正比于折射率改变量,分母正比于光折变响应时间,所以 Q_{ph} 越大越好.

(2)动态范围　相位存贮介质的动态范围定义为该介质可能的最大光致折射率变化范围. 动态范围确定了在一已知的体积内所能记录的各种全息图的数目.

按照式(9.173),决定折射率变化的有3个因素:基本折射率 n_0,有效电光系数 r_{eff} 和空间电荷场 E_s. 要产生大的空间电荷场,首先要有足够多的可被激发的杂质中心和空陷阱,它们决定了在光照下可建立的最大空间电荷密度. 如前所述,通过人为掺杂或原料中已有的杂质以及晶体生长过程中造成的缺陷,可以提供所需要的杂质中心和陷阱位置. 其次,形成大的空间电荷场必须具有适当的输运特性.

饱和状态下折射率的变化可由式(9.171)—(9.173)给出. 由式(9.173)和式(9.172)可知,最大折射率改变(当 $h=b=1$)为

$$\Delta n = n_0^3 r_{\mathrm{eff}} E_e = n_0^3 r_{\mathrm{eff}} [E_d'^2 + (E_v' - V/L)^2]^{1/2}. \tag{9.182}$$

$b=1$ 意味着 $m=1, \Sigma=\sigma_d/\sigma_p=0$.

对于只存在扩散的情况,有

$$\Delta n \simeq n_0^3 r_{\mathrm{eff}} E_d' = n_0^3 r_{\mathrm{eff}} q(kT/e), \tag{9.183}$$

此式表明,Δn 除依赖于电光系数和折射率以外,还随空间频率 q 和温度 T 呈线性增大.

当扩散和光生伏打效应很小时，有

$$\Delta n \simeq n_0^3 r_{\mathrm{eff}} V/L. \tag{9.184}$$

因为 V 和 L 不是材料特性，所以此时最大折射率变化只依赖于折射率和电光系数.

当光生伏打效应占主要地位时，最大折射率变化还与光生伏打输运长度有关.

(3)光折变的记录和擦除时间(即响应时间)　从入射光开始照射到折射率光栅建立需要时间，从入射光停止照射到折射率光栅消失也需要时间. 在高速信息处理或实时全息中，显然要求光折变的记录和擦除时间尽可能短.

光折变的弛豫实际上是空间电荷的弛豫. 如果输运长度很小(相对于光栅周期而言)，$qL_{\mathrm{eff}} \ll 1$，则弛豫时间等于光电导的弛豫时间

$$\tau_0 = \frac{\varepsilon}{\sigma_d + C_1 aI} = \frac{\varepsilon}{e\mu(n_d + n_e)}, \tag{9.185}$$

式中 σ_d 为暗电导，I 和 a 分别为入射光强和吸收系数，C_1 为一与光电导成正比的常数，n_d 和 n_e 分别为暗载流子浓度和光生载流子浓度.

如果输运长度与光栅周期可相比拟，则有效弛豫时间为

$$\tau_{\mathrm{eff}} = \frac{\tau_0}{[1 + q^2 l_D^2 + q^2 l_E^2 (1 + q^2 l_D^2)^{-1}]}. \tag{9.186}$$

τ_{eff}可由全息存贮实验测得，即以全息存贮效率达到稳定值所需要的时间作为有效弛豫时间. 实验表明，写入时的 τ_{eff}比擦除时的短，因为写入时光照增大了光电导. 例如 $KNbO_3$: Fe 晶体写入和擦出过程中有效弛豫时间之比约为 1/3[65].

(4)衍射效率　全息存贮、二波耦合和相位共轭是研究光折变性能的基本实验，也是光折变材料应用的基础. 全息存贮的基本过程见 9.4.2 和图 9.18. 实验时，利用分束器将激光器发出的光分为两束相干光，即信号光和参考光，并使两光强近似相等，以便得到最大的调制度. 读出时以另一个激光器作为光源且光强较弱，以

免读出时对写入的光栅起擦除作用.当照射到写入光栅上的读出光满足布拉格条件时,就可在相应方向产生衍射光.

全息存贮衍射效率定义为读出衍射光强与写入信号光强之比.如果折射率光栅为正弦式的(见图 9.17),则可用下式表示[78]:

$$\eta = \sin^2\left(\frac{\pi d \Delta n_m}{\lambda \cos\theta_0}\right)\exp\left(\frac{-ad}{\cos\theta_0}\right), \tag{9.187}$$

式中 Δn_m 是折射率变化的振幅,d 是全息图厚度,θ_0 是相应于入射波长的布拉格角.指数因子反映了吸收的影响,它表明吸收系数 a 较小时衍射效率较高,但这要以牺牲灵敏度为前提,有人将上式写为

$$\eta = \eta_i \exp\left(\frac{-ad}{\cos\theta_0}\right),$$

并称 η_i 为本征衍射效率,它不因吸收而降低.

根据实验测得的衍射效率,借助式(9.187)即可求出折射率的变化.衍射效率达到饱和的时间即可作为光折变的有效弛豫时间.

在描写全息存贮特性方面更实用的一个参量是,单位长度的晶体上单位体积吸收单位光能引起的衍射效率的变化

$$S_{\eta_1} = \frac{d(\eta^{1/2})}{d(aW_0)}\frac{1}{L}. \tag{9.188}$$

如果分母中的吸收光能改为入射光能,则

$$S_{\eta_2} = \frac{d(\eta^{1/2})}{dW_0}\frac{1}{L}. \tag{9.189}$$

显然,有

$$S_{\eta_2} = aS_{\eta_1}, \tag{9.190}$$

这两个参量也称为光折变灵敏度[与式(9.176)或式(9.180)定义的 S_n 同名].有时给出它们的倒数,单位为 $J \cdot m^{-2}$.

(5)*二波耦合增益*　由于全息存贮介质中折射率分布与光强分布存在空间相位差,入射到其上的两束相干光在出射时强度比将发生变化,即两束光间有能量转移.在两波耦合实验中,激光器发出的光经分束器分为两束相干光,它们在晶体中发生干涉,产生耦合作用.为显示两波间的能量转移,取信号光强度远小于参考

光强度，前者约为后者的 10^{-4}—10^{-3}. 信号光从参考光取得能量得以加强，所以参考光叫泵浦光.

两波耦合增益反映了出射时信号光和泵浦光之比 $I_s(L)/I_p(L)$ 比入射时两者之比 $I_s(0)/I_p(0)$ 的增大倍数，忽略吸收时，有

$$\Gamma=\frac{1}{L}\ln\left[\frac{I_s(L)}{I_p(L)}\cdot\frac{I_p(0)}{I_s(0)}\right], \tag{9.191}$$

式中 L 为晶体厚度. 如果计入吸收，且吸收系数为 a，则有效对数增益为

$$\Gamma_1=\Gamma-a. \tag{9.192}$$

(6)相位共轭反射率　产生相位共轭反射光是非线性光学中一个重要的课题，利用光折变晶体产生相位共轭光是一种先进的手段. 相位共轭反射率是与入射光相位共轭的反射光强度对信号光强度之比.

简并四波混频是产生相位共轭光的方法之一，其实验装置如图 9.4 所示. 在这种情况下，I_4 是信号光 I_3 的相位共轭光，共轭反射率为

$$R=\frac{I_4}{I_3}=\frac{I_2}{I_1}[1-\exp(-\Gamma L m_{13})]^2, \tag{9.193}$$

其中 Γ 为两波耦合增益，L 为晶体厚度，$m_{13}=(I_1+I_3)/(I_1+I_2+I_3)$. 此式表明，$R$ 不但依赖于材料参量，而且与光强比等实验条件有关，因此比较不同材料的相位共轭反射率时应在相同的条件下进行. 光束 I_4 能量的增加来源于泵浦光(I_1 和 I_2)能量的减少，因此共轭反射率可大于 100%.

自泵浦相位共轭是不需要外加泵浦光，仅利用信号光即可获得共轭光[79]. 信号光进入光折变晶体后，在晶体中发生光散射. 散射光与入射光的干涉形成许多折射率光栅. 光束间的耦合和能量转移使入射光在其一侧被减弱，但在另一侧被加强，从而形成扇形光束[80]. 造成该扇形光束的许多折射率光栅一般具有相似的衍射能力，但如果能设法提供反馈，则其中一个或两个光栅将得到加强，它们的衍射光强将远超过其他的衍射光. 提供反馈的方法可以

是安置一适当取向的反射镜,更简单的是利用光折变晶体本身的表面.当扇形光束中的两束光被晶体两个表面内反射时,即形成一个光束回路,如图 9.19 所示.这两束光就可起到四波混合中两束泵浦光的作用,于是在与入射光 I_s 相反的方向上获得了相位共轭光 I_c. 反射率 I_c/I_s 衡量了自泵浦共轭的效率.显然,与四波混合共轭反射率不同,自泵浦共轭反射率必定小于 100%.

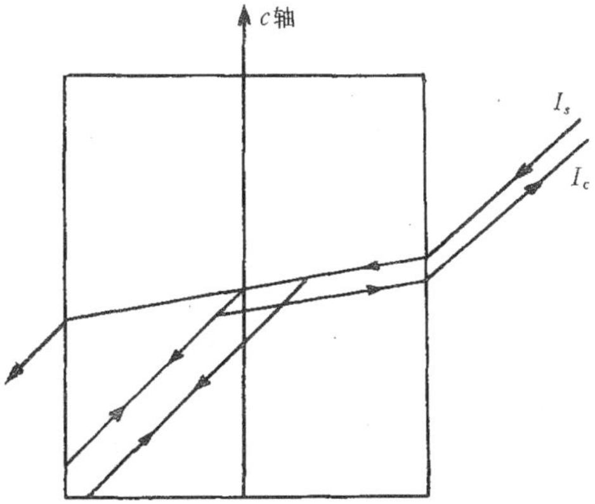

图 9.19　自泵浦相位共轭示意图.

9.4.4　光折变材料

对光折变材料的主要要求有如下几点:

(1)光折变灵敏度高.

(2)动态范围大.

(3)折射率光栅与光强分布之间的空间相位差 Φ_g 尽可能接近 $\pi/2$,因为两波之间的能量转移正比于 $\sin\Phi_g$.

(4)光折变写入和擦除时间短.

(5)引起光折变的波长(激发非平衡载流子所需能量)要合适.

(6)分辨率高,信噪比大.

(7)性能稳定,受温度等外界条件影响不大而且重现性好.

(8)易于获得大尺寸的光学均匀的单晶.

实践表明,全面满足上述要求是十分困难的.迄今研究过的比较好的光折变材料主要有下述几类.

(1)$LiNbO_3$ 和 $LiTaO_3$　光折变效应首先是在 $LiNbO_3$ 晶体上发现的. $LiNbO_3$ 及其同型晶体是迄今研究得最多的光折变晶体,从中获得了大量的关于光折变机制的信息,对光折变的基础研究和应用研究都起了重要的作用. $LiNbO_3$: Fe 是优良的光折变材料.我国科学工作者已获得其室温自泵浦相位共轭反射率达 70%,响应时间小于 3ms.文献[81]中所报道 $LiNbO_3$: Fe 的光折变灵敏度 S_{n_1}(式(9.177))为 $3.584\times10^{-12}m^3/J$(纯 $LiNbO_3$ 的只有 $0.2419\times10^{-12}m^3/J$).文献[82]中所报道的其四波混合共轭反射率可达 300%.

这两种材料的光电导较小,反常光生伏打效应很强,对空间电荷场的主要贡献来源于反常光生伏打效应.

(2)$BaTiO_3$, $KNbO_3$ 和 $K(Ta,Nb)O_3$　它们是钙钛矿型铁电体. $BaTiO_3$ 和 $KNbO_3$ 在温度降低过程中经历相同顺序的相变: $m3m\rightarrow4mm\rightarrow mm2\rightarrow3m$,室温时分别属于 $4mm$ 相和 $mm2$ 相. $KTa_{1-x}Nb_xO_3$ 的室温相结构随 x 而异, $x<0.4$ 时为立方顺电相, $x>0.4$ 时为四方铁电相.对 $BaTiO_3$ 光折变性能的主要兴趣是,因为它有一个特别大的电光系数 $r_{42}=r_{51}=1700\times10^{-12}m/V$,这意味着它将具有大的光折变效应. $KTa_{0.35}Nb_{0.65}O_3$ 的电光系数也很大, $r_{42}=r_{51}=1100\times10^{-12}m/V$.实验证明,它们的光折变灵敏度的确高于 $LiNbO_3$ 的.

要利用 $r_{42}(=r_{51})$,电场必须是沿 1 或 2 方向,而自发极化在 3 方向,这是一个不利因素.为了产生与自发极化方向垂直的空间电荷场,只能依靠的电荷输运机制是扩散和光电导,而不能利用在自发极化作用下的漂移.另外,这些晶体的顺电原型相为 $m3m$,进入四方相时原立方相的任一[100]方向均可成为 $4mm$ 相中的[001]方向,所以有 90°畴和 180°畴,这使单畴化比较困难.相比之下, $LiNbO_3$ 和 $LiTaO_3$ 无此缺点,它们的铁电相变是由 $\bar{3}m$ 变到 $3m$,

不会出现非180°畴.

虽然有一些缺点，但进展仍然很大. 例如，文献[83]中报道在波长488nm时，$BaTiO_3$的自泵浦相位共轭反射率达71%. 文献[84]中报道，波长514.5nm时，$KNbO_3$：Fe的自泵浦相位共轭反射率达74%. 文献[85]中已报道，在四方相$KTa_{1-x}Nb_xO_3$：Fe中，测得两波耦合增益$\Gamma=7.3cm^{-1}$，衍射效率42%，自泵浦相位共轭反射率21%.

(3) SBN和KNSBN　SBN（$Sr_xBa_{1-x}Nb_2O_6$）和KNSBN [$(K_xNa_{1-x})_{0.4}(Sr_yBa_{1-y})_{0.8}Nb_2O_6$]是四方钨青铜型结构铁电体，它们有两个值得注意的特点. 第一、每个晶胞含10个NbO_6八面体，八面体共点联接在其间形成10个配位数和大小不同的间隙位置，其中6个较大的间隙可由Sr，Ba，K，Na等多种离子占据（或空缺），这为改变组分调节性能提供了多种多样的可能性. 光折变效应所要求的杂质离子等可以按需要引入到结构之中. 第二、晶体的室温铁电相属$4mm$点群，高温顺电相属$4/mmm$点群，顺电相到铁电相的转变只是丧失了与四重轴垂直的镜面，因此晶体中只有180°畴，避免了90°畴带来的麻烦. 这类晶体中掺杂可有效地改变光折变性能，Cu，Fe和Ce（特别是Cu）是良好的杂质.

这两类晶体已显示了优良的光折变性能. 例如，$Sr_{0.60}Ba_{0.40}Nb_2O_6$：Ce的光折变灵敏度$S_{\eta_1}$ [式(9.188)] 达$9.5\times10^{-3}m^2/J$[86]，SBN的两波耦合增益Γ达20—$45cm^{-1}$[87]，$Sr_{0.60}Ba_{0.40}Nb_2O_6$的自泵浦相位共轭反射率达70%[88]. $(KNa)_{0.1}(Sr_{0.61}Ba_{0.39})_{0.9}Nb_2O_6$的自泵浦相位共轭反射率超过25%[89].

(4) PLZT陶瓷　PLZT陶瓷的光折变效应比较弱，但离子注入后大幅度提高[90,91]. 离子注入造成了近表面结构的无序，提高了暗电导率，增大了光吸收系数，提高了光激发效率和陷阱浓度. 重离子注入的效果较轻离子更好. 存贮一个图象所需的紫外光能量密度对注氢者为$10mJ/cm^2$，对注氦者为$3mJ/cm^2$，对注氩和氩氖混合者分别为$0.1mJ/cm^2$和$0.01mJ/cm^2$.

上述四类都是无机铁电材料，动态范围都相当大，但除LiN-

bO_3 和 $LiTaO_3$ 外，低频相对电容率都超过 100. 高电容率限制了它们的响应速度，目前响应时间最短者也在 ms 以上，提高响应速度是这些材料中要解决的关键问题.

(5) BSO ($Bi_{12}SiO_{20}$) 和 BGO ($Bi_{12}GeO_{20}$)　与上述四类材料不同，BSO 和 BGO 不是铁电体，它们属于 $\bar{4}3m$ 点群，线性电光系数有 3 个分量，但它们数值相等，$r_{41}=r_{52}=r_{63}$. 文献 [92] 报道了它们的全息存贮衍射效率和两波耦合增益. BSO 中掺 Cr 可有效地提高本征衍射效率 η_i 并提高响应速率[93]. 这两种晶体的特点是光电导特别大，但暗电导相当小. 前者有利于提高光折变灵敏度和响应速率，后者使自然状态下“暗”存贮时间很长. BGO 的光电量子效率 Φ 在波长 514.5nm 时达 70%，在较弱电场下的漂移长度为微米级，这些使之具有很高的光折变灵敏度. 漂移长度大的材料还具有一个优点，其中形成的折射率光栅相对于光强分布有较大的相位差，这有利于光束间的能量转移.

(6) 有机光折变材料　1991 年有机聚合物光折变效应的首次报道[64]为光折变材料的研究开辟了一个新领域. 比较光折变材料时采用的指标之一是光折变品质因数 $Q_{ph}=n_0^3r_{\mathrm{eff}}/\varepsilon$ (式 (9.181)). 无机晶体虽然电光系数大，但因为离子极化率大，故 ε 很大，所以 Q_{ph} 并不高，只有少数晶体的超过 10×10^{-12}m/V[66]. 有机材料介电响应主要是电子极化，电容率一般比无机光折变晶体的小得多. 根据最近的资料表明[94]，聚合物的电光系数相当大，预计其 Q_{ph} 可大于 50×10^{-12}m/V. 有机聚合物的另一个优点是易于获得大尺寸均匀的样品 (膜)，而且不需要困难的加工.

由光折变效应的机制可知，光折变材料必须具备几方面的功能：光激发载流子，载流子的输运和陷获，(线性) 电光效应. 有机光折变材料通常是复合材料，上述各方面的功能分别由不同的组元承担，这为材料设计提供了相当大的自由度. 为提供足够多的光激发载流子，复合材料中含敏化剂，如二酮化硼，C_{60}，三硝基芡光素等. 载流子输运功能可由聚合物基体本身提供，或者用掺杂改进. 典型的电荷输运分子有二乙胺-苯甲醛二苯肼等. 二阶光学非线性（线性电光效应）可由掺入该类分子引入，典型的有二乙基-氨基-硝基苯乙烯等. 当然，这些二阶光学非线性分子必须借助于直流电场排列才能使复合材料具有线性电光效应. 通常的办法是将材料加热到玻璃化温度 T_g 附近，加上强电场，然后在电场中冷却，到室温时撤去电场.

电场的作用不仅在于使二阶光学非线性分子排列，而且提高了光激发载流子的量子产额[95]，并促进了载流子的输运，因为聚合物中迁移率随电场而增大[96].

典型的有机光折变材料有聚乙烯咔唑：C_{60}：二乙基氨基硝基苯乙烯（记为 PVK：C_{60}：DEANST）[97]等. 这个例子中 C_{60} 是敏化剂，DEANST 提供线性电光效应，聚合物 PVK 则是输运电荷的基体. 实验时样品为厚约 100—150μm 的膜，两面被以透明电极. 用四波混合实验对厚 100μm 的样品测得衍射效率超过 20%[98]. 考虑到本征衍射效率

$$\eta_i = \sin^2\left(\frac{\pi d \Delta n_m}{\lambda \cos\theta_0}\right),$$

其中 d 为折射率光栅的厚度. 无机晶体中光束相互作用长度为数 mm，有机材料中该长度仅约 100μm. 由此看来，有机材料中衍射效率已相当可观. 根据衍射信号达到稳定的时间，得出该材料的光折变响应时间约为 30ms[98]，这与无机晶体中较快的响应速率相近.

参 考 文 献

[1] P. Gunter, *Ferroelectrics*, **74**, 305 (1987).

[2] P. A. Franken, A. E. Hall, *Phys. Rev. Lett.*, **7**, 118 (1961).

[3] R. C. Miller, *Appl. Phys. Lett.*, **5**, 17 (1964).

[4] D. A. Kleinman, *Phys. Rev.*, **128**, 1761 (1962).

[5] P. D. Maker, R. W. Terhune, M. Nisenoff, C. M. Savage, *Phys. Rev. Lett.*, **8**, 21 (1962).

[6] J. A. Armstrong, N. Bloembergen, J. Ducuing, P. S. Pershan, *Phys. Rev.*, **117**, 1918 (1962).

[7] D. Feng, N. B. Ming, J. F. Hong, W. S. Wang, *Ferroelectrics*, **91**, 9 (1989).

[8] T. S. Narasimhamurty, Photoelastic and Electro-optic Properties of Crystals, Plenum Press, New York (1981).
[9] G. E. Francois, *Phys. Rev.*, **143**, 597 (1966).
[10] J. Jerphagnon, S. K. Kurtz, *J. Appl. Phys.*, **41**, 1667 (1970).
[11] H. Horan, W. Blau, H. Byrne, P. Berglund, *Appl. Opt.*, **29**, 31 (1990).
[12] 蒋民华，物理学进展，**13**，14 (1993).
[13] G. A. Smolenskii (Editor-in-Chief), Ferroelectrics and Related Materials, Gordon and Breach, New York, 555 (1984).
[14] 曾汉民 (主编)，高技术新材料要览，中国科学技术出版社，北京 (1993).
[15] 许东、蒋民华、谭忠恪，化学学报，**41**，570 (1983).
[16] M. Gottlieb, C. L. M. Irel, J. M. Leg, Electro-optic and Acoustico-optic Scanning and Deflection, Marcel Dekker INC., New York, 10 (1983).
[17] C. E. Land, G. H. Haertling, *J. Am. Geram. Soc.*, **54**, 1 (1971).
[18] A. M. Glass, *Phys. Rev.*, **172**, 564 (1968).
[19] J. G. Bergman, *Chem. Phys. Lett.*, **38**, 230 (1976).
[20] W. J. Merz, *Phys. Rev.*, **76**, 1221 (1949).
[21] D. Meyerhofer, *Phys. Rev.*, **112**, 413 (1958).
[22] O. G. Vlokh, L. F. Lutsiv-Shumskii, *Izv. Akad. Nauk. SSSR.*, *Ser. Phys.*, **31**, 1139 (1967).
[23] Y. Uezu, T. Hosokawa, J. Kobayashi, *Izv. Akad. Nauk. SSSR. Ser. Phys.*, **41**, 522 (1977).
[24] M. Vallade, *Phys. Rev.*, **B12**, 3755 (1975).
[25] J. Fousek, *Ferroelectrics*, **20**, 11 (1978).
[26] J. Jerphagnon, *Phys. Rev.*, **B2**, 1091 (1970).
[27] S. H. Wemple, M. DiDomenico, Applied Solid Science, **3**, ed. by R. Wolfe), Academic Press, London, 263 (1972).
[28] F. N. H. Robinson, *Bell System Tech. J.*, **46**, 913 (1967).
[29] S. K. Kurtz, F. N. H. Robinson, *Appl. Phys. Lett.*, **10**, 62 (1967).
[30] N. Bloembergen, Nonlinear Optics, Benjiamin Press, New York (1982).
[31] G. C. B. Garrett, *IEEE. J. Quant. Electro.*, **4**, 70 (1968).
[32] I. P. Kaminov, W. D. Johnston, *Phys. Rev.*, **160**, 519 (1969); *Erratium*: *Phys. Rev.*, **178**, 1528 (1969).
[33] F. N. H. Robinson, *Phys. Lett.*, **A26**, 435 (1968).
[34] C. Flytzanis, J. Ducuing, *Phys. Rev.*, **178**, 1218 (1969).
[35] C. R. Jeggo and G. D. Boyd, *J. Appl. Phys.*, **41**, 2741 (1970).
[36] B. F. Levine, *Phys. Rev.*, **B7**, 2600 (1973).
[37] B. F. Levine, *J. Chem. Phys.*, **59**, 1463 (1973).
[38] B. F. Levine, *Phys. Rev.*, **B10**, 1655 (1974).
[39] J. C. Philips, J. Van Vechten, *Phys. Rev.*, **183**, 709 (1969).
[40] J. C. Philips, *Rev. mod. Phys.*, **42**, 317 (1970).
[41] V. M. Fridkin, Ferroelectric Semiconductors, Consultant Bureau, New York (1980). 中译本：陈志雄等译，铁电半导体，华中工学院出版社 (1985).
[42] M. DiDomenico, S. H. Wemple, *J. Appl. Phys.*, **40**, 720 (1969).
[43] S. H. Wemple, *Phys. Rev.*, **B2**, 2679 (1970).

[44] J. R. Brews, *Phys. Rev. Lett.*, **18**, 662 (1967).
[45] 陈创天，新型材料与材料科学（师昌绪主编），科学出版社，北京，270 (1988).
[46] 陈创天，中国科学，**6**，579 (1977).
[47] 陈创天、刘执平、沈荷生，物理学报，**30**，715 (1981).
[48] 陈创天，物理学报，**26**，486 (1977).
[49] C. T. Chen, Advances in Sci. China, *Chemistry*, **1**, 223 (1985).
[50] 陈创天、陈孝琛，物理学报，**29**，1000 (1980).
[51] 陈创天，物理学进展，**13**，1 (1993).
[52] V. M. Fridkin, Photoferroelectrics, Springer-Verlag, Berlin (1979).
中译本：肖定全译，王以铭校，光铁电体，科学出版社，北京 (1987).
[53] B. I. Sturman, V. M. Fridkin, The Photovoltaic and Photorefractive Effects in Noncentrosymmetric Materials, Gordon and Breach, New York (1992).
[54] P. V. Iolov, *Fiz. Tverd. Tela.*, **15**, 2827 (1973).
[55] A. M. Glass, D. Von der Linde, D. H. Auston, T. Negran, *J. Electro. Mater.*, **4**, 915 (1975).
[56] G. Chanussot, *Ferroelectrics*, **20**, 37 (1978).
[57] J. M. Ziman, Principles of the Theory of Solids, Cambridge University Press, Cambridge, 275 (1979).
[58] G. Chanussot, A. M. Glass, *Phys. Lett.*, **A59**, 405 (1976).
[59] V. M. Fridkin, B. N. Polov, *Ferroelectrics*, **18**, 165 (1978).
[60] V. I. Belinichev, V. K. Malinovsky, B. I. Sturman, *Zh. Eksp. Theo. Fiz.*, **73**, 692 (1977).
[61] A. M. Glass, D. H. Huston, *Ferroelectrics*, **7**, 187 (1974).
[62] V. M. Fridkin, *Appl. Phys.*, **13**, 357 (1977).
[63] A. Ashkin, G. D. Boyd, J. M. Dziedzic, R. G. Smith, A. A. Ballman, H. J. Levinstain, K. Nassan, *Appl. Phys. Lett.*, **9**, 72 (1962).
[64] S. Ducharme, J. C. Scott, R. J. Twieg, W. E. Moerner, *Phys. Rev. Lett.*, **66**, 1846 (1991).
[65] P. Gunter, *Phys. Reports*, **93**, 199 (1982).
[66] P. Gunter, J. P. Huignard (Editors), Photorefractive Materials and Their Applications, Springer-Verlag, Berlin, I (1988) and II (1989).
[67] M. P. Petrov, S. I. Stepanov, A. V. Khomenko, Photorefractive Crystals in Coherent Optical Systems, Spring-Verlag, Berlin (1991).
[68] P. Yeh, Introduction to Photorefractive Nonlinear Optics, Wiley and Sons, New York (1993).
[69] S. I. Stepanov, *Rep. Prog. Phys.*, **57**, 39 (1994).
[70] F. S. Chen, *J. Appl. Phys.*, **40**, 3389 (1969).
[71] W. D. Johnston, *J. Appl. Phys.*, **41**, 3279 (1970).
[72] J. Feinberg, D. Heiman, A. R. Tanguay, R. W. Hallwarth, *J. Appl. Phys.*, **51**, 1297 (1980).
[73] N. V. Kukhtarev, V. Markov, S. Odulov, *Opt. Commun.*, **23**, 338 (1977).
[74] N. V. Kukhtarev, V. Markov, S. Odulov, M. Soskoin, V. Vinatskii, *Ferroelectrics*, **22**, 949 (1979).

[75] N. V. Kukhtarev, *Sov. Tech. Phys. Lett.*, **2**, 438 (1976).
[76] M. G. Moharam, T. K. Gaylord, R. Magnusson, L. Yong, *J. Appl. Phys.*, **50**, 5642 (1979).
[77] J. E. Geusic, S. K. Kurtz, L. G. Van Uitert, S. H. Wemple, *Appl. Phys. Lett.*, **4**, 141 (1964).
[78] H. Kogelinik, *Bell System Tech. J.*, **48**, 2909 (1969).
[79] J. Feinberg, *J. Opt. Soc. Am.*, **72**, 46 (1980).
[80] J. Feinberg, *Opt. Lett.*, **7**, 486 (1982).
[81] Zhiming Chen, S. Nagata, T. Shiosaki, *Jpn. J. Appl. Phys.*, **31**, 3174 (1992).
[82] Zhiming Chen, T. Kasamatsu, T. Shiosaki, *Jpn. J. Appl. Phys.*, **31**, 3178 (1992).
[83] J. E. Ford, Y. Fainman, S. H. Lee, *Appl. Opt.*, **28**, 4808 (1989).
[84] Heyi Zhang, Xuehua He, Erli Chen, Yue Lin, Singhai Tang, Dezheng Shen, Daya Jiang, *Appl. Phys. Lett.*, **57**, 1298 (1980).
[85] J. Wang, Q. Guan, Y. Lin, J. Wei, D. Wang, Y. Lian, H. Yang, P. Ye, *Appl. Phys. Lett.*, **61**, 2761 (1992).
[86] R. R. Neurgaonker, W. K. Cory, *J. Opt. Soc. Am.*, **B3**, 274 (1986).
[87] R. R. Neurgaonker, W. F. Hall, J. R. Oliver, W. W. Ho, W. K. Cory, *Ferroelectrics*, **87**, 167 (1988).
[88] E. J. Sharp, M. J. Miller, G. J. Salamo, W. W. Clark, G. L. Wood, R. R. Neurgaonker, *Ferroelectrics*, **87**, 355 (1988).
[89] D. Sun, J. Chen, X. Lu, Y. Song, Z. Shao, H. Chen, J. Xu, J. Wu, S. Liu, G. Zhang, *J. Appl. Phys.*, **70**, 33 (1991).
[90] C. E. Land, P. S. Peercy, *Ferroelectrics*, **27**, 131 (1980).
[91] C. E. Land, P. S. Peercy, *Appl. Phys. Lett.*, **37**, 39, 815 (1980).
[92] A. Marranchi, J. P. Huignard, P. Gunter, *Appl. Phys.*, **24**, 131 (1981).
[93] T. S. Yeh, W. J. Lin, I. N. Lin, L. J. Hu, S. P. Lin, S. L. Tu, C. H. Lin, S. E. Hsu, *Appl. Phys. Lett.*, **65**, 1213 (1994).
[94] G. R. Mohlmann (ed.), Nonlinear Optical Properties of Organic Materials, **6**, Proc. SPIE, 2025, Bellingham, Washington (1993).
[95] A. Twarowski, *J. Appl. Phys.*, **65**, 2833 (1989).
[96] P. M. Borsenberge, *J. Appl. Phys.*, **68**, 5188 (1990).
[97] M. E. Orczyk, J. Zeiba, P. N. Prasad, *J. Phys. Chem.*, **98**, 8699 (1994).
[98] M. E. Orczyk, P. N. Prasad, *Photonics Science News*, **1** (1), 3 (1994).

附录 I　32 个晶体点群

(1)　10 个极性点群

熊氏符号	国际符号	对称素及其所在方向	所属晶系	对称操作数	特殊极性方向
C_1	1		三斜	1	[hkl]
C_2	2	[010] 2	单斜	2	[010]
C_s	m	[010] m	单斜	4	[$h0l$]
C_{2v}	$mm2$	[100] m，[010] m，[001] 2	正交	4	[001]
C_4	4	[001] 4	四方	4	[001]
C_{4v}	$4mm$	[001] 4，[100] m，[110] m	四方	8	[001]
C_3	3	[001] 3	三角	3	[001]
C_{3v}	$3m$	[001] 3，[100] m	三角	6	[001]
C_6	6	[001] 6	六角	6	[001]
C_{6v}	$6mm$	[001] 6，[100] m，[210] m	六角	12	[001]

(2) 11 个非极性非中心对称点群

熊氏符号	国际符号	对称素及其所在方向	所属晶系	对称操作数
D_2	222	[100] 2，[010] 2，[001] 2	正交	4
S_4	$\bar{4}$	[001] $\bar{4}$	四方	4
D_4	422	[001] 4，[100] 2，[110] 2	四方	8
D_{2d}	$\bar{4}2m$	[001] $\bar{4}$，[100] 2，[110] m	四方	8
D_3	32	[001] 3，[100] 2	三角	6
C_{3h}	$\bar{6}$	[001] $\bar{6}$	六角	6
D_6	622	[001] 6，[100] 2，[210] 2	六角	12
D_{3h}	$\bar{6}m2$	[001] $\bar{6}$，[100] m，[210] 2	六角	12
T	23	[100] 2，[111] 3	立方	12
O	432	[100] 4，[111] 3，[110] 2	立方	24
T_d	$\bar{4}3m$	[100] $\bar{4}$，[111] 3，[110] m	立方	24

(3) 11个中心对称点群

熊氏符号	国际符号	对称素及其所在方向	所属晶系	对称操作数
C_i	$\bar{1}$		三斜	2
C_{2h}	$2/m$	[010] $2/m$	单斜	4
D_{2h}	mmm	[100] $2/m$，[010] $2/m$，[001] $2/m$	正交	8
C_{4h}	$4/m$	[001] $4/m$	四方	8
D_{4h}	$4/mmm$	[001] $4/m$，[100] $2/m$，[110] $2/m$	四方	16
C_{3i}	$\bar{3}$	[001] $\bar{3}$	三角	6
D_{3d}	$\bar{3}m$	[001] $\bar{3}$，[100] $2/m$	三角	12
C_{6h}	$6/m$	[001] $6/m$	六角	12
D_{6h}	$6/mmm$	[001] $6/m$，[100] $2/m$，[210] $2/m$	六角	24
T_h	$m3$	[100] $2/m$，[111] $\bar{3}$	立方	24
O_h	$m3m$	[100] $4/m$，[111] $\bar{3}$，[110] $2/m$	立方	48

附录Ⅱ　晶体物理性质矩阵表

本表以矩阵形式列出本书讨论过的主要的晶体物理性质．为了正确使用本表，需要说明几点．

（1）表中各部位所代表的物理性质

R_{ij}，g_{ij}，q_{ij}	s_{ij}	r_{im}
d_{mi}，χ_{mi}	χ^k_{mi}	χ_{mn}，ε_{mn}，λ_{mn}，α_{mn}，σ_{mn}

符号	名　称	定　义*	矩阵记法	张量阶次	本书出处
R	二次电光系数	$\Delta B_{mn}=R_{mnpq}E_pE_q$	R_{ij}	四	式（9.12）
g	二次极化光系数	$\Delta B_{mn}=g_{mnpq}P_pP_q$	g_{ij}	四	式（9.16）
q	电致伸缩系数	$X_{mn}=q_{mnpq}D_pD_q$	q_{ij}	四	式（7.82）
s	弹性顺度	$x_{mn}=s_{mnpq}X_{qp}$	s_{ij}	四	式（7.13）
r	线性电光系数	$\Delta B_{mn}=r_{mnp}E_p$	r_{im}	三	式（9.12）
$\chi^{(2)}$	二阶非线性极化率	$P_m(\omega_1, \omega_2)=\varepsilon_0\chi_{mnp}E_n(\omega_1)E_p(\omega_2)$	χ_{mi}	三	式（9.3）
$\chi^{(2)k}$	计入 *Kleinman* 近似后的 $\chi^{(2)}$		χ^k_{mi}	三	式（9.23）

符号	名　　称	定　　　义*	矩阵记法	张量阶次	本书出处
d	二阶非线性光学系数	$P_m\ (2\omega) = 2\varepsilon_0 d_{mnp} E_n\ (\omega)\ E_p\ (\omega)$	d_{mi}	三	式（9.18）
d	压电应变常量	$D_m = d_{mnp} X_{np}$	d_{mi}	三	式（7.30）
χ	线性极化率	$P_m = \varepsilon_0 \chi_{mn} E_n$	χ_{mn}	二	式（9.2）
ε	电容率	$\Delta D_m = \varepsilon_{mn} \Delta E_n$	ε_{mn}	二	式（7.14）
λ	介电隔离率	$\Delta E_m = \lambda_{mn} \Delta D_n$	λ_{mn}	二	式（7.28）
α	热胀系数	$x_{mn} = \alpha_{mn} \Delta T$	α_{mn}	二	式（7.12）
σ	线性电导率	$J_m = \sigma_{mn} E_n$	σ_{mn}	二	式（9.130）

* i，j=1—6；m，n，p，q=1—3.

（2）晶体物理坐标轴的选取．表示物理性质的矩阵形式与晶体物理坐标轴的选取有关．本表所列矩阵是采用 IRE 规定的坐标轴（见§7.1）推导出来的．

（3）图中符号的意义．●表示不为零的分量，·表示等于零的分量，●—●表示相等的分量（但见第（4）点说明），○—●表示数值相等符号相反的分量，⊙表示数值为与之相连的·分量的二倍，但对于 χ^k_{mi}，则表示二者相等，⊙表示数值为与之相连的·分量的两倍且符号相反，但对于 χ^k_{mi}，则表示数值相等符号相反，×表示 $s_{66}=2\ (s_{11}-s_{12})$，$g_{66}=g_{11}-g_{12}$.

（4）关于连线的使用．**χ**，**ε**，**λ**，**α** 和 **σ** 都是对称二阶张量，其矩阵是对称的，即有 $\varepsilon_{mn}=\varepsilon_{nm}$ 等关系．**s** 是对称四阶张量，其矩阵是对称的，$s_{ij}=s_{ji}$．但为了不使图形过于零乱，对三斜、单斜和正交晶系，并没有把各相等分量连接起来．

（5）关于弹性刚度和弹性顺度矩阵以及 4 个压电常量矩阵．描写同一效应的物理性质可能不止一个，它们的非零矩阵元及其分布在同一点群中是相同的．如果该效应与应力或应变无关，则这些矩阵完全相同，即不但非零矩阵元及其分布相同，而且各矩阵元之间的数值关系也相同，例如描写二次电光效应的二次电光系数 **R** 和二次极化光系数 **g** 有完全相同的矩阵．如果该效应与应力或应变有关，则各矩阵元之间的数值关系可能不同，其起因是在应变的下标变换中引入了因子 2［见式（3.1）］．弹性刚度矩阵与弹性顺度矩阵的差别是：在三角和六角晶系的全部点群中，$c_{66}=(c_{11}-c_{12})/2$，$s_{66}=2(s_{11}-s_{12})$，在点群 32，$3m$ 和 $\bar{3}m$ 中，还有 $c_{56}=c_{14}$，$s_{56}=2s_{14}$，在点群 3 和 $\bar{3}$ 中，还有 $c_{56}=c_{14}$，$s_{56}=2s_{14}$以及 $c_{46}=c_{25}$，$s_{46}=2s_{25}$. 压电常量 **d** 矩阵与 **e** 矩阵的差别是：在点群 3，32，$\bar{6}$ 和 $\bar{6}m2$ 中，$e_{26}=-e_{11}$，$d_{26}=-2d_{11}$，在点群 3 和 $\bar{6}$ 中，还有 $e_{16}=-e_{22}$，$d_{16}=-2d_{22}$，在点群 $3m$ 中，$e_{16}=-e_{22}$，$d_{16}=-2d_{22}$. 压电常量 **g** 的矩阵与 **d** 的完全相同，**h** 的矩阵与 **e** 的完全相同. 有的资料中错误地认为弹性刚度矩阵与弹性顺度矩阵完全相同，或四个压电常量矩阵完全相同，需读者注意.

$1(C_1)$

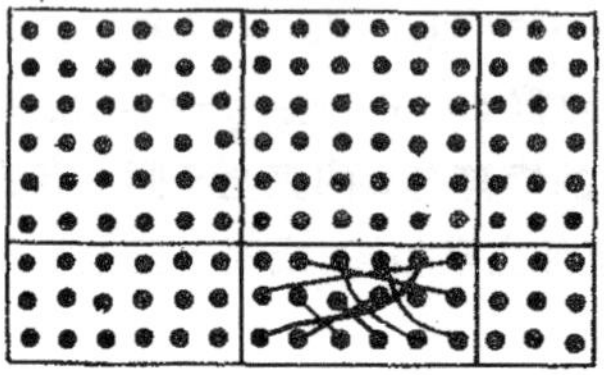

$\bar{1}(C_i)$

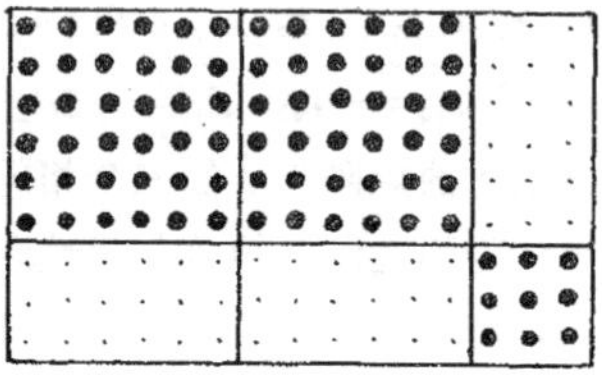

$2(C_2)$

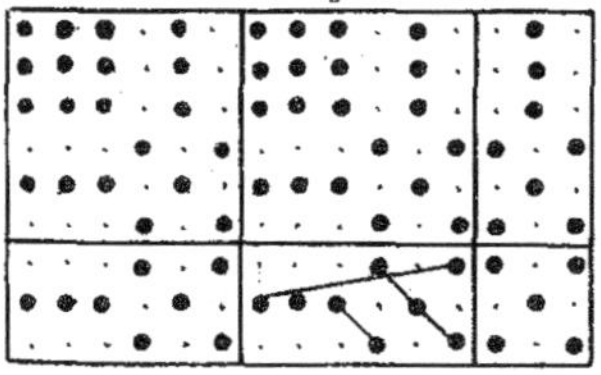

$m(C_s)$

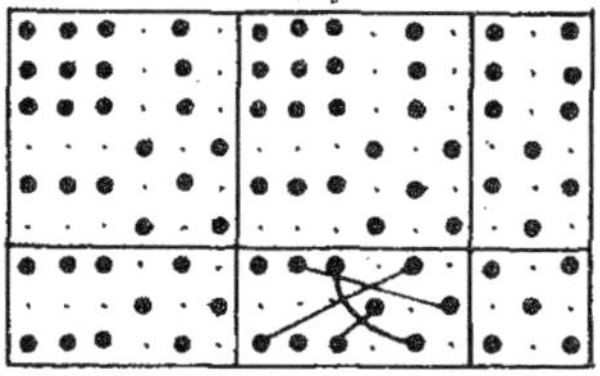

$2/m(C_{2h})$

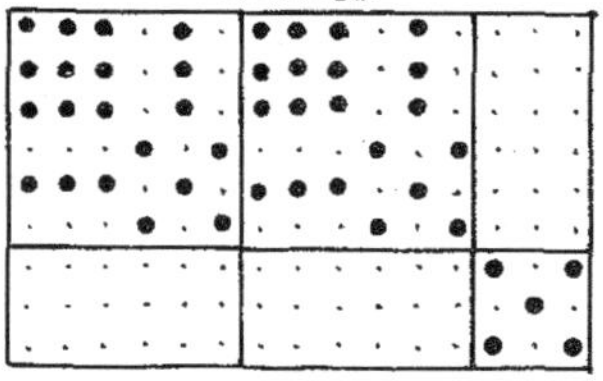

$222(D_2)$

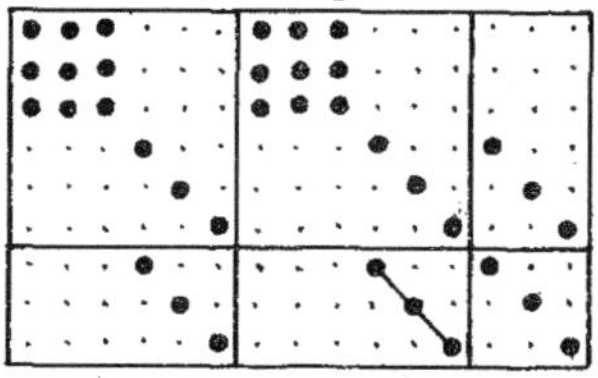

$mm2(C_{2v})$

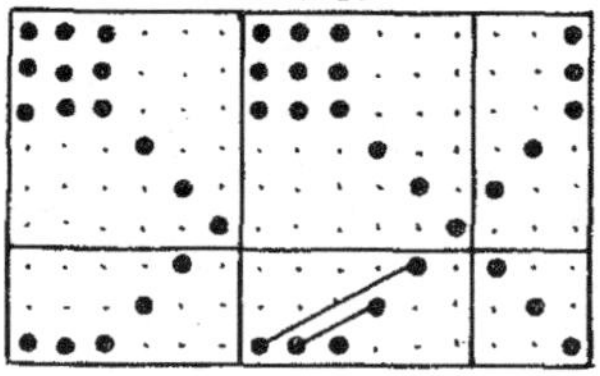

$mmm(D_{2h})$

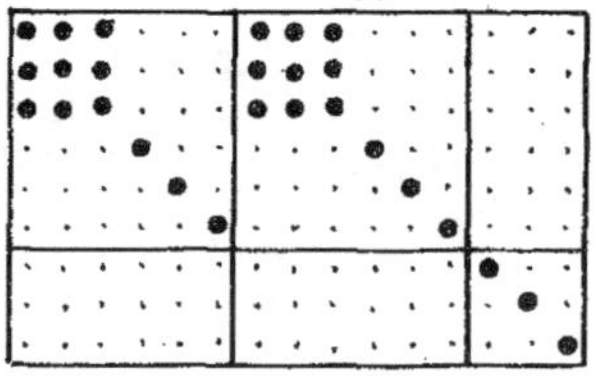

$4(C_4)$

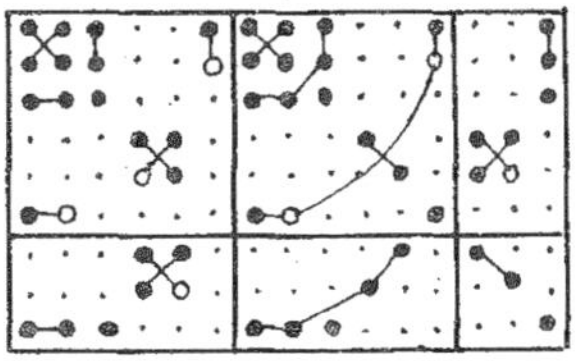

$\bar{4}(S_4)$

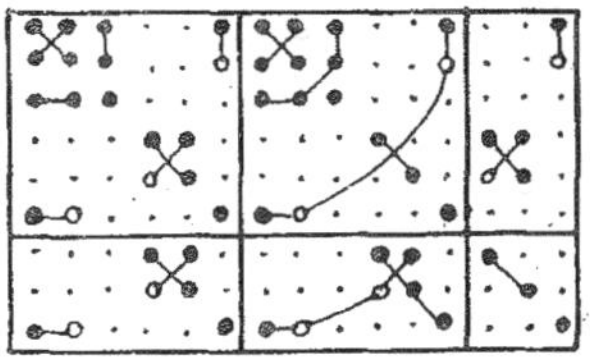

$4/m(C_{4h})$

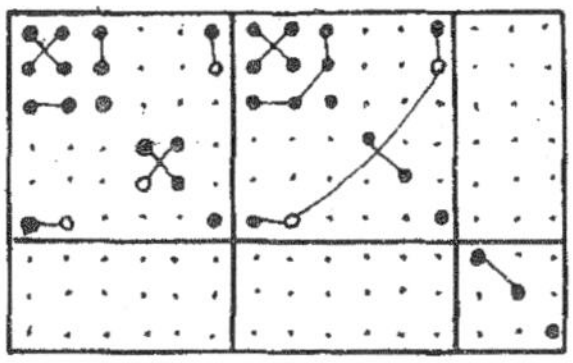

$422(D_4)$

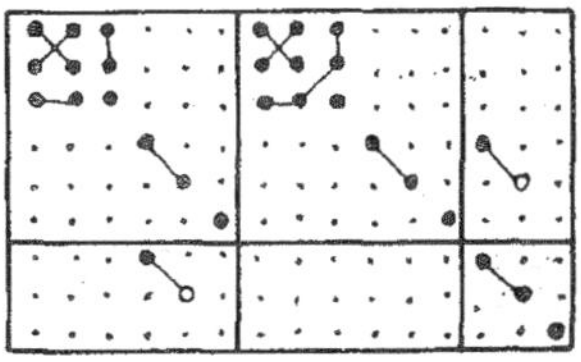

$4mm(C_{4v})$

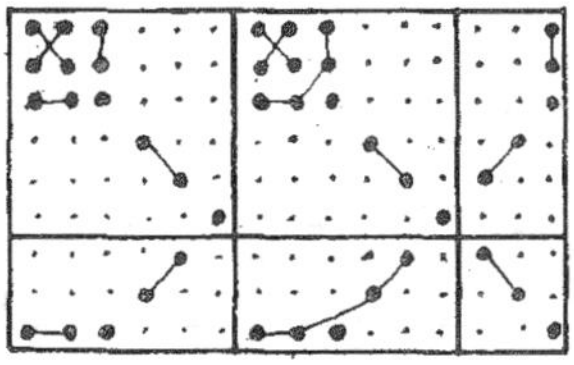

$\bar{4}2m(D_{2d})$

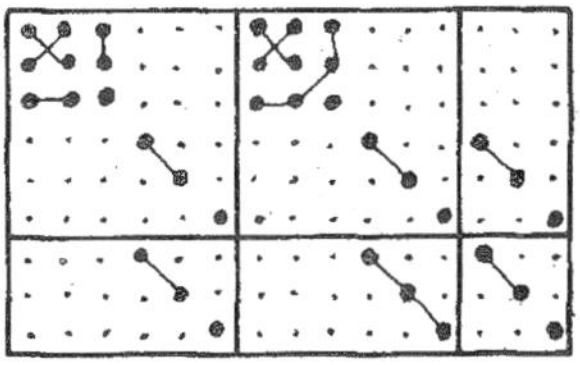

$4/mmm(D_{4h})$

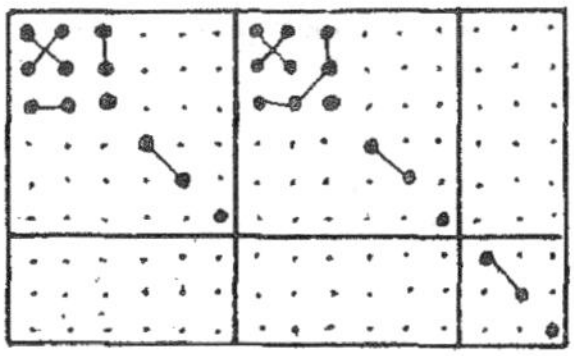

$3(C_3)$

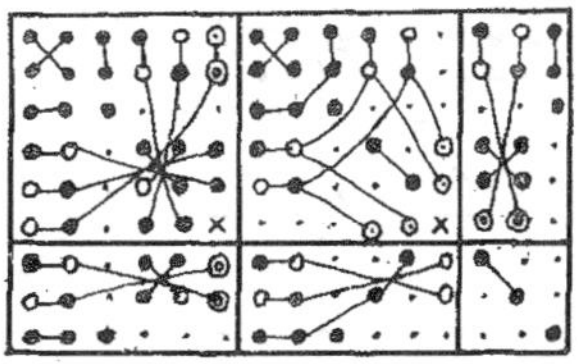

$\bar{3}(C_{3i})$

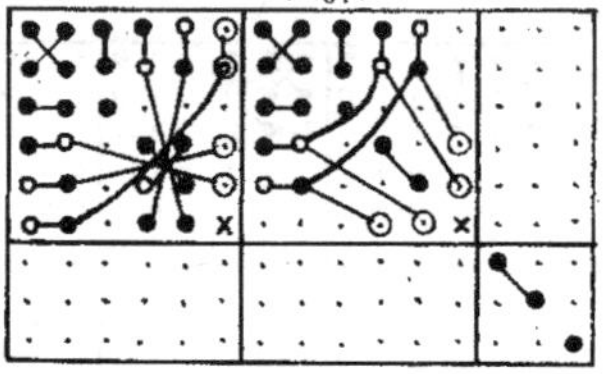

$32(D_3)$

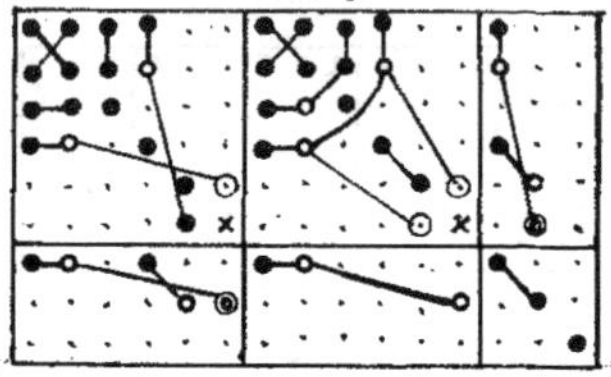

$3m(D_{3v})$

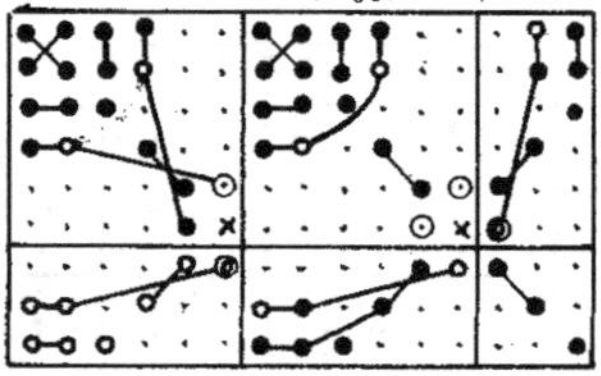

$\bar{3}m(D_{3d})$

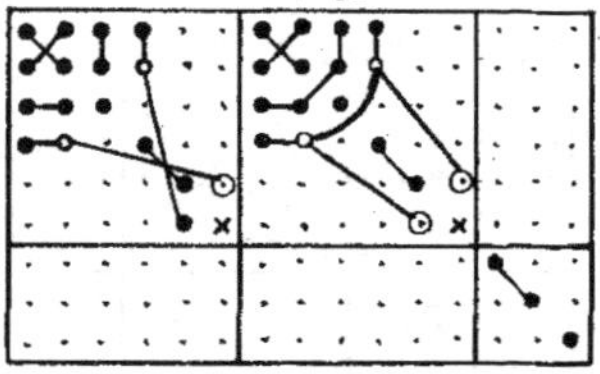

$6(C_6)$

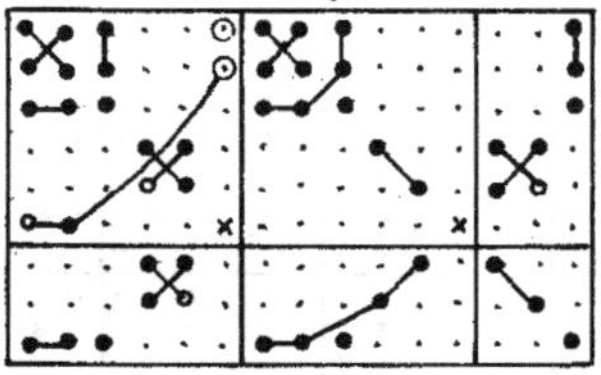

$\bar{6}(C_{3h})$

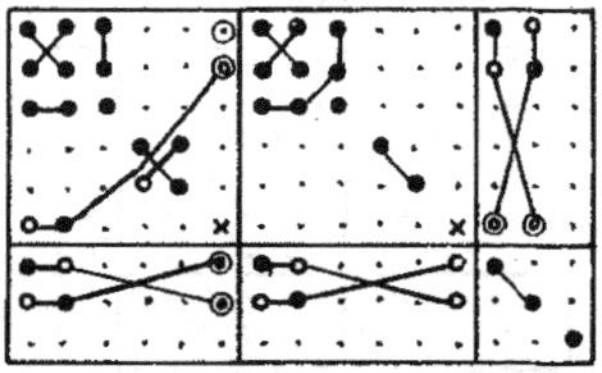

$6/m(C_{6h})$

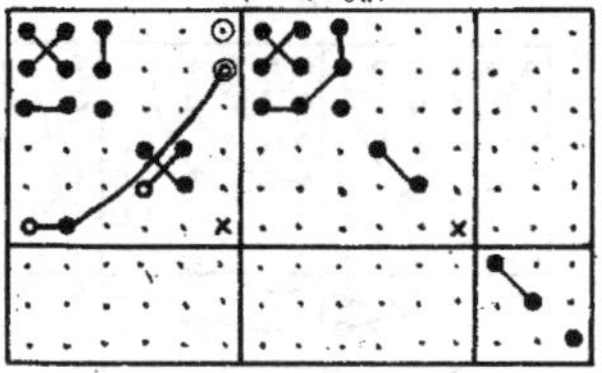

$622(D_6)$

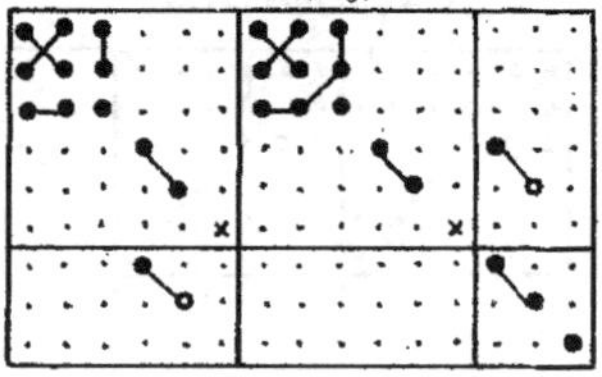

$6mm(C_{6v})$

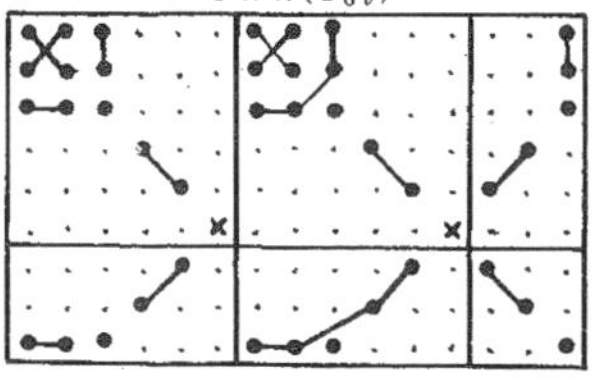

$6/mmm(D_{6h})$

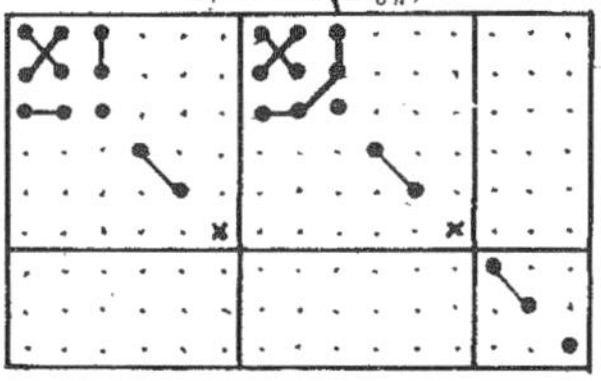

$\bar{6}m2(D_{3h})$

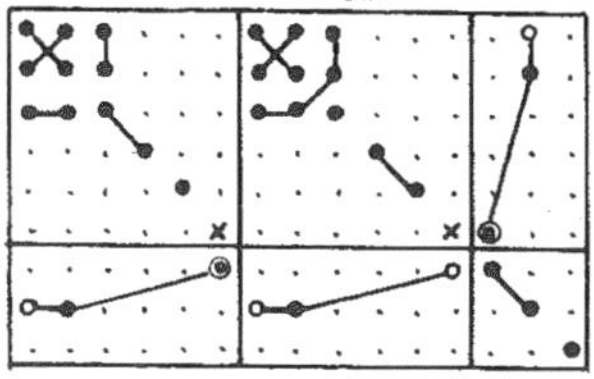

$23(T)$

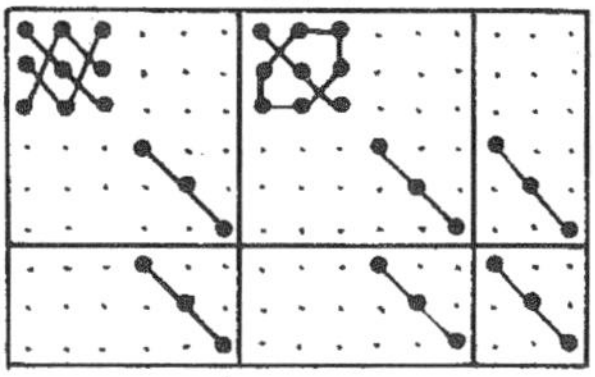

$m3(T_h)$

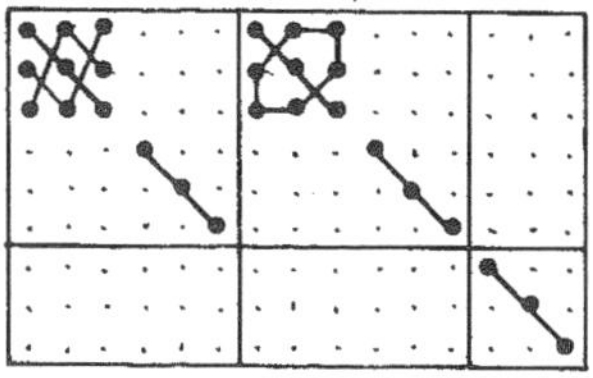

$\bar{4}3m(T_d)$

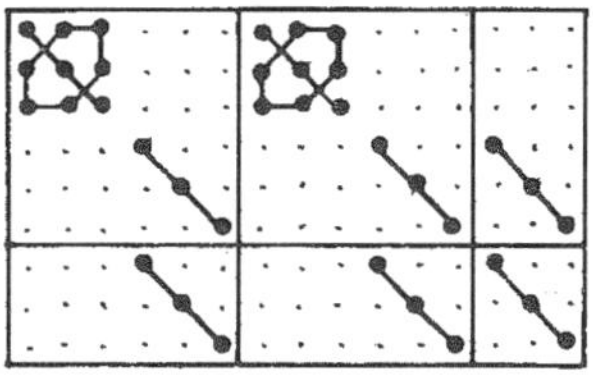

$432(O)$或$m3m(O_h)$

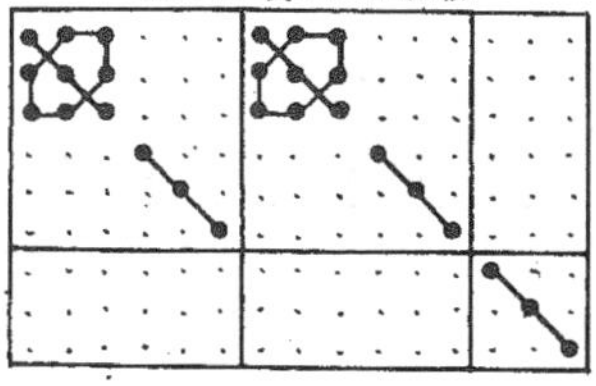

各向同性体

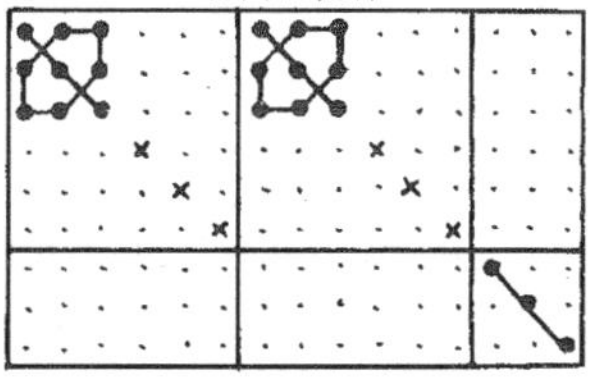

附录Ⅲ 一些代表性铁电体的主要特性

名　称	钛 酸 钡	钛 酸 铅
符　号	BT	PT
化 学 式	$BaTiO_3$	$PbTiO_3$
结构类型	钙钛矿型	钙钛矿型
居里温度（℃）	120	492
自发极化[1]（$C \cdot m^{-2}$）	0.26	0.57
顺电相对称群[2]	$Pm3m$（O_h^1）	$Pm3m$（O_h^1）
铁电相对称群[2]	$P4mm$（C_{4v}^1）（5—120）	$P4mm$（C_{4v}^1）
	$Amm2$（C_{2v}^{14}）（−90—5）	
	$R3m$（C_{3v}^5）（−90 以下）	
P_s 主要来源	Ti 沿氧八面体四、二、三重轴偏心	Ti 沿氧八面体四重轴偏心
相变基本特征	位移	位移
相变热 ΔQ（$J \cdot mol^{-1}$）	210	1750
熵变 ΔS（$J \cdot mol^{-1} \cdot K^{-1}$）	0.5	2.3
居里常量(K)	1.73×10^5	4.1×10^5
相变级别	一级	一级
主要实用性能	介电，压电，电光，光折变	热电，压电，极化反转

注：1)指最大自发极化；2)后面括号内是摄氏温度；3)仅给出 $x=0.52$ 的特性，室温点群为 $4mm$($x<0.53$)和 $3m$($x>0.53$)；4)仅给出 $x=0.25$ 的特性；5)仅给出 $x=0.75$ 的特性，室温点群为 $mm2$($x<0.38$)和 $4mm$($x>0.38$)。

锆钛酸铅[3]	铌酸钾	铌酸锂
PZT	KN	LN
$PbZr_xTi_{1-x}O_3$ (0＜x＜1),x=0.52	$KNbO_3$	$LiNbO_3$
钙钛矿型	钙钛矿型	铌酸锂型
386	435	1210
0.39	0.30	0.71
$Pm3m(O_h^1)$	$Pm3m(O_h^1)$	$R\bar{3}c(D_{3d}^6)$
$P4mm(C_{4v}^1)$	$P4mm(C_{4v}^1)$(225—435)	$R3c(C_{3v}^6)$
	$Amm2(C_{2v}^{14})$(−10—225)	
	$R3m(C_{3v}^5)$(−10以下)	
Ti沿氧八面体四重轴偏心	Nb沿氧八面体四、二、三重轴偏心	Nb沿氧八面体三重轴偏心
位移	位移	位移
	795	
	1.1	
	2.4×10^5	
	一级	二级
压电,热电,极化反转	光折变,非线性光学	非线性光学,压电
钽酸锂	铌酸锶钡[4]	铌酸钡钠
LT	SBN	BNN
$LiTaO_3$	$Sr_{1-x}Ba_xNb_2O_6$ (0.2＜x＜0.8),x=0.25	$Ba_{0.8}Na_{0.4}Nb_2O_6$
铌酸锂型	钨青铜型	钨青铜型
620	75	560
0.50	0.32	0.40
$R\bar{3}c(C_{3d}^6)$	$4/mmm(D_{4h})$	$4/mmm(D_{4h})$
$R3c(C_{3v}^6)$	$4mm(C_{4v})$(−200—75)	$4mm(C_{4v})$(260—560)
	$m(C_s)$(−200以下)	$mm2(C_{2v})$(260以下)

钽酸锂	铌酸锶钡[4]	铌酸钡钠
Ta 沿氧八面体三重轴偏心	Nb 沿氧八面体四重轴偏心	Nb 沿氧八面体四重轴偏心
位移	位移	位移
1.6×10^5	3.95×10^5	1.5×10^5
二级	一级	一级
热电,压电,非线性光学	电光,光折变,热电	电光,光折变
铌酸铅钡[5]	磷酸二氢钾	磷酸二氘钾
PBN	KDP	DKDP
$Pb_{1-x}Ba_xNb_2O_6$ $(0<x<1), x=0.57$	KH_2PO_4	KD_2PO_4
钨青铜型	氢键型	氢键型
316	−150	−60
0.30	0.050	0.062
$4/mmm(D_{4h})$	$I\bar{4}2d(D_{2d}^{12})$	$I\bar{4}2d(D_{2d}^{12})$
$4mm(C_{4v})$(−210—316) $m(C_s)$(−210 以下)	$Fdd2(C_{2v}^{19})$	$Fdd2(C_{2v}^{19})$
Nb 沿氧八面体四重轴偏心	质子有序化及其与晶格耦合	氘核有序化及其与晶格耦合
位移	有序无序	有序无序
	365	420
	3.1	2.0
2.0×10^5	3.3×10^3	4.0×10^3
一级	近于三临界点	近于三临界点
电光,光折变	电光,非线性光学	电光,非线性光学
磷酸氢铅	磷酸氘铅	硫酸三甘肽
LHP	LDP	TGS
$PbHPO_4$	$PbDPO_4$	$(NH_2CH_2COOH)_3\cdot H_2SO_4$
氢键型	氢键型	

磷酸氢铅	磷酸氘铅	硫酸三甘肽
37	179	49
0.018	0.021	0.030
$P2/c(C_{2h}^4)$	$P2/c(C_{2h}^4)$	$P2_1/m(C_{2h}^2)$
$Pc(C_s^2)$	$Pc(C_s^2)$	$P2_1(C_2^2)$
质子有序化	氘核有序化	甘氨酸 *I* 基团的择优取向
有序无序	有序无序	有序无序
		1400
		4.5
2.5×10^3	1.6×10^3	3.2×10^3
二级	二级	二级
		热电

亚硝酸钠	罗　息　盐
	RS
$NaNO_2$	$NaKC_4H_4O_6\cdot4H_2O$
163.9	24(上),−18(下)
0.115	0.0025
$Immm(D_{2h}^{25})$(166 以上)	$P2_12_12(D_2^3)$
无公度(169.9—166)	
$Imm2(C_{2v}^{20})$	$P2_1(C_2^2)$
NO_2 基团的择优取向	OH 的择优取向
有序无序	有序无序
2215	7.51(上 T_c),9.86(下 T_c)
5.27	0.029(上 T_c),0.034(下 T_c)
5×10^3	
一级	

内 容 索 引*

A

B

C

* 本索引按汉语拼音字母顺序排列.

D

E

F

G

H

J

K

L

M

N

O

P

Q

R

S

T

W

X

Y

Z

后　　记

以 H. D. Megaw 的《晶体中的铁电性》(Ferroelectricity in Crystals, Methuen, London, 1957)为开端,已出版了铁电体的专著约 20 种. 其中 T. Mitsui, I. Tatsuzaki 和 E. Nakamura 的《铁电物理学导论》(An Introduction to the Physics of Ferroelectrics, Gordon and Breach, New York, 1976, 有中译本)系统介绍了铁电物理学的基础, J. Grindley 的《铁电性唯象理论导引》(An Introduction to the Phenomenological Theory of Ferroelectricity, Pergamon, Oxford, 1970)全面介绍了铁电相变的热力学理论, R. Blinc 和 B. Zeks 的《铁电体和反铁电体中的软模》(Sofe Modes in Ferroelectrics and Antiferroelectrics, North - Holland, Amsterdam, 1974, 有中译本)系统论述了铁电相变的软模理论,而 M. E. Lines 和 A. M Glass 的大部头专著《铁电体及有关材料的原理和应用》(Principles and Applications of Ferroelectrics and Related Materials, Clarendon, Oxford, 1977, 有中译本)则是迄今为止铁电领域内内容最丰富、论述最系统的经典性著作. 近年来,铁电研究领域有不少新的进展,例如关于铁电相变的第一性原理计算,铁电相变的尺寸效应和表面效应,铁电薄膜和铁电超晶格,热电弛豫和反常热电响应,铁电聚合物和铁电液晶等. 这些重要的成果目前散见于各种研究论文,亟待总结.

本人在从事铁电物理和铁电材料研究的同时,自 1983 年以来为研究生讲授《铁电体物理学》课程,先后编写过多次讲义. 在此基础上,经反复修改和补充,写成此书.

在多年的科研和教学实践中,我形成了这样一个观念:铁电体物理学研究的核心问题是自发极化;围绕这个核心,铁电体物理学的主要内容应该包含两部分,即自发极化产生的机制和极化状态在各种条件下的变化，前者表现为铁电相变理论，后者表现为各种功能效应. 以自发极化为核心的结构体系体现了铁电体物理学的实质和特征，它使铁电体物理学看似繁杂的内容形成一个和谐的整体. 本书就是在这样的思想指导下完成的. 在写作过程中，我一方面从原有的(特别是上面列举的)优秀著作中吸收了经典和成熟的内容，另一方面，力图从较近的研究论文和科研成果中提炼和总结出铁电体物理学的新进展. 主观意图是，在以自发极化为核心的结构体系内，对铁电体物理学的基础理论和发展现状作一个比较全面系统的论述和介绍.

本书在写作过程中，承蒙冯端、蒋民华、殷之文和闵乃本院士多方关怀和鼓励，并得了秦自楷、张沛霖、邝安祥教授以及曲保东、王玉国和王春雷博士的帮助. 书中总结的研究成果有些是本研究组在国家自然科学基金和国家高技术计划新材料领域项目资助下取得的. 本书的出版得到了中国科学院出版基金和国家自然科学基金委员会优秀成果专著出版基金的联合资助，蒋民华院士为本书作序. 另外，应该指出的是，科学出版社李义发编审对本书出版的热情帮助和付出了辛勤的劳动. 作者谨借此机会，向他们一并表示衷心的感谢.

由于作者水平有限，书中缺点和错误在所难免，恳请读者批评指正.

钟维烈

1996 年 2 月

于山东大学

铁电专著目录

[1] H. D. Megaw, Ferroelectricity in Crystals, Methuen Press, London (1957).

[2] W. Kanzig, Ferroelectrics and Antiferroelectrics, **4** of Solid State Physics, ed. F. Seitz and D. Turnbull, Academic Press, New York (1957).

[3] F. Jona and G. Shirane, Ferroelectric Crystals, Pergamon Press, Oxford (1962).

[4] J. C. Burfoot, Ferroelectrics, Van Nostrand, London (1967).

[5] E. Fatuzzo, W. J. Merz, Ferroelectricity, North-Holland Press, Amsterdam (1967).

[6] I. Grindlay, An Introduction to the Phenomenological Theory of Ferroelectricity, Pergamon Press, Oxford (1970).

[7] E. J. Samuelsen, E. Andersen, J. Feder (ed.), Structural Phase Transitions and Soft Mode, University Press, Oslo (1971).

[8] R. Blinc and B. Zeks, Soft Modes in Ferroelectrics and Antiferroelectrics, North-Holland Press, Amsterdam (1974). 中译本：刘长乐等译，殷之文校，铁电体和反铁电体中的软模，科学出版社 (1981).

[9] T. Mitsui, I. Tatsuzaki, E. Nakamura, An Introduction to the Physics of Ferroelectrics, Gordon and Breach, New York, (1976). 中译本：倪冠军等译，殷之文校，铁电物理学导论，科学出版社 (1983).

[10] M. E. Lines, A. M. Glass, Principles and Applications of Ferroelectrics and Related Materials, Clarendon Press, Oxford (1977). 中译本：钟维烈译，铁电体及有关材料的原理和应用，科学出版社 (1989).

[11] J. C. Burfoot, G. W. Taylor, Polar Dielectrics and Their Applications, Macmillan Press, London (1979). 中译本：黄丹妮等译，极性介质及其应用，科学出版社 (1988).

[12] V. M. Fridkin, Photoferroelectrics, Springer-Verlag, Berlin (1979). 中译本：肖定全译，王以铭校，光铁电体，科学出版社 (1987).

[13] V. M. Fridkin, Ferroelectric Semiconductors, Consultant Bureau, New York (1980). 中译本：陈志雄等译，铁电半导体，华中工学院出版社 (1985).

[14] A. D. Bruce, R. A. Cowley, Structural Phase Transitions, Taylor and Francis, London (1981).

[15] K. A. Muller, H. Thomas (ed.), Structural Phase Transitions I, Springer-Verlag, Berlin (1981).

[16] G. A. Smolenski (editor in chief), Ferroelectrics and Related Materials, Gordon and Breach, New York (1984).

[17] Yuhuan Xu, Ferroelectric Materials and Their Applications, Elsevier Press, Amsterdam (1991).

[18] N. Setter E. L. Colla (ed.), Ferroelectric Ceramics, Birkhauser Press, Basel, (1991).

[19] J. Grigas, Microwave Dielectric Spectroscopy of Ferroelectrics and Related Materi-

als, Gordon and Breach, New York (1996).
[20] C. A. Araujo, J. F. Scott and G. W. Taylor (ed.), Ferroelectric Thin Films: Synthesis and Basic Properties, Gordon and Breach, New York (1996).